研究生系列教材
统计学类

贝叶斯分析

BAYESIAN ANALYSIS

第2版

韦来生　张伟平　编著

中国科学技术大学出版社

内 容 简 介

本书是供概率论与数理统计专业研究生使用的教材.内容包括绪论、先验分布的选取、后验分布的计算、贝叶斯统计推断、贝叶斯统计决策、贝叶斯计算方法、贝叶斯大样本方法、贝叶斯模型选择、经验贝叶斯方法和分层贝叶斯模型简介等.其特点是内容新、概念清晰、应用性强，每章配有大量的例题和习题.最后一章是为对经验贝叶斯方法和分层贝叶斯模型感兴趣的读者准备的研读材料，可为这些读者尽快进入这一研究领域提供帮助.

本书可作为综合性大学、理工科院校、财经类院校和师范类院校概率论与数理统计专业研究生"应用统计"课的教材或参考书.具备微积分、矩阵代数及概率统计基本知识的读者即可使用本书.本书也可作为相关院校研究生、青年教师以及从事统计工作的工程技术人员的参考书.

图书在版编目(CIP)数据

贝叶斯分析/韦来生,张伟平编著.—2版.—合肥:中国科学技术大学出版社,2021.8
中国科学技术大学一流规划教材
ISBN 978-7-312-05110-4

Ⅰ.贝…　Ⅱ.①韦…②张…　Ⅲ.贝叶斯统计量—研究生—教材　Ⅳ.O212.8

中国版本图书馆 CIP 数据核字(2020)第 247315 号

贝叶斯分析
BEIYESI FENXI

出版　中国科学技术大学出版社
安徽省合肥市金寨路 96 号,230026
http://press.ustc.edu.cn
https://zgkxjsdxcbs.tmall.com
印刷　安徽省瑞隆印务有限公司
发行　中国科学技术大学出版社
经销　全国新华书店
开本　787 mm×1092 mm　1/16
印张　22.25
字数　515 千
版次　2013 年 8 月第 1 版　2021 年 8 月第 2 版
印次　2021 年 8 月第 4 次印刷
定价　60.00 元

第 2 版前言

《贝叶斯分析》第 1 版出版至今已有 8 年了，根据作者在中国科学技术大学教学实践中的体会和读者反馈的信息，这次再版时我们对第 1 版部分内容进行了增补、删减和修改，以便更好地适应贝叶斯统计学的教学需要.

第 2 版与第 1 版相比主要有如下变化：

首先，将第 1 版第 3 章的内容经增补、调整，拆分为两章内容, 即将 3.1~3.3 节的内容重新组合并增添部分内容构成第 2 版第 3 章“后验分布的计算”的内容，此章最后增加了“多元正态分布参数的后验分布”和“线性回归模型中参数的后验分布”两节. 第 1 版第 3 章余下的几节 (即 3.4~3.7 节) 成为第 2 版第 4 章“贝叶斯统计推断”的内容. 因此，第 2 版将比第 1 版多出 1 章，全书共 9 章.

其次，第 1 版第 8 章有较大的改动. 改动之一是将第 1 版 8.1.4 小节“概率密度函数的非参数估计方法及其性质简介”的内容单列为一节而成为第 2 版 9.2 节的内容. 改动之二是考虑这本教材篇幅不宜过长, 故删去第 1 版 8.4 节和 8.5 节的内容. 改动之三是在第 2 版第 9 章末增加一节，即 9.5 节“分层贝叶斯模型简介”，并将第 9 章的标题改为“经验贝叶斯方法和分层贝叶斯模型简介”. 这一章在第 1 版中是没有习题的，但第 2 版在章末添加了习题. 还需要说明的是, 在 9.2.1 小节中, 为了与国际惯用的定义一致, 在第 2 版中将随机变量的分布函数改为右连续的定义方式, 经验分布函数的定义也做了相应的改动.

第 2 版对第 1 版第 5 章 (即第 2 版第 6 章) 的例题添加了由 R 代码给出的图形及相应说明，使得对例题的解释更直观.

第 2 版还对第 1 版部分内容的先后次序也做了调整，如将第 1 版 2.6 节中关于“Reference 先验”的内容，在第 2 版里放到了 2.4 节的最后一小节，这样安排更合理.

第 2 版对各章习题做了适当增补和删减，对部分习题的先后次序做了调整，使用起来更方便. 与第 1 版不同的是, 增添加了各章中双号习题的解答或提示，读者可用微信扫描各章习题末的二维码查看或下载.

这里仍需说明的是, 凡是打“$*$”号的章节都可作为教师选讲的内容或供读者阅读的材料; 凡是打“$*$”号的习题表示有相当难度，是供学生选做的习题.

对第 2 章一些实用的例题增补了 R 代码，读者可在书中相关位置扫描二维码查看或下载. 第 4 章、第 6 章和第 9 章某些例题的 R 代码的二维码将分别集中放在这几章末以供读者下载使用, 所有以上信息和本书的课件等也都可从作者的个人主页 http://stuff.ustc.edu.cn/~lwei/books.htm 或 http://stuff.ustc.edu.cn/~zwp/books/bayes/bayes.htm 下载.

在第 2 版准备过程中，中国科学技术大学统计与金融系 2016 级统计班张帆同学提供了书中一些实用例题 (第 6 章除外) 的 R 代码，作者对她的辛勤工作表示诚挚的感谢. 中国科学技术大学出版社为第 2 版的出版给予了大力支持, 在此一并致谢.

由于笔者水平有限，本书一定会有不少不足和错误之处，恳请同行专家及广大读者批评指正.

作　者

2021 年 3 月于中国科学技术大学

前　言

本书是在给中国科学技术大学概率论与数理统计专业研究生讲授“贝叶斯分析”课程讲稿的基础上完成的. 当时讲授的内容是本书第 1~4 章以及第 5 章的部分内容. 作者对过去讲稿的内容做了适当的增补和调整, 第 6 章至第 8 章的内容是后加进去的.

本书同时具有教材和专著性质. 第 1~7 章可作为教材的内容, 第 8 章具有专著性质. 第 1 章是绪论, 介绍了贝叶斯分析的若干基本概念, 同时对必要的数理统计的基础知识有重点地做了回顾. 第 2 章介绍了确定先验分布的若干可供选择的方法. 第 3 章和第 4 章分别介绍了贝叶斯统计推断和贝叶斯统计决策. 第 5 章介绍了贝叶斯统计计算的若干方法, 包括蒙特卡洛方法、MCMC 方法以及统计软件的使用. 第 6 章介绍了贝叶斯大样本方法. 第 7 章介绍了贝叶斯模型选择的内容. 第 8 章介绍了参数型和非参数型经验贝叶斯方法及部分研究成果, 对这方面的研究工作感兴趣的读者了解这章的内容后, 可以较快地进入相关的研究领域.

本书的主要内容自 2004 年以来为中国科学技术大学概率论与数理统计专业研究生讲授过多次. 大约可在 54 学时内讲授本书第 1~5 章的主要内容, 第 6 章和第 7 章可根据实际情况选讲部分内容, 也可不讲. 第 8 章主要是供阅读的材料, 其中 8.1 节可作为经验贝叶斯方法的简介. 书中标“*”号的小节可略去不讲, 留给读者作为阅读材料. 如果要在 36 学时内讲授本课程, 可选讲第 1~4 章的主要内容和第 5 章的部分内容.

本书第 1~4 章和第 8 章的内容由韦来生老师执笔, 第 5~7 章的内容由张伟平老师执笔.

本书第 5 章例题中的 R 代码及数据文件可从作者的个人主页 http://staff.ustc.edu.cn/~lwei/books.htm 或 http://staff.ustc.edu.cn/~zwp/books/bayes/ bayes.htm 下载.

在书稿准备过程中, 中国科学技术大学统计与金融系研究生洪坚、宋慧明、霍涉云、周静雯和陈敏等帮助完成了书稿前几章中文 Tex 的录入和编译, 作者对他们的辛勤工作表示真诚的感谢. 中国科学技术大学出版社对本书的出版给予了大力支持, 在此一并致谢.

由于笔者水平有限, 本书一定会有不少缺点和错误, 恳请国内同行及广大读者批评指正.

作　者

2013 年 6 月于中国科学技术大学

常 用 符 号

$\mathscr{X}$	样本空间
Θ	参数空间
$\mathbb{R}^n$	n 维欧氏空间
$N(\mu,\sigma^2)$	均值为 μ、方差为 σ^2 的正态 (normal) 分布
$\Phi(\cdot)$	标准正态分布函数
$B(1,p)$	成功概率为 p 的两点分布, 也称为伯努利 (Bernoulli) 分布
$B(n,p)$	参数为 n,p 的二项 (binomial) 分布
$Nb(1,p)$	成功概率为 p 的几何 (geometric) 分布
$Nb(r,p)$	参数为 r,p 的负二项 (negative binomial) 分布
$M(n,\boldsymbol{p})$	参数为 $n,\boldsymbol{p}=(p_1,\cdots,p_r)$ 的多项 (multinomial) 分布
$P(\lambda)$	参数为 λ 的泊松 (Poisson) 分布
$U(a,b)$	区间 $[a,b]$ 上的均匀 (uniform) 分布
$Be(a,b)$	参数为 a,b 的贝塔 (beta) 分布
$C(\mu,\lambda)$	位置参数为 μ、刻度参数为 λ 的柯西 (Cauchy) 分布
$\Gamma(r,\lambda)$	形状参数为 r、刻度参数为 λ 的伽马 (gamma) 分布
$\Gamma^{-1}(\alpha,\beta)$	参数为 α,β 的逆伽马 (inverse gamma) 分布
$Exp(\lambda)$	参数为 λ 的指数 (exponential) 分布
$Pa(x_0,\alpha)$	参数为 x_0,α 的帕雷托 (Pareto) 分布
$N_p(\boldsymbol{\mu},\boldsymbol{\Sigma})$	均值向量为 $\boldsymbol{\mu}$、协方差阵为 $\boldsymbol{\Sigma}$ 的 p 元正态分布
$LN(\mu,\sigma^2)$	参数为 μ,σ^2 的对数正态 (lognormal) 分布

$D(\alpha_1,\cdots,\alpha_k)$	参数为 $\alpha_1,\cdots,\alpha_k$ 的狄利克雷 (Dirichlet) 分布
$\mathscr{T}_1(\nu,\mu,\tau^2)$	自由度为 ν、均值参数为 μ、刻度参数为 τ 的一元 t 分布
$\mathscr{T}_p(\nu,\boldsymbol{\mu},\boldsymbol{R})$	自由度为 ν、均值向量为 $\boldsymbol{\mu}$、相关矩阵为 $\boldsymbol{R}$ 的 p 元 t 分布
u_α	标准正态分布的上侧 α 分位数
χ_n^2, $\chi_n^2(\alpha)$	自由度为 n 的卡方分布及其上侧 α 分位数
t_n, $t_n(\alpha)$	自由度为 n 的 t 分布及其上侧 α 分位数
$F_{m,n}$, $F_{m,n}(\alpha)$	自由度分别为 m,n 的 F 分布及其上侧 α 分位数
$\boldsymbol{X}$	由若干个随机变量作为分量构成的随机向量
$\boldsymbol{x}$	随机向量 $\boldsymbol{X}$ 的观测值
$E(Y)$, $\mathrm{Var}(Y)$	随机变量 Y 的均值和方差
$I_A(x),I_A$	示性函数, 表示当 $x\in A$ (或 A 发生) 时函数值为 1, 否则为 0
i.i.d.	相互独立相同分布
$\boldsymbol{a}^{\mathrm{T}}$	向量 $\boldsymbol{a}$ 的转置
$\triangleq$	定义为

目　录

第 1 章 绪　论

1.1 引　言

1.1.1 从贝叶斯公式说起

在概率论中我们学过全概率公式和贝叶斯公式, 现回顾如下:

设 $B_1, B_2, \cdots, B_n$ (n 为有限的或无穷) 是样本空间 Ω 的一个完备事件群 (又称为 Ω 的一个分划). 换言之, 它们满足下列条件:

(1) 两两不相交, 即 $B_iB_j = \emptyset \, (i \neq j)$;

(2) 它们的并 (和) 正好是样本空间, 即 $\sum\limits_{i=1}^{n} B_i = \Omega$.

设 A 为 Ω 中的一个事件, 则*全概率公式*为

$$P(A) = P\left(\sum_{i=1}^{n} AB_i\right) = \sum_{i=1}^{n} P(A|B_i)P(B_i).$$

这个公式将整个事件 A 分解成一些两两不相交的事件的并 (和), 直接计算 $P(A)$ 不容易, 但分解后的那些事件的概率容易计算, 从而使 $P(A)$ 的计算变得容易.

在全概率公式的条件下, 即当存在样本空间 Ω 中的一个完备事件群 $\{B_1, B_2, \cdots, B_n\}$ 时, 设 A 为 Ω 中的一个事件, 且 $P(B_i) > 0 \, (i = 1, 2, \cdots, n)$, $P(A) > 0$, 则按条件概率计算方法, 有

$$P(B_i|A) = \frac{P(A|B_i)P(B_i)}{P(A)} = \frac{P(A|B_i)P(B_i)}{\sum\limits_{j=1}^{n} P(A|B_j)P(B_j)}.$$

这个公式称为*贝叶斯公式* (Bayes formula), 它是概率论中的一个著名公式.

下面推敲一下这个公式的意义: 从形式上看, 这个公式不过是条件概率定义与全概率公式的简单推论. 它之所以著名, 是因为这个公式的哲理意义. 先看 $P(B_1)$, $P(B_2), \cdots, P(B_n)$, 这是在没有进一步信息 (不知道 A 是否发生) 的情形下, 人们对 $B_1, B_2, \cdots, B_n$ 发生可能性大小的认识, 在有了新信息 (知道 A 发生) 后, 人们对事件 $B_1, B_2, \cdots, B_n$ 发生可能性大小的新认识体现在 $P(B_1|A), P(B_2|A), \cdots, P(B_n|A)$.

如果我们把事件 A 看成“结果”, 把诸事件 $B_1, B_2, \cdots, B_n$ 看成导致这一结果的

可能“原因”，则可以形象地把全概率公式看成由“原因”推“结果”．而贝叶斯公式正好相反，其作用在于由“结果”找“原因”．现在有了结果 A，在导致 A 发生的众多原因中，到底是哪个原因导致了 A 发生 (或：到底是哪个原因导致 A 发生的可能性最大)？这是日常生活和科学技术研究中常见到的问题．请看下例．

例 1.1.1 考虑一种诊断某癌症的试剂，经临床试验有如下记录：癌症病人试验结果是阳性的概率为 95%，非癌症病人试验结果是阴性的概率为 95%．现用这种试剂在某社区进行癌症普查，设该社区癌症的发病率为 0.5%．问某人反应为阳性时该如何判断他是否患有癌症？

解 设 A 表示“反应为阳性”的事件，B 表示“被诊断者患癌症”的事件，则 $B_1=B$ 和 $B_2=\bar{B}$ 构成一个完备事件群．由题意知

$$\begin{aligned}&P(A|B_1)=0.95,\quad P(A|B_2)=1-P(\bar{A}|B_2)=1-0.95=0.05,\\&P(B_1)=0.005,\quad P(B_2)=0.995.\end{aligned}$$

现在要计算的是 $P(B_1|A)$ 和 $P(B_2|A)$．由贝叶斯公式，易得

$$\begin{aligned}P(B_1|A)&=\frac{P(A|B_1)P(B_1)}{P(A|B_1)P(B_1)+P(A|B_2)P(B_2)}\\&=\frac{0.95\times 0.005}{0.95\times 0.005+0.05\times 0.995}\\&\approx 0.087=8.7\%\end{aligned}$$

类似地，可算得 $P(B_2|A)=0.913=91.3\%$．导致某人试验结果为阳性，可能原因有两个：一个是他患有癌症使试验结果呈阳性；二是他根本就没有患有癌症，但试验结果由于其他未知因素而呈阳性．从这两种原因发生的概率来看，由于 $P(B_2|A)$ 比 $P(B_1|A)$ 大很多，某人真正患癌症的可能性很小，只有 8.7%，告诉他不必紧张，可以到医院去做进一步的检查，以便排除这一疑点．

通过上述介绍，在了解贝叶斯公式后，我们可对贝叶斯方法做如下说明：

贝叶斯方法的基本观点是由贝叶斯公式引申而来的．此公式包含在英国学者贝叶斯 (T. Bayes, 1701～1761) 的一篇论文 (1763 年发表) 中．从形式上看，这一公式不过是条件概率定义的一个简单推论，但它包含了归纳推理的一种思想，这一点在贝叶斯的论文中已经点明了．后来学者把它发展成一种关于统计推断的系统理论和方法，称为贝叶斯方法．由这种方法获得的统计推断的全部结果，构成了贝叶斯统计学的内容．信奉贝叶斯统计，乃至鼓吹贝叶斯观点是关于统计推断唯一正确方法的那些学者形成了数理统计学中的贝叶斯学派 (Bayesian school)．这一学派始于 20 世纪二三十年代，到五六十年代引起人们广泛的关注．时至今日，其影响日益扩大，贝叶斯方法已渗透到了数理统计的几乎所有领域，因此每个学习数理统计学的人，都应当对这个学派的观点和方法有所了解．

贝叶斯学派的观点在统计学界引起了广泛的争论．数理统计学的两大学派，经典 (频率) 学派 (classical school) 与贝叶斯学派近几十年来的争论推动了数理统计学的发

展. 这两大学派之间有共同点, 也有不同点, 为了弄清其主要差别, 下面首先介绍统计推断中所使用的三种信息.

1.1.2 三种信息

我们知道数理统计学的任务是通过样本推断总体. 样本具有两重性. 当把样本视为随机变量时, 它有概率分布, 称为总体分布. 如果我们已经知道总体的分布形式, 这就给了我们一种信息, 称为*总体信息*. 例如, 我们知道样本来自正态总体, 它暗示我们很多信息, 如它的密度函数是倒立的钟形曲线, 它的所有阶矩都存在, 任何事件的概率都可以通过查表求出. 由正态总体还可导出与之相关的 χ^2 分布、t 分布、F 分布等. 因此总体的信息是很重要的, 但是获得总体的信息是要付出代价的. 例如, 在工业可靠性问题中, 我们要想获得电子器件的寿命分布, 就要利用成千上万个器件做大量的试验, 进行统计分析, 从而导出其分布, 这是一项费钱、费时、费力的工作.

另外一种信息是*样本信息*, 就是从总体中抽取的样本所提供的信息. 这是最"鲜活"的信息. 样本越多, 提供的信息越多. 我们希望通过对样本的加工、整理, 对总体的分布或它的某些数字特征作出统计推断. 没有样本就没有统计推断.

总体信息和样本信息放在一起, 也称为*抽样信息* (sampling information).

基于总体信息和样本信息进行统计推断的理论和方法称为经典 (古典) 统计学 (classical statistics). 它的基本观点是: 把样本看成来自有一定概率分布的总体, 所研究的对象是这个总体而不局限于数据本身. 关于这方面的工作最早是高斯 (C. F. Gauss, 1777~1855) 和勒让德 (A. M. Legendre, 1752~1833) 进行误差分析时, 发现了正态分布和最小二乘方法. 从 19 世纪至 20 世纪中叶, K. 皮尔逊 (K. Pearson, 1857~1936)、费希尔 (R. A. Fisher, 1890~1962)、奈曼 (J. Neyman, 1894~1981) 和 E. S. 皮尔逊 (E. S. Pearson, 1895~1980) 等人的杰出工作创立了经典统计学, 经典统计学在自然科学和社会科学中的各个领域得到迅速发展, 但也暴露出它的一些缺点, 导致了新的统计学的产生.

最后一种信息称为*先验信息* (prior information), 即在抽样之前, 有关统计推断问题中未知参数的一些信息. 先验信息一般来自经验和历史资料. 下面两例说明先验信息是存在的且可被人们利用.

例 1.1.2 英国统计学家 L. J. Savage (1961) 提出了一个令人信服的例子说明先验信息有时是很重要的, 如下面两个统计试验:

(1) 一位常饮牛奶和茶的女士说, 她能辨别先倒进杯子里的是茶还是牛奶. 对此做了 10 次试验, 她都说对了.

(2) 一位音乐家说, 他能够从一页乐谱辨别出是海顿 (Haydn) 还是莫扎特 (Mozart) 的作品. 在 10 次试验中, 他都说对了.

在上面两个试验中, 如果认为试验者是猜对的, 每次成功的概率为 0.5, 则 10 次都猜中的概率为 $0.5^{10} \approx 0.0009766$, 这是一个很小的概率, 几乎不可能发生. 因此每次猜对的概率为 0.5 的假设被否定. 他们每次说对的概率比 0.5 大得多, 不能认为这是猜测, 而是经验帮了忙. 可见经验 (先验信息) 在推断中不可忽视, 应当加以利用.

例 1.1.3 某工厂生产一种产品, 每日抽查一部分产品以检查废品率 θ. 经过一段时间后获得大量数据, 对 θ 作出估计. 对于当日被抽查的那批产品的废品率 θ 而言, 它只是一个固定的数, 并无随机性可言; 但逐日的废品率 θ 受随机因素的影响多少会有些波动. 从长期看, 将"一日废品率 θ"视为随机变量, 而要估计的某日的废品率是这个随机变量的一个观测值. 根据历史资料, 可构造废品率 θ 的一个分布

$$P\left(\theta=\frac{i}{n}\right)=\pi_i \quad (i=0,1,2,\cdots,n), \qquad \sum_{i=1}^{n}\pi_i=1.$$

这个对先验信息进行整理加工而得到的分布称为*先验分布*. 该分布总结了工厂过去产品质量的情况. 若这个分布的概率大多集中在 $\theta=0$ 附近, 则可以认为该产品是"信得过产品". 假如以后多次抽样与历史资料提供的先验分布一致, 使用单位就可以作出"免检产品"的决定, 或者每月抽一两次就足够了, 从而省去大量的人力和物力.

基于上述三种信息进行统计推断的方法和理论称为*贝叶斯统计学* (Bayes statistics). 它与经典统计学的主要区别在于是否利用先验信息, 在使用样本上也是存在差别的. 贝叶斯方法重视已出现的样本, 对尚未发生的样本值不予考虑. 贝叶斯学派重视先验信息的收集、挖掘和加工, 使之形成先验分布而加入到统计推断中来, 以提高统计推断的效果. 忽视先验分布的利用, 有时是一种浪费.

贝叶斯方法的一个主要问题是如何确定先验分布, 先验分布的确定有时候具有很大的主观性和随意性. 当先验分布完全未知或部分未知时, 如果人为地给出的先验分布与实际情形偏离较大, 贝叶斯解的性质就较差. 针对这一问题, H. Robbins (1956, 1964) 首先提出了*经验贝叶斯* (empirical Bayes, 简称 EB) 方法. 它的实质是利用历史样本对先验分布或先验分布的某些数字特征作出直接或间接的估计, 因此 EB 方法是对贝叶斯方法的改进和推广. 它是介于经典统计学和贝叶斯统计学之间的一种统计推断方法.

1.1.3 历史

如前所述, 贝叶斯统计起源于英国学者贝叶斯 (Bayes, 1763) 的一篇论文——《机遇理论中一个问题的解》. 在该论文中, 他提出了著名的贝叶斯公式和一种归纳推理的方法. 贝叶斯其人在 18 世纪上半叶的欧洲学术界并不是很知名的人物, 他在生前没有发表科学论著. 那时学者之间的私人通信是传播和交流科学成果的一种重要方式. 许多这类信件得以保存下来并发表传世, 进而成为科学史上的重要文献. 对贝叶斯来说, 这方面的材料有一些, 但不多. 贝叶斯在 1742 年当选英国皇家统计学会会员, 因而可以想象, 他必定以某种方式表现出其学术造诣而为当时的学术界所承认. 他是一个生性孤僻、哲学气味重于数学气味的怪杰. 他的上述遗作发表后很长一段时间在学术界没有引起什么反响, 但到 20 世纪中叶突然受到人们的重视, 成为贝叶斯学派的奠基石. 1958 年国际权威统计杂志《Biometrika》全文重新刊登了这篇文章.

据记载, 贝叶斯在他逝世之前四个月, 在一封遗书中将该文及 100 英镑托付给一个叫普莱斯的学者, 而当时贝叶斯对此人在何处也不了解. 所幸的是, 后来普莱斯在贝叶斯的文件中发现了该文, 他于 1763 年 12 月 23 日在英国皇家学会上宣读了该文, 并在次年全文得以发表. 贝叶斯的遗著在此后近 200 年中没有引起学术界重视, 其主要原因可能是在 20 世纪初著名的统计学家如费希尔、奈曼等对贝叶斯方法持否定态度; 另外, 20 世纪上半叶正是经典统计学得到大发展的一个时期, 发现了一些有普遍应用意义的强有力的统计方法, 如创建假设检验理论 (奈曼-皮尔逊引理)、似然比检验、拟合优度检验、列联表检验和参数估计的最优性理论等. 在这种情况下, 人们不会感到有要"另寻出路"的想法. 自 20 世纪中叶以来, 经典统计学的发展遇到了一些问题, 如数学化程度越来越高, 但有用的方法相对减少; 小样本方法的研究缺乏进展, 从而人们越来越多地转向大样本理论研究, 在应用工作中产生了不满. 在这种背景下, 贝叶斯统计以其操作方法简单加之在解释上的某些合理性吸引了不少应用统计学者, 甚至一些频率学派的学者后来也成为贝叶斯学派的成员也就可以理解了.

贝叶斯学派自 20 世纪下半叶进入全盛时期, 在这中间起过重要作用的统计学家有 H. Jeffreys, 他在 1939 年出版的《概率论》一书, 如今成了贝叶斯学派的经典著作. L. J. Savage 在 1954 年出版的《统计学基础》一书, 也是贝叶斯学派的力作. D. V. Lindley 也写了不少鼓吹贝叶斯统计的著作, 如 Lindley(1971) 等. Box et al. (1973) 和 Berger (1985) 等也是介绍贝叶斯统计的重要著作. 关于贝叶斯统计学的起源和发展史, 详见陈希孺 (1988, 2002).

1.1.4　古典学派和贝叶斯学派的论争

频率学派和贝叶斯学派是当今数理统计学的两大学派. 凡是坚持概率的频率解释, 对数理统计学中的概念、结果和方法性能的评价等都必须在大量重复的意义上去理解的, 皆属于频率学派. 20 世纪初数理统计大发展以来, 起领导作用的重要学者, 如费希尔、皮尔逊、奈曼等, 都属于这一学派. 直到 20 世纪 50 年代为止, 这个学派占据主导地位. 20 世纪 60 年代以来贝叶斯学派迅速崛起, 达到可以与频率学派分庭抗礼的程度. 由于其发展较新, 贝叶斯学派常常把频率学派称为古典学派.

这两个学派发表了许多文章和言论, 常常发生激烈的争论, 是当代数理统计学发展中的一个特有现象. 虽然争论至今并无定论, 不过似乎双方都不否定彼此, 两个学派的方法在许多具体问题的应用中都给出了一些有益的结果. 在贝叶斯学派的有些人看来, 频率学派中的一些重要方法之所以能站住脚, 只是因为它暗合于某个合理的贝叶斯解. 如 $N(\theta,1)$ 中 θ 的无偏估计 $\bar{X}$, 恰好是当 θ 有广义先验密度, 即无信息先验密度 $\pi(\theta)\equiv 1$ 时的贝叶斯估计, 因而 $\bar{X}$ 是一个合理的贝叶斯解. 也有人认为 $N(\theta,\sigma^2)$ 中参数 θ 的 t-区间估计之所以能被接受, 也是因为它是某个广义先验分布下的贝叶斯解. 频率学派承认贝叶斯方法在一些情况下可用, 但限于先验分布可给予某种频率解释的时候. 至于两派涉及的基本哲学观点看来是无法调和的. 其主要的争论要点如下:

1. 频率学派对贝叶斯学派的批评

首先主要集中在主观概率以及相关的先验分布的确定上. 频率学派认为一个事件的概率可以用大量重复试验下的频率来解释. 这种解释不应该因人而异, 即不同人都给以同样的解释. 而主观概率则理解为认识主体对事件发生机会的相信程度, 即不同的人对同一事件的概率可以得到不同的结果. 坚持频率解释的人认为这不仅难以捉摸, 且与认识主体有关, 没有客观性, 因而也就没有科学性. 因此, 凡是不能给以客观的频率解释的那种先验分布, 都是主观随意性的产物, 是不可接受的. 当然也不能接受建立在这个基础上的统计方法, 认为这样作出的统计推断缺乏客观的科学价值. 如费希尔在提出"信任分布"的概念时, 就特别将它与贝叶斯统计中的"先验分布"划清界限.

频率学派还认为在许多情况下将参数 θ 视为随机变量是不合理的. 例如, 估计矿体内某种金属含量 θ, 很难把这一问题纳入贝叶斯观点的模式中. 此外, 就算在某些问题中将 θ 看作随机变量有一定的合理性, 但关于 θ 的先验知识往往不是确切到可以通过一定的先验分布来表述. 在这种情况下, 人为地指定 θ 的先验分布带有主观性, 也缺乏合理性.

贝叶斯学派对这些批评的回答, 归纳起来有以下几点:

(1) 主观概率事实上是人们常用的一个概念, 例如, 人们常说"明天下雨的可能性为 2/3"这类的话. 这话无频率解释, 但普遍觉得它有一种可理解的意义. 它反映了说话者对"明天下雨"这件事的相信程度. 甚至在科学上也有这种说法, 例如, 根据目前所掌握的探测结果, 人们认为"火星上有生命"的可能性很低, 也许不到万分之一. 因此赞成主观概率的人, 常常认为它反映了说话者对有关事件的认识水平. 这话看来有一定道理, 不过仍未完全解决的问题是: 主观概率的实质是什么? 能否给予严格的定义? 等等.

(2) 在涉及采取行动且必须为此承担后果的问题 (统计判决问题) 中, 人们了解的情况不同, 对问题所具有的知识不同 (这反映到所采用的先验分布不同), 他们的最佳行动方案也应有所不同. 在这种情况下, 不同的人有不同的先验分布是正常的. 要求所谓"客观性"反倒没有意义.

(3) 贝叶斯学派认为虽然古典学派没有明确地使用先验分布, 但事实上在频率学派观点下, 导出的统计推断方法也是某种潜在的先验分布之下的贝叶斯解. 前面已经提到两个这样的例子, 正态 $N(\theta,1)$ 中 $\bar{X}$ 和 $N(\theta,\sigma^2)$ 中 θ 的 t-区间估计实际上是某种特殊先验分布下的贝叶斯解.

频率学派对贝叶斯学派批评的第二个要点是: 贝叶斯方法也要以样本分布为出发点, 这种分布通常都是在频率意义下来解释的, 因此贝叶斯学派既彻底否定频率学派, 但又要使用这个学派的工具. 对于这个批评, 贝叶斯学派很少作出明确的回答. 可能是因为这个不一致性确是一个难于作出令人信服回答的问题. 如果作为一个彻底的主观概率论者, 就必须把样本分布看成刻画样本取各种值在主观上的相信程度. 即使这样也不能解决问题, 因为样本是已知的, 而贝叶斯学派反对把已有样本放到无穷多个可能样本的背景下去考查这种做法 (因为这将导致频率解释). 故按此推理到极端, 人们甚至不能谈论样本有什么分布的问题. 因此, 贝叶斯学派只能把样本分布作为其方法结构中的一个组成部分, 而避免去涉及对它的意义的解释.

2. 贝叶斯学派对频率学派的批评

(1) 首先涉及"频率解释"本身. 许多应用问题是一次性的, 在严格或大致相同条件下重复事实上是不可能的. 在灾害预报问题中, 如地震、洪水等灾害都不可在相同条件下重复. 因此, 在许多情况下, 统计概念和方法的频率解释完全没有现实意义. 这种频率解释的根源, 来自把样本放在"无穷多个可能值"的背景下去考查这一点. 贝叶斯学派认为, 只能在现有样本的基础上去处理问题, 不能顾及那些可能发生, 但事实上并没有发生的情形. 这个批评在许多情况下是中肯的. 问题在于: 用"相信程度"取代"频率解释"是否就真的克服了这个困难.

(2) 贝叶斯学派认为古典学派基于概率的频率解释, 因此所导出的方法 (点估计、区间估计、假设检验等) 的精度和可靠度也只是在大量重复下的平均值, 这是名义性的, 且是在事前 (抽样前) 就已定下了的称为"*事前精度*"与"*事前可靠度*". 贝叶斯学派认为, 这种不顾实际的样本值而在事前规定精度和可靠度是不合理的, 往往与实际情况大相径庭. 直观上, 人们倾向于能接受的是: 统计推断的精度和可靠度如何, 应与试验结果 (样本) 有关, 即应当采用"*事后精度*"和"*事后可靠度*". 贝叶斯方法符合这一要求.

例如, 检验假设 $H:\theta\in\Theta_H\leftrightarrow K:\theta\in\Theta_K$, 选定检验水平 $\alpha=0.05$. 若假设被否定了, 我们只知道犯错误的机会是 0.05, 与所得样本无关. 而事实上人们觉得, 若问题是检验正态总体 $N(\theta,1)$ 中假设 $H:\theta\leqslant 0\leftrightarrow K:\theta>0$, 在样本 $X=2$ 时否定原假设 H, 与在样本 $X=4$ 时否定原假设 H 相比后者出错的可能性要小些. 在贝叶斯方法中, 我们需算出条件概率 (后验概率) $P(\theta\leqslant 0|X=x)$. 当样本为 $X=4$ 时的条件概率远小于 $X=2$ 时的条件概率. 因此虽然二者结果都否定 $\theta\leqslant 0$, 但其可靠度有异. 再举一个极端的例子:

设 $X_1,\cdots,X_n$ 为从总体 $N(\theta,1)$ 中抽取的独立同分布样本, 要检验假设 $H:\theta=0\leftrightarrow K:\theta\neq 0$, 取检验水平 $\alpha=0.05$. 由经典统计方法可知: 当 $|\sqrt{n}\bar{X}|>1.96$ 时, 否定 H. 然而当 θ 的真值 $\theta=10^{-10}$ 时, 应当认为 $\theta=0$, 认为 $\theta=10^{-10}$ 与 0 有差异在绝大多数情形下无意义. 但古典方法只要样本量很大, 如 $n=10^{24}$, $\bar{X}$ 就将以很大的概率距离真值 $\theta=10^{-10}$ 不超过 10^{-11}, 但对这个范围内的 $\bar{X}$, 显然有 $|\sqrt{n}\bar{X}|=10^{12}|\bar{X}|>1.96$, 故否定零假设. 因此即使真参数 θ 与 0 的差异微乎其微, 经典方法也否定 H_0, 这是不合理的. 这个例子说明, 按显著性水平 α 做简单假设的检验是没有意义的. 一个合理的做法是, 求下列检验问题:

$$H_0:|\theta|\leqslant 10^{-3}\leftrightarrow H_1:|\theta|>10^{-3}.$$

贝叶斯学派关于事前精度和事前可靠度的批评揭示了古典学派统计推断方法的一个重要缺陷.

小结 频率学派与贝叶斯学派有不少共同点, 如都承认样本有概率分布, 概率的计算遵循共同的准则. 分歧在于是把未知参数 θ 看成一个固定量, 还是看成一个随机变量, 其余的分歧多少都由此派生而来. 对上述争论有一个至高无上的"裁判者", 即应用的结果如何. 统计方法无论在理论上如何精细高明, 总要用实践来检验. 迄今为止, 实践显示这两派的得分都不低, 也正是因为它们在应用上表现不错, 才能各自聚合了一批追随者而形成各自的学派. 作为一个统计学者, 可以不执著于任何一派的观点, 而是各取其所长, 为我所用.

1.2 贝叶斯统计推断的若干基本概念

贝叶斯统计方法与经典统计方法主要不同之处是: 在考虑统计推断时除了利用抽样信息外, 还利用参数的先验信息. 当先验信息足够多时, 可获得先验分布.

1.2.1 先验分布与后验分布

定义 1.2.1 (先验分布) 参数空间 Θ 上的任一概率分布称为*先验分布* (prior distribution).

本教材中用 $\pi(\theta)$ 表示 θ 的先验分布. 这里 $\pi(\theta)$ 是随机变量 θ 的概率函数 (即当 θ 为离散型随机变量时, $\pi(\theta_i)\,(i=1,2,\cdots)$ 表示事件 $\{\theta=\theta_i\}$ 的概率分布, 即概率 $P(\theta=\theta_i)$; 当 θ 为连续型随机变量时, $\pi(\theta)$ 表示 θ 的密度函数). θ 的分布函数用 $F^{\pi}(\theta)$ 表示.

先验分布有不同的类型, 比较重要的两个概念是无信息先验分布和共轭先验分布, 另外一个问题是如何确定和选择先验分布, 这些将在第 2 章中介绍.

先验分布 $\pi(\theta)$ 是在抽取样本 $\boldsymbol{X}$ 之前对参数 θ 的认识. 在获取样本后, 由于样本 $\boldsymbol{X}$ 也包含 θ 的信息, 因此一旦获得抽样信息, 人们对 θ 的认识就发生了变化和调整, 调整的结果是获得对 θ 的新认识, 称为后验分布, 记为 $\pi(\theta|\boldsymbol{x})$ (它表示给定 $\boldsymbol{x}$ 时随机变量 θ 的概率函数, 其分布函数用 $F^{\pi}(\theta|\boldsymbol{x})$ 表示). 所以后验分布可以看作是人们用总体信息和样本信息 (也统称为抽样信息) 对先验分布做调整的结果. 因此后验分布是三种信息的综合. 下面给出后验分布的具体定义.

定义 1.2.2 (后验分布) 在获得样本 $\boldsymbol{x}$ 后, θ 的*后验分布* (posterior distribution) 就是在给定 $\boldsymbol{X}=\boldsymbol{x}$ 条件下 θ 的条件分布, 记为 $\pi(\theta|\boldsymbol{x})$. 对有密度的情形, 它的密度函数为

$$\pi(\theta|\boldsymbol{x})=\frac{h(\boldsymbol{x},\theta)}{m(\boldsymbol{x})}=\frac{f(\boldsymbol{x}|\theta)\pi(\theta)}{\int_{\Theta}f(\boldsymbol{x}|\theta)\pi(\theta)\mathrm{d}\theta}, \tag{1.2.1}$$

其中 $h(\boldsymbol{x},\theta)=f(\boldsymbol{x}|\theta)\pi(\theta)$ 为 $\boldsymbol{X}$ 和 θ 的联合密度. 而

$$m(\boldsymbol{x})=\int_{\Theta}h(\boldsymbol{x},\theta)\mathrm{d}\theta=\int_{\Theta}f(\boldsymbol{x}|\theta)\pi(\theta)\mathrm{d}\theta$$

为 $\boldsymbol{X}$ 的边缘密度.

式 (1.2.1) 就是贝叶斯公式的密度函数形式, 它集中了总体、样本和先验三种信息中有关 θ 的一切信息, 且排除了一切与 θ 无关的信息. 从贝叶斯学派的观点看, 获取后验分布 $\pi(\theta|\boldsymbol{x})$ 后, 一切统计推断都必须从 $\pi(\theta|\boldsymbol{x})$ 出发.

在 θ 为离散随机变量时, 先验分布可用先验分布列 $\{\pi(\theta_i), i=1,2,\cdots\}$ 表示, 这时后验分布具有如下离散形式:

$$\pi(\theta_i|\boldsymbol{x}) = \frac{f(\boldsymbol{x}|\theta_i)\pi(\theta_i)}{\sum\limits_i f(\boldsymbol{x}|\theta_i)\pi(\theta_i)} \quad (i=1,2,\cdots). \tag{1.2.2}$$

假如样本来自的总体 X 也是离散的, 只要把式 (1.2.2) 中的密度函数 $f(\boldsymbol{x}|\theta_i)$ 看作事件 $\{\boldsymbol{X}=\boldsymbol{x}|\theta_i\}$ 的概率 $P(\boldsymbol{X}=\boldsymbol{x}|\theta=\theta_i)$, 同时将 $\pi(\theta_i)$ 看作事件 $\theta=\theta_i$ 的概率 $P(\theta=\theta_i)$, 则式 (1.2.2) 就变为

$$P(\theta=\theta_i|\boldsymbol{X}=\boldsymbol{x}) = \frac{P(\boldsymbol{X}=\boldsymbol{x}|\theta=\theta_i)P(\theta=\theta_i)}{\sum\limits_i P(\boldsymbol{X}=\boldsymbol{x}|\theta=\theta_i)P(\theta=\theta_i)}.$$

这就是贝叶斯公式.

1.2.2 点估计问题

在获得参数 θ 的后验分布后, θ 的估计可以用下面的后验期望表示:

$$\hat{\theta}_{\mathrm{B}} = E(\theta|\boldsymbol{x}) = \int_{\Theta} \theta\pi(\theta|\boldsymbol{x})\mathrm{d}\theta = \frac{\int_{\Theta} \theta f(\boldsymbol{x}|\theta)\pi(\theta)\mathrm{d}\theta}{m(\boldsymbol{x})};$$

当然也可以用后验分布的中位数或后验众数作为 θ 的估计量.

1.2.3 假设检验问题

设假设检验问题的一般形式是

$$H: \theta \in \Theta_H \leftrightarrow K: \theta \in \Theta_K,$$

此处 $\Theta_H \bigcup \Theta_K = \Theta$, 其中 Θ 是参数空间, Θ_H 是 Θ 的非空真子集.

在获得参数 θ 的后验分布后, 计算 Θ_H 和 Θ_K 的后验概率:

$$p_H(\boldsymbol{x}) = P(\theta \in \Theta_H|\boldsymbol{x}), \qquad p_K(\boldsymbol{x}) = P(\theta \in \Theta_K|\boldsymbol{x}).$$

若 $p_{\mathrm{H}}(\boldsymbol{x}) > 1/2$, 则接受 H; 否则拒绝 H.

1.2.4 区间估计问题

在求得 θ 的后验密度 $\pi(\theta|\boldsymbol{x})$ 后, 求统计量 $A(\boldsymbol{x})$ 和 $B(\boldsymbol{x})$, 使得

$$P\big(A(\boldsymbol{x}) \leqslant \theta \leqslant B(\boldsymbol{x})|\boldsymbol{x}\big) = \int_{A(\boldsymbol{x})}^{B(\boldsymbol{x})} \pi(\theta|\boldsymbol{x})\mathrm{d}\theta = 1-\alpha,$$

其中 α $(0<\alpha<1)$ 为常数, 则称 $[A(\boldsymbol{x}),B(\boldsymbol{x})]$ 为 θ 的可信度为 $1-\alpha$ 的可信区间.

例 1.2.1 设随机变量 X 服从二项分布 $B(n,\theta)$, θ 的先验分布为 (0,1) 上的均匀分布 $U(0,1)$. 求 θ 的贝叶斯点估计.

解 X 的概率函数和 θ 的先验密度分别为

$$f(x|\theta)=\binom{n}{x}\theta^x(1-\theta)^{n-x}\quad(x=0,1,2,\cdots,n),$$
$$\pi(\theta)\equiv 1\quad(0<\theta<1).$$

X 和 θ 的联合分布是

$$h(x,\theta)=\binom{n}{x}\theta^x(1-\theta)^{n-x}\quad(x=0,1,2,\cdots,n;0<\theta<1).$$

X 的边缘分布是

$$m(x)=\int_0^1 h(x,\theta)\mathrm{d}\theta=\int_0^1\binom{n}{x}\theta^x(1-\theta)^{n-x}\mathrm{d}\theta=\frac{1}{n+1}.$$

θ 的后验分布是

$$\begin{aligned}\pi(\theta|x)=\frac{h(x,\theta)}{m(x)}&=\frac{\binom{n}{x}\theta^x(1-\theta)^{n-x}}{1/(n+1)}\\&=\frac{\Gamma(n+2)}{\Gamma(x+1)\Gamma(n-x+1)}\theta^{(x+1)-1}(1-\theta)^{(n-x+1)-1},\end{aligned}$$

即 $\theta|x$ 服从贝塔 (Beta) 分布 $Be(x+1,n-x+1)$.

若取 θ 的贝叶斯估计为后验期望估计, 则有

$$\hat{\theta}_{\mathrm{B}}=E(\theta|x)=\frac{x+1}{n+2},$$

而采用经典统计方法时, θ 的极大似然估计 (MLE) 是

$$\hat{\theta}=\frac{X}{n}.$$

比较 $\hat{\theta}_{\mathrm{B}}$ 和 $\hat{\theta}$, 易见贝叶斯估计 $\hat{\theta}_{\mathrm{B}}$ 更合理. 因为当 $x=0$ 或 $x=n$ 时, $\hat{\theta}=0$ 或 1, 其值太极端了; 而当 $x=0$ 或 $x=n$ 时, $\hat{\theta}_{\mathrm{B}}=1/(n+2)$ 或 $(n+1)/(n+2)$ 既不为 0, 也不为 1, 但分别接近于 0 或 1, 看上去显得更合理些.

1.3 贝叶斯统计决策的若干基本概念

1.3.1 统计决策三要素

1. 样本空间和样本分布族

取值于样本空间 (sample space) $\mathscr{X}$ 的随机变量 X 及其分布族 $\{f(x|\theta), \theta \in \Theta\}$ 是构成统计决策问题的第一个要素, 其中 Θ 为参数空间. $\boldsymbol{X} = (X_1, \cdots, X_n)$ 是总体 X 的 i.i.d. 样本. 这里 $f(x|\theta)$ 是 X 的概率函数, 即当 X 为离散型随机变量时, $f(x|\theta)$ 表示给定 θ 时事件 $\{X = x|\theta\}$ 的概率分布; 当 X 为连续型随机变量时, $f(x|\theta)$ 表示给定 θ 时随机变量 X 的密度函数, 即对样本空间中的任一事件 A, 有

$$P(A|\theta) = \begin{cases} \int_A f(x|\theta)\mathrm{d}x, & X\text{为连续型随机变量}, \\ \sum_{x\in A} f(x|\theta), & X\text{为离散型随机变量}. \end{cases}$$

2. 行动空间

决策者对某个统计决策问题可能采取的行动所构成的非空集合, 称为*行动空间* (action space) 或*决策空间* (decision space), 记为 $\mathscr{D}$. 设 $d = d(\boldsymbol{x})$ 是采取的决策行动. 在估计问题中, $\mathscr{D}$ 是由一切估计量 d 构成的集合, 常取 $\mathscr{D} = \Theta$. 在检验问题中 $\mathscr{D}$ 只有两个行动, 即 $\mathscr{D} = \{d_0, d_1\}$, 其中 d_0 表示接受原假设 H_0, d_1 表示拒绝 H_0.

3. 损失函数

损失函数 (loss function) 是定义在 $\Theta \times \mathscr{D}$ 上的非负 (可测) 函数, 记为 $L(\theta, d)$. 它表示参数为 θ 时采取行动 $d \in \mathscr{D}$ 所蒙受的损失. 显然, 损失越小决策函数越好. 损失函数的类型很多, 常用的有平方损失、加权平方损失、绝对值损失和线性损失等.

1.3.2 风险函数和一致最优决策函数

定义 1.3.1 定义于样本空间 $\mathscr{X}$ 而取值于决策空间 $\mathscr{D}$ 的函数 $\delta = \delta(\boldsymbol{x})$ 称为*决策函数*或*判决函数* (decision rules).

设 δ 是采取的决策行动. 若参数为 θ, 则由此造成的损失是 $L(\theta, \delta)$. 这个量与样本 $\boldsymbol{X}$ 有关, 所以是随机的. 因此, 采取行动 $\delta(\boldsymbol{x})$ 的效果用平均损失去度量是合理的. 我们引入如下风险函数的概念.

定义 1.3.2 (风险函数) 设 $\delta(\boldsymbol{x})$ 是一个决策函数, 称平均损失

$$R(\theta,\delta)=E^{\boldsymbol{X}|\theta}[L(\theta,\delta(\boldsymbol{X}))]=\int_{\mathscr{X}}L(\theta,\delta(\boldsymbol{x}))\mathrm{d}F(\boldsymbol{x}|\theta)$$

$$=\begin{cases}\displaystyle\int_{\mathscr{X}}L(\theta,\delta(\boldsymbol{x}))f(\boldsymbol{x}|\theta)\mathrm{d}\boldsymbol{x}, & X\text{为连续型随机变量},\\ \displaystyle\sum_{\boldsymbol{x}\in\mathscr{X}}L(\theta,\delta(\boldsymbol{x}))f(\boldsymbol{x}|\theta), & X\text{为离散型随机变量}\end{cases}\tag{1.3.1}$$

为 $\delta(\boldsymbol{x})$ 的风险函数 (risk function), 此处 $F(\boldsymbol{x}|\theta)$ 是给定 θ 时 $\boldsymbol{X}$ 的分布函数.

按照 Wald 的统计决策理论, 评价一个决策函数的唯一依据就是其风险函数. 风险函数愈小愈好. 有了风险函数后, 可比较不同决策函数的优劣.

定义 1.3.3 设 $\delta_1(\boldsymbol{x})\in\mathscr{D}$ 和 $\delta_2(\boldsymbol{x})\in\mathscr{D}$ 为 θ 的两个不同决策函数. 如果对一切 $\theta\in\Theta, R(\theta,\delta_1(\boldsymbol{x}))\leqslant R(\theta,\delta_2(\boldsymbol{x}))$, 且至少存在一个 $\theta_0\in\Theta$ 使严格不等号成立, 则称 $\delta_1(\boldsymbol{x})$ 优于 $\delta_2(\boldsymbol{x})$; 如果对一切 $\theta\in\Theta, R(\theta,\delta_1(\boldsymbol{x}))\equiv R(\theta,\delta_2(\boldsymbol{x}))$, 则称 $\delta_1(\boldsymbol{x})$ 和 $\delta_2(\boldsymbol{x})$ 等价.

若存在 $\delta^*(\boldsymbol{x})\in\mathscr{D}$, 使得对任一决策函数 $\delta(\boldsymbol{x})\in\mathscr{D}$ 以及一切 $\theta\in\Theta$, 有

$$R(\theta,\delta^*(\boldsymbol{x}))\leqslant R(\theta,\delta(\boldsymbol{x})),\tag{1.3.2}$$

则称 $\delta^*(\boldsymbol{x})$ 为一致最优解或一致最优决策函数 (uniformly minimum risk decision rule).

对决策函数 $\delta(\boldsymbol{x})$, 若不存在一致优于它的决策函数, 则称 $\delta(\boldsymbol{x})$ 为可容许的决策函数 (admissible decision rule).

1.3.3 贝叶斯风险和贝叶斯解

由于损失函数也是参数 θ 的函数, 当 θ 是随机变量时, 将损失函数对 θ 的先验分布求平均, 就得到贝叶斯期望损失的概念.

定义 1.3.4 (贝叶斯期望损失) 设 $\delta(\boldsymbol{x})\in\mathscr{D}$ 为 θ 的决策函数, $L(\theta,\delta(\boldsymbol{x}))$ 为损失函数, $F^{\pi}(\theta)$ 为 θ 的先验分布函数, 令

$$R(\pi,\delta(\boldsymbol{x}))=E^{\pi}[L(\theta,\delta(\boldsymbol{x}))]=\int_{\Theta}L(\theta,\delta(\boldsymbol{x}))\mathrm{d}F^{\pi}(\theta)$$

$$=\begin{cases}\displaystyle\int_{\Theta}L(\theta,\delta(\boldsymbol{x}))\pi(\theta)\mathrm{d}\theta, & \theta\text{为连续型随机变量},\\ \displaystyle\sum_{i}L(\theta_i,\delta(\boldsymbol{x}))\pi(\theta_i), & \theta\text{为离散型随机变量},\end{cases}$$

则称 $R(\pi,\delta(\boldsymbol{x}))$ 为 $\delta(\boldsymbol{x})$ 的贝叶斯期望损失 (Bayes expectation loss), 或称为贝叶斯先验风险.

上述概念与风险函数不同, 前者是将损失函数按样本的分布求均值, 后者是将损失函数按 θ 的先验分布求均值.

设 $\delta=\delta(\boldsymbol{x})$ 是采取的决策行动, $R(\theta,\delta)$ 是 δ 的风险函数, 这个量与 θ 有关. 由于 θ 是随机变量, 因而 $R(\theta,\delta)$ 是随机的, 我们将它关于 θ 的先验分布求平均, 就引入如下概念.

定义 1.3.5 (贝叶斯风险)　设 $R(\theta,\delta(\boldsymbol{x}))$ 为风险函数, $F^{\pi}(\theta)$ 为 θ 的先验分布函数, 则称

$$\begin{aligned} R_{\pi}(\delta(\boldsymbol{x})) &= \int_{\Theta} R(\theta,\delta(\boldsymbol{x}))\mathrm{d}F^{\pi}(\theta) = E^{\pi}[R(\theta,\delta(\boldsymbol{X}))] \\ &= \int_{\Theta}\int_{\mathscr{X}} L(\theta,\delta(\boldsymbol{x}))\mathrm{d}F(\boldsymbol{x}|\theta)\mathrm{d}F^{\pi}(\theta) \end{aligned}$$

为 $\delta(\boldsymbol{x})$ 的*贝叶斯风险* (Bayes risk).

对决策函数而言, 贝叶斯风险越小越好, 故引入下面的概念.

定义 1.3.6 (贝叶斯解)　设 $\delta_1(\boldsymbol{x}) \in \mathscr{D}$ 和 $\delta_2(\boldsymbol{x}) \in \mathscr{D}$ 为 θ 的两个决策函数, $F^{\pi}(\theta)$ 为 θ 的先验分布函数. 若 $R_{\pi}(\delta_1(\boldsymbol{x})) \leqslant R_{\pi}(\delta_2(\boldsymbol{x}))$, 则称 $\delta_1(\boldsymbol{x})$ 在贝叶斯风险下优于 $\delta_2(\boldsymbol{x})$. 若存在 $\delta^*(\boldsymbol{x}) \in \mathscr{D}$, 使得对任一决策函数 $\delta(\boldsymbol{x}) \in \mathscr{D}$, 有

$$R_{\pi}(\delta^*(\boldsymbol{x})) \leqslant R_{\pi}(\delta(\boldsymbol{x})),$$

则称 $\delta^*(\boldsymbol{x})$ 为所考虑的统计判决问题的*贝叶斯解* (Bayes solution).

1.4　基本统计方法及理论的简单回顾*

1.4.1　充分统计量及因子分解定理

定义 1.4.1 (充分统计量)　设样本 $\boldsymbol{X}$ 的分布族为 $\{f(\boldsymbol{x},\theta),\theta \in \Theta\}$, 其中 Θ 是参数空间, $T = T(\boldsymbol{X})$ 为一统计量. 若在已知 T 的条件下, 样本 $\boldsymbol{X}$ 的条件分布与参数 θ 无关, 则称 $T(\boldsymbol{X})$ 为*充分统计量* (sufficient statistic).

从定义出发验证一个统计量是充分的, 计算太麻烦. 用下面的因子分解定理判别一个统计量是否为充分的, 是非常方便的.

定理 1.4.1 (*因子分解定理*)　设样本 $\boldsymbol{X} = (X_1,\cdots,X_n)$ 的概率函数 $f(\boldsymbol{x},\theta)$ 依赖于参数 θ, $\boldsymbol{T} = T(\boldsymbol{X})$ 是一个统计量, 则 $\boldsymbol{T}$ *为充分统计量的*充要条件是 $f(\boldsymbol{x},\theta)$ 可以分解为

$$f(\boldsymbol{x},\theta) = g(T(\boldsymbol{x}),\theta)h(\boldsymbol{x}) \qquad (1.4.1)$$

的形式. 注意, 此处函数 $h(\boldsymbol{x}) = h(x_1,\cdots,x_n)$ 不依赖于 θ.

这里概率函数是指: 若 $\boldsymbol{X}$ 为连续型样本, 则 $f(\boldsymbol{x},\theta)$ 是其密度函数; 若 $\boldsymbol{X}$ 是离散型样本, 则 $f(\boldsymbol{x},\theta) = P_{\theta}(X_1 = x_1,\cdots,X_n = x_n)$, 即样本 $\boldsymbol{X}$ 的概率分布.

推论 1.4.1　设 $\boldsymbol{T} = T(\boldsymbol{X})$ 为 θ 的充分统计量, $S = \varphi(\boldsymbol{T})$ 是一一对应的变换, 则 $S = \varphi(\boldsymbol{T})$ 也是 θ 的充分统计量.

例 1.4.1 设 $\boldsymbol{X}=(X_1,\cdots,X_n)$ 为从正态总体 $N(\mu,\sigma^2)$ 中抽取的 i.i.d. 样本, 令 $\boldsymbol{\theta}=(\mu,\sigma^2)$, 则 $T(\boldsymbol{X})=\Big(\sum\limits_{i=1}^n X_i,\sum\limits_{i=1}^n X_i^2\Big)$ 为充分统计量, 且 $(\bar{X},S^2)$ 也是充分统计量. 此处

$$\bar{X}=\frac{1}{n}\sum_{i=1}^n X_i,\quad S^2=\frac{1}{n-1}\sum_{i=1}^n (X_i-\bar{X})^2.$$

证 样本 $\boldsymbol{X}$ 的联合密度为

$$\begin{aligned}f(\boldsymbol{x},\boldsymbol{\theta})&=\Big(\frac{1}{\sqrt{2\pi}\sigma}\Big)^n\exp\Big\{-\frac{1}{2\sigma^2}\sum_{i=1}^n(x_i-\mu)^2\Big\}\\&=\Big(\frac{1}{\sqrt{2\pi}\sigma}\Big)^n\exp\Big\{-\frac{1}{2\sigma^2}\Big(\sum_{i=1}^n x_i^2-2\mu\sum_{i=1}^n x_i+n\mu^2\Big)\Big\}\\&=g(T(\boldsymbol{x}),\boldsymbol{\theta})\cdot h(\boldsymbol{x}).\end{aligned}$$

此处 $h(\boldsymbol{x})\equiv 1$, 故由因子分解定理, 可知 $T(\boldsymbol{X})=\Big(\sum\limits_{i=1}^n X_i,\sum\limits_{i=1}^n X_i^2\Big)$ 为 $\boldsymbol{\theta}$ 的充分统计量.

由于 $\Big(\sum\limits_{i=1}^n X_i,\sum\limits_{i=1}^n X_i^2\Big)$ 与 $(\bar{X},S^2)$ 为一一对应的变换, 由推论 1.4.1, 可知 $(\bar{X},S^2)$ 也是 $\boldsymbol{\theta}$ 的充分统计量.

例 1.4.2 设 $\boldsymbol{X}=(X_1,\cdots,X_n)$ 为从总体 $B(1,\theta)$ 中抽取的 i.i.d. 样本, 则 $T(\boldsymbol{X})=\sum\limits_{i=1}^n X_i$ 是充分统计量, 且 $\bar{X}$ 也是充分统计量.

证 样本 $\boldsymbol{X}$ 的联合分布是

$$\begin{aligned}f(\boldsymbol{x},\theta)&=P_\theta(X_1=x_1,\cdots,X_n=x_n)\\&=\theta^{x_1+\cdots+x_n}(1-\theta)^{n-(x_1+\cdots+x_n)}=g(T(\boldsymbol{x}),\theta)h(\boldsymbol{x}).\end{aligned}$$

此处 $h(\boldsymbol{x})\equiv 1$, 故由因子分解定理, 可知 $T(\boldsymbol{X})=\sum\limits_{i=1}^n X_i$ 为充分统计量.

由于 $\sum\limits_{i=1}^n X_i$ 与 $\bar{X}$ 为一一对应的变换, 由推论 1.4.1, 可知 $\bar{X}$ 也是充分统计量.

1.4.2 指数族及指数族中统计量的完全性

在统计理论问题中, 许多统计推断方法的优良性, 对一类范围广泛的统计模型 (亦称为分布族) 有较满意的结果, 这类分布族称为指数族. 常见的分布, 如正态分布、二项分布、泊松分布、负二项分布、指数分布和伽马分布等都属于这类分布族. 这些表面上看来各不相同的分布, 其实都可以统一在一种包罗更广的一类称为指数型分布族的模型中.

定义 1.4.2 (指数型分布族) 设 $\mathscr{F}=\{f(x,\boldsymbol{\theta}),\boldsymbol{\theta}\in\Theta\}$ 是定义在样本空间 $\mathscr{X}$ 上的分布族, 其中 Θ 为参数空间. 若其概率函数 $f(x,\boldsymbol{\theta})$ 可表示成

$$f(x,\boldsymbol{\theta})=C(\boldsymbol{\theta})\exp\Big\{\sum_{i=1}^k Q_i(\boldsymbol{\theta})T_i(x)\Big\}h(x),\tag{1.4.2}$$

则称此分布族为指数型分布族 (简称指数族, exponential family), 其中 k 为自然数, $C(\boldsymbol{\theta})>0$ 和 $Q_i(\boldsymbol{\theta})\,(i=1,2,\cdots,k)$ 都是定义在参数空间 Θ 上的函数, $h(x)>0$ 和 $T_i(x)\,(i=1,2,\cdots,k)$ 都是定义在 $\mathscr{X}$ 上的函数.

在式 (1.4.2) 中, 若记 $\varphi_i=Q_i(\boldsymbol{\theta})\,(i=1,\cdots,k)$, 则式 (1.4.2) 可表示为

$$f(x,\boldsymbol{\varphi})=C^*(\boldsymbol{\varphi})\exp\left\{\sum_{i=1}^{n}\varphi_i T_i(x)\right\}h(x), \tag{1.4.3}$$

则称它为指数族的自然形式 (natural form), 其中 $\boldsymbol{\varphi}=(\varphi_1,\cdots,\varphi_k)$. 此时, 集合

$$\Theta^*=\left\{\boldsymbol{\varphi}=(\varphi_1,\cdots,\varphi_k):\int_{\mathscr{X}}\exp\left\{\sum_{i=1}^{k}\varphi_i T_i(x)\right\}h(x)\mathrm{d}x<\infty\right\} \tag{1.4.4}$$

称为自然参数空间 (natural parametric space).

例 1.4.3　设 X 为从二项分布 $\{B(n,\theta),0<\theta<1\}$ 中抽取的样本, 则样本分布族是指数族. 求出它的自然形式和自然参数空间.

解　由于 $X\sim B(n,\theta)$, 故其概率函数为

$$\begin{aligned}p(x,\theta)=P_\theta(X=x)&=\binom{n}{x}\left(\frac{\theta}{1-\theta}\right)^x(1-\theta)^n\\&=(1-\theta)^n\exp\left\{x\ln\frac{\theta}{1-\theta}\right\}\cdot\binom{n}{x}\\&=C(\theta)\exp\{Q_1(\theta)T_1(x)\}h(x).\end{aligned} \tag{1.4.5}$$

此处 $\mathscr{X}=\{0,1,2,\cdots,n\}$, $\Theta=\{\theta:0<\theta<1\}=(0,1)$, $C(\theta)=(1-\theta)^n$, $Q_1(\theta)=\ln\dfrac{\theta}{1-\theta}$, $T_1(x)=x$, $h(x)=\dbinom{n}{x}$. 按定义, 二项分布族 $\{B(n,\theta),0<\theta<1\}$ 是指数族.

在式 (1.4.5) 中令 $\varphi=\ln\dfrac{\theta}{1-\theta}$, 则

$$p(x,\varphi)=(1+\mathrm{e}^{\varphi})^{-n}\exp\{\varphi\cdot x\}\binom{n}{x}=C(\varphi)\exp\{\varphi\cdot T_1(x)\}h(x)$$

为指数族的自然形式, 此处 $C(\varphi)=(1+\mathrm{e}^{\varphi})^{-n}$, 而 $T_1(x),h(x)$ 与式 (1.4.5) 中的相同. 其自然参数空间为

$$\Theta^*=\left\{\varphi=\ln\frac{\theta}{1-\theta}:-\infty<\varphi<+\infty\right\}=(-\infty,+\infty).$$

例 1.4.4　设 $\boldsymbol{X}=(X_1,\cdots,X_n)$ 为从正态分布 $N(\mu,\sigma^2)$ 中抽取的 i.i.d. 样本, 则样本分布族是指数族. 求出它的自然形式和自然参数空间.

解 由例 1.4.1, 可知样本 $\boldsymbol{X}$ 的联合密度可表示为

$$f(\boldsymbol{x},\boldsymbol{\theta})=(\sqrt{2\pi}\sigma)^{-n}\exp\left\{-\frac{n\mu^2}{2\sigma^2}\right\}\exp\left\{\frac{\mu}{\sigma^2}\sum_{i=1}^n x_i-\frac{1}{2\sigma^2}\sum_{i=1}^n x_i^2\right\}$$
$$=C(\boldsymbol{\theta})\exp\{Q_1(\boldsymbol{\theta})T_1(\boldsymbol{x})+Q_2(\boldsymbol{\theta})T_2(\boldsymbol{x})\}h(\boldsymbol{x}), \tag{1.4.6}$$

此处 $\boldsymbol{\theta}=(\mu,\sigma^2)$, 参数空间为 $\Theta=\{\boldsymbol{\theta}=(\mu,\sigma^2):-\infty<\mu<+\infty,\sigma^2>0\}$,

$$C(\boldsymbol{\theta})=(\sqrt{2\pi}\sigma)^{-n}\exp\left\{-\frac{n\mu^2}{2\sigma^2}\right\},$$
$$Q_1(\boldsymbol{\theta})=\frac{\mu}{\sigma^2},\quad Q_2(\boldsymbol{\theta})=-\frac{1}{2\sigma^2},$$
$$T_1(\boldsymbol{x})=\sum_{i=1}^n x_i,\quad T_2(\boldsymbol{x})=\sum_{i=1}^n x_i^2,\quad h(\boldsymbol{x})\equiv 1.$$

因此, 由定义可知上述样本分布族是指数族.

在式 (1.4.6) 中令 $\varphi_1=\mu/\sigma^2$, $\varphi_2=-1/(2\sigma^2)$, 记 $\boldsymbol{\varphi}=(\varphi_1,\varphi_2)$, 则

$$f(\boldsymbol{x},\boldsymbol{\varphi})=C^*(\boldsymbol{\varphi})\exp\left\{\varphi_1\sum_{i=1}^n x_i+\varphi_2\sum_{i=1}^n x_i^2\right\}h(\boldsymbol{x})$$
$$=C^*(\boldsymbol{\varphi})\exp\{\varphi_1T_1(\boldsymbol{x})+\varphi_2T_2(\boldsymbol{x})\}h(\boldsymbol{x})$$

为指数族的自然形式, 此处

$$C^*(\boldsymbol{\varphi})=\left(\sqrt{\frac{-2\varphi_2}{2\pi}}\right)^n\exp\left\{\frac{n\varphi_1^2}{4\varphi_2}\right\},$$

而 $T_1(\boldsymbol{x}),T_2(\boldsymbol{x}),h(\boldsymbol{x})$ 与式 (1.4.6) 中的相同. 其自然参数空间为

$$\Theta^*=\{\boldsymbol{\varphi}=(\varphi_1,\varphi_2):-\infty<\varphi_1<+\infty,-\infty<\varphi_2<0\}.$$

为讨论指数族中统计量的完全性, 需要下面的定义.

定义 1.4.3 (完全统计量) 设 $\mathscr{F}=\{f(x,\theta),\theta\in\Theta\}$ 为一分布族, Θ 是参数空间. 并设 $T=T(\boldsymbol{X})$ 为一统计量. 若对任何满足条件

$$E_\theta\varphi(T(\boldsymbol{X}))=0\quad(一切\,\theta\in\Theta)$$

的 $\varphi(T(\boldsymbol{X}))$, 都有

$$P_\theta(\varphi(T(\boldsymbol{X}))=0)=1\quad(一切\,\theta\in\Theta),$$

则称 $T(\boldsymbol{X})$ 是完全统计量 (complete statistic).

由定义可见, 若 $T(\boldsymbol{X})$ 是完全统计量, 则它的任一实函数 $g(T)$ 也是完全统计量.

从定义出发判断一个统计量的完全性较复杂, 下面的定理将给我们判别统计量的完全性带来极大的方便.

定理 1.4.2　设样本 $\boldsymbol{X}=(X_1,X_2,\cdots,X_n)$ 的概率函数

$$f(\boldsymbol{x},\boldsymbol{\theta})=C(\boldsymbol{\theta})\exp\left\{\sum_{i=1}^{k}\theta_i T_i(\boldsymbol{x})\right\}h(\boldsymbol{x})\quad(\boldsymbol{\theta}=(\theta_1,\cdots,\theta_k)\in\Theta^*)\tag{1.4.7}$$

为指数族的自然形式. 令 $T(\boldsymbol{X})=(T_1(\boldsymbol{X}),\cdots,T_k(\boldsymbol{X}))$, 若自然参数空间 Θ^* 作为 $\mathbb{R}^k$ 的子集有内点, 则 $T(\boldsymbol{X})$ 是完全统计量.

注 1.4.1　在指数族的自然形式 (1.4.7) 中, 可见样本 $\boldsymbol{X}$ 的联合密度可表示为 $f(\boldsymbol{x},\boldsymbol{\theta})=g(T(\boldsymbol{x}),\boldsymbol{\theta})h(\boldsymbol{x})$, 其中 $g(T(\boldsymbol{x}),\boldsymbol{\theta})=C(\boldsymbol{\theta})\exp\left\{\sum\limits_{i=1}^{k}\theta_i T_i(\boldsymbol{x})\right\}$. 由因子分解定理, 立得 $T(\boldsymbol{X})=(T_1(\boldsymbol{X}),\cdots,T_k(\boldsymbol{X}))$ 为充分统计量. 因此, 在指数族的自然形式中, 若自然参数空间 Θ^* 作为 $\mathbb{R}^k$ 的子集有内点, 则 $T(\boldsymbol{X})$ 是充分完全统计量.

例 1.4.5　设 $\boldsymbol{X}=(X_1,\cdots,X_n)$ 为从正态总体 $N(\mu,\sigma^2)$ 中抽取的 i.i.d. 样本, 参数空间 $\boldsymbol{\Theta}=\{\boldsymbol{\theta}=(\mu,\sigma^2):-\infty<\mu<+\infty,\sigma^2>0\}$, 则 $T(\boldsymbol{X})=(T_1(\boldsymbol{X}),T_2(\boldsymbol{X}))=\left(\sum\limits_{i=1}^{n}X_i,\sum\limits_{i=1}^{n}X_i^2\right)$ 为充分完全统计量. 更进一步, $(\bar{X},S^2)$ 也是充分完全统计量.

证　(1) 由例 1.4.1, 可知 $T(\boldsymbol{X})$ 为充分统计量, 且 $(\bar{X},S^2)$ 也是充分统计量.

(2) 由例 1.4.4, 可知其指数族的自然形式为

$$f(\boldsymbol{x},\boldsymbol{\theta})=C^*(\varphi)\exp\{\varphi_1T_1(\boldsymbol{x})+\varphi_2T_2(\boldsymbol{x})\}h(\boldsymbol{x}),$$

其中 $h(\boldsymbol{x})\equiv1,\varphi_1=\mu/\sigma^2,\varphi=-1/(2\sigma^2),\boldsymbol{\varphi}=(\varphi_1,\varphi_2)$. 自然参数空间为

$$\Theta^*=\left\{(\varphi_1,\varphi_2):-\infty<\varphi_1<\infty,-\infty<\varphi_2<0\right\},$$

Θ^* 作为 $\mathbb{R}^2$ 的子集显然有内点, 故由定理 1.4.2, 可知 $T(\boldsymbol{X})=\left(\sum\limits_{i=1}^{n}X_i,\sum\limits_{i=1}^{n}X_i^2\right)$ 为完全统计量. 由完全性的定义, 可知 $(\bar{X},S^2)$ 也是完全统计量, 从而可知 $(\bar{X},S^2)$ 是充分完全统计量.

1.4.3　点估计方法及其最优性理论

设有一参数分布族 $\mathscr{F}=\{f(x,\theta),\theta\in\Theta\}$, 其中 Θ 为参数空间. 又设 $g(\theta)$ 是定义在 Θ 上的函数, $\boldsymbol{X}=(X_1,\cdots,X_n)$ 为从总体 $\mathscr{F}$ 中抽取的 i.i.d. 样本, 求 $g(\theta)$ 的估计量有一些不同的方法, 如矩估计法和极大似然估计法等. 这些方法大家都比较熟悉, 故不再介绍. 此处重点介绍点估计的最优性理论, 即一致最小方差无偏估计.

设 $\hat{g}(\boldsymbol{X})=\hat{g}(X_1,\cdots,X_n)$ 为 $g(\theta)$ 的一个无偏估计量. 若用不同估计方法获得 $g(\theta)$ 的无偏估计不止一个, 如何比较它们的优劣? 这就需要下面的定义.

定义 1.4.4　设 $\boldsymbol{X}=(X_1,\cdots,X_n)$ 是从分布族 $\{f(x,\theta),\theta\in\Theta\}$ 中抽取的 i.i.d. 样本, 其中 Θ 为参数空间. 令 $g(\theta)$ 为定义在 Θ 上的可估函数. 设 $\hat{g}^*(\boldsymbol{X})=\hat{g}^*(X_1,\cdots,X_n)$ 为 $g(\theta)$ 的一个无偏估计. 若对 $g(\theta)$ 的任一无偏估计 $\hat{g}(\boldsymbol{X})$, 都有

$$\mathrm{Var}_\theta(\hat{g}^*(\boldsymbol{X}))\leqslant\mathrm{Var}_\theta(\hat{g}(\boldsymbol{X}))\quad(\text{一切}\,\theta\in\Theta),$$

则称 $\hat{g}^*(\boldsymbol{X})$ 是 $g(\theta)$ 的一致最小方差无偏估计 (Uniformly Minimum Variance Unbiased Estimation, 简称 UMVUE).

对给定的参数分布族, 如何求 $g(\theta)$ 的 UMVUE 呢? 主要有下列两种方法: 充分完全统计量法 (即 Lehmann-Scheffe 定理, 简称 L-S 定理) 和 C-R (Cramer-Rao) 不等式法.

1. 充分完全统计量法

定理 1.4.3 (L-S 定理)　设 $\boldsymbol{X}=(X_1,\cdots,X_n)$ 是从分布族 $\{f(x,\theta),\ \theta\in\Theta\}$ 中抽取的 i.i.d. 样本, $T(\boldsymbol{X})$ 为一个充分完全统计量. 若 $\hat{g}(T(\boldsymbol{X}))$ 为 $g(\theta)$ 的一个无偏估计, 则 $\hat{g}(T(\boldsymbol{X}))$ 是 $g(\theta)$ 的唯一的 UMVUE (唯一性是指在这样的意义下: 若 $\hat{g}_1$ 和 $\hat{g}_2$ 是 $g(\theta)$ 的 UMVUE, 设 $P_\theta(\hat{g}_1\neq\hat{g}_2)=0$ (一切 $\theta\in\Theta$), 则认为 $\hat{g}_2$ 和 $\hat{g}_1$ 是同一个估计量).

例 1.4.6　设 $\boldsymbol{X}=(X_1,\cdots,X_n)$ 是从 0-1 分布族 $\{B(1,\theta),0<\theta<1\}$ 中抽取的 i.i.d. 样本. 已知 $T=\sum\limits_{i=1}^{n}X_i$ 服从二项分布 $B(n,\theta)$, 且 $T(\boldsymbol{X})$ 为充分完全统计量. 求 θ 和 $g(\theta)=\theta(1-\theta)$ 的 UMVUE.

解　(1) 由因子分解定理, 可知 $T(\boldsymbol{X})=\sum\limits_{i=1}^{n}X_i$ 为二项分布 $B(n,\theta)$ 中参数 θ 的充分统计量. 由定理 1.4.2, 易知 $T(\boldsymbol{X})$ 也是完全统计量. 故 $\hat{g}(\boldsymbol{X})=T/n=\bar{X}$ 是充分完全统计量 $T(\boldsymbol{X})$ 的函数, 且 $E_\theta[\hat{g}(\boldsymbol{X})]=\theta$ $(0<\theta<1)$. 因此, 由 L-S 定理可知 $\hat{g}(\boldsymbol{X})$ 为 θ 的唯一的 UMVUE.

(2) 设 $\delta(T)$ 为 $g(\theta)=\theta(1-\theta)$ 的一个无偏估计. 由无偏估计的定义及 $T\sim B(n,\theta)$, 可得

$$\sum_{t=0}^{n}\binom{n}{t}\delta(t)\theta^t(1-\theta)^{n-t}=\theta(1-\theta)\quad(0<\theta<1).$$

解此方程, 得

$$\delta(T)=\frac{T(n-T)}{n(n-1)}\quad(t=0,1,\cdots,n).$$

它是充分完全统计量 $T=\sum\limits_{i=1}^{n}X_i$ 的函数. 由 L-S 定理, 可知 $\delta(T)$ 为 $g(\theta)$ 的 UMVUE.

例 1.4.7　设 $\boldsymbol{X}=(X_1,\cdots,X_n)$ 为从正态分布 $N(\mu,\sigma^2)$ 中抽取的 i.i.d. 样本, 记 $\boldsymbol{\theta}=(\mu,\sigma^2)$. 求 μ 和 σ^2 的 UMVUE.

解　由例 1.4.1 和例 1.4.5, 可知 $T(\boldsymbol{X})=(T_1(\boldsymbol{X}),T_2(\boldsymbol{X}))$ 为充分完全统计量, 其中 $T_1(\boldsymbol{X})=\sum\limits_{i=1}^{n}X_i$, $T_2(\boldsymbol{X})=\sum\limits_{i=1}^{n}(X_i-\bar{X})^2$. 由于 $\hat{g}_1(\boldsymbol{X})=\bar{X}=T_1/n$ 和 $\hat{g}_2(\boldsymbol{X})=T_2/(n-1)$ 分别为 μ 和 σ^2 的无偏估计, 且它们又是充分完全统计量的函数, 故由 L-S 定理, 可知它们分别是 μ 和 σ^2 的 UMVUE.

2. C-R 不等式法

C-R 不等式是判别一个无偏估计量是否为 UMVUE 的另一个重要工具. 其思想如下: 设 $\mathscr{U}_g$ 是 $g(\theta)$ 的一切无偏估计构成的类, $\mathscr{U}_g$ 中的估计量的方差有一个下界. 如

果 $g(\theta)$ 的一个无偏估计 $\hat{g}$ 的方差达到这个下界, 则 $\hat{g}$ 就是 $g(\theta)$ 的一个 UMVUE, 也称为 $g(\theta)$ 的一个有效估计. 当然样本分布族要满足 C-R 正则条件 (其定义见韦来生 (2008) 3.5 节), 且 $\hat{g}$ 要满足一定的条件.

这一方法的缺陷是: 由 C-R 不等式确定的下界常比真下界小. 在一些场合, 虽然 $g(\theta)$ 的 UMVUE $\hat{g}$ 存在, 但其方差大于 C-R 下界. 在这种情况下, 用 C-R 不等式就无法判定 $g(\theta)$ 的 UMVUE 是否存在, 因此这一方法的适用范围不广.

定理 1.4.4 (C-R 不等式) 设 $\mathscr{F}=\{f(x,\theta),\theta\in\Theta\}$ 满足 C-R 正则条件, $g(\theta)$ 是定义在参数空间 Θ 上的可微函数. 又设 $\boldsymbol{X}=(X_1,\cdots,X_n)$ 是由总体分布族 $\mathscr{F}$ 中抽取的 i.i.d. 样本, $\hat{g}(\boldsymbol{X})$ 是 $g(\theta)$ 的任一无偏估计, 且满足条件

$$\int\cdots\int\hat{g}(\boldsymbol{x})f(\boldsymbol{x},\theta)\mathrm{d}\boldsymbol{x}$$

可在积分号下对 θ 求导数 $(\mathrm{d}\boldsymbol{x}=\mathrm{d}x_1\cdots\mathrm{d}x_n)$, 则有

$$\mathrm{Var}_\theta[\hat{g}(\boldsymbol{X})]\geqslant\frac{[g'(\theta)]^2}{nI(\theta)}\quad(\text{一切 }\theta\in\Theta).\tag{1.4.8}$$

特别当 $g(\theta)=\theta$ 时, 式 (1.4.8) 变为

$$\mathrm{Var}_\theta[\hat{g}(\boldsymbol{X})]\geqslant\frac{1}{nI(\theta)}\quad(\text{一切 }\theta\in\Theta),$$

其中费希尔信息函数

$$I(\theta)=E_\theta\left\{\left[\frac{\partial\ln f(X,\theta)}{\partial\theta}\right]^2\right\}<\infty.$$

例 1.4.8 设 $\boldsymbol{X}=(X_1,\cdots,X_n)$ 为从 $N(\mu,\sigma^2)$ 中抽取的 i.i.d. 样本, 其中 σ^2 已知. 用 C-R 不等式, 验证 $\bar{X}$ 为 μ 的 UMVUE.

证 由于正态分布族是指数族, C-R 正则条件皆成立. 正态 $N(\mu,\sigma^2)$ 的密度函数为

$$f(x,\mu)=\frac{1}{\sqrt{2\pi}\sigma}\exp\left\{-\frac{1}{2\sigma^2}(x-\mu)^2\right\}.$$

费希尔信息函数为

$$I(\mu)=E\left\{\left[\frac{\partial\ln f(X,\mu)}{\partial\mu}\right]^2\right\}=E\left[\frac{(X-\mu)^2}{\sigma^4}\right]=\frac{1}{\sigma^4}\mathrm{Var}_\mu(X)=\frac{1}{\sigma^2}.$$

故 C-R 下界为 $1/[nI(\mu)]=\sigma^2/n$. 而 $\mathrm{Var}_\mu(\bar{X})=\sigma^2/n$ 达到 C-R 下界, 故 $\bar{X}$ 为 μ 的 UMVUE.

同样, 若本题中条件改成 μ 已知, 但 σ^2 未知, 则容易验证 $S_\mu^2=\dfrac{1}{n}\sum\limits_{i=1}^n(X_i-\mu)^2$ 为 σ^2 的 UMVUE. 其证明留作练习.

1.4.4 似然比检验

设有参数分布族 $\{f(x,\theta),\theta\in\Theta\}$, Θ 为参数空间. 令 $\boldsymbol{X}=(X_1,\cdots,X_n)$ 为自上述分布族中抽取的 i.i.d. 样本, $f(\boldsymbol{x},\theta)$ 为样本的概率函数. 考虑检验问题

$$H_0:\theta\in\Theta_0\leftrightarrow H_1:\theta\in\Theta_1, \tag{1.4.9}$$

此处 Θ_0 为参数空间 Θ 的非空真子集, $\Theta_1=\Theta-\Theta_0$.

关于总体参数的假设检验方法, 有正态总体参数的直观检验方法和大样本检验方法等, 这些方法大家都比较熟悉, 故不再介绍. 非参数检验方法有皮尔逊卡方检验及列联表检验等, 这类方法大家也比较熟悉, 故也略去其介绍. 此处, 我们重点介绍似然比检验, 它是极大似然原理在假设检验问题中的体现. 对假设检验的最优性理论, 即一致最优检验 (UMPT) 感兴趣的读者可参看韦来生 (2008) 5.4 节的内容.

1. 似然比检验的定义

在有了样本 $\boldsymbol{x}$ 后, 将 $f(\boldsymbol{x},\theta)$ 视为 θ 的函数, 称为似然函数. 由于假设检验问题 (1.4.9) 要在"$\theta\in\Theta_0$"与"$\theta\in\Theta_1$"二者中选一个, 我们自然考虑以下两个量:

$$L_{\Theta_0}(\boldsymbol{x})=\sup_{\theta\in\Theta_0}f(\boldsymbol{x},\theta),\quad L_{\Theta_1}(\boldsymbol{x})=\sup_{\theta\in\Theta_1}f(\boldsymbol{x},\theta).$$

考虑其比值 $L_{\Theta_1}(\boldsymbol{x})/L_{\Theta_0}(\boldsymbol{x})$. 若此比值较大, 则说明真参数在 Θ_1 内的"似然性"较大, 因而我们倾向于否定假设"$\theta\in\Theta_0$". 反之, 若此比值较小, 我们倾向于接受假设"$\theta\in\Theta_0$". 等价地考虑比值 $L_{\Theta}(\boldsymbol{x})/L_{\Theta_0}(\boldsymbol{x})$, 这样做的好处是 $L_{\Theta}(\boldsymbol{x})=\sup\limits_{\theta\in\Theta}f(\boldsymbol{x},\theta)$ 的计算比 $L_{\Theta_1}(\boldsymbol{x})$ 要容易. 因此得到如下定义.

定义 1.4.5 设样本 $\boldsymbol{X}$ 有概率函数 $f(\boldsymbol{x},\theta)$ $(\theta\in\Theta)$, 而 Θ_0 为参数空间 Θ 的真子集. 考虑检验问题 (1.4.9), 则统计量

$$\lambda(\boldsymbol{x})=\frac{\sup\limits_{\theta\in\Theta}f(\boldsymbol{x},\theta)}{\sup\limits_{\theta\in\Theta_0}f(\boldsymbol{x},\theta)} \tag{1.4.10}$$

称为关于该检验问题的似然比. 而由下式定义的检验函数

$$\varphi(\boldsymbol{x})=\begin{cases}1, & \lambda(\boldsymbol{x})>c,\\ r, & \lambda(\boldsymbol{x})=c,\\ 0, & \lambda(\boldsymbol{x})<c\end{cases} \tag{1.4.11}$$

称为检验问题 (1.4.9) 的一个似然比检验 (likelihood ratio test), 有些文献中也称为广义似然比检验. 其中 c, r $(0\leqslant r\leqslant 1)$ 为待定常数, 使得检验具有给定的检验水平 α. 若样本分布为连续分布, 则在式 (1.4.11) 中令 $r=0$.

根据以上所述, 求似然比检验可按下列步骤:

(1) 求似然函数 $f(\boldsymbol{x},\theta)$, 并明确参数空间 Θ 和 Θ_0 是什么.

(2) 算出 $L_\Theta(\boldsymbol{x})=\sup\limits_{\theta\in\Theta} f(\boldsymbol{x},\theta)$ 和 $L_{\Theta_0}(\boldsymbol{x})=\sup\limits_{\theta\in\Theta_0} f(\boldsymbol{x},\theta)$.

(3) 求出 $\lambda(\boldsymbol{x})$ 或与其等价的统计量的分布.

(4) 确定 c 和 r, 使检验问题 (1.4.9) 具有给定的检验水平 α.

其中, 最关键的是步骤 (3). 检验统计量 $\lambda(\boldsymbol{x})$ 的表达式一般很复杂, 求其分布不易. 但若 $\lambda(\boldsymbol{x})=g(T(\boldsymbol{x}))$ 为 $T(\boldsymbol{x})$ 的单调上升 (或下降) 函数, 则检验 (1.4.11) 显然等价于

$$\varphi(\boldsymbol{x})=\begin{cases}1, & T(\boldsymbol{x})>c,\\ r, & T(\boldsymbol{x})=c,\\ 0, & T(\boldsymbol{x})<c.\end{cases}$$

因此代替求 $\lambda(\boldsymbol{X})$ 的分布, 我们只要求出 $T(\boldsymbol{X})$ 的分布即可 (若 $\lambda(\boldsymbol{x})$ 为 $T(\boldsymbol{x})$ 的单调下降函数, 则将 $\varphi(\boldsymbol{x})$ 中的不等式反向).

如果 $\lambda(\boldsymbol{X})$ 的分布无法求得, 可用其极限分布近似代替.

例 1.4.9　设 $\boldsymbol{X}=(X_1,\cdots,X_n)$ 是从正态分布族 $\{N(\mu,\sigma^2),-\infty<\mu<+\infty,\sigma^2>0\}$ 中抽取的 i.i.d. 样本. 求下面检验问题的检验水平为 α 的似然比检验:

$$H_0:\mu=\mu_0\leftrightarrow H_1:\mu\neq\mu_0, \tag{1.4.12}$$

其中 α 和 μ_0 已知.

解　记 $\boldsymbol{\theta}=(\mu,\sigma^2)$, 则 $\boldsymbol{\theta}$ 的似然函数为

$$f(\boldsymbol{x},\boldsymbol{\theta})=(2\pi\sigma^2)^{-n/2}\exp\left\{-\frac{1}{2\sigma^2}\sum_{i=1}^n(x_i-\mu)^2\right\},$$

这里参数空间为 $\Theta=\{\boldsymbol{\theta}=(\mu,\sigma^2):\ -\infty<\mu<+\infty,\sigma^2>0\}$. 零假设 H_0 对应的 Θ 的子集为 $\Theta_0=\{\boldsymbol{\theta}=(\mu,\sigma^2):\ \mu=\mu_0,\sigma^2>0\}$.

在 Θ 上, μ 和 σ^2 的极大似然估计 (MLE) 为

$$\hat{\mu}=\bar{X},\quad \hat{\sigma}^2=\frac{1}{n}\sum_{i=1}^n(X_i-\bar{X})^2;$$

在 Θ_0 上, σ^2 的 MLE 为

$$\tilde{\sigma}^2=\frac{1}{n}\sum_{i=1}^n(X_i-\mu_0)^2.$$

故有

$$\sup_{\theta\in\Theta} f(\boldsymbol{x},\boldsymbol{\theta})=f(\boldsymbol{x},\hat{\mu},\hat{\sigma}^2)=\left(\frac{2\pi\mathrm{e}}{n}\right)^{-n/2}\left[\sum_{i=1}^n(x_i-\bar{x})^2\right]^{-n/2},$$

$$\sup_{\theta\in\Theta_0} f(\boldsymbol{x},\boldsymbol{\theta})=f(\boldsymbol{x},\mu_0,\tilde{\sigma}^2)=\left(\frac{2\pi\mathrm{e}}{n}\right)^{-n/2}\left[\sum_{i=1}^n(x_i-\mu_0)^2\right]^{-n/2}.$$

从而有

$$\begin{aligned}\lambda(\boldsymbol{x}) &= \left[\sum_{i=1}^{n}(x_i-\bar{x})^2\Big/\sum_{i=1}^{n}(x_i-\mu_0)^2\right]^{-n/2} = \left[1+n(\bar{x}-\mu_0)^2\Big/\sum_{i=1}^{n}(x_i-\bar{x})^2\right]^{n/2}\\ &= \left\{1+\frac{1}{n-1}\left[T(\boldsymbol{x})\right]^2\right\}^{n/2}.\end{aligned}$$

由于 $\lambda(\boldsymbol{x})$ 为 $|T(\boldsymbol{x})|$ 的严格增函数, 因此似然比检验否定域

$$D=\{\boldsymbol{X}=(X_1,\cdots,X_n):\lambda(\boldsymbol{X})>c'\}=\{\boldsymbol{X}:|T(\boldsymbol{X})|>c\}.$$

此处 $T(\boldsymbol{X})=\sqrt{n}(\bar{X}-\mu_0)/S$, $S^2=\dfrac{1}{n-1}\sum\limits_{i=1}^{n}(X_i-\bar{X})^2$. 利用下面的事实: 当 H_0 成立时, $T\sim t_{n-1}$. 令

$$P(|T|>c|H_0)=\alpha,$$

则可知 $c=t_{n-1}(\alpha/2)$. 因此

$$\varphi(\boldsymbol{x})=\begin{cases}1, & |T|>t_{n-1}(\alpha/2),\\ 0, & |T|\leqslant t_{n-1}(\alpha/2)\end{cases}$$

是检验问题 (1.4.12) 的一个检验水平为 α 的似然比检验.

例 1.4.10 设样本 $\boldsymbol{X}=(X_1,\cdots,X_n)$ 取自指数分布总体, 其密度函数为

$$f(x,\lambda)=\frac{1}{\lambda}\exp\left\{-\frac{x}{\lambda}\right\}I_{(0,\infty)}(x).$$

求检验问题

$$H_0:\lambda=\lambda_0\leftrightarrow H_1:\lambda\neq\lambda_0 \tag{1.4.13}$$

的检验水平为 α 的似然比检验, 此处 λ_0 和 α 已知.

解 参数 λ 的似然函数为

$$L(\lambda,\boldsymbol{x})=\begin{cases}\lambda^{-n}\exp\{-n\bar{x}/\lambda\}, & x_1,\cdots,x_n>0,\\ 0, & \text{其他},\end{cases}$$

参数空间和 H_0 对应的参数空间的子集分别为 $\Theta=(0,\infty)$ 和 $\Theta_0=\{\lambda:\lambda=\lambda_0\}$. 由于 λ 的极大似然估计为 $\hat{\lambda}=\bar{X}$, 故在 Θ 和 Θ_0 上似然函数的最大值分别为

$$\begin{aligned}L_{\Theta}(\boldsymbol{x}) &= \sup_{\lambda\in\Theta}L(\lambda,\boldsymbol{x})=\frac{\mathrm{e}^{-n}}{\bar{x}^n},\\ L_{\Theta_0}(\boldsymbol{x}) &= L(\lambda_0,\boldsymbol{x})=\lambda_0^{-n}\exp\{-n\bar{x}/\lambda_0\}.\end{aligned}$$

记 $t=T(\boldsymbol{x})=\sum\limits_{i=1}^{n}x_i=n\bar{x}$, 则似然比为

$$\lambda(\boldsymbol{x}) = \frac{L_{\Theta}(\boldsymbol{x})}{L_{\Theta_0}(\boldsymbol{x})}=\frac{n^n\lambda_0^n}{\mathrm{e}^n t^n}\exp\{t/\lambda_0\}=c\cdot g(t).$$

此处 $c=(n\lambda_0/\mathrm{e})^n$, $g(t)=t^{-n}\mathrm{e}^{t/\lambda_0}$. 显而易见, 当 $t\to\infty$ 和 $t\to 0$ 时 $g(t)\to\infty$, 当 t 在 $(0,\infty)$ 中变化时, $g(t)$ 的形状是先降后升. 因此有

$$\varphi(\boldsymbol{x})=\begin{cases}1, & \lambda(\boldsymbol{x})>c\\ 0, & \lambda(\boldsymbol{x})\leqslant c\end{cases}$$

$$=\begin{cases}1, & t<k_1\text{或}t>k_2,\\ 0, & \text{其他}.\end{cases}$$

由指数分布随机变量的性质, 可知当 H_0 成立时, $2T(\boldsymbol{X})/\lambda_0\sim\chi^2_{2n}$, 此处 $T=T(\boldsymbol{X})=\sum\limits_{i=1}^n X_i$. 为确定临界值 k_1 和 k_2, 令

$$P(T<k_1|H_0)=P\left(\frac{2T}{\lambda_0}<\frac{2k_1}{\lambda_0}\right)=\frac{\alpha}{2},$$
$$P(T>k_2|H_0)=P\left(\frac{2T}{\lambda_0}>\frac{2k_2}{\lambda_0}\right)=\frac{\alpha}{2},$$

则得到

$$k_1=\frac{\lambda_0}{2}\chi^2_{2n}(1-\alpha/2),\quad k_2=\frac{\lambda_0}{2}\chi^2_{2n}(\alpha/2).$$

因此检验问题 (1.4.13) 的检验水平为 α 的似然比检验为

$$\varphi(\boldsymbol{x})=\begin{cases}1, & t<\dfrac{\lambda_0}{2}\chi^2_{2n}(1-\alpha/2)\text{ 或 }t>\dfrac{\lambda_0}{2}\chi^2_{2n}(\alpha/2),\\ 0, & \text{其他}.\end{cases}$$

2. 似然比的极限分布

在似然比检验的定义 1.4.5 中, 为了确定式 (1.4.11) 中的 c 和 r, 需要知道似然比 $\lambda(\boldsymbol{X})$ 在零假设成立时的分布. 但在许多情况下, 似然比有很多复杂的形状, 其精确分布无法求得. 1938 年, S. S. Wilks 证明了: 若 $X_1,\cdots,X_n$ 是 i.i.d. 样本, 则当 $n\to\infty$ 时, 在零假设成立的条件下, 似然比有一个简单的极限分布. 利用它的极限分布可近似确定式 (1.4.11) 中的 c 和 r.

定理 1.4.5 设 Θ 的维数为 k, Θ_0 的维数为 s. 若 $k-s=t>0$, 且样本的概率分布满足一定的正则条件, 则对检验问题 (1.4.9), 在零假设 H_0 成立时, 若样本大小 $n\to\infty$, 则有

$$2\ln\lambda(\boldsymbol{X})\xrightarrow{\mathscr{L}}\chi^2_t.$$

例 1.4.11 设 $X_1,\cdots,X_n$ i.i.d. $\sim B(1,p)$. 用大样本方法, 求检验问题 $H:p=p_0\leftrightarrow K:p\neq p_0$ 的检验水平为 α 的似然比检验, 此处 α 和 p_0 已知.

解 记 $\boldsymbol{X}=(X_1,\cdots,X_n)$, 则 p 的似然函数为

$$f(\boldsymbol{x},p)=p^t(1-p)^{n-t},$$

此处 $t=T(\boldsymbol{x})=\sum\limits_{i=1}^{n}x_i=n\bar{x}$, 而参数空间 Θ 和其子集 Θ_0 分别为

$$\Theta=\{p:0<p<1\},\quad \Theta_0=\{p:p=p_0\}$$

在 Θ 上, p 的极大似然估计为 $\hat{p}=\bar{X}$, 故有

$$\begin{aligned}
&L_{\Theta}=\sup_{p\in\Theta}f(\boldsymbol{x},p)=f(\boldsymbol{x},\hat{p})=\bar{x}^t(1-\bar{x})^{n-t},\\
&L_{\Theta_0}=\sup_{p=p_0}f(\boldsymbol{x},p)=f(\boldsymbol{x},p_0)=p_0^t(1-p_0)^{n-t},\\
&\lambda(\boldsymbol{x})=\frac{L_{\Theta}}{L_{\Theta_0}}=\left[\frac{\bar{x}(1-p_0)}{(1-\bar{x})p_0}\right]^t\left(\frac{1-\bar{x}}{1-p_0}\right)^n=\left[\frac{\bar{x}(1-p_0)}{(1-\bar{x})p_0}\right]^{n\bar{x}}\left(\frac{1-\bar{x}}{1-p_0}\right)^n,\\
&\ln\lambda(\boldsymbol{x})=n\bar{x}\big\{\ln\left[\bar{x}(1-p_0)\right]-\ln\left[(1-\bar{x})p_0\right]\big\}+n\left[\ln(1-\bar{x})-\ln(1-p_0)\right].
\end{aligned}$$

参数空间 Θ 的维数 $k=1$, 而 Θ_0 的维数 $s=0$, 故 $t=k-s=1$. 因此由定理 1.4.5, 可知 $2\ln\lambda(\boldsymbol{x})\to\chi_1^2$. 本检验问题的检验水平为 α 的否定域为

$$D=\Big\{\boldsymbol{X}:\ 2\ln\lambda(\boldsymbol{X})>\chi_1^2(\alpha)\Big\}.$$

1.4.5 常见的统计分布

常用的统计分布表见附表 1, 对表中所用符号做如下说明:

(1) 设随机变量 $X\sim f(x,\theta),X_1,\cdots,X_n$ i.i.d. $\sim X$, 则 $f(x,\theta)$ 表示随机变量 X 的概率函数. 当 X 为离散型随机变量时, 它表示 X 的概率分布; 当 X 为连续型随机变量时, 它表示 X 的概率密度函数.

(2) $\varphi(t)=E\big(\mathrm{e}^{\mathrm{i}tX}\big)$ 表示随机变量 X 的特征函数.

(3) $\bar{X}$ 和 S^2 分别为样本 $X_1,\cdots,X_n$ 的样本均值和样本方差, 即

$$\bar{X}=\frac{1}{n}\sum_{j=1}^{n}X_j,\quad S^2=\frac{1}{n-1}\sum_{j=1}^{n}(X_j-\bar{X})^2.$$

(4) $E(X),\mathrm{Var}(X)$ 和 $\mathrm{Mode}(X)$ 分别表示 X 的均值、方差和众数.

习 题 1

1. 设 θ 是一批产品的不合格率. 已知它不是 0.1 就是 0.2, 且其先验分布为

$$\pi(0.1)=0.7,\quad \pi(0.2)=0.3.$$

假如从这批产品中随机抽取 8 个进行检查, 发现有 2 个不合格. 求 θ 的后验分布.

2. 设一盘磁带上的缺陷数服从泊松分布 $P(\lambda)$, 其中 λ 可取 1.0 和 1.5 中的一个. 又设 λ 的先验分布为

$$\pi(1.0)=0.4,\quad \pi(1.5)=0.6.$$

假如检查一盘磁带发现 3 个缺陷. 求 λ 的后验分布.

3. 设 θ 是一批产品的不合格率. 从中随机抽取 8 个产品进行检查, 发现有 3 个不合格. 假如先验分布为

(1) $\theta\sim U(0.1)$;

(2) $\theta\sim\pi(\theta)=\begin{cases}2(1-\theta), & 0<\theta<1,\\ 0, & \text{其他}.\end{cases}$

分别求 θ 的后验分布.

4. 设 $X_1,\cdots,X_n$ 是来自密度函数为 $p(x|\theta)$ 的样本, $\pi(\theta)$ 为 θ 的先验密度. 证明: 按下列序贯方法可求得 θ 的后验分布.

(1) 给定 $X_1=x_1$ 时, 求出 $\pi(\theta|x_1)\propto p(x_1|\theta)\pi(\theta)$;

(2) 把 $\pi(\theta|x_1)$ 作为下一步的先验分布, 在给定 $X_2=x_2$ 时, 求得 $\pi(\theta|x_1,x_2)\propto p(x_2|\theta)\pi(\theta|x_1)$;

(3) 按此方法重复, 把 $\pi(\theta|x_1,\cdots,x_{n-1})$ 作为下一步的先验分布, 在给定 $X_n=x_n$ 时, 求得 $\pi(\theta|\boldsymbol{x})\propto p(x_n|\theta)\pi(\theta|x_1,\cdots,x_{n-1})$.

5. 某人每天早晨在车站等候公共汽车的时间 (单位: 分钟) 服从均匀分布 $U(0,\theta)$. 假如 θ 的先验分布为

$$\pi(\theta)=\begin{cases}192/\theta^4, & \theta\geqslant 4,\\ 0, & \theta<4.\end{cases}$$

设此人三个早晨的等车时间分别为 5,8,8 分钟. 求 θ 的后验分布.

6. 设随机变量 X 服从均匀分布 $U(\theta-1/2,\theta+1/2)$, 其中 θ 的先验分布为 $U(10,20)$.

(1) 若获得 X 的观测值是 12, 求 θ 的后验分布;

(2) 若连续获得 X 的 6 个观测值

$$12.0,11.5,11.7,11.1,11.4,11.9,$$

求 θ 的后验分布.

7. 考虑一个试验. 对给定的 θ, 试验结果 X 有如下密度函数:

$$p(x|\theta)=\frac{2x}{\theta^2}\quad(0<x<\theta<1).$$

(1) 若 θ 的先验分布是 (0,1) 上的均匀分布, 试求 θ 的后验分布;

(2) 若 θ 的先验密度是 $\pi(\theta)=3\theta^2\,(0<\theta<1)$, 试求 θ 的后验分布.

8. 从一批产品中抽检 20 个, 发现有 1 个不合格品. 假设该产品不合格率 θ 的先验分布为均匀分布 $U(0,1)$. 求 θ 的后验分布.

9. 将泊松分布和伽马分布写成指数族的标准 (自然) 形式.

10. 设指数族的自然形式为

$$f_\theta(x)=C(\theta)\exp\left\{\sum_{j=1}^k\theta_jT_j(x)\right\}h(x).$$

证明:

$$E_\theta(T_j(x))=-\frac{\partial\ln C(\theta)}{\partial\theta_j}=-\frac{1}{C(\theta)}\frac{\partial C(\theta)}{\partial\theta_j},$$

$$\mathrm{Cov}(T_j(x),T_s(x))=-\frac{\partial^2\ln C(\theta)}{\partial\theta_j\partial\theta_s}.$$

11. 设 $T=T(\boldsymbol{X})$ 是充分统计量, 且 $S(\boldsymbol{X})=G(T(\boldsymbol{X}))$, 而函数 $S=G(T)$ 是一对一的 (即 $T_1\neq T_2\Rightarrow G(T_1)\neq G(T_2)$). 证明: S 也是充分统计量.

12. 设 $\boldsymbol{X}=(X_1,\cdots,X_n)$ 是从泊松分布 $P(\lambda)$ 中抽取的 i.i.d. 样本. 从定义出发, 证明: $T(\boldsymbol{X})=\sum\limits_{i=1}^n X_i$ 为充分统计量; 再用因子分解定理证明之.

13. 设 $X_1,\cdots,X_n$ i.i.d. $\sim$ 几何分布. 试用两种方法证明 $T=\sum\limits_{i=1}^n X_i$ 是充分统计量: (1) 用定义; (2) 用因子分解定理.

14. 设 $\boldsymbol{X}=(X_1,\cdots,X_n)$ 为从均匀分布 $U(\theta-1/2,\theta+1/2)$ $(0<\theta<\infty)$ 中抽取的 i.i.d. 样本. 证明: $(X_{(1)},X_{(n)})$ 为充分统计量.

15. 设 $X_1,\cdots,X_m$ i.i.d. $\sim N(a,\sigma^2)$, $Y_1,\cdots,Y_n$ i.i.d. $\sim N(b,\sigma^2)$, 且两组样本独立. 记 $\bar{X}=\dfrac{1}{m}\sum\limits_{i=1}^m X_i$, $\bar{Y}=\dfrac{1}{n}\sum\limits_{j=1}^n Y_j$, 且

$$S^2=\frac{1}{n+m-2}\left[\sum_{i=1}^m(X_i-\bar{X})^2+\sum_{j=1}^n(Y_j-\bar{Y})^2\right].$$

证明: $(\bar{X},\bar{Y},S^2)$ 为充分完全统计量.

16. 设 $X_1,\cdots,X_n$ 是从总体 X 中抽取的 i.i.d. 样本, X 的密度函数为

$$f_\theta(x)=\frac{1}{2\theta}\exp\{-|x|/\theta\}\quad(\infty<x<+\infty,\ \theta>0).$$

证明: $T=\sum\limits_{i=1}^n|X_i|$ 是 θ 的充分完全统计量.

17. 设 $X_1,\cdots,X_n$ i.i.d. 服从两点分布 $B(1,p)$, $0<p<1$ 是未知参数. 试求:

(1) p^s 的 UMVUE;

(2) $p^s+(1-p)^{n-s}$ $(0<s<n$ 为整数) 的 UMVUE.

18. 设 $X_1,\cdots,X_m$ i.i.d. $\sim N(a,\sigma^2)$, $Y_1,\cdots,Y_n$ i.i.d. $\sim N(a,2\sigma^2)$, 且两组样本独立. 求 a 和 σ^2 的 UMVUE.

19. 设 $X_1,\cdots,X_n$ i.i.d. $\sim N(0,\sigma^2)$. 用 C-R 不等式法, 求 σ^2 的 UMVUE.

20. 设 $X_1,\cdots,X_n$ 为自总体 X 中抽取的 i.i.d. 样本, X 的密度函数为

$$f(x,\theta)=\begin{cases}\theta^{-1}\mathrm{e}^{-x/\theta} & x>0,\\ 0 & \text{其他},\end{cases}$$

其中 $\theta>0$ 为未知参数. 用 C-R 不等式法, 求 θ 的 UMVUE.

21. 设 $X_1,\cdots,X_n$ 是从伽马分布 $\Gamma(\alpha,\lambda)$ 抽取的 i.i.d. 样本, 其中 α 已知. 用 C-R 不等式法求 $g(\lambda)=1/\lambda$ 的 UMVUE.

22. 设 $X_1,\cdots,X_n$ i.i.d. $\sim N(\mu,\sigma^2)$. 求检验问题 $H_0:\sigma^2=\sigma_0^2 \leftrightarrow H_1:\sigma^2\neq\sigma_0^2$ 的检验水平为 α 的似然比检验.

23. 设 $X_1,\cdots,X_m$ i.i.d. $\sim N(\mu_1,\sigma^2)$, $Y_1,\cdots,Y_n$ i.i.d. $\sim N(\mu_2,\sigma^2)$, 且两组样本独立. 求下列检验问题的检验水平为 α 的似然比检验:

$$H_0:\mu_2-\mu_1=0 \leftrightarrow H_1:\mu_2-\mu_1\neq 0.$$

24. 设 X 指服从数分布 $Exp(\lambda)$, 其密度函数为 $f(x,\lambda)=\lambda \mathrm{e}^{-\lambda x}I_{(0,\infty)}(x)$. 令 $X_1,\cdots,X_n$ 为从总体 X 中抽取的 i.i.d. 样本. 求 $H_0:\lambda=\lambda_0 \leftrightarrow H_1:\lambda\neq\lambda_0$ 的检验水平为 α 的似然比检验.

25. 设 $X_1,X_2,\cdots,X_n$ i.i.d. 服从成功概率为 p 的几何分布. 用大样本方法, 求检验问题 $H_0:p=p_0 \leftrightarrow H_1:p\neq p_0$ 的检验水平为 α 的似然比检验.

习题 1 部分解答

第 2 章　先验分布的选取

2.1　主观概率

2.1.1　主观概率的定义

在经典统计学中概率是用公理化定义的, 即用非负性、正则性和可加性三条公理定义的. 概率的确定有两种方法: 一种是古典方法 (包括几何方法); 另一种是频率方法. 实际中大量使用的是频率方法, 例如掷均匀硬币试验中正面出现的概率是 1/2, 是因为通过大量重复抛掷硬币试验, 发现出现正面次数的频率在 1/2 附近, 且试验次数越大, 出现正面的次数与 1/2 越接近. 故经典统计研究的对象是能大量重复的随机现象, 不是这类随机现象就不能用频率方法去确定有关事件的概率.

在诸多社会现象、经济领域和决策问题中, “事件”常常是不能大量重复的. 如气象预报“明天是晴天的概率为 0.8”, 就不能用频率去解释, 因为天气随时间变化而变化, 不可重复. 又如某国家统计局预测“2025 年失业率 θ”是 4.5%~ 5% (可以认为 θ 是随机变量), 这一事件也是不可重复的, 因为不同年份的经济形势是不一样的. 一位投资者认为明天“某种指定的股票行情上涨的可能性为 80%”这一事件也是不可重复的. 因此主观概率的创立, 使我们在频率解释不能适用的情形下也能讨论概率. 从这个意义上说, 主观概率至少是确定概率的频率方法和古典方法的补充.

定义 2.1.1　*主观概率* (subjective probability) 是人们根据经验对事件发生机会的个人信念.

如对一场足球赛胜负的打赌, 对明天是否下雨的估计, 对股票市场行情明天是升还是降的预测等都是采用主观概率方法. 自主观概率提出以来, 使用的人越来越多, 特别在社会现象、经济领域和决策分析中被较为广泛地使用, 因为这些领域遇到的随机现象大多是不可重复的, 无法用频率方法去确定概率.

2.1.2　确定主观概率的方法

确定主观概率有下列一些方法.

1. 通过对事件进行对比确定相对似然性

通过对一些事件进行对比确定相对似然性, 是确定主观概率最简单的办法.

例如, 某工厂已设计好一种新轿车, 决策者要决定是否投产, 需要评估新轿车畅销的概率. 根据新轿车的特点和多年经验认为畅销 (A) 是不畅销 $(\bar{A})$ 的可能性的 2 倍, 即 $P(A)=2/3$, $P(\bar{A})=1/3$, 由此决定投产.

2. 利用专家意见

利用专家意见来确定主观概率的方法是常用的.

例如, 有一项带有风险的投资生意, 欲估计其成功的概率. 为此决策者采访这方面的专家, 向专家请教这项投资生意成功的可能性有多大. 专家回答大约 0.6 (可以请教几位专家, 用他们给出数值的平均值代替). 如果决策者对专家比较了解, 认为他的估计往往偏保守, 决策者可以修正这一估计, 将成功的概率修改为 0.7, 即 $P(A)=0.7$. 这就是主观概率.

3. 利用历史资料

利用历史资料, 做一些对比修正, 确定主观概率.

例如, 某公司经营玩具, 现设计一种新式玩具将投放市场, 要估计未来市场销售情况. 经理查阅了本公司生产的 37 种玩具的销售记录, 得到销售状态如下: 畅销 (A_1)、一般 (A_2)、滞销 (A_3) 分别有 29, 6, 2 种. 于是得到销售状态的概率为

$$P(A_1)=29/37=0.784,\quad P(A_2)=6/37=0.162,\quad P(A_3)=2/37=0.054.$$

考虑到新玩具不仅外形新颖而且开发儿童智力, 认为它更畅销一些, 故对上述概率做了修正, 得到

$$P(A_1)=0.85,\quad P(A_2)=0.14,\quad P(A_3)=0.01$$

作为该产品畅销、一般和滞销的概率.

2.2　利用先验信息确定先验分布

在贝叶斯方法中关键的一步是如何确定先验分布. 当参数 θ 属于离散型随机变量, 即参数空间 Θ 由有限个或可列个点构成时, 可对 Θ 中每个点确定一个主观概率, 这就是前面所介绍的.

当参数 θ 是连续随机变量时, 即 Θ 为实轴或其上的某个区间时, 构造一个先验密度就有些困难了. 当 θ 的先验信息足够多时, 可以使用下面的一些方法.

2.2.1　直方图法

这个方法与一般直方图法类似, 可以通过下列步骤实现:

(1) 当参数空间 Θ 为实轴上的区间时, 先把 Θ 分成一些小区间, 通常为等长的子区间;

(2) 在每个小区间上决定主观概率或按历史数据算出频率;

(3) 绘制直方图, 纵坐标为主观概率或频率与小区间长之比;

(4) 在直方图上画一条光滑曲线, 使其下方的面积与直方图面积相等, 此曲线即为先验密度 $\pi(\theta)$ (使曲线与横轴形成的曲边梯形的面积为 1).

例 2.2.1 某医药公司销售人参, 记录了 102 周的销售量, 每周销售最多 35 千克, 数据见表 2.2.1. 要寻求每周平均销售量 θ 的概率分布.

表 2.2.1 每周平均销售量统计表

销售量 (千克)	[0,5]	(5,10]	(10,15]	(15,20]	(20,25]	(25,30]	(30,35]
周数	5	27	34	22	10	3	1
频率	0.05	0.26	0.33	0.22	0.10	0.03	0.01

解 利用直方图确定 θ 的概率分布, 按下列步骤:

(1) 把区间 [0,35] 分成 7 个小区间, 每个小区间长 5 个单位 (千克);

(2) 在每个小区间上依据历史数据确定频率 (表 2.2.1 已给出);

(3) 绘制频率直方图, 纵坐标为“频率 /5”;

(4) 在直方图上画一条光滑曲线, 使其下方的面积与直方图面积相等, 此曲线即为先验密度 $\pi(\theta)$, 见图 2.2.1.

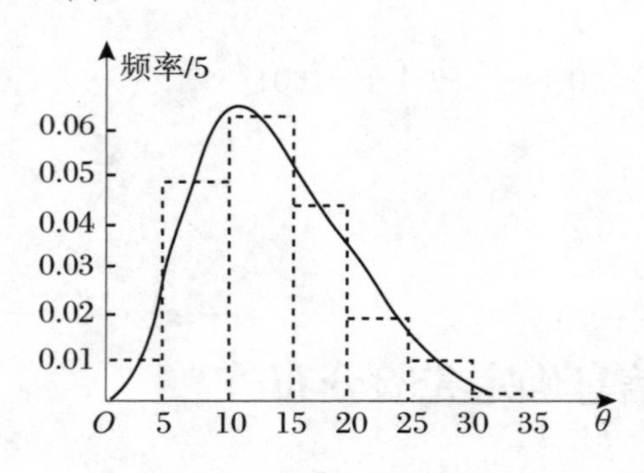

图 2.2.1 周平均销售量直方图

图 2.2.1 的 R 代码

利用此直方图可以计算有关的概率, 例如, $P(20 \leqslant \theta \leqslant 21) = 1 \times \pi(20.5) = 0.03$.

2.2.2 相对似然法

此法大多用于 Θ 为 $(-\infty,\infty)$ 的有限子区间的情形. 方法如下: 对 Θ 中各种点的直观“似然”进行比较, 再按确定了的值画图, 即可得到先验密度草图, 用下例来做说明.

例如, 设 $\Theta=(0,1)$, 从确定 “最大可能” 和 “最小可能” 的参数点的似然性入手. 设 $\theta=3/4$ 为最大可能的点, $\theta=0$ 为最小可能的点, 且 $\theta=3/4$ 为 $\theta=0$ 的似然性的 3 倍. 再确定 $\theta=1/4,\theta=1/2$ 及 $\theta=1$ 的相对似然性. 为简单计, 与 $\theta=0$ 的可能性比较, $\theta=1/2$ 和 $\theta=1$ 的可能性为 $\theta=0$ 的可能性的 2 倍, $\theta=1/4$ 的可能性为 $\theta=0$ 的可能性的 1.5 倍. 令基本点 $\theta=0$ 的先验密度为 1, 由此画出 $\tilde{\pi}(\theta)$, 见图 2.2.2. 但 $\int_0^1\tilde{\pi}(\theta)\mathrm{d}\theta\neq 1$. 记 $\pi(\theta)=c\tilde{\pi}(\theta)$, 使

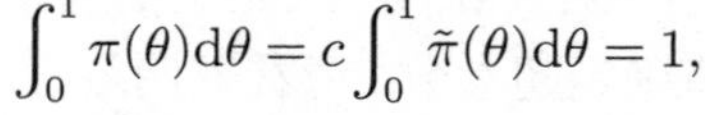

$$\int_0^1\pi(\theta)\mathrm{d}\theta=c\int_0^1\tilde{\pi}(\theta)\mathrm{d}\theta=1,$$

则 $\pi(\theta)$ 即为 θ 的先验密度.

图 2.2.2　相对似然性

图 2.2.2 的 R 代码

注 2.2.1　当 $\Theta=(-\infty,\infty)$ 时, 此方法会遇到较大困难. 上述两种确定先验密度的方法要求 Θ 局限于 $(-\infty,\infty)$ 上的有限区间, 当 $\Theta=(-\infty,\infty)$ 或其上无限区间时便失效. 下面介绍的方法更合适 Θ 为无限区间的情形.

2.2.3　选定先验密度函数的形式, 再估计超参数

1. 超参数的定义及方法简介

定义 2.2.1　先验分布中的参数称为*超参数* (hyperparameter).

例如, 假定 θ 的先验密度 $\pi(\theta)$ 为 $N(\mu,\tau^2)$, 则 μ 和 τ^2 称为超参数.

确定先验分布的方法简介如下: 设先验分布的超参数为 α 和 β, 选定先验密度的形式为 $\pi(\theta;\alpha,\beta)$, 对其超参数 α 和 β 作出估计, 得到估计量 $\hat{\alpha}$ 和 $\hat{\beta}$, 使 $\pi(\theta;\hat{\alpha},\hat{\beta})$ 和 $\pi(\theta;\alpha,\beta)$ 很接近 (如 $\hat{\alpha}$ 和 $\hat{\beta}$ 分别为 α 和 β 的相合估计, 而 π 为其变元的连续函数, 利用相合估计的性质容易证明此事实), 则 $\pi(\theta;\hat{\alpha},\hat{\beta})$ 即为选定的先验密度函数.

这个方法最常用. 但最关键的问题是 $\pi(\theta)$ 的函数形式的选定, 若 $\pi(\theta)$ 的函数形式选择得不合适, 将导致失误.

2. 如何确定超参数

(1) 利用先验分布矩的估计值

若能从先验信息整理加工中获得前几阶先验分布的样本矩, 则先验分布的总体矩是超参数的函数. 令这二者相等, 解方程 (或解方程组) 可获得超参数的估计值.

例 2.2.2　在例 2.2.1 中设参数 θ 为销售量, 选用正态分布 $N(\mu,\tau^2)$ 作为 θ 的先验分布 $\pi(\theta)$. 试确定这一先验分布.

解　确定先验分布的问题就转化为估计超参数 μ 和 τ^2 的问题. 这可用 “每周平均销售量统计表” 作出估计. 若对表中 θ 的每个小区间用它的中点代替, 算得 μ 和 τ^2 的

估计如下:

$$\hat{\mu}=2.5\times0.05+7.5\times0.26+\cdots+32.5\times0.01=13.45,$$
$$\hat{\tau}^2=(2.5-\hat{\mu})^2\times0.05+(7.5-\hat{\mu})^2\times0.26+\cdots+(32.5-\hat{\mu})^2\times0.01=36.85,$$

故 $\theta\sim N(\hat{\mu},\hat{\tau}^2)=N(13.45,36.85)$ 即为所求. 例如, 用此先验分布可求下面的概率:

$$\begin{aligned}P(20\leqslant\theta\leqslant21)&=P\left(\frac{20-13.45}{\sqrt{36.85}}\leqslant\frac{\theta-13.45}{\sqrt{36.85}}\leqslant\frac{21-13.45}{\sqrt{36.85}}\right)\\&=\Phi(1.24)-\Phi(1.08)=0.8925-0.8599=0.0326\,.\end{aligned}$$

(2) 利用先验分布的分位数

在给定先验密度函数形式时, 确定超参数的另一种方法是, 从先验信息中获得一个或几个分位数的估计值, 然后通过这些分位数的值确定超参数. 请看下例.

例 2.2.3 令参数 θ 的取值范围为 $(-\infty,\infty)$, 先验分布为正态分布. 设从先验信息得知:

(1) 先验分布的中位数为 0;

(2) 先验分布的 0.25 和 0.75 的分位数分别为 -1 和 1.

试求此先验分布.

解 由于 $\theta\sim N(\mu,\tau^2)$, 因此确定先验分布的问题就转化为估计 μ 和 τ 的问题. 正态分布的中位数就是 μ, 故 $\mu=0$. 由 0.75 的分位数为 1, 即 $0.75=P(\theta<1)=P(\theta/\tau<1/\tau)=P(Z<1/\tau)$, 其中 $Z=\theta/\tau\sim N(0,1)$, 再查标准正态分布表得 $1/\tau=0.675$, 即 $\tau=1.481$, 故 $\theta\sim N(\mu,\tau^2)=N(0,1.481^2)$ 就是要求的先验分布.

又若在本例中假定 θ 不是正态分布, 而是柯西分布 $C(\alpha,\beta)$, 其余条件不变, 即 θ 的先验密度函数为

$$\pi(\theta;\alpha,\beta)=\frac{\beta}{\pi[\beta^2+(\theta-\alpha)^2]}\quad(\infty<\theta<\infty),$$

则确定先验分布的问题就转化为求 α 和 β 的估计.

由于柯西分布均值和方差皆不存在, 但它关于 α 对称, 故有 $\alpha=0$. 又由条件 0.25 分位数为 -1, 即

$$\int_{-\infty}^{-1}\frac{\beta}{\pi(\beta^2+\theta^2)}\mathrm{d}\theta=\frac{1}{\pi}\arctan\left(\frac{-1}{\beta}\right)+\frac{1}{2}=0.25,$$

解出 $\beta=1$, 故 $\theta\sim C(\alpha,\beta)=C(0,1)$.

因此, 同样的先验信息有两个先验分布可供选择. 若两个先验分布差别不大, 则可任选其一. 在本例中, $N(0,1.481^2)$ 和 $C(0,1)$ 的密度函数形状上相似 (都关于 0 对称, 中间高, 两边低), 但柯西分布的尾部概率较大. 因此若 θ 的先验信息集中在中间, 则选择正态分布好些; 若先验信息较分散, 则选择柯西分布更合适些.

当然还有确定超参数的其他方法, 如同时利用先验样本矩和先验分位数的估计值去确定超参数.

2.2.4 给定参数 θ 的某些分位数, 确定累积分布函数

这种方法采用定分度法和变分度法, 即通过专家咨询得到参数 θ 在不同区间上的主观概率, 从而确定分位数, 然后加工整理成累积分布的概率曲线 (茆诗松, 1999).

这两种确定分位数的方法相似, 但做法略有差异. 定分度法是把参数可能取值的区间逐次分成长度相等的小区间, 在每个小区间上请专家给出主观概率. 变分度法是把参数可能取值的区间逐次分成机会相等的两个小区间 (长度不必相等), 分点由专家确定. 这里重要的是专家的信誉要高, 经验要多. 这两种方法相比, 决策者更愿意用变分度法. 请看下例.

例 2.2.4 一开发商希望获知一个新建的仓库的租金 θ 可能达到的水平是什么. 通过他向专家咨询的下述结果, 求租金的累积概率曲线和租金的概率直方图.

解 问 (开发商): 你认为每平方米租金的最高与最低价格是多少?

答 (专家): 在 2.00 元/米^2 和 2.40 元/米^2 之间;

问: 此范围内等可能的分点在哪里?

答: 应在 2.20 元/米^2.

问: 在 2.20 元与 2.00 元之间, 等可能的分点你认为是 2.10 元/米^2 吗?

答: 我看是 2.15 元/米^2 较为合理.

问: 那么上半部分的等可能的分点在哪里?

答: 在 2.25 元/米^2, 即 2.20 到 2.25 间的可能性与 2.25 到 2.40 间的可能性是一样的.

问: 那你是否认为租金在 2.15 到 2.25 间的可能性与此范围外的可能性是相等的?

答: 看来差不多.

问: 好, 假如租金高于 2.25, 请问上部分小区间 $(2.25, 2.40)$ 的等可能分点在何处?

答: 肯定在 2.30 元/米^2.

问: 好, 那么高于 2.30 的小区间的分点是多少?

答: 取 2.325 元/米^2 是合适的.

问: 现在来考虑区间的另一端, 如果租金低于 2.15, 等可能的分点怎么样?

答: 在下端吧, 等可能分点可取 2.10 元/米^2.

问: 那么低于 2.10 的部分你能用同样方法分割吗?

答: 2.00 元/米^2, 实在是不可能的. 如果一定要分割, 大概在 2.05 元/米^2 左右, 就取 2.06 元/米^2 吧!

问: 好极了, 这就足够反映出你对当前租金估计的概率分布了.

专家回答的结果见图 2.2.3.

通过以上回答, 由变分度法得出的数字可编成租金的累积概率表, 见表 2.2.2. 得到相应的累积概率曲线, 如图 2.2.4 所示. 这条曲线可以帮助决策者估计特定结果的概率, 也可以转化为概率直方图. 为此我们把区间 [2.0,2.4] 等分成 8 段, 每段长 0.05, 记下每段的中点, 在图 2.2.4 上读出累积概率, 由此算出分段概率, 得到表 2.2.3, 利用分段概率

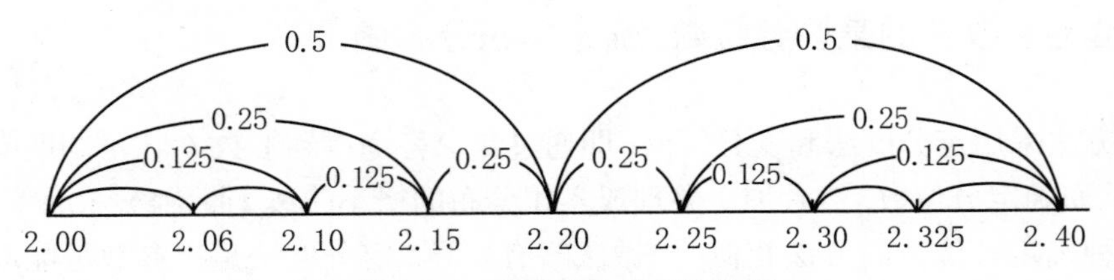

图 2.2.3 变分度法的实施结果

表 2.2.2 租金的累积概率表

租金 (元/米^2)	累积概率
2.00	0
2.06	0.0625
2.10	0.125
2.15	0.250
2.20	0.500
2.25	0.750
2.30	0.875
2.325	0.9375
2.40	1.000

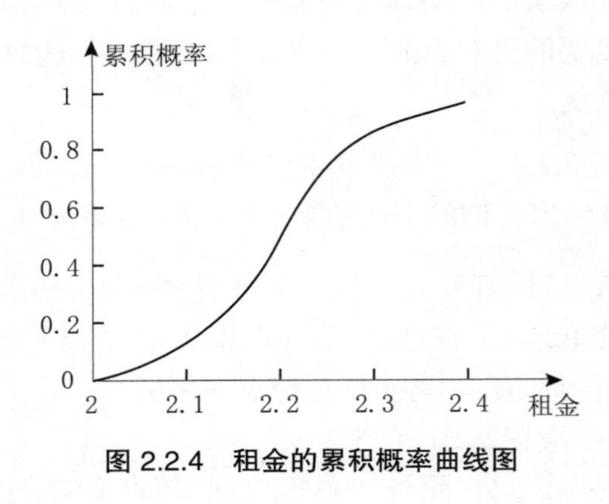

图 2.2.4 租金的累积概率曲线图

可画出概率直方图, 见图 2.2.5. 由图 2.2.5, 可见租金的概率直方图是中间高、两边低, 左右对称, 可用正态分布 $N(\mu,\sigma^2)$ 近似. 利用表 2.2.3 中分段中点 x_i 和分段概率 p_i, 可计算出 μ 和 σ^2 的估计值:

$$\hat{\mu}=\sum_{i=1}^{8}x_ip_i=2.199,$$

$$\hat{\sigma}^2=\sum_{i=1}^{8}x_i^2p_i-\hat{\mu}^2=4.843-2.199^2=0.086^2,$$

图 2.2.4 的 R 代码

从而可得租金的分布可用正态分布 $N(2.199,0.086^2)$ 近似.

表 2.2.3 租金的概率分布表

租金区间	分段中点	累积概率	分段概率
[2.00, 2.05)	2.025	0.0575	0.0575
[2.05, 2.10)	2.075	0.125	0.0675
[2.10, 2.15)	2.125	0.250	0.125
[2.15, 2.20)	2.175	0.500	0.250
[2.20, 2.25)	2.225	0.750	0.250
[2.25, 2.30)	2.275	0.875	0.125
[2.30, 2.35)	2.325	0.960	0.085
[2.35, 2.40]	2.375	1.000	0.040

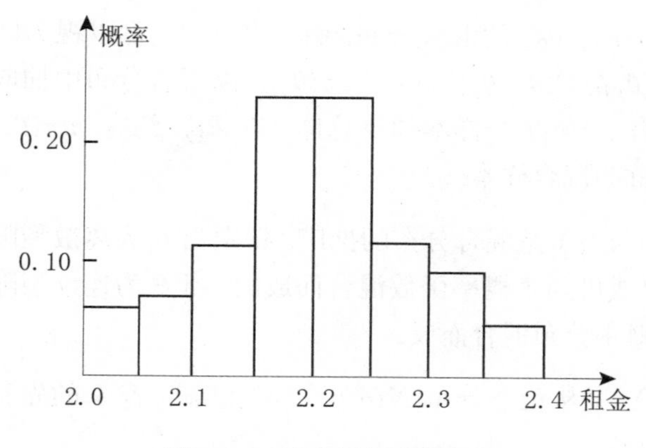

图 2.2.5　租金的概率直方图

图 2.2.5 的 R 代码

2.3　利用边缘分布 $m(x)$ 确定先验分布

下面先介绍边缘分布的定义, 然后介绍两种应用 $m(x)$ 确定先验分布的方法.

2.3.1　边缘分布的定义

边缘分布的概念在定义 1.2.2 中已见到过, 现给出它的定义如下.

定义 2.3.1　设随机变量 X 有概率函数 $f(x|\theta)$, θ 有先验分布函数 $F^{\pi}(\theta)$(其概率函数记为 $\pi(\theta)$), 则定义随机变量 X 的边缘分布为

$$m(x)=\int_{\Theta} f(x|\theta)\mathrm{d}F^{\pi}(\theta)=\begin{cases}\displaystyle\int_{\Theta} f(x|\theta)\pi(\theta)\mathrm{d}\theta, & \theta \text{ 为连续型随机变量}, \\ \displaystyle\sum_i f(x|\theta_i)\pi(\theta_i), & \theta \text{ 为离散型随机变量}.\end{cases} \tag{2.3.1}$$

若先验分布含有未知的超参数 λ, 记 $\pi(\theta)=\pi(\theta|\lambda)$, 则边缘分布 $m(x)$ 也依赖 λ, 此时可记 $m(x)=m(x|\lambda)$. 这种边缘分布在本节后面求后验分布时常用到.

注 2.3.1　为了说明边缘分布的统计意义, 下面引入混合分布的概念. 设随机变量 X 以概率 p 在总体 F_1 中取值, 以概率 $1-p$ 在总体 F_2 中取值. 若用 $F(x|\theta_1)=F_1$ 和 $F(x|\theta_2)=F_2$ 分别记这两个总体的分布函数, 则 X 的混合分布函数为 $F(x)=pF(x|\theta_1)+(1-p)F(x|\theta_2)$. 用概率函数表示, 则混合分布为 $f(x)=pf(x|\theta_1)+$

$(1-p)f(x|\theta_2)$. 称 $F(x)$ 为 $F(x|\theta_1)$ 和 $F(x|\theta_2)$ 的混合分布, 而 p 和 $1-p$ 可以视为随机变量 θ 的分布, 即 $P(\theta=\theta_1)=p=\pi(\theta_1)$, $P(\theta=\theta_2)=1-p=\pi(\theta_2)$. 从混合分布中抽取容量为 n 的样本 $X_1,\cdots,X_n$, 那么约有 $n\pi(\theta_1)$ 个样本抽自总体 $F(x|\theta_1)$, 约有 $n\pi(\theta_2)$ 个样本抽自总体 $F(x|\theta_2)$, 这样的样本称为混合样本.

从混合分布的定义, 可见边缘分布 $m(x)$ 是混合分布的推广. 特别当 θ 为离散型随机变量时, 边缘分布 $m(x)$ 是由有限个或可列个概率函数混合而成的, 当 θ 为连续型随机变量时, $m(x)$ 可视为无限不可数个概率分布混合而成.

例 2.3.1 设给定 θ 时随机变量 X 服从正态分布 $N(\theta,\sigma^2)$, σ^2 已知. 若 θ 的先验分布为 $N(\mu,\tau^2)$, 求 X 的边缘分布 $m(x)$.

解 为简化计算, 记

$$A=\frac{1}{\sigma^2}+\frac{1}{\tau^2},\quad B=\frac{x}{\sigma^2}+\frac{\mu}{\tau^2},\quad C=\frac{x^2}{\sigma^2}+\frac{\mu^2}{\tau^2},$$

则有

$$\exp\left\{-\frac{1}{2}\left[\frac{(x-\theta)^2}{\sigma^2}+\frac{(\theta-\mu)^2}{\tau^2}\right]\right\}=\exp\left\{-\frac{A}{2}\left(\theta-\frac{B}{A}\right)^2\right\}\cdot\exp\left\{-\frac{1}{2}\left(C-\frac{B^2}{A}\right)\right\},$$

其中

$$\begin{aligned}C-\frac{B^2}{A}&=\frac{AC-B^2}{A}\\&=\left[\left(\frac{1}{\sigma^2}+\frac{1}{\tau^2}\right)\left(\frac{x^2}{\sigma^2}+\frac{\mu^2}{\tau^2}\right)-\left(\frac{x}{\sigma^2}+\frac{\mu}{\tau^2}\right)^2\right]\Big/\left(\frac{1}{\sigma^2}+\frac{1}{\tau^2}\right)\\&=\frac{(x-\mu)^2}{\sigma^2+\tau^2}.\end{aligned}$$

因此有

$$\begin{aligned}m(x)&=\int_{-\infty}^{\infty}f(x|\theta)\pi(\theta)\mathrm{d}\theta\\&=\frac{1}{2\pi\sigma\tau}\int_{-\infty}^{\infty}\exp\left\{-\frac{1}{2}\left[\frac{(x-\theta)^2}{\sigma^2}+\frac{(\mu-\theta)^2}{\tau^2}\right]\right\}\mathrm{d}\theta\\&=\frac{1}{2\pi\sigma\tau}\int_{-\infty}^{\infty}\exp\left\{-\frac{A}{2}\left(\theta-\frac{B}{A}\right)^2\right\}\cdot\exp\left\{-\frac{1}{2}\left(C-\frac{B^2}{A}\right)\right\}\mathrm{d}\theta\\&=\frac{1}{\sqrt{2\pi(\sigma^2+\tau^2)}}\exp\left\{-\frac{(x-\mu)^2}{2(\sigma^2+\tau^2)}\right\},\end{aligned}\tag{2.3.2}$$

即边缘分布 $m(x)$ 是正态分布 $N(\mu,\sigma^2+\tau^2)$.

2.3.2 选择先验分布的 ML-Ⅱ 方法

设随机变量 X 的概率分布为 $f(x|\theta)$, θ 的先验分布是 $\pi(\theta)$, 按 2.3.1 小节给出的方法求出 $m(x)$. 它与先验分布 $\pi(\theta)$ 有关, 故记 $m(x)=m(x|\pi)$.

现观测到样本 X. 若 θ 有两个先验分布 π_1 和 π_2, 使得

$$m(x|\pi_1) > m(x|\pi_2),$$

则认为当先验分布取 π_1 时样本 X 出现的似然性比先验分布取 π_2 时的似然性更大, 可认为样本 X 更像从分布 $m(x|\pi_1)$ 中产生. 这一思想与经典统计方法中的极大似然原理相似, 这就如同当似然函数 $L(\theta_1|x) > L(\theta_2|x)$ 时, 认为参数取 θ_1 比取 θ_2 更合适 (这里面 π 起似然函数中 θ 的作用). 这就引入了 ML-Ⅱ方法, 定义如下.

定义 2.3.2 设 Γ 为所考虑的先验类, 令 $\boldsymbol{X}=(X_1,\cdots,X_n)$ 为 i.i.d. 样本, 若存在 $\hat{\pi}\in\Gamma$, 使得

$$m(\boldsymbol{x}|\hat{\pi}) = \sup_{\pi\in\Gamma} m(\boldsymbol{x}|\pi) = \sup_{\pi\in\Gamma}\prod_{i=1}^{n} m(x_i|\pi),$$

则称 $\hat{\pi}$ 为类型 Ⅱ 中的最大似然先验, 简称 ML-Ⅱ 先验.

若样本 $\boldsymbol{X}=(X_1,\cdots,X_n)$ 所涉及的先验密度函数的形式已知, 未知的仅是其中的超参数 (如 $\theta\sim N(\mu,\tau^2)$, μ 和 τ^2 称为超参数), 即先验密度的类 Γ 可表示为

$$\Gamma = \{\pi(\theta|\lambda):\ \lambda\text{为超参数 (或超参数向量)},\ \lambda\in\Lambda\},$$

此处 Λ 为 λ 的超参数空间. 这时寻求 ML-Ⅱ 先验较为简单. 只要求出这样的 $\hat{\lambda}$, 使得

$$m(\boldsymbol{x}|\hat{\lambda}) = \sup_{\lambda\in\Lambda} m(\boldsymbol{x}|\lambda) = \sup_{\lambda\in\Lambda}\prod_{i=1}^{n} m(x_i|\lambda),$$

即通过使似然函数 (即边缘密度) 极大化方法求出 $\hat{\lambda}$, 则先验分布 $\pi(\theta|\hat{\lambda})$ 即为所确定的先验分布. 而 $\hat{\lambda}$ 称为 ML-Ⅱ 超参数.

例 2.3.2 设随机变量 $X\sim N(\theta,\sigma^2)$, 其中 σ^2 已知, 又设 $\theta\sim N(\mu,\tau^2)$. 令 $\boldsymbol{X}=(X_1,\cdots,X_n)$ 为从边缘分布 $m(x|\boldsymbol{\lambda})$ 中抽取的 i.i.d. 样本. 试确定 θ 的先验分布.

解 令 $\boldsymbol{\lambda}=(\mu,\tau^2)$. 由例 2.3.1, 可知 X 的边缘密度 $m(x|\boldsymbol{\lambda})$ 为 $N(\mu,\sigma^2+\tau^2)$, 故超参数 $\boldsymbol{\lambda}$ 的似然函数为

$$\begin{aligned}
L(\mu,\tau^2|\boldsymbol{x}) &= m(\boldsymbol{x}|\boldsymbol{\lambda}) \\
&= \left[2\pi(\sigma^2+\tau^2)\right]^{-\frac{n}{2}}\exp\left\{-\frac{1}{2(\sigma^2+\tau^2)}\cdot\sum_{i=1}^{n}(x_i-\mu)^2\right\} \\
&= \left[2\pi(\sigma^2+\tau^2)\right]^{-\frac{n}{2}}\exp\left\{\frac{-ns_n^2}{2(\sigma^2+\tau^2)}\right\}\cdot\exp\left\{-\frac{n(\bar{x}-\mu)^2}{2(\sigma^2+\tau^2)}\right\},
\end{aligned}$$

其中

$$\bar{x}=\frac{1}{n}\sum_{i=1}^{n}x_i,\quad s_n^2=\frac{1}{n}\sum_{i=1}^{n}(x_i-\bar{x})^2.$$

由上式可见, 当 τ^2 固定时, μ 在 $\bar{x}$ 处达到最大, 故 $\hat{\mu}=\bar{x}$ 是 μ 的 ML-Ⅱ 超参数. 再将 μ 用 $\bar{x}$ 代入上式, 得到只剩下 τ^2 的函数

$$\phi(\tau^2)=\left[2\pi(\sigma^2+\tau^2)\right]^{-\frac{n}{2}}\exp\left\{\frac{-ns_n^2}{2(\sigma^2+\tau^2)}\right\}.$$

取对数, 得

$$\ln\phi(\tau^2)=-\frac{n}{2}\ln(2\pi)-\frac{n}{2}\ln(\sigma^2+\tau^2)-\frac{ns_n^2}{2(\sigma^2+\tau^2)}.$$

令

$$\frac{\partial\ln\phi(\tau^2)}{\partial\tau^2}=\frac{-n}{2(\sigma^2+\tau^2)}+\frac{ns_n^2}{2(\sigma^2+\tau^2)^2}=0,$$

解出 $\hat{\tau}^2=s_n^2-\sigma^2$. 若 $s_n^2<\sigma^2$, 则 $\hat{\tau}^2$ 取负数, 不合理. 故令

$$\tilde{\tau}^2=\begin{cases}0, & s_n^2\leqslant\sigma^2,\\ s_n^2-\sigma^2, & s_n^2>\sigma^2.\end{cases}\tag{2.3.3}$$

从而得到 ML-Ⅱ 先验 $\hat{\pi}$ 为 $N(\hat{\mu},\tilde{\tau}^2)$, 此处 $\hat{\mu}=\bar{x}$, $\tilde{\tau}^2$ 由式 (2.3.3) 给出. 这样就通过边缘分布 $m(\boldsymbol{x}|\boldsymbol{\lambda})$ 把先验分布确定为 $N(\hat{\mu},\tilde{\tau}^2)$.

2.3.3 选择先验分布的矩方法

在 2.3.2 小节中, 我们通过使边缘分布的极大化获得超参数的估计量, 从而确定先验分布. 本小节我们将通过边缘分布的矩估计方法来获得超参数的估计量, 从而确定先验分布. 这与经典统计方法中矩估计的思想方法是相似的.

当先验分布 $\pi(\theta|\lambda)$ 的形式已知, 但含有未知的超参数 λ 时, 可利用先验分布的矩与边缘分布的矩之间的关系寻求超参数 λ 的估计量 $\hat{\lambda}$, 从而获得先验分布 $\pi(\theta|\hat{\lambda})$.

这个方法的思路如下: 首先, 将边缘分布的矩表示成超参数的函数, 得到一个方程 (或方程组); 将方程 (或方程组) 中的边缘分布的矩用相应的样本矩代替, 得到以超参数为变量的方程 (或方程组); 解方程 (或方程组) 获得超参数的估计量, 从而确定先验分布.

下面给出具体的步骤.

(1) 计算样本分布 $f(x|\theta)$ 的期望 $\mu(\theta)$ 和方差 $\sigma^2(\theta)$, 即

$$\mu(\theta)=E^{X|\theta}(X),\quad \sigma^2(\theta)=E^{X|\theta}[X-\mu(\theta)]^2,$$

此处 $E^{X|\theta}$ 表示在给定 θ 的条件下关于 X 的条件分布 $f(x|\theta)$ 求期望. 以下类似符号亦做类似解释.

(2) 计算边缘密度 $m(x)=m(x|\lambda)$ 的期望 $\mu_m(\lambda)$和方差 $\sigma_m^2(\lambda)$:

$$\begin{aligned}\mu_m(\lambda)&=E^{X|\lambda}(X)=\int_{\mathscr{X}}x\,m(x|\lambda)\mathrm{d}x=\int_{\mathscr{X}}\int_{\Theta}xf(x|\theta)\pi(\theta|\lambda)\mathrm{d}\theta\mathrm{d}x\\&=\int_{\Theta}\left[\int_{\mathscr{X}}xf(x|\theta)\mathrm{d}x\right]\pi(\theta|\lambda)\mathrm{d}\theta=\int_{\Theta}\mu(\theta)\pi(\theta|\lambda)\mathrm{d}\theta\end{aligned}$$

$$= E^{\theta|\lambda}[\mu(\theta)], \tag{2.3.4}$$

$$\begin{aligned}\sigma_m^2(\lambda) &= E^{X|\lambda}[X-\mu_m(\lambda)]^2 = \int_{\mathscr{X}}[x-\mu_m(\lambda)]^2 m(x|\lambda)\mathrm{d}x \\ &= \int_{\mathscr{X}}\int_{\Theta}[x-\mu_m(\lambda)]^2 f(x|\theta)\pi(\theta|\lambda)\mathrm{d}\theta\mathrm{d}x \\ &= \int_{\Theta}\left[\int_{\mathscr{X}}[x-\mu_m(\lambda)]^2 f(x|\theta)\mathrm{d}x\right]\pi(\theta|\lambda)\mathrm{d}\theta \\ &= \int_{\Theta}E^{X|\theta}\left[x-\mu_m(\lambda)\right]^2\pi(\theta|\lambda)\mathrm{d}\theta,\end{aligned} \tag{2.3.5}$$

其中

$$\begin{aligned}E^{X|\theta}\left[x-\mu_m(\lambda)\right]^2 &= E^{X|\theta}\left\{[x-\mu(\theta)]+[\mu(\theta)-\mu_m(\lambda)]\right\}^2 \\ &= E^{X|\theta}\left[x-\mu(\theta)\right]^2 + E^{X|\theta}\left[\mu(\theta)-\mu_m(\lambda)\right]^2 \\ &= \sigma^2(\theta)+\left[\mu(\theta)-\mu_m(\lambda)\right]^2.\end{aligned} \tag{2.3.6}$$

将式 (2.3.6) 代入式 (2.3.5), 得

$$\begin{aligned}\sigma_m^2(\lambda) &= \int_{\Theta}\sigma^2(\theta)\pi(\theta|\lambda)\mathrm{d}\theta + \int_{\Theta}[\mu(\theta)-\mu_m(\lambda)]^2\pi(\theta|\lambda)\mathrm{d}\theta \\ &= E^{\theta|\lambda}\left[\sigma^2(\theta)\right] + E^{\theta|\lambda}\left[\mu(\theta)-\mu_m(\lambda)\right]^2.\end{aligned} \tag{2.3.7}$$

由式 (2.3.4) 和式 (2.3.7), 可见边缘分布的期望 $\mu_m(\lambda)$ 和方差 $\sigma_m^2(\lambda)$ 皆与 $E^{\theta|\lambda}[\mu(\theta)]$, $E^{\theta|\lambda}[\sigma^2(\theta)]$, $E^{\theta|\lambda}[\mu(\theta)-\mu_m(\lambda)]^2$ 有关.

(3) 当先验分布只含有两个超参数 λ_1,λ_2 (记 $\boldsymbol{\lambda}=(\lambda_1,\lambda_2)$) 时, 用

$$\hat{\mu}_m = \bar{x} = \frac{1}{n}\sum_{i=1}^n x_i \quad 和 \quad \hat{\sigma}_m^2 = s^2 = \frac{1}{n-1}\sum_{i=1}^n (x_i-\bar{x})^2$$

分别作为 $\mu_m(\boldsymbol{\lambda})$和 $\sigma_m^2(\boldsymbol{\lambda})$ 的估计. 将式 (2.3.4) 和式 (2.3.7) 左边的 $\mu_m(\boldsymbol{\lambda})$和 $\sigma_m^2(\boldsymbol{\lambda})$ 分别用这两个估计量代替, 得方程组

$$\begin{cases}\hat{\mu}_m = E^{\theta|\boldsymbol{\lambda}}\left[\mu(\theta)\right], \\ \hat{\sigma}_m^2 = E^{\theta|\boldsymbol{\lambda}}\left[\sigma^2(\theta)\right] + E^{\theta|\boldsymbol{\lambda}}\left[\mu(\theta)-\mu_m(\boldsymbol{\lambda})\right]^2.\end{cases}$$

解此方程组, 可得超参数 λ_1 和 λ_2 的估计 $\hat{\lambda}_1$ 和 $\hat{\lambda}_2$, $\hat{\boldsymbol{\lambda}}=(\hat{\lambda}_1,\hat{\lambda}_2)$. 故 $\pi(\theta|\boldsymbol{\lambda})$ 可用 $\pi(\theta|\hat{\boldsymbol{\lambda}})$ 作为其估计而得到.

例 2.3.3 设 $X|\theta \sim N(\theta,1)$, 参数 θ 的先验分布为共轭先验 $N(\mu,\tau^2)$, 其中 $\boldsymbol{\lambda}=(\mu,\tau^2)$ 未知. 令 $\boldsymbol{X}=(X_1,\cdots,X_n)$ 为从边缘分布 $m(x|\lambda)$ 中抽取的 i.i.d. 样本. 由样本算出样本均值 $\bar{x}=10$, $s^2=3$. 试确定 θ 的先验分布.

解 此处总体均值 $\mu(\theta)=\theta$, 而总体方差 $\sigma^2(\theta)=1$ 与 θ 无关. 由式 (2.3.4) 和式 (2.3.7), 得

$$\begin{cases}\mu_m(\boldsymbol{\lambda}) = E^{\theta|\lambda}(\theta) = \mu, \\ \sigma_m^2(\boldsymbol{\lambda}) = E^{\theta|\lambda}[\sigma^2(\theta)] + E^{\theta|\lambda}(\theta-\mu)^2 = 1+\tau^2.\end{cases}$$

将上述两方程左边的 $\mu_m(\boldsymbol{\lambda})$和 $\sigma_m^2(\boldsymbol{\lambda})$ 分别用边缘分布的矩估计量 $\bar{x}$ 和 s^2 代替, 得方程组

$$\begin{cases} 10=\bar{x}=\hat{\mu}, \\ 3=s^2=1+\hat{\tau}^2. \end{cases}$$

解方程组得 $\hat{\mu}=10$, $\hat{\tau}^2=2$. 从而得 θ 的先验分布为 $N(10,2)$.

2.4 无信息先验分布

贝叶斯分析的一个重要特点就是在统计推断时要利用先验信息. 但常常会出现这样的情况: 虽然没有先验信息或者只有极少的先验信息可利用, 但仍想用贝叶斯方法. 此时所需要的是一种*无信息先验* (noninformative prior), 即对参数空间 Θ 中的任何一点 θ 没有偏爱的先验信息. 这就引出了无信息先验分布的概念.

2.4.1 贝叶斯假设与广义先验分布

所谓参数 θ 的无信息先验分布, 是指除参数 θ 的取值范围 Θ 和 θ 在总体分布中的地位之外, 再也不包含 θ 的任何信息的先验分布. 有人把“不包含 θ 的任何信息”这句话理解为对 θ 的任何可能值都没有偏爱, 都是同等无知的. 因此很自然地把 θ 的取值范围上的“均匀分布”看作 θ 的先验分布, 这一看法通常称为*贝叶斯假设* (Bayes assumption), 又称为拉普拉斯 (Laplace) 先验. 下面分几种情形来说明:

(1) *离散均匀分布* 若 Θ 为有限集, 即 θ 只可能取有限个值, 如 $\theta=\theta_i$ $(i=1,2,\cdots,n)$, 无信息先验给 Θ 中的每个元素以概率 $1/n$, 即 $P(\theta=\theta_i)=1/n$ $(i=1,2,\cdots,n)$.

(2) *有限区间上的均匀分布* 若 Θ 为 $\mathbb{R}$ 上的有限区间 $[a,b]$, 则取无信息先验为区间 $[a,b]$ 上的均匀分布 $U(a,b)$ (有时也记为 $R(a,b)$).

(3) *广义 (无信息) 先验分布* 若参数空间 Θ 无界, 无信息先验如何选取? 例如, 样本分布为 $N(\theta,\sigma^2)$, σ^2 已知, 则 θ 的参数空间是 $\Theta=(-\infty,\infty)$. 若无信息先验取为 $\pi(\theta)\equiv 1$, 则 $\pi(\theta)$ 不是通常的密度, 因为 $\int_{-\infty}^{\infty}\pi(\theta)\mathrm{d}\theta=\infty$. 这就引出广义先验分布的概念. 它常称为 $\mathbb{R}$ 上的均匀分布, 是由拉普拉斯 (1812) 首先提出和使用的, 其定义如下.

定义 2.4.1 设随机变量 $X\sim f(x|\theta)$, $\theta\in\Theta$. 若 θ 的先验分布 $\pi(\theta)$ 满足条件:
(i) $\pi(\theta)\geqslant 0$ 且 $\int_{\Theta}\pi(\theta)\mathrm{d}\theta=\infty$;
(ii) 后验密度 $\pi(\theta|x)$ 是正常的密度函数,

则称 $\pi(\theta)$ 为 θ 的广义先验密度 (improper prior density) 或广义无信息先验密度.

注 2.4.1　由定义可见, 若广义先验密度 $\pi(\theta)$ 乘以任一给定的正常数 c, 则 $c\pi(\theta)$ 仍是一个广义先验密度.

例 2.4.1　设 $\boldsymbol{X}=(X_1,\cdots,X_n)$ 为从 $N(\theta,\sigma^2)$ 总体中抽取的随机样本, 其中 σ^2 已知. 设 θ 的先验密度 $\pi(\theta)\equiv 1\ (-\infty<\theta<\infty)$. 求 θ 的后验密度.

解　由式 (1.2.1), 可知

$$\pi(\theta|\boldsymbol{x})=\frac{f(\boldsymbol{x}|\theta)\pi(\theta)}{\int_{-\infty}^{\infty}f(x|\theta)\pi(\theta)\mathrm{d}\theta}=\frac{\exp\left\{-\frac{1}{2\sigma^2}\sum_{i=1}^{n}(x_i-\theta)^2\right\}}{\int_{-\infty}^{\infty}\exp\left\{-\frac{1}{2\sigma^2}\sum_{i=1}^{n}(x_i-\theta)^2\right\}\mathrm{d}\theta}$$

$$=\sqrt{\frac{n}{2\pi\sigma^2}}\exp\left\{-\frac{n}{2\sigma^2}(\theta-\bar{x})^2\right\}\quad(-\infty<\theta<\infty).$$

这是正态分布 $N(\bar{x},\sigma^2/n)$ 的密度函数, 后验分布 $\pi(\theta|\boldsymbol{x})$ 仍为正常的密度函数, 故按定义, $\pi(\theta)\equiv 1$ 为广义先验密度, 它也是一种无信息先验.

对一般常见的概率分布, 如何求其参数的无信息先验分布? 下面我们将对位置参数和刻度参数的无信息先验以及 Jeffreys 无信息先验分别加以介绍.

2.4.2　位置参数的无信息先验

1. 位置参数族

定义 2.4.2　设总体 X 的密度函数有形式 $f(x-\theta)$, 其样本空间 $\mathscr{X}$ 和参数空间 $\varTheta$ 皆为实轴 $\mathbb{R}$, 则此类密度函数构成的分布族称为*位置参数族* (location parameter family), $\theta\in\varTheta$ 称为位置参数.

例如, 设 $X\sim N(\theta,\sigma^2)$, 其中 σ^2 已知, X 的密度函数为

$$\frac{1}{\sqrt{2\pi}\sigma}\exp\left\{-\frac{1}{2\sigma^2}(x-\theta)^2\right\}=f(x-\theta).$$

按定义, 总体 X 的分布族属于位置参数族, θ 是位置参数.

又如, $X\sim$ 柯西分布 $C(\mu,\lambda)$, 其中 λ 已知, X 的密度函数为

$$\frac{1}{\pi}\cdot\frac{\lambda}{\lambda^2+(x-\mu)^2}=f(x-\mu).$$

总体 X 的分布族也属于位置参数族, μ 是位置参数.

2. 位置参数的无信息先验

位置参数族具有在平移变换群下的不变性. 对 X 做平移变换, 得到 $Y=X+c$, 同时对 θ 也做平移变换, 得到 $\eta=\theta+c$. 显然, Y 的密度函数的形式仍为 $f(y-\eta)$, 它还是位置参数族中的成员, η 仍为位置参数, 且样本空间和参数空间不变, 仍为 $\mathbb{R}$. 所

以 (X,θ) 与 (Y,η) 的统计问题结构相同, 因此主张它们有相同的无信息先验是合理的. 理解这一点的另一方法是: X 和 Y 的测量原点不同, 由于测量原点的选择是非常任意的, 所以无信息先验应当与这种选择无关. 如果无信息先验不依赖于原点的选择, 则它在等长区间内的先验概率应当一样. 换言之, 先验密度应当恒等于 1. 即取 θ 的无信息先验密度 $\pi(\theta)\equiv 1$, 它是一个广义先验密度. 我们来证明这一点.

令 π 和 π^* 分别表示 θ 与 η 的无信息先验密度. 以上论点说明 π 和 π^* 应相等, 即

$$\pi(\tau)=\pi^*(\tau), \tag{2.4.1}$$

其中 $\pi^*(\cdot)$ 为 η 的无信息先验. 另一方面, 由变换 $\eta=\theta+c$, 可算出 η 的无信息先验分布为

$$\pi^*(\eta)=\pi(\theta)\Big|_{\theta=\eta-c}\cdot\left|\frac{\mathrm{d}\theta}{\mathrm{d}\eta}\right|=\pi(\eta-c), \tag{2.4.2}$$

其中 $\mathrm{d}\theta/\mathrm{d}\eta=1$. 比较式 (2.4.1) 和式 (2.4.2), 可知

$$\pi(\eta)=\pi^*(\eta)=\pi(\eta-c).$$

特别取 $\eta=c$, 则有

$$\pi(c)=\pi(0)=\text{常数}.$$

由于 c 的任意性, 取 θ 的无信息先验为

$$\pi(\theta)\equiv 1. \tag{2.4.3}$$

这是一个广义无信息先验分布, 表明当 θ 为位置参数时, 其无信息先验取为常数或者 1.

例 2.4.2 设 $X_1,\cdots,X_n$ 是来自正态分布 $N(\theta,\sigma^2)$ 的 i.i.d. 样本, 其中 σ^2 已知. 若 θ 无任何先验信息可利用, 求 θ 的后验期望估计.

解 显然, $\bar{X}=\frac{1}{n}\sum\limits_{i=1}^{n}X_i$ 为 θ 的充分统计量, 且 $\bar{X}\sim N(\theta,\sigma^2/n)$, 即

$$f(\bar{x}|\theta)=\frac{\sqrt{n}}{\sqrt{2\pi}\sigma}\exp\left\{-\frac{n}{2\sigma^2}(\bar{x}-\theta)^2\right\}.$$

当 θ 无任何先验信息可用时, 为估计 θ, 可取无信息先验 $\pi(\theta)\equiv 1$. 则由例 2.4.1 可知, 给定 $\bar{x}$ 时 θ 的后验分布是 $N(\bar{x},\sigma^2/n)$; 若取 θ 的贝叶斯估计为后验期望, 则得到 θ 的后验期望估计

$$\hat{\theta}_{\mathrm{B}}=\bar{x}.$$

这个结果与经典统计学中常用的估计量在形式上完全一致.

这种现象被贝叶斯学派解释为经典统计学中一些成功的估计量可以看作使用合理的无信息先验的结果. 无信息先验的开发和使用是贝叶斯统计中最成功的结果之一.

2.4.3　刻度参数的无信息先验

1. 刻度参数族

定义 2.4.3　设总体 X 的密度函数有形式 $\sigma^{-1}\varphi(x/\sigma)$, 其中 $\sigma>0$ 为刻度参数, 参数空间为 $\mathbb{R}_+=(0,\infty)$, 则此类密度函数构成的分布族称为*刻度参数族* (scale parameter family).

例如, $X\sim N(0,\sigma^2)$, X 的密度函数

$$f(x|\sigma)=\frac{1}{\sqrt{2\pi}\sigma}\exp\left\{-\frac{x^2}{2\sigma^2}\right\}=\sigma^{-1}\cdot\frac{1}{\sqrt{2\pi}}\exp\left\{-\frac{1}{2}\left(\frac{x}{\sigma}\right)^2\right\}=\sigma^{-1}\varphi\left(\frac{x}{\sigma}\right)$$

符合上述定义, 故总体 X 的分布族属于刻度参数族, σ 为刻度参数.

又如, X 服从伽马分布 $\Gamma(r,\lambda^{-1})$, 其中 r 已知, X 的密度函数

$$f(x|\lambda)=\frac{\lambda^{-r}}{\Gamma(r)}x^{r-1}\mathrm{e}^{-x/\lambda}=\lambda^{-1}\cdot\frac{1}{\Gamma(r)}\left(\frac{x}{\lambda}\right)^{r-1}\mathrm{e}^{-x/\lambda}=\lambda^{-1}\varphi\left(\frac{x}{\lambda}\right)$$

也符合上述定义. 因此, 总体 X 的分布族也属于刻度参数族, λ 为刻度参数.

2. 刻度参数的无信息先验

刻度参数族具有在刻度变换群下的不变性. 对 X 做变换: $Y=cX$ $(c>0)$, 同时对 σ 也做相应的变换: $\eta=c\sigma$. 不难算出 Y 的密度仍为 $\eta^{-1}\varphi(y/\eta)$, 它还是刻度参数族中的成员, η 仍为刻度参数, 且 Y 的样本空间和 X 的样本空间相同, 保持不变; η 和 σ 的参数空间都为 $\mathbb{R}_+$, 也保持不变. 可见 (X,σ) 和 (Y,η) 的统计问题结构相同, 故主张 σ 的无信息先验与 η 的无信息先验相同是合理的. 理解这一点的另一方法是: X 和 Y 的度量单位不同, 由于度量单位的选择常常是任意的, 所以无信息先验应当不依赖于度量单位的选择. 换言之, 对任何 a, b $(0<a<b)$, $c>0$, σ 落在 $[a,b]$ 内的先验概率应当等于 η 落在 $[ca,cb]$ 内的先验概率. 不难看出, 这只有在先验密度为 $1/\sigma$ $(\sigma>0)$ 时才有可能, 即取 σ 的无信息先验为 $\pi(\sigma)=1/\sigma$ $(\sigma>0)$. 下面将证明这一点.

以上论点说明 σ 的无信息先验与 η 的无信息先验应当相同, 于是有

$$\pi(\tau)=\pi^*(\tau), \tag{2.4.4}$$

其中 $\pi^*(\cdot)$ 为 η 的先验分布. 另一方面, 由变换 $\eta=c\sigma$, 可知 η 的无信息先验为

$$\pi^*(\eta)=\pi(\sigma)\Big|_{\sigma=\eta/c}\cdot\left|\frac{\mathrm{d}\sigma}{\mathrm{d}\eta}\right|=\frac{1}{c}\pi\left(\frac{\eta}{c}\right), \tag{2.4.5}$$

其中 $\mathrm{d}\sigma/\mathrm{d}\eta=1/c$. 比较式 (2.4.4) 和式 (2.4.5), 可得

$$\pi(\eta)=\pi^*(\eta)=\frac{1}{c}\pi\left(\frac{\eta}{c}\right).$$

特别取 $\eta=c$, 则有

$$\pi(c)=\frac{1}{c}\pi(1).$$

为方便计, 令 $\pi(1)=1$. 再由 c 的任意性, 可得 σ 的无信息先验为

$$\pi(\sigma)=\frac{1}{\sigma}\quad(\sigma>0). \tag{2.4.6}$$

这是一个广义先验分布, 因此 $\pi(\sigma)=1/\sigma$ 就是刻度参数的无信息先验密度.

例 2.4.3 设总体 X 为指数分布, 其密度为

$$f(x|\lambda)=\lambda^{-1}\mathrm{e}^{-x/\lambda}\quad(x>0),$$

其中 $\lambda>0$ 为刻度参数. 令 $\boldsymbol{X}=(X_1,\cdots,X_n)$ 是从上述分布中抽取的 i.i.d. 样本, λ 的先验分布为无信息先验. 求后验分布的期望和方差.

解 记 $T=\sum\limits_{i=1}^{n}x_i$. 由式 (1.2.1), 可知 λ 的后验密度为

$$\begin{aligned}\pi(\lambda|\boldsymbol{x})&=\frac{\prod\limits_{i=1}^{n}f(x_i|\lambda)\pi(\lambda)}{\int_0^{\infty}\prod\limits_{i=1}^{n}f(x_i|\lambda)\pi(\lambda)\mathrm{d}\lambda}=\frac{\lambda^{-(n+1)}\mathrm{e}^{-T/\lambda}}{\int_0^{\infty}\lambda^{-(n+1)}\mathrm{e}^{-T/\lambda}\mathrm{d}\lambda}\\&=\frac{T^n}{\Gamma(n)}\lambda^{-(n+1)}\mathrm{e}^{-T/\lambda}.\end{aligned}$$

这是逆伽马分布 $\Gamma^{-1}(n,T)$. 它的后验均值是

$$E(\lambda|\boldsymbol{x})=\frac{T}{n-1}=\frac{1}{n-1}\sum_{i=1}^{n}x_i\quad(n>1).$$

它的后验方差为

$$\mathrm{Var}(\lambda|\boldsymbol{x})=\frac{T^2}{(n-1)^2(n-2)}=\frac{1}{(n-1)^2(n-2)}\Big(\sum_{i=1}^{n}x_i\Big)^2\quad(n>2).$$

2.4.4 一般情形下的无信息先验

对非位置参数族和刻度参数族的无信息先验, 被广泛采用的是 Jeffreys (1961) 的方法. 由于其推导涉及变换群和哈尔 (Harr) 测度, 这里只给出结果, 不给出证明.

假定样本分布族 $\{f(x|\boldsymbol{\theta}),\boldsymbol{\theta}\in\Theta\}$ 满足 C-R 正则条件 (韦来生, 2008: §3.5), 这里 $\boldsymbol{\theta}=(\theta_1,\cdots,\theta_p)$ 为 p 维参数向量. 设 $\boldsymbol{X}=(X_1,\cdots,X_n)$ 是从总体 $f(x|\boldsymbol{\theta})$ 中抽取的 i.i.d. 样本. 当 $\boldsymbol{\theta}$ 无先验信息可用时, Jeffreys 用费希尔信息阵行列式的平方根作为 $\boldsymbol{\theta}$ 的无信息先验, 这样的无信息先验称为 Jeffreys *无信息先验*. 可以证明 Jeffreys 无信息先验在一一对应的变换下具有不变性 (茆诗松等, 2012). 其求解步骤如下:

(1) 写出参数 $\boldsymbol{\theta}$ 的对数似然函数:

$$l(\boldsymbol{\theta}|\boldsymbol{x})=\ln\Big[\prod_{i=1}^{n}f(x_i|\boldsymbol{\theta})\Big]=\sum_{i=1}^{n}\ln f(x_i|\boldsymbol{\theta}).$$

(2) 求费希尔信息阵:

$$I(\boldsymbol{\theta})=\big(I_{ij}(\boldsymbol{\theta})\big)_{p\times p},\quad I_{ij}(\boldsymbol{\theta})=E^{\boldsymbol{X}|\boldsymbol{\theta}}\Big(-\frac{\partial^2 l}{\partial\theta_i\partial\theta_j}\Big)\quad(i,j=1,\cdots,p).$$

特别对 $p=1$, 即 θ 为单参数的情形, 有

$$I(\theta)=E^{\boldsymbol{X}|\theta}\Big(-\frac{\partial^2 l}{\partial\theta^2}\Big).$$

(3) 求 $\boldsymbol{\theta}$ 的无信息先验密度: $\boldsymbol{\theta}$ 的无信息先验的密度为

$$\pi(\boldsymbol{\theta})=\big[\det I(\boldsymbol{\theta})\big]^{1/2},\tag{2.4.7}$$

其中 $\det I(\boldsymbol{\theta})$ 表示 p 阶方阵 $I(\boldsymbol{\theta})$ 的行列式.

特别对 $p=1$, 即 θ 为单参数情形, 有

$$\pi(\theta)=[I(\theta)]^{1/2}.\tag{2.4.8}$$

例 2.4.4 设 $\boldsymbol{X}=(X_1,\cdots,X_n)$ 是从总体 $N(\mu,\sigma^2)$ 中抽取的 i.i.d. 样本, 记 $\boldsymbol{\theta}=(\mu,\sigma)$. 求 (μ,σ) 的联合无信息先验密度.

解 当给定 $\boldsymbol{X}$ 时, $\boldsymbol{\theta}$ 的对数似然函数是

$$l(\boldsymbol{\theta}|\boldsymbol{x})=-\frac{n}{2}\ln 2\pi-n\ln\sigma-\frac{1}{2\sigma^2}\sum_{i=1}^{n}(x_i-\mu)^2.$$

记 $I(\boldsymbol{\theta})=(I_{ij}(\boldsymbol{\theta}))_{2\times2}$, 则有

$$\begin{aligned}
I_{11}(\boldsymbol{\theta})&=E^{\boldsymbol{X}|\boldsymbol{\theta}}\Big[-\frac{\partial^2 l(\boldsymbol{\theta}|\boldsymbol{x})}{\partial\mu^2}\Big]=\frac{n}{\sigma^2},\\
I_{22}(\boldsymbol{\theta})&=E^{\boldsymbol{X}|\boldsymbol{\theta}}\Big[-\frac{\partial^2 l(\boldsymbol{\theta}|\boldsymbol{x})}{\partial\sigma^2}\Big]=-\frac{n}{\sigma^2}+\frac{3}{\sigma^4}E\Big[\sum_{i=1}^{n}(X_i-\mu)^2\Big]=\frac{2n}{\sigma^2},\\
I_{12}(\boldsymbol{\theta})&=I_{21}(\boldsymbol{\theta})=E^{\boldsymbol{X}|\boldsymbol{\theta}}\Big[-\frac{\partial^2 l(\boldsymbol{\theta}|\boldsymbol{x})}{\partial\mu\partial\sigma}\Big]=E\Big[\frac{2}{\sigma^3}\sum_{i=1}^{n}(X_i-\mu)\Big]=0,
\end{aligned}$$

从而有

$$I(\boldsymbol{\theta})=\begin{pmatrix}\dfrac{n}{\sigma^2}&0\\0&\dfrac{2n}{\sigma^2}\end{pmatrix},\quad[\det I(\boldsymbol{\theta})]^{1/2}=\frac{\sqrt{2}n}{\sigma^2}.$$

因此, (μ,σ) 的 Jeffreys 先验 (由于它是广义先验, 可以丢弃常数因子) 为

$$\pi(\mu,\sigma)=1/\sigma^2.$$

即 (μ,σ) 的联合无信息先验为 $1/\sigma^2$. 它的几个特例如下:

(1) 当 σ 已知时, 有

$$I(\mu)=E^{\boldsymbol{X}|\boldsymbol{\theta}}\Big[-\frac{\partial^2 l(\boldsymbol{\theta}|\boldsymbol{x})}{\partial\mu^2}\Big]=\frac{n}{\sigma^2},\qquad I^{1/2}(\mu)\propto 1,$$

故 $\pi_1(\mu) \equiv 1$.

(2) 当 μ 已知时, 有

$$I(\sigma) = E^{\boldsymbol{X}|\boldsymbol{\theta}}\left[-\frac{\partial^2 l(\boldsymbol{\theta}|\boldsymbol{x})}{\partial \sigma^2}\right] = \frac{2n}{\sigma^2}, \quad I^{1/2}(\sigma) \propto \frac{1}{\sigma},$$

故 $\pi_2(\sigma) = 1/\sigma$.

(3) 当 μ 和 σ 独立时, 有

$$\pi(\mu,\sigma) = \pi_1(\mu)\pi_2(\sigma) = \frac{1}{\sigma} \quad (0 < \sigma < \infty).$$

由此可见, 当 μ 和 σ 的无信息先验不独立时, 它们的联合无信息先验为 $1/\sigma^2$; 而当 μ 和 σ 的无信息先验独立时, 它们的联合无信息先验为 $1/\sigma$. Jeffreys 最终推荐用 $\pi(\mu,\sigma) = 1/\sigma$ 作为 μ 和 σ 的联合无信息先验.

例 2.4.5 设 θ 为伯努利 (Bernoulli) 试验中的成功概率, 则在 n 次独立的伯努利试验中, 成功次数 $X \sim B(n,\theta)$, 即

$$P(X = x|\theta) = \binom{n}{x}\theta^x(1-\theta)^{n-x} \quad (x = 0,1,\cdots,n).$$

求 θ 的 Jeffreys 无信息先验.

解 由于 θ 的对数似然函数为

$$l(\theta|x) = \ln\binom{n}{x} + x\ln\theta + (n-x)\ln(1-\theta),$$

故有

$$\begin{aligned} I(\theta) &= E^{X|\theta}\Big[-\frac{\partial^2 l(\theta|x)}{\partial\theta^2}\Big] = E^{X|\theta}\Big[\frac{X}{\theta^2} + \frac{n-X}{(1-\theta)^2}\Big] \\ &= \frac{n}{\theta} + \frac{n}{1-\theta} = \frac{n}{\theta(1-\theta)}. \end{aligned}$$

从而由式 (2.4.8), 取 $\pi(\theta) \propto [I(\theta)]^{1/2} = \theta^{-1/2}(1-\theta)^{-1/2}$ $(0 < \theta < 1)$. 添加正则化因子, 得到

$$\pi(\theta) = \frac{1}{\pi}\,\theta^{1/2-1}(1-\theta)^{1/2-1} \quad (0 < \theta < 1).$$

它是贝塔分布 $Be(1/2,1/2)$ 的密度函数.

注 2.4.2 一般说来, 无信息先验不唯一, 例如, 上例中 θ 的另一个无信息先验分布可取为 (0,1) 上的均匀分布, 即 $\pi(\theta) \equiv 1$. 不同的无信息先验对贝叶斯推断影响都很小, 很少对结果产生较大影响, 所以任何无信息先验都可以接受. 当今无论在统计理论还是应用研究中无信息先验采用都越来越多, 就连经典统计学者也认为无信息先验是客观的、可以接受的. 这是近几十年中贝叶斯学派研究中最成功的部分.

2.4.5 Reference 先验*

1. 引言

我们回顾一下常见的几类无信息先验贝叶斯分析的发展历程. 首先, 拉普拉斯 (Laplace, 1774, 1812) 提出无信息先验 $\pi(\theta) \equiv 1$ ($\theta \in \Theta$), 对于当时他所遇到的问题使用效果很好. 然而研究发现, 在小样本场合会导致明显的不一致, 即常数先验经过变换后通常不再是常数先验. 这就导致 Jeffreys (1946,1961) 提出采用先验 $\pi(\theta) = |I(\theta)|^{1/2}$. Jeffreys 先验在适当的变换下具有不变性, 在参数是一维的情形下, Jeffreys 先验被证明是相当成功的. 然而, 正如 Jeffreys 本人注意到的, 在多参数情形下使用这一先验有时会遇到困难. 他指出, 在多个参数之间不相关时使用 Jeffreys 先验效果较好, 在参数之间具有相关性时, 需要对 Jeffreys 先验进行修改才能使用. 直到 Bernardo (1979) 成功地找到了在多维场合修改 Jeffreys 先验的方法, 即 Reference 先验, 此方法将多维参数分成感兴趣的参数和多余 (nuisance) 参数两部分, 然后分步导出无信息先验. 在此后的许多年里, Reference 先验的定义、计算方法和步骤不断优化, 并通过大量的实际应用不断被完善.

Reference 先验是从信息量的准则出发对无信息先验的推广. 其基本思想是: 在获得观测数据后, 使得参数的先验分布和后验分布之间的 Kullback-Liebler (K-L) 距离最大. 由于 K-L 距离实际可视为连续型随机变量的熵 (见 2.6 节), 其值越大表示先验信息越少. 在一维情形下, Reference 先验和 Jeffreys 先验相同; 当模型中存在多余参数时, Reference 先验和 Jeffreys 先验是不一样的.

Reference 先验是由 Bernardo (1979) 首先提出来的. 一个新的研究领域 "客观贝叶斯 (objective Bayes)" 的创立, 带动了 Reference 先验的研究. 自 20 世纪 80 年代以来, 以 J. O. Berger 为代表的一些统计学家的努力使其得到了进一步的发展和完善.

2. Reference 先验的定义

为了给出 Reference 先验的定义, 我们首先给出 K-L 距离的定义.

定义 2.4.4 (K-L 距离)　设有两个概率分布 $p(x)$ 和 $q(x)$, 它们的 K-L 距离定义为

$$KL(p(x),q(x)) = E_p[\ln(p/q)] = \int p(x)\ln\frac{p(x)}{q(x)}\mathrm{d}x.$$

定义 2.4.5 (Reference 先验)　设样本 $\boldsymbol{X} = (X_1,\cdots,X_n)$ 的分布族为 $\{p(\boldsymbol{x}|\boldsymbol{\theta}),\boldsymbol{\theta} \in \Theta\}$, 其中 $\boldsymbol{\theta}$ 为参数 (或参数向量), Θ 为参数空间; $\boldsymbol{\theta}$ 的先验分布为 $\pi(\boldsymbol{\theta})$. 令 $\mathscr{P} = \{\pi(\boldsymbol{\theta}) > 0 : \int_\Theta \pi(\boldsymbol{\theta}|\boldsymbol{x})d\boldsymbol{\theta} < \infty\}$, 此处 $\pi(\boldsymbol{\theta}|\boldsymbol{x})$ 为 $\boldsymbol{\theta}$ 的后验分布. 设先验分布 $\pi(\boldsymbol{\theta})$ 到后验分布 $\pi(\boldsymbol{\theta}|\boldsymbol{x})$ 的 K-L 距离关于样本 $\boldsymbol{X}$ 的期望为

$$I_{\pi(\boldsymbol{\theta})}(\boldsymbol{\theta},\boldsymbol{x}) = \int_{\mathscr{X}^{(n)}} p(\boldsymbol{x})\left[\int_\Theta \pi(\boldsymbol{\theta}|\boldsymbol{x})\ln\frac{\pi(\boldsymbol{\theta}|\boldsymbol{x})}{\pi(\boldsymbol{\theta})}\mathrm{d}\boldsymbol{\theta}\right]\mathrm{d}\boldsymbol{x}, \tag{2.4.9}$$

其中 $\mathscr{X}^{(n)} = \mathscr{X}_1 \times \cdots \times \mathscr{X}_1$ 为样本空间, $p(\boldsymbol{x}) = \int_\Theta p(\boldsymbol{x}|\boldsymbol{\theta})\pi(\boldsymbol{\theta})\mathrm{d}\boldsymbol{\theta}$ 为样本 $\boldsymbol{X}$ 的边缘密度.

若 $\pi^*(\boldsymbol{\theta}) \in \mathscr{P}$, 且满足

$$I_{\pi^*(\boldsymbol{\theta})}(\boldsymbol{\theta},\boldsymbol{x}) = \max_{\pi(\boldsymbol{\theta})\in\mathscr{P}} I_{\pi(\boldsymbol{\theta})}(\boldsymbol{\theta},\boldsymbol{x}) \tag{2.4.10}$$

则称 $\pi^*(\boldsymbol{\theta})=\arg\max\limits_{\pi(\boldsymbol{\theta})\in\mathscr{P}} I_{\pi(\boldsymbol{\theta})}(\boldsymbol{\theta},\boldsymbol{x})$ 为参数 $\boldsymbol{\theta}$ 的 Reference 先验.

3. Reference 先验的计算

由定义 2.4.5 求 Reference 先验很难得到解析表达式, 通过数值方法获得其解也是一件困难的事. 一个替代的办法是用渐近方法获得解析表达式. 设 X 表示一个简单试验的观测结果, 向量 $\boldsymbol{X}^{(k)}=(X_1,\cdots,X_k)$ 的分量是由随机变量 X 的 k 个独立复制组成. 令

$$I_{\pi(\boldsymbol{\theta})}(\boldsymbol{\theta},\boldsymbol{x}^{(k)})=\int_{\mathscr{X}^{(k)}}p(\boldsymbol{x}^{(k)})\left[\int_{\Theta}\pi(\boldsymbol{\theta}|\boldsymbol{x}^{(k)})\ln\frac{\pi(\boldsymbol{\theta}|\boldsymbol{x}^{(k)})}{\pi(\boldsymbol{\theta})}\mathrm{d}\boldsymbol{\theta}\right]\mathrm{d}\boldsymbol{x}^{(k)}. \tag{2.4.11}$$

通过最大化 $I_{\pi(\boldsymbol{\theta})}(\boldsymbol{\theta},\boldsymbol{x}^{(k)})$, 得到 $\pi_k(\boldsymbol{\theta})=\arg\max\limits_{\pi(\boldsymbol{\theta})} I_{\pi(\boldsymbol{\theta})}(\boldsymbol{\theta},\boldsymbol{x}^{(k)})$. 为了找到 π_k 的更方便的形式, 改写 $I_{\pi(\boldsymbol{\theta})}(\boldsymbol{\theta},\boldsymbol{x}^{(k)})$ 如下:

$$\begin{aligned}I_{\pi(\boldsymbol{\theta})}(\boldsymbol{\theta},\boldsymbol{x}^{(k)})&=\int_{\mathscr{X}^{(k)}}p(\boldsymbol{x}^{(k)})\left[\int_{\Theta}\pi(\boldsymbol{\theta}|\boldsymbol{x}^{(k)})\ln\frac{\pi(\boldsymbol{\theta}|\boldsymbol{x}^{(k)})}{\pi(\boldsymbol{\theta})}\mathrm{d}\boldsymbol{\theta}\right]\mathrm{d}\boldsymbol{x}^{(k)}\\&=\int_{\Theta}\pi(\boldsymbol{\theta})\left\{\int_{\mathscr{X}^{(k)}}p(\boldsymbol{x}^{(k)}|\boldsymbol{\theta})\left[\ln\pi(\boldsymbol{\theta}|\boldsymbol{x}^{(k)})-\ln\pi(\boldsymbol{\theta})\right]\mathrm{d}\boldsymbol{x}^{(k)}\right\}\mathrm{d}\boldsymbol{\theta}\\&=\int_{\Theta}\pi(\boldsymbol{\theta})\ln\frac{f_k(\boldsymbol{\theta})}{\pi(\boldsymbol{\theta})}\mathrm{d}\boldsymbol{\theta}.\end{aligned}$$

此处

$$f_k(\boldsymbol{\theta})=\exp\left\{\int_{\mathscr{X}^{(k)}}p(\boldsymbol{x}^{(k)}|\boldsymbol{\theta})\ln\pi(\boldsymbol{\theta}|\boldsymbol{x}^{(k)})\mathrm{d}\boldsymbol{x}^{(k)}\right\}. \tag{2.4.12}$$

利用拉格朗日求条件极值的方法, 在 $\int\pi(\boldsymbol{\theta})\mathrm{d}\boldsymbol{\theta}=1$ 的条件下求

$$I_{\pi(\boldsymbol{\theta})}(\boldsymbol{\theta},\boldsymbol{x}^{(k)})=\int_{\Theta}\pi(\boldsymbol{\theta})\ln\frac{f_k(\boldsymbol{\theta})}{\pi(\boldsymbol{\theta})}\mathrm{d}\boldsymbol{\theta}$$

的极大值. 利用变分法求解, 可知其解 $\pi_k(\boldsymbol{\theta})\propto f_k(\boldsymbol{\theta})$.

Berger 等 (2009) 在适当条件下证明了 $\boldsymbol{\theta}$ 的 Reference 先验为

$$\pi^*(\boldsymbol{\theta})=\lim_{k\to\infty}\frac{f_k(\boldsymbol{\theta})}{f_k(\boldsymbol{\theta}_0)}, \tag{2.4.13}$$

此处 $\boldsymbol{\theta}_0$ 是参数空间 Θ 的一个内点, $f_k(\boldsymbol{\theta})$ 由式 (2.4.12) 给出.

4. 当存在多余参数时 Reference 先验的计算

在我们所讨论的统计模型中, 当参数是多维时, 我们感兴趣的参数常常是其中的一个参数 (或某些参数的子集), 其余的视为多余参数. 此时求多参数情形下的无信息先验, 可利用 Reference 先验来处理. 其中的某些步骤可简化成一维的情形, 通过计算 Jeffreys 先验获得. 具体说明如下.

设似然函数为 $p(\boldsymbol{x}|\theta,\boldsymbol{\lambda})$, 此处 θ 为感兴趣的参数, 而 $\boldsymbol{\lambda}$ 为多余参数. 我们希望找到联合的无信息先验分布 $\pi(\theta,\boldsymbol{\lambda})$. 处理这种带有多余参数的方法按下列步骤:

(1) 固定 θ, 用标准的 Reference 先验方法获得 $\pi(\boldsymbol{\lambda}|\theta)$ (如果 $\boldsymbol{\lambda}$ 是一维的, 将 θ 看成常数, 计算 Jeffreys 先验, 获得 $\pi(\lambda|\theta)$).

(2) 如果 $\pi(\boldsymbol{\lambda}|\theta)$ 是正常的先验, 对 $\boldsymbol{\lambda}$ 积分得到

$$p(\boldsymbol{x}|\theta)=\int p(\boldsymbol{x}|\theta,\boldsymbol{\lambda})\pi(\boldsymbol{\lambda}|\theta)\mathrm{d}\boldsymbol{\lambda}. \tag{2.4.14}$$

(3) 基于 $p(\boldsymbol{x}|\theta)$, 利用标准的 Reference 先验方法获得 $\pi(\theta)$ (如果 θ 是一维的, 利用 $p(\boldsymbol{x}|\theta)$ 计算 Jeffreys 先验, 获得 $\pi(\theta)$).

(4) θ 和 $\boldsymbol{\lambda}$ 的联合先验为 $\pi(\theta,\boldsymbol{\lambda})=\pi(\boldsymbol{\lambda}|\theta)\pi(\theta)$.

对多于两个参数的情形, 我们将感兴趣的参数按降序排列, 重复使用上述方法.

注 2.4.3　在上述步骤 (2) 中, 如果 $\pi(\boldsymbol{\lambda}|\theta)$ 不是正常的先验, 而是广义先验密度, 则积分式 (2.4.14) 将不存在. 我们需要构造一个正常先验的序列, 通过取极限来完成. 下面我们将针对这种情形, 介绍两参数 Reference 先验的算法 (Berger et al., 1989), 更一般的多参数情形可参见 Berger et al. (1992).

设 $\boldsymbol{\lambda}=(\theta_1,\theta_2)$, 其中 θ_1 为感兴趣的参数, θ_2 为多余参数. 令

$$\boldsymbol{I}(\theta_1,\theta_2)=\begin{pmatrix} I_{11}(\theta_1,\theta_2) & I_{12}(\theta_1,\theta_2) \\ I_{21}(\theta_1,\theta_2) & I_{22}(\theta_1,\theta_2)\end{pmatrix} \tag{2.4.15}$$

为 (θ_1,θ_2) 的费希尔信息阵. (θ_1,θ_2) 的 Reference 先验可按下面四个步骤获得:

(1) 求给定 θ_1 时 θ_2 的 Reference 先验 $\pi(\theta_2|\theta_1)$. 由于在一维的情形下 Reference 先验与 Jeffreys 先验相同, 所以取 $\pi(\theta_2|\theta_1)=\left|I_{22}(\theta_1,\theta_2)\right|^{1/2}$.

(2) 选择 (θ_1,θ_2) 的参数空间 Θ 上的紧子集 (一维闭区间或多维有限闭集概念的拓广) $\Theta_1\subset\Theta_2\subset\cdots$, 满足 $\bigcup\limits_{i=1}^{\infty}\Theta_i=\Theta$, 且对任何 θ_1, 使得 $\pi(\theta_2|\theta_1)$ 在集合 $\Omega_{i,\theta_1}=\{\theta_2:(\theta_1,\theta_2)\in\Theta_i\}$ 上是有限的. 将 $\pi(\theta_2|\theta_1)$ 在 Ω_{i,θ_1} 上正则化, 得到

$$\pi_i(\theta_2|\theta_1)=K_i(\theta_1)\pi(\theta_2|\theta_1)I_{\Omega_{i,\theta_1}}(\theta_2),$$

其中 $I_A(x)$ 表示集合 A 上的示性函数, 而 $K_i(\theta_1)=1/\int_{\Omega_{i,\theta_1}}\pi(\theta_2|\theta_1)\mathrm{d}\theta_2$.

(3) 求参数 θ_1 关于 $\pi_i(\theta_2|\theta_1)$ 的边缘 Reference 先验 $\pi_i(\theta_1)$, 其公式为

$$\pi_i(\theta_1)=\exp\left\{\frac{1}{2}\int_{\Omega_{i,\theta_1}}\pi_i(\theta_2|\theta_1)\ln\frac{|I(\theta_1,\theta_2)|}{|I_{22}(\theta_1,\theta_2)|}\mathrm{d}\theta_2\right\}.$$

此处 $I(\theta_1,\theta_2)$ 和 $I_{22}(\theta_1,\theta_2)$ 由式 (2.4.15) 给出.

(4) 求极限得到 (θ_1,θ_2) 的 Reference 先验

$$\pi(\theta_1,\theta_2)=\lim_{i\to\infty}\left[\frac{K_i(\theta_1)\pi_i(\theta_1)}{K_i(\theta_{10})\pi_i(\theta_{10})}\right]\pi(\theta_2|\theta_1),$$

此处假定极限存在, θ_{10} 为任一固定点.

例 2.4.6　设 $X\sim N(\mu,\sigma^2)$. 求 $\theta=(\mu,\sigma^2)$ 的 (1) Jeffreys 先验和 (2) Reference 先验.

解 (1) 求 Jeffreys 先验: 与例 2.4.4 类似, 可求得 $\boldsymbol{\theta}=(\mu,\sigma^2)$ 的费希尔信息阵 (注意, 例 2.4.4 中求得的是 $\tilde{\boldsymbol{\theta}}=(\mu,\sigma)$ 的信息阵, 二者不同) 为

$$\boldsymbol{I}(\mu,\sigma^2)=\begin{pmatrix}\dfrac{1}{\sigma^2} & 0\\ 0 & \dfrac{1}{2\sigma^4}\end{pmatrix}.$$

由此可见 μ 和 σ^2 是正交的. 因此 Jeffreys 先验为

$$\pi_{\mathrm{J}}(\boldsymbol{\theta})=[\det I(\theta)]^{1/2}\propto 1/\sigma^3.$$

(2) 求 Reference 先验: 我们将按两参数场合求 Reference 先验的步骤, 分别求 μ 为感兴趣的参数和 σ^2 为感兴趣的参数时的 Reference 先验.

① 设 μ 为感兴趣的参数. 求 Reference 先验的过程如下:

(a) 求条件 Reference 先验:

$$\pi(\sigma^2|\mu)=\left(\frac{1}{2\sigma^4}\right)^{1/2}\propto 1/\sigma^2.$$

(b) 取参数空间 $\Omega=\mathbb{R}\times\mathbb{R}_+$ 上的单调增子集 $\Omega_i=L_i\times S_i$, 其中 $L_i=[l_{i1},l_{i2}]$, $S_i=[s_{i1},s_{i2}]$, 使得 $L_1\subset L_2\subset\cdots$, $S_1\subset S_2\subset\cdots$, $\bigcup\limits_{i=1}^{\infty}L_i=\mathbb{R}$, $\bigcup\limits_{i=1}^{\infty}S_i=\mathbb{R}_+$. 则 $\Omega_{i,\mu}=S_i$, 而

$$\begin{aligned}K_i(\mu)&=\frac{1}{\int_{\Omega_{i,\mu}}\pi(\sigma^2|\mu)\mathrm{d}\sigma^2}=\frac{1}{\int_{s_{i1}}^{s_{i2}}\frac{1}{\sigma^2}\mathrm{d}\sigma^2}=\frac{1}{\ln s_{i2}-\ln s_{i1}},\\ \pi_i(\sigma^2|\mu)&=K_i(\mu)\cdot\pi(\sigma^2|\mu)\cdot I_{[s_{i1},s_{i2}]}(\sigma^2)\\ &=\frac{1}{(\ln s_{i2}-\ln s_{i1})\sigma^2}\quad(s_{i1}\leqslant\sigma^2\leqslant s_{i2}).\end{aligned}$$

(c) 求边缘 Reference 先验:

$$\begin{aligned}\pi_i(\mu)&=\exp\left\{\frac{1}{2}\int_{s_{i1}}^{s_{i2}}\frac{1}{(\ln s_{i2}-\ln s_{i1})\sigma^2}\left(\ln\frac{1}{\sigma^2}\right)\mathrm{d}\sigma^2\right\}\\ &=\exp\left\{-\frac{\left(\ln s_{i2}\right)^2-\left(\ln s_{i1}\right)^2}{4(\ln s_{i2}-\ln s_{i1})}\right\}.\end{aligned}$$

(d) 求极限: 取 $\mu_0=1$, 得

$$\pi(\mu,\sigma^2)=\lim_{i\to\infty}\left[\frac{K_i(\mu)\pi_i(\mu)}{K_i(\mu_0)\pi_i(\mu_0)}\right]\cdot\pi(\sigma^2|\mu)=\pi(\sigma^2|\mu)=\frac{1}{\sigma^2}.$$

② 设 σ^2 为感兴趣的参数. 求 Reference 先验的过程如下:

(a) 求条件 Reference 先验:

$$\pi(\mu|\sigma^2)\propto(1/\sigma^2)^{1/2}=1/\sigma.$$

(b) 同 (1), 取参数空间 $\Omega=\mathbb{R}\times\mathbb{R}_+$ 上的单调增子集 $\Omega_i=L_i\times S_i$, 则 $\Omega_{i,\sigma^2}=L_i=[l_{i1},l_{i2}]$, 而

$$K_i(\sigma^2)=\frac{1}{\int_{\Omega_{i,\sigma^2}}\pi(\mu|\sigma^2)\mathrm{d}\mu}=\frac{1}{\int_{l_{i1}}^{l_{i2}}\sigma\mathrm{d}\mu}=\frac{\sigma}{l_{i2}-l_{i1}},$$

$$\pi_i(\mu|\sigma^2)=K_i(\sigma^2)\cdot\pi(\mu|\sigma^2)\cdot I_{[l_{i1},l_{i2}]}(\mu)=\frac{1}{l_{i2}-l_{i1}}\quad(l_{i1}\leqslant\mu\leqslant l_{i2}).$$

(c) 求边缘 Reference 先验:

$$\pi_i(\sigma^2)=\exp\left\{\frac{1}{2}\int_{l_{i1}}^{l_{i2}}\frac{1}{l_{i2}-l_{i1}}\left(\ln\frac{1}{2\sigma^4}\right)\mathrm{d}\mu\right\}=\frac{1}{\sqrt{2}\,\sigma^2}.$$

(d) 求极限: 取 $\sigma_0=1$, 得

$$\begin{aligned}\pi(\mu,\sigma^2)&=\lim_{i\to\infty}\left[\frac{K_i(\sigma^2)\pi_i(\sigma^2)}{K_i(\sigma_0^2)\pi_i(\sigma_0^2)}\right]\cdot\pi(\mu|\sigma^2)\\&=\lim_{i\to\infty}\left\{\frac{\left[\sqrt{2}(l_{i2}-l_{i1})\sigma\right]^{-1}}{\left[\sqrt{2}(l_{i2}-l_{i1})\sigma_0\right]^{-1}}\right\}\cdot\frac{1}{\sigma}=\frac{1}{\sigma^2}.\end{aligned}$$

由本例中的 ①和 ②可见, 不论哪一个作为感兴趣的参数, (μ,σ^2) 的 Reference 先验皆为 $\pi(\mu,\sigma^2)\propto 1/\sigma^2$.

2.5　共轭先验分布

2.5.1　共轭先验分布的概念

另外一种选择先验的方法是从理论角度出发, 在已知样本分布的情形下, 为了理论上的需要常常选参数的先验分布为共轭先验分布. 其定义如下.

定义 2.5.1　设 $\mathscr{F}$ 表示由 θ 的先验分布 $\pi(\theta)$ 构成的分布族. 如果对任取的 $\pi\in\mathscr{F}$ 及样本值 x, 后验分布 $\pi(\theta|x)$ 仍属于 $\mathscr{F}$, 则称 $\mathscr{F}$ 为一个共轭先验分布族 (conjugate prior distribution family).

注 2.5.1　由于共轭先验分布是对样本 X 的分布中的参数 θ 而言的, 故上述定义中的后验分布不仅依赖于先验分布 π 和 x, 还依赖于样本分布族. 离开指定参数及其所在的样本分布族去谈论共轭先验分布是没有意义的. 因此, 某一指定的先验分布族是否是共轭的, 要视样本分布族而定.

下面给出计算共轭先验分布的一个例子.

例 2.5.1 设 $X \sim B(n,\theta)$.

(1) 设 θ 服从均匀分布 $U(0,1)$. 证明: θ 的后验分布为贝塔分布.

(2) 若取 θ 的先验分布为贝塔分布 $Be(a,b)$, 其中 a,b 已知, 证明: θ 的后验分布仍为贝塔分布, 即 θ 的共轭先验分布为贝塔分布.

证 (1) 均匀分布 $U(0,1)$ 是贝塔分布 $Be(1,1)$. $X \sim B(n,\theta)$, 其概率分布为

$$f(x|\theta)=\binom{n}{x}\theta^x(1-\theta)^{n-x} \quad (x=0,1,\cdots,n),$$

而 θ 的先验分布为 $\pi(\theta)=1$ $(0<\theta<1)$, 故有

$$\pi(\theta|x)=\frac{\theta^x(1-\theta)^{n-x}}{\displaystyle\int_0^1 \theta^x(1-\theta)^{n-x}\mathrm{d}\theta}. \tag{2.5.1}$$

计算积分得到

$$\int_0^1 \theta^x(1-\theta)^{n-x}\mathrm{d}\theta=\frac{\Gamma(x+1)\Gamma(n-x+1)}{\Gamma(n+2)}.$$

将上式结果代入式 (2.5.1), 得到后验密度

$$\pi(\theta|x)=\frac{\Gamma(n+2)}{\Gamma(x+1)\Gamma(n-x+1)}\,\theta^{(x+1)-1}(1-\theta)^{(n-x+1)-1} \quad (0<\theta<1).$$

因此 θ 的后验分布是贝塔分布 $Be(x+1,n-x+1)$.

(2) 已知 $\theta \sim Be(a,b)$, 则

$$\pi(\theta|x)=\frac{\theta^{x+a-1}(1-\theta)^{n-x+b-1}}{\displaystyle\int_0^1 \theta^{x+a-1}(1-\theta)^{n-x+b-1}\mathrm{d}\theta}. \tag{2.5.2}$$

计算积分得到

$$\int_0^1 \theta^{x+a-1}(1-\theta)^{n-x+b-1}\mathrm{d}\theta=\frac{\Gamma(x+a)\Gamma(n-x+b)}{\Gamma(n+a+b)}.$$

将上式结果代入式 (2.5.2), 得到后验密度

$$\pi(\theta|x)=\frac{\Gamma(n+a+b)}{\Gamma(x+a)\Gamma(n-x+b)}\theta^{(x+a)-1}(1-\theta)^{(n-x+b)-1} \quad (0<\theta<1).$$

因此 θ 的后验分布是贝塔分布 $Be(x+a,n-x+b)$. 这表明若样本分布属于二项分布族, 则其参数 θ 的共轭先验分布族为贝塔分布族.

由此例可见, 计算后验分布时, 求边缘分布需要算积分, 有时并非易事. 下面的方法说明, 可以简化后验分布的计算, 省略计算边缘分布这一步骤.

2.5.2 后验分布的计算

后验密度的计算公式由式 (1.2.1) 给出, 即

$$\pi(\theta|\boldsymbol{x})=\frac{f(\boldsymbol{x}|\theta)\pi(\theta)}{m(\boldsymbol{x})}=\frac{f(\boldsymbol{x}|\theta)\pi(\theta)}{\int_{\Theta}f(\boldsymbol{x}|\theta)\pi(\theta)\mathrm{d}\theta},$$

此处 $f(\boldsymbol{x}|\theta)$ 是样本的密度函数 (也称为似然函数, 可以用 $l(\theta|\boldsymbol{x})$ 代替 $f(\boldsymbol{x}|\theta)$), $\pi(\theta)$ 是 θ 的先验密度, $m(\boldsymbol{x})$ 是 $\boldsymbol{X}$ 的边缘密度. 由于 $m(\boldsymbol{x})$ 与 θ 无关, 故可将 $1/m(\boldsymbol{x})$ 看成与 θ 无关的常数, 因此有

$$\pi(\theta|\boldsymbol{x})=\frac{f(\boldsymbol{x}|\theta)\pi(\theta)}{m(\boldsymbol{x})}\propto f(\boldsymbol{x}|\theta)\pi(\theta), \tag{2.5.3}$$

即上式的左边和右边只相差一个正的常数因子, 此常数与 θ 无关, 但可以与 $\boldsymbol{x}$ 有关.

因此, 对共轭先验分布情形, 求后验密度可按下列步骤:

(1) 写出样本概率函数 (即 θ 的似然函数) $f(\boldsymbol{x}|\theta)$ 的核, 即 $f(\boldsymbol{x}|\theta)$ 中仅与参数 θ 有关的因子; 再写出先验密度 $\pi(\theta)$ 的核, 即 $\pi(\theta)$ 中仅与参数 θ 有关的因子.

(2) 类似于式 (2.5.3), 写出后验密度的核, 即

$$\pi(\theta|\boldsymbol{x})\propto f(\boldsymbol{x}|\theta)\pi(\theta)\propto\{f(\boldsymbol{x}|\theta)\text{ 的核}\}\cdot\{\pi(\theta)\text{ 的核}\}, \tag{2.5.4}$$

也就是"后验密度的核"是"样本概率函数的核"与"先验密度的核"的乘积.

(3) 将式 (2.5.4) 的右边添加一个正则化常数因子 (可以与 $\boldsymbol{x}$ 有关) , 即可得到后验密度.

注 2.5.2 上述计算后验分布的简化方法, 只对先验分布为共轭先验或无信息先验的情形有效. 对其他的先验分布, 获得后验分布的核之后, 如果不能判断出后验分布的类型, 就不知道如何添加正则化常数因子, 将"后验密度的核"变成"后验密度". 此时只能老老实实按公式 (1.2.1) 去计算后验密度.

续例 2.5.1 现在我们用上面介绍的方法来解例 2.5.1. 设 $X\sim B(n,\theta)$. 若取 θ 的先验分布为 $Be(a,b)$, 求 θ 的后验分布.

解 似然函数 (即样本密度) 的核是 $\theta^x(1-\theta)^{n-x}$, 而先验密度的核是 $\theta^{a-1}(1-\theta)^{b-1}$. 因此由式 (2.5.4), 有

$$\pi(\theta|x)\propto f(x|\theta)\pi(\theta)\propto\theta^{x+a-1}(1-\theta)^{n-x+b-1}.$$

易见上式的右边是贝塔分布 $Be(x+a,n-x+b)$ 密度函数的核. 因此, 添加正则化因子, 得到后验密度

$$\pi(\theta|x)=\frac{\Gamma(n+a+b)}{\Gamma(x+a)\Gamma(n-x+b)}\theta^{(x+a)-1}(1-\theta)^{(n-x+b)-1}\quad(0<\theta<1).$$

由此可见, 上面介绍的方法简化了后验分布的计算. 下面再看计算后验分布的几个例子.

例 2.5.2 设 $X\sim N(\theta,\sigma^2)$, σ^2 已知而 θ 未知. 令 θ 的先验分布 $\pi(\theta)$ 是 $N(\mu,\tau^2)$, 其中 μ 和 τ^2 已知. 求 θ 的后验分布 $\pi(\theta|x)$.

解 给定 θ 时 X 的密度函数记为 $f(x|\theta)$, 则有

$$\pi(\theta|x)\propto f(x|\theta)\pi(\theta)\propto \exp\left\{-\frac{1}{2}\left[\frac{(x-\theta)^2}{\sigma^2}+\frac{(\theta-\mu)^2}{\tau^2}\right]\right\}. \tag{2.5.5}$$

与例 2.3.1 相似, 令

$$A=\frac{1}{\sigma^2}+\frac{1}{\tau^2},\quad B=\frac{x}{\sigma^2}+\frac{\mu}{\tau^2},\quad C=\frac{x^2}{\sigma^2}+\frac{\mu^2}{\tau^2}.$$

将式 (2.5.5) 右边方括号中的项凑成 θ 的完全平方:

$$\begin{aligned}\frac{(x-\theta)^2}{\sigma^2}+\frac{(\theta-\mu)^2}{\tau^2}&=\left(\frac{1}{\sigma^2}+\frac{1}{\tau^2}\right)\theta^2-2\left(\frac{x}{\sigma^2}+\frac{\mu}{\tau^2}\right)\theta+\left(\frac{x^2}{\sigma^2}+\frac{\mu^2}{\tau^2}\right)\\&=A\theta^2-2B\theta+C=A\left(\theta-\frac{B}{A}\right)^2+\left(C-\frac{B^2}{A}\right).\end{aligned}$$

记

$$\mu(x)=\frac{\sigma^2\mu+\tau^2x}{\sigma^2+\tau^2}=\frac{B}{A},\quad \eta^2=\frac{\sigma^2\tau^2}{\sigma^2+\tau^2}=\frac{1}{A},\quad C-\frac{B^2}{A}=\frac{(x-\mu)^2}{\sigma^2+\tau^2}.$$

由上式和式 (2.5.5), 可知

$$\begin{aligned}\pi(\theta|x)&\propto\exp\left\{-\frac{A}{2}\left(\theta-\frac{B}{A}\right)^2\right\}\cdot\exp\left\{-\frac{1}{2}\left(C-\frac{B^2}{A}\right)\right\}\\&\propto\exp\left\{-\frac{1}{2\eta^2}(\theta-\mu(x))^2\right\}\cdot\exp\left\{-\frac{(x-\mu)^2}{2(\sigma^2+\tau^2)}\right\}\\&\propto\exp\left\{-\frac{1}{2\eta^2}\left[\theta-\mu(x)\right]^2\right\}.\end{aligned}$$

这是正态分布 $N(\mu(x),\eta^2)$ 的核. 添加正则化常数, 得到 θ 的后验密度

$$\pi(\theta|x)=\frac{1}{\sqrt{2\pi}\eta}\exp\left\{-\frac{1}{2\eta^2}\ \left[\theta-\mu(x)\right]^2\right\}\quad(\infty<\theta<\infty). \tag{2.5.6}$$

续例 2.5.2 若进一步假定 $X_1,\cdots,X_n$ i.i.d. $\sim N(\theta,\sigma^2)$, σ^2 已知, $\theta\sim N(\mu,\tau^2)$, 求 θ 的后验密度.

解 由于样本 $\boldsymbol{X}=(X_1,\cdots,X_n)$ 的联合密度是

$$\begin{aligned}f(\boldsymbol{x}|\theta)&=(2\pi\sigma^2)^{-n/2}\exp\left\{-\frac{1}{2\sigma^2}\sum_{i=1}^{n}(x_i-\theta)^2\right\}\\&\propto\exp\left\{-\frac{1}{2\sigma^2}\left[\sum_{i=1}^{n}(x_i-\bar{x})^2+n(\bar{x}-\theta)^2\right]\right\}\\&\propto\exp\left\{-\frac{n(\bar{x}-\theta)^2}{2\sigma^2}\right\},\end{aligned} \tag{2.5.7}$$

将式 (2.5.5) 中的 $f(x|\theta)$ 用式 (2.5.7) 中的 $f(\boldsymbol{x}|\theta)$ 代替, 用完全类似的方法容易获得 θ 的后验分布, 只要将上述结果中的 x 用 $\bar{x}$ 代替, σ^2 用 σ^2/n 代替, 即可得到 θ 的后验分布 $\pi(\theta|\boldsymbol{x})$ 为 $N(\mu_n(\boldsymbol{x}),\eta_n^2)$, 其密度函数为

$$\pi(\theta|\boldsymbol{x})=\frac{1}{\sqrt{2\pi}\,\eta_n}\exp\Big\{-\frac{1}{2\eta_n^2}\,[\theta-\mu_n(\boldsymbol{x})]^2\Big\}, \tag{2.5.8}$$

其中

$$\begin{aligned}\mu_n(\boldsymbol{x})&=\frac{\sigma^2/n}{\sigma^2/n+\tau^2}\,\mu+\frac{\tau^2}{\sigma^2/n+\tau^2}\,\bar{x},\\ \eta_n^2&=\frac{\tau^2\cdot\sigma^2/n}{\sigma^2/n+\tau^2}=\frac{\sigma^2\tau^2}{\sigma^2+n\tau^2}.\end{aligned} \tag{2.5.9}$$

此例表明, 当样本分布为正态分布且方差已知时, 均值参数 θ 的共轭先验分布族是正态分布族.

例 2.5.3　设 $\boldsymbol{X}=(X_1,\cdots,X_n)$ 为从泊松分布 $P(\theta)$ 中抽取的 i.i.d. 样本, θ 的先验分布为伽马分布 $\Gamma(\alpha,\beta)$, 此处 α, β 已知. 证明: 给定 $\boldsymbol{X}=\boldsymbol{x}$ 时, θ 的后验分布仍为伽马分布.

证　样本 $\boldsymbol{X}=(X_1,\cdots,X_n)$ 的概率函数为

$$\begin{aligned}f(\boldsymbol{x}\mid\theta)&=P\big(X_1=x_1,\cdots,X_n=x_n\mid\theta\big)\\&=\prod_{i=1}^{n}\frac{\theta^{x_i}\mathrm{e}^{-\theta}}{x_i!}=\frac{\theta^{n\bar{x}}\mathrm{e}^{-n\theta}}{x_1!\cdots x_n!}\propto\ \theta^{n\bar{x}}\mathrm{e}^{-n\theta},\end{aligned}$$

此处 $\bar{x}=\dfrac{1}{n}\sum\limits_{i=1}^{n}x_i$. θ 的先验分布是伽马分布 $\Gamma(\alpha,\beta)$, 其密度函数为

$$\pi(\theta)=\frac{\beta^\alpha}{\Gamma(\alpha)}\,\theta^{\alpha-1}\mathrm{e}^{-\beta\theta}\propto\theta^{\alpha-1}\mathrm{e}^{-\beta\theta}\quad(\theta>0),$$

其中 $\alpha>0$, $\beta>0$ 是超参数. 由式 (2.5.4), 可知 θ 的后验分布

$$\pi(\theta|\boldsymbol{x})\propto f(\boldsymbol{x}|\theta)\,\pi(\theta)\propto\theta^{n\bar{x}+\alpha-1}\mathrm{e}^{-(n+\beta)\theta}.$$

上式右边是 $\Gamma(n\bar{x}+\alpha,n+\beta)$ 分布密度的核, 添加正则化常数因子, 得到

$$\pi(\theta|\boldsymbol{x})=\frac{(n+\beta)^{n\bar{x}+\alpha}}{\Gamma(n\bar{x}+\alpha)}\,\theta^{n\bar{x}+\alpha-1}\mathrm{e}^{-(n+\beta)\theta}\quad(\theta>0).$$

即 θ 的后验分布为伽马分布 $\Gamma(n\bar{x}+\alpha,n+\beta)$.

此例表明, 当样本分布为泊松分布 $P(\theta)$ 时, θ 的先验分布是伽马分布, θ 的后验分布仍为伽马分布, 故 θ 的共轭先验分布族是伽马分布族.

例 2.5.4　设 $\boldsymbol{X}=(X_1,\cdots,X_n)$ 为从伽马分布 $\Gamma(r,\lambda)$ 中抽取的 i.i.d. 样本, 其中 r 已知. 若 λ 的先验分布为伽马分布 $\Gamma(\alpha,\beta)$, 证明: 给定 $\boldsymbol{X}=\boldsymbol{x}$ 时, λ 的后验分布仍为伽马分布.

证 样本 $\boldsymbol{X}=(X_1,\cdots,X_n)$ 的联合分布为

$$f(\boldsymbol{x}|\lambda)=\frac{\lambda^{nr}}{[\Gamma(r)]^n}\left(\prod_{i=1}^n x_i^{r-1}\right)\mathrm{e}^{-\lambda\cdot n\bar{x}}\propto\lambda^{nr}\mathrm{e}^{-n\bar{x}\lambda},$$

此处 $\bar{x}=\dfrac{1}{n}\sum\limits_{i=1}^n x_i$. λ 的先验分布是

$$\pi(\lambda)=\frac{\beta^\alpha}{\Gamma(\alpha)}\lambda^{\alpha-1}\mathrm{e}^{-\beta\lambda}\propto\lambda^{\alpha-1}\mathrm{e}^{-\beta\lambda}\quad(\lambda>0).$$

则由式 (2.5.4), 可知

$$\pi(\lambda|\boldsymbol{x})\propto f(\boldsymbol{x}|\theta)\,\pi(\lambda)\propto\lambda^{nr+\alpha-1}\mathrm{e}^{-(\beta+n\bar{x})\lambda}.$$

上式右边是 $\mathit{\Gamma}(nr+\alpha,\beta+n\bar{x})$ 分布密度的核. 添加正则化常数因子, 得到后验密度

$$\pi(\lambda|\boldsymbol{x})=\frac{(\beta+n\bar{x})^{nr+\alpha}}{\mathit{\Gamma}(nr+\alpha)}\lambda^{nr+\alpha-1}\mathrm{e}^{-(\beta+n\bar{x})\lambda}\quad(\lambda>0).$$

此例表明, 若样本分布为伽马分布 $\mathit{\Gamma}(r,\lambda)$, 其中 r 已知, 则 λ 的共轭先验分布族是伽马分布族. 由于指数分布是伽马分布的特例, 因此当样本分布为指数分布 $Exp\,(\lambda)$ 时, λ 的共轭先验分布族也是伽马分布族.

定义 2.5.2 (逆伽马分布) 若样本 X 的密度函数为

$$f(x|\lambda,\alpha)=\frac{\lambda^\alpha}{\Gamma(\alpha)}x^{-(\alpha+1)}\mathrm{e}^{-\lambda/x}\quad(x>0),$$

则称随机变量 X 服从参数为 α 和 λ 的*逆伽马分布* (inverse gamma distribution), 记为 $X\sim\mathit{\Gamma}^{-1}(\alpha,\lambda)$.

注 2.5.3 显见, 若 $X\sim\mathit{\Gamma}(\alpha,\lambda)$, 则 $Y=1/X\sim\mathit{\Gamma}^{-1}(\alpha,\lambda)$.

例 2.5.5 设 $\boldsymbol{X}=(X_1,\cdots,X_n)$ 是从正态分布 $N(\theta,\sigma^2)$ 中抽取的 i.i.d. 样本, 其中 θ 已知. 求 σ^2 的共轭先验分布.

解 样本 $\boldsymbol{X}=(X_1,\cdots,X_n)$ 的联合分布为

$$f(\boldsymbol{x}|\sigma^2)=\left(\frac{1}{\sqrt{2\pi}\sigma}\right)^n\exp\left\{-\frac{1}{2\sigma^2}\sum_{i=1}^n(x_i-\theta)^2\right\}\propto(\sigma^2)^{-n/2}\mathrm{e}^{-A/\sigma^2},$$

此处 $A=\dfrac{1}{2}\sum\limits_{i=1}^n(x_i-\theta)^2$. 可见 $f(\boldsymbol{x}|\sigma^2)$ 作为 σ^2 的函数为逆伽马分布, 故取先验分布为 $\mathit{\Gamma}^{-1}(\alpha,\lambda)$, 即

$$\pi(\sigma^2)=\frac{\lambda^\alpha}{\Gamma(\alpha)}(\sigma^2)^{-(\alpha+1)}\mathrm{e}^{-\lambda/\sigma^2}\propto(\sigma^2)^{-(\alpha+1)}\mathrm{e}^{-\lambda/\sigma^2}\quad(\sigma^2>0).$$

则由式 (2.5.4), 可知

$$\pi(\sigma^2|\boldsymbol{x}) \propto f(\boldsymbol{x}|\sigma^2)\pi(\sigma^2) \propto (\sigma^2)^{-(n/2+\alpha+1)}\mathrm{e}^{-(\lambda+A)/\sigma^2} \quad (\sigma^2>0).$$

易见上式右边是逆伽马分布 $\Gamma^{-1}(n/2+\alpha,\lambda+A)$ 密度的核. 添加正则化常数因子, 得到后验密度

$$\pi(\sigma^2|\boldsymbol{x}) = \frac{(\lambda+A)^{n/2+\alpha}}{\Gamma(n/2+\alpha)}(\sigma^2)^{-(n/2+\alpha+1)}\mathrm{e}^{-(\lambda+A)/\sigma^2} \quad (\sigma^2>0).$$

因此若样本分布为正态分布, 均值参数已知, 则 σ^2 的共轭先验分布族是逆伽马分布族.

注 2.5.4　由上述几例可见求共轭先验分布的方法如下:

(1) 写出样本概率函数 (亦称参数 θ 的似然函数) 的核, 即 $f(\boldsymbol{x}|\theta) \propto \{f(\boldsymbol{x}|\theta)$ 的核$\}$;

(2) 选择与似然函数具有同类"核"的先验分布作为共轭先验分布, 从而得到共轭先验分布族.

2.5.3　共轭先验分布的优点

共轭先验分布具有下列优点:

(1) 计算方便;

(2) 后验分布的某些参数常可以得到很好的解释. 如例 2.5.2 中, 后验分布为 $N(\mu_n(\bar{x}),\eta_n^2)$, 其中

$$\mu_n(\bar{x}) = \frac{\sigma^2/n}{\sigma^2/n+\tau^2}\mu + \frac{\tau^2}{\sigma^2/n+\tau^2}\bar{x} = r_n\mu + (1-r_n)\bar{x}$$

是样本均值 $\bar{x}$ 和先验均值 μ 的加权平均, 其中权系数 $r_n = \dfrac{\sigma^2/n}{\sigma^2/n+\tau^2}$. 若 σ^2/n 很小, 即样本信息量很大, 相对的先验信息很少, 则后验均值主要由 $\bar{x}$ 决定; 若 σ^2/n 很大 (即样本信息很少), 则后验均值主要由先验分布的均值 μ 决定. 由此可见, 后验均值是样本均值和先验均值的一个折中.

2.6　最大熵先验*

2.6.1　熵的定义

本章 2.2 节介绍了如何利用先验信息确定先验分布, 这是属于先验信息足够多的情形; 2.4 节介绍了当没有或几乎没有先验信息时, 仍想使用贝叶斯方法, 引入了无信息先

验分布. 事实上, 还有介于上述两种情形之间的一种情形, 即常常有部分先验信息可资利用, 除此之外的部分希望尽可能使用无信息先验. 例如, 先验均值被指定, 在以此指定值作为均值的先验分布类中, 寻找信息量最少的先验分布. 处理这个问题的一个有效方法, 就是本节将引入的另一个概念“最大熵先验”.

熵与信息有密切的关系, 参数 θ 的最大熵所对应的先验分布就是“信息量最少”的先验分布. 因此“最大熵先验”的思想就是在满足给定约束条件的先验分布类中寻找信息量最少 (即熵最大化) 的先验. 因为熵和 K-L 距离的定义密切相关, 故最大熵先验可以看成带有约束条件的 Reference 先验.

熵与信息论有直接的关系, 可以认为它是随机变量概率分布固有的不确定性的一种度量. 在随机试验中, 设随机变量 X 只取 1 和 0 两个值 (例如, $X=1$ 表示“打靶命中目标”, $X=0$ 表示“打靶未命中目标”). 试比较下列三种情形:

(a) $P(X=1)=0.5,\ P(X=0)=0.5$;

(b) $P(X=1)=0.99,\ P(X=0)=0.01$;

(c) $P(X=1)=0.7,\ P(X=0)=0.3$.

显然 (a) 的不确定性最大, (b) 的不确定性最小, (c) 的不确定性介于 (a) 和 (b) 两种情形之间. 因此有必要对随机试验不确定性的程度给出定量的刻画, 我们希望找到一个量, 用它作为随机试验不确定性的合理度量. 这个量就是“熵”, 它是由美国数学家香农 (Shannon, 1948) 提出来的, 其定义如下.

定义 2.6.1 设随机变量 X 是离散型的, 它的取值为 $a_1, a_2, \cdots$(至多可列个值), 且 $P(X=a_i)=p_i\ (i=1,2,\cdots)$, 则称

$$H(x)=-\sum_i p_i \ln p_i$$

为随机变量 X 的熵 (entropy). 为了允许 $p_i=0$, 我们规定 $0\cdot\ln 0=0$.

下面我们来看射击的例子中三种不同情形下熵的值:

$$\begin{aligned}
H_{(\mathrm{a})}&=-0.5\ \ln 0.5-0.5\ \ln 0.5=\ln 2=0.6931,\\
H_{(\mathrm{b})}&=-0.99\ \ln 0.99-0.01\ \ln 0.01=0.0560,\\
H_{(\mathrm{c})}&=-0.70\ \ln 0.70-0.30\ \ln 0.30=0.6109.
\end{aligned}$$

可见 (a) 的熵最大, (b) 的熵最小, (c) 的熵介于 (a) 和 (b) 之间. 这与直观感觉相符.

2.6.2 最大熵先验

1. 先验分布的熵

在贝叶斯分析中, 先验分布的熵的定义与定义 2.6.1 不同之处仅是用随机变量 θ 代替随机变量 X. 具体说明如下:

设随机变量 θ 是离散型的, 它的取值为 $\theta_1,\theta_2,\cdots$(至多可列个值). 令 $\pi(\theta)$ 为 θ 的概率分布, $\pi(\theta_i)=p_i\ (i=1,2,\cdots)$, $\sum\limits_i p_i=1$, 则称

$$E_n(\pi)=-\sum_i \pi(\theta_i)\ln\pi(\theta_i)=-\sum_i p_i\ln p_i \tag{2.6.1}$$

为随机变量 θ (或先验分布 π) 的熵. 为了允许 $p_i=\pi(\theta_i)=0$, 规定 $0\cdot\ln 0=0$.

例 2.6.1 设 θ 为离散型随机变量, 其参数空间为 $\Theta=\{\theta_1,\cdots,\theta_n\}$.

(1) 若 $\pi(\theta_k)=1$, $\pi(\theta_i)=0$, $i\neq k$, 求熵 $E_n(\pi)$.

(2) 若 $\pi(\theta_i)=p_i\ (i=1,\cdots,n)$, $\sum\limits_i^n p_i=1$, 证明: 熵 $E_n(\pi)$ 达到最大的充要条件是 $p_1=p_2=\cdots=p_n=1/n$.

解 (1) 易知

$$E_n(\pi)=-\sum_{i=1}^n \pi(\theta_i)\ln\pi(\theta_i)=-\pi(\theta_k)\ln\pi(\theta_k)=-1\cdot\ln 1=0,$$

这里用到了规定 $0\cdot\ln 0=0$.

由 (1) 可见, 当 $\pi(\theta_k)=1$, $\pi(\theta_i)=0\ (i\neq k)$ 时, 随机变量 θ 的不确定性最小, 因为它以概率 1 取 $\theta=\theta_k$. 因此它的熵 0 是最小的. 这与直观感觉相符.

(2) 令 $G(p_1,\cdots,p_n)=-\sum\limits_{i=1}^n p_i\ln p_i+\lambda(\sum\limits_{i=1}^n p_i-1)$. 用求条件极值的方法, 即拉格朗日乘子法, 得方程组

$$\begin{cases}\dfrac{\partial G}{\partial p_i}=-\ln p_i-1+\lambda=0 \quad (i=1,\cdots,n),\\ \sum\limits_{i=1}^n p_i=1.\end{cases}$$

解得 $p_1=\cdots=p_n$. 又由第二个方程 $\sum\limits_{i=1}^n p_i=1$, 有

$$p_1=\cdots=p_n=\frac{1}{n}.$$

按公式 (2.6.1), 可知对应的熵是

$$E_n(\pi)=-\sum_{i=1}^n \frac{1}{n}\ln\frac{1}{n}=\ln n.$$

于是, 离散型随机变量 θ 的最大熵分布与均匀分布 (无信息先验分布) 是一样的, 对连续型随机变量也有类似的结果.

2. 当 θ 为离散型随机变量时的最大熵先验

由前面的例子, 我们已经看到“无信息”意味着“不确定性最大”, 故无信息先验分布应是最大熵所对应的分布. 所以最大熵原则上可以概括为: 无信息先验分布应取参数 θ 变化范围内的最大熵先验分布.

现在假设已知关于参数 θ 的一部分信息, 一种方便的方法是把这部分已知的信息用对先验分布 $\pi(\theta)$ 的约束条件来表示. 然后在满足这些约束条件的先验分布类中寻找使熵最大化的先验 (即在满足给定约束条件下的先验分布类中, 寻找信息量最少的先验分布). 可见这样求出的先验分布既包含了已知的先验信息, 又满足最大熵先验分布的要求, 这就是我们所希望获得的最大熵先验分布. 如何获得最大熵先验, 有下面的定理.

定理 2.6.1 设 θ 为离散型随机变量, 取值为 $\theta_1,\theta_2,\cdots$(至多可列个值), θ 的先验分布满足

$$E^{\pi}\left[g_k(\theta)\right]=\sum_i g_k(\theta_i)\pi(\theta_i)=\mu_k \quad (k=1,\cdots,m), \tag{2.6.2}$$

其中 $g_k(\cdot)$, μ_k $(k=1,\cdots,m)$ 分别表示已知的函数和已知的常数 (当然, 此时还隐含条件 $\sum\limits_i \pi(\theta_i)=1$), 则满足条件 (2.6.2) 且使 $E_n(\pi)$ 最大化的解为

$$\bar{\pi}(\theta_i)=\frac{\exp\left\{\sum\limits_{k=1}^{m}\lambda_k g_k(\theta_i)\right\}}{\sum\limits_i \exp\left\{\sum\limits_{k=1}^{m}\lambda_k g_k(\theta_i)\right\}} \qquad (i=1,2,\cdots), \tag{2.6.3}$$

其中 $\lambda_1,\cdots,\lambda_m$ 使得当 $\pi=\bar{\pi}$ 时式 (2.6.2) 成立, 即

$$\sum_i g_k(\theta_i)\bar{\pi}(\theta_i)=\mu_k \qquad (k=1,\cdots,m)$$

都成立.

上述结果的推导超出本教材的范围, 其证明可在很多变分法的书中找到, 如 Ewing (1969).

利用上述结果, 看一个具体例子.

例 2.6.2 设 θ 的参数空间为 $\Theta=\{0,1,2,\cdots\}$, 且 θ 的先验分布满足 $E^{\pi}(\theta)=5$. 求 θ 的最大熵先验.

解 按约束条件 (2.6.2), 可知此处 $m=1$, $g_1(\theta)=\theta$, $\mu_1=5$. 由定理 2.6.1, 可知最大熵先验分布为

$$\bar{\pi}(\theta)=\mathrm{e}^{\lambda_1\theta}\Big/\sum_\theta \mathrm{e}^{\lambda_1\theta}=\left(1-\mathrm{e}^{\lambda_1}\right)\left(\mathrm{e}^{\lambda_1}\right)^{\theta} \quad (\theta=0,1,2,\cdots).$$

显然, 这是成功概率为 $p=1-\mathrm{e}^{\lambda_1}$ 的几何分布, 其均值为

$$E^{\bar{\pi}}(\theta)=\frac{1-p}{p}=\frac{\mathrm{e}^{\lambda_1}}{1-\mathrm{e}^{\lambda_1}}=5.$$

解得 $\mathrm{e}^{\lambda_1}=5/6$. 因此最大熵先验分布是成功概率为 $p=1-5/6=1/6$ 的几何分布.

3. 当 θ 为连续型随机变量时的最大熵先验

若随机变量 θ 是连续型的, 应用最大熵方法就变得复杂了. 第一个困难是对连续型随机变量的熵不存在一个完全的、自然的定义. Jaynes (1968) 主张定义熵为

$$E_n(\pi)=-E^{\pi}\left[\ln\frac{\pi(\theta)}{\pi_0(\theta)}\right]=-\int_{\Theta}\pi(\theta)\ln\frac{\pi(\theta)}{\pi_0(\theta)}\mathrm{d}\theta, \tag{2.6.4}$$

其中 $\pi_0(\theta)$ 为问题的自然的“不变的”无信息先验 (其定义见 2.4 节). 然而, 确定无信息先验的困难和不确定性使这个定义有些不明确, 但仍然可以用.

定理 2.6.2　设 θ 为 $\Theta=(-\infty,\infty)$ 上的连续型随机变量, θ 的先验分布 $\pi(\theta)$ 满足

$$E^{\pi}\left[g_k(\theta)\right]=\int_{\Theta}g_k(\theta)\pi(\theta)\mathrm{d}\theta=\mu_k\quad(k=1,\cdots,m), \tag{2.6.5}$$

其中 $g_k(\cdot)$, μ_k $(k=1,\cdots,m)$ 分别表示已知的函数和已知的常数, 则满足条件 (2.6.5) 且使 $E_n(\pi)$ 最大化的解为

$$\widetilde{\pi}(\theta)=\frac{\pi_0(\theta)\cdot\exp\left\{\sum\limits_{k=1}^{m}\lambda_k g_k(\theta)\right\}}{\int_{\Theta}\pi_0(\theta)\cdot\exp\left\{\sum\limits_{k=1}^{m}\lambda_k g_k(\theta)\right\}\mathrm{d}\theta}, \tag{2.6.6}$$

其中 $\lambda_1,\cdots,\lambda_m$ 使得当 $\pi=\widetilde{\pi}$ 时式 (2.6.5) 成立, 即

$$\int_{\Theta}g_k(\theta)\widetilde{\pi}(\theta)\mathrm{d}\theta=\mu_k\quad(k=1,\cdots,m)$$

都成立.

定理 2.6.2 的证明类似于离散的情形. 关于上述定理的应用, 请看下面的例子.

例 2.6.3　设 θ 为 $\Theta=(-\infty,\infty)$ 上的连续型随机变量, θ 为位置参数 (其自然的“不变的”无信息先验是 $\pi_0(\theta)\equiv 1$). 已知的先验信息为: θ 的先验均值的真值为 μ, 先验方差的真值为 σ^2, μ 和 σ^2 已知. 求满足这些已知先验信息的最大熵先验分布.

解　按约束条件 (2.6.5), 可知此处 $m=2$,

$$g_1(\theta)=\theta,\quad g_2(\theta)=(\theta-\mu)^2,$$
$$E^{\pi}(\theta)=\mu,\quad E^{\pi}(\theta-\mu)^2=\sigma^2.$$

由定理 2.6.2, 可知最大熵先验分布为

$$\widetilde{\pi}(\theta)=\frac{\exp\left\{\lambda_1\theta+\lambda_2(\theta-\mu)^2\right\}}{\int_{\Theta}\exp\left\{\lambda_1\theta+\lambda_2(\theta-\mu)^2\right\}\mathrm{d}\theta},$$

其中 λ_1 和 λ_2 使得等式

$$E^{\widetilde{\pi}}(\theta)=\mu,\quad E^{\widetilde{\pi}}(\theta-\mu)^2=\sigma^2 \tag{2.6.7}$$

皆成立. 由于

$$\begin{aligned}\lambda_1\theta+\lambda_2(\theta-\mu)^2&=\lambda_2\theta^2+(\lambda_1-2\lambda_2\mu)\theta+\lambda_2\mu^2\\&=\lambda_2\Big[\theta-\Big(\mu-\frac{\lambda_1}{2\lambda_2}\Big)\Big]^2+\lambda_1\mu-\frac{\lambda_1^2}{4\lambda_2},\end{aligned}$$

故有

$$\widetilde{\pi}(\theta)=\frac{\exp\Big\{\lambda_2\Big[\theta-\Big(\mu-\dfrac{\lambda_1}{2\lambda_2}\Big)\Big]^2\Big\}}{\displaystyle\int_{-\infty}^{\infty}\exp\Big\{\lambda_2\Big[\theta-\Big(\mu-\dfrac{\lambda_1}{2\lambda_2}\Big)\Big]^2\Big\}\mathrm{d}\theta}\propto\ \exp\Big\{\lambda_2\Big[\theta-\Big(\mu-\frac{\lambda_1}{2\lambda_2}\Big)\Big]^2\Big\}.\tag{2.6.8}$$

式 (2.6.8) 的右边是一个均值为 $\mu-\lambda_1/(2\lambda_2)$、方差为 $-1/(2\lambda_2)$ 的正态密度函数的核. 选择 $\lambda_1=0,\ \lambda_2=-1/(2\sigma^2)$ 可以满足条件 (2.6.7). 因此式 (2.6.8) 右边是正态分布 $N(\mu,\sigma^2)$ 密度函数的核, 添加正则化常数即可得正态密度函数. 因此最大熵先验分布 $\widetilde{\pi}(\theta)$ 是 $N(\mu,\sigma^2)$.

2.7 分层先验 (分阶段先验)

2.7.1 分层先验分布的概念及例子

当所给先验分布中的超参数难以确定时, 可以对超参数再给出一个先验, 第二个先验称为超先验; 若超先验中的超参数还是难以确定, 还可以再给出第三个先验, 等等. 由先验和超先验决定的一个新先验就称为*分层先验* (hierarchical prior) , 这是由 Good (1983) 命名的, 也叫作分阶段先验. 其想法大致如下:

第一步: 设

$$\varGamma_1=\{\pi_1(\theta|\lambda):\ \pi_1\ \text{的函数形式已知},\ \lambda\in\varLambda\},$$

其中 $\varLambda$ 为超参数 λ 的取值范围, 且 λ 未知.

第二步: 设 λ 为随机变量,

$$\varGamma_2=\{\pi_2(\lambda|\delta):\ \pi_2\ \text{的函数形式已知},\ \delta\in\varDelta\},$$

其中 $\varDelta$ 为超参数 δ 的取值范围.

第三步: 设 δ 也是随机变量, 它有先验分布 $\pi_3(\delta)$.

多层结构与其说是完全新的内容, 不如说只不过是先验的一种方便的表现方法, 任何一个分层先验都可写成一个一般规范的先验. 以两层先验为例, 这个*规范先验*是

$$\pi(\theta)=\int_{\varLambda}\pi_1(\theta|\lambda)\pi_2(\lambda)\mathrm{d}\lambda=\int_{\varLambda}\pi(\theta,\lambda)\mathrm{d}\lambda,\tag{2.7.1}$$

此处 $\theta\sim\pi_1(\theta|\lambda)$, $\lambda\sim\pi_2(\lambda)$, θ 和 λ 的联合密度为 $\pi(\theta,\lambda)=\pi_1(\theta|\lambda)\pi_2(\lambda)$, 故 $\pi(\theta)$ 作为联合密度 $\pi(\theta,\lambda)$ 的边缘密度就是 θ 的先验密度. 对于三层的先验, 这个规范的先验是

$$\pi(\theta)=\int_\Lambda\int_\Delta\pi_1(\theta|\lambda)\pi_2(\lambda|\delta)\pi_3(\delta)\mathrm{d}\lambda\mathrm{d}\delta=\int_\Lambda\pi_1(\theta|\lambda)\left[\int_\Delta\pi(\lambda,\delta)\mathrm{d}\delta\right]\mathrm{d}\lambda. \tag{2.7.2}$$

其中 $\pi(\lambda,\delta)=\pi_2(\lambda|\delta)\pi_3(\delta)$. 对于更多层的先验, 可用类似方法求得规范的先验 $\pi(\theta)$.

由分层先验按上述方法获得规范的先验 $\pi(\theta)$ 后, 视 $\pi(\theta)$ 为 θ 的先验分布进行贝叶斯分析, 这就与通常先验分布下的贝叶斯分析无本质差别.

但是, 规范先验 $\pi(\theta)$ 是通过多重积分给出的, 计算很复杂, 常常无显式表达式. 这时进行贝叶斯分析就与通常先验下的贝叶斯分析不同了, 因此需要引入"分层贝叶斯模型"进行贝叶斯分析了.

下面的例子可以帮助我们理解利用分层先验进行统计推断的方法和步骤.

例 2.7.1　设对某产品的不合格率 θ 了解较少, 只知道 θ 较小. 现需确定 θ 的先验分布. 决策人经反复思考, 决定考虑用分层先验. 试给出一合理的分层先验.

解　决策者的思路是这样的:

(1) 开始时, 他考虑用区间 (0, 1) 上的均匀分布作为 θ 的先验分布.

(2) 后来他觉得不妥, 因为产品的不合格率 θ 较小, 不会超过 0.5, 于是他改用区间 (0, 0.5) 上的均匀分布 $U(0,0.5)$ 作为 θ 的先验分布.

(3) 有人对上限 0.5 提出意见, 问为什么不可以把上限改成 0.4 呢? 也有人建议上限用 0.1, 他也无把握. 这些促使他考虑用分层先验.

(4) 最后提出如下方法: 取 θ 的先验为 $(0,\lambda)$ 上的均匀分布 $U(0,\lambda), 0<\lambda<1, \lambda$ 是未知的超参数. 要确定 λ 很难. 根据大家的建议 λ 在 (0.1, 0.5) 内取值, 取 λ 的超先验为 (0.1, 0.5) 上的均匀分布 $U(0.1,0.5)$, 因此分层先验如下:

① θ 的先验分布 $\pi_1(\theta|\lambda)$ 为 $U(0,\lambda)$;

② λ 的先验分布 $\pi_2(\lambda)$ 为 $U(0.1,0.5)$.

于是用公式 (2.7.1), 可得 θ 的规范先验为

$$\pi(\theta)=\int_\Lambda\pi_1(\theta|\lambda)\pi_2(\lambda)\mathrm{d}\lambda=\frac{1}{0.5-0.1}\int_{0.1}^{0.5}\lambda^{-1}I_{[0,\lambda]}(\theta)\mathrm{d}\lambda,$$

其中 $I_A(\cdot)$ 为集合 A 的示性函数. 分几种情况计算

(a) 当 $0<\theta<0.1$ 时,

$$\pi(\theta)=\frac{1}{0.4}\int_{0.1}^{0.5}\lambda^{-1}\mathrm{d}\lambda=2.5\ln 5\approx 4.0236;$$

(b) 当 $0.1\leqslant\theta<0.5$ 时,

$$\pi(\theta)=\frac{1}{0.4}\int_{\theta}^{0.5}\lambda^{-1}\mathrm{d}\lambda=2.5(\ln 0.5-\ln\theta)\approx -1.7329-2.5\ln\theta;$$

(c) 当 $\theta\geqslant 0.5$ 时, $\pi(\theta)=0$.

综合上述三种情形, 得到 θ 的先验密度 (见图 2.7.1) 为

$$\pi(\theta)=\begin{cases}4.0236, & 0<\theta<0.1,\\ -1.7329-2.5\ln\theta, & 0.1\leqslant\theta<0.5,\\ 0, & 0.5\leqslant\theta<1.\end{cases}$$

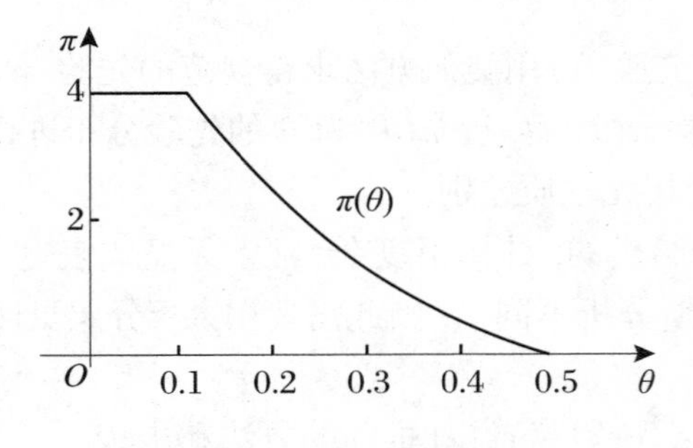

图 2.7.1 θ 的多层先验

图 2.7.1 的 R 代码

这是一个正常的先验, 因为

$$\begin{aligned}\int_0^1\pi(\theta)\mathrm{d}\theta&=\int_0^{0.1}4.0236\,\mathrm{d}\theta+\int_{0.1}^{0.5}(-1.7329-2.5\ln\theta)\,\mathrm{d}\theta\\&=4.0236\times0.1-1.7329\times0.4-2.5(\theta\ln\theta-\theta)\big|_{0.1}^{0.5}\\&\approx0.4024-0.6932+1.2908=1\end{aligned}$$

2.7.2 确定分层先验的方法和步骤

从上例可以看出确定两层先验的一般方法:

(1) 首先对未知参数 θ 给出一个形式已知的密度函数作为先验分布, 即 $\theta\sim\pi_1(\theta|\lambda)$, 其中 λ 为超参数, $\lambda\in\Lambda$.

(2) 第二步是对超参数 λ 再给出一个先验分布 $\pi_2(\lambda)$.

(3) 对两层先验, 按公式 (2.7.1) 求得规范的先验; 对于三层先验, 可按公式 (2.7.2) 求得规范的先验; 对更多层的先验, 可用类似方法求得规范的先验 $\pi(\theta)$.

在由分层先验按上述方法获得规范的先验 $\pi(\theta)$ 后, 任一个与分层先验有关的贝叶斯分析问题都可从 $\pi(\theta)$ 出发进行, 它与通常的贝叶斯分析无本质差别.

2.7.3 注记

既然可以把一个分层先验转化为规范形式的先验 (即一个单层先验) 模型, 为什么我们还要研究分层贝叶斯模型呢? 这是因为规范先验密度和后验密度的表达式是由多重积分给出的, 计算很复杂, 常常无显式表达式, 这给在贝叶斯分析中进行统计计算带来了极大的困难. 因此我们需要引入“分层贝叶斯模型”, 把相对复杂的情况分解为一系列简单的、容易进行统计计算的情形.

以两层先验为例, 如果用通常的贝叶斯模型计算 θ 的后验分布 $\pi(\theta|\boldsymbol{x})$ 和它的某些数字特征, 由于它们没有显式表达式而通过积分表示, 计算非常困难. 为了克服计算上的困难, 首先需要建立容易使用的后验分布的表达式. 即由分层结构各阶段的后验来表达 θ 的后验, 这些各阶段的后验大多有显式表达式, 最后一层的积分如无显式表达式也可用数值方法.

详细内容将会在 9.5 节中介绍.

习　题　2

1. 某居住地区明天室外的最高温度 θ 如下表所示.

温度 (℃)	[25,26)	[26,27)	[27,28)	[28,29)	[29,30)	[30,31)
主观概率	0.10	0.15	0.25	0.30	0.15	0.05

用直方图方法找出你对 θ 的主观先验密度, 给出直方图和累积概率曲线图及它们的 R 代码.

2. 用相对似然性方法确定第 1 题中的先验密度, 给出相对似然性图及其 R 代码.

3. 用定分度法或变分度法确定第 1 题中的先验密度.

   (1) 确定你对 θ 的先验密度的 1/4 和 1/2 分位数.

   (2) 找出配合这些分位数值的正态密度.

   (3) 你主观地决定 θ 的先验密度的 0.8 和 0.9 分位数 (不要用 (2) 中所得的正态密度). 这些分位数与 (2) 中的正态分布基本一致吗? 是否需要修改 (2) 中的正态密度?

4. 将正态分布换为柯西分布, 对上题中的 (2) 与 (3) 作出解答. 注意, 如果 $X\sim C(0,\beta)$, 则

$$P(0<X<s)=\frac{1}{\pi}\arctan\frac{s}{\beta}.$$

5. 设参数 θ 的先验分布为贝塔分布 $Be(\alpha,\beta)$. 若从先验信息中获得其均值和方差分别为 1/3 与 1/45, 试确定其先验分布.

6. 设 θ 的先验分布是伽马分布, 其均值为 10, 方差为 5. 试确定 θ 的先验分布.

7. 设某电子元件的失效时间 X 服从指数分布 $Exp(1/\theta)$, 其密度函数为 $f(x|\theta)=\theta^{-1}\mathrm{e}^{-x/\theta}\ (x>0)$, 若未知参数 θ 的先验分布为逆伽马分布 $\Gamma^{-1}(1,100)$, 计算该元件在时间 200 之前失效的边缘概率.

8. 设 $X_1,\cdots,X_n$ 相互独立, 且 X_i 服从泊松分布 $P(\theta_i)\ (i=1,\cdots,n)$. 若 $\theta_1,\cdots,\theta_n$ 是相互独立且来自伽马分布 $\Gamma(r,\lambda)$ 的样本, 求 $\boldsymbol{X}=(X_1,\cdots,X_n)$ 的联合边缘密度 $m(\boldsymbol{x})$.

9. 在上题中, 若 $n=3,\ x_1=3,\ x_2=0,\ x_3=5$ 和 $r=4$, 找出 ML-Ⅱ 先验.

10. 在第 8 题中, 采用矩法证明: 超参数 r 和 λ 的估计值为

$$\hat{r}=\frac{\bar{x}^2}{s^2-\bar{x}},\quad \hat{\lambda}=\frac{\bar{x}}{s^2-\bar{x}}\quad (0<\bar{x}<s^2).$$

11. 设 X 服从指数分布 $Exp(\theta)$, 参数 θ 的先验分布为伽马分布 $\Gamma(\alpha,\lambda)$. 令 $X_1,\cdots,X_n$ 为从边缘分布 $m(x|\alpha,\lambda)$ 中抽取的 i.i.d. 样本, 由样本算得样本均值 $\bar{x}=2$, 样本方差 $s^2=8$. 用选择先验分布的矩方法确定 θ 的先验分布.

12. 说明以下分布族是否为位置参数族或刻度参数族, 并给出其未知参数的一个无信息先验:

    (1) 均匀分布 $U(\theta-1,\theta+1)$;

    (2) 柯西分布 $C(0,\beta)$;

    (3) 自由度为 n、位置参数为 μ、刻度参数为 σ 的一元 t 分布密度 $\mathscr{T}_1(n,\mu,\sigma^2)$ (n 固定);

    (4) 帕雷托分布 $Pa(x_0,\alpha)$ (α 固定).

13. 对以下每个分布中的未知参数使用费希尔信息量确定 Jeffreys 先验:

    (1) 泊松分布 $P(\lambda)$;

    (2) 负二项分布 $Nb(r,\theta)$ (r 已知);

    (3) 指数分布 $Exp(1/\lambda)$;

    (4) 伽马分布 $\Gamma(\alpha,\lambda)$ (α 已知);

    (5) 多项分布 $M(n,p)$, $\boldsymbol{p}=(p_1,\cdots,p_k)$ (n 已知).

14. 设 $X_i\sim f(x_i|\theta_i)$, θ_i 的 Jeffreys 先验为 $\pi_i(\theta_i)$ $(i=1,\cdots,k)$. 若 $X_1,\cdots,X_k$ 相互独立, 证明: $\boldsymbol{\theta}=(\theta_1,\cdots,\theta_k)$ 的 Jeffreys 先验为 $\pi(\boldsymbol{\theta})=\prod\limits_{i=1}^{k}\pi_i(\theta_i)$.

15. 在 C-R 不等式中费希尔信息阵 $\boldsymbol{I}(\boldsymbol{\theta})=(I_{ij}(\boldsymbol{\theta}))$ 是一个 p 阶正定方阵, $I_{ij}(\boldsymbol{\theta})=E_{X|\boldsymbol{\theta}}\left(\dfrac{\partial l}{\partial\theta_i}\cdot\dfrac{\partial l}{\partial\theta_j}\right)$, 而在 Jeffreys 无信息先验的定义中费希尔信息阵的元素 $I_{ij}(\boldsymbol{\theta})=E_{X|\boldsymbol{\theta}}\left(-\dfrac{\partial^2 l}{\partial\theta_i\partial\theta_j}\right)$. 证明: 在 C-R 正则条件下, 二者相等.

16. 一个位置-刻度参数的密度是形如 $\sigma^{-1}f((x-\theta)/\sigma)$ 的密度, 其中 $\theta\in\mathbb{R}$, $\sigma>0$ 为未知参数, 正态密度 $N(\theta,\sigma^2)$ 就是位置-刻度密度的重要例子. 证明: $\pi(\theta,\sigma)=1/\sigma^2$ 是位置-刻度参数 (θ,σ) 的无信息先验, 它是由变换的不变性理论得到的, 其中所考虑的变换为 $Y=cX+b$, $\eta=c\theta+b$ 及 $\xi=c\sigma$ $(b\in\mathbb{R},\ c>0)$.

17. 设 $\boldsymbol{X}=(X_1,\cdots,X_n)$ 是从伽马分布 $\Gamma(r,1/\lambda)$ 中抽取的 i.i.d. 样本. 证明: λ 的共轭先验分布族是逆伽马分布族.

18. 设随机变量 X 服从负二项分布, 其概率分布为

$$f(x|p)=\binom{x-1}{k-1}p^k(1-p)^{x-k}\quad(x=k,k+1,\cdots).$$

    证明: 其成功概率 p 的共轭先验分布族为贝塔分布族.

19. 设 $X_1,\cdots,X_n$ 是来自指数分布 $Exp\,(\theta)$ 的 i.i.d. 样本, θ 的先验分布是伽马分布 $\Gamma(r,\lambda)$.

    (1) 若从先验信息得知先验均值为 0.0002, 先验标准差为 0.0001, 请确定其超参数的值.

    (2) 验证伽马分布族 $\Gamma(r,\lambda)$ 是 θ 的共轭先验分布族.

20. 设随机变量 X 服从指数型分布, 其密度函数为

$$f(x|\theta)=\exp\{a(\theta)b(x)+c(\theta)+d(x)\},$$

    其中 $a(\theta)$ 和 $c(\theta)$ 是 θ 的函数, $b(x)$ 和 $d(x)$ 是 x 的函数. 证明: 分布 $h(\theta)=A\exp\{k_1a(\theta)+k_2c(\theta)\}$ 是参数 θ 的共轭先验分布, 其中 A 为常数, k_1 和 k_2 是与 θ 无关的常数.

21. 设随机变量 X 的密度函数为

$$f(x,\lambda)=\begin{cases}\lambda^{-1}\mathrm{e}^{-x/\lambda}, & 0<x<\infty,\\ 0, & x\leqslant 0.\end{cases}$$

证明: 参数 λ 的共轭先验分布族为逆伽马分布族.

22. 设 $\boldsymbol{X}=(X_1,\cdots,X_n)$ 是从均匀分布 $U(0,\theta)$ 中抽取的 i.i.d. 样本, 又假设 θ 的先验分布是帕雷托分布, 其密度函数为

$$\pi(\theta)=\begin{cases}\dfrac{\alpha{\theta_0}^{\alpha}}{\theta^{\alpha+1}}, & \theta>\theta_0,\\ 0, & \theta\leqslant\theta_0,\end{cases}$$

其中 $\theta_0>0$, $\alpha>0$ 已知. 证明: 帕雷托分布是 $U(0,\theta)$ 的端点 θ 的共轭先验分布.

23. 设观测值 $X\sim N(\theta,1)$, 其中 $\theta>0$, 且 θ 具有均值为 μ 的先验分布. 证明: θ 的最大熵先验密度为 $Exp\,(1/\mu)$.

24. 假定 θ 是一个刻度参数 (故自然的“不变的”无信息先验为 $\pi_0(\theta)=\theta^{-1}$), 已知 θ 在有界区间 (a,b) 内变动, 且先验分布 $\pi(\theta)$ 的中位数是 z, 即

$$\int_a^z\pi(\theta)\mathrm{d}\theta=\int_z^b\pi(\theta)\mathrm{d}\theta=\frac{1}{2}.$$

证明: 最大熵先验密度是

$$\pi(\theta)=\begin{cases}\dfrac{1}{\theta}\left(2\ln\dfrac{z}{a}\right)^{-1}, & 0<a<\theta<z,\\ \dfrac{1}{\theta}\left(2\ln\dfrac{b}{z}\right)^{-1}, & z<\theta<b.\end{cases}$$

25. 设 X_1 与 X_2 相互独立, 分别服从数学期望为 μ_1 和 μ_2 的指数分布. 设我们感兴趣的参数为 $\varphi_1=\mu_2/\mu_1$, 并取 $\varphi_2=\mu_2\cdot\mu_1$ 为多余 (nuisance) 参数. 证明: 参数 (φ_1,φ_1) 的 Reference 先验为 $\pi(\varphi_1,\varphi_2)=(\varphi_1\varphi_2)^{-1}$.

26. 设我们观察到相互独立的 $X_i\sim N(\theta_i,900)$ $(i=1,\cdots,p)$, 其中 θ_i 为杂交谷物 i 每亩未知的平均产量. 我们认为 θ_i 是相似的, 故可假定它们是从共同的总体中抽出的 i.i.d. 样本, θ_i 的共同均值是 100 左右, 这个猜测的均值的标准差约为 20, θ_i 的共同方差是未知的, 故令无信息先验为某个常数. 试找出与这个先验信息相符合的合理的分层贝叶斯模型.

27. 某国有 20 个医院进行心脏移植手术, 死亡率 λ 大致相同. 设第 i 个医院的死亡人数 Y_i 服从泊松分布 $P(c_i\lambda)$ $(i=1,\cdots,20)$, 假定 λ 的先验分布为伽马分布 $\Gamma(\alpha,\alpha/\mu)$. 令超参数 α 和 μ 独立, μ 服从逆伽马分布 $\Gamma^{-1}(a,b)$, a 和 b 已知; α 服从取值为常数的无信息先验分布. 试写出与这个先验信息相符合的分层贝叶斯模型.

习题 2 部分解答

第 3 章　后验分布的计算

在第 1 章中我们已经指出: 从贝叶斯学派的观点看, 一切统计推断都必须从后验分布出发, 因此后验分布的计算十分重要. 本章我们将首先回顾已在第 1 章做了初步介绍的后验分布的概念和计算公式, 然后对几种常见的统计模型, 分别介绍它们在无信息先验和共轭先验下有关参数后验分布的计算.

3.1　后验分布与充分性

3.1.1　后验分布的计算公式

1. 当先验分布有密度时后验分布的计算公式

设随机变量 $X \sim f(x|\theta)$, $\theta \in \Theta$, Θ 为参数空间, θ 的先验密度为 $\pi(\theta)$, 令 $\boldsymbol{X} = (X_1, \cdots, X_n)$ 为从总体 $\boldsymbol{X}$ 中抽取的 i.i.d. 样本, 则 $(\boldsymbol{X}, \theta)$ 的联合密度为

$$h(\boldsymbol{x},\theta) = f(\boldsymbol{x}|\theta)\pi(\theta),$$

$\boldsymbol{X}$ 的边缘密度为

$$m(\boldsymbol{x}) = m(\boldsymbol{x}|\pi) = \int_{\Theta} f(\boldsymbol{x}|\theta)\pi(\theta)\mathrm{d}\theta.$$

由公式 (1.2.1), 可知 θ 的后验密度 $\pi(\theta|\boldsymbol{x})$ 定义为

$$\pi(\theta|\boldsymbol{x}) = \frac{h(\boldsymbol{x},\theta)}{m(\boldsymbol{x})} = \frac{f(\boldsymbol{x}|\theta)\pi(\theta)}{m(\boldsymbol{x})} = \frac{f(\boldsymbol{x}|\theta)\pi(\theta)}{\int_{\Theta} f(\boldsymbol{x}|\theta)\pi(\theta)\mathrm{d}\theta}. \tag{3.1.1}$$

注 3.1.1　在后验分布的计算中, 我们常常将样本 $\boldsymbol{X}$ 的概率函数 $f(\boldsymbol{x}|\theta)$ 用似然函数 $l(\theta|\boldsymbol{x})$ 代替. 显然 $l(\theta|\boldsymbol{x}) = f(\boldsymbol{x}|\theta)$. 若将之视为样本 $\boldsymbol{X}$ 的概率函数, 则用 $f(\boldsymbol{x}|\theta)$ 代替; 若将之视为 θ 的似然函数, 则用 $l(\theta|\boldsymbol{x})$ 代替. 由于式 (3.1.1) 中的分母 $m(\boldsymbol{x})$ 仅为 $\boldsymbol{x}$ 的函数, 与 θ 无关, 可将之视为与 θ 无关的常数. 因此, 与式 (2.5.4) 类似, 可将式 (3.1.1) 表示为

$$\pi(\theta|\boldsymbol{x}) \propto l(\theta|\boldsymbol{x})\pi(\theta) \propto \{l(\theta|\boldsymbol{x}) \text{ 的核}\} \cdot \{\pi(\theta) \text{ 的核}\}. \tag{3.1.2}$$

将式 (3.1.2) 右边添加一个与 θ 无关 (但可与 $\boldsymbol{x}$ 有关) 的正则化常数因子 $c(\boldsymbol{x})$, 使得

$$\int_{\Theta} c(\boldsymbol{x}) \cdot \{l(\theta|\boldsymbol{x})\text{的核}\} \cdot \{\pi(\theta)\text{的核}\} \mathrm{d}\theta = 1,$$

则 $\pi(\theta|\boldsymbol{x}) = c(\boldsymbol{x}) \cdot \{l(\theta|\boldsymbol{x})\text{的核}\} \cdot \{\pi(\theta)\text{的核}\}$ 就是 θ 的后验概率密度函数.

2. 先验分布为离散分布时后验分布的计算

当样本分布和先验分布皆为离散分布时, 后验分布的计算公式就是贝叶斯公式, 其定义见 1.1 节. 下面通过具体例子说明此时如何计算后验分布.

例 3.1.1 通过血液可以帮助说明一个人是否患有某种疾病, 化验结果为阳性 (以 X=1 表示) 或者为阴性 (以 X=0 表示). 令 θ_1 表示状态有病, θ_2 表示状态无病, 记 $P(X = x|\theta) = p(x|\theta)$, 则有

$$p(1|\theta_1) = 0.8, \quad p(0|\theta_1) = 0.2, \quad p(1|\theta_2) = 0.1, \quad p(0|\theta_2) = 0.9.$$

设先验信息为 $\pi(\theta_1) = 0.05$, $\pi(\theta_2) = 0.95$, 此即该地区患病和不患病的比例. 求 X 的边缘分布和 θ 的后验分布.

解 按公式 $m(x) = \sum\limits_{i=1}^{2} p(x|\theta_i)\pi(\theta_i)$, 算得 X 的边缘分布如下:

$$\begin{aligned}
m(1) &= p(1|\theta_1)\pi(\theta_1) + p(1|\theta_2)\pi(\theta_2) = 0.8 \times 0.05 + 0.1 \times 0.95 = 0.135, \\
m(0) &= p(0|\theta_1)\pi(\theta_1) + p(0|\theta_2)\pi(\theta_2) = 0.2 \times 0.05 + 0.9 \times 0.95 = 0.865.
\end{aligned}$$

按公式 $\pi(\theta|x) = \dfrac{p(x|\theta)\pi(\theta)}{m(x)}$, 算得 θ 的后验分布如下:

$$\begin{aligned}
\pi(\theta_1|x=1) &= \frac{p(1|\theta_1)\pi(\theta_1)}{m(1)} = \frac{0.8 \times 0.05}{0.135} = 0.296, \\
\pi(\theta_2|x=1) &= \frac{p(1|\theta_2)\pi(\theta_2)}{m(1)} = \frac{0.1 \times 0.95}{0.135} = 0.704, \\
\pi(\theta_1|x=0) &= \frac{p(0|\theta_1)\pi(\theta_1)}{m(0)} = \frac{0.2 \times 0.05}{0.865} = 0.012, \\
\pi(\theta_2|x=0) &= \frac{p(0|\theta_2)\pi(\theta_2)}{m(0)} = \frac{0.9 \times 0.95}{0.865} = 0.988.
\end{aligned}$$

其中 $m(1)$ 和 $m(0)$ 为根据化验结果预测为阳性和阴性的比例. 即使验血结果为阳性 $(X = 1)$, 也只有 29.6% (不到 1/3) 的可能性有病. 上述计算结果提示我们初始验血者有 13.5% 为阳性者要做更精细复杂的检查, 以便确诊是否患有癌症.

以上是离散分布情形后验分布的计算. 若记 $A = \{X = 1\}$, $\overline{A} = \{X = 0\}$, $B_1 = \{\theta = \theta_1\}$, $B_2 = \{\theta = \theta_2\}$, 可将后验分布用后验概率表示为 $P(B_1|A)$, $P(B_2|A), P(B_1|\overline{A})$ 和 $P(B_2|\overline{A})$, 则上述后验分布的计算公式就与例 1.1.1 中的贝叶斯公式相同 (贝叶斯公式见 1.1 节). 本例也说明了贝叶斯公式是如何与统计推断挂钩的.

3.1.2 后验分布与充分性

充分统计量在简化统计问题中起着非常重要的作用, 它也是经典统计学与贝叶斯统计学相一致的几个概念之一. 经典统计学中充分统计量是这样定义的: 设随机变量 $X \sim f(x|\theta)$, $\theta \in \Theta$, $\boldsymbol{X}=(X_1,\cdots,X_n)$ 是从总体 X 中取得的 i.i.d. 样本, $T=T(\boldsymbol{X})$ 是一统计量. 若在给定 $T=t$ 的条件下, 样本 $\boldsymbol{X}$ 的条件分布与 θ 无关, 则称 $T(\boldsymbol{X})$ 为 θ 的充分统计量. 直接从定义出发验证一个统计量是否是充分的常常并不容易, 一种较好的判别方法是因子分解定理. 在 1.4 节中已给出因子分解定理, 此处不再重复.

在贝叶斯分析中, 计算后验分布时充分性概念常常能帮助简化推导过程. 在贝叶斯方法中, 对充分统计量有如下引理.

引理 3.1.1 设 $X \sim f(x|\theta)$, $\theta \in \Theta$, 此处 $f(x|\theta)$ 为随机变量 X 的概率函数, $\boldsymbol{X}=(X_1,\cdots,X_n)$ 是从总体 X 中抽取的 i.i.d. 样本, $T=T(\boldsymbol{X})$ 是一统计量, 它的密度函数是 $q(t|\theta)$; 又设 $\pi(\theta) \in \Gamma$, 此处 Γ 是 θ 的先验分布的类. 若 T 为 θ 的充分统计量, 则对 $\forall\, \pi \in \Gamma$, 有

$$\pi(\theta|\boldsymbol{x})=\widetilde{\pi}(\theta|t),$$

即基于样本 $\boldsymbol{X}$ 的分布算得的后验分布和基于充分统计量 T 的分布算得的后验分布是相同的.

证 由因子分解定理, 可知 $f(\boldsymbol{x}|\theta)=g(t,\theta)h(\boldsymbol{x})$, 故

$$\pi(\theta|\boldsymbol{x})=\frac{f(\boldsymbol{x}|\theta)\pi(\theta)}{m(\boldsymbol{x})}=\frac{g(t,\theta)h(\boldsymbol{x})\pi(\theta)}{\int_\Theta g(t,\theta)h(\boldsymbol{x})\pi(\theta)\mathrm{d}\theta}=\frac{cg(t,\theta)\pi(\theta)}{\int_\Theta cg(t,\theta)\pi(\theta)\mathrm{d}\theta},$$

其中 $m(\boldsymbol{x})$ 为 $\boldsymbol{X}$ 的边缘密度函数, $cg(t,\theta)=q(t|\theta)$ 为 T 的密度函数, 故有

$$\pi(\theta|\boldsymbol{x})=\frac{cg(t,\theta)\pi(\theta)}{\int_\Theta cg(t,\theta)\pi(\theta)\mathrm{d}\theta}=\frac{q(t|\theta)\pi(\theta)}{m^*(t)}=\widetilde{\pi}(\theta|t),$$

其中 $m^*(t)$ 为 T 的边缘密度函数, $c=c(t)$ 为 t 的函数.

例 3.1.2 设 $\boldsymbol{X}=(X_1,\cdots,X_n)$ 是从 $N(\theta,\sigma^2)$ 中抽取的随机样本, 其中 σ^2 已知. 假定 $\theta \sim N(\mu,\tau^2)$. 求 θ 的后验密度.

解 θ 的后验分布 $\pi(\theta|\boldsymbol{x})$ 见例 2.5.2. 下面我们利用充分统计量来求 θ 的后验分布 $\pi(\theta|t)$. 在正态总体 $N(\theta,\sigma^2)$ 中, 当 σ^2 已知时, $\bar{X}=\dfrac{1}{n}\sum\limits_{i=1}^{n}X_i$ 是 θ 的充分统计量. 令 $T=\bar{X}$, 易见 $T|\theta \sim N(\theta,\sigma^2/n)$. 由例 2.5.2 的前一部分的推导可知, 只要用 $t=\bar{x}$ 代替 x, 用 σ^2/n 代替 σ^2, 就可得到 θ 的后验分布 $\widetilde{\pi}(\theta|t)$, 即 $N(\mu_n(t),\eta_n^2)$, 其中

$$\mu_n(t)=\frac{\sigma^2/n}{\sigma^2/n+\tau^2}\mu+\frac{\tau^2}{\sigma^2/n+\tau^2}\,t,$$

$$\eta_n^2=\frac{\tau^2\cdot\sigma^2/n}{\sigma^2/n+\tau^2}=\frac{\sigma^2\tau^2}{\sigma^2+n\tau^2}.$$

由例 2.5.2, 可见 θ 的后验分布 $\pi(\theta|\boldsymbol{x})$ 和 $\widetilde{\pi}(\theta|t)$ 相同.

3.2　正态总体参数的后验分布

3.2.1　引言

设 $X_1,\cdots,X_n$ i.i.d. $\sim N(\theta,\sigma^2)$. 记 $\boldsymbol{X}=(X_1,\cdots,X_n)$ 和 $\bar{X}=\frac{1}{n}\sum\limits_{i=1}^{n}X_i$, 则给定 $\varphi=(\theta,\sigma^2)$ 时样本 $\boldsymbol{X}$ 的联合概率密度为

$$\begin{aligned}f(\boldsymbol{x}|\varphi)&=(2\pi\sigma^2)^{-\frac{n}{2}}\exp\left\{-\frac{1}{2\sigma^2}\sum_{i=1}^{n}(x_i-\theta)^2\right\}\\&=(2\pi\sigma^2)^{-\frac{n}{2}}\exp\left\{-\frac{1}{2\sigma^2}\left[\sum_{i=1}^{n}(x_i-\bar{x})^2+n(\bar{x}-\theta)^2\right]\right\}.\end{aligned}\tag{3.2.1}$$

本节讨论下列几个问题:

(1) 在无信息先验下, θ 和 σ^2 的后验分布.

(2) 在共轭先验下, θ 和 σ^2 的后验分布.

在本节中我们将用到广义一元 t 分布的概念, 其定义如下.

定义 3.2.1　若随机变量 Y 的概率密度函数为

$$p(y|\nu,\mu,\tau^2)=\frac{\Gamma((\nu+1)/2)}{\Gamma(\nu/2)\sqrt{\nu\pi}}\cdot\frac{1}{\tau}\cdot\left[1+\frac{1}{\nu}\left(\frac{y-\mu}{\tau}\right)^2\right]^{-\frac{\nu+1}{2}},\tag{3.2.2}$$

则称 Y 服从广义一元 t 分布. 其中 $\nu>0$ 为自由度, μ 是均值参数, $\tau>0$ 为刻度参数, 记为 $\mathscr{T}_1(\nu,\mu,\tau^2)$. 特别地, 当 $\mu=0$, $\tau=1$ 时, $\mathscr{T}_1(\nu,0,1)$ 称为标准 t 分布, 简记为 t_ν, 这就是我们在初等概率统计中所见的自由度为 ν 的 t 分布.

3.2.2　无信息先验下的后验分布

1. 当 σ^2 已知时, 均值参数 θ 的后验分布

与例 2.4.1 类似, 记 $\bar{X}=\frac{1}{n}\sum\limits_{i=1}^{n}X_i$. 在 $N(\theta,\sigma^2)$ 总体中, 当 σ^2 已知时, $T=\bar{X}$ 是 θ 的充分统计量. 易见 $\bar{X}\sim N(\theta,\sigma^2/n)$, 故 θ 的似然函数为

$$l(\theta|t)=\sqrt{\frac{n}{2\pi\sigma^2}}\exp\left\{-\frac{n}{2\sigma^2}(\theta-t)^2\right\}\propto\exp\left\{-\frac{n}{2\sigma^2}(\theta-t)^2\right\}.$$

由 $\pi(\theta)\equiv 1\,(\theta\in\mathbb{R})$, 可知 θ 的后验密度

$$\pi(\theta|t)\propto l(\theta|t)\pi(\theta)\propto\exp\left\{-\frac{n}{2\sigma^2}(\theta-t)^2\right\}.$$

添加正则化常数, 得到

$$\pi(\theta|t)=\sqrt{\frac{n}{2\pi\sigma^2}}\exp\left\{-\frac{n}{2\sigma^2}(\theta-t)^2\right\}\quad(-\infty<\theta<+\infty),\tag{3.2.3}$$

即 θ 的后验分布为 $N(t,\sigma^2/n)$, $t=\bar{x}$.

2. 当 θ 已知时, 参数 σ^2 的后验分布

令 $T=\sum\limits_{i=1}^{n}(X_i-\theta)^2$, 则 $T/\sigma^2\sim\chi_n^2$, 且 T 为 σ^2 的充分统计量. 由式 (3.2.1) 或由 T 的概率密度, 可知 σ^2 的似然函数

$$l(\sigma^2|t)\propto(\sigma^2)^{-n/2}\exp\left\{-\frac{t}{2\sigma^2}\right\}.\tag{3.2.4}$$

由式 (2.4.6) 可知刻度参数 σ 的无信息先验为 $1/\sigma$, 即 $\pi(\sigma)\propto1/\sigma$, 容易导出 σ^2 的无信息先验为

$$\pi(\sigma^2)\propto\frac{1}{\sigma^2}.\tag{3.2.5}$$

因此, σ^2 的后验分布

$$\pi(\sigma^2|t)\propto l(\sigma^2|t)\pi(\sigma^2)\propto(\sigma^2)^{-(n/2+1)}\exp\left\{-\frac{t}{2\sigma^2}\right\}.$$

这是逆伽马分布 $\Gamma^{-1}(n/2,t/2)$ 密度函数的核. 添加正则化常数因子, 得到 σ^2 的后验密度

$$\pi(\sigma^2|t)=\frac{(t/2)^{n/2}}{\Gamma(n/2)}(\sigma^2)^{-(n/2+1)}\exp\left\{-\frac{t}{2\sigma^2}\right\}\quad(\sigma^2>0),\tag{3.2.6}$$

其中 $t=\sum\limits_{i=1}^{n}(x_i-\theta)^2$.

若所考虑的参数不是 σ^2 而是刻度参数 σ, 则取 σ 的无信息先验为 $1/\sigma$. 用类似于上述的方法, 易求得 σ 的后验密度为

$$\pi(\sigma|t)=\frac{t^{n/2}}{2^{n/2-1}\Gamma(n/2)}\sigma^{-(n+1)}\exp\left\{-\frac{t}{2\sigma^2}\right\}\quad(\sigma>0).\tag{3.2.7}$$

为了说明密度函数 (3.2.7) 是什么类型的概率密度函数, 引入如下定义.

定义 3.2.2 设随机变量 $X\sim\chi_n^2$, 令 $Y=1/\sqrt{X}$, 则称 Y 为自由度 n 的逆 χ 变量, 记为 $Y\sim\chi_n^{-1}$, 其概率密度函数是

$$g(y)=\begin{cases}\dfrac{1}{2^{n/2-1}\Gamma(n/2)}y^{-(n+1)}\exp\left\{-\dfrac{1}{2y^2}\right\}, & y>0,\\ 0, & y\leqslant0.\end{cases}$$

由定义 3.2.2 可知 $\sigma|t\sim\sqrt{t}\chi_n^{-1}$, 其密度如式 (3.2.7) 所示.

3. 当 θ 和 σ^2 皆未知时的后验分布

记 $\bar{X}=\dfrac{1}{n}\sum\limits_{i=1}^{n}X_i$, $S^2=\dfrac{1}{\nu}\sum\limits_{i=1}^{n}(X_i-\bar{X})^2$, $\nu=n-1$. 易知 $\bar{X}\sim N(\theta,\sigma^2/n)$, $\nu S^2/\sigma^2\sim\chi^2_\nu$, $\bar{X}$ 和 S^2 独立, 且 $(\bar{X},S^2)$ 为 (θ,σ^2) 的充分统计量. 由式 (3.2.1) 或由 $(\bar{X},S^2)$ 的联合概率密度, 可知 (θ,σ^2) 的似然函数

$$l(\theta,\sigma^2|\boldsymbol{x})\propto(\sigma^2)^{-n/2}\exp\left\{-\frac{1}{2\sigma^2}\left[\nu s^2+n(\theta-\bar{x})^2\right]\right\}. \tag{3.2.8}$$

设 θ 和 σ^2 的无信息先验分别为 $\pi_1(\theta)\equiv 1$ 和 $\pi_2(\sigma^2)=1/\sigma^2$, 且 θ 和 σ^2 相互独立, 则 (θ,σ^2) 的联合先验密度为

$$\pi(\theta,\sigma^2)=\pi_1(\theta)\pi_2(\sigma^2)=\frac{1}{\sigma^2}\quad(\theta\in\mathbb{R},\ \sigma^2>0). \tag{3.2.9}$$

由式 (3.2.8) 和式 (3.2.9), 可知 θ 和 σ^2 的联合后验密度为

$$\begin{aligned}\pi(\theta,\sigma^2|\boldsymbol{x})&=K(\sigma^2)^{-(\frac{\nu+1}{2}+1)}\exp\left\{-\frac{1}{2\sigma^2}\left[\nu s^2+n(\theta-\bar{x})^2\right]\right\}\\&=\sqrt{\frac{n}{2\pi\sigma^2}}\exp\left\{-\frac{n}{2\sigma^2}(\theta-\bar{x})^2\right\}\cdot K'(\sigma^2)^{-(\nu/2+1)}\exp\left\{-\frac{\nu s^2}{2\sigma^2}\right\}\\&=\pi_1(\theta|\sigma^2,\boldsymbol{x})\pi_2(\sigma^2|\boldsymbol{x}),\end{aligned} \tag{3.2.10}$$

其中

$$K=\sqrt{\frac{n}{2\pi}}\left[\Gamma\left(\frac{\nu}{2}\right)\right]^{-1}\left(\frac{\nu s^2}{2}\right)^{\nu/2},\quad K'=\left[\Gamma\left(\frac{\nu}{2}\right)\right]^{-1}\left(\frac{\nu s^2}{2}\right)^{\nu/2}.$$

由式 (3.2.10), 可见 θ 和 σ^2 的联合后验密度是两部分的乘积: 第一部分是给定 σ^2 和 $\boldsymbol{x}$ 时, θ 的条件分布 $N(\bar{x},\sigma^2/n)$ 的密度函数; 另一部分是给定 $\boldsymbol{x}$ 时, σ^2 的条件分布 $\Gamma^{-1}(\nu/2,\nu s^2/2)$ 的密度函数.

对联合后验密度 (3.2.10), 关于 θ 积分得到 σ^2 的边缘后验密度

$$\begin{aligned}\pi(\sigma^2|\boldsymbol{x})&=\int_{-\infty}^{\infty}\pi(\theta,\sigma^2|\boldsymbol{x})\mathrm{d}\theta=\pi_2(\sigma^2|\boldsymbol{x})\int_{-\infty}^{\infty}\pi_1(\theta|\sigma^2,\boldsymbol{x})\mathrm{d}\theta\\&=\frac{(\nu s^2/2)^{\nu/2}}{\Gamma(\nu/2)}\cdot(\sigma^2)^{-(\nu/2+1)}\exp\left\{-\frac{\nu s^2}{2\sigma^2}\right\}\quad(\sigma^2>0),\end{aligned} \tag{3.2.11}$$

即 σ^2 的边缘后验分布是 $\Gamma^{-1}(\nu/2,\nu s^2/2)$.

对联合密度 (3.2.10), 关于 σ^2 积分得到 θ 的边缘后验密度

$$\begin{aligned}\pi(\theta|\boldsymbol{x})&=\int_0^{\infty}\pi(\theta,\sigma^2|\boldsymbol{x})\mathrm{d}\sigma^2\\&\propto\left[\nu s^2+n(\theta-\bar{x})^2\right]^{-\frac{\nu+1}{2}}\propto\left[1+\frac{1}{\nu}\left(\frac{\theta-\bar{x}}{s/\sqrt{n}}\right)^2\right]^{-\frac{\nu+1}{2}}.\end{aligned}$$

这是参数分别为 ν, $\bar{x}$, $s/\sqrt{n}$ 的广义一元 t 分布密度函数的核, 故添加正则化常数因子, 得到

$$\pi(\theta|\boldsymbol{x})=\frac{\Gamma\left(\dfrac{\nu+1}{2}\right)}{\Gamma\left(\dfrac{\nu}{2}\right)\sqrt{\pi\nu}}\cdot\left(\frac{s^2}{n}\right)^{-\frac{1}{2}}\cdot\left[1+\frac{1}{\nu}\left(\frac{\theta-\bar{x}}{s/\sqrt{n}}\right)^2\right]^{-\frac{\nu+1}{2}}. \tag{3.2.12}$$

由定义可知, 这是广义的一元 t 分布 $\mathscr{T}_1(\nu,\bar{x},s^2/n)$ 的密度函数, 其中 $\nu=n-1$ 为自由度, $\bar{x}$ 是其均值, $s/\sqrt{n}$ 为刻度参数.

将上述结果总结为如下定理:

定理 3.2.1 设样本分布为由式 (3.2.1) 给出的正态分布, 当参数的先验分布为无信息先验时, 关于相应参数的后验分布有下列结论:

(1) 若 σ^2 已知, 当均值参数 θ 的无信息先验 $\pi(\theta)\equiv 1$ 时, 则 θ 后验分布为由式 (3.2.3) 给出的正态分布 $N(\bar{x},\sigma^2/n)$.

(2) 若 θ 已知, 当刻度参数 σ^2 的无信息先验为 $\pi(\sigma^2)=1/\sigma^2$ 时, 则 σ^2 后验分布为由式 (3.2.6) 给出的逆伽马分布 $\Gamma^{-1}(n/2,t/2)$, 其中 $t=\sum\limits_{i=1}^n(x_i-\theta)^2$.

(3) 若 (θ,σ^2) 的联合无信息先验密度由式 (3.2.9) 给出, 则 (σ^2,θ) 的联合后验密度由式 (3.2.10) 给出; σ^2 的边缘后验分布为由式 (3.2.11) 给出的逆伽马分布 $\Gamma^{-1}(\nu/2,\nu s^2/2)$; θ 的边缘后验分布为由式 (3.2.12) 给出的广义一元 t 分布 $\mathscr{T}_1(\nu,\bar{x},s^2/n)$, 其中 $\nu=n-1$, $s^2/n=\sum\limits_{i=1}^n(x_i-\bar{x})^2/[n(n-1)]$.

3.2.3 共轭先验分布下的后验分布

1. 当 σ^2 已知时, 均值参数 θ 的后验分布

由于 $T=\bar{X}$ 为 θ 的充分统计量, 且 $T|\sigma^2\sim N(\theta,\sigma^2/n)$, 故 θ 的似然函数为

$$l(\theta|t)=\frac{\sqrt{n}}{\sqrt{2\pi}\sigma}\exp\left\{-\frac{n(t-\theta)^2}{2\sigma^2}\right\}\propto\exp\left\{-\frac{n(t-\theta)^2}{2\sigma^2}\right\}.$$

设 θ 的共轭先验分布为 $N(\mu,\tau^2)$, μ, τ^2 已知, 其密度函数为

$$\pi(\theta)=\frac{1}{\sqrt{2\pi}\tau}\exp\left\{-\frac{(\theta-\mu)^2}{2\tau^2}\right\}\propto\exp\left\{-\frac{(\theta-\mu)^2}{2\tau^2}\right\}. \tag{3.2.13}$$

记 $\sigma_n^2=\sigma^2/n$, 与例 2.5.2 类似, 可知 θ 的后验密度

$$\begin{aligned}\pi(\theta|t)\propto l(\theta|t)\pi(\theta)&\propto\exp\left\{-\frac{1}{2}\left[\frac{(t-\theta)^2}{\sigma_n^2}+\frac{(\theta-\mu)^2}{\tau^2}\right]\right\}\\&=\exp\left\{-\frac{1}{2}\Big[A\theta^2-2\theta B+C\Big]\right\}\\&=\exp\left\{-\frac{A}{2}\Big(\theta-\frac{B}{A}\Big)^2-\frac{1}{2}\Big(C-\frac{B^2}{A}\Big)\right\},\end{aligned} \tag{3.2.14}$$

其中

$$A=\frac{1}{\sigma_n^2}+\frac{1}{\tau^2},\quad B=\frac{t}{\sigma_n^2}+\frac{\mu}{\tau^2},\quad C=\frac{t^2}{\sigma_n^2}+\frac{\mu^2}{\tau^2}.$$

记

$$\mu_n(t)=\frac{\sigma_n^2\mu+\tau^2 t}{\sigma_n^2+\tau^2}=\frac{B}{A},\quad \eta_n^2=\frac{\sigma_n^2\tau^2}{\sigma_n^2+\tau^2}=\frac{1}{A},\quad C-\frac{B^2}{A}=\frac{(t-\mu)^2}{\sigma_n^2+\tau^2}. \tag{3.2.15}$$

易见 $C-B^2/A$ 是与 θ 无关的常数. 因此由式 (3.2.14), 可知 θ 的后验密度

$$\pi(\theta|t)\propto \exp\left\{-\frac{A}{2}\left(\theta-\frac{B}{A}\right)^2\right\}=\exp\left\{-\frac{\left[\theta-\mu_n(t)\right]^2}{2\eta_n^2}\right\}.$$

这是正态分布 $N(\mu_n(t),\eta_n^2)$ 密度函数的核, 添加正则化常数, 得到 θ 的后验密度

$$\pi(\theta|t)=\frac{1}{\sqrt{2\pi}\eta_n}\exp\left\{-\frac{\left[\theta-\mu_n(t)\right]^2}{2\eta_n^2}\right\}. \tag{3.2.16}$$

类似于例 2.3.1, 将式 (3.2.14) 右边关于 θ 积分后, 再添加正则化因子, 得到 $T=\bar{X}$ 的边缘密度

$$m(t)=\frac{1}{\sqrt{2\pi(\sigma_n^2+\tau^2)}}\exp\left\{-\frac{(t-\mu)^2}{2(\sigma_n^2+\tau^2)}\right\}. \tag{3.2.17}$$

因此由式 (3.2.16) 和式 (3.2.17), 可见 θ 的后验分布为 $N(\mu_n(t),\eta_n^2)$, $\bar{X}$ 的边缘分布为 $N(\mu,\tau^2+\sigma_n^2)$.

2. 当 θ 已知时, 参数 σ^2 的后验分布

记 $T=\sum\limits_{i=1}^n(X_i-\theta)^2$, 则 $T/\sigma^2\sim\chi_n^2$, 且 T 是 σ^2 的充分统计量. 由公式 (3.2.1) 或由 T 的概率密度, 可知 σ^2 的似然函数

$$l(\sigma^2|t)\propto(\sigma^2)^{-n/2}\exp\left\{-\frac{t}{2\sigma^2}\right\}. \tag{3.2.18}$$

设 σ^2 的共轭先验分布为 $\Gamma^{-1}(r/2,\lambda/2)$, 其密度函数为

$$\begin{aligned}\pi(\sigma^2)&=\frac{(\lambda/2)^{r/2}}{\Gamma(r/2)}(\sigma^2)^{-(r/2+1)}\exp\left\{-\frac{\lambda}{2\sigma^2}\right\}\\&\propto(\sigma^2)^{-(r/2+1)}\exp\left\{-\frac{\lambda}{2\sigma^2}\right\},\end{aligned} \tag{3.2.19}$$

其中 r 和 λ 为已知常数.

与例 2.5.5 类似, 由式 (3.2.18) 和式 (3.2.19), 可知 σ^2 的后验密度

$$\pi(\sigma^2|t)\propto l(\sigma^2|t)\pi(\sigma^2)\propto(\sigma^2)^{-\left(\frac{n+r}{2}+1\right)}\exp\left\{-\frac{t+\lambda}{2\sigma^2}\right\}.$$

这是逆伽马分布 $\Gamma^{-1}\big((n+r)/2,(t+\lambda)/2\big)$ 密度函数的核. 添加正则化常数因子, 得到 σ^2 的后验密度

$$\pi(\sigma^2|t)=\frac{[(t+\lambda)/2]^{\frac{n+r}{2}}}{\Gamma\big((n+r)/2\big)}(\sigma^2)^{-\left(\frac{n+r}{2}+1\right)}\exp\left\{-\frac{t+\lambda}{2\sigma^2}\right\}\quad(\sigma^2>0). \tag{3.2.20}$$

3. 当 θ 和 σ^2 皆未知时的后验分布

记 $\bar{X}=\dfrac{1}{n}\sum\limits_{i=1}^n X_i$, $S^2=\dfrac{1}{\nu}\sum\limits_{i=1}^n(X_i-\bar{X})^2$, $\nu=n-1$, 易知 $\bar{X}\sim N(\theta,\sigma^2/n)$, $\nu S^2/\sigma^2\sim\chi_\nu^2$, $\bar{X}$ 和 S^2 独立, 且 $(\bar{X},S^2)$ 为 (θ,σ^2) 的充分统计量. 由式 (3.2.1) 或由 $(\bar{X},S^2)$ 的联合概率密度, 可知 (θ,σ^2) 的似然函数

$$l(\theta,\sigma^2|\boldsymbol{x})\propto(\sigma^2)^{-n/2}\exp\left\{-\frac{1}{2\sigma^2}\left[\nu s^2+n(\theta-\bar{x})^2\right]\right\}. \tag{3.2.21}$$

设 (θ,σ^2) 的联合先验分布为正态-逆伽马先验, 即 $\theta|\sigma^2 \sim N(\mu,\sigma^2/k)$, $\sigma^2 \sim \Gamma^{-1}(r/2,\lambda/2)$. 其联合密度

$$\pi(\theta,\sigma^2)=\pi_1(\theta|\sigma^2)\pi_2(\sigma^2)\propto(\sigma^2)^{-(\frac{r+1}{2}+1)}\exp\Big\{-\frac{1}{2\sigma^2}\big[k(\theta-\mu)^2+\lambda\big]\Big\}, \tag{3.2.22}$$

其中 r, λ, μ, k 皆为已知常数.

由式 (3.2.21) 和式 (3.2.22), 可知 θ 和 σ^2 的联合后验密度

$$\begin{aligned}\pi(\theta,\sigma^2|\boldsymbol{x})&\propto l(\theta,\sigma^2|\boldsymbol{x})\pi(\theta,\sigma^2)\\&\propto(\sigma^2)^{-(\frac{r+n+1}{2}+1)}\exp\Big\{-\frac{1}{2\sigma^2}\big[\nu s^2+n(\bar{x}-\theta)^2+k(\theta-\mu)^2+\lambda\big]\Big\}\\&\propto(\sigma^2)^{-(\frac{r+n+1}{2}+1)}\exp\Big\{-\frac{1}{2\sigma^2}(\nu s^2+\lambda+H)\Big\},\end{aligned}$$

其中

$$\begin{aligned}H&=n(\bar{x}-\theta)^2+k(\theta-\mu)^2\\&=(n+k)\theta^2-2(n\bar{x}+k\mu)\theta+n\bar{x}^2+k\mu^2\\&=(n+k)\Big(\theta-\frac{n\bar{x}+k\mu}{n+k}\Big)^2+\frac{nk}{n+k}(\bar{x}-\mu)^2.\end{aligned}$$

因此有

$$\pi(\theta,\sigma^2|\boldsymbol{x})\propto(\sigma^2)^{-(\frac{\nu_n+1}{2}+1)}\exp\Big\{-\frac{1}{2\sigma^2}\left\{\beta_n+k_n[\theta-\mu(\bar{x})]^2\right\}\Big\},$$

此处 $\nu_{\rm n}=n+r$, $k_n=n+k$,

$$\mu(\bar{x})=\frac{n\bar{x}+k\mu}{n+k},\quad \beta_n=\nu s^2+\lambda+\frac{nk}{n+k}(\bar{x}-\mu)^2. \tag{3.2.23}$$

添加正则化常数, 得到 (θ,σ^2) 的联合后验密度

$$\begin{aligned}\pi(\theta,\sigma^2|\boldsymbol{x})&=c'(\sigma^2)^{-(\frac{\nu_n+1}{2}+1)}\exp\Big\{-\frac{1}{2\sigma^2}\left\{\beta_n+k_n[\theta-\mu(\bar{x})]^2\right\}\Big\}\\&=c'\sigma^{-1}\exp\Big\{-\frac{k_n}{2\sigma^2}[\theta-\mu(\bar{x})]^2\Big\}\cdot(\sigma^2)^{-(\frac{\nu_n}{2}+1)}\exp\Big\{-\frac{\beta_n}{2\sigma^2}\Big\}\\&=\pi_1(\theta|\sigma^2,\boldsymbol{x})\cdot\pi_2(\sigma^2|\boldsymbol{x})\quad(\theta\in\mathbb{R},\ \sigma^2>0),\end{aligned} \tag{3.2.24}$$

其中

$$c'=\sqrt{\frac{k_n}{2\pi}}\cdot\frac{(\beta_n/2)^{\nu_n/2}}{\Gamma(\nu_n/2)}.$$

由式 (3.2.24), 可见 (θ,σ^2) 的联合后验密度是两部分的乘积: 前一部分是给定 σ^2 和 $\boldsymbol{x}$ 时, θ 的条件分布 $N\big(\mu(\bar{x}),\sigma^2/k_n\big)$ 的密度函数; 另一部分是给定 $\boldsymbol{x}$ 时, σ^2 的条件分布 $\Gamma^{-1}(\nu_n/2,\beta_n/2)$ 的密度函数.

对联合后验密度 (3.2.24), 关于 θ 积分得到 σ^2 的边缘后验密度

$$\begin{aligned}\pi(\sigma^2|\boldsymbol{x}) &= \int_{-\infty}^{\infty} \pi(\theta,\sigma^2|\boldsymbol{x})\mathrm{d}\theta \\ &= \frac{(\beta_n/2)^{\nu_n/2}}{\Gamma(\nu_n/2)} \cdot (\sigma^2)^{-(\nu_n/2+1)} \exp\left\{-\frac{\beta_n}{2\sigma^2}\right\} \quad (\sigma^2>0).\end{aligned} \tag{3.2.25}$$

这是一个逆伽马分布 $\Gamma^{-1}(\nu_n/2,\beta_n/2)$ 的密度函数.

对联合密度 (3.2.24), 关于 σ^2 积分得到 θ 的边缘后验密度

$$\begin{aligned}\pi(\theta|\boldsymbol{x}) &= \int_0^{\infty} \pi(\theta,\sigma^2|\boldsymbol{x})\mathrm{d}\sigma^2 \\ &\propto \left\{\beta_n + k_n[\theta-\mu(\bar{x})]^2\right\}^{-\frac{\nu_n+1}{2}} \propto \left\{1+\frac{1}{\nu_n}\left[\frac{\theta-\mu(\bar{x})}{\tau_n}\right]^2\right\}^{-\frac{\nu_n+1}{2}},\end{aligned}$$

其中 $\tau_n^2=\beta_n/(\nu_n k_n)$. 这是一个广义的一元 t 分布密度函数的核, 故添加正则化常数, 得到 θ 的边缘后验密度

$$\pi(\theta|\boldsymbol{x}) = \frac{\Gamma\left(\frac{\nu_n+1}{2}\right)}{\Gamma\left(\frac{\nu_n}{2}\right)\sqrt{\pi\nu_n}} \cdot \frac{1}{\tau_n} \cdot \left[1+\frac{1}{\nu_n}\left(\frac{\theta-\mu(\bar{x})}{\tau_n}\right)^2\right]^{-\frac{\nu_n+1}{2}} \quad (\theta\in\mathbb{R}). \tag{3.2.26}$$

由式 (3.2.26), 可知 θ 的边缘后验分布 $\pi(\theta|\boldsymbol{x})$ 为一元 t 分布 $\mathscr{T}_1(\nu_n,\mu(\bar{x}),\tau_n^2)$, 其中 ν_n 为自由度, $\mu(\bar{x})$ 是其均值, τ_n 为刻度参数, 只有在 $\nu_n>1$ 时其期望存在, 为 $\mu(\bar{x})$; $\nu_n>2$ 时其方差存在, 为

$$\frac{\nu_n}{\nu_n-2}\cdot\tau_n^2 = \frac{\beta_n}{(\nu_n-2)k_n}.$$

将上述结果总结为如下定理:

定理 3.2.2 设样本分布为由式 (3.2.1) 给出的正态分布. 当参数的先验分布为共轭先验时, 关于相应参数的后验分布有下列结论:

(1) 若 σ^2 已知, 当均值参数 θ 的共轭先验由式 (3.2.13) 给出时, 则 θ 后验分布为由式 (3.2.16) 给出的正态分布 $N(\mu_n(\bar{x}),\eta_n^2)$, 其中 $\mu_n(\bar{x}),\eta_n^2$ 由式 (3.2.15) 给出; $\bar{X}$ 的边缘分布为由式 (3.2.17) 给出的正态分布 $N(\mu,\tau^2+\sigma^2/n)$.

(2) 若 θ 已知, 当刻度参数 σ^2 的共轭先验由式 (3.2.19) 给出时, 则 σ^2 后验分布为由式 (3.2.20) 给出的逆伽马分布 $\Gamma^{-1}((n+r)/2,(t+\lambda)/2)$, 其中 $t=\sum\limits_{i=1}^{n}(x_i-\theta)^2$.

(3) 若 θ 和 σ^2 的联合先验分布为由式 (3.2.22) 给出的正态–逆伽马先验, 则 (σ^2,θ) 的联合后验分布由式 (3.2.24) 给出; σ^2 的边缘后验分布为由式 (3.2.25) 给出的逆伽马分布 $\Gamma^{-1}(\nu_n/2,\beta_n/2)$; θ 的边缘后验分由为由式 (3.2.26) 给出的广义一元 t 分布 $\mathscr{T}_1(\nu_n,\mu(\bar{x}),\tau_n^2)$, 其中 ν_n, $\mu(\bar{x})$, β_n 由式 (3.2.23) 给出, $\tau_n^2=\beta_n/(\nu_k k_n)$.

3.3 一类离散分布和多项分布参数的后验分布

3.3.1 一类离散分布参数的后验分布

下列几个离散分布族皆与独立的伯努利 (Bernoulli) 试验有关, 且它们具有相同的共轭先验. 因此本节我们将它们统一处理, 而不是各自考虑它们的后验分布.

设离散随机变量 X 的概率分布具有下列形式:

$$f(x|\theta)=P(X=x|\theta)=c(x)\,\theta^{a(x)}(1-\theta)^{b(x)}, \tag{3.3.1}$$

其中 $a(x)$ 和 $b(x)$ 的取值为非负整数. 此类分布包含下列几个常见的分布:

(1) 0-1 分布 $B(1,\theta)$: 令 $c(x)=1,\ a(x)=x,\ b(x)=1-x$, 即

$$f(x|\theta)=P(X=x|\theta)=\theta^{x}(1-\theta)^{1-x}\quad (x=0,1).$$

(2) 二项分布 $B(n,\theta)$: 令 $c(x)=\binom{n}{x},\ a(x)=x,\ b(x)=n-x$, 即

$$f(x|\theta)=P(X=x|\theta)=\binom{n}{x}\theta^{x}(1-\theta)^{n-x}\quad (x=0,1,\cdots,n).$$

(3) 几何分布 $Nb(1,\theta)$: 令 $c(x)=1,\ a(x)=1,\ b(x)=x-1$, 即

$$f(x|\theta)=P(X=x|\theta)=\theta(1-\theta)^{x-1}\quad (x=1,2,\cdots).$$

(4) 负二项分布 $Nb(r,\theta)$: 令 $c(x)=\binom{x-1}{r-1},\ a(x)=r,\ b(x)=x-r$, 即

$$f(x|\theta)=P(X=x|\theta)=\binom{x-1}{r-1}\theta^{r}(1-\theta)^{x-r}\quad (x=r,r+1,\cdots).$$

1. 当参数的先验分布为无信息先验时的后验分布

由式 (3.3.1), 可知 θ 的似然函数

$$l(\theta|x)\propto\theta^{a(x)}(1-\theta)^{b(x)}\quad (a(x)\text{ 和 }b(x)\text{ 的取值为非负整数}). \tag{3.3.2}$$

若 θ 的先验为 $\pi(\theta)\equiv 1$, 可知 θ 的后验密度为

$$\pi(\theta|x)\propto\theta^{a(x)}(1-\theta)^{b(x)}\quad (a(x)\text{ 和 }b(x)\text{ 的取值为非负整数}).$$

上式为贝塔分布 $Be(a(x)+1, b(x)+1)$ 密度函数的核, 添加正则化常数, 得后验密度

$$\pi(\theta|x) = \frac{\Gamma\big(a(x)+b(x)+2\big)}{\Gamma\big(a(x)+1\big)\,\Gamma\big(b(x)+1\big)}\,\theta^{[a(x)+1]-1}(1-\theta)^{[b(x)+1]-1}, \tag{3.3.3}$$

其中 $0<\theta<1$.

2. 当参数的先验分布为共轭先验时的后验分布

令 θ 的共轭先验分布为贝塔分布 $Be(\alpha,\beta)$, 则其密度函数为

$$\pi(\theta) = \frac{\Gamma(\alpha+\beta)}{\Gamma(\alpha)\Gamma(\beta)}\theta^{\alpha-1}(1-\theta)^{\beta-1} \propto \theta^{\alpha-1}(1-\theta)^{\beta-1} \quad (0<\theta<1). \tag{3.3.4}$$

则由式 (3.3.2) 和式 (3.3.4), 可知 θ 的后验密度

$$\pi(\theta|x) \propto l(\theta|x)\pi(\theta) \propto \theta^{a(x)+\alpha-1}(1-\theta)^{b(x)+\beta-1} \quad (0<\theta<1).$$

上式为贝塔分布 $Be(a(x)+\alpha, b(x)+\beta)$ 密度函数的核, 添加正则化常数, 得后验密度

$$\pi(\theta|x) = \frac{\Gamma\big(a(x)+b(x)+\alpha+\beta\big)}{\Gamma\big(a(x)+\alpha\big)\Gamma\big(b(x)+\beta\big)}\theta^{a(x)+\alpha-1}(1-\theta)^{b(x)+\beta-1} \quad (0<\theta<1). \tag{3.3.5}$$

于是我们得到如下的结果:

定理 3.3.1 设随机变量 X 的概率分布由式 (3.3.1) 给出. 关于 θ 的后验分布有下列结论:

(1) 若 θ 的无信息先验为 $\pi(\theta)\equiv 1$, 则 θ 的后验分布为由式 (3.3.3) 给出的贝塔分布 $Be(a(x)+1, b(x)+1)$.

(2) 若 θ 的共轭先验为由式 (3.3.4) 给出的贝塔分布 $Be(\alpha,\beta)$, 则 θ 的后验分布为由式 (3.3.5) 给出的贝塔分布 $Be(a(x)+\alpha, b(x)+\beta)$.

例 3.3.1 设随机变量 X 服从二项分布 $B(n,\theta)$. 在下列先验分布下求其后验分布:

(1) θ 的无信息先验为 $\pi(\theta)\equiv 1$;

(2) θ 的共轭先验为贝塔分布 $Be(\alpha,\beta)$;

(3) θ 的无信息先验为 Jeffreys 先验 $\pi(\theta)\propto\theta^{-1/2}(1-\theta)^{-1/2}$.

解 已知 $X\sim B(n,\theta)$. 由式 (3.3.1), 可知 $c(x)=\binom{n}{x}$, $a(x)=x$, $b(x)=n-x$.

(1) 由定理 3.3.1 (1), 可知其后验分布为贝塔分布 $Be(x+1, n-x+1)$.

(2) 由定理 3.3.1(2), 可知其后验分布为贝塔分布 $Be(x+\alpha, n-x+\beta)$.

(3) 由于 Jeffreys 无信息先验 $\pi(\theta)\propto\theta^{-1/2}(1-\theta)^{-1/2}$ 等价于 $\pi(\theta)$ 为 $Be(1/2,1/2)$, 故由 (2) 可知 θ 的后验分布为贝塔分布 $Be(x+1/2, n-x+1/2)$.

3.3.2 多项分布参数的后验分布

设 $\boldsymbol{X}=(X_1,\cdots,X_k)$ 服从多项分布 $M(n,\boldsymbol{\theta})$, 其中 $X_i\geqslant 0$, $\sum\limits_{i=1}^k X_i=n$, $\boldsymbol{\theta}=(\theta_1,\cdots,\theta_k)$, $\theta_i\geqslant 0$, $\sum\limits_{i=1}^k \theta_i=1$, 故独立参数只有 $k-1$ 个, 因此 $\boldsymbol{X}$ 的概率分布为

$$\begin{aligned}p(\boldsymbol{x}\mid\boldsymbol{\theta})&=P(X_1=x_1,\cdots,X_k=x_k\mid\boldsymbol{\theta})\\&=\frac{n!}{x_1!\cdots x_k!}\left(\prod_{i=1}^{k-1}\theta_i^{x_i}\right)\left(1-\sum_{i=1}^{k-1}\theta_i\right)^{x_k}\propto\left(\prod_{i=1}^{k-1}\theta_i^{x_i}\right)\left(1-\sum_{i=1}^{k-1}\theta_i\right)^{x_k}.\end{aligned}\tag{3.3.6}$$

上述概率分布即 θ 的似然函数, 记为 $l(\boldsymbol{\theta}|\boldsymbol{x})$.

1. 当参数 $\boldsymbol{\theta}$ 的先验分布为无信息先验时的后验分布

令 $\boldsymbol{\theta}$ 的无信息先验分布为 Jeffreys 先验, 即由费希尔信息阵行列式的平方根 $[\det I(\boldsymbol{\theta})]^{1/2}$ 给出. 为此, 首先写出对数似然函数

$$\begin{aligned}\ln l(\boldsymbol{\theta}|\boldsymbol{x})&=\sum_{i=1}^k x_i\ln\theta_i+\ln c\\&=\sum_{i=1}^{k-1}x_i\ln\theta_i+x_k\cdot\ln\left(1-\sum_{i=1}^{k-1}\theta_i\right)+\ln c,\end{aligned}$$

其中 $c=n!/(x_1!\cdots x_k!)$. 然后计算费希尔信息阵的每个元素:

$$\begin{aligned}&\frac{\partial^2\ln l}{\partial\theta_i^2}=-\frac{x_i}{\theta_i^2}-\frac{x_k}{\theta_k^2}\quad(i=1,\cdots,k-1),\\&\frac{\partial^2\ln l}{\partial\theta_i\partial\theta_j}=-\frac{x_k}{\theta_k^2}\quad(i,j=1,\cdots,k-1;i\neq j),\\&E\Big(-\frac{\partial^2\ln l}{\partial\theta_i^2}\Big)=\frac{n}{\theta_i}+\frac{n}{\theta_k}\quad(i=1,\cdots,k-1),\\&E\Big(-\frac{\partial^2\ln l}{\partial\theta_i\partial\theta_j}\Big)=\frac{n}{\theta_k}\quad(i,j=1,\cdots,k-1,i\neq j).\end{aligned}$$

故有

$$\begin{aligned}\det I(\boldsymbol{\theta})&=\begin{vmatrix}n(\theta_1^{-1}+\theta_k^{-1}) & n\theta_k^{-1} & \cdots & n\theta_k^{-1}\\ n\theta_k^{-1} & n(\theta_2^{-1}+\theta_k^{-1}) & \cdots & n\theta_k^{-1}\\ \vdots & \vdots & & \vdots\\ n\theta_k^{-1} & n\theta_k^{-1} & \cdots & n(\theta_{k-1}^{-1}+\theta_k^{-1}).\end{vmatrix}\\&=n^{k-1}(\theta_1\theta_2\cdots\theta_k)^{-1}\propto(\theta_1\theta_2\cdots\theta_k)^{-1}.\end{aligned}$$

从而 $\boldsymbol{\theta}=(\theta_1,\cdots,\theta_k)$ 的 Jeffreys 先验为

$$\pi(\boldsymbol{\theta})=[\det I(\boldsymbol{\theta})]^{1/2}\propto(\theta_1\theta_2\cdots\theta_k)^{-1/2}.\tag{3.3.7}$$

由式 (3.3.6) 和式 (3.3.7), 可知 θ 的后验分布

$$\pi(\boldsymbol{\theta}|\boldsymbol{x}) \propto l(\boldsymbol{x}|\boldsymbol{\theta})\pi(\boldsymbol{\theta}) \propto \theta_1^{x_1-1/2}\cdots\ \theta_k^{x_k-1/2},$$

这是狄利克雷 (Dirichlet) 分布 $D(x_1+1/2,\cdots,x_k+1/2)$ 密度函数的核, 添加正则化常数, 得后验密度

$$\pi(\boldsymbol{\theta}|\boldsymbol{x}) = \frac{\Gamma(n+k/2)}{\Gamma(x_1+1/2)\cdots\Gamma(x_k+1/2)}\theta_1^{x_1-1/2}\cdots\ \theta_k^{x_k-1/2}, \tag{3.3.8}$$

其中 $\theta_i > 0\ (i=1,\cdots,k)$, $\sum\limits_{i=1}^{k}\theta_i = 1$.

2. 当参数的先验分布为共轭先验时的后验分布

由式 (3.3.6), 可知 $\boldsymbol{\theta}$ 的似然函数

$$l(\boldsymbol{\theta}|\boldsymbol{x}) \propto \left(\prod_{i=1}^{k-1}\theta_i^{x_i}\right)\left(1-\sum_{i=1}^{k-1}\theta_i\right)^{x_k}. \tag{3.3.9}$$

设 $\boldsymbol{\theta}=(\theta_1,\cdots,\theta_k)$ 的先验分布为狄利克雷分布 $D(\alpha_1,\cdots,\alpha_k)$, 其密度函数为

$$\begin{aligned}\pi(\boldsymbol{\theta}) &= \frac{\Gamma(\alpha)}{\Gamma(\alpha_1)\cdots\Gamma(\alpha_k)}\cdot\prod_{i=1}^{k-1}\theta_i^{\alpha_i-1}\left(1-\sum_{i=1}^{k-1}\theta_i\right)^{\alpha_k-1}\\ &\propto \prod_{i=1}^{k-1}\theta_i^{\alpha_i-1}\left(1-\sum_{i=1}^{k-1}\theta_i\right)^{\alpha_k-1},\end{aligned} \tag{3.3.10}$$

此处 $\alpha=\sum\limits_{i=1}^{k}\alpha_i$, $\alpha_i>0\ (i=1,\cdots,k)$ 已知. 狄利克雷分布是贝塔分布的推广. 当 $k=2$ 时, 它就是贝塔分布 $Be(\alpha_1,\alpha_2)$.

由式 (3.3.9) 和式 (3.3.10), 可知 $\boldsymbol{\theta}=(\theta_1,\cdots,\theta_k)$ 的后验分布

$$\pi(\boldsymbol{\theta}\mid\boldsymbol{x}) \propto l(\boldsymbol{\theta}|\boldsymbol{x})\pi(\boldsymbol{\theta}) \propto \prod_{i=1}^{k-1}\theta^{x_i+\alpha_i-1}\left(1-\sum_{i=1}^{k-1}\theta_i\right)^{x_k+\alpha_k-1}.$$

这是狄利克雷分布 $D(x_1+\alpha_1,\cdots,x_k+\alpha_k)$ 密度函数的核, 添加正则化常数, 得后验密度

$$\pi(\boldsymbol{\theta}\mid\boldsymbol{x}) = c\cdot\prod_{i=1}^{k-1}\theta^{x_i+\alpha_i-1}\cdot\left(1-\sum_{i=1}^{k-1}\theta_i\right)^{\alpha_k+x_k-1}, \tag{3.3.11}$$

其中 $c=\Gamma(n+\alpha)\Big/\prod\limits_{i=1}^{k}\Gamma(x_i+\alpha_i)$, $\theta_i>0\ \ (i=1,\cdots,k)$, $\sum\limits_{i=1}^{k}\theta_i=1$.

于是我们得到如下的结果:

定理 3.3.2　设 $\boldsymbol{X}=(X_1,\cdots,X_k)$ 服从多项分布 $M(n,\boldsymbol{\theta})$. 关于 $\boldsymbol{\theta}$ 的后验分布有下列结论:

(1) 若 $\boldsymbol{\theta}$ 的无信息先验为由式 (3.3.7) 给出的 Jeffreys 先验, 则 $\boldsymbol{\theta}$ 的后验分布为由式 (3.3.8) 给出的狄利克雷分布 $D(x_1+1/2,\cdots,x_k+1/2)$.

(2) 若 $\boldsymbol{\theta}$ 的共轭先验为由式 (3.3.10) 给出的狄利克雷分布$D(\alpha_1,\cdots,\alpha_k)$, 则 $\boldsymbol{\theta}$ 的后验分布为由式 (3.3.11) 给出的狄利克雷分布 $D(x_1+\alpha_1,\cdots,x_k+\alpha_k)$.

3.4 寿命分布参数的后验分布

3.4.1 伽马分布情形

设随机变量 X 服从伽马分布 $\Gamma(r,\lambda)$, 其密度函数为

$$f(x|\lambda)=\frac{\lambda^r}{\Gamma(r)}x^{r-1}\mathrm{e}^{-\lambda x}\quad(x>0),\tag{3.4.1}$$

其中 r 已知. 易见, 当 $r=1$ 时分布就变为指数分布 $Exp\,(\lambda)$.

1. 当参数的先验分布为无信息先验时的后验分布

设 $\boldsymbol{X}=(X_1,\cdots,X_n)$ 为从总体 $\Gamma(r,\lambda)$ 中抽取的 i.i.d. 样本. 由式 (3.4.1), 可知 λ 的似然函数为

$$l(\lambda|\boldsymbol{x})\propto\lambda^{nr}\mathrm{e}^{-n\bar{x}\lambda}.\tag{3.4.2}$$

令 λ 的 Jeffreys 无信息先验 $\pi(\lambda)\propto 1/\lambda$, 则 λ 的后验分布

$$\pi(\lambda|\boldsymbol{x})\propto l(\lambda|\boldsymbol{x})\pi(\lambda)\propto\lambda^{nr-1}\mathrm{e}^{-n\bar{x}\lambda}$$

这是伽马分布 $\Gamma(nr,n\bar{x})$ 密度函数的核. 添加正则化常因子, 得到 λ 的后验密度

$$\pi(\lambda|\boldsymbol{x})=\frac{(n\bar{x})^{nr}}{\Gamma(nr)}\lambda^{nr-1}\mathrm{e}^{-n\bar{x}\lambda}\quad(\lambda>0).\tag{3.4.3}$$

2. 当参数的先验分布为共轭先验时的后验分布

设 λ 的共轭先验为伽马分布 $\Gamma(\alpha,\beta)$, 其密度函数为

$$\pi(\lambda)=\frac{\beta^\alpha}{\Gamma(\alpha)}\lambda^{\alpha-1}\mathrm{e}^{-\beta\lambda}\propto\ \lambda^{\alpha-1}\mathrm{e}^{-\beta\lambda}.\tag{3.4.4}$$

类似于例 2.5.4, 由式 (3.4.2) 和式 (3.4.4), 可知 λ 的后验分布

$$\pi(\lambda|\boldsymbol{x})\propto l(\lambda|\boldsymbol{x})\pi(\lambda)\propto\lambda^{nr+\alpha-1}\mathrm{e}^{-(n\bar{x}+\beta)\lambda},$$

这是伽马分布 $\Gamma(nr+\alpha,n\bar{x}+\beta)$ 密度函数的核. 添加正则化常数因子, 得到 λ 的后验密度

$$\pi(\lambda|\boldsymbol{x})=\frac{(n\bar{x}+\beta)^{nr+\alpha}}{\Gamma(nr+\alpha)}\lambda^{nr+\alpha-1}\mathrm{e}^{-(n\bar{x}+\beta)\lambda}\quad(\lambda>0).\tag{3.4.5}$$

于是我们得到如下结果:

定理 3.4.1　设 $\boldsymbol{X}=(X_1,\cdots,X_n)$ 为从伽马分布 $\Gamma(r,\lambda)$ 中抽取的随机样本, 关于 λ 的后验分布有下列结论:

(1) 当 λ 的先验为 Jeffreys 无信息先验 $\pi(\lambda)\propto 1/\lambda$ 时, λ 的后验分布为由式 (3.4.3) 给出的伽马分布 $\Gamma(nr,n\bar{x})$.

(2) 当 λ 的先验为由式 (3.4.4) 给出的共轭先验 $\Gamma(\alpha,\beta)$ 时, λ 的后验分布为由式 (3.4.5) 给出的伽马分布 $\Gamma(nr+\alpha,n\bar{x}+\beta)$.

(3) 在式 (3.4.1) 中令 $r=1$, 则结论 (1) 和 (2) 给出了指数分布 $Exp\,(\lambda)$ 的参数 λ 的后验分布的结果.

3.4.2　指数分布及其定数截尾情形

在式 (3.4.1) 中, 令 $r=1$, $\lambda=1/\theta$, 则得到指数分布的密度函数

$$f(x|\theta)=\theta^{-1}\mathrm{e}^{-x/\theta}\quad (x>0). \tag{3.4.6}$$

令 $\boldsymbol{X}=(X_1,\cdots,X_n)$ 为从上述总体 X 中抽取的随机样本.

1. 当先验分布为无信息先验时的后验分布

由式 (3.4.6), 可见给定样本 $\boldsymbol{x}$ 时 θ 的似然函数为

$$l(\theta|\boldsymbol{x})\propto\theta^{-n}\exp\{-n\bar{x}/\theta\}. \tag{3.4.7}$$

由于 θ 是刻度参数, 故其无信息先验 $\pi(\theta)\propto 1/\theta$, 从而 θ 的后验分布

$$\pi(\theta|\boldsymbol{x})\propto l(\theta|\boldsymbol{x})\pi(\theta)\propto\theta^{-(n+1)}\exp\{-n\bar{x}/\theta\}.$$

这是逆伽马分布 $\Gamma^{-1}(n,n\bar{x})$ 密度函数的核. 添加正则化常数因子, 得到 θ 的后验密度

$$\pi(\theta|\boldsymbol{x})=\frac{(n\bar{x})^n}{\Gamma(n)}\theta^{-(n+1)}\exp\{-n\bar{x}/\theta\}\quad (\theta>0). \tag{3.4.8}$$

2. 当参数的先验分布为共轭先验时的后验分布

给定 $\boldsymbol{x}$ 时 θ 的似然函数仍由式 (3.4.7) 给出. 令 θ 的共轭先验分布为逆伽马分布 $\Gamma^{-1}(\alpha,\beta)$, 其密度函数为

$$\pi(\theta)=\frac{\beta^\alpha}{\Gamma(\alpha)}\theta^{-(\alpha+1)}\exp\{-\beta/\theta\}\propto\ \theta^{-(\alpha+1)}\exp\{-\beta/\theta\}, \tag{3.4.9}$$

其中超参数 α 和 β 已知. 故由式 (3.4.7) 和式 (3.4.9), 可知 θ 的后验分布

$$\pi(\theta|\boldsymbol{x})\propto\ l(\theta|\boldsymbol{x})\,\pi(\theta)\propto\ \theta^{-(n+\alpha+1)}\exp\Big\{-\frac{n\bar{x}+\beta}{\theta}\Big\}.$$

这是逆伽马分布 $\Gamma^{-1}(n+\alpha,n\bar{x}+\beta)$ 密度函数的核. 添加正则化常数因子, 得到 θ 的后验密度

$$\pi(\theta|\boldsymbol{x})=\frac{(n\bar{x}+\beta)^{n+\alpha}}{\Gamma(n+\alpha)}\,\theta^{-(n+\alpha+1)}\exp\Big\{-\frac{n\bar{x}+\beta}{\theta}\Big\}\quad (\theta>0). \tag{3.4.10}$$

3. 指数分布定数截尾情形下的后验分布

若进一步假定指数分布样本 $X_1,\cdots,X_n$ 中仅观测到前 r 个, 即 $X_{(1)}<\cdots<X_{(r)}$ 为 n 个观测值中可观测到的前 r 个, 其中 $X_{(1)},\cdots,X_{(r)},\cdots,X_{(n)}$ 为样本 $X_1,\cdots,X_n$ 的次序统计量. 易知

$$T=\sum_{j=1}^{r}X_{(j)}+(n-r)X_{(r)}$$

是 θ 的充分统计量, 且 $2T/\theta\sim\chi^2_{2r}$ (见韦来生 (2008) 例 3.3.5). 故 T 的密度函数为

$$g(t|\theta)=\frac{\theta^{-r}}{\Gamma(r)}t^{r-1}\exp\{-t/\theta\}\quad(t>0).\tag{3.4.11}$$

(1) 由于 θ 是刻度参数, 取其无信息先验为 $\pi(\theta)=1/\theta$, 故 θ 的后验分布

$$\pi(\theta|t)\propto g(t|\theta)\pi(\theta)\propto\theta^{-(r+1)}\exp\{-t/\theta\}.$$

这是逆伽马分布 $\Gamma^{-1}(r,t)$ 密度函数的核. 添加正则化常数因子, 得到 θ 的后验密度

$$\pi(\theta|t)=\frac{t^r}{\Gamma(r)}\,\theta^{-(r+1)}\exp\{-t/\theta\}\quad(\theta>0).\tag{3.4.12}$$

(2) 若 θ 的共轭先验仍由式 (3.4.9) 给出, 则 θ 的后验分布为

$$\pi(\theta|t)\propto g(t|\theta)\pi(\theta)\propto\theta^{-(r+\alpha+1)}\exp\left\{-\frac{t+\beta}{\theta}\right\}.$$

这是逆伽马分布 $\Gamma^{-1}(r+\alpha,t+\beta)$ 密度函数的核, 添加正则化常数, 得到 θ 的后验密度

$$\pi(\theta|t)=\frac{(t+\beta)^{r+\alpha}}{\Gamma(r+\alpha)}\,\theta^{-(r+\alpha+1)}\exp\left\{-\frac{t+\beta}{\theta}\right\}\quad(\theta>0).\tag{3.4.13}$$

于是我们得到如下结果:

定理 3.4.2 设 $\boldsymbol{X}=(X_1,\cdots,X_n)$ 为从指数分布 $Exp(1/\theta)$ 中抽取的随机样本. 关于 θ 的后验分布有下列结论:

(1) 当参数 θ 的先验分布为无信息先验 $\pi(\theta)=1/\theta$ 时, θ 的后验分布为由式 (3.4.8) 给出的逆伽马分布 $\Gamma^{-1}(n,n\bar{x})$.

(2) 当参数 θ 的先验分布为由式 (3.4.9) 给出的共轭先验 $\Gamma^{-1}(\alpha,\beta)$ 时, θ 的后验分布为由式 (3.4.10) 给出的逆伽马分布 $\Gamma^{-1}(n+\alpha,n\bar{x}+\beta)$.

(3) 在指数分布定数截尾情形中, 当 θ 的先验分布为无信息先验时, θ 的后验分布为由式 (3.4.12) 给出的逆伽马分布 $\Gamma^{-1}(r,t)$; 当 θ 的先验分布为由式 (3.4.9) 给出的共轭先验 $\Gamma^{-1}(\alpha,\beta)$ 时, θ 的后验分布为由式 (3.4.13) 给出的逆伽马分布 $\Gamma^{-1}(r+\alpha,t+\beta)$, 其中 $t=\sum\limits_{j=1}^{r}x_{(j)}+(n-r)x_{(r)}$.

3.5 泊松分布和均匀分布参数的后验分布

3.5.1 泊松分布参数的后验分布

1. 当先验分布为无信息先验时的后验分布

设 $\boldsymbol{X}=(X_1,\cdots,X_n)$ 为从泊松 (Poisson) 分布 $P(\theta)$ 中抽取的随机样本, 则样本 $\boldsymbol{X}$ 的概率函数为

$$f(\boldsymbol{x}\mid\theta)=P\big(X_1=x_1,\cdots,X_n=x_n\mid\theta\big)=\prod_{i=1}^{n}\frac{\theta^{x_i}\mathrm{e}^{-\theta}}{x_i!}=\frac{\theta^{n\bar{x}}\mathrm{e}^{-n\theta}}{x_1!\cdots x_n!}\propto\theta^{n\bar{x}}\mathrm{e}^{-n\theta},\tag{3.5.1}$$

此处 $\bar{x}=\dfrac{1}{n}\sum\limits_{i=1}^{n}x_i$. 上式也是 θ 的似然函数, 记为 $l(\theta|\boldsymbol{x})$.

令 θ 的无信息先验为 Jeffreys 先验, 即 $\pi(\theta)=\theta^{-1/2}$, 则 θ 的后验分布

$$\pi(\theta|\boldsymbol{x})\propto l(\theta|\boldsymbol{x})\pi(\theta)\propto\theta^{n\bar{x}-1/2}\mathrm{e}^{-n\theta}.$$

这是伽马分布 $\Gamma(n\bar{x}+1/2,n)$ 密度函数的核. 添加正则化常数因子, 得到 θ 的后验密度

$$\pi(\theta|\boldsymbol{x})=\frac{n^{n\bar{x}+1/2}}{\Gamma(n\bar{x}+1/2)}\theta^{(n\bar{x}+1/2)-1}\mathrm{e}^{-n\theta}\quad(\theta>0).\tag{3.5.2}$$

2. 当先验分布为共轭先验时的后验分布

由式 (3.5.1), 可知给定 $\boldsymbol{x}$ 时 θ 的似然函数

$$l(\theta|\boldsymbol{x})\propto\theta^{n\bar{x}}\mathrm{e}^{-n\theta}.\tag{3.5.3}$$

令 θ 的共轭先验为伽马分布 $\Gamma(\alpha,\beta)$, 其密度函数为

$$\pi(\theta)=\frac{\beta^{\alpha}}{\Gamma(\alpha)}\theta^{\alpha-1}\mathrm{e}^{-\beta\theta}\propto\theta^{\alpha-1}\mathrm{e}^{-\beta\theta},\tag{3.5.4}$$

其中 $\alpha>0$, $\beta>0$ 是已知的超参数.

类似于例 2.5.3, 由式 (3.5.3) 和式 (3.5.4), 可知参数 θ 的后验密度

$$\pi(\theta|\boldsymbol{x})\propto\ l(\theta|\boldsymbol{x})\pi(\theta)\propto\theta^{n\bar{x}+\alpha-1}\exp\{-(n+\beta)\theta\}.$$

这是伽马分布 $\Gamma(n\bar{x}+\alpha,n+\beta)$ 密度函数的核. 添加正则化常数因子, 得到 θ 的后验密度

$$\pi(\theta|\boldsymbol{x})=\frac{(n+\beta)^{n\bar{x}+\alpha}}{\Gamma(n\bar{x}+\alpha)}\,\theta^{n\bar{x}+\alpha-1}\exp\{-(n+\beta)\theta\}\quad(\theta>0).\tag{3.5.5}$$

于是我们得到如下结果:

定理 3.5.1 设 $\boldsymbol{X}=(X_1,\cdots,X_n)$ 为从泊松分布 $P(\theta)$ 中抽取的随机样本. 关于 θ 的后验分布有下列结论:

(1) 当参数 θ 的先验分布为 Jeffreys 无信息先验 $\pi(\theta)=\theta^{-1/2}$ 时, θ 的后验分布为由式 (3.5.2) 给出的伽马分布 $\Gamma(n\bar{x}+1/2,n)$.

(2) 当参数 θ 的先验分布为由式 (3.5.4) 给出的共轭先验 $\Gamma(\alpha,\beta)$ 时, θ 的后验分布为由式 (3.5.5) 给出的伽马分布 $\Gamma(n\bar{x}+\alpha,n+\beta)$.

3.5.2 均匀分布参数的后验分布

1. 当先验分布为无信息先验时的后验分布

设 $\boldsymbol{X}=(X_1,\cdots,X_n)$ 是从均匀分布 $U(0,\theta)$ 中抽取的随机样本. 记 $x_{(n)}=\max\{x_1,\cdots,x_n\}$. 易见 θ 的似然函数为

$$l(\theta|\boldsymbol{x})=\frac{1}{\theta^n}\quad(\theta>x_{(n)}). \tag{3.5.6}$$

由于均匀分布 $U(0,\theta)$ 的密度函数 $f(x|\theta)=\dfrac{1}{\theta}I_{(0<x/\theta<1)}$, 属于刻度参数族, θ 为刻度参数, 故假定 θ 的无信息先验为

$$\pi(\theta)\propto\frac{1}{\theta}. \tag{3.5.7}$$

因此由式 (3.5.6) 和式 (3.5.7), 可知 θ 的后验分布

$$\pi(\theta|\boldsymbol{x})\propto l(\theta|\boldsymbol{x})\pi(\theta)\propto\frac{1}{\theta^{n+1}}\quad(\theta>x_{(n)}\triangleq\theta_*).$$

这是帕雷托分布 $Pa(\theta_*,n)$ 密度函数的核. 添加正则化常数因子, 得到 θ 的后验密度

$$\pi(\theta|\boldsymbol{x})=\frac{n\theta_*^n}{\theta^{n+1}}\quad(\theta>\theta_*). \tag{3.5.8}$$

2. 当先验分布为共轭先验时的后验分布

设 θ 的共轭先验为帕雷托分布 $Pa(\theta_0,\alpha)$, 其密度函数为

$$\pi(\theta)=\frac{\alpha{\theta_0}^{\alpha}}{\theta^{\alpha+1}}\propto\frac{1}{\theta^{\alpha+1}}\quad(\theta>\theta_0), \tag{3.5.9}$$

其中 $\alpha>0$ 和 θ_0 已知.

由式 (3.5.6) 和式 (3.5.9), 可知 θ 的后验密度

$$\pi(\theta|\boldsymbol{x})\propto\ l(\theta|\boldsymbol{x})\pi(\theta)\propto\ \frac{1}{\theta^{\alpha+n+1}}\quad(\theta>\max\{x_{(n)},\theta_0\}\triangleq\theta_1).$$

这是帕雷托分布 $Pa(\theta_1,\alpha+n)$ 密度函数的核. 添加正则化常数因子, 得到 θ 的后验密度

$$\pi(\theta|\boldsymbol{x})=\frac{(\alpha+n){\theta_1}^{\alpha+n}}{\theta^{\alpha+n+1}}\quad(\theta>\theta_1). \tag{3.5.10}$$

于是我们得到如下结论:

定理 3.5.2　设 $\boldsymbol{X}=(X_1,\cdots,X_n)$ 为从均匀分布 $U(0,\theta)$ 中抽取的随机样本. 关于 θ 的后验分布有下列结论:

(1) 当 θ 的先验分布为无信息先验 $\pi(\theta)=1/\theta$ 时, θ 的后验分布是由式 (3.5.8) 给出的帕雷托分布 $Pa(\theta_*,n)$, 其中 $\theta_*=x_{(n)}$.

(2) 当 θ 的先验分布为由式 (3.5.9) 给出的共轭先验帕雷托分布 $Pa(\theta_0,\alpha)$ 时, θ 的后验分布是由式 (3.5.10) 给出的帕雷托分布 $Pa(\theta_1,\alpha+n)$, 其中 $\theta_1=\max\{x_{(n)},\theta_0\}$.

3.6　多元正态分布参数的后验分布*

3.6.1　引言

设 $\boldsymbol{X}$ 为 p 维随机向量并且 $\boldsymbol{X}\sim N_p(\boldsymbol{\theta},\sigma^2\boldsymbol{I})$, 其中 $\sigma^2>0$ 已知. 令 $\boldsymbol{X}_1,\cdots,\boldsymbol{X}_n$ 为从总体 $\boldsymbol{X}$ 中抽取的 i.i.d. 样本, 且 $\bar{\boldsymbol{X}}=\sum\limits_{i=1}^{n}\boldsymbol{X}_i/n$, 则给定 $\boldsymbol{\theta}$ 时样本的联合概率密度函数为

$$\begin{aligned}
&f(\boldsymbol{x}_1,\cdots,\boldsymbol{x}_n|\boldsymbol{\theta})\\
&=(2\pi\sigma^2)^{-\frac{np}{2}}\exp\left\{-\frac{1}{2\sigma^2}\sum_{i=1}^{n}(\boldsymbol{x}_i-\boldsymbol{\theta})^{\mathrm{T}}(\boldsymbol{x}_i-\boldsymbol{\theta})\right\}\\
&=(2\pi\sigma^2)^{-\frac{np}{2}}\exp\left\{-\frac{1}{2\sigma^2}\left[\sum_{i=1}^{n}(\boldsymbol{x}_i-\bar{\boldsymbol{x}})^{\mathrm{T}}(\boldsymbol{x}_i-\bar{\boldsymbol{x}})+n(\bar{\boldsymbol{x}}-\boldsymbol{\theta})^{\mathrm{T}}(\bar{\boldsymbol{x}}-\boldsymbol{\theta})\right]\right\}.
\end{aligned}\tag{3.6.1}$$

此概率密度也可视为 $(\boldsymbol{\theta},\sigma^2)$ 的似然函数 $l(\boldsymbol{\theta},\sigma^2|\boldsymbol{x}_1,\cdots,\boldsymbol{x}_n)$.

本节讨论下列几个问题:

(1) 无信息先验下 $\boldsymbol{\theta}$ 和 σ^2 的后验分布;

(2) 共轭先验下 $\boldsymbol{\theta}$ 和 σ^2 的后验分布;

(3) 一般情形下, 即 $\boldsymbol{X}\sim N_p(\boldsymbol{\theta},\boldsymbol{\Sigma})$, $\boldsymbol{\Sigma}>0$ 为正定阵时, 有关参数的后验分布.

在本节和下一节中我们将用到多元 t 分布的概念, 现将其定义给出如下:

定义 3.6.1　若 p 元随机向量 $\boldsymbol{X}=(X_1,\cdots,X_p)$ 具有概率密度函数

$$p(\boldsymbol{x})=\frac{\Gamma\left(\dfrac{\nu+p}{2}\right)}{\Gamma\left(\dfrac{\nu}{2}\right)(\nu\pi)^{\frac{p}{2}}}|\boldsymbol{R}|^{-\frac{1}{2}}\left[1+\frac{1}{\nu}(\boldsymbol{x}-\boldsymbol{\mu})^{\mathrm{T}}\boldsymbol{R}^{-1}(\boldsymbol{x}-\boldsymbol{\mu})\right]^{-\frac{\nu+p}{2}},\tag{3.6.2}$$

则称其服从 p 元 t 分布. 其中 ν 为自由度, $\boldsymbol{\mu}$ 是均值向量, $\boldsymbol{R}$ 为相关矩阵 (协方差阵 $\boldsymbol{\Sigma}=\dfrac{\nu}{\nu-2}\boldsymbol{R}$), 记为 $\mathscr{T}_p(\nu,\boldsymbol{\mu},\boldsymbol{R})$ (参看 Kotz (2004)). 特别地, 当 $p=1$ 时, 就是由定义 3.3.1 给出的一元 t 分布 $\mathscr{T}_1(\nu,\mu,\tau^2)$, 且有 $R=\tau^2$.

3.6.2 无信息先验下的后验分布

1. 假定 σ^2 已知, $\boldsymbol{\theta}$ 的先验为无信息先验时的后验分布

当 σ^2 已知时, 由式 (3.6.1), 可知 $\boldsymbol{\theta}$ 的似然函数

$$l(\boldsymbol{\theta}|\bar{\boldsymbol{x}}) \propto \exp\Big\{-\frac{n}{2\sigma^2}(\bar{\boldsymbol{x}}-\boldsymbol{\theta})^{\mathrm{T}}(\bar{\boldsymbol{x}}-\boldsymbol{\theta})\Big\}, \tag{3.6.3}$$

此处 $\bar{\boldsymbol{X}} \sim N_p(\boldsymbol{\theta},(\sigma^2/n)\boldsymbol{I})$, $\boldsymbol{I}$ 为 $p\times p$ 单位阵, 且 $\bar{\boldsymbol{X}}$ 为 $\boldsymbol{\theta}$ 的充分统计量.

当 σ^2 已知时, 假定均值向量 $\boldsymbol{\theta}$ 的先验为无信息先验, 即

$$\pi(\boldsymbol{\theta}) \equiv 1, \tag{3.6.4}$$

故由式 (3.6.3) 和式 (3.6.4), 可知 $\boldsymbol{\theta}$ 的后验密度

$$\pi(\boldsymbol{\theta}|\bar{\boldsymbol{x}}) \propto l(\boldsymbol{\theta}|\bar{\boldsymbol{x}})\pi(\boldsymbol{\theta}) \propto \exp\Big\{-\frac{n}{2\sigma^2}(\boldsymbol{\theta}-\bar{\boldsymbol{x}})^{\mathrm{T}}(\boldsymbol{\theta}-\bar{\boldsymbol{x}})\Big\}.$$

这是多元正态分布 $N_p(\bar{\boldsymbol{x}},(\sigma^2/n)\boldsymbol{I})$ 密度函数的核. 添加正则化常数因子, 得到 $\boldsymbol{\theta}$ 的后验密度

$$\pi(\boldsymbol{\theta}|\bar{\boldsymbol{x}}) = \Big(\frac{n}{2\pi\sigma^2}\Big)^{\frac{p}{2}}\exp\Big\{-\frac{n}{2\sigma^2}(\boldsymbol{\theta}-\bar{\boldsymbol{x}})^{\mathrm{T}}(\boldsymbol{\theta}-\bar{\boldsymbol{x}})\Big\} \quad (\boldsymbol{\theta}\in\mathbb{R}^p). \tag{3.6.5}$$

2. 假定 $\boldsymbol{\theta}$ 已知, σ^2 的先验为无信息先验时的后验分布

当 $\boldsymbol{\theta}$ 已知时, 由式 (3.6.1), 可知 σ^2 的似然函数为

$$\begin{aligned} l(\sigma^2|\boldsymbol{x}_1,\cdots,\boldsymbol{x}_n) &= (2\pi\sigma^2)^{-\frac{np}{2}}\exp\Big\{-\frac{1}{2\sigma^2}\sum_{i=1}^{n}(\boldsymbol{x}_i-\boldsymbol{\theta})^{\mathrm{T}}(\boldsymbol{x}_i-\boldsymbol{\theta})\Big\} \\ &\propto (\sigma^2)^{-\frac{np}{2}}\exp\Big\{-\frac{A_n}{2\sigma^2}\Big\}, \end{aligned} \tag{3.6.6}$$

其中 $A_n = \sum\limits_{i=1}^{n}(\boldsymbol{x}_i-\boldsymbol{\theta})^{\mathrm{T}}(\boldsymbol{x}_i-\boldsymbol{\theta})$.

由于 σ^2 为刻度参数, 其无信息先验密度

$$\pi(\sigma^2) \propto 1/\sigma^2. \tag{3.6.7}$$

故由式 (3.6.6) 和式 (3.6.7), 可知 σ^2 的后验密度

$$\pi(\sigma^2|\boldsymbol{x}_1,\cdots,\boldsymbol{x}_n) \propto l(\sigma^2|\boldsymbol{x}_1,\cdots,\boldsymbol{x}_n)\pi(\sigma^2) \propto (\sigma^2)^{-(\frac{np}{2}+1)}\exp\Big\{-\frac{A_n}{2\sigma^2}\Big\}.$$

这是逆伽马分布 $\Gamma^{-1}(np/2,A_n/2)$ 密度函数的核. 添加正则化常数因子, 得到 σ^2 的后验密度

$$\pi(\sigma^2|\boldsymbol{x}_1,\cdots,\boldsymbol{x}_n) = \frac{(A_n/2)^{np/2}}{\Gamma(np/2)}(\sigma^2)^{-(\frac{np}{2}+1)}\exp\Big\{-\frac{A_n}{2\sigma^2}\Big\} \quad (\sigma^2>0). \tag{3.6.8}$$

3. 当 $\boldsymbol{\theta}$ 和 σ^2 皆未知, 联合先验为无信息先验时的后验分布

假定 $\boldsymbol{\theta}$ 和 σ^2 独立, $\boldsymbol{\theta}$ 和 σ^2 的联合无信息先验为

$$\pi(\boldsymbol{\theta},\sigma^2)=\pi_1(\boldsymbol{\theta})\pi_2(\sigma^2)\propto 1/\sigma^2, \tag{3.6.9}$$

其中 $\pi_1(\boldsymbol{\theta})\equiv 1$, $\pi_2(\sigma^2)=1/\sigma^2$. 由式 (3.6.1) 和式 (3.6.9), 可知 $\boldsymbol{\theta}$ 和 σ^2 的联合后验密度

$$\begin{aligned}\pi(\boldsymbol{\theta},\sigma^2|\boldsymbol{x}_1,\cdots,\boldsymbol{x}_n)&\propto l(\boldsymbol{\theta},\sigma^2|\boldsymbol{x}_1,\cdots,\boldsymbol{x}_n)\pi(\boldsymbol{\theta},\sigma^2)\\&\propto(\sigma^2)^{-(\frac{np}{2}+1)}\exp\Big\{-\frac{1}{2\sigma^2}\big[\bar{A}_n+n(\boldsymbol{\theta}-\bar{\boldsymbol{x}})^{\mathrm{T}}(\boldsymbol{\theta}-\bar{\boldsymbol{x}})\big]\Big\},\end{aligned} \tag{3.6.10}$$

此处 $\bar{A}_n=\sum\limits_{i=1}^{n}(\boldsymbol{x}_i-\bar{\boldsymbol{x}})^{\mathrm{T}}(\boldsymbol{x}_i-\bar{\boldsymbol{x}})$. 添加正则化常数因子后, 得到 $\boldsymbol{\theta}$ 和 σ^2 的联合后验密度

$$\begin{aligned}\pi(\boldsymbol{\theta},\sigma^2|\boldsymbol{x}_1,\cdots,\boldsymbol{x}_n)&=\Big(\frac{n}{2\pi\sigma^2}\Big)^{p/2}\exp\Big\{-\frac{n}{2\sigma^2}(\boldsymbol{\theta}-\bar{\boldsymbol{x}})^{\mathrm{T}}(\boldsymbol{\theta}-\bar{\boldsymbol{x}})\Big\}\\&\quad\times\frac{(\bar{A}_n/2)^{p(n-1)/2}}{\Gamma(p(n-1)/2)}(\sigma^2)^{-[p(n-1)/2+1]}\exp\Big\{-\frac{\bar{A}_n}{2\sigma^2}\Big\}\\&=\pi_1(\boldsymbol{\theta}|\sigma^2,\boldsymbol{x}_1,\cdots,\boldsymbol{x}_n)\pi_2(\sigma^2|\boldsymbol{x}_1,\cdots,\boldsymbol{x}_n).\end{aligned} \tag{3.6.11}$$

由式 (3.6.11), 可见 $\boldsymbol{\theta}$ 和 σ^2 的联合后验密度是两部分的乘积: 一部分是给定 σ^2 和 $\boldsymbol{x}_1,\cdots,\boldsymbol{x}_n$ 时, $\boldsymbol{\theta}$ 的条件分布 $N_p(\bar{\boldsymbol{x}},(\sigma^2/n)\boldsymbol{I})$ 的密度函数; 另一部分是给定 $\boldsymbol{x}_1,\cdots,\boldsymbol{x}_n$ 时, σ^2 的条件分布 $\mathit{\Gamma}^{-1}(p(n-1)/2,\bar{A}_n/2)$ 的密度函数.

将式 (3.6.11) 对 θ 积分, 得到 σ^2 的边缘后验密度

$$\pi_2(\sigma^2|\boldsymbol{x}_1,\cdots,\boldsymbol{x}_n)=\frac{(\bar{A}_n/2)^{p(n-1)/2}}{\Gamma(p(n-1)/2)}(\sigma^2)^{-[p(n-1)/2+1]}\exp\Big\{-\frac{\bar{A}_n}{2\sigma^2}\Big\}, \tag{3.6.12}$$

其中 $\sigma^2>0$, 即 σ^2 的边缘后验分布为逆伽马分布 $\mathit{\Gamma}^{-1}(p(n-1)/2,\bar{A}_n/2)$,

将式 (3.6.10) 对 σ^2 积分, 得到 θ 的边缘后验密度

$$\begin{aligned}\pi_1(\boldsymbol{\theta}|\boldsymbol{x}_1,\cdots,\boldsymbol{x}_n)&\propto\big[\bar{A}_n+n(\boldsymbol{\theta}-\bar{\boldsymbol{x}})^{\mathrm{T}}(\boldsymbol{\theta}-\bar{\boldsymbol{x}})\big]^{-\frac{np}{2}}\\&\propto\Big[1+\frac{1}{p(n-1)}(\boldsymbol{\theta}-\bar{\boldsymbol{x}})^{\mathrm{T}}\boldsymbol{\Delta}^{-1}(\boldsymbol{\theta}-\bar{\boldsymbol{x}})\Big]^{-\frac{p(n-1)+p}{2}},\end{aligned}$$

此处 $\boldsymbol{\Delta}=\dfrac{s_n^2}{p(n-1)}\boldsymbol{I}_p$, $s_n^2=\bar{A}_n/n$. 可见上式是 p 元 t 分布 $\mathscr{T}_p(p(n-1),\bar{\boldsymbol{x}},\boldsymbol{\Delta})$ 密度函数的核, 添加正则化常数因子, 得到 $\boldsymbol{\theta}$ 的边缘后验密度

$$\pi_1(\boldsymbol{\theta}|\boldsymbol{x}_1,\cdots,\boldsymbol{x}_n)=\frac{\Gamma\Big(\dfrac{p(n-1)+p}{2}\Big)|\boldsymbol{\Delta}|^{-\frac{1}{2}}}{\Gamma\Big(\dfrac{p(n-1)}{2}\Big)[\pi p(n-1)]^{\frac{p}{2}}}\Big[1+\frac{1}{p(n-1)}(\boldsymbol{\theta}-\bar{\boldsymbol{x}})^{\mathrm{T}}\boldsymbol{\Delta}^{-1}(\boldsymbol{\theta}-\bar{\boldsymbol{x}})\Big]^{-\frac{p(n-1)+p}{2}}, \tag{3.6.13}$$

其中 $\boldsymbol{\theta}\in\mathbb{R}^p$.

因此我们证明了下面的定理:

定理 3.6.1　设样本分布为由式 (3.6.1) 给出的多元正态分布. 关于有关参数的后验分布, 有下列结论:

(1) 若 σ^2 已知, 均值参数 $\boldsymbol{\theta}$ 的无信息先验为 $\pi(\boldsymbol{\theta})\equiv 1$, 则 $\boldsymbol{\theta}$ 的后验分布为由式 (3.6.5) 给出的 p 元正态分布 $N_p(\bar{\boldsymbol{x}},(\sigma^2/n)\boldsymbol{I})$.

(2) 若 $\boldsymbol{\theta}$ 已知, 刻度参数 σ^2 的无信息先验由式 (3.6.7) 给出, 则 σ^2 的后验分布为由式 (3.6.8) 给出的逆伽马分布 $\Gamma^{-1}(np/2,A_n/2)$, 其中 $A_n=\sum\limits_{i=1}^{n}(\boldsymbol{x}_i-\boldsymbol{\theta})^{\mathrm{T}}(\boldsymbol{x}_i-\boldsymbol{\theta})$.

(3) 若 $\boldsymbol{\theta}$ 和 σ^2 的联合无信息先验密度由式 (3.6.9) 给出, 则 $(\boldsymbol{\theta},\sigma^2)$ 的联合后验分布由式 (3.6.11) 给出; σ^2 的边缘后验分布为由式 (3.6.12) 给出的逆伽马分布 $\Gamma^{-1}(p(n-1)/2,\bar{A}_n/2)$, 其中 $\bar{A}_n=\sum\limits_{i=1}^{n}(\boldsymbol{x}_i-\bar{\boldsymbol{x}})^{\mathrm{T}}(\boldsymbol{x}_i-\bar{\boldsymbol{x}})$; $\boldsymbol{\theta}$ 的边缘后验分布为由式 (3.6.13) 给出的 p 元 t 分布 $\mathscr{T}_p(p(n-1),\bar{\boldsymbol{x}},\boldsymbol{\Delta})$, 此处 $\boldsymbol{\Delta}=\dfrac{s_n^2}{p(n-1)}\boldsymbol{I}_p$, $s_n^2=\bar{A}_n/n$.

3.6.3 共轭先验分布下的后验分布

1. 当 σ^2 已知时, 均值向量 $\boldsymbol{\theta}$ 的后验分布

当 σ^2 已知时, $\boldsymbol{\theta}$ 的似然函数由式 (3.6.3) 给出. 令 $\boldsymbol{\theta}$ 的共轭先验为 $N_p(\boldsymbol{\mu},\tau^2\boldsymbol{I})$, 此处 $\boldsymbol{\mu}$ 和 τ^2 已知, 其密度函数为

$$\pi(\boldsymbol{\theta})=(2\pi\tau^2)^{-\frac{p}{2}}\exp\left\{-\frac{1}{2\tau^2}(\boldsymbol{\theta}-\boldsymbol{\mu})^{\mathrm{T}}(\boldsymbol{\theta}-\boldsymbol{\mu})\right\}. \tag{3.6.14}$$

故由式 (3.6.3) 和式 (3.6.14), 可知 $\boldsymbol{\theta}$ 的后验密度

$$\begin{aligned}\pi(\boldsymbol{\theta}|\bar{\boldsymbol{x}})&\propto l(\boldsymbol{\theta}|\bar{\boldsymbol{x}})\pi(\boldsymbol{\theta})\\&\propto\exp\left\{-\frac{1}{2}\left[\frac{1}{\sigma_n^2}(\boldsymbol{\theta}-\bar{\boldsymbol{x}})^{\mathrm{T}}(\boldsymbol{\theta}-\bar{\boldsymbol{x}})+\frac{1}{\tau^2}(\boldsymbol{\theta}-\boldsymbol{\mu})^{\mathrm{T}}(\boldsymbol{\theta}-\boldsymbol{\mu})\right]\right\},\end{aligned} \tag{3.6.15}$$

此处 $\sigma_n^2=\sigma^2/n$. 令

$$A=\frac{1}{\sigma_n^2}+\frac{1}{\tau^2},\quad \boldsymbol{B}=\frac{\bar{\boldsymbol{x}}}{\sigma_n^2}+\frac{\boldsymbol{\mu}}{\tau^2},\quad C=\frac{\bar{\boldsymbol{x}}^{\mathrm{T}}\bar{\boldsymbol{x}}}{\sigma_n^2}+\frac{\boldsymbol{\mu}^{\mathrm{T}}\boldsymbol{\mu}}{\tau^2}.$$

将式 (3.6.15) 方括号中的项凑成完全平方:

$$\begin{aligned}&\frac{1}{\sigma_n^2}(\boldsymbol{\theta}-\bar{\boldsymbol{x}})^{\mathrm{T}}(\boldsymbol{\theta}-\bar{\boldsymbol{x}})+\frac{1}{\tau^2}(\boldsymbol{\theta}-\boldsymbol{\mu})^{\mathrm{T}}(\boldsymbol{\theta}-\boldsymbol{\mu})\\&=A\boldsymbol{\theta}^{\mathrm{T}}\boldsymbol{\theta}-2\boldsymbol{\theta}^{\mathrm{T}}\boldsymbol{B}+C=A(\boldsymbol{\theta}^{\mathrm{T}}\boldsymbol{\theta}-2\boldsymbol{\theta}^{\mathrm{T}}\boldsymbol{B}/A)+C\\&=A(\boldsymbol{\theta}-\boldsymbol{B}/A)^{\mathrm{T}}(\boldsymbol{\theta}-\boldsymbol{B}/A)+C-\boldsymbol{B}^{\mathrm{T}}\boldsymbol{B}/A,\end{aligned} \tag{3.6.16}$$

其中

$$\begin{aligned}\boldsymbol{\mu}_n(\bar{\boldsymbol{x}})&=\frac{\boldsymbol{B}}{A}=\frac{\tau^2}{\sigma_n^2+\tau^2}\bar{\boldsymbol{x}}+\frac{\sigma_n^2}{\sigma_n^2+\tau^2}\boldsymbol{\mu},\\ \eta_n^2&=\frac{1}{A}=\frac{\sigma_n^2\tau^2}{\sigma_n^2+\tau^2}=\frac{\sigma^2\tau^2}{\sigma^2+n\tau^2},\\ C-\frac{\boldsymbol{B}^{\mathrm{T}}\boldsymbol{B}}{A}&=\frac{1}{\sigma_n^2+\tau^2}(\bar{\boldsymbol{x}}-\boldsymbol{\mu})^{\mathrm{T}}(\bar{\boldsymbol{x}}-\boldsymbol{\mu}).\end{aligned} \tag{3.6.17}$$

将式 (3.6.17) 代入式 (3.6.16), 再将式 (3.6.16) 代入式 (3.6.15), 得到

$$\begin{aligned}\pi(\boldsymbol{\theta}|\bar{\boldsymbol{x}}) &\propto \exp\Big\{-\frac{A}{2}(\boldsymbol{\theta}-\boldsymbol{B}/A)^{\mathrm{T}}(\boldsymbol{\theta}-\boldsymbol{B}/A)-\frac{1}{2}(\boldsymbol{C}-\boldsymbol{B}^{\mathrm{T}}\boldsymbol{B}/A)\Big\}\\ &\propto \exp\Big\{-\frac{1}{2\eta_n^2}\big[\boldsymbol{\theta}-\boldsymbol{\mu}_n(\bar{\boldsymbol{x}})\big]^{\mathrm{T}}\big[\boldsymbol{\theta}-\boldsymbol{\mu}_n(\bar{\boldsymbol{x}})\big]\Big\}.\end{aligned} \tag{3.6.18}$$

这是多元正态分布 $N_p(\mu_n(\bar{\boldsymbol{x}}),\eta_n^2\boldsymbol{I}_p)$ 密度函数的核. 添加正则化常数因子, 得到 $\boldsymbol{\theta}$ 的后验密度

$$\pi(\boldsymbol{\theta}|\bar{\boldsymbol{x}})=(2\pi\eta_n^2)^{-\frac{p}{2}}\exp\Big\{-\frac{1}{2\eta_n^2}\big[\boldsymbol{\theta}-\boldsymbol{\mu}_n(\bar{\boldsymbol{x}})\big]^{\mathrm{T}}\big[\boldsymbol{\theta}-\boldsymbol{\mu}_n(\bar{\boldsymbol{x}})\big]\Big\}, \tag{3.6.19}$$

其中 $\boldsymbol{\theta}\in\mathbb{R}^p$, $\boldsymbol{\mu}_n(\bar{\boldsymbol{x}})$ 和 η_n^2 由式 (3.6.17) 给出.

由式 (3.6.15) 和式 (3.6.18), 可知式 (3.6.18) 的第一行是 $\boldsymbol{\theta}$ 和 $\bar{\boldsymbol{X}}$ 的联合密度的核, 故将式 (3.6.18) 的第一行对 $\boldsymbol{\theta}$ 积分, 得到 $\bar{\boldsymbol{X}}$ 的边缘密度

$$m(\bar{\boldsymbol{x}})\propto\exp\Big\{-\frac{1}{2}(\boldsymbol{C}-\boldsymbol{B}^{\mathrm{T}}\boldsymbol{B}/A)\Big\}=\exp\Big\{-\frac{1}{2(\sigma_n^2+\tau^2)}(\bar{\boldsymbol{x}}-\boldsymbol{\mu})^{\mathrm{T}}(\bar{\boldsymbol{x}}-\boldsymbol{\mu})\Big\}.$$

这是多元正态分布 $N_p(\boldsymbol{\mu},(\sigma_n^2+\tau^2)\boldsymbol{I})$ 密度函数的核, 添加正则化常数, 得到 $\bar{\boldsymbol{X}}$ 的边缘密度

$$m(\bar{\boldsymbol{x}})=\big[2\pi(\sigma_n^2+\tau^2)\big]^{-\frac{p}{2}}\exp\Big\{-\frac{1}{2(\sigma_n^2+\tau^2)}(\bar{\boldsymbol{x}}-\boldsymbol{\mu})^{\mathrm{T}}(\bar{\boldsymbol{x}}-\boldsymbol{\mu})\Big\}, \tag{3.6.20}$$

其中 $\bar{\boldsymbol{x}}\in\mathbb{R}^p$.

2. 当 $\boldsymbol{\theta}$ 已知时, σ^2 的后验分布

此时, 似然函数 $l(\sigma^2|\boldsymbol{x}_1,\cdots,\boldsymbol{x}_n)$ 由式 (3.6.6) 给出. 设 σ^2 的共轭先验为逆伽马分布 $\Gamma^{-1}(r/2,\lambda/2)$, 其密度函数为

$$\begin{aligned}\pi(\sigma^2)&=\frac{(\lambda/2)^{r/2}}{\Gamma(r/2)}(\sigma^2)^{-(\frac{r}{2}+1)}\exp\Big\{-\frac{\lambda}{2\sigma^2}\Big\}\\ &\propto(\sigma^2)^{-(\frac{r}{2}+1)}\exp\Big\{-\frac{\lambda}{2\sigma^2}\Big\}\quad(\sigma^2>0).\end{aligned} \tag{3.6.21}$$

故 σ^2 的后验密度

$$\pi(\sigma^2|\boldsymbol{x}_1,\cdots,\boldsymbol{x}_n)\propto l(\sigma^2|\boldsymbol{x}_1,\cdots,\boldsymbol{x}_n)\pi(\sigma^2)\propto(\sigma^2)^{-(\frac{np+r}{2}+1)}\exp\Big\{-\frac{A_n+\lambda}{2\sigma^2}\Big\},$$

添加正则化常数后得到

$$\pi(\sigma^2|\boldsymbol{x}_1,\cdots,\boldsymbol{x}_n)=\frac{[(A_n+\lambda)/2]^{\frac{np+r}{2}}}{\Gamma((np+r)/2)}(\sigma^2)^{-(\frac{np+r}{2}+1)}\exp\Big\{-\frac{A_n+\lambda}{2\sigma^2}\Big\}, \tag{3.6.22}$$

此处

$$\sigma^2>0,\quad A_n=\sum_{i=1}^n(\boldsymbol{x}_i-\boldsymbol{\theta})^{\mathrm{T}}(\boldsymbol{x}_i-\boldsymbol{\theta}).$$

即 σ^2 的后验分布为逆伽马分布 $\Gamma^{-1}((np+r)/2,(A_n+\lambda)/2)$.

3. 当 $\boldsymbol{\theta}$ 和 σ^2 皆未知时的后验分布

令似然函数 $l(\boldsymbol{\theta},\sigma^2|\boldsymbol{x}_1,\cdots,\boldsymbol{x}_n)$ 由式 (3.6.1) 给出. 设 $\boldsymbol{\theta}$ 和 σ^2 的先验为正态-逆伽马分布, 即 $\boldsymbol{\theta}|\sigma^2\sim N_p(\boldsymbol{\mu},(\sigma^2/k)\boldsymbol{I})$, $\sigma^2\sim\Gamma^{-1}(r/2,\lambda/2)$. 故 $\boldsymbol{\theta}$ 和 σ^2 的联合先验密度

$$\begin{aligned}\pi(\boldsymbol{\theta},\sigma^2)&=\pi_1(\boldsymbol{\theta}|\sigma^2)\pi_2(\sigma^2)\\&\propto(\sigma^2)^{-(\frac{p+r}{2}+1)}\exp\Big\{-\frac{1}{2\sigma^2}\big[k(\boldsymbol{\theta}-\boldsymbol{\mu})^{\mathrm{T}}(\boldsymbol{\theta}-\boldsymbol{\mu})+\lambda\big]\Big\},\end{aligned}\tag{3.6.23}$$

其中超参数 $\boldsymbol{\mu}$, k, r 和 λ 皆已知.

由式 (3.6.1) 和式 (3.6.23), 可知 $\boldsymbol{\theta}$ 和 σ^2 的联合后验密度

$$\begin{aligned}&\pi(\boldsymbol{\theta},\sigma^2|\boldsymbol{x}_1,\cdots,\boldsymbol{x}_n)\\&\quad\propto l(\boldsymbol{\theta},\sigma^2|\boldsymbol{x}_1,\cdots,\boldsymbol{x}_n)\pi(\boldsymbol{\theta},\sigma^2)\\&\quad\propto(\sigma^2)^{-(\frac{np+p+r}{2}+1)}\exp\Big\{-\frac{1}{2\sigma^2}\big[\bar{A}_n+n(\boldsymbol{\theta}-\bar{\boldsymbol{x}})^{\mathrm{T}}(\boldsymbol{\theta}-\bar{\boldsymbol{x}})+k(\boldsymbol{\theta}-\boldsymbol{\mu})^{\mathrm{T}}(\boldsymbol{\theta}-\boldsymbol{\mu})+\lambda\big]\Big\}\\&\quad=(\sigma^2)^{-(\frac{np+p+r}{2}+1)}\exp\Big\{-\frac{1}{2\sigma^2}\big[(\bar{A}_n+\lambda)+H\big]\Big\},\end{aligned}\tag{3.6.24}$$

其中 $\bar{A}_n=\sum\limits_{i=1}^{n}(\boldsymbol{x}_i-\bar{\boldsymbol{x}})^{\mathrm{T}}(\boldsymbol{x}_i-\bar{\boldsymbol{x}})$,

$$\begin{aligned}H&=n(\boldsymbol{\theta}-\bar{\boldsymbol{x}})^{\mathrm{T}}(\boldsymbol{\theta}-\bar{\boldsymbol{x}})+k(\boldsymbol{\theta}-\boldsymbol{\mu})^{\mathrm{T}}(\boldsymbol{\theta}-\boldsymbol{\mu})\\&=\big[(n+k)\boldsymbol{\theta}^{\mathrm{T}}\boldsymbol{\theta}-2\boldsymbol{\theta}^{\mathrm{T}}(n\bar{\boldsymbol{x}}+k\boldsymbol{\mu})\big]+n\bar{\boldsymbol{x}}^{\mathrm{T}}\bar{\boldsymbol{x}}+k\boldsymbol{\mu}^{\mathrm{T}}\boldsymbol{\mu}\\&=(n+k)[\boldsymbol{\theta}-\widetilde{\boldsymbol{\mu}}_n(\bar{\boldsymbol{x}})]^{\mathrm{T}}[\boldsymbol{\theta}-\widetilde{\boldsymbol{\mu}}_n(\bar{\boldsymbol{x}})]+\frac{nk}{n+k}(\bar{\boldsymbol{x}}-\boldsymbol{\mu})^{\mathrm{T}}(\bar{\boldsymbol{x}}-\boldsymbol{\mu}),\end{aligned}\tag{3.6.25}$$

此处

$$\widetilde{\boldsymbol{\mu}}_n(\bar{\boldsymbol{x}})=\frac{n}{n+k}\bar{\boldsymbol{x}}+\frac{k}{n+k}\boldsymbol{\mu}.\tag{3.6.26}$$

记 $\nu_n=np+r$, $k_n=n+k$,

$$\beta_n=\bar{A}_n+\lambda+\frac{nk}{n+k}(\bar{\boldsymbol{x}}-\boldsymbol{\mu})^{\mathrm{T}}(\bar{\boldsymbol{x}}-\boldsymbol{\mu}).\tag{3.6.27}$$

将式 (3.6.25) 代入式 (3.6.24), 得

$$\pi(\boldsymbol{\theta},\sigma^2|\boldsymbol{x}_1,\cdots,\boldsymbol{x}_n)\propto(\sigma^2)^{-(\frac{\nu_n+p}{2}+1)}\exp\Big\{-\frac{1}{2\sigma^2}\big\{k_n\big[\boldsymbol{\theta}-\widetilde{\boldsymbol{\mu}}_n(\bar{\boldsymbol{x}})\big]^{\mathrm{T}}\big[\boldsymbol{\theta}-\widetilde{\boldsymbol{\mu}}_n(\bar{\boldsymbol{x}})\big]+\beta_n\big\}\Big\}.\tag{3.6.28}$$

添加正则化常数后得到

$$\begin{aligned}\pi(\boldsymbol{\theta},\sigma^2|\boldsymbol{x}_1,\cdots,\boldsymbol{x}_n)&=\Big(\frac{k_n}{2\pi\sigma^2}\Big)^{p/2}\exp\Big\{-\frac{k_n}{2\sigma^2}\big[\boldsymbol{\theta}-\widetilde{\boldsymbol{\mu}}_n(\bar{\boldsymbol{x}})\big]^{\mathrm{T}}\big[\boldsymbol{\theta}-\widetilde{\boldsymbol{\mu}}_n(\bar{\boldsymbol{x}})\big]\Big\}\\&\quad\times\frac{(\beta_n/2)^{\nu_n/2}}{\Gamma(\nu_n/2)}(\sigma^2)^{-(\frac{\nu_n}{2}+1)}\exp\Big\{-\frac{\beta_n}{2\sigma^2}\Big\}\\&=\pi_1(\boldsymbol{\theta}|\sigma^2,\boldsymbol{x}_1,\cdots,\boldsymbol{x}_n)\cdot\pi_2(\sigma^2|\boldsymbol{x}_1,\cdots,\boldsymbol{x}_n).\end{aligned}\tag{3.6.29}$$

由式 (3.6.29), 可见 $(\boldsymbol{\theta},\sigma^2)$ 的联合后验密度是两部分的乘积: 前一部分是给定 σ^2 和 $\boldsymbol{x}_1,\cdots,\boldsymbol{x}_n$ 时, $\boldsymbol{\theta}$ 的条件分布 $N_p(\widetilde{\boldsymbol{\mu}}_n(\bar{\boldsymbol{x}}),(\sigma^2/k_n)\boldsymbol{I})$ 的密度函数; 另一部分是给定 $\boldsymbol{x}_1,\cdots,\boldsymbol{x}_n$ 时, σ^2 的条件分布 $\Gamma^{-1}(\nu_n/2,\beta_n/2)$ 的密度函数.

将式 (3.6.29) 对 θ 积分, 得到 σ^2 的边缘后验密度

$$
\begin{aligned}
\pi_2(\sigma^2|\boldsymbol{x}_1,\cdots,\boldsymbol{x}_n) &= \int_{-\infty}^{\infty}\pi(\boldsymbol{\theta},\sigma^2|\boldsymbol{x}_1,\cdots,\boldsymbol{x}_n)\mathrm{d}\boldsymbol{\theta} \\
&= \frac{(\beta_n/2)^{\nu_n/2}}{\Gamma(\nu_n/2)}(\sigma^2)^{-(\frac{\nu_n}{2}+1)}\exp\left\{-\frac{\beta_n}{2\sigma^2}\right\},
\end{aligned}
\tag{3.6.30}
$$

其中 $\sigma^2>0$. 这是一个逆伽马分布 $\Gamma^{-1}(\nu_n/2,\beta_n/2)$ 的密度函数.

将式 (3.6.28) 对 σ^2 积分, 得到 θ 的边缘后验密度

$$
\begin{aligned}
\pi_1(\boldsymbol{\theta}|\boldsymbol{x}_1,\cdots,\boldsymbol{x}_n) &= \int_0^{\infty}\pi(\boldsymbol{\theta},\sigma^2|\boldsymbol{x}_1,\cdots,\boldsymbol{x}_n)\mathrm{d}\sigma^2 \\
&\propto \left\{\beta_n+k_n[\boldsymbol{\theta}-\widetilde{\boldsymbol{\mu}}_n(\bar{\boldsymbol{x}})]^{\mathrm{T}}[\boldsymbol{\theta}-\widetilde{\boldsymbol{\mu}}_n(\bar{\boldsymbol{x}})]\right\}^{-\frac{\nu_n+p}{2}} \\
&\propto \left\{1+\frac{1}{\nu_n}[\boldsymbol{\theta}-\widetilde{\boldsymbol{\mu}}_n(\bar{\boldsymbol{x}})]^{\mathrm{T}}\boldsymbol{\Delta}_n^{-1}[\boldsymbol{\theta}-\widetilde{\boldsymbol{\mu}}_n(\bar{\boldsymbol{x}})]\right\}^{-\frac{\nu_n+p}{2}},
\end{aligned}
$$

此处 $\boldsymbol{\Delta}_n=[\beta_n/(\nu_n k_n)]\boldsymbol{I}_p$. 可见上式是 p 元 t 分布 $\mathscr{T}_p(\nu_n,\widetilde{\boldsymbol{\mu}}_n(\bar{\boldsymbol{x}}),\boldsymbol{\Delta}_n)$ 密度函数的核. 添加正则化常数因子后, 得到 $\boldsymbol{\theta}$ 的边缘后验密度

$$
\pi_1(\boldsymbol{\theta}|\boldsymbol{x}_1,\cdots,\boldsymbol{x}_n)=\frac{\Gamma\left(\frac{\nu_n+p}{2}\right)|\boldsymbol{\Delta}_n|^{-\frac{1}{2}}}{\Gamma\left(\frac{\nu_n}{2}\right)(\pi\nu_n)^{\frac{p}{2}}}\left\{1+\frac{1}{\nu_n}[\boldsymbol{\theta}-\widetilde{\boldsymbol{\mu}}_n(\bar{\boldsymbol{x}})]^{\mathrm{T}}\boldsymbol{\Delta}_n^{-1}[\boldsymbol{\theta}-\widetilde{\boldsymbol{\mu}}_n(\bar{\boldsymbol{x}})]\right\}^{-\frac{\nu_n+p}{2}},
\tag{3.6.31}
$$

其中 $\boldsymbol{\theta}\in\mathbb{R}^p$.

因此我们证明了下面的定理.

定理 3.6.2　设样本分布为由式 (3.6.1) 给出的多元正态分布. 对有关参数的后验分布, 有下列结论:

(1) 若 σ^2 已知, 均值参数 $\boldsymbol{\theta}$ 的共轭先验由式 (3.6.14) 给出, 则 $\boldsymbol{\theta}$ 的后验分布为由式 (3.6.19) 给出的 p 元正态分布 $N_p(\boldsymbol{\mu}_n(\bar{\boldsymbol{x}}),\eta_n^2)$, $\bar{\boldsymbol{X}}$ 的边缘分布由式 (3.6.20) 给出的 p 元正态分布 $N_p(\boldsymbol{\mu},(\sigma_n^2+\tau^2)\boldsymbol{I})$.

(2) 若 $\boldsymbol{\theta}$ 已知, 参数 σ^2 的共轭先验由式 (3.6.21) 给出, 则 σ^2 的后验分布为由式 (3.6.22) 给出的逆伽马分布 $\Gamma^{-1}((np+r)/2,(A_n+\lambda)/2)$, 此处 $A_n=\sum\limits_{i=1}^{n}(\boldsymbol{x}_i-\boldsymbol{\theta})^{\mathrm{T}}(\boldsymbol{x}_i-\boldsymbol{\theta})$.

(3) 若 $(\boldsymbol{\theta},\sigma^2)$ 的联合先验分布为由式 (3.6.23) 给出的正态-逆伽马分布, 则 σ^2 和 $\boldsymbol{\theta}$ 的联合后验密度由式 (3.6.29) 给出; σ^2 的边缘后验分布为由式 (3.6.30) 给出的逆伽马分布 $\Gamma^{-1}(\nu_n/2,\beta_n/2)$; $\boldsymbol{\theta}$ 的边缘后验分布为由式 (3.6.31) 给出的 p 元 t 分布 $\mathscr{T}_p(\nu_n,\widetilde{\boldsymbol{\mu}}_n(\bar{\boldsymbol{x}}),\boldsymbol{\Delta}_n)$, 其中 $\widetilde{\boldsymbol{\mu}}_n(\bar{\boldsymbol{x}})$ 和 β_n 分别由式 (3.6.26) 和式 (3.6.27) 给出, 而 $\nu_n=np+r$, $k_n=k+n$, $\boldsymbol{\Delta}_n=[\beta_n/(\nu_n k_n)]\boldsymbol{I}_p$.

注 3.6.1 分别比较定理 3.6.1、3.6.2 和定理 3.2.1、3.2.2, 可以发现它们相应的结论很相似, 即多元正态模型中参数后验分布的结果与一元正态模型中参数后验分布的结果是相通的. 只要将定理 3.6.1、3.6.2 中的维数 p 取为 1, 即可得到定理 3.2.1、3.2.2 中相应的结果. 因此, 定理 3.2.1、3.2.2 的结果是定理 3.6.1、3.6.2 中的结果在 $p=1$ 时的特例.

3.6.4 一般情形下的结果

设 $\boldsymbol{X}_1,\cdots,\boldsymbol{X}_n$ 为从 p 元正态总体 $N_p(\boldsymbol{\theta},\boldsymbol{\Sigma})$ 中抽取的 i.i.d. 样本, 其中 $\boldsymbol{\Sigma}>0$ 为已知的正定阵. 则给定 $\boldsymbol{\theta}$ 时样本的联合概率密度函数为

$$\begin{aligned}f(\boldsymbol{x}_1,\cdots,\boldsymbol{x}_n|\boldsymbol{\theta})&=(2\pi)^{-\frac{np}{2}}|\boldsymbol{\Sigma}|^{-\frac{n}{2}}\exp\left\{-\frac{1}{2}\sum_{i=1}^{n}(\boldsymbol{x}_i-\boldsymbol{\theta})^{\mathrm{T}}\boldsymbol{\Sigma}^{-1}(\boldsymbol{x}_i-\boldsymbol{\theta})\right\}\\&=(2\pi)^{-\frac{np}{2}}|\boldsymbol{\Sigma}|^{-\frac{n}{2}}\exp\left\{-\frac{1}{2}\left[A_n^*+n(\bar{\boldsymbol{x}}-\boldsymbol{\theta})^{\mathrm{T}}\boldsymbol{\Sigma}^{-1}(\bar{\boldsymbol{x}}-\boldsymbol{\theta})\right]\right\},\end{aligned}\tag{3.6.32}$$

其中 $A_n^*=\sum\limits_{i=1}^{n}(\boldsymbol{x}_i-\bar{\boldsymbol{x}})^{\mathrm{T}}\boldsymbol{\Sigma}^{-1}(\boldsymbol{x}_i-\bar{\boldsymbol{x}})$, $\bar{\boldsymbol{x}}=\sum\limits_{i=1}^{n}\boldsymbol{x}_i/n$. 上述概率密度也可视为 $\boldsymbol{\theta}$ 的似然函数, 记为 $l(\boldsymbol{\theta}|\boldsymbol{x}_1,\cdots,\boldsymbol{x}_n)$.

本小节讨论当 $\boldsymbol{\Sigma}$ 已知情形下, $\boldsymbol{\theta}$ 的先验为无信息先验和共轭先验时 $\boldsymbol{\theta}$ 的后验分布.

1. 当 $\boldsymbol{\Sigma}$ 已知、$\boldsymbol{\theta}$ 的先验为无信息先验时的后验分布

当 $\boldsymbol{\Sigma}$ 已知时, 由式 (3.6.32), 可知 $\boldsymbol{\theta}$ 的似然函数为

$$\begin{aligned}l(\boldsymbol{\theta}|\bar{\boldsymbol{x}})&=(2\pi)^{-\frac{np}{2}}|\boldsymbol{\Sigma}|^{-\frac{n}{2}}\exp\left\{-\frac{1}{2}\left[A_n^*+n(\bar{\boldsymbol{x}}-\boldsymbol{\theta})^{\mathrm{T}}\boldsymbol{\Sigma}^{-1}(\bar{\boldsymbol{x}}-\boldsymbol{\theta})\right]\right\}\\&\propto\exp\left\{-\frac{n}{2}(\bar{\boldsymbol{x}}-\boldsymbol{\theta})^{\mathrm{T}}\boldsymbol{\Sigma}^{-1}(\bar{\boldsymbol{x}}-\boldsymbol{\theta})\right\},\end{aligned}\tag{3.6.33}$$

此处 $\bar{\boldsymbol{X}}$ 为 $\boldsymbol{\theta}$ 的充分统计量, 且 $\bar{\boldsymbol{X}}\sim N_p(\boldsymbol{\theta},\boldsymbol{\Sigma}/n)$.

设 $\boldsymbol{\theta}$ 的无信息先验仍由式 (3.6.4) 给出, 即 $\pi(\boldsymbol{\theta})\equiv 1$, 故知 $\boldsymbol{\theta}$ 的后验密度

$$\pi(\boldsymbol{\theta}|\bar{\boldsymbol{x}})\propto l(\boldsymbol{\theta}|\bar{\boldsymbol{x}})\pi(\boldsymbol{\theta})\propto\exp\left\{-\frac{n}{2}(\boldsymbol{\theta}-\bar{\boldsymbol{x}})^{\mathrm{T}}\boldsymbol{\Sigma}^{-1}(\boldsymbol{\theta}-\bar{\boldsymbol{x}})\right\}.$$

这是多元正态分布 $N_p(\bar{\boldsymbol{x}},\boldsymbol{\Sigma}/n)$ 密度函数的核. 添加正则化常数因子, 得到 $\boldsymbol{\theta}$ 的后验密度

$$\pi(\boldsymbol{\theta}|\bar{\boldsymbol{x}})=\left(\frac{n}{2\pi}\right)^{\frac{p}{2}}|\boldsymbol{\Sigma}|^{-1/2}\exp\left\{-\frac{n}{2}(\boldsymbol{\theta}-\bar{\boldsymbol{x}})^{\mathrm{T}}\boldsymbol{\Sigma}^{-1}(\boldsymbol{\theta}-\bar{\boldsymbol{x}})\right\}\quad(\boldsymbol{\theta}\in\mathbb{R}^p).\tag{3.6.34}$$

2. 当 $\boldsymbol{\Sigma}$ 已知、$\boldsymbol{\theta}$ 的先验为共轭先验时的后验分布

当 $\boldsymbol{\Sigma}$ 已知时, $\boldsymbol{\theta}$ 的似然函数由式 (3.6.33) 给出. 设 $\boldsymbol{\theta}$ 的先验为共轭先验分布, 即 $\boldsymbol{\theta}\sim N(\boldsymbol{\mu},\boldsymbol{A})$, 超参数 $\boldsymbol{\mu}$ 和 $\boldsymbol{A}$ 已知, 其密度函数为

$$\pi(\boldsymbol{\theta})=(2\pi)^{-\frac{p}{2}}|\boldsymbol{A}|^{-1/2}\exp\left\{-\frac{1}{2}(\boldsymbol{\theta}-\boldsymbol{\mu})^{\mathrm{T}}\boldsymbol{A}^{-1}(\boldsymbol{\theta}-\boldsymbol{\mu})\right\}.\tag{3.6.35}$$

由类似方法可证明 $\boldsymbol{\theta}$ 的后验密度 (见本章习题第 24* 题, 证明留给读者作为练习)

$$\pi(\boldsymbol{\theta}|\bar{\boldsymbol{x}}) = (2\pi)^{-\frac{p}{2}}\left|\boldsymbol{\Sigma}_*\right|^{-1/2}\exp\left\{-\frac{1}{2}(\boldsymbol{\theta}-\widetilde{\boldsymbol{\theta}})^{\mathrm{T}}\boldsymbol{\Sigma}_*^{-1}(\boldsymbol{\theta}-\widetilde{\boldsymbol{\theta}})\right\} \quad (\boldsymbol{\theta}\in\mathbb{R}^p), \tag{3.6.36}$$

即 $\boldsymbol{\theta}$ 的后验分布为 $N(\widetilde{\boldsymbol{\theta}},\boldsymbol{\Sigma}_*)$, 其中

$$\widetilde{\boldsymbol{\theta}} = \left(\boldsymbol{\Sigma}_n^{-1}+\boldsymbol{A}^{-1}\right)^{-1}\left(\boldsymbol{\Sigma}_n^{-1}\bar{\boldsymbol{x}}+\boldsymbol{A}^{-1}\boldsymbol{\mu}\right), \quad \boldsymbol{\Sigma}_* = \left(\boldsymbol{\Sigma}_n^{-1}+\boldsymbol{A}^{-1}\right)^{-1}, \tag{3.6.37}$$

此处 $\boldsymbol{\Sigma}_n = \boldsymbol{\Sigma}/n$.

于是我们证明了下面的定理.

定理 3.6.3　设样本分布为由式 (3.6.32) 给出的多元正态分布, 其中 $\boldsymbol{\Sigma}>0$ 为已知的正定阵. 关于参数向量 $\boldsymbol{\theta}$ 的后验分布, 有下列结论:

(1) 当 $\boldsymbol{\theta}$ 的先验为无信息先验 $\pi(\boldsymbol{\theta})\equiv 1$ 时, $\boldsymbol{\theta}$ 的后验分布为由式 (3.6.34) 给出的 p 元正态分布 $N(\bar{\boldsymbol{x}},\boldsymbol{\Sigma}/n)$.

(2) 当 $\boldsymbol{\theta}$ 的先验为由式 (3.6.35) 给出的共轭先验时, $\boldsymbol{\theta}$ 的后验分布为由式 (3.6.36) 给出的 p 元正态分布 $N(\widetilde{\boldsymbol{\theta}},\boldsymbol{\Sigma}_*)$, 其中 $\widetilde{\boldsymbol{\theta}}$ 和 $\boldsymbol{\Sigma}_*$ 由式 (3.6.37) 给出.

注 3.6.2　由定理 3.6.3 可见: 定理 3.6.1(1) 是定理 3.6.3(1) 中当 $\boldsymbol{\Sigma}=\sigma^2\boldsymbol{I}$ 时的特例; 定理 3.6.2(1) 的结果是定理 3.6.3(2) 中当样本协方差阵 $\boldsymbol{\Sigma}=\sigma^2\boldsymbol{I}$ 且先验协方差阵 $\boldsymbol{A}=\tau^2\boldsymbol{I}$ 时的特例.

3.7　线性回归模型中参数的后验分布*

3.7.1　引言

设有如下正态线性回归模型:

$$\boldsymbol{y}_{n\times 1} = \boldsymbol{X}_{n\times p}\,\boldsymbol{\beta}_{p\times 1}+\boldsymbol{e}_{n\times 1}, \quad \boldsymbol{e}\sim N_n(\boldsymbol{0},\sigma^2\boldsymbol{I}), \tag{3.7.1}$$

其中 $\boldsymbol{\beta}_{p\times 1}$ 是回归参数向量, σ^2 是误差方差, 假定 $\mathrm{rank}(\boldsymbol{X})=p$, 即设计阵 $\boldsymbol{X}$ 是列满秩的.

注意到 $||\boldsymbol{y}-\boldsymbol{X}\boldsymbol{\beta}||^2=(n-p)\hat{\sigma}^2+||\boldsymbol{X}\hat{\boldsymbol{\beta}}-\boldsymbol{X}\boldsymbol{\beta}||^2$, 可知式 (3.7.1) 中 $\boldsymbol{y}$ 的条件密度为

$$\begin{aligned}p(\boldsymbol{y}|\boldsymbol{\beta},\sigma^2) &= (2\pi\sigma^2)^{-\frac{n}{2}}\exp\left\{-\frac{1}{2\sigma^2}(\boldsymbol{y}-\boldsymbol{X}\boldsymbol{\beta})^{\mathrm{T}}(\boldsymbol{y}-\boldsymbol{X}\boldsymbol{\beta})\right\}\\ &= (2\pi\sigma^2)^{-\frac{n}{2}}\exp\left\{-\frac{1}{2\sigma^2}\left[(n-p)\hat{\sigma}^2+(\hat{\boldsymbol{\beta}}-\boldsymbol{\beta})^{\mathrm{T}}\boldsymbol{X}^{\mathrm{T}}\boldsymbol{X}(\hat{\boldsymbol{\beta}}-\boldsymbol{\beta})\right]\right\},\end{aligned} \tag{3.7.2}$$

此处

$$\hat{\boldsymbol{\beta}} = (\boldsymbol{X}^{\mathrm{T}}\boldsymbol{X})^{-1}\boldsymbol{X}^{\mathrm{T}}\boldsymbol{y}, \quad \hat{\sigma}^2 = ||\boldsymbol{y}-\boldsymbol{X}\hat{\boldsymbol{\beta}}||^2/(n-p) \tag{3.7.3}$$

为 $\boldsymbol{\beta}$ 和 σ^2 的最小二乘 (LS) 估计, 而 $||\boldsymbol{a}||^2=\boldsymbol{a}^{\mathrm{T}}\boldsymbol{a}$.

本节讨论下列几种情形中参数的后验分布问题:

(1) 当 σ^2 已知、$\boldsymbol{\beta}$ 具有无信息先验和共轭先验分布时, 讨论 $\boldsymbol{\beta}$ 的后验分布.

(2) 当 $\boldsymbol{\beta}$ 和 σ^2 具有联合无信息先验时, 分别讨论 $\boldsymbol{\beta}$ 和 σ^2 的后验分布.

(3) 当 $\boldsymbol{\beta}$ 和 σ^2 具有正态-逆伽马 (共轭) 先验时, 讨论 $\boldsymbol{\beta}$ 和 σ^2 的后验分布.

3.7.2 当 σ^2 已知、$\boldsymbol{\beta}$ 具有无信息先验和共轭先验时的后验分布

1. 当 σ^2 已知、$\boldsymbol{\beta}$ 具有无信息先验时的后验分布

设 $\boldsymbol{\beta}$ 具有无信息先验 $\pi(\boldsymbol{\beta})\equiv 1$, 则由式 (3.7.2), 可知 $\boldsymbol{\beta}$ 的后验密度

$$\pi(\boldsymbol{\beta}|\boldsymbol{y})\propto p(\boldsymbol{y}|\boldsymbol{\beta},\sigma^2)\pi(\boldsymbol{\beta})\propto \exp\left\{-\frac{1}{2\sigma^2}\left[(\boldsymbol{\beta}-\hat{\boldsymbol{\beta}})^{\mathrm{T}}\boldsymbol{X}^{\mathrm{T}}\boldsymbol{X}(\hat{\boldsymbol{\beta}}-\boldsymbol{\beta})\right]\right\}.$$

这是多元正态分布 $N_p\big(\hat{\boldsymbol{\beta}},\sigma^2(\boldsymbol{X}^{\mathrm{T}}\boldsymbol{X})^{-1}\big)$ 密度函数的核. 添加正则化常数因子, 得到

$$\pi(\boldsymbol{\beta}|\boldsymbol{y})=(2\pi\sigma^2)^{-\frac{p}{2}}\left|\boldsymbol{X}^{\mathrm{T}}\boldsymbol{X}\right|^{\frac{1}{2}}\exp\left\{-\frac{1}{2\sigma^2}\left[(\boldsymbol{\beta}-\hat{\boldsymbol{\beta}})^{\mathrm{T}}\boldsymbol{X}^{\mathrm{T}}\boldsymbol{X}(\hat{\boldsymbol{\beta}}-\boldsymbol{\beta})\right]\right\}, \tag{3.7.4}$$

其中 $\boldsymbol{\beta}\in\mathbb{R}^p$, 即 $\boldsymbol{\beta}$ 的后验分布为多元正态分布 $N_p(\hat{\boldsymbol{\beta}},\sigma^2(\boldsymbol{X}^{\mathrm{T}}\boldsymbol{X})^{-1})$.

2. 当 σ^2 已知、$\boldsymbol{\beta}$ 具有共轭先验时的后验分布

设 $\boldsymbol{\beta}$ 具有正态先验 $N_p(\boldsymbol{\mu},(\sigma^2/k)\boldsymbol{I})$, 即密度函数为

$$\pi(\boldsymbol{\beta})=(2\pi\sigma^2/k)^{-\frac{p}{2}}\exp\left\{-\frac{k}{2\sigma^2}(\boldsymbol{\beta}-\boldsymbol{\mu})^{\mathrm{T}}(\boldsymbol{\beta}-\boldsymbol{\mu})\right\}, \tag{3.7.5}$$

其中 $\boldsymbol{\mu}$ 和 $k>0$ 已知. 故由式 (3.7.2) 和式 (3.7.5), 可知 $\boldsymbol{\beta}$ 的后验密度

$$\begin{aligned}\pi(\boldsymbol{\beta}|\boldsymbol{y})&\propto p(\boldsymbol{y}|\boldsymbol{\beta},\sigma^2)\pi(\boldsymbol{\beta})\\&\propto\exp\left\{-\frac{1}{2\sigma^2}\left[(\boldsymbol{\beta}-\hat{\boldsymbol{\beta}})^{\mathrm{T}}\boldsymbol{X}^{\mathrm{T}}\boldsymbol{X}(\boldsymbol{\beta}-\hat{\boldsymbol{\beta}})+k(\boldsymbol{\beta}-\boldsymbol{\mu})^{\mathrm{T}}(\boldsymbol{\beta}-\boldsymbol{\mu})\right]\right\}\\&=\exp\left\{-\frac{1}{2\sigma^2}\left[(\boldsymbol{\beta}-\widetilde{\boldsymbol{\beta}})^{\mathrm{T}}\widetilde{\boldsymbol{\Sigma}}^{-1}(\boldsymbol{\beta}-\widetilde{\boldsymbol{\beta}})+\hat{\boldsymbol{\beta}}^{\mathrm{T}}\boldsymbol{X}^{\mathrm{T}}\boldsymbol{X}\hat{\boldsymbol{\beta}}+k\boldsymbol{\mu}^{\mathrm{T}}\boldsymbol{\mu}+\widetilde{\boldsymbol{\beta}}^{\mathrm{T}}\widetilde{\boldsymbol{\Sigma}}^{-1}\widetilde{\boldsymbol{\beta}}\right]\right\}\\&\propto\exp\left\{-\frac{1}{2\sigma^2}(\boldsymbol{\beta}-\widetilde{\boldsymbol{\beta}})^{\mathrm{T}}\widetilde{\boldsymbol{\Sigma}}^{-1}(\boldsymbol{\beta}-\widetilde{\boldsymbol{\beta}})\right\},\end{aligned} \tag{3.7.6}$$

此处

$$\begin{aligned}\widetilde{\boldsymbol{\beta}}&=(\boldsymbol{X}^{\mathrm{T}}\boldsymbol{X}+k\boldsymbol{I})^{-1}(\boldsymbol{X}^{\mathrm{T}}\boldsymbol{X}\hat{\boldsymbol{\beta}}+k\boldsymbol{\mu})=\widetilde{\boldsymbol{\Sigma}}(\boldsymbol{X}^{\mathrm{T}}\boldsymbol{X}\hat{\boldsymbol{\beta}}+k\boldsymbol{\mu}),\\ \widetilde{\boldsymbol{\Sigma}}&=(\boldsymbol{X}^{\mathrm{T}}\boldsymbol{X}+k\boldsymbol{I})^{-1}.\end{aligned} \tag{3.7.7}$$

易见式 (3.7.6) 的右边是 $N(\widetilde{\boldsymbol{\beta}},\sigma^2\widetilde{\boldsymbol{\Sigma}})$ 密度函数的核, 添加正则化常数, 得到 $\boldsymbol{\beta}$ 的后验密度

$$\pi(\boldsymbol{\beta}|\boldsymbol{y})=(2\pi\sigma^2)^{-\frac{p}{2}}|\widetilde{\boldsymbol{\Sigma}}|^{-\frac{1}{2}}\exp\left\{-\frac{1}{2\sigma^2}(\boldsymbol{\beta}-\widetilde{\boldsymbol{\beta}})^{\mathrm{T}}\widetilde{\boldsymbol{\Sigma}}^{-1}(\boldsymbol{\beta}-\widetilde{\boldsymbol{\beta}})\right\}, \tag{3.7.8}$$

此处 $\boldsymbol{\beta}\in\mathbb{R}^p$, $|\widetilde{\boldsymbol{\Sigma}}|$ 表示 $\widetilde{\boldsymbol{\Sigma}}$ 的行列式.

于是我们得到下面的定理.

定理 3.7.1 对由式 (3.7.1) 给出的正态线性回归模型, 其中 σ^2 已知, 关于有关参数的后验分布, 有下列结论:

(1) 若 $\boldsymbol{\beta}$ 的先验分布为无信息先验 $\pi(\boldsymbol{\beta})\equiv 1$, 则回归系数 $\boldsymbol{\beta}$ 的后验分布为由式 (3.7.4) 给出的正态分布 $N_p(\hat{\boldsymbol{\beta}},\sigma^2(\boldsymbol{X}^{\mathrm{T}}\boldsymbol{X})^{-1})$, 其中 $\hat{\boldsymbol{\beta}}$ 由式 (3.7.3) 给出.

(2) 若 $\boldsymbol{\beta}$ 的先验分布为由式 (3.7.5) 给出的共轭先验, 则回归系数 $\boldsymbol{\beta}$ 的后验分布为由式 (3.7.8) 给出的多元正态分布 $N_p(\widetilde{\boldsymbol{\beta}},\sigma^2\widetilde{\boldsymbol{\Sigma}})$, 其中 $\widetilde{\boldsymbol{\beta}}$ 和 $\widetilde{\boldsymbol{\Sigma}}$ 由式 (3.7.7) 给出.

3.7.3 当 β 和 σ^2 同时具有无信息先验时的后验分布

由于 $\boldsymbol{\beta}$ 和 σ^2 分别为位置参数和刻度参数, 故 $\boldsymbol{\beta}$ 的无信息先验密度为 $\pi_1(\boldsymbol{\beta})\equiv 1$, σ^2 的无信息先验为 $\pi_2(\sigma^2)=1/\sigma^2$. 当 $\boldsymbol{\beta}$ 和 σ^2 相互独立时, 其联合先验密度为

$$\pi(\boldsymbol{\beta},\sigma^2)=\pi_1(\boldsymbol{\beta})\pi_2(\sigma^2)\propto\frac{1}{\sigma^2}. \tag{3.7.9}$$

由式 (3.7.2) 和式 (3.7.9), 可知 $(\boldsymbol{\beta},\sigma^2)$ 的联合后验密度

$$\begin{aligned}\pi(\boldsymbol{\beta},\sigma^2|\boldsymbol{y})&\propto p(\boldsymbol{y}|\boldsymbol{\beta},\sigma^2)\pi(\boldsymbol{\beta},\sigma^2)\\&\propto(\sigma^2)^{-(\frac{n}{2}+1)}\exp\Big\{-\frac{1}{2\sigma^2}\Big[D_n+(\boldsymbol{\beta}-\hat{\boldsymbol{\beta}})^{\mathrm{T}}\boldsymbol{X}^{\mathrm{T}}\boldsymbol{X}(\boldsymbol{\beta}-\hat{\boldsymbol{\beta}})\Big]\Big\},\end{aligned} \tag{3.7.10}$$

此处 $D_n=(n-p)\hat{\sigma}^2$. 将上式添加正则化常数, 得到

$$\begin{aligned}\pi(\boldsymbol{\beta},\sigma^2|\boldsymbol{y})&=(2\pi\sigma^2)^{-\frac{p}{2}}|\boldsymbol{X}^{\mathrm{T}}\boldsymbol{X}|^{\frac{1}{2}}\exp\Big\{-\frac{1}{2\sigma^2}(\boldsymbol{\beta}-\hat{\boldsymbol{\beta}})^{\mathrm{T}}\boldsymbol{X}^{\mathrm{T}}\boldsymbol{X}(\boldsymbol{\beta}-\hat{\boldsymbol{\beta}})\Big\}\\&\quad\times\frac{[D_n/2]^{\frac{n-p}{2}}}{\Gamma((n-p)/2)}(\sigma^2)^{-(\frac{n-p}{2}+1)}\exp\Big\{-\frac{D_n}{2\sigma^2}\Big\}\\&=\pi_1(\boldsymbol{\beta}|\sigma^2,\boldsymbol{y})\pi_2(\sigma^2|\boldsymbol{y}).\end{aligned} \tag{3.7.11}$$

由式 (3.7.11), 可见 $(\boldsymbol{\beta},\sigma^2)$ 的联合后验密度是两部分的乘积: 一部分是给定 σ^2 和 $\boldsymbol{y}$ 时, $\boldsymbol{\beta}$ 的条件分布 $N_p(\hat{\boldsymbol{\beta}},\sigma^2(\boldsymbol{X}^{\mathrm{T}}\boldsymbol{X})^{-1})$ 的密度函数; 另一部分是给定 $\boldsymbol{y}$ 时, σ^2 的条件分布 $\varGamma^{-1}((n-p)/2,D_n/2)$ 的密度函数.

将式 (3.7.11) 对 $\boldsymbol{\beta}$ 积分, 得到

$$\pi_2(\sigma^2|\boldsymbol{y})\propto(\sigma^2)^{-(\frac{n-p}{2}+1)}\exp\Big\{-\frac{(n-p)\hat{\sigma}^2}{2\sigma^2}\Big\}.$$

上式右边是逆伽马分布 $\varGamma^{-1}((n-p)/2,(n-p)\hat{\sigma}^2/2)$ 密度函数的核, 添加正则化常数, 得到 σ^2 的边缘后验密度

$$\pi_2(\sigma^2|\boldsymbol{y})=\frac{[(n-p)\hat{\sigma}^2/2]^{\frac{n-p}{2}}}{\Gamma((n-p)/2)}(\sigma^2)^{-(\frac{n-p}{2}+1)}\exp\Big\{-\frac{(n-p)\hat{\sigma}^2}{2\sigma^2}\Big\}, \tag{3.7.12}$$

其中 $\sigma^2>0$.

将式 (3.7.10) 对 σ^2 积分, 得到

$$\pi_1(\boldsymbol{\beta}|\boldsymbol{y})\propto[(n-p)\hat{\sigma}^2+(\boldsymbol{\beta}-\hat{\boldsymbol{\beta}})^{\mathrm{T}}\boldsymbol{X}^{\mathrm{T}}\boldsymbol{X}(\boldsymbol{\beta}-\hat{\boldsymbol{\beta}})]^{-\frac{n}{2}}$$

$$\propto \left[1+\frac{1}{n-p}(\boldsymbol{\beta}-\hat{\boldsymbol{\beta}})^{\mathrm{T}}\boldsymbol{B}^{-1}(\boldsymbol{\beta}-\hat{\boldsymbol{\beta}})\right]^{-\frac{(n-p)+p}{2}},$$

此处 $\boldsymbol{B}=\hat{\sigma}^2(\boldsymbol{X}^{\mathrm{T}}\boldsymbol{X})^{-1}$. 上式右边是 p 元 t 分布 $\mathscr{T}_p(n-p,\hat{\boldsymbol{\beta}},\boldsymbol{B})$ 密度函数的核. 添加正则化常数, 得到 $\boldsymbol{\beta}$ 的边缘后验密度

$$\pi_1(\boldsymbol{\beta}|\boldsymbol{y})=\frac{\Gamma\left(\frac{n}{2}\right)|\boldsymbol{B}|^{-\frac{1}{2}}}{\Gamma\left(\frac{n-p}{2}\right)[\pi(n-p)]^{\frac{p}{2}}}\left[1+\frac{1}{n-p}(\boldsymbol{\beta}-\hat{\boldsymbol{\beta}})^{\mathrm{T}}\boldsymbol{B}^{-1}(\boldsymbol{\beta}-\hat{\boldsymbol{\beta}})\right]^{-\frac{n}{2}}, \tag{3.7.13}$$

其中 $\boldsymbol{\beta}\in\mathbb{R}^p$.

于是我们证明了如下的定理.

定理 3.7.2 对由式 (3.7.1) 给出的正态线性回归模型, 若 $\boldsymbol{\beta}$ 和 σ^2 具有由式 (3.7.9) 给出的相互独立的无信息先验分布, 则

(1) 回归系数 $\boldsymbol{\beta}$ 和误差方差 σ^2 的联合后验密度由式 (3.7.11) 给出.

(2) 误差方差 σ^2 的边缘后验分布是由式 (3.7.12) 给出的逆伽马分布 $\Gamma^{-1}((n-p)/2,(n-p)\hat{\sigma}^2/2)$.

(3) 回归系数 $\boldsymbol{\beta}$ 的边缘后验分布是由式 (3.7.13) 给出的 p 元 t 分布 $\mathscr{T}(n-p,\hat{\boldsymbol{\beta}},\boldsymbol{B})$, 其中 $\boldsymbol{B}=\hat{\sigma}^2\boldsymbol{X}^{\mathrm{T}}\boldsymbol{X}$.

3.7.4 当 β 和 σ^2 具有正态-逆伽马先验分布时的后验分布

假定参数 $\boldsymbol{\beta}$ 和 σ^2 的先验分布为正态-逆伽马分布, 即 $\boldsymbol{\beta}|\sigma^2\sim N_p(\boldsymbol{\mu},(\sigma^2/k)\boldsymbol{I}_p)$, $\sigma^2\sim\Gamma^{-1}(r/2,\lambda/2)$, 则 $(\boldsymbol{\beta},\sigma^2)$ 的联合先验为

$$\begin{aligned}\pi(\boldsymbol{\beta},\sigma^2)&=\pi_1(\boldsymbol{\beta}|\sigma^2)\pi_2(\sigma^2)\\&=\frac{(\lambda/2)^{\frac{r}{2}}}{(2\pi/k)^{\frac{p}{2}}\Gamma(r/2)}(\sigma^2)^{-(\frac{p+r}{2}+1)}\exp\left\{-\frac{1}{2\sigma^2}\left[k(\boldsymbol{\beta}-\boldsymbol{\mu})^{\mathrm{T}}(\boldsymbol{\beta}-\boldsymbol{\mu})+\lambda\right]\right\},\end{aligned} \tag{3.7.14}$$

其中 $\boldsymbol{\mu}$ 是已知的常数向量, k, r, $\lambda>0$ 都是已知的正常数.

由式 (3.7.2) 和式 (3.7.14), 可知 $(\boldsymbol{\beta},\sigma^2)$ 的联合后验密度

$$\begin{aligned}\pi(\boldsymbol{\beta},\sigma^2|\boldsymbol{y})&\propto p(\boldsymbol{y}|\boldsymbol{\beta},\sigma^2)\pi(\boldsymbol{\beta},\sigma^2)\\&\propto(\sigma^2)^{-(\frac{n+p+r}{2}+1)}\exp\left\{-\frac{1}{2\sigma^2}\left[(n-p)\hat{\sigma}^2+\lambda+H\right]\right\},\end{aligned} \tag{3.7.15}$$

其中

$$\begin{aligned}H&=(\boldsymbol{\beta}-\hat{\boldsymbol{\beta}})^{\mathrm{T}}\boldsymbol{X}^{\mathrm{T}}\boldsymbol{X}(\boldsymbol{\beta}-\hat{\boldsymbol{\beta}})+k(\boldsymbol{\beta}-\boldsymbol{\mu})^{\mathrm{T}}(\boldsymbol{\beta}-\boldsymbol{\mu})\\&=\boldsymbol{\beta}^{\mathrm{T}}(\boldsymbol{X}^{\mathrm{T}}\boldsymbol{X}+k\boldsymbol{I}_p)\boldsymbol{\beta}-2\boldsymbol{\beta}^{\mathrm{T}}(\boldsymbol{X}^{\mathrm{T}}\boldsymbol{X}\hat{\boldsymbol{\beta}}+k\boldsymbol{\mu})+\hat{\boldsymbol{\beta}}^{\mathrm{T}}\boldsymbol{X}^{\mathrm{T}}\boldsymbol{X}\hat{\boldsymbol{\beta}}+k\boldsymbol{\mu}^{\mathrm{T}}\boldsymbol{\mu}\\&=(\boldsymbol{\beta}-\widetilde{\boldsymbol{\beta}})^{\mathrm{T}}\widetilde{\boldsymbol{\Sigma}}^{-1}(\boldsymbol{\beta}-\widetilde{\boldsymbol{\beta}})+(\hat{\boldsymbol{\beta}}^{\mathrm{T}}\boldsymbol{X}^{\mathrm{T}}\boldsymbol{X}\hat{\boldsymbol{\beta}}+k\boldsymbol{\mu}^{\mathrm{T}}\boldsymbol{\mu}-\widetilde{\boldsymbol{\beta}}^{\mathrm{T}}\widetilde{\boldsymbol{\Sigma}}^{-1}\widetilde{\boldsymbol{\beta}})\\&=(\boldsymbol{\beta}-\widetilde{\boldsymbol{\beta}})^{\mathrm{T}}\widetilde{\boldsymbol{\Sigma}}^{-1}(\boldsymbol{\beta}-\widetilde{\boldsymbol{\beta}})+(\hat{\boldsymbol{\beta}}-\boldsymbol{\mu})^{\mathrm{T}}\boldsymbol{A}^{-1}(\hat{\boldsymbol{\beta}}-\boldsymbol{\mu}).\end{aligned} \tag{3.7.16}$$

将式 (3.7.16) 代入式 (3.7.15), 得到

$$\pi(\boldsymbol{\beta},\sigma^2|\boldsymbol{y}) \propto (\sigma^2)^{-(\frac{n+p+r}{2}+1)}\exp\Big\{-\frac{1}{2\sigma^2}\big[c_0+(\boldsymbol{\beta}-\widetilde{\boldsymbol{\beta}})^{\mathrm{T}}\widetilde{\boldsymbol{\Sigma}}^{-1}(\boldsymbol{\beta}-\widetilde{\boldsymbol{\beta}})\big]\Big\}, \tag{3.7.17}$$

此处

$$\begin{aligned} &c_0=(n-p)\hat{\sigma}^2+\lambda+(\hat{\boldsymbol{\beta}}-\boldsymbol{\mu})^{\mathrm{T}}\boldsymbol{A}^{-1}(\hat{\boldsymbol{\beta}}-\boldsymbol{\mu}) \\ &\widetilde{\boldsymbol{\Sigma}}=(\boldsymbol{X}^{\mathrm{T}}\boldsymbol{X}+k\boldsymbol{I}_p)^{-1}, \quad \boldsymbol{A}^{-1}=k\widetilde{\boldsymbol{\Sigma}}\boldsymbol{X}^{\mathrm{T}}\boldsymbol{X}=\big[(\boldsymbol{X}^{\mathrm{T}}\boldsymbol{X})^{-1}+k^{-1}\boldsymbol{I}_p\big]^{-1}, \\ &\widetilde{\boldsymbol{\beta}}=\big(\boldsymbol{X}^{\mathrm{T}}\boldsymbol{X}+k\boldsymbol{I}\big)^{-1}\big(\boldsymbol{X}^{\mathrm{T}}\boldsymbol{X}\hat{\boldsymbol{\beta}}+k\boldsymbol{\mu}\big)=\widetilde{\boldsymbol{\Sigma}}\big(\boldsymbol{X}^{\mathrm{T}}\boldsymbol{X}\hat{\boldsymbol{\beta}}+k\boldsymbol{\mu}\big). \end{aligned} \tag{3.7.18}$$

将式 (3.7.17) 的右边添加正则化常数, 得到

$$\begin{aligned} \pi(\boldsymbol{\beta},\sigma^2|\boldsymbol{y}) &= (2\pi\sigma^2)^{-\frac{p}{2}}|\widetilde{\boldsymbol{\Sigma}}|^{-\frac{1}{2}}\exp\Big\{-\frac{1}{2\sigma^2}(\boldsymbol{\beta}-\widetilde{\boldsymbol{\beta}})^{\mathrm{T}}\widetilde{\boldsymbol{\Sigma}}^{-1}(\boldsymbol{\beta}-\widetilde{\boldsymbol{\beta}})\Big\} \\ &\quad\times\frac{(c_0/2)^{\frac{n+r}{2}}}{\Gamma\big((n+r)/2\big)}(\sigma^2)^{-(\frac{n+r}{2}+1)}\exp\Big\{-\frac{c_0}{2\sigma^2}\Big\} \\ &=\pi_1(\boldsymbol{\beta}|\sigma^2,\boldsymbol{y})\pi_2(\sigma^2|\boldsymbol{y}). \end{aligned} \tag{3.7.19}$$

由式 (3.7.19), 可见 $(\boldsymbol{\beta},\sigma^2)$ 的联合后验密度是两部分的乘积: 一部分是给定 σ^2 和 $\boldsymbol{y}$ 时, $\boldsymbol{\beta}$ 的条件分布 $N_p(\widetilde{\boldsymbol{\beta}},\sigma^2\widetilde{\boldsymbol{\Sigma}})$ 的密度函数; 另一部分是给定 $\boldsymbol{y}$ 时, σ^2 的条件分布 $\Gamma^{-1}\big((n+r)/2,c_0/2\big)$ 的密度函数.

将式 (3.7.19) 对 $\boldsymbol{\beta}$ 积分, 得到 σ^2 的边缘后验密度

$$\pi_2(\sigma^2|\boldsymbol{y})=\frac{(c_0/2)^{\frac{n+r}{2}}}{\Gamma\big((n+r)/2\big)}(\sigma^2)^{-(\frac{n+r}{2}+1)}\exp\Big\{-\frac{c_0}{2\sigma^2}\Big\} \quad (\sigma^2>0), \tag{3.7.20}$$

即 σ^2 的边缘后验分布是逆伽马分布 $\Gamma^{-1}((n+r)/2,c_0/2)$, 此处 c_0 由式 (3.7.18) 中的第一式给出.

将式 (3.7.17) 对 σ^2 积分, 得到

$$\begin{aligned} \pi_1(\boldsymbol{\beta}|\boldsymbol{y}) &\propto \big[c_0+(\boldsymbol{\beta}-\widetilde{\boldsymbol{\beta}})^{\mathrm{T}}\widetilde{\boldsymbol{\Sigma}}^{-1}(\boldsymbol{\beta}-\widetilde{\boldsymbol{\beta}})\big]^{-\frac{n+r+p}{2}} \\ &\propto \Big[1+\frac{1}{n+r}(\boldsymbol{\beta}-\widetilde{\boldsymbol{\beta}})^{\mathrm{T}}\widetilde{\boldsymbol{B}}^{-1}(\boldsymbol{\beta}-\widetilde{\boldsymbol{\beta}})\Big]^{-\frac{n+r+p}{2}}, \end{aligned}$$

其中 $\widetilde{\boldsymbol{B}}=[c_0/(n+r)]\widetilde{\boldsymbol{\Sigma}}$. 上式右边是 p 元 t 分布 $\mathscr{T}_p(n+r,\widetilde{\boldsymbol{\beta}},\widetilde{\boldsymbol{B}})$ 密度函数的核. 添加正则化常数, 得到 $\boldsymbol{\beta}$ 的边缘后验密度

$$\pi_1(\boldsymbol{\beta}|\boldsymbol{y})=\frac{\Gamma\Big(\dfrac{n+r+p}{2}\Big)|\widetilde{\boldsymbol{B}}|^{-\frac{1}{2}}}{\Gamma\Big(\dfrac{n+r}{2}\Big)[\pi(n+r)]^{\frac{p}{2}}}\Big[1+\frac{1}{n+r}(\boldsymbol{\beta}-\widetilde{\boldsymbol{\beta}})^{\mathrm{T}}\widetilde{\boldsymbol{B}}^{-1}(\boldsymbol{\beta}-\widetilde{\boldsymbol{\beta}})\Big]^{-\frac{n+r+p}{2}}, \tag{3.7.21}$$

其中 $\boldsymbol{\beta}\in\mathbb{R}^p$.

于是我们证明了下面的定理:

定理 3.7.3 对由式 (3.7.1) 给出的正态线性回归模型, 若 $(\boldsymbol{\beta},\sigma^2)$ 的联合先验密度为由式 (3.7.14) 给出的正态-逆伽马先验, 则

(1) $(\boldsymbol{\beta},\sigma^2)$ 的联合后验密度由式 (3.7.19) 给出.

(2) 误差方差 σ^2 的边缘后验分布是由式 (3.7.20) 给出的逆伽马分布 $\Gamma^{-1}((n+r)/2,c_0/2)$, 此处 c_0 由式 (3.7.18) 中的第一式给出.

(3) 回归系数 $\boldsymbol{\beta}$ 的边缘后验分布是由式 (3.7.21) 给出的 p 元 t 分布 $\mathscr{T}_p(n+r,\widetilde{\boldsymbol{\beta}},\widetilde{\boldsymbol{B}})$, 其中 $\widetilde{\boldsymbol{B}}=[c_0/(n+r)]\widetilde{\boldsymbol{\Sigma}}$, 而 $\widetilde{\boldsymbol{\beta}}$ 由式 (3.7.18) 给出.

习 题 3

1. (续例 1.1.1) 有一种诊断某癌症的试剂, 经临床试验有如下记录: 试验结果是阳性以 $X=1$ 表示, 试验结果是阴性以 $X=0$ 表示, 随机变量 X 的取值只有这两种可能. 以参数 θ 取值 θ_1 表示患癌症, 取值 θ_2 表示不患癌症. 癌症病人试验结果是阳性的概率为 95%, 非癌症病人试验结果是阴性的概率为 95%. 现用这种试剂在某社区进行癌症普查, 设该社区癌症发病率为 0.5% (即先验分布 $\pi(\theta_1)=0.005$, $\pi(\theta_2)=1-0.005$). 求 X 的边缘分布和 θ 的后验分布. 此问题也可以用例 1.1.1 中的贝叶斯公式求有关的条件概率, 请将 θ 的后验分布与贝叶斯公式进行比较.
2. 设某校学生的身高 (单位: 厘米) 服从 $N(\theta,5^2)$, 其中 θ 表示身高的均值, 且 θ 的先验分布为 $N(172.72,2.56)$. 今从该校学生中随机抽取 10 人测量其身高, 其平均身高为 175.34 厘米. 求 θ 的后验分布.
3. 设某人群的身高 (单位: 英寸) 服从正态分布 $N(\theta,2^2)$. 若 θ 的先验分布为广义无信息先验分布, 从人群中随机选取 8 人, 测得平均身高为 69.5 英寸, 求 θ 的后验分布.
4. 设 $X_1,\cdots,X_n$ 为从正态总体 $N(\theta,2^2)$ 中抽取的随机样本, 又设 θ 的先验分布为正态分布.
   (1) 若样本容量 $n=100$, 证明: 不管先验标准差为多少, 后验标准差一定小于 1/5.
   (2) 若 θ 的先验分布的标准差为 1, 要使后验方差不超过 0.1, 最少要抽取样本容量 n 为多大的样本?
5. 汽车公司股票总部想预测明年新汽车的销售量. 已知一年内汽车售出量服从 $N\left(10^8\,\theta,10^{12}\right)$, 其中 θ 为当年的失业率, 下一年 θ 的先验密度近似为 $N(0.06,0.01^2)$. 问第二年汽车销售量的分布是什么 (即求下一年汽车销售量的边缘分布)?
6. 设 $X_1,\cdots,X_n$ 为从正态总体 $N(\theta_1,\sigma^2)$ 中抽取的随机样本. 令 $\theta_2=1/(2\sigma^2)$. 又设 (θ_1,θ_2) 的联合分布如下:
   (1) 在固定 θ_2 时, θ_1 的条件分布为 $N\big(0,1/(2\theta_2)\big)$;
   (2) $\theta_2\sim\Gamma(\alpha,\lambda)$, 其中 α 和 λ 已知.

   求 (θ_1,θ_2) 的联合后验分布 $\pi(\theta_1,\theta_2|\boldsymbol{x})$, 其中 $\boldsymbol{x}=(x_1,\cdots,x_n)$.
7. 设 X 服从二项分布 $B(n,\theta)$.
   (1) 若采用 $\pi(\theta)=[\theta(1-\theta)]^{-1}I_{(0,1)}(\theta)$ 为广义先验密度, 求在 $0<x<n$ 中, θ 的后验密度 $\pi(\theta|x)$.

(2) 若 $\pi(\theta)=I_{(0,1)}(\theta)$, 求 θ 的后验密度 $\pi(\theta|x)$.

8. 从一批产品中抽检 100 个, 发现 3 个不合格品. 若该产品不合格率 θ 的先验分布为贝塔分布 $Be(2,200)$, 求 θ 的后验分布.

9. 设随机变量 X 服从几何分布: $P(X=x|\theta)=\theta(1-\theta)^{x-1}$ $(x=1,2,\cdots)$.

   (1) 若 θ 的先验分布为 (0, 1) 上的均匀分布 $U(0,1)$, 求 θ 的后验分布.

   (2) 若 θ 的先验分布为贝塔分布 $Be(\alpha,\beta)$, 求 θ 的后验分布.

10. 设随机变量 X 服从几何分布$Nb(1,\theta)$, 其中参数 θ 的先验分布为 (0, 1) 上的均匀分布 $U(0,1)$.

   (1) 若只对 X 做一次观测, 观测值为 3, 求 θ 的后验分布.

   (2) 若只对 X 做三次观测, 观测值为 $3,2,5$, 求 θ 的后验分布.

11. 设 θ 是一批产品的不合格率. 从此批产品中随机地一个一个地抽取检测其是否为不合格品, 直到发现有 3 个不合格品就停止抽样, 发现此时共抽取了 8 个产品.

   (1) 若 θ 的先验分布为区间 (0, 1) 上的均匀分布, 求 θ 的后验分布.

   (2) 设 θ 的先验分布为贝塔分布, 其均值和方差分别为 1/5 与 1/100, 求 θ 的后验分布.

12. 设 $\boldsymbol{X}=(X_1,\cdots,X_n)$ 是从负二项分布 $Nb(r,\theta)$ 中抽取的随机样本, θ 的先验分布是贝塔分布 $Be(\alpha,\beta)$, 其中 α 和 β 已知. 证明: 在给定 $\boldsymbol{x}$ 的条件下, θ 的后验分布为 $Be\Big(\alpha+rn,\ \sum\limits_{i=1}^{n}x_i-nr+\beta\Big)$.

13. 设在 500 米长的一盘磁带上的缺陷数服从泊松分布 $P(\lambda)$, 对 5 盘磁带做检查, 分别发现 2, 2, 6, 0, 3 个缺陷.

   (1) 若 λ 的先验分布为伽马分布 $\Gamma(3,1)$, 求 λ 的后验分布.

   (2) 若 λ 的先验分布为 Jeffreys 无信息先验, 求 λ 的后验分布.

14. 设 θ 表示每 100 米长磁带上缺陷数的平均数, 检查 1200 米长的这类磁带, 发现 4 个缺陷. 若 θ 的先验分布服从伽马分布, 均值和方差分别为 1 和 3, 求 θ 的后验分布.

15. 设 $\boldsymbol{X}=(X_1,\cdots,X_n)$ 为从泊松分布 $P(\theta)$ 中抽取的随机样本, θ 的先验分布是广义先验分布 $\pi(\theta)=\theta^{-1}I_{(0,\infty)}(\theta)$. 当 $\boldsymbol{X}\neq(0,\cdots,0)$ 时, 求给定 $\boldsymbol{x}$ 的条件下, θ 的后验密度 (当 $\boldsymbol{X}=(0,\cdots,0)$ 时, 后验密度不存在).

16. 设随机变量 X 服从指数分布 $Exp(\lambda)$, 其密度函数为 $p(x|\lambda)=\lambda\exp\{-\lambda x\}I_{(0,\infty)}(x)$, 令 $X_1,\cdots,X_n$ 是从上述指数分布中抽取的随机样本, 假定 λ 的先验分布是伽马分布, 其均值为 0.0002, 先验标准差为 0.0001.

   (1) 确定先验分布中的超参数.

   (2) 求 λ 的后验分布.

17. 设 $\boldsymbol{X}=(X_1,\cdots,X_n)$ 是从伽马分布 $\Gamma(r,1/\theta)$ 中抽取的随机样本, θ 的先验分布是逆伽马分布 $\Gamma^{-1}(\alpha,\beta)$, 其中 α 和 β 已知. 证明: 给定 $\boldsymbol{x}$ 时, θ 的后验分布为逆伽马分布 $\Gamma^{-1}(nr+\alpha,n\bar{x}+\beta)$.

18. 设 $\boldsymbol{X}=(X_1,\cdots,X_n)$ 是从均匀分布 $U(0,2\theta)$ 中抽取的随机样本. 令 θ 的先验分布是帕雷托分布 $Pa(\theta_0,\alpha)$, 其中 θ_0 和 α 已知. 证明: 给定 $\boldsymbol{x}$ 时, θ 的后验分布为帕雷托分布 $Pa\big(\theta_1,n+\alpha\big)$, 其中 $\theta_1=\max\{\theta_0,x_{(n)}/2\}$.

19. 设随机变量 $X \sim \Gamma\big(n/2, 1/(2\theta)\big)$, θ 的先验分布为逆伽马分布 $\Gamma^{-1}(\alpha, \beta/2)$, 其中 α 和 β 已知. 证明: θ 的后验分布为逆伽马分布 $\Gamma^{-1}(n/2+\alpha,\ (x+\beta)/2)$.

20. 设 X 服从威布尔分布 $W(r,\theta)$, 其密度函数为

$$f(x,\alpha,\lambda) = \frac{\alpha}{\theta} x^{r-1} \exp\Big\{-\frac{x^r}{\theta}\Big\} I_{(0,\infty)}(x),$$

其中 α 和 r 已知. 如果参数 θ 的先验密度为 $\Gamma^{-1}(\alpha,\beta)$, 求 θ 的后验密度.

21. 设 $\boldsymbol{X} = (X_1, \cdots, X_m)$ 为从正态总体 $N(\theta, \sigma^2)$ 中抽取的 i.i.d. 样本. 令 (θ, σ^2) 的联合先验密度为 $\pi(\theta,\sigma^2) = \pi_1(\theta|\sigma^2)\cdot\pi_2(\sigma^2)$, 其中 $\pi_1(\theta|\sigma^2)$ 为 $N\big(\mu, \sigma^2/k\big)$ 的密度, 而 $\pi_2(\sigma^2) = \sigma^{-2} I_{(0,\infty)}(\sigma^2)$.

(1) 证明: θ 和 σ^2 的联合后验密度可表示为

$$\pi(\theta,\sigma^2|\boldsymbol{x}) = \pi_1(\theta|\sigma^2,\boldsymbol{x})\pi_2(\sigma^2|\boldsymbol{x}),$$

其中 $\pi_1(\theta|\sigma^2,\boldsymbol{x})$ 为正态分布 $N\big(\mu(\boldsymbol{x}),\eta^2\big)$ 的密度函数, 此处

$$\mu(\boldsymbol{x}) = \frac{k}{k+m}\mu + \frac{m}{k+m}\bar{x}, \quad \eta^2 = \frac{\sigma^2}{k+m}, \quad \bar{x} = \frac{1}{m}\sum_{i=1}^m x_i.$$

而 $\pi_2(\sigma^2|\boldsymbol{x})$ 是逆伽马分布 $\Gamma^{-1}\big(m/2, B_m/2\big)$ 的密度函数, 其中

$$B_m = \sum_{i=1}^m (x_i - \bar{x})^2 + mk(\bar{x}-\mu)^2\big/(m+k).$$

(2) 证明: σ^2 的边缘后验密度 $\pi(\sigma^2|\boldsymbol{x})$ 为逆伽马分布 $\Gamma^{-1}\big(m/2, B_m/2\big)$ 的密度.

(3) 证明: θ 的边缘后验密度 $\pi(\theta|\boldsymbol{x})$ 为广义一元 t 分布密度

$$\mathscr{T}_1\big(m,\ \mu(\boldsymbol{x}),\ \tau_m^2\big), \quad \tau_m^2 = \frac{B_m}{m(m+k)},$$

其中 m 为自由度, $\mu(\boldsymbol{x})$ 为均值, τ_m 为刻度参数.

*22. 设 $\boldsymbol{X} = (X_1, \cdots, X_m)$ 为从正态总体 $N(\theta,\sigma^2)$ 中抽取的 i.i.d. 样本. 令 (θ,σ^2) 的联合先验密度为 $\pi(\theta,\sigma^2) = \pi_1(\theta|\sigma^2)\cdot\pi_2(\sigma^2)$, 其中 $\pi_1(\theta|\sigma^2) \equiv 1$, 而 $\pi_2(\sigma^2)$ 为逆伽马分布 $\Gamma^{-1}\big(r/2, \lambda/2\big)$ 的密度.

(1) 证明: θ 和 σ^2 的联合后验密度可表示为

$$\pi(\theta,\sigma^2|\boldsymbol{x}) = \pi_1(\theta|\sigma^2,\boldsymbol{x})\pi_2(\sigma^2|\boldsymbol{x}),$$

其中 $\pi_1(\theta|\sigma^2,\boldsymbol{x})$ 为正态分布 $N\big(\bar{x},\sigma^2/m\big)$ 的密度函数, 而 $\pi_2(\sigma^2|\boldsymbol{x})$ 是逆伽马分布 $\Gamma^{-1}\big((m+r-1)/2, (Q_m+\lambda)/2\big)$ 的密度函数, 此处 $Q_m = \sum_{i=1}^m (x_i-\bar{x})^2$, $\bar{x} = \frac{1}{m}\sum_{i=1}^m x_i$.

(2) 证明: σ^2 的边缘后验密度 $\pi(\sigma^2|\boldsymbol{x})$ 为逆伽马分布 $\Gamma^{-1}\big((m+r-1)/2, (Q_m+\lambda)/2\big)$ 的密度.

(3) 证明: θ 的边缘后验密度 $\pi(\theta|\boldsymbol{x})$ 为广义一元 t 分布密度

$$\mathscr{T}_1\big(m+r-1,\ \bar{x},\ \tau_m^2\big), \quad \tau_m^2 = \frac{Q_m+\lambda}{m(m+r-1)},$$

其中 $m+r-1$ 为自由度, $\bar{x}$ 为均值, τ_m 为刻度参数.

*23. 设 $\boldsymbol{X}=(X_1,\cdots,X_n)$ 为从正态总体 $N(\theta,\sigma^2)$ 中抽取的 i.i.d. 样本, 其中 θ 和 σ^2 皆未知, θ 和 σ^2 的联合先验分布为 $\pi(\theta,\sigma^2)=\pi_1(\theta|\sigma^2)\cdot\pi_2(\sigma^2)$, 其中 $\pi_1(\theta|\sigma^2)$ 为 $N(\mu,\tau\sigma^2)$, 而 $\pi_2(\sigma^2)$ 为逆伽马分布 $\Gamma^{-1}(\alpha,\beta)$, 此处 μ, τ, α 和 β 皆已知. 证明:

(1) 在给定 $\boldsymbol{x}$ 的条件下, θ 和 σ^2 的联合后验密度为

$$\pi(\theta,\sigma^2|\boldsymbol{x})=\pi_1(\theta|\sigma^2,\boldsymbol{x})\cdot\pi_2(\sigma^2|\boldsymbol{x}),$$

其中 $\pi_1(\theta|\sigma^2,\boldsymbol{x})$ 是正态分布 $N(\mu(\boldsymbol{x}),\eta^2)$ 的密度函数,

$$\mu(\boldsymbol{x})=\frac{\mu+n\tau\bar{x}}{n\tau+1},\quad \eta^2=\frac{\tau\sigma^2}{1+n\tau},\quad \bar{x}=\sum_{i=1}^n x_i,$$

$\pi_2(\sigma^2|\boldsymbol{x})$ 是逆伽马分布 $\Gamma^{-1}(\alpha+n/2,\tilde{\beta})$ 的密度函数,

$$\tilde{\beta}=\beta+\frac{1}{2}\sum_{i=1}^n(x_i-\bar{x})^2+\frac{n(\bar{x}-\mu)^2}{2(1+n\tau)}.$$

(2) 在给定 $\boldsymbol{x}$ 的条件下, σ^2 的边缘后验分布为 $\Gamma^{-1}(\alpha+n/2,\tilde{\beta})$.

(3) 在给定 $\boldsymbol{x}$ 的条件下, θ 的边缘后验分布为 $\mathscr{T}_1\left(2\alpha+n,\ \mu(\boldsymbol{x}),\ \dfrac{\tau\tilde{\beta}}{(1+n\tau)(\alpha+n/2)}\right)$. 它是一元 t 分布, 其中 $2\alpha+n$ 为自由度, $\mu(\boldsymbol{x})$ 为均值, $\sqrt{\tau\tilde{\beta}/[(1+n\tau)(\alpha+n/2)]}$ 为刻度参数.

*24. 设随机向量 $\boldsymbol{X}=(X_1,\cdots,X_p)$ 服从 p 元正态分布 $N_p(\boldsymbol{\theta},\boldsymbol{\Sigma})$, $\boldsymbol{\theta}$ 的先验分布为 $N_p(\boldsymbol{\mu},\boldsymbol{A})$ (这里 $\boldsymbol{\theta}$ 和 $\boldsymbol{\mu}$ 为 p 维向量, $\boldsymbol{\Sigma}$ 和 $\boldsymbol{A}$ 为 $p\times p$ 正定阵). 假设 $\boldsymbol{\Sigma}$, $\boldsymbol{\mu}$ 和 $\boldsymbol{A}$ 已知. 证明: 在给定 $\boldsymbol{x}$ 的条件下, $\boldsymbol{\theta}$ 的后验分布是以均值为

$$\left(\boldsymbol{\Sigma}^{-1}+\boldsymbol{A}^{-1}\right)^{-1}\left(\boldsymbol{\Sigma}^{-1}\boldsymbol{X}+\boldsymbol{A}^{-1}\boldsymbol{\mu}\right)=\boldsymbol{X}-\boldsymbol{\Sigma}\left(\boldsymbol{\Sigma}+\boldsymbol{A}\right)^{-1}(\boldsymbol{X}-\boldsymbol{\mu}),$$

协方差阵为 $\left(\boldsymbol{\Sigma}^{-1}+\boldsymbol{A}^{-1}\right)^{-1}$ 的 p 元正态分布, 并将这一结果与一元正态分布情形相应参数的后验分布进行比较, 找出它们的相似之处.

*25. 设有线性回归模型

$$\boldsymbol{y}_{n\times1}=\boldsymbol{X}_{n\times p}\,\boldsymbol{\beta}_{p\times1}+\boldsymbol{e}_{n\times1},\quad \boldsymbol{e}\sim N_n(\boldsymbol{0},\sigma^2\boldsymbol{I}),$$

其中 $\boldsymbol{\beta}_{p\times1}$ 是回归参数向量, σ^2 是误差方差, 假定 $\mathrm{rank}(\boldsymbol{X})=p$. 令 $\hat{\boldsymbol{\beta}}$ 和 $\hat{\sigma}^2$ 是由式 (3.7.3) 给出的 $\boldsymbol{\beta}$ 和 σ^2 的最小二乘估计. 当 σ^2 已知时, 设 $\boldsymbol{\beta}$ 的先验分布为 $N_p\left(\boldsymbol{\mu},\sigma^2\boldsymbol{\Sigma}_0\right)$, 其中 $\boldsymbol{\Sigma}_0>0$ 为已知的正定阵.

(1) 求 $\boldsymbol{\beta}$ 的后验分布.

(2) 求 $\boldsymbol{\beta}$ 的后验期望和后验协方差阵.

习题 3 部分解答

第 4 章 贝叶斯统计推断

关于统计模型中参数的贝叶斯分析有两种方式:

(1) 从 θ 的后验分布出发, 考虑 θ 的贝叶斯统计推断问题, 此时不考虑损失;

(2) 考虑损失, 用统计决策的方法考虑 θ 的贝叶斯分析问题.

我们将在本章和下一章分别讨论这两类问题. 本章我们将在后验分布已知的情形下分别介绍贝叶斯点估计、区间估计、假设检验和预测问题.

4.1 条件方法和似然原理

贝叶斯统计推断中有一些我们应遵循的准则和原理, 在推断过程中这些准则和原理的应用与经典统计方法是有本质区别的, 我们应当牢牢记住这一点.

4.1.1 条件方法

未知参数 θ 的后验分布 $\pi(\theta|\boldsymbol{x})$ 集中了抽样信息和先验信息中关于 θ 的所有信息, 所以有关 θ 的点估计、区间估计和假设检验等统计推断方法都是按一定方式从后验分布中提取信息的, 其提取方法与经典统计推断相比要简单明确得多.

后验分布 $\pi(\theta|\boldsymbol{x})$ 是在样本 $\boldsymbol{x}$ 给定下 θ 的条件分布, 基于后验分布的统计推断就意味着只考虑已出现的数据 (样本观测值), 而认为未出现的数据与推断无关, 这一重要的观点称为“条件观点”, 基于这种观点提出的统计推断方法称为“条件方法”, 它与我们熟悉的“频率方法”有很大的差别. 例如, 在对估计量的无偏性的认识上, 经典统计学认为参数 θ 的无偏估计 $\hat{\theta}(\boldsymbol{X})$ 应满足

$$E[\hat{\theta}(\boldsymbol{X})]=\int_{\mathscr{X}}\hat{\theta}(\boldsymbol{x})p(\boldsymbol{x}|\theta)\mathrm{d}\boldsymbol{x}=\theta,$$

其中平均是对样本空间中所有可能出现的样本而求的, 可实际样本空间中绝大多数样本尚未出现过, 甚至重复数百次也不会出现的样本也要在评价估计量 $\hat{\theta}$ 的好坏中占一席之地, 何况在实际中不少估计量只使用一次或几次, 而多数从未出现的样本也要参与平均,

这使实际工作者难于理解, 这就是条件观点. 因此在贝叶斯统计推断中不用无偏性, 而条件方法是容易被实际工作者理解和接受的.

4.1.2 似然原理

似然原理的核心概念是似然函数, 其定义如下: 设 $X \sim f(x|\theta)$, 而 $\boldsymbol{X}=(X_1,\cdots,X_n)$ 是从总体 X 中抽取的 i.i.d. 样本, 其联合分布为 $f(\boldsymbol{x}|\theta)=f(x_1,\cdots,x_n|\theta)$. 当 $\boldsymbol{x}$ 固定时, 把 $f(\boldsymbol{x}|\theta)$ 看成 θ 的函数, 称为似然函数, 记为

$$L(\theta|\boldsymbol{x})=f(\boldsymbol{x}|\theta)=\prod_{i=1}^{n} f(x_i|\theta).$$

似然函数 $L(\theta|\boldsymbol{x})$ 强调它是 θ 的函数, 而样本 $\boldsymbol{x}$ 在似然函数中只是一组给定的数据或观测值, 所有与试验有关的 θ 的信息都包含在似然函数中, 使 $L(\theta|\boldsymbol{x})$ 取值大的 θ 比使 $L(\theta|\boldsymbol{x})$ 取值小的 θ, 更像是 θ 的真值. 特别地, 使 $L(\theta|\boldsymbol{x})$ 在参数空间 Θ 中取值达到最大的 θ 之值 $\hat{\theta}(\boldsymbol{x})$ 称为极大似然估计. 假如两个似然函数成比例, 比例因子又不依赖 θ, 则它们的极大似然估计是相同的；若进一步假定对 θ 采用相同的先验分布, 那么基于给定的 $\boldsymbol{x}$ 对 θ 所做的后验推断也是相同的.

贝叶斯学派把上述认识概括为似然原理的如下两个要点:

(1) 有了观测值 $\boldsymbol{x}$ 后, 在确定关于 θ 的推断和决策时, 所有与试验有关的 θ 的信息都包含在似然函数 $L(\theta|\boldsymbol{x})$ 中.

(2) 如果有两个似然函数是成比例的, 比例因子与 θ 无关, 则它们关于 θ 具有相同的信息.

统计学两大学派的争论涉及任何统计规范应遵守的公理或原理. 其中一个非常简单且十分重要的基本原理是似然原理, 是争论双方都应遵守的公理. 可经典统计学派不是这样, 他们在寻求极大似然估计之前是承认似然原理的, 但在得到极大似然估计之后, 就抛弃了似然原理, 把样本观测值又看成随机样本而不是固定值, 将极大似然估计看成样本的函数, 即看成若干独立同分布随机变量的函数, 从而用联合分布 $f(\boldsymbol{x}|\theta)$ 计算极大似然估计的期望、方差等数字特征, 研究这些数字特征的大样本性质. 但是, 依据似然原理, 只有按照实际观测到的数据 $\boldsymbol{x}$, 而不是随机样本, 才能构成推断的依据. 因此贝叶斯统计学中认为无偏性违背了似然原理. 由此可见, 似然原理把 4.1.1 小节中叙述的 “条件观点” 说得更清楚了.

下面的例子可以进一步说明经典学派与贝叶斯学派对似然原理的不同观点导致统计推断问题的不同结果.

例 4.1.1 (Lindley, Phillips, 1976) 设 θ 为上抛一枚硬币出现正面的概率. 现要检验如下两个假设:

$$H_0:\ \theta=\frac{1}{2} \leftrightarrow H_1:\ \theta>\frac{1}{2}.$$

为此做了一系列相互独立的抛硬币试验, 结果出现 9 次正面和 3 次反面.

由于事先未对“一系列试验”的方式做明确规定, 因此没有足够信息得出总体分布. 假定试验方式有如下两种可能:

(1) 事先决定独立抛 12 次硬币, 那么出现正面的次数 X 服从二项分布 $B(n,\theta)$, 这里 $n=12$, $x=9$, 于是相应的似然函数为

$$L_1(\theta|x)=P_1(X=x|\theta)=\binom{n}{x}\theta^x(1-\theta)^{n-x}=220\,\theta^9(1-\theta)^3.$$

(2) 事先指定试验进行到出现 3 次反面为止, 即第 3 次出现反面是发生在第 12 次抛硬币的试验中, 那么正面出现的次数 X 服从负二项分布 $Nb(r,\theta)$, 其中 r 为反面出现的次数, 这里 $r=3$, $x=9$. 于是相应的似然函数为

$$L_2(\theta|x)=P_2(X=x|\theta)=\binom{x+r-1}{r-1}\theta^x(1-\theta)^r=55\,\theta^9(1-\theta)^3.$$

前述似然原理的要点告诉我们, 似然函数 $L_i(\theta|x)$ $(i=1,2)$ 是我们从试验需要知道的一切, 而且 $L_1(\theta|x)$ 和 $L_2(\theta|x)$ 具有关于 θ 的相同信息, 因为它们作为 θ 的函数是成比例的. 于是, 我们实际上不需要知道“一系列试验”的任何事先规定, 只需要知道独立地抛硬币出现正面 9 次、反面 3 次, 这本身就告诉我们似然函数与 $\theta^9(1-\theta)^3$ 成比例. 相反, 在经典统计中就不是这样, 其统计分析不仅要知道观测值 x, 还要完全依赖其分布 $f(x|\theta)$. 在经典假设检验中, 假定检验的否定域为 $D=\{\boldsymbol{X}=(X_1,\cdots,X_{12}):X=\sum\limits_{i=1}^{12}X_i\geqslant 9\}$ (其中 $\{X_i=1\}$ 表示第 i 次抛硬币出现正面, 相应地 $\{X_i=0\}$ 表示出现反面), 则在二项分布模型和负二项分布模型下, 检验的 p 值分别为

$$\alpha_1=P_1(X\geqslant 9|\theta=1/2)=\sum_{x=9}^{12}P_1(X=x|\theta=1/2)=0.075,$$

$$\alpha_2=P_2(X\geqslant 9|\theta=1/2)=\sum_{x=9}^{\infty}P_2(X=x|\theta=1/2)=0.033.$$

如果取检验水平为 $\alpha=0.05$, 则由这两个模型将得出完全不同的结论, 即前者应接受 H_0, 后者应拒绝 H_0.

这一现象不会在贝叶斯分析中出现, 对检验问题中的参数 θ 赋予适当的先验分布, 在贝叶斯假设检验问题中对这两个不同模型都应拒绝 H_0. 这个结论只与似然函数有关, 而与总体是二项分布还是负二项分布无关 (详见例 4.4.6).

4.2　贝叶斯点估计

4.2.1　贝叶斯点估计的定义

有了后验分布后, 可从后验分布出发, 按经典方法 (以后验分布代替通常的样本分布) 可求未知参数 θ 的点估计, 如后验众数估计 (也叫后验极大似然估计)、后验中位数估计和后验期望估计等. 下面首先给出三种估计的定义.

定义 4.2.1　用使后验密度 $\pi(\theta|\boldsymbol{x})$ 达到最大值时 θ 的值作为 θ 的估计量, 称为 θ 的*后验众数估计* (posterior mode estimator) 或后验极大似然估计, 记为 $\hat{\theta}_{\mathrm{MD}}$. 用后验分布的中位数作为 θ 的估计量, 称为*后验中位数估计* (posterior median estimator), 记为 $\hat{\theta}_{\mathrm{ME}}$. 用后验分布的期望值作为 θ 的估计量, 称为*后验期望估计* (posterior expectation estimator), 记为 $\hat{\theta}_{\mathrm{E}}$. 在不会引起混淆时, 上述三个估计皆用 $\hat{\theta}_{\mathrm{B}}$ 来记.

注 4.2.1　一般场合下这三种估计是不同的, 但当后验密度为单峰对称时, θ 的三种贝叶斯估计重合. 使用时可根据需要选用其中的一种. 一般来说, 当先验分布为共轭先验时, 上述三种估计比较容易求得.

例 4.2.1　设 $\boldsymbol{X}=(X_1,\cdots,X_n)$ 为从正态总体 $N(\theta,\sigma^2)$ (σ^2 已知) 中抽取的随机样本. 若取 θ 的先验为共轭先验分布 $N(\mu,\tau^2)$, 求 θ 的贝叶斯估计.

解　由定理 3.2.2 (1), 可知 $\pi(\theta|\boldsymbol{x})$ 为 $N(\mu_n(\boldsymbol{x}),\eta_n^2)$, 其中

$$\mu_n(\boldsymbol{x})=\frac{\sigma^2/n}{\sigma^2/n+\tau^2}\,\mu+\frac{\tau^2}{\sigma^2/n+\tau^2}\,\bar{x},\quad \eta_n^2=\frac{\sigma^2\tau^2}{n\tau^2+\sigma^2}.$$

由于后验分布 $N(\mu_n(\boldsymbol{x}),\eta_n^2)$ 为单峰对称分布, 故后验众数估计、后验中位数估计和后验期望估计皆相同, 从而 θ 的贝叶斯估计为

$$\hat{\theta}_{\mathrm{B}}=\mu_n(\boldsymbol{x})=\frac{\sigma^2/n}{\sigma^2/n+\tau^2}\,\mu+\frac{\tau^2}{\sigma^2/n+\tau^2}\,\bar{x}.$$

由此例可见 θ 的贝叶斯估计为 $\bar{x}$ 和 μ 的加权平均, 包含了抽样信息和先验信息. 当 $\tau^2\to\infty$, 即只有样本信息时 $\hat{\theta}_{\mathrm{B}}=\bar{x}$; 当 $\sigma^2\to\infty$, 即只有先验信息时 $\hat{\theta}_{\mathrm{B}}=\mu$.

下面看一个数值的例子. 考虑对一个儿童做智力测试, 设测试结果 $X\sim N(\theta,100)$, 其中 θ 在心理学中被定义为被测试儿童的智商 (IQ) 的真值 (换言之, 如果对这个儿童做大量类似而又独立的这种测试, 他的平均分数为 θ), 根据过去的多次测试的资料, 可假设 θ 的先验分布为 $\theta\sim N(100,225)$. 应用上述方法, 在样本大小 $n=1$ 时, 该儿童智

商 θ 的后验分布为 $N(\mu(x),\eta^2)$, 其中

$$\mu(x)=\frac{\sigma^2\mu+\tau^2x}{\sigma^2+\tau^2}=\frac{100\times100+225\,x}{100+225}=\frac{400+9x}{13},$$

$$\eta^2=\frac{\sigma^2\tau^2}{\tau^2+\sigma^2}=\frac{100\times225}{100+225}=69.23=8.32^2\,.$$

若该儿童此次测试得分 $x=115$, 则其智商 θ 的贝叶斯估计为

$$\hat{\theta}_{\mathrm{B}}=\mu(x)=\frac{400+9\times115}{13}=110.38\,.$$

例 4.2.2 为估计不合格品率 θ, 今从一批产品中随机抽取 n 件, 其中不合格品数 $X\sim B(n,\theta)$. 取 θ 的先验分布为 $Be(1,1)$, 即 θ 的先验分布为 (0, 1) 上的均匀分布, 并假定 $X=0$. 求 θ 的后验中位数估计.

解 由例 2.5.1 可知, 当 θ 的先验分布为 (0, 1) 上的均匀分布时, θ 的后验分布为 $Be(x+1,n-x+1)$. 当 $x=0$ 时, θ 的后验密度为

$$\pi(\theta|x=0)=(n+1)(1-\theta)^n\quad(0<\theta<1).$$

令 $m_{1/2}$ 为 θ 的后验中位数估计, 则有

$$\frac{1}{2}=\int_0^{m_{1/2}}(n+1)(1-\theta)^n\mathrm{d}\theta=1-\left(1-m_{1/2}\right)^{n+1},\ \ m_{1/2}=1-\left(\frac{1}{2}\right)^{\frac{1}{n+1}},$$

即 θ 的后验中位数估计为 $\hat{\theta}_{\mathrm{ME}}=1-(1/2)^{\frac{1}{n+1}}$.

例 4.2.3 设随机变量 $X\sim f(x|\theta)=\mathrm{e}^{-(x-\theta)}I_{(\theta,\infty)}(x)$, 此处 $-\infty<\theta<+\infty$ 为位置参数, 取 θ 的先验分布为柯西分布 $C(0,1)$, 即 $\pi(\theta)=1/[\pi(1+\theta^2)]\ (-\infty<\theta<+\infty)$. 求 θ 的后验众数估计.

解 后验密度为

$$\pi(\theta|x)=\frac{f(x|\theta)\pi(\theta)}{m(x)}=\frac{\mathrm{e}^{-(x-\theta)}I_{[\theta,\infty]}(x)}{m(x)\pi(1+\theta^2)}.$$

要找使 $\pi(\theta|x)$ 最大化的 $\hat{\theta}$, 只有在范围 $\theta\leqslant x$ 内考虑

$$\frac{\mathrm{d}\pi(\theta|x)}{\mathrm{d}\theta}=\frac{\mathrm{e}^{-x}}{\pi m(x)}\left[\frac{\mathrm{e}^{\theta}}{1+\theta^2}-\frac{2\theta\mathrm{e}^{\theta}}{(1+\theta^2)^2}\right]=\frac{\mathrm{e}^{-x}}{\pi m(x)}\cdot\frac{\mathrm{e}^{\theta}(\theta-1)^2}{(1+\theta^2)^2}\geqslant0,$$

故 $\pi(\theta|x)$ 在 $\theta\leqslant x$ 范围内是单调增的, 因此当 $\theta=x$ 时达到最大, 所以 $\hat{\theta}_{\mathrm{MD}}=x$.

例 4.2.4 设 $X_1,\cdots,X_n$ i.i.d $\sim N(\theta,\sigma^2)$, 其中 $\sigma^2>0$ 已知, $\theta>0$ 未知, 取 θ 的先验分布为无信息先验, 即 $\pi(\theta)=I_{(0,\infty)}(\theta)$, 求 θ 的后验期望估计.

解 由于 $\bar{X}$ 为充分统计量, 并且 $\bar{X}\sim N(\theta,\sigma^2/n)$, 所以按公式 $\pi(\theta|\bar{x})=f(\bar{x}|\theta)\pi(\theta)/m(\bar{x})$ 计算, θ 的后验分布为

$$\pi(\theta|\bar{x})=\frac{\exp\left\{-n(\theta-\bar{x})^2/(2\sigma^2)\right\}I_{(0,\infty)}(\theta)}{\displaystyle\int_0^{\infty}\exp\left\{-n(\theta-\bar{x})^2/(2\sigma^2)\right\}\mathrm{d}\theta}\,.$$

可做变换 $\eta=\sqrt{n}(\theta-\bar{x})/\sigma$, $\theta=\bar{x}+\sigma\eta/\sqrt{n}$, 则 $\mathrm{d}\theta=(\sigma/\sqrt{n})\mathrm{d}\eta$, 积分限从 $(0,\infty)$ 变为 $(-\sqrt{n}\bar{x}/\sigma,\infty)$, 故有

$$\begin{aligned}\hat{\theta}_{\mathrm{E}}=E^{\theta|\bar{x}}(\theta)&=\frac{\displaystyle\int_0^{\infty}\theta\exp\Big\{-\frac{1}{2}\big[\sqrt{n}(\theta-\bar{x})/\sigma\big]^2\Big\}\mathrm{d}\theta}{\displaystyle\int_0^{\infty}\exp\Big\{-\frac{1}{2}\big[\sqrt{n}(\theta-\bar{x})/\sigma\big]^2\Big\}\mathrm{d}\theta}\\&=\frac{\displaystyle\int_{-\sqrt{n}\bar{x}/\sigma}^{\infty}[\bar{x}+(\sigma/\sqrt{n})\eta]\exp\{-\eta^2/2\}\mathrm{d}\eta}{\displaystyle\int_{-\sqrt{n}\bar{x}/\sigma}^{\infty}\exp\{-\eta^2/2\}\mathrm{d}\eta}\\&=\bar{x}+\frac{\sigma(2n\pi)^{-1/2}\exp\big\{-n\bar{x}^2/(2\sigma^2)\big\}}{1-\Phi(-\sqrt{n}\bar{x}/\sigma)},\end{aligned}$$

此处 $\Phi(\cdot)$ 为 $N(0,1)$ 的分布函数.

对这种限制参数空间 $(\theta>0)$ 的情形, 若用经典方法很难对付 (经典统计方法用 $\bar{X}$ 估计 θ, 当 $\bar{X}$ 为负值时, 显然估计量 $\hat{\theta}=\bar{X}$ 是不合理的). 由此可见贝叶斯方法在这种情形下更合理, 计算也方便.

4.2.2 贝叶斯点估计的精度: 估计的误差

设 θ 的后验分布为 $\pi(\theta|\boldsymbol{x})$, θ 的贝叶斯估计为 $\delta(\boldsymbol{x})$. 我们知道在经典方法中衡量一个估计量的优劣要看其均方误差 (在无偏估计情形下要看方差) 的大小, 一个估计量的均方误差 (MSE) 越小越好. 此处对贝叶斯估计 $\delta(\boldsymbol{x})$, 衡量它的优劣用下面的*后验均方误差* (posterior mean square error, PMSE), 即用

$$PMSE(\delta(\boldsymbol{x}))=E^{\theta|\boldsymbol{x}}\{[\theta-\delta(\boldsymbol{x})]^2\}$$

来度量估计量 $\delta(\boldsymbol{x})$ 的精度, PMSE 越小越好. 若记 $\mu^{\pi}(\boldsymbol{x})$ 为 θ 的后验期望, 特别当 $\delta(\boldsymbol{x})=E(\theta|\boldsymbol{x})=\mu^{\pi}(\boldsymbol{x})$ 时, 则 $\delta(\boldsymbol{x})$ 的 PMSE 为后验方差, 即

$$PMSE(\delta(\boldsymbol{x}))=E^{\theta|\boldsymbol{x}}\{[\theta-\mu^{\pi}(\boldsymbol{x})]^2\}=V^{\pi}(\boldsymbol{x}),$$

其中 $V^{\pi}(\boldsymbol{x})$ 为 θ 的后验方差. 对 θ 的任一估计 $\delta(\boldsymbol{x})$, 其后验均方误差 $PMSE(\delta(\boldsymbol{x}))$ 与它的后验方差 $V^{\pi}(\boldsymbol{x})$ 的关系如下:

$$\begin{aligned}PMSE(\delta(\boldsymbol{x}))&=E^{\theta|\boldsymbol{x}}\{[\theta-\delta(\boldsymbol{x})]^2\}\\&=E^{\theta|\boldsymbol{x}}\big\{[\theta-\mu^{\pi}(\boldsymbol{x})]+[\mu^{\pi}(\boldsymbol{x})-\delta(\boldsymbol{x})]\big\}^2\\&=V^{\pi}(\boldsymbol{x})+\big[\mu^{\pi}(\boldsymbol{x})-\delta(\boldsymbol{x})\big]^2\\&\geqslant V^{\pi}(\boldsymbol{x}).\end{aligned}\tag{4.2.1}$$

且等号成立的充要条件为 $\delta(\boldsymbol{x})=\mu^{\pi}(\boldsymbol{x})$, 即 θ 的后验期望估计使 PMSE 达到最小. 故后验期望估计是在 PMSE 准则下的最优估计. 这就是习惯上在三种贝叶斯估计 (后验众

数估计、后验中位数估计、后验期望估计) 中常选取后验期望估计 $\mu^{\pi}(\boldsymbol{x})=E(\theta|\boldsymbol{x})$ 作为 θ 的贝叶斯估计的理由.

例 4.2.5 (续例 4.2.1) 设 $X|\theta\sim N(\theta,\sigma^2)$, 其中 σ^2 已知. 令 $X_1,\cdots,X_n$ 为从总体 X 中抽取的 i.i.d. 样本, 记 $\boldsymbol{X}=(X_1,\cdots,X_n)$.

(1) 若 θ 的先验分布为无信息先验 $\pi(\theta)\equiv 1$, 求 θ 的后验期望估计及后验方差.

(2) 若取 θ 的先验分布为 $\theta\sim N(\mu,\tau^2)$, 求 θ 的后验期望估计 $\hat{\theta}_{\mathrm{E}}$ 的方差, 以及 θ 的经典估计 $\delta(\boldsymbol{x})=\bar{x}$ 的 PMSE, 并将二者进行比较.

解 (1) 由定理 3.2.1(1), 可知 θ 的后验分布 $\pi(\theta|\boldsymbol{x})$ 为 $N(\bar{x},\sigma^2/n)$. 故 θ 的后验期望估计为

$$\hat{\theta}_{\mathrm{E}}=\mu^{\pi}(\boldsymbol{x})=\bar{x},\quad V^{\pi}(\boldsymbol{x})=\sigma^2/n.$$

这说明无信息先验得到的贝叶斯估计与经典方法所得 θ 的估计一致. 这又一次说明经典方法获得的估计是特殊先验分布下的贝叶斯估计.

(2) 由定理 3.2.2 (1), 可知 $\pi(\theta|\boldsymbol{x})\sim N(\mu_n(\boldsymbol{x}),\eta_n^2)$ (由于后验分布是单峰对称分布, 故 θ 的后验期望估计也是后验中位数和后验众数估计). 因此后验期望估计为 $\mu_n(\boldsymbol{x})$, 即

$$\hat{\theta}_{\mathrm{E}}=\mu_n(\boldsymbol{x})=\frac{\sigma^2/n}{\sigma^2/n+\tau^2}\,\mu+\frac{\tau^2}{\sigma^2/n+\tau^2}\,\bar{x},$$

其后验方差为 η_n^2, 即

$$V^{\pi}(\boldsymbol{x})=\eta_n^2=\frac{\sigma^2\tau^2}{\sigma^2+n\tau^2}.$$

而 $\delta(\boldsymbol{x})=\bar{x}$ 的 PMSE 为

$$\begin{aligned}PMSE(\delta(\boldsymbol{x}))&=V^{\pi}(\boldsymbol{x})+[\mu^{\pi}(\boldsymbol{x})-\delta(\boldsymbol{x})]^2\\&=V^{\pi}(\boldsymbol{x})+\Big(\frac{\sigma^2/n}{\sigma^2/n+\tau^2}\Big)^2(\mu-\bar{x})^2\\&\geqslant V^{\pi}(\boldsymbol{x}).\end{aligned}$$

由此可见, 贝叶斯估计 $\hat{\theta}_{\mathrm{E}}$ 比经典估计 $\delta(\boldsymbol{x})=\bar{x}$ 的 PMSE 小.

4.2.3 贝叶斯点估计的几个例子

例 4.2.6 为估计不合格品率 θ, 今从一批产品中随机抽取 n 件, 其中不合格品数 $X\sim B(n,\theta)$, 此处 $X=\sum\limits_{i=1}^{n}X_i$, $X_i=1$ 表示抽出的第 i 件不合格, $X_i=0$ 表示抽出的第 i 件合格. 取 θ 的先验分布为 $Be(\alpha,\beta)$, 其中 α,β 已知.

(1) 求 θ 的后验期望估计及后验方差;

(2) 当取 $\alpha=\beta=1$, 即先验分布 $\pi(\theta)$ 为均匀分布 $U(0,1)$ 时, 求 θ 的后验期望估计和后验众数估计, 并将二者进行比较.

(3) 当 $\alpha=\beta=1$ 时, 求 θ 的后验期望估计的后验方差和后验众数估计的后验均方误差, 并将它们进行比较.

解　(1) 当 θ 的先验分布为 $Be(\alpha,\beta)$ 时, 由例 2.5.1, 可知 θ 的后验密度为

$$\pi(\theta|x)=\frac{\Gamma(\alpha+\beta+n)}{\Gamma(x+\alpha)\Gamma(n-x+\beta)}\theta^{x+\alpha-1}(1-\theta)^{n-x+\beta-1}\quad(0<\theta<1),$$

即 θ 的后验分布 $\pi(\theta|x)$ 为 $Be(x+\alpha,n-x+\beta)$. 按附表 1 中贝塔分布均值和方差的计算公式, 可知 θ 的后验期望估计为

$$\hat{\theta}_{\mathrm{E}}=\mu^{\pi}(x)=\frac{x+\alpha}{n+\alpha+\beta},$$

其后验方差为

$$V^{\pi}(x)=\frac{(x+\alpha)(n-x+\beta)}{(n+\alpha+\beta)^2(n+\alpha+\beta+1)}.$$

(2) 若 θ 的先验分布为 $U(0,1)$, 则 θ 的后验分布为贝塔分布 $Be(x+1,n-x+1)$. 按附表 1 中贝塔分布均值和众数的计算公式, 可知 θ 的后验期望估计和后验众数估计分别为

$$\hat{\theta}_{\mathrm{E}}=\mu^{\pi}(x)=\frac{x+1}{n+2},\quad \hat{\theta}_{\mathrm{MD}}=\frac{x}{n}. \tag{4.2.2}$$

二者的比较见表 4.2.1.

表 4.2.1　不合格品率 θ 的两种贝叶斯估计的比较

试验号	样本量 n	不合格品数 x	$\hat{\theta}_{\mathrm{MD}}=x/n$	$\hat{\theta}_{\mathrm{E}}=(x+1)/(n+2)$
1	3	0	0	0.200
2	10	0	0	0.083
3	3	3	1	0.800
4	10	10	1	0.917

对这两个估计做如下说明:

① 由式 (4.2.2), 可见 θ 的后验众数估计就是经典方法中的 MLE, 即不合格率 θ 的 MLE 就是取先验分布为无信息先验 $U(0,1)$ 时的贝叶斯估计, 这种现象以后还会看到. 贝叶斯学派对这种现象的看法是: 任何使用经典统计方法的人都自觉或不自觉地使用贝叶斯方法.

② θ 的后验期望估计要比后验众数更合适一些, 表 4.2.1 列出四个试验结果, 1 号试验与 2 号试验各抽 3 个与 10 个, 其中没有一件是不合格品, 这两件事在人们心目中留下的印象是不同的, 后者的质量要比前者更信得过. 但 $\hat{\theta}_{\mathrm{MD}}$ 皆为 0, 显示不出二者的差别, 而 $\hat{\theta}_{\mathrm{E}}$ 可显示出二者的差别; 对 3 号和 4 号试验, 也是各抽 3 个与 10 个, 其中没有一件是合格品, 也在人们心目中留下不同的印象, 认为后者的质量更差, 这种差别用 $\hat{\theta}_{\mathrm{MD}}$ (取值皆为 1) 反映不出来, 而用 $\hat{\theta}_{\mathrm{E}}$ (后者取值更接近 1) 能反映出来. 由于 $\hat{\theta}_{\mathrm{MD}}$ 与经典估计相同, 故贝叶斯估计 $\hat{\theta}_{\mathrm{E}}$ 显示出相对于经典估计的优点.

由此可见, 在这些极端场合下, 后验期望估计更具有吸引力, 在其他场合这两个估计差别不大. 在实际问题中, 由于后验期望估计常优于后验众数, 人们常选用后验期望估计作为贝叶斯估计.

(3) 由 (2), 可知 θ 的后验分布为贝塔分布 $Be(x+1,n-x+1)$. 易知 $\hat{\theta}_{\mathrm{E}}$ 的后验方差为

$$V^{\pi}(x)=\frac{(x+1)(n-x+1)}{(n+2)^2(n+3)},$$

而 $\hat{\theta}_{\mathrm{MD}}$ 的后验均方误差为

$$\begin{aligned}PMSE(\hat{\theta}_{\mathrm{MD}})&=V^{\pi}(x)+(\hat{\theta}_{\mathrm{MD}}-\hat{\theta}_{\mathrm{E}})^2\\&=\frac{(x+1)(n-x+1)}{(n+2)^2(n+3)}+\left(\frac{x+1}{n+2}-\frac{x}{n}\right)^2\\&\geqslant V^{\pi}(x).\end{aligned}$$

可见后验期望估计的精度比后验众数高.

表 4.2.2 是根据四对 $(n,\ x)$ 的值算得的 $\hat{\theta}_{\mathrm{E}}$ 和 $\hat{\theta}_{\mathrm{MD}}$ 的后验方差和后验均方误差的值, 由此可见后验期望估计的 $V^{\pi}(x)$ 小于后验众数估计的 PMSE, 还可见样本量的增加有利于后验方差和后验均方误差的减小.

表 4.2.2　$\hat{\theta}_{\mathrm{E}}$ 和 $\hat{\theta}_{\mathrm{MD}}$ 的后验方差和后验均方误差

n	x	$\hat{\theta}_{\mathrm{E}}$	$V^{\pi}(x)$	$\hat{\theta}_{\mathrm{MD}}$	PMSE
3	0	1/5	0.02667	0	0.06667
10	0	1/12	0.00588	0	0.01282
10	1	2/12	0.01068	1/10	0.01512
20	1	2/22	0.00359	1/20	0.00527

下面的例子给出指数分布定数截尾情形可靠性函数的贝叶斯估计.

例 4.2.7　设 $X_1,\cdots,X_n$ i.i.d. $\sim f(x|\theta)=\theta^{-1}\mathrm{e}^{-x/\theta}I_{(0,\infty)}(x)\ (\theta>0)$. 当观察到前 r 个样本 $X_{(1)}\leqslant X_{(2)}\leqslant\cdots\leqslant X_{(r)}$ 时就停止, 此处 $X_{(1)}\leqslant X_{(2)}\leqslant\cdots\leqslant X_{(n)}$ 为样本 $X_1,\cdots,X_n$ 的次序统计量. 若取 θ 的先验分布为无信息先验, 即 $\pi(\theta)=1/\theta\ (\theta>0)$, 此处 θ 为刻度参数. 求可靠性函数 $R(s)=P(X\geqslant s)=\mathrm{e}^{-s/\theta}\ (s>0)$ 的后验期望估计及后验方差.

解　由定理 3.4.2 (3) 中的公式 (3.4.12), 可知 θ 的后验分布为

$$\pi(\theta|t)=\frac{t^r}{\Gamma(r)}\theta^{-(r+1)}\exp\left\{-\frac{t}{\theta}\right\}\quad(\theta>0),\tag{4.2.3}$$

其中 $t=\sum\limits_{i=1}^{r}x_{(i)}+(n-r)x_{(r)}$. 因此由式 (4.2.3), 可知

$$\begin{aligned}\hat{R}_{\mathrm{E}}&=E^{\theta|t}(\mathrm{e}^{-\frac{s}{\theta}})=\int_0^{\infty}\mathrm{e}^{-s/\theta}\cdot\pi(\theta|t)\mathrm{d}\theta\\&=\int_0^{\infty}\mathrm{e}^{-s/\theta}\cdot\frac{t^r}{\Gamma(r)}\theta^{-(r+1)}\exp\left\{-\frac{t}{\theta}\right\}\mathrm{d}\theta\\&=\frac{t^r}{(t+s)^r}\int_0^{\infty}\frac{(t+s)^r}{\Gamma(r)}\theta^{-(r+1)}\exp\left\{-\frac{t+s}{\theta}\right\}\mathrm{d}\theta=\frac{t^r}{(t+s)^r},\end{aligned}$$

即可靠性函数 $R(s)$ 的后验期望估计为 $\hat{R}_{\mathrm{E}} = t^r/(t+s)^r$. 为求其方差, 首先要求出 $R(s)$ 关于后验分布的二阶矩:

$$E^{\theta|t}[R^2(s)] = E^{\theta|t}(\mathrm{e}^{-\frac{2s}{\theta}}) = \int_0^{\infty} \exp\Big\{-\frac{2s}{\theta}\Big\} \cdot \frac{t^r}{\Gamma(r)}\theta^{-(r+1)} \exp\Big\{-\frac{t}{\theta}\Big\}\mathrm{d}\theta$$

$$= \frac{t^r}{(t+2s)^r}\int_0^{\infty} \frac{(t+2s)^r}{\Gamma(r)}\theta^{-(r+1)} \exp\Big\{-\frac{t+2s}{\theta}\Big\}\mathrm{d}\theta = \frac{t^r}{(t+2s)^r},$$

因此可靠性函数 $R(s)$ 的后验期望估计 $\hat{R}_{\mathrm{E}}$ 的后验方差是

$$V^{\pi}(t) = E^{\theta|x}[R^2(s)] - \{E^{\theta|x}[R(s)]\}^2 = \frac{t^r}{(t+2s)^r} - \frac{t^{2r}}{(t+s)^{2r}}.$$

下例给出了样本分布和先验分布都是离散分布时, 求贝叶斯估计的方法.

例 4.2.8　设一批产品的不合格率为 θ, 检查是一个接一个地进行的, 直到发现第一个不合格产品就停止检查. 设 X 为发现第一个不合格品时已检查的产品数. 假设参数 θ 只能取 1/4, 2/4, 3/4 三个值, 且取这三个值的概率相同. 如今获得一个样本观测值 $x=3$, 求 θ 的后验众数估计, 并计算它的后验均方误差.

解　由于 X 服从几何分布, 其概率分布为

$$P(X=x|\theta) = \theta(1-\theta)^{x-1} \quad (x=1,2,\cdots), \tag{4.2.4}$$

而 θ 的先验分布为

$$P\Big(\theta = \frac{i}{4}\Big) = \frac{1}{3} \quad (i=1,2,3).$$

在式 (4.2.4) 中, 令 $x=3$, 则有

$$P(X=3|\theta) = \theta(1-\theta)^2,$$

于是联合概率为

$$P\Big(X=3,\theta=\frac{i}{4}\Big) = P\Big(\theta=\frac{i}{4}\Big)P\Big(X=3 \,\Big|\, \theta=\frac{i}{4}\Big) = \frac{1}{3}\cdot\frac{i}{4}\Big(1-\frac{i}{4}\Big)^2,$$

而 $X=3$ 的无条件概率 (边缘分布) 为

$$P(X=3) = \sum_{i=1}^{3} P\Big(\theta=\frac{i}{4}\Big)P\Big(X=3 \,\Big|\, \theta=\frac{i}{4}\Big)$$

$$= \frac{1}{3}\Big[\frac{1}{4}\Big(\frac{3}{4}\Big)^2 + \frac{2}{4}\Big(\frac{2}{4}\Big)^2 + \frac{3}{4}\Big(\frac{1}{4}\Big)^2\Big] = \frac{5}{48},$$

故在 $x=3$ 条件下, θ 的后验分布列为

$$P\Big(\theta=\frac{i}{4} \,\Big|\, x=3\Big) = \frac{P(X=3,\theta=i/4)}{P(X=3)} = \frac{4i}{5}\Big(1-\frac{i}{4}\Big)^2 \quad (i=1,2,3),$$

或将后验分布列表, 如表 4.2.3 所示.

表 4.2.3

θ	1/4	2/4	3/4
$P(\theta=i/4\|x=3)$	9/20	8/20	3/20

易见, θ 的最大后验估计 (后验众数估计) 为

$$\hat{\theta}_{\mathrm{MD}}=\frac{1}{4}.$$

为了计算此贝叶斯估计的后验均方误差, 先计算后验分布的均值和方差如下:

$$\begin{aligned}\hat{\theta}_{\mathrm{E}}=\mu^{\pi}(3)=E(\theta|x=3)&=\sum_{i=1}^{3}\frac{i}{4}P\Big(\theta=\frac{i}{4}\ \Big|\ X=3\Big)\\&=\sum_{i=1}^{3}\frac{i}{4}\cdot\frac{4i}{5}\Big(1-\frac{i}{4}\Big)^2=\sum_{i=1}^{3}\frac{i^2}{5}\Big(1-\frac{i}{4}\Big)^2=\frac{17}{40},\end{aligned}$$

而

$$\begin{aligned}E(\theta^2|x=3)&=\sum_{i=1}^{3}\Big(\frac{i}{4}\Big)^2P\Big(\theta=\frac{i}{4}\ \Big|\ x=3\Big)=\sum_{i=1}^{3}\Big(\frac{i}{4}\Big)^2\frac{4i}{5}\Big(1-\frac{i}{4}\Big)^2\\&=\sum_{i=1}^{3}\frac{i^3}{20}\Big(1-\frac{i}{4}\Big)^2=\frac{17}{80},\end{aligned}$$

于是可得后验方差为

$$\begin{aligned}V^{\pi}(3)=\mathrm{Var}(\theta|x=3)&=E(\theta^2|x=3)-\big[\mu^{\pi}(3)\big]^2\\&=\frac{17}{80}-\Big(\frac{17}{40}\Big)^2=\frac{51}{1600}.\end{aligned}$$

因此后验众数估计的 PMSE 为

$$\begin{aligned}PMSE(\hat{\theta}_{\mathrm{MD}})&=V^{\pi}(3)+(\hat{\theta}_{\mathrm{MD}}-\hat{\theta}_{\mathrm{E}})^2\\&=\frac{51}{1600}+\Big(\frac{1}{4}-\frac{17}{40}\Big)^2=\frac{1}{16}.\end{aligned}$$

最后给出求贝叶斯估计的一个应用实例.

例 4.2.9 保险公司原本没有设立车祸保险项目. 现考虑增设此项目, 需要了解车祸发生情况. 设一年中每千人开车者发生车祸的次数 $X|\lambda\sim P(\lambda)$ (即参数为 λ 的泊松分布). 保险公司认为 λ 的先验分布为伽马分布 $\Gamma(35,1)$. 为慎重起见, 通过对愿意购买车祸保险的 2000 人进行调查, 发现他们一年中有 85 人次发生车祸. 假定对每次车祸, 保险公司平均支付 1000 元人民币. 保险公司增设广告宣传这项保险, 一年费用 50 万元人民币. 若每张保单收保险费 50 元人民币, 一年可卖出保单 10 万张. 按这样收费, 保险公司一年能盈利多少?

解 令随机变量 X 表示一年内每 1000 名开车者中发生车祸的次数, 则 $X|\lambda\sim P(\lambda)$, $\lambda\sim\Gamma(\alpha,\beta)$. 设 $X_1,\cdots,X_n$ 为从总体 X 中抽取的随机样本. 由定理 3.5.1 (2) 可知 λ 的后验分布为 $\Gamma(n\bar{x}+\alpha,n+\beta)$, 即 λ 的后验密度为

$$\pi(\lambda|\boldsymbol{x})=\frac{(n+\beta)^{n\bar{x}+\alpha}}{\Gamma(n\bar{x}+\alpha)}\lambda^{n\bar{x}+\alpha-1}\mathrm{e}^{-(n+\beta)\lambda}\quad(\lambda>0).$$

此处 $n=2$, $n\bar{x}=x_1+x_2=85$, $\alpha=35$, $\beta=1$. 因而 λ 的后验期望估计为

$$\hat{\lambda}=E(\lambda|\boldsymbol{x})=\frac{n\bar{x}+\alpha}{n+\beta}=\frac{85+35}{2+1}=40.$$

即按后验分布, 每千人开车者年平均车祸的次数是 40. 10^5 张保单平均出车祸次数为 $40\times(10^5/1000)=4000$, 保险公司因车祸年赔付 $4000\times1000=400$ 万, 年花费广告费 50 万. 故保险公司年支出

$$\left(\frac{10^5}{1000}\times40\right)\times1000+500000=450\text{万},$$

保险公司年收入保费

$$10^5\times50=500\text{万},$$

因此保险公司年盈利: 500万 − 450万 = 50万 (元).

4.2.4 多参数情形

若 $\boldsymbol{\theta}=(\theta_1,\cdots,\theta_p)^{\mathrm{T}}$ 是向量, $\boldsymbol{\theta}$ 的后验分布为 $\pi(\boldsymbol{\theta}|\boldsymbol{x})$. 估计 $\boldsymbol{\theta}$ 的方法如下:

(1) 后验众数估计: 即从后验分布出发用后验极大似然估计获得使后验密度达到极大时 $\boldsymbol{\theta}$ 的值作为后验众数估计;

(2) 后验期望估计: $\boldsymbol{\mu}^{\pi}(\boldsymbol{x})=E^{\boldsymbol{\theta}|\boldsymbol{x}}(\boldsymbol{\theta})=(\mu_1^{\pi}(\boldsymbol{x}),\cdots,\mu_p^{\pi}(\boldsymbol{x}))^{\mathrm{T}}$. 估计量的精度用后验协方差阵 (记为 $\mathrm{Cov}^{\pi}(\boldsymbol{x})$) 来衡量

$$\mathrm{Cov}^{\pi}(\boldsymbol{x})=E^{\boldsymbol{\theta}|\boldsymbol{x}}\{[\boldsymbol{\theta}-\boldsymbol{\mu}^{\pi}(\boldsymbol{x})][\boldsymbol{\theta}-\boldsymbol{\mu}^{\pi}(\boldsymbol{x})]^{\mathrm{T}}\}.$$

对 $\boldsymbol{\theta}$ 的任一估计 $\boldsymbol{\delta}(\boldsymbol{x})$, 其后验协方差阵可分解为

$$\begin{aligned}\mathrm{Cov}(\boldsymbol{\delta})&=E^{\boldsymbol{\theta}|\boldsymbol{x}}\{[\boldsymbol{\theta}-\boldsymbol{\delta}(\boldsymbol{x})][\boldsymbol{\theta}-\boldsymbol{\delta}(\boldsymbol{x})]^{\mathrm{T}}\}\\&=\mathrm{Cov}^{\pi}(\boldsymbol{x})+[\boldsymbol{\mu}^{\pi}(\boldsymbol{x})-\boldsymbol{\delta}(\boldsymbol{x})][\boldsymbol{\mu}^{\pi}(\boldsymbol{x})-\boldsymbol{\delta}(\boldsymbol{x})]^{\mathrm{T}}\\&\geqslant\mathrm{Cov}^{\pi}(\boldsymbol{x}).\end{aligned}$$

此处方阵 $\boldsymbol{A}\geqslant\boldsymbol{B}$ 表示 $\boldsymbol{A}-\boldsymbol{B}$ 为非负定阵. 可见后验期望估计仍使后验协方差矩阵达到最小.

4.3 区间估计

4.3.1 可信区间的定义

对于区间估计问题, 贝叶斯方法具有处理方便和含义清晰的优点. 而经典方法寻求的置信区间常受到批评.

在获得 θ 的后验分布 $\pi(\theta|\boldsymbol{x})$ 后, 可立即求 θ 落在某区间 $[a,b]$ 内的后验概率为 $1-\alpha$ $(0<\alpha<1)$ 的区间估计, 即使

$$P(a\leqslant\theta\leqslant b\mid\boldsymbol{x})=\int_a^b\pi(\theta|\boldsymbol{x})\mathrm{d}\theta=1-\alpha,$$

就称 $[a,b]$ 为 θ 的贝叶斯区间估计, 又称为贝叶斯可信区间, 这是 θ 的后验分布为连续随机变量的情形. 若 θ 为离散型随机变量, 对给定的后验概率 $1-\alpha$, 上式中的区间 $[a,b]$ 不一定存在, 而要将左边概率适当放大一点, 使 $P(a\leqslant\theta\leqslant b|\boldsymbol{x})\geqslant 1-\alpha$, 这样的区间也是 θ 的贝叶斯可信区间. 可信区间的一般定义如下:

定义 4.3.1 设参数 θ 的后验分布为 $\pi(\theta|\boldsymbol{x})$. 对给定的样本 $\boldsymbol{x}$ 和概率 $1-\alpha$ $(0<\alpha<1$, 通常 α 取较小的数), 若存在两个统计量 $\hat{\theta}_1=\hat{\theta}_1(\boldsymbol{x})$ 和 $\hat{\theta}_2=\hat{\theta}_2(\boldsymbol{x})$, 使得

$$P(\hat{\theta}_1\leqslant\theta\leqslant\hat{\theta}_2\mid\boldsymbol{x})\geqslant 1-\alpha,$$

则称 $[\hat{\theta}_1,\hat{\theta}_2]$ 为 θ 的可信水平为 $1-\alpha$ 的贝叶斯可信区间 (Bayesian credible interval), 常简称为 θ 的 $1-\alpha$ 可信区间. 满足

$$P(\theta\geqslant\hat{\theta}_{\mathrm{L}}\mid\boldsymbol{x})\geqslant 1-\alpha$$

的 $\hat{\theta}_{\mathrm{L}}=\hat{\theta}_{\mathrm{L}}(\boldsymbol{x})$ 称为 θ 的可信水平 $1-\alpha$ 的贝叶斯可信下限 (Bayesian lower credible limit). 而满足

$$P(\theta\leqslant\hat{\theta}_{\mathrm{U}}\mid\boldsymbol{x})\geqslant 1-\alpha$$

的 $\hat{\theta}_{\mathrm{U}}=\hat{\theta}_{\mathrm{U}}(\boldsymbol{x})$ 称为 θ 的可信水平 $1-\alpha$ 的贝叶斯可信上限 (Bayesian upper credible limit).

这里的可信水平和可信区间与经典统计方法中的置信水平和置信区间虽是同类概念, 但二者存在本质差别, 主要表现在:

(1) 基于后验分布 $\pi(\theta|\boldsymbol{x})$, 在给定 $\boldsymbol{x}$ 和 $1-\alpha$ 后求得了可信区间, 如 θ 的可信水平为 $1-\alpha=0.9$ 的可信区间为 $[1.2,2.0]$, 这时我们可以写成

$$P(1.2\leqslant\theta\leqslant 2.0\mid\boldsymbol{x})=\int_{1.2}^{2.0}\pi(\theta|\boldsymbol{x})\mathrm{d}\theta=0.9.$$

我们既可以说“θ 属于这个区间的概率为 0.9”，也可以说“θ 落入这个区间的概率为 0.9”，可对置信区间就不能这样说, 因为经典统计方法认为 θ 为未知常数, 不是随机变量, 它要么在 [1.2,2.0] 内, 要么在其外, 不能说“θ 落在 [1.2,2.0] 内的概率为 0.9”，而只能说“在 100 次重复使用这个置信区间时, 大约有 90 次能覆盖 θ”. 这种频率解释对仅使用这个置信区间一次或两次的人来说是毫无意义的. 相比之下, 贝叶斯可信区间简单、自然, 易被人们接受和理解. 事实上, 很多实际工作者常把求得的置信区间当可信区间去用.

(2) 用经典统计方法寻求置信区间, 有时是困难的, 要设法构造一个枢轴变量, 使它的表达式与 θ 有关, 而使它的分布与 θ 无关. 这是一项技术性很强的工作, 有时找枢轴变量的分布相当困难, 而寻求可信区间只需要利用后验分布, 不需要寻求另外的分布, 相对来说要简单得多.

例 4.3.1　设 $X_1,\cdots,X_n$ i.i.d. $\sim N(\theta,\sigma^2)$, σ^2 已知. 令 θ 的先验分布为 $\theta\sim N(\mu,\tau^2)$, 其中 μ 和 τ^2 已知. 求 θ 的 $1-\alpha$ 的可信区间.

解　由定理 3.2.2 (1), 可知 θ 的后验分布 $\pi(\theta|\boldsymbol{x})$ 为 $N(\mu_n(\bar{x}),\eta_n^2)$, 其中

$$\begin{aligned}\mu_n(\bar{x})&=\frac{\sigma^2/n}{\sigma^2/n+\tau^2}\,\mu+\frac{\tau^2}{\sigma^2/n+\tau^2}\,\bar{x},\\ \eta_n^2&=\frac{\tau^2\cdot\sigma^2/n}{\sigma^2/n+\tau^2}=\frac{\sigma^2\tau^2}{\sigma^2+n\tau^2}.\end{aligned}\tag{4.3.1}$$

因此很容易获得 θ 的可信水平 $1-\alpha$ 的可信区间, 令

$$\begin{aligned}1-\alpha&=P\left(\left|\frac{\theta-\mu_n(\bar{x})}{\eta_n}\right|\leqslant u_{\alpha/2}\middle|\boldsymbol{x}\right)\\&=P(\mu_n(\bar{x})-\eta_n u_{\alpha/2}\leqslant\theta\leqslant\mu_n(\bar{x})+\eta_n u_{\alpha/2}|\boldsymbol{x}),\end{aligned}$$

其中 $u_{\alpha/2}$ 为 $N(0,1)$ 的上侧 $\alpha/2$ 分位数, 故 θ 的可信水平 $1-\alpha$ 的可信区间为

$$[\mu_n(\bar{x})-\eta_n u_{\alpha/2},\ \mu_n(\bar{x})+\eta_n u_{\alpha/2}].$$

看一个具体的例子. 在儿童智商测试问题中, 假定智商的测试结果 $X\sim N(\theta,100)$, 其中 θ 为被测试儿童智商的真值, 又假设 θ 的先验分布为 $\theta\sim N(100,225)$. 若儿童智商测试的得分为 $x=115$. 与例 4.2.1 相同, 令 $n=1$, 由式 (4.3.1) 算得 $\mu_n(x)=110.38$, $\eta_n^2=8.32^2$, 即 θ 的后验分布 $\pi(\theta|x)$ 为 $N(110.38,\ 8.32^2)$. 因此, θ 的可信水平 95%的可信区间是

$$[\mu_n(x)-1.96\eta_n,\ \mu_n(x)+1.96\eta_n]=[94.07,\ 126.69].$$

在这个例子中, 若不用先验信息, 仅用抽样信息, 则按经典方法, 由 $X\sim N(\theta,100)$ 和该儿童智商测试的得分 $x=115$, 求得 θ 的置信水平 0.95 的置信区间是

$$[115-10\times1.96,115+10\times1.96]=[95.4,134.6].$$

这两个区间是不同的, 区间长度也不相等. 可信区间长度短了一些, 这是由于利用了先验信息, 其精度高一些. 另一个不同是经典方法不能说“θ 落入区间 [95.4,134.6] 的概率为 0.95”, 也不能说“θ 属于此区间的概率为 0.95”. 这就是经典置信区间常受到批评的原因.

例 4.3.2 彩色电视机的寿命服从指数分布 $Exp\{1/\theta\}$, 其密度函数为

$$f(x|\theta)=\theta^{-1}\exp\Big\{-\frac{x}{\theta}\Big\}\cdot I_{(0,\infty)}(x),$$

其中 $\theta>0$ 为彩电的平均寿命. 现从一批彩电中随机抽取 n 台进行寿命试验, 试验进行到第 r $(1\leqslant r\leqslant n)$ 台失效时为止, 其失效时间为 $t_1\leqslant t_2\leqslant\cdots\leqslant t_r$, 其他 $n-r$ 台彩电直到停止试验的时间 t_r 时还未失效, 这样的试验称为定数截尾寿命试验, 所得样本 $(t_1,t_2,\cdots,t_r)$ 称为截尾样本, 假定 θ 的先验分布为逆伽马分布 $\mathit{\Gamma}^{-1}(\alpha,\beta)$. 求此批彩电平均寿命的估计量及其可信下限.

解 设被抽取的 n 台彩电的寿命为 $X_1,X_2,\cdots,X_n$. 令 $X_{(1)}\leqslant\cdots\leqslant X_{(n)}$ 为其次序统计量, 记 $t_1=X_{(1)},\cdots,t_r=X_{(r)}$. 易知

$$T=\sum_{j=1}^{r}t_j+(n-r)t_r \tag{4.3.2}$$

是 θ 的充分统计量, 且给定 θ 时 $2T/\theta\sim\chi^2_{2r}$, 故 T 的密度函数为

$$g(t|\theta)=\frac{\theta^{-r}}{\Gamma(r)}t^{r-1}\exp\Big\{-\frac{t}{\theta}\Big\}\cdot I_{(0,\infty)}(t)\quad(\theta>0).$$

由定理 3.4.2(3) 可知, 若 θ 的先验密度为

$$\pi(\theta)=\frac{\beta^{\alpha}}{\Gamma(\alpha)}\theta^{-(\alpha+1)}\exp\Big\{-\frac{\beta}{\theta}\Big\}\cdot I_{(0,\infty)}(\theta), \tag{4.3.3}$$

则 θ 的后验密度为

$$\pi(\theta|t)=\frac{(t+\beta)^{r+\alpha}}{\Gamma(r+\alpha)}\theta^{-(r+\alpha+1)}\exp\Big\{-\frac{t+\beta}{\theta}\Big\}\cdot I_{(0,\infty)}(\theta), \tag{4.3.4}$$

即 θ 的后验分布为逆伽马分布 $\mathit{\Gamma}^{-1}(r+\alpha,t+\beta)$.

显然, θ 的后验期望估计就是彩电的平均寿命的估计量, 故有

$$\hat{\theta}_{\mathrm{E}}=E(\theta|t)=\frac{t+\beta}{r+\alpha-1}. \tag{4.3.5}$$

利用后验分布 (4.3.4) 可获得 θ 的可信下限. 为了在构造 θ 的可信下限时方便查表, 需要对后验分布 $\mathit{\Gamma}^{-1}(r+\alpha,t+\beta)$ 做一些变换:

(1) 若 $\theta|t\sim\mathit{\Gamma}^{-1}(r+\alpha,t+\beta)$, 则 $\theta^{-1}|t\sim\mathit{\Gamma}(r+\alpha,t+\beta)$;

(2) 若 $\theta^{-1}|t\sim\mathit{\Gamma}(r+\alpha,t+\beta)$, 则 $2(t+\beta)\theta^{-1}|t\sim\chi^2_f$, 其中 $f=2(r+\alpha)$ 为 χ^2 分布的自由度.

设 $\chi_f^2(\eta)$ 是自由度为 f 的 χ^2 分布的上侧 η 分位数, 则有

$$P\left(\frac{2(t+\beta)}{\theta}\leqslant\chi_f^2(\eta)\,\middle|\,t\right)=P\left(\frac{2(t+\beta)}{\chi_f^2(\eta)}\leqslant\theta\,\middle|\,t\right)=1-\eta.$$

于是可得 θ 的 $1-\eta$ 的可信下限为

$$\hat{\theta}_{\mathrm{L}}=\frac{2(t+\beta)}{\chi_f^2(\eta)}. \tag{4.3.6}$$

下面是一个具体数字的例子. 为求出彩电平均寿命 θ 的贝叶斯估计 (4.3.5) 的具体值, 需要确定先验分布中超参数 α 和 β 的值. 我国彩电生产实验室和一些独立的实验室收集到 13142 台彩电寿命试验的数据, 共计 5369812 台时, 此外还有 9240 台彩电进行了三年现场跟踪试验, 总共进行了 5547810 台时试验. 这些试验中总共失效台数不超过 250. 对如此大量先验信息加工整理后, 确认我国彩电平均寿命不低于 30000 小时, 它的 10% 的分位数 $\theta_{0.1}$ 大约为 11250 小时, 经过一些专家认定, 这两个数据符合我国 20 世纪 80 年代彩电寿命的实际情况, 也是留有余地的.

由此可列出如下两个方程:

$$\begin{cases}\dfrac{\beta}{\alpha-1}=30000,\\ \displaystyle\int_0^{11250}\pi(\theta)\mathrm{d}\theta=0.1\,,\end{cases} \tag{4.3.7}$$

其中第一个方程由先验分布为逆伽马分布 $\Gamma^{-1}(\alpha,\beta)$ 的数学期望 $E(\theta)=\beta/(\alpha-1)$ 确定的. 在计算机上解此方程组, 得

$$\alpha=2.9914,\quad \beta=59741. \tag{4.3.8}$$

将其代入式 (4.3.3) 和式 (4.3.4), 得到 θ 的先验分布 $\theta\sim\Gamma^{-1}(2.9914,59741)$ 和后验分布 $\theta|t\sim\Gamma^{-1}(r+2.9914,t+59741)$.

解方程组 (4.3.7) 的 R 代码如下:

```
# 由第一个方程可得: beta = 30000*(alpha-1), 代入第二个方程
# 第二个方程左边是 gamma(x,alpha,beta) 在 1/11250 到无穷大的积分
fun2 <- function(alpha){
  beta = 30000*(alpha-1)
  y <- 1-pgamma(1/11250,shape = alpha, rate = beta)
  y-0.1
}
curve(fun2,from=2.5,to=3.5)
alpha <- uniroot(fun2,interval =c(2.5,3.5))$root
beta <- 30000*(alpha-1)
alpha
[1] 2.991383
beta
[1] 59741.48
```

现随机抽取 100 台彩电, 在规定条件下连续进行 400 小时寿命试验, 没有发生一台失效 (称为零失效试验). 令 $r=0$, $n=100$, $t_0=400$, 由式 (4.3.2), 可知总试验时

间为

$$t=(n-r)t_0=100\times 400=40000\ (\text{小时}). \tag{4.3.9}$$

据此, 由式 (4.3.5)、式 (4.3.8) 和式 (4.3.9), 可知彩电平均寿命 θ 的贝叶斯估计为

$$\hat{\theta}=\frac{\beta+t}{r+\alpha-1}=\frac{59741+40000}{2.9914-1}=50086\ (\text{小时}).$$

为求 θ 的可信系数 $1-\eta=0.90$ 的可信下限, 需要查表求自由度 $f=2(r+\alpha)=5.9828$ 的上侧 η 分位数. 当自由度 f 不是自然数时, χ^2 分布表不存在, 但可以通过线性插值求得其近似值, 若取 $1-\eta=0.9$, 则可从 χ^2 分布表上查得 $\chi_5^2(0.10)=9.236$, $\chi_6^2(0.10)=10.645$, 再用线性内插获得其近似值 $\chi_{5.9828}^2(0.10)=10.612$. 最后由式 (4.3.6)、式 (4.3.8) 和式 (4.3.9), 可得 θ 的可信系数 0.90 的可信下限为

$$\hat{\theta}_{\mathrm{L}}=\frac{2(t+\beta)}{\chi_f^2(\eta)}=\frac{2(40000+59741)}{10.612}=18798\ (\text{小时}).$$

上述计算表明, 20 世纪 80 年代我国彩电的平均寿命约 50000 小时, 而平均寿命的可信系数 90% 的可信下限约为 18800 小时.

4.3.2 最大后验密度可信区间

衡量一个可信区间的好坏, 一看它的可信度 $1-\alpha$, 二看它的精度, 即区间的长度. 可信度 $1-\alpha$ 越大, 精度越高 (即区间越短) 越好. 寻找最优可信区间的方法是在控制可信度为 $1-\alpha$ 的前提下, 找长度最短的区间. 通常获得可信度 $1-\alpha$ 的可信区间不止一个, 但其中必有一个是最短的.

等尾可信区间在实际中常被使用, 其计算方便, 但不一定是最好的, 最好的可信区间应是区间长度最短的. 若后验分布是单峰对称的, 则等尾是最好的. 要使可信区间最短, 只有把具有最大后验密度的点都包含在区间内, 而在区间外的点的后验密度之值都不会超过区间内的点的后验密度之值, 这样的区间称为最大后验密度可信区间, 定义如下.

定义 4.3.2 设参数 θ 的后验密度为 $\pi(\theta|\boldsymbol{x})$. 对给定的概率 $1-\alpha$ $(0<\alpha<1)$, 若集合 C 满足如下条件:

(1) $P(\theta\in C\mid\boldsymbol{x})=\int_C\pi(\theta|\boldsymbol{x})\mathrm{d}\theta=1-\alpha$;

(2) 对任给的 $\theta_1\in C$ 和 $\theta_2\notin C$, 总有 $\pi(\theta_1\mid\boldsymbol{x})\geqslant\pi(\theta_2\mid\boldsymbol{x})$,

则称 C 为 θ 的可信水平 $1-\alpha$ 的最大后验密度可信集 (the highest posterior density (HPD) credible set), 简称为 $1-\alpha$ HPD 可信集 (区间).

注 4.3.1 这个定义是仅对后验密度函数而给的, 这是因为当 θ 为离散型随机变量时, HPD 可信集很难求出. 由定义可见, 当后验密度 $\pi(\theta|\boldsymbol{x})$ 为单峰时, HPD 可信区间总

存在；当后验密度为多峰时, 可能得到几个互不连接的区间组成的 HPD 可信区间 (见图 4.3.1), 有些统计学家建议放弃 HPD 准则, 宜采用相连接的等尾可信区间.

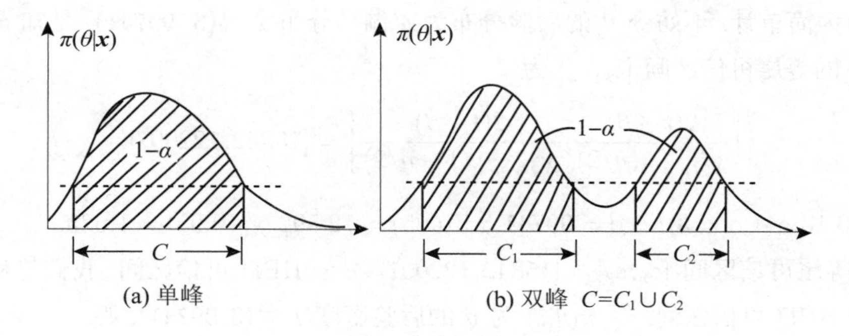

图 4.3.1 HPD 可信区间与 HPD 可信集

当后验分布为单峰对称时, $1-\alpha$ HPD 可信区间易求, 它就是等尾区间. 当后验密度为单峰, 但不对称时, 寻求 HPD 可信区间并不容易, 但可用计算机进行数值计算. 例如, 当后验密度 $\pi(\theta|\boldsymbol{x})$ 为单峰连续函数时, 可按下述方法逐步逼近, 获得 θ 的一个 $1-\alpha$ HPD 可信区间.

(1) 对给定的 k 建立子程序: 解方程 $\pi(\theta|\boldsymbol{x})=k$, 求得 $\theta_1(k)$ 和 $\theta_2(k)$, 从而组成一个区间

$$C(k)=[\theta_1(k),\theta_2(k)]=\{\theta:\pi(\theta\mid\boldsymbol{x})\geqslant k\}.$$

(2) 建立第二个子程序, 用来计算概率:

$$P(\theta\in C(k)\mid\boldsymbol{x})=\int_{C(k)}\pi(\theta\mid\boldsymbol{x})\mathrm{d}\theta.$$

(3) 对给定的 k, 若 $P(\theta\in C(k)\mid\boldsymbol{x})\approx 1-\alpha$, 则 $C(k)$ 即为所求的 HPD 可信区间.

(a) 若 $P(\theta\in C(k)\mid\boldsymbol{x})>1-\alpha$, 则增大 k, 再转入 (1) 与 (2);

(b) 若 $P(\theta\in C(k)\mid\boldsymbol{x})<1-\alpha$, 则减小 k, 再转入 (1) 与 (2).

例 4.3.3 设 $X_1,\cdots,X_n$ i.i.d. $\sim N(\theta,\sigma^2)$, σ^2 已知, θ 的先验分布为无信息先验, 即 $\pi(\theta)\equiv 1$, $\theta\in\mathbb{R}$. 求 θ 的可信水平为 $1-\alpha$ 的 HPD 可信区间.

解 由定理 3.2.1 (1), 易知 θ 的后验分布 $\pi(\theta|\bar{x})$ 为 $N(\bar{x},\sigma^2/n)$, 后验分布为单峰且关于 $\bar{x}$ 对称. 令 $P(|(\theta-\bar{x})/\sqrt{\sigma^2/n}\,|\leqslant u_{\alpha/2}\mid\boldsymbol{x})=1-\alpha$, 故 θ 的 $1-\alpha$ HPD 可信区间为

$$\left[\bar{x}-\frac{\sigma}{\sqrt{n}}u_{\alpha/2},\bar{x}+\frac{\sigma}{\sqrt{n}}u_{\alpha/2}\right], \tag{4.3.10}$$

其中 $u_{\alpha/2}$ 为 $N(0,1)$ 的上侧 $\alpha/2$ 分位数. 这与用经典统计方法得到的置信区间相同. 这再次说明由经典方法获得的区间估计是特殊先验分布下的贝叶斯区间估计.

例 4.3.4 (续例 4.3.2) 在例 4.2.2 中已确定彩电的平均寿命 θ 的后验分布为逆伽马分布 $\Gamma^{-1}(2.9914,99741)$, 求 θ 的可信水平为 0.90 的最大后验密度 (HPD) 可信区间.

解 为简单计, 不妨令 θ 的后验分布为逆伽马分布 $\Gamma^{-1}(3,99741)$, 易知 θ 可信水平为 0.90 的等尾可信区间 $[c_1,c_2]$ 为

$$\left[\frac{2(t+\beta)}{\chi^2_{2(r+\alpha)}(\eta/2)},\frac{2(t+\beta)}{\chi^2_{2(r+\alpha)}(1-\eta/2)}\right]=[15842,122007],$$

其中 $\eta=0.10,\gamma+\alpha=3,t+\beta=99741,\chi^2_6(0.05)=12.592,\chi^2_6(0.95)=1.635.$

显然等尾可信区间 $[c_1,c_2]=[15842,122007]$ 不是 HPD 可信区间, 我们将从它出发求出 θ 的 HPD 可信区间. 令 $\pi(\theta|t)$ 为 θ 的后验密度 $\Gamma^{-1}(3,99741)$, 则

$$\pi(c_1|t)=\pi(15842|t)=0.0000144\triangleq k_1,$$

$$\pi(c_2|t)=\pi(122007|t)=0.000000998\triangleq k_2.$$

按下列步骤求出 θ 的可信水平为 0.90 的 HPD 可信区间:

(1) 令 $k=(k_1+k_2)/2$, 解方程 $\pi(\theta|t)=k$, 得到 $c_1(k)$ 和 $c_2(k)$ 而构成一个区间

$$C(k)=[c_1(k),c_2(k)]=\{\theta:\ \pi(\theta|t)\geqslant k\}.$$

(2) 计算 θ 落入上述区间的后验概率:

$$p=P(\theta\in C(k)|t)=\int_{C(k)}\pi(\theta|t)\mathrm{d}\theta.$$

(3) 对给定的 k 和可信系数 $1-\eta=0.90$,

(a) 若绝对值 $|p-0.9|\approx 0$, 则停止计算, $C(k)$ 就是所求的 HPD 可信区间;

(b) 若 $p-0.9>0$, 则将 k 赋值给 k_2, 转入 (1) 和 (2);

(c) 若 $p-0.9<0$, 则将 k 赋值给 k_1, 转入 (1) 和 (2).

其 R 代码如下:

```
dvgamma <- function(x, alpha=3, beta=99741)
  dgamma(1/x, alpha, beta)/x^2
plot(dvgamma, 10000, 100000)
  k1<-0.0000144
  k2<-0.000000998

# 根据给定的迭代程序求 HPD 可信区间.
repeat{
k<-(k1+k2)/2
dvgammak <- function(x, alpha=3, beta=99741, k)
  dvgamma(x, alpha, beta)-k
c1 <- uniroot(dvgammak, interval = c(5000, 30000), k=k)$root
c2 <- uniroot(dvgammak, interval = c(30000, 120000), k=k)$root
p <-pgamma(1/c1, shape =3, rate=99741)-pgamma(1/c2, shape =3, rate=99741)
   if (abs(p-0.9)<=2e-5) break
   if (p-0.9>0)  k2<-k
```

```
    else  k1<-k
  }
  p
  [1] 0.9000146

  # 当可信系数 p=0.9 时所得 HPD 可信区间为 [c1, c2].
  c1
  [1] 10037.23
  c2
  [1] 91716.73
```

即所求可信区间为 [10037, 91717].

例 4.3.5　设 $X_1,\cdots,X_n$ 为从柯西分布 $C(\theta,1)$ $(\theta>0)$ 中抽取的随机样本, 取先验 $\pi(\theta)\equiv 1$ $(\theta>0)$. 求 θ 的可信水平为 0.95 的 HPD 可信区间.

解　样本 $\boldsymbol{X}=(X_1,\cdots,X_n)$ 的联合密度为

$$f(\boldsymbol{x}|\theta)=\prod_{i=1}^{n}\frac{1}{\pi[1+(x_i-\theta)^2]},$$

故 θ 的后验密度为

$$\pi(\theta|\boldsymbol{x})=\frac{\displaystyle\prod_{i=1}^{n}[1+(x_i-\theta)^2]^{-1}}{\displaystyle\int_0^{\infty}\prod_{i=1}^{n}[1+(x_i-\theta)^2]^{-1}\mathrm{d}\theta}\quad(\theta>0).\tag{4.3.11}$$

这是一个很不容易计算的后验分布, 找可信水平为 0.95 的 HPD 可信区间由计算机进行数值计算则很容易. 例如, $n=5$, $\boldsymbol{x}=(4.0,\ 5.5,\ 7.5,\ 4.5,\ 3.0)$, 则可信水平为 95% 的 HPD 可信区间的求法与例 4.3.4 相似:

首先, 用数值方法求出由式 (4.3.11) 给出的后验分布 $\pi(\theta|\boldsymbol{x})$, 这是一个单峰分布. 然后, 由此后验分布求出其 0.025 和 0.975 的分位数 $d_1=3.170609$, $d_2=6.149878$, 显然可信系数 95% 的等尾可信区间为 $[d_1,d_2]=[3.170609,6.149878]$, 但它不是 HPD 可信区间. 我们将从它出发求出 θ 的 HPD 可信区间. 令

$$\pi(d_1|\boldsymbol{x})=\pi(3.170609|\boldsymbol{x})=0.07809359\triangleq k_1,$$
$$\pi(d_2|\boldsymbol{x})=\pi(6.149878|\boldsymbol{x})=0.05190256\triangleq k_2.$$

按下列步骤求出 θ 的可信水平为 0.95 的 HPD 可信区间:

(1) 令 $k=(k_1+k_2)/2$, 解方程 $\pi(\theta|\boldsymbol{x})=k$, 得到 $c_1(k)$ 和 $c_2(k)$ 而构成一个区间

$$C(k)=[c_1(k),c_2(k)]=\{\theta:\ \pi(\theta|\boldsymbol{x})\geqslant k\}.$$

(2) 计算 θ 落入上述区间的后验概率:

$$p=P(\theta\in C(k)|\boldsymbol{x})=\int_{C(k)}\pi(\theta|\boldsymbol{x})\mathrm{d}\theta.$$

(3) 对给定的 k 和可信水平 0.95,

(a) 若绝对值 $|p-0.95| \approx 0$, 则停止计算, $C(k)$ 就是所求 HPD 可信区间;

(b) 若 $p-0.95>0$, 则将 k 赋值给 k_2, 转入 (1) 和 (2);

(c) 若 $p-0.95<0$, 则将 k 赋值给 k_1, 转入 (1) 和 (2).

其 R 代码如下:

```
f <-function(theta){
  x <- c(4, 5.5, 7.5, 4.5, 3)
  y <- 1
  for( i in 1:5)
    y <- y/(1+(x[i]-theta)^2)
  y
}

pi <- function(theta){
    z <- integrate( f, 0, Inf)$value
    y <- f(theta)/z
    y
}
curve(pi, 0, 10)# 单峰

# 求后验分布的几个分位数
q<-c(0, 0, 0, 0, 0)
a<-c(0.025, 0.25, 0.5, 0.75, 0.975)
for (i in 1:5){
quant<-function(x, alpha=a[i])
      integrate(pi, -Inf, x)$value-a[i]
q[i]<-uniroot(quant, c(0, 10))$root
}
q   # 后验分布的分位数向量
[1] 3.170609 4.070215 4.519856 5.004246 6.149878

k1<-pi(q[1])
k2<-pi(q[5])

# 利用给定的迭代程序求 HPD 可信区间
repeat{
k<-(k1+k2)/2
ppk <-function(theta, k){
  y <- pi(theta)-k
  y
}
c1<- uniroot(ppk, c(0, 5), k=k)$root
c2<-uniroot(ppk, c(5, 10), k=k)$root
p<- integrate(pi, c1, c2)$value
if (abs(p-0.95)<=5e-06) break
if (p-0.95>0)  k2<-k
else  k1<-k
}
p  #HPD 可信区间的可信度
[1] 0.9500043

c1;c2   #HPD 可信区间 [c1, c2]
[1] 3.096664
[1] 6.05917
```

由上述 R 代码求出 θ 的可信水平 0.95 的 HPD 可信区间为 [3.10, 6.06]. 相反, 对此问题如何用小样本方法求得一个经典置信区间还不很清楚, 因为求经典置信区间需要

设法构造一个枢轴变量, 找出枢轴变量的分布是一项技术性很强的工作, 相当困难. 而寻求可信区间只需要利用后验分布, 不需要寻求另外的分布, 相对说来要简单得多.

4.3.3 大样本方法

1. 一元情形

设 $X_1,\cdots,X_n$ i.i.d. $\sim f(x|\theta)$. 记 $\boldsymbol{X}=(X_1,\cdots,X_n)$, $f_n(\boldsymbol{x}|\theta)=\prod_{i=1}^{n}f(x_i|\theta)$, $\pi(\theta)$ 为先验分布, 则

$$\pi_n(\theta|\boldsymbol{x})=\frac{f_n(\boldsymbol{x}|\theta)\pi(\theta)}{m_n(\boldsymbol{x})},$$

此处 $m_n(\boldsymbol{x})$ 为边缘分布, 即

$$m_n(\boldsymbol{x})=\int_{\Theta}f_n(\boldsymbol{x}|\theta)\pi(\theta)\mathrm{d}\theta.$$

在适当条件下可证明: 当 n 充分大时, $\pi_n(\theta|\boldsymbol{x})$ 近似服从 $N(\mu^{\pi}(\boldsymbol{x}),V^{\pi}(\boldsymbol{x}))$, 此处 $\mu^{\pi}(\boldsymbol{x})$ 和 $V^{\pi}(\boldsymbol{x})$ 分别为后验均值和后验方差. 令

$$P\left(\left|\frac{\theta-\mu^{\pi}(\boldsymbol{x})}{\sqrt{V^{\pi}(\boldsymbol{x})}}\right|\leqslant u_{\alpha/2}\Big|\boldsymbol{x}\right)\approx 1-\alpha,$$

故 θ 的可信水平近似为 $1-\alpha$ 的 HPD 可信区间为

$$\left[\,\mu^{\pi}(\boldsymbol{x})-u_{\alpha/2}\sqrt{V^{\pi}(\boldsymbol{x})},\ \mu^{\pi}(\boldsymbol{x})+u_{\alpha/2}\sqrt{V^{\pi}(\boldsymbol{x})}\,\right]. \tag{4.3.12}$$

例 4.3.6 (续例 4.3.5)　由式 (4.3.11) 给出的后验密度显然不是正态的. 用后验分布的渐近正态分布, 求 θ 的可信水平近似为 $1-\eta$ 的 HPD 可信区间.

解　在例 4.3.5 中也只有五个来自柯西分布的观测值, 也许觉得倘若用正态近似会不准确. 然而, 可以看到后验是单峰的, 除去 2.5% 及 97.5% 之外的尾部, 用正态近似非常成功. 由数值计算得 $\mu^{\pi}(\boldsymbol{x})=4.55$, $V^{\pi}(\boldsymbol{x})=0.562$. 实际的和近似的后验分位数如表 4.3.1 所示.

表 4.3.1　实际的和近似的后验分位数

α	2.5	25	50	75	97.5
$\pi(\theta|\boldsymbol{x})$ 的 α 分位数	3.17	4.07	4.52	5.00	6.15
$N(\mu^{\pi},V^{\pi})$ 的 α 分位数	3.08	4.04	4.55	5.06	6.02

由式 (4.3.11) 确定的后验分布的渐近正态分布, 得到 θ 的可信水平近似为 $1-\eta=0.95$ 的 HPD 可信区间为 $C=[3.08,\ 6.02]$. 它与在例 4.3.5 中经由计算机计算获得的真实可信水平为 0.95 的 HPD 可信区间 [3.10, 6.06] 非常接近, 这个近似可信区间 C 具有实际的后验概率 (按式 (4.3.12) 计算) 为 0.948, 与 0.95 非常接近. 类似地, 可信水平近似为 0.90 的 HPD 可信区间为 [3.32, 5.78], 它具有实际的后验概率 0.906 .

注 4.3.2 表 4.3.1 第二行中的 5 个分位数由例 4.3.5 中的 R 代码给出; 第三行中的 5 个分位数由 R 函数 qnorm(b, mean=4.55, sd=a) 给出, 其中 $a=\sqrt{V^{\pi}(\boldsymbol{x})}=\sqrt{0.562}$, b 分别取 $0.025, 0.25, 0.5, 0.75, 0.975$.

2. 多元情形

设 $\boldsymbol{\theta}=(\theta_1,\cdots,\theta_p)$, HPD 可信集的定义不变, 仍由定义 4.3.2 给出.

例 4.3.7 设 $X\sim N_p(\boldsymbol{\theta},\boldsymbol{\Sigma})$, $\boldsymbol{\theta}$ 的先验分布 $\pi(\boldsymbol{\theta})$ 为 $N_p(\boldsymbol{\mu},\boldsymbol{A})$, 其中 $\boldsymbol{\mu}$ 和 $\boldsymbol{A}$ 已知. 求 $\boldsymbol{\theta}$ 的可信水平为 $1-\alpha$ 的可信集.

解 类似一元正态情形, 可以证明 (见习题 3 第 24 题) 后验密度 $\pi(\boldsymbol{\theta}|\boldsymbol{x})$ 是 $N_p(\boldsymbol{\mu}^{\pi}(\boldsymbol{x}),\boldsymbol{V}^{\pi}(\boldsymbol{x}))$, 其中 $\boldsymbol{\mu}^{\pi}(\boldsymbol{x})$ 和 $\boldsymbol{V}^{\pi}(\boldsymbol{x})$ 分别为后验均值向量和后验协方差阵,

$$\boldsymbol{\mu}^{\pi}(\boldsymbol{x})=\boldsymbol{x}-\boldsymbol{\Sigma}(\boldsymbol{\Sigma}+\boldsymbol{A})^{-1}(\boldsymbol{x}-\boldsymbol{\mu}),$$

$$\boldsymbol{V}^{\pi}(\boldsymbol{x})=(\boldsymbol{A}^{-1}+\boldsymbol{\Sigma}^{-1})^{-1}=\boldsymbol{\Sigma}-\boldsymbol{\Sigma}(\boldsymbol{A}+\boldsymbol{\Sigma})^{-1}\boldsymbol{\Sigma}.$$

由多元正态分布理论, 可知 $[\boldsymbol{\theta}-\boldsymbol{\mu}^{\pi}(\boldsymbol{x})]^{\mathrm{T}}[\boldsymbol{V}^{\pi}(\boldsymbol{x})]^{-1}[\boldsymbol{\theta}-\boldsymbol{\mu}^{\pi}(\boldsymbol{x})]\sim\chi^2_p$, 故 $\boldsymbol{\theta}$ 的 $100(1-\alpha)\%$ HPD 可信椭球为

$$C=\left\{\boldsymbol{\theta}:[\boldsymbol{\theta}-\boldsymbol{\mu}^{\pi}(\boldsymbol{x})]^{\mathrm{T}}[\boldsymbol{V}^{\pi}(\boldsymbol{x})]^{-1}[\boldsymbol{\theta}-\boldsymbol{\mu}^{\pi}(\boldsymbol{x})]\leqslant\chi^2_p(\alpha)\right\}, \tag{4.3.13}$$

此处 $\chi^2_p(\alpha)$ 为 χ^2 分布的上侧 α 分位数.

对于多元情形, 由于增加了计算上的困难, 当后验分布不是正态分布时, 将后验分布用多元正态近似更具有特殊意义.

4.4 假设检验

4.4.1 一般方法

假设检验是统计推断中一类重要问题. 在经典统计方法中处理假设检验问题要按以下步骤进行:

(1) 根据问题的要求提出零假设 H_0 和备择假设 H_1, 将假设检验问题写成

$$H_0:\ \theta\in\Theta_0 \leftrightarrow H_1:\ \theta\in\Theta_1, \tag{4.4.1}$$

其中 Θ_0 是参数空间 Θ 的非空真子集, 且 $\Theta_1=\Theta-\Theta_0$.

(2) 选择检验统计量 $T(\boldsymbol{X})$, 使其在零假设 H_0 为真时的概率分布是已知的, 这是经典方法中最困难的一步.

(3) 对给定的检验水平 α $(0<\alpha<1)$, 确定否定域 D, 使犯 I 型错误 (弃真) 的概率不超过 α.

(4) 作出结论: 若样本观测值 $\boldsymbol{X}$ 落入否定域 D, 就拒绝原假设 H_0; 否则就接受 H_0.

在贝叶斯统计方法中, 处理假设检验问题是直截了当的. 在获得后验分布 $\pi(\theta\mid\boldsymbol{x})$ 后, 计算两个假设 H_0 和 H_1 后验概率

$$\alpha_0=P(\theta\in\Theta_0|\boldsymbol{x}),\quad \alpha_1=P(\theta\in\Theta_1|\boldsymbol{x}). \tag{4.4.2}$$

α_0 和 α_1 是综合抽样信息和先验信息得出的两个假设实际发生的后验概率. 在做决定时, 通过比较 α_0 和 α_1 的大小, 当后验机会比 (或称为后验概率比) $\alpha_0/\alpha_1<1$ 时拒绝 H_0, 否则接受 H_0; 当 $\alpha_0/\alpha_1\approx 1$ 时, 不宜做决定, 需进一步抽样或进一步搜集先验信息.

将上述两种方法进行比较, 可见贝叶斯假设检验是简单的. 与经典统计方法相比, 它无需选择检验统计量、确定抽样分布, 也无需给出检验水平, 确定否定域; 而且容易推广到多重假设检验情形. 当有三个或三个以上假设时, 应接受具有最大后验概率的假设.

例 4.4.1　设随机变量 $X\sim B(n,\theta)$. 令 θ 的先验分布为 (0,1) 上的均匀分布. 求下列假设检验问题:

$$H_0:\theta\in\Theta_0=\{\theta:0<\theta\leqslant 1/2\}\leftrightarrow H_1:\theta\in\Theta_1=\{\theta:1/2<\theta<1\}.$$

解　由例 2.5.1(1), 可知 θ 的后验分布为 $B(x+1,n-x+1)$, 故有

$$\alpha_0=P(\Theta_0|x)=\frac{\Gamma(n+2)}{\Gamma(x+1)\Gamma(n-x+1)}\int_0^{1/2}\theta^x(1-\theta)^{n-x}\mathrm{d}\theta.$$

当 $n=5$ 时, 可算得各种 x 下的后验概率及后验机会比, 如表 4.3.2 所示.

表 4.4.1　θ 的后验机会比

x	0	1	2	3	4	5
α_0	63/64	57/64	42/64	22/64	7/64	1/64
α_1	1/64	7/64	22/64	42/64	57/64	63/64
α_0/α_1	63.0	8.41	1.91	0.52	0.12	0.016

可见当 $x=0,1,2$ 时, 应接受 H_0; 而在 $x=3,4,5$ 时, 应拒绝 H_0.

4.4.2　贝叶斯因子

在假设检验问题 (4.4.1) 的贝叶斯检验方法中, 虽然两个假设的后验概率比是主要的方法, 但下列的相关概念也是重要的.

定义 4.4.1 设两个假设参数空间 Θ_0 和 Θ_1 的先验概率分别为 π_0 和 π_1, 后验概率分别为 α_0 和 α_1, 比例 α_0/α_1 称为 H_0 对 H_1 的后验机会比 (posterior odds ratio), π_0/π_1 称为先验机会比 (prior odds ratio), 则贝叶斯因子 (Bayesian factor) 定义为

$$B^{\pi}(\boldsymbol{x})=\frac{\text{后验机会比}}{\text{先验机会比}}=\frac{\alpha_0/\alpha_1}{\pi_0/\pi_1}=\frac{\alpha_0\pi_1}{\alpha_1\pi_0}. \tag{4.4.3}$$

$B^{\pi}(\boldsymbol{x})$ 取值越大, 对 H_0 的支持程度越高.

注 4.4.1 从贝叶斯因子的定义看, 它既依赖于数据 $\boldsymbol{x}$, 又依赖于先验分布 π. 对两种机会比相除, 很多人认为, 这会减弱先验分布的影响, 突出数据的影响. 从定义上看, 贝叶斯因子 $B^{\pi}(\boldsymbol{x})$ 反映数据 $\boldsymbol{x}$ 支持 H_0 的程度.

下面讨论几种不同假设检验情形下的贝叶斯因子.

4.4.3 简单假设对简单假设

要解释 $B^{\pi}(\boldsymbol{x})$ 是合理的. 首先看 Θ_0 和 Θ_1 皆为简单假设的情形, 即

$$H_0:\ \theta\in\Theta_0=\{\theta_0\}\leftrightarrow H_1:\ \theta\in\Theta_1=\{\theta_1\}.$$

此时

$$\alpha_0=P(\Theta_0|\boldsymbol{x})=\frac{f(\boldsymbol{x}|\theta_0)\pi_0}{f(\boldsymbol{x}|\theta_0)\pi_0+f(\boldsymbol{x}|\theta_1)\pi_1},$$

$$\alpha_1=P(\Theta_1|\boldsymbol{x})=\frac{f(\boldsymbol{x}|\theta_1)\pi_1}{f(\boldsymbol{x}|\theta_0)\pi_0+f(\boldsymbol{x}|\theta_1)\pi_1},$$

其中 $f(\boldsymbol{x}|\theta)$ 为样本分布. 这时后验机会比为

$$\frac{\alpha_0}{\alpha_1}=\frac{\pi_0 f(\boldsymbol{x}|\theta_0)}{\pi_1 f(\boldsymbol{x}|\theta_1)}. \tag{4.4.4}$$

因此

$$B^{\pi}(\boldsymbol{x})=\frac{\alpha_0/\alpha_1}{\pi_0/\pi_1}=\frac{f(\boldsymbol{x}|\theta_0)}{f(\boldsymbol{x}|\theta_1)}.$$

如果要拒绝零假设 H_0, 则要求 $\alpha_0/\alpha_1<1$. 由式 (4.4.4) 可见其等价于

$$\frac{f(\boldsymbol{x}|\theta_1)}{f(\boldsymbol{x}|\theta_0)}>\frac{\pi_0}{\pi_1},$$

即要求两个密度函数值之比要大于临界值, 这与著名的奈曼-皮尔逊 (Neyman-Pearson) 引理的基本结果类似, 从贝叶斯观点看, 这个临界值就是两个先验概率比.

由此可见, $B^{\pi}(\boldsymbol{x})$ 正是 $\Theta_0\leftrightarrow\Theta_1$ 的似然比, 它通常被认为是由数据给出的 $\Theta_0\leftrightarrow\Theta_1$ 的机会比. 由于此种情形的贝叶斯因子不依赖于先验分布, 仅依赖于样本的似然比, 故贝叶斯因子 $B^{\pi}(\boldsymbol{x})$ 可视为数据 $\boldsymbol{x}$ 支持 Θ_0 的程度.

例 4.4.2 设 $X \sim N(\theta,1)$, 其中 θ 的取值有两种可能: 非 0 即 1. 令 $\boldsymbol{X}=(X_1,\cdots,X_n)$ 为从总体 X 中抽取的 i.i.d. 样本. 要检验假设

$$H_0:\theta=0 \leftrightarrow H_1:\theta=1.$$

解 样本均值为 $\bar{X}$ 是充分统计量, 其分布为 $\bar{X}\sim N(\theta,1/n)$. 设 θ 取 0 和 1 的先验概率分别为 π_0 和 π_1, 于是在 $\theta=0$ 和 $\theta=1$ 时似然函数分别为

$$f(\bar{x}|0)=\sqrt{\frac{n}{2\pi}}\exp\left\{-\frac{n}{2}\bar{x}^2\right\},$$
$$f(\bar{x}|1)=\sqrt{\frac{n}{2\pi}}\exp\left\{-\frac{n}{2}(\bar{x}-1)^2\right\},$$

而贝叶斯因子为

$$B^\pi(\bar{x})=\frac{\alpha_0\pi_1}{\alpha_1\pi_0}=\frac{f(\bar{x}|0)}{f(\bar{x}|1)}=\exp\left\{-\frac{n}{2}(2\bar{x}-1)\right\}.$$

若设 $n=10$, $\bar{x}=2$, 那么贝叶斯因子为

$$B^\pi(\bar{x})=\mathrm{e}^{-5\times 3}=3.06\times 10^{-7}.$$

这个数很小, 数据几乎没有可能支持 H_0 成立, 因为要接受 H_0, 须要求

$$\frac{\alpha_0}{\alpha_1}=B^\pi(\bar{x})\cdot\frac{\pi_0}{\pi_1}=3.06\times 10^{-7}\times\frac{\pi_0}{\pi_1}>1,$$

即使 $\pi_0/\pi_1=10000$ 也不可能有 $\alpha_0/\alpha_1>1$, 故必须明确地拒绝 H_0, 而接受 H_1.

4.4.4 复杂假设对复杂假设

考虑下列假设检验问题:

$$H_0:\theta\in\Theta_0 \leftrightarrow H_1:\theta\in\Theta_1,$$

其中 Θ_0 和 Θ_1 为参数空间 Θ 的非空复合集, 且 $\Theta_0\bigcup\Theta_1=\Theta$.

此时, 将先验分布 $\pi(\theta)$ 写成如下形式:

$$\pi(\theta)=\begin{cases}\pi_0 g_0(\theta), & \theta\in\Theta_0,\\ \pi_1 g_1(\theta), & \theta\in\Theta_1,\end{cases}$$

其中 π_0 和 π_1 分别为 Θ_0 和 Θ_1 上的先验概率, $g_0(\theta)$ 和 $g_1(\theta)$ 分别是 Θ_0 和 Θ_1 上的概率密度函数. 易见

$$\begin{aligned}\int_\Theta \pi(\theta)\mathrm{d}\theta&=\int_{\Theta_0}\pi_0 g_0(\theta)\mathrm{d}\theta+\int_{\Theta_1}\pi_1 g_1(\theta)\mathrm{d}\theta\\&=\pi_0+\pi_1=1,\end{aligned}$$

即 $\pi(\theta)$ 是参数空间 Θ 上的先验密度.

在上述记号下, 后验概率比为

$$\frac{\alpha_0}{\alpha_1}=\frac{\int_{\Theta_0} f(\boldsymbol{x}|\theta)\pi_0 g_0(\theta)\mathrm{d}\theta}{\int_{\Theta_1} f(\boldsymbol{x}|\theta)\pi_1 g_1(\theta)\mathrm{d}\theta},$$

故贝叶斯因子可表示为

$$B^\pi(\boldsymbol{x})=\frac{\alpha_0/\alpha_1}{\pi_0/\pi_1}=\frac{\int_{\Theta_0} f(\boldsymbol{x}|\theta)g_0(\theta)\mathrm{d}\theta}{\int_{\Theta_1} f(\boldsymbol{x}|\theta)g_1(\theta)\mathrm{d}\theta}=\frac{m_0(\boldsymbol{x})}{m_1(\boldsymbol{x})}.$$

可见 $B^\pi(x)$ 还依赖于 Θ_0 和 Θ_1 上的先验密度 g_0 和 g_1, 这时贝叶斯因子虽然已不是似然比, 但仍可看作 Θ_0 和 Θ_1 上的加权似然比 (权重分别为 g_0 和 g_1). 此时还不能认为对两个假设支持的度量完全由数据 $\boldsymbol{x}$ 决定, 它还和 g_0, g_1 有关, 只能说它部分地消除了先验分布的影响. 当 $B^\pi(\boldsymbol{x})$ 对 g_0 和 g_1 的选择相对不敏感时, 才可以说仅仅由数据来决定上述比值是合理的.

例 4.4.3 在儿童智商测试问题中, 设测试结果 $X\sim N(\theta,100)$, θ 为儿童测试中的智商真值, θ 的先验分布为 $N(100,225)$. 若这个儿童测试的得分为 $x=115$, 在例 4.3.1 中已求出 θ 的后验分布为 $N(110.38,8.32^2)$, 试求下列检验问题:

$$H_0:\theta\leqslant 100 \leftrightarrow H_1:\theta>100.$$

解 先求 α_0 和 α_1. 由于后验分布 $\pi(\theta|x)$ 为 $N(110.38,8.32^2)$, 查标准正态分布表, 易得

$$\alpha_0=P(\theta\leqslant 100|x)=0.106,$$
$$\alpha_1=P(\theta>100|x)=0.894,$$

故后验机会比 $\alpha_0/\alpha_1=1/8.43$.

由于 $\pi(\theta)$ 为 $N(100,225)$, 故

$$\pi_0=P^\pi(\theta\in\Theta_0)=P^\pi(\theta\leqslant 100)=0.5=\pi_1\,,$$

从而先验机会比为 1. 因此, 贝叶斯因子

$$B^\pi=\frac{\alpha_0\pi_1}{\alpha_1\pi_0}=\frac{\alpha_0}{\alpha_1}=\frac{1}{8.43}\,.$$

可见支持 H_0 的贝叶斯因子不高, 故否定 H_0 , 接受 H_1 .

例 4.4.4　设 $X \sim N(\theta,\sigma^2)$, 其中 σ^2 已知. 若 θ 的先验分布为无信息先验, 即 $\pi(\theta) \equiv 1$ $(\theta \in \mathbb{R})$, 试求检验问题

$$H_0 : \theta \leqslant \theta_0 \leftrightarrow H_1 : \theta > \theta_0,$$

其中 θ_0 为给定的参数.

解　由例 2.4.1 ($n=1$ 的情形), 可知 θ 的后验分布 $\pi(\theta|x)$ 为 $N(x,\sigma^2)$. 易求得

$$\begin{aligned}\alpha_0 &= P(\theta \leqslant \theta_0|x) = P\left(\frac{\theta - x}{\sigma} \leqslant \frac{\theta_0 - x}{\sigma}\Big|x\right)\\ &= P\left(Z \leqslant \frac{\theta_0 - x}{\sigma}\Big|x\right) = \Phi\left(\frac{\theta_0 - x}{\sigma}\right),\end{aligned}$$

其中 $Z=(\theta-x)/\sigma$, 且 $Z|x \sim N0,1)$, 而 $\alpha_1 = 1-\alpha_0$, 故后验概率比为

$$\frac{\alpha_0}{\alpha_1} = \frac{\Phi((\theta_0 - x)/\sigma)}{1-\Phi((\theta_0 - x)/\sigma)}.$$

由于 $\pi(\theta) \equiv 1$, 故

$$\pi_0 = \int_{-\infty}^{\theta_0} \pi(\theta)\mathrm{d}\theta = \infty, \quad \pi_1 = \int_{\theta_0}^{+\infty} \pi(\theta)\mathrm{d}\theta = \infty.$$

因此先验概率比 π_0/π_1 无意义, 此时接受 H_0 还是拒绝 H_0, 由 α_0/α_1 来决定. 若比值大于 1, 则接受 H_0.

H_0 的经典检验方法中的 p 值, 是当 $\theta=\theta_0$ 时, 观测值 X 比实际数据 x "更大"的概率, 即

$$\begin{aligned}p &= P(X \geqslant x|\theta=\theta_0) = P\left(\frac{X-\theta_0}{\sigma} \geqslant \frac{x-\theta_0}{\sigma}\right)\\ &= 1-\Phi\left(\frac{x-\theta_0}{\sigma}\right) = \Phi\left(\frac{\theta_0 - x}{\sigma}\right) = \alpha_0.\end{aligned} \tag{4.4.5}$$

若 p 值很小, 就否定 H_0.

注 4.4.2　由式 (4.4.5) 可见, α_0 是与检验的 p 值相等的. 在许多其他单侧检验情形中, 由无信息先验导出的后验概率是与检验的 p 值相接近的. 这说明由经典检验方法得到的结果在特殊的先验分布下与贝叶斯检验的结果相类似, 由此可见经典检验的合理性.

例 4.4.5　设从正态总体 $N(\theta,1)$ 中随机抽取一个样本容量为 10 的样本 $\boldsymbol{X} = (X_1,\cdots,X_{10})$, 算得样本均值 $\overline{X}=1.5$. 令 θ 的先验分布为共轭先验分布 $N(0.5, 2)$, 求检验问题

$$H_0 : \theta \leqslant 1 \leftrightarrow H_1 : \theta > 1.$$

解 由定理 3.2.2 (1), 可知 θ 的后验分布为 $N(\mu_n(\bar{x}),\eta_n^2)$, 其中

$$\mu_n(\bar{x})=\frac{2}{1/10+2}\times 1.5+\frac{1/10}{1/10+2}\times 0.5=1.4524,$$

$$\eta_n^2=\frac{2}{1+20}=0.09524=0.3086^2.$$

由此可算得 H_0 和 H_1 成立时的后验概率

$$\alpha_0=P(\theta\leqslant 1|\boldsymbol{x})=\varPhi\left(\frac{1-1.4524}{0.3086}\right)\approx\varPhi(-1.4660)=0.0708,$$

$$\alpha_1=P(\theta>1|\boldsymbol{x})=1-\alpha_0=0.9292.$$

故后验机会比为

$$\frac{\alpha_0}{\alpha_1}=\frac{0.0708}{0.9292}=0.0762.$$

可见, H_0 为真的可能性很小, 应拒绝 H_0, 即认为正态总体的均值 θ 应大于 1.

下面看看用贝叶斯因子进行推断的结果. 由先验分布 $N(0.5,2)$, 可算得 H_0 与 H_1 成立时的先验概率

$$\pi_0=\varPhi\left(\frac{1-0.5}{\sqrt{2}}\right)=\varPhi(0.3536)=0.6368,$$

$$\pi_1=1-0.6368=0.3632.$$

其先验机会比 $\pi_0/\pi_1=0.6368/0.3632=1.7533$. 可见, 先验信息是支持零假设 H_0 的. 再看两个机会之比, 即贝叶斯因子

$$B^{\pi}(\boldsymbol{x})=\frac{\alpha_0/\alpha_1}{\pi_0/\pi_1}=\frac{0.0762}{1.7533}=0.0435.$$

可见, 支持 H_0 的贝叶斯因子也很小, 应否定 H_0.

续例 4.4.5 下面通过数值的例子告诉我们, 贝叶斯因子对样本信息 (数据) 变化的反映是灵敏的, 而对先验信息变化的反映是迟钝的. 由此可见贝叶斯因子 $B^{\pi}(\boldsymbol{x})$ 的作用, 是突出反映数据 $\boldsymbol{x}$ 支持零假设 H_0 的程度.

首先, 在例 4.4.5 中考虑先验分布不变的情况下, 让样本均值 $\bar{x}$ 逐渐减少, 我们仍可计算后验机会比. 由于先验机会比 (1.7533) 不变, 故可很快算得贝叶斯因子 (见表 4.4.2). 从表 4.4.2 可以看出, 随着样本均值 $\bar{x}$ 的减少, 贝叶斯因子在逐渐增大, 这说明数据支持零假设 H_0 的程度在增大. 这与直观感觉是一致的.

类似地, 在例 4.4.5 中若样本容量 n 和样本均值 $\bar{x}$ 不改变, 而让先验均值 $E(\theta)$ 从 0.5 逐渐增加到 1.5, 同样可算得后验机会比、先验机会比和贝叶斯因子 (见表 4.4.3), 从表 4.4.3 可以看出, 随着先验均值 $E(\theta)$ 的增加, 贝叶斯因子虽也增加, 但十分缓慢, 这说明贝叶斯因子对先验信息变化的反应是不灵敏的. 比较表 4.4.2 和表 4.4.3 , 可见贝叶斯因子对样本信息变化的反映是灵敏的, 而对先验信息变化的反映是迟钝的.

表 4.4.2　样本均值 $\overline{x}$ 对贝叶斯因子的影响

$\overline{x}$	α_0	α_1	α_0/α_1	π_0/π_1	$B^\pi(\boldsymbol{x})$
1.5	0.0708	0.9292	0.0762	1.7533	0.0435
1.4	0.1230	0.8770	0.1403	1.7533	0.0800
1.3	0.1977	0.8023	0.2464	1.7533	0.1405
1.2	0.2946	0.7054	0.4176	1.7533	0.2382
1.1	0.4090	0.5910	0.6920	1.7533	0.3947
1.0	0.5319	0.4681	1.1363	1.7533	0.6481
0.9	0.6517	0.3483	1.8711	1.7533	1.0672
0.8	0.7549	0.2451	3.0800	1.7533	1.7567
0.7	0.8413	0.1587	5.3012	1.7533	3.0236
0.6	0.9049	0.0951	9.5152	1.7533	5.4271
0.5	0.9474	0.0526	18.0114	1.7533	10.2729

表 4.4.3　先验均值 $E(\theta)$ 对贝叶斯因子的影响

$E(\theta)$	α_0	$\alpha_0/(1-\alpha_0)$	π_0	$\pi_0/(1-\pi_0)$	$B^\pi(\boldsymbol{x})$
0.5	0.0708	0.0761	0.6368	1.7553	0.0435
0.6	0.0694	0.0746	0.6103	1.5782	0.0472
0.7	0.0668	0.0715	0.5832	1.3992	0.0511
0.8	0.0655	0.0701	0.5557	1.2507	0.0560
0.9	0.0630	0.0672	0.5279	1.1182	0.0601
1.0	0.0618	0.0658	0.5000	1.0000	0.0658
1.1	0.0594	0.0632	0.4721	0.8943	0.0707
1.2	0.0582	0.0618	0.4443	0.7996	0.0773
1.3	0.0559	0.0592	0.4168	0.7147	0.0828
1.4	0.0548	0.0580	0.3897	0.6336	0.0915
1.5	0.0526	0.0555	0.3632	0.5704	0.0973

4.4.5　简单假设对复杂假设

考虑下列假设检验问题

$$H_0:\theta=\theta_0 \leftrightarrow H_1:\theta\neq\theta_0.$$

这是经典统计中常见的一类检验问题. 当参数 θ 为连续变量时, 用简单假设 $H_0:\theta=\theta_0$ 是不合理的. 例如, 检验“午餐罐头质量是 250 克”是不现实的. 罐头质量正好是 250 克是少见的, 多数在 250 克附近. 所以在试验中接受丝毫不差的简单零假设 $\theta=\theta_0$ 是毫无意义的. 一个合理的假设是改上述检验为

$$H_0:\ \theta\in[\theta_0-\varepsilon,\theta_0+\varepsilon] \leftrightarrow H_1:\ \theta\notin[\theta_0-\varepsilon,\theta_0+\varepsilon].$$

此处 ε 是较小的正数, 可选其为误差范围内一个较小的数.

下面考虑 $H_0:\theta=\theta_0 \leftrightarrow H_1:\theta\neq\theta_0$ 的贝叶斯检验如何导出. 对 $H_0:\theta=\theta_0$, 不能采用连续密度作为先验密度, 因为这种密度使 $\theta=\theta_0$ 的先验概率 $\pi(\theta_0)=\pi_0=0$, 从而使相应的后验概率也为 0. 一个有效的办法是给 θ_0 一个正概率 π_0, 而对 $\theta\neq\theta_0$, 给一个加权密度 $\pi_1 g_1(\theta)$, 即 θ 的先验密度为

$$\pi(\theta)=\begin{cases}\pi_0, & \theta=\theta_0,\\ \pi_1 g_1(\theta), & \theta\neq\theta_0,\end{cases} \tag{4.4.6}$$

其中 $\pi_0+\pi_1=1$. 事实上, 可以把 π_0 设想为 $\theta\in[\theta_0-\varepsilon,\theta_0+\varepsilon]$ 上的质量, 因此上述先验密度有离散和连续两部分.

设样本分布为 $f(\boldsymbol{x}|\theta)$, 则易求得边缘分布为

$$m(\boldsymbol{x})=\int_{\Theta} f(\boldsymbol{x}|\theta)\pi(\theta)\mathrm{d}\theta=\pi_0 f(\boldsymbol{x}|\theta_0)+\pi_1 m_1(\boldsymbol{x}),$$

其中

$$m_1(\boldsymbol{x})=\int_{\{\theta\neq\theta_0\}} f(\boldsymbol{x}|\theta)g_1(\theta)\mathrm{d}\theta.$$

故 $\{\theta=\theta_0\}$ 和 $\{\theta\neq\theta_0\}$ 的后验概率分别为

$$\alpha_0=P(\Theta_0|\boldsymbol{x})=\frac{\pi_0 f(\boldsymbol{x}|\theta_0)}{m(\boldsymbol{x})},\quad \alpha_1=P(\Theta_1|\boldsymbol{x})=\frac{\pi_1 m_1(\boldsymbol{x})}{m(\boldsymbol{x})}.$$

后验机会比为

$$\frac{\alpha_0}{\alpha_1}=\frac{\pi_0 f(\boldsymbol{x}|\theta_0)}{\pi_1 m_1(\boldsymbol{x})}.$$

于是贝叶斯因子为

$$B^{\pi}(\boldsymbol{x})=\frac{\alpha_0/\alpha_1}{\pi_0/\pi_1}=\frac{f(\boldsymbol{x}|\theta_0)}{m_1(\boldsymbol{x})}. \tag{4.4.7}$$

可见贝叶斯因子更简单. 故实际中, 常先计算 $B^{\pi}(\boldsymbol{x})$, 后计算 α_0 和 α_1, 因为由贝叶斯因子定义和 $\alpha_0+\alpha_1=1$, 可推出

$$\alpha_0=P(\Theta_0|\boldsymbol{x})=\left[1+\frac{1-\pi_0}{\pi_0}\cdot\frac{1}{B^{\pi}(\boldsymbol{x})}\right]^{-1}. \tag{4.4.8}$$

例 4.4.6 (续例 4.1.1) 设 θ 为上抛一枚硬币出现正面的概率. 求检验问题

$$H_0:\ \theta=\frac{1}{2}\leftrightarrow H_1:\ \theta>\frac{1}{2}.$$

为此做了一系列相互独立抛硬币试验, 结果出现 9 次正面和 3 次反面.

解 为了用贝叶斯方法检验假设, 假定 θ 的先验密度类似于式 (4.4.6), 即

$$\pi(\theta)=\begin{cases}\pi_0, & \theta=1/2\,,\\ \pi_1 g_1(\theta), & \theta>1/2\,.\end{cases}$$

由于我们对所抛硬币的均匀性一无所知, 最合理的办法是用无信息先验, 即取

$$\pi_0 = \pi_1 = 1/2, \quad g_1(\theta) = 2I_{(0.5,1)}(\theta),$$

即 $g_1(\theta)$ 为区间 $(0.5,1)$ 上均匀分布的密度函数.

由例 4.1.1 可知, 独立抛硬币试验的两种不同方式相应的概率分布是二项分布和负二项分布, 它们的似然函数 (或概率分布) 是

$$L_j(\theta|x) = P_j(X = x|\theta) = k_j\theta^9(1-\theta)^3 \quad (j = 1,2),$$

其中 $x = 9, k_1 = 220, k_2 = 55$. 按独立抛硬币试验的两种不同方式, X 对 $g_1(\theta)$ 的边缘密度分别为

$$\begin{aligned} m_{1j}(x=9) &= \int_{0.5}^{1} P_j(x=9|\theta)g_1(\theta)\,\mathrm{d}\theta = \int_{0.5}^{1} k_j\theta^9(1-\theta)^3\cdot 2\,\mathrm{d}\theta \\ &= 2k_j\int_{0.5}^{1}(\theta^9 - 3\theta^{10} + 3\theta^{11} - \theta^{12})\,\mathrm{d}\theta \\ &= 0.000666k_j \quad (j=1,2). \end{aligned} \tag{4.4.9}$$

由式 (4.4.7), 可算得贝叶斯因子为

$$B_j^{\pi}(x=9) = \frac{\alpha_0\pi_1}{\alpha_1\pi_0} = \frac{P_j(X=9|\theta=0.5)}{m_{1j}(x)} \quad (j=1,2), \tag{4.4.10}$$

其中独立抛硬币试验两种不同方式的概率分布为

$$P_j(X=9|\theta=0.5) = k_j\theta^9(1-\theta)^3 = k_j\cdot 0.5^{12} = 0.000244\,k_j \quad (j=1,2). \tag{4.4.11}$$

因此将式 (4.4.11) 和式 (4.4.9) 代入式 (4.4.10), 得

$$B_j^{\pi}(x=9) = \frac{0.000244\,k_j}{0.000666\,k_j} = \frac{0.000244}{0.000666} = 0.3664 \quad (j=1,2).$$

可见贝叶斯因子 $B^{\pi}(x=9) = B_j^{\pi}(x=9)$ 与抛硬币试验的方式无关 (即与 j 无关). 由于贝叶斯因子的数值较小, 因此观测值 $x=9$ 不支持 H_0.

考虑到 $\pi_0 = \pi_1 = 1/2$, $\alpha_0 + \alpha_1 = 1$, 由式 (4.4.8) 可知后验概率

$$\begin{aligned} \alpha_0 &= \left[1 + \frac{1}{B^{\pi}(x=9)}\right]^{-1} = \frac{0.3364}{1+0.3364} = 0.2681, \\ \alpha_1 &= 1 - \alpha_0 = 1 - 0.2681 = 0.7319. \end{aligned}$$

可见后验概率比 $\alpha_0/\alpha_1 < 1$. 据此我们也应拒绝 H_0, 而接受 H_1.

注 4.4.3 这个结论只与似然函数有关而与总体是二项分布还是负二项分布无关. 但用经典统计方法就不是这样的结果 (参看例 4.1.1). 这个例子充分说明用贝叶斯方法和经典统计方法进行统计推断, 是有本质差别的.

4.4.6 多重假设检验

按贝叶斯分析的观点, 多重假设检验并不比两个假设检验更困难, 只要直接计算每一个假设的后验概率, 并比较其大小.

设有如下的多重假设检验 (multiple hypothesis testing) 问题:

$$H_i:\ \theta \in \Theta_i \quad (i=1,\cdots,k),$$

其中 $\Theta_1 \cup \Theta_2 \cup \cdots \cup \Theta_k = \Theta$, 每个 Θ_i 为 Θ 的非空真子集.

为导出多重假设检验的方法, 首先计算后验概率

$$\alpha_i = P(\Theta_i|\boldsymbol{x}) \quad (i=1,\cdots,k).$$

若 α_{i_0} 最大, 则接受假设 H_{i_0}.

例 4.4.7 (续例 4.4.3) 在儿童智商测试问题中, 设测试结果 $X \sim N(\theta,100)$, θ 为儿童测试中的智商真值, θ 的先验分布为 $N(100,225)$. 若这个儿童测试的得分为 $x=115$, 求下列多重检验问题

$$H_1:\ \theta \leqslant 90, \quad H_2:\ 90<\theta \leqslant 110, \quad H_3:\ \theta>110.$$

解 记

$$\Theta_1=\{\theta:\ 0<\theta \leqslant 90\}, \quad \Theta_2=\{\theta:\ 90<\theta \leqslant 110\}, \quad \Theta_3=\{\theta:\ \theta>110\}.$$

由于在例 4.3.1 中已求出 θ 的后验分布为 $N(110.38,8.32^2)$, 查标准正态分布表, 得

$$\begin{aligned}
\alpha_1 &= P(\Theta_1|x=115)=P\Big(-\infty<\frac{\theta-110.38}{8.32}\leqslant -2.45 \mid x=115\Big)=0.007,\\
\alpha_2 &= P(\Theta_2|x=115)=P\Big(-2,45<\frac{\theta-110.38}{8.32}\leqslant -0.046|x=115\Big)=0.473,\\
\alpha_3 &= P(\Theta_3|x=115)=P\Big(-0.046<\frac{\theta-110.38}{8.32}<+\infty \mid x=115\Big)=0.520.
\end{aligned}$$

其中 $z=(\theta-110.38)/8.32 \sim N(0,1)$. 由于后验概率 α_3 最大, 故接受假设 H_3.

4.5 预测问题

4.5.1 贝叶斯预测分布

对随机变量的未来观测值作出统计推断称为预测. 大致有下列两种情形:

(1) 设 $X \sim f(x|\theta)$, $\boldsymbol{X}=(X_1,\cdots,X_n)$ 为从总体 X 中获得的历史数据, 要对随机变量 X 的未来观测值 X_0 作出推断.

(2) 设 $X \sim f(x|\theta)$, $\boldsymbol{X}=(X_1,\cdots,X_n)$ 为从总体 X 中获得的历史数据, 要对具有密度函数为 $g(z|\theta)$ 的随机变量 Z 的未来观测值 Z_0 作出推断, 这里两个密度函数 f 和 g 具有相同的未知参数 θ, 通常假定 Z 和 X 不相关.

显见, 上述情形 (1) 是 (2) 的特例, 在 (2) 中若取 $g \equiv f$, 则情形 (2) 就变为 (1).

贝叶斯预测的想法是: 由于 $\pi(\theta|\boldsymbol{x})$ 为 θ 的后验分布, 所以 $g(z|\theta)\pi(\theta|\boldsymbol{x})$ 为给定 $\boldsymbol{x}$ 条件下 (Z,θ) 的联合分布, 把它对 θ 积分得到给定 $\boldsymbol{x}$ 时随机变量 Z 的条件边缘密度, 或称为后验预测密度. 其定义如下:

定义 4.5.1　设 $X \sim f(x|\theta)$, $\boldsymbol{X}=(X_1,\cdots,X_n)$ 为从总体 X 中获得的历史数据, 令 $\pi(\theta)$ 为 θ 的先验分布, 记 $\pi(\theta|\boldsymbol{x})$ 为 θ 的后验分布; 设随机变量 $Z \sim g(z|\theta)$, 则给定 $\boldsymbol{x}$ 后, Z 的未来观测值 Z_0 的*后验预测密度* (posterior predictive density) 定义为

$$p(z_0|\boldsymbol{x}) = \int_{\Theta} g(z_0|\theta)\pi(\theta|\boldsymbol{x})\mathrm{d}\theta. \tag{4.5.1}$$

特别当 Z 和 X 都是同一总体时 (此时 $g \equiv f$), X 的未来观测值 X_0 的后验预测密度为

$$p(x_0|\boldsymbol{x}) = \int_{\Theta} f(x_0|\theta)\pi(\theta|\boldsymbol{x})\mathrm{d}\theta. \tag{4.5.2}$$

利用式 (4.5.1) (或式 (4.5.2)) 可求随机变量 Z (或 X) 的未来观测值的预测值. 例如, 可用 $p(z_0|\boldsymbol{x})$ 的期望值、中位数或众数作为 Z 的未来观测值 Z_0 的值; 也可以求出 Z_0 的可信水平为 $1-\alpha$ 的预测区间 $[a,b]$, 使得

$$P(a \leqslant Z_0 \leqslant b|\boldsymbol{x}) = \int_a^b p(z_0|\boldsymbol{x})\mathrm{d}z_0 = 1-\alpha. \tag{4.5.3}$$

4.5.2 例子

例 4.5.1　一赌徒在过去 10 次赌博中赢了 3 次. 现要对未来 5 次赌博中他赢的次数 Z 作出预测.

解　这个问题的一般提法是: 在 n 次独立的伯努利试验中成功了 X 次, 现要对未来的 k 次相互独立的伯努利试验中成功的次数做预测.

现设成功的概率为 θ, 则 X 的概率函数为

$$f(x|\theta) = P(X=x|\theta) = \binom{n}{x}\theta^x(1-\theta)^{n-x} \quad (x=0,1,\cdots,n).$$

若取 θ 的先验分布为共轭先验 $Be(\alpha,\beta)$, 则由例 2.5.1, 可知后验密度为

$$\pi(\theta|x) = \frac{\Gamma(n+\alpha+\beta)}{\Gamma(x+\alpha)\Gamma(n-x+\beta)}\theta^{x+\alpha-1}(1-\theta)^{n-x+\beta-1} \quad (0<\theta<1).$$

新样本 Z 的概率函数为

$$f(z|\theta)=P(Z=z|\theta)=\binom{k}{z}\theta^z(1-\theta)^{k-z}\quad(z=0,1,\cdots,k).$$

于是在给定 x 时, Z 的后验预测密度为

$$\begin{aligned}p(z|x)&=\int_{\Theta}f(z|\theta)\pi(\theta|\boldsymbol{x})\mathrm{d}\theta=\int_0^1\binom{k}{z}\theta^z(1-\theta)^{k-z}\pi(\theta|x)\mathrm{d}\theta.\\&=\binom{k}{z}\frac{\Gamma(n+\alpha+\beta)}{\Gamma(x+\alpha)\Gamma(n-x+\beta)}\int_0^1\theta^{z+x+\alpha-1}(1-\theta)^{k-z+n-x+\beta-1}\mathrm{d}\theta\\&=\binom{k}{z}\frac{\Gamma(\alpha+\beta+n)}{\Gamma(x+\alpha)\Gamma(n-x+\beta)}\cdot\frac{\Gamma(z+x+\alpha)\Gamma(k-z+n-x+\beta)}{\Gamma(k+n+\alpha+\beta)}.\end{aligned}$$

在我们的问题中, $n=10,\ x=3,\ k=5$. 取 $\alpha=\beta=1$, 即先验分布 $Be(1,1)$ 为 $(0,1)$ 上的均匀分布 $U(0,1)$, 则

$$p(z|x=3)=\binom{5}{z}\frac{\Gamma(12)\Gamma(4+z)\Gamma(13-z)}{\Gamma(4)\Gamma(8)\Gamma(17)}\quad(z=0,1,\cdots,5).$$

计算可得 $z=0,1,\cdots,5$ 时, 后验预测概率分别如下:

$$p(0|3)=0.1813,\quad p(1|3)=0.3022,\quad p(2|3)=0.2747,$$
$$p(3|3)=0.1649,\quad p(4|3)=0.0641,\quad p(5|3)=0.01282.$$

由此后验预测分布可见, 它的概率集中在 0 到 3 之间, 即

$$P(0\leqslant Z\leqslant 3|x=3)=0.1813+0.3022+0.2747+0.1649=0.9231.$$

这表明 $[0,3]$ 是 Z 的 92% 预测区间. 另外, 分布众数在 $z=1$ 处, 第二大的概率在 $z=2$ 处出现, 可见未来 5 次赌博中胜 1 次或 2 次可能性最大.

下面给出样本分布是连续型随机变量情形的贝叶斯预测的例子.

例 4.5.2 一颗钻石在一架天平上重复称量 n 次, 其结果为 $X_1,\cdots,X_n$. 若把钻石放在另一架天平上称量, 如何对其称量值作出预测?

解 设第一架天平称得钻石的质量为 X. 令钻石的真实质量为 θ, 则有 $X=\theta+e_1$, 其中 e_1 为称量误差. 一般认为称量误差服从正态分布, 其均值为 0, 即 $e_1\sim N(0,\sigma_1^2)$, 其中 σ_1^2 是第一架天平称量的误差方差, 假定它是已知的. 因此有 $X|\theta\sim N(\theta,\sigma_1^2)$. 易见, 此正态分布的样本均值 $\bar{X}=\frac{1}{n}\sum\limits_{i=1}^{n}X_i$ 是充分统计量, 且 $\bar{X}|\theta\sim N(\theta,\sigma_1^2/n)$. 根据这颗钻石的历史资料可知 $\theta\sim N(\mu,\tau^2)$, 其中 μ 与 τ 已知. 由定理 3.2.2 (1) 的结果, 可知 θ 的后验分布 $\pi(\theta|\bar{x})$ 为 $N(\mu_1,\eta_1^2)$, 即

$$\pi(\theta|\bar{x})=\frac{1}{\sqrt{2\pi}\eta_1}\exp\left\{-\frac{1}{2\eta_1^2}(\theta-\mu_1)^2\right\},$$

其中

$$\begin{aligned}\mu_1 &= \frac{\tau^2}{\sigma_1^2/n+\tau^2}\bar{x}+\frac{\sigma_1^2/n}{\sigma_1^2/n+\tau^2}\mu, &(4.5.4)\\ \eta_1^2 &= \frac{\sigma_1^2/n\cdot\tau^2}{\sigma_1^2/n+\tau^2}=\frac{\sigma_1^2\tau^2}{\sigma_1^2+n\tau^2}. &(4.5.5)\end{aligned}$$

设第二架天平称得钻石的质量为 Z, 它可表示为 $Z=\theta+e_2$, 其中 e_2 为第二架天平的称量误差, 且 $e_2\sim N(0,\sigma_2^2)$, 其中 σ_2^2 已知, 故有 $Z|\theta\sim N(\theta,\sigma_2^2)$, 其密度为

$$g(z|\theta)=\frac{1}{\sqrt{2\pi}\sigma_2}\exp\left\{-\frac{1}{2\sigma_2^2}(z-\theta)^2\right\}.$$

由定义 4.5.1 可知, 在给定 $\bar{x}$ 的条件下, 第二架天平的称量值 Z 的后验预测密度为

$$\begin{aligned}p(z|\bar{x}) &= \int_{-\infty}^{\infty}g(z|\theta)\pi(\theta|\bar{x})\mathrm{d}\theta\\ &= \frac{1}{2\pi\eta_1\sigma_2}\int_{-\infty}^{\infty}\exp\left\{-\frac{1}{2}\left[\frac{(z-\theta)^2}{\sigma_2^2}+\frac{(\theta-\mu_1)^2}{\eta_1^2}\right]\right\}\mathrm{d}\theta\\ &= \frac{1}{2\pi\eta_1\sigma_2}\int_{-\infty}^{\infty}\exp\left\{-\frac{1}{2}(A\theta^2-2B\theta+C)\right\}\mathrm{d}\theta,\end{aligned}$$

其中

$$A=\frac{1}{\sigma_2^2}+\frac{1}{\eta_1^2},\quad B=\frac{z}{\sigma_2^2}+\frac{\mu_1}{\eta_1^2},\quad C=\frac{z^2}{\sigma_2^2}+\frac{\mu_1^2}{\eta_1^2}.$$

类似于例 2.3.1, 可知 Z 的后验预测密度为

$$\begin{aligned}p(z|\bar{x}) &= \frac{1}{2\pi\eta_1\sigma_2}\int_{-\infty}^{\infty}\exp\left\{-\frac{1}{2}\left[A\left(\theta-\frac{B}{A}\right)^2+\left(C-\frac{B^2}{A}\right)\right]\right\}\mathrm{d}\theta,\\ &= \frac{1}{\sqrt{2\pi}\eta_1\sigma_2\sqrt{A}}\exp\left\{-\frac{1}{2}\left(C-\frac{B^2}{A}\right)\right\}\\ &= \frac{1}{\sqrt{2\pi(\eta_1^2+\sigma_2^2)}}\exp\left\{-\frac{(z-\mu_1)^2}{2(\eta_1^2+\sigma_2^2)}\right\}, &(4.5.6)\end{aligned}$$

即后验预测分布为 $N(\mu_1,\eta_1^2+\sigma_2^2)$, 其均值和方差分别为

$$\begin{aligned}E(Z|\bar{x}) &= \mu_1=\frac{\tau^2}{\sigma_1^2/n+\tau^2}\bar{x}+\frac{\sigma_1^2/n}{\sigma_1^2/n+\tau^2}\mu,\\ \mathrm{Var}(Z|\bar{x}) &= \eta_1^2+\sigma_2^2.\end{aligned}$$

若取预测分布的均值作为 Z 的预测值, 则有

$$\hat{Z}=\mu_1=\frac{\tau^2}{\sigma_1^2/n+\tau^2}\bar{x}+\frac{\sigma_1^2/n}{\sigma_1^2/n+\tau^2}\mu.$$

易见 $(Z-\mu_1)/\sqrt{\eta_1^2+\sigma_2^2}\sim N(0,1)$. 为求 Z 的可信系数为 $1-\alpha$ $(0<\alpha<1)$ 的后验预测区间, 令

$$P\left(-u_{\alpha/2}\leqslant\frac{Z-\mu_1}{\sqrt{\eta_1^2+\sigma_2^2}}\leqslant u_{\alpha/2}\middle|\bar{x}\right)=1-\alpha,$$

此处 $u_{\alpha/2}$ 为 $N(0,1)$ 的上侧 $\alpha/2$ 分位数, 可见 Z 的 $1-\alpha$ 的后验预测区间为

$$\left[\mu_1-u_{\alpha/2}\sqrt{\eta_1^2+\sigma_2^2},\ \mu_1+u_{\alpha/2}\sqrt{\eta_1^2+\sigma_2^2}\ \right],$$

其中 μ_1 和 η_1^2 分别由式 (4.5.4) 和式 (4.5.5) 给出.

数值的例子见本章习题的最后一题.

习 题 4

1. 对习题 3 中题 7(1), 9(2), 12, 15, 16(2), 17~20, 21(2), 21(3), 22(3), 23(2) 和 23(3), 求参数的后验期望估计及其后验方差.
2. 对习题 3 中题 7(1), 12, 15~19, 21(3), 22(2), 23(3) 和 24, 求 θ 的后验众数估计 (即后验极大似然估计) 及其后验均方误差或后验协方差阵.
3. 对习题 3 中题 7(2) $(n=x=1)$, 18, 21(2) $(m=1)$, 21(3), 23(2) $(n=2,\ \alpha=1)$ 和 23(3), 求 θ 的后验中位数估计及其后验均方误差.
4. 对习题 3 中题 10(1) 和 10(2), 分别求 θ 的后验期望估计和后验方差.
5. 设某银行为一位顾客服务的时间 (单位: 分钟) 服从指数分布 $Exp\,(\lambda)$, 其中参数 λ 的先验分布是均值为 0.2、标准差为 1.0 的伽马分布. 如今对 20 位顾客服务进行观测, 测得平均服务时间是 3.8 分钟, 分别求 λ 和 λ^{-1} 的后验期望估计.
6. (1) 对习题 3 中题 13 (1) 和 13(2), 分别求 λ 的后验期望估计和后验方差.
   (2) 对习题 3 中题 13 (1) 和 13(2), 求 λ 的后验中位数估计及其后验均方误差.
7. 设某产品的不合格率 θ 的先验分布为贝塔分布 $Be(5,10)$. 在下列顺序抽样信息下, 逐次寻求 θ 的后验众数估计与后验期望估计.
   (1) 先随机抽检 20 个产品, 发现 3 个不合格品.
   (2) 再随机抽检 20 个产品, 没有发现 1 个不合格品.
8. 设 θ 是某城市中成年人赞成“公共场所禁止吸烟”的比例. 对 θ 的先验分布, 两位统计学者不同的建议如下:

$$A:\pi_A(\theta)=2\theta\quad(0<\theta<1),$$
$$B:\pi_B(\theta)=4\theta^3\quad(0<\theta<1).$$

   随机抽取了该城市中 1000 名成年人, 其中 710 位投赞成票.
   (1) 对 A 与 B 两个先验, 分布求出 θ 的后验分布.
   (2) 对先验分布 A 和 B, 分别求出 θ 的后验期望估计.
   (3) 证明: 在获得容量为 1000 的样本后, 不管样本中投赞成票的人数为多少, 上述两个后验期望估计之差都不会超过 0.002.

9. 某种植橘子的专业户, 由于急需一笔资金, 决定将自己拥有的 10000 棵橘子树上的橘子出售, 售价为 38 万元. 某水果公司派人察看了这片橘林. 根据历史资料平均每棵橘子树能收 3.9 筐橘子, 这一估计的标准差为 0.8 筐, 当时树上橘子的市场售价为每筐 10 元, 假定树上橘子的产量及这片橘林平均每棵树的产量皆服从正态分布. 如果任选 100 棵橘子树作为样本, 把这些树上的橘子采摘下来, 统计结果是: 每棵树上的橘子平均为 4.1 筐, 标准差为 2 筐. 但由于提前采摘, 每棵树要造成 25 元的损失. 利用后验分布做推断, 水果公司是否应购买这片橘林的橘子?

10. 设 $X_1,\cdots,X_5$ 为从同一批生产的电子零件中抽取的样本, 现进行检验以确定其平均寿命. 假定 $X_i \sim Exp\,(1/\theta)$, 由过去的先验信息可知 θ 的先验分布为逆伽马分布 $\Gamma^{-1}(10,100)$. 令 5 个具体观测值为 5, 12, 14, 10, 12.

    (1) 求 θ 的后验期望估计及其后验方差.

    (2) 求 θ 的后验众数估计及其后验均方误差.

11. 设 X 服从伽马分布 $\Gamma\big(n/2,1/(2\theta)\big)$, θ 的先验分布为逆伽马分布 $\Gamma^{-1}(\alpha,\beta)$,

    (1) 求 θ 的后验期望估计和后验方差.

    (2) 若先验分布不变, 从伽马分布 $\Gamma\big(n/2,1/(2\theta)\big)$ 中随机抽取容量为 n 的样本 $\boldsymbol{X}=(X_1,\cdots,X_n)$, 求 θ 的后验众数估计和后验期望估计.

12. 设 $\boldsymbol{X}=(X_1,\cdots,X_r)$ 服从多项分布 $M(n,\boldsymbol{\theta})$. 若 $\boldsymbol{\theta}=(\theta_1,\cdots,\theta_r)$ 的先验分布为狄利克雷分布 $D(\alpha_1,\cdots,\alpha_r)$, 其中 $\sum\limits_{i=1}^{r}X_i=N, \sum\limits_{i=1}^{r}\theta_i=1$, 求 $\boldsymbol{\theta}$ 的后验众数估计和后验期望估计.

13. 对正态总体 $N(\theta,1)$ 做三次观察, 获得样本的具体观测值为 2, 4, 3. 若 θ 的先验分布为正态分布为 $N(3,1)$, 求 θ 的可信水平为 0.95 的可信区间.

14. 设 $X_1,\cdots,X_n$ 是从正态分布 $N(0,\sigma^2)$ 中抽取的随机样本. 若 σ^2 的先验分布是逆伽马分布 $\Gamma^{-1}(\alpha,\lambda)$, 求 σ^2 的可信水平为 0.90 的可信上限.

15. 设 $X_1,\cdots,X_n$ 是从均匀分布 $U(0,\theta)$ 中抽取的随机样本. 若 θ 的先验分布是帕雷托分布 $Pa(\theta_0,\alpha)$, 求 θ 的可信水平为 $1-\alpha$ 的可信上限.

16. 求例 4.3.2 中彩电平均寿命 θ 的可信水平 95% 的可信区间.

17. 接到船运来的一大批零件, 从中抽检 5 件, 看有多少次品. 假设零件中的次品数 X 服从二项分布 $B(5,\theta)$. 从以往各批的情况中已知 θ 的先验分布为贝塔分布 $Be(1,9)$. 若观测值 $X=0$, 求 θ 的可信水平为 95% 的 HPD 可信区间.

18. 分别求出例 4.3.5 和例 4.3.6 (其中 $n=5$, $\boldsymbol{x}=(4.0,5.5,7.5,4.5,3.0)$) 中 θ 的可信水平为 90% 的 HPD 可信区间, 并给出相应的 R 代码.

19. 某市每周火灾事件数 X 服从泊松分布 $P(\theta)$, 关于 θ 的先验分布一无所知, 认为无信息先验 $\pi(\theta)=\theta^{-1}I_{(0,\infty)}(\theta)$ 是合适的. 设 5 周中火灾事故总次数为 3, 求泊松分布均值 θ 的可信水平为 90% 的 HPD 可信区间:

    (1) 用大样本方法.

    (2) 用精确方法, 给出相应的计算程序和 R 代码.

20. 从附近恒星的摄动来确定一颗中子的质量 θ. 5 个观测值为 1.2, 1.6, 1.3, 1.4, 1.4 . 每一次观测值都是相互独立的, 且服从均值为 θ、未知方差为 σ^2 的正态分布. 对 θ 和 σ^2 的先验一无所知, 采用无信息先验密度 $\pi(\theta,\sigma^2)=\sigma^{-2}I_{(0,\infty)}(\sigma^2)$. 求 θ 的可信水平为 90% 的 HPD 可信区间.

21. 对题 10, 利用后验分布为渐近正态分布, 求 θ 可信水平近似为 95% 的 HPD 可信集.

22. 设 $X \sim N(\theta,1)$, θ 的先验信息是: θ 有对称、单峰、中位数为 0, 1/4 和 3/4 分位数分别为 ± 1 的密度, 观测值 $x=6$.

    (1) 若将先验信息模型化为 $N(\mu, \tau^2)$, 试确定此先验分布, 并求 θ 的可信水平为 90% 的 HPD 可信区间.

    (2) 若将先验信息模型化为柯西分布 $C(\alpha,\lambda)$, 试确定此先验分布, 并求 θ 的可信水平为 95% HPD 可信集 (如需要用数值计算, 请给出必要的计算过程的 R 代码).

23. 设 Q^2/σ^2 为 χ_n^2 变量, 已知 σ 的无信息先验是 $\pi(\sigma)=\sigma^{-1}$. 证明: 相应的 σ^2 的无信息先验为 $\pi^*(\sigma^2)=\sigma^{-2}$, 且当 $n=2$, $Q^2=2$ 时, σ 和 σ^2 的可信水平为 95% 的 HPD 可信集彼此不一致. 再用数值方法给出可信水平近似为 95% 的 HPD 可信集的具体计算结果 (给出计算过程的 R 代码).

24. 对题 13, 设 θ 的取值只有两种可能: $\theta=3$, $\theta=5$. 若 θ 取 3 和 5 的先验概率分别为 π_0 和 π_1 且 $\pi_0+\pi_1=1$, 求检验问题 $H_0:\ \theta=3 \leftrightarrow H_1:\ \theta=5$,

25. 在题 17 的情况下, 要求做检验 $H_0:\ \theta \leqslant 0.1 \leftrightarrow H_1:\ \theta>0.1$. 求这两个假设的后验概率、后验概率比和贝叶斯因子.

26. 在题 20 的情况下, 对检验 $H_0:\ \theta \leqslant 0.1 \leftrightarrow H_1:\ \theta>0.1$, 求这两个假设的后验概率、后验概率比, 并对检验问题作出结论.

27. 设 X 为从总体中抽取的样本, 总体密度 $f(x|\theta)$ 和 θ 的先验密度 $\pi(\theta)$ 分别为

$$f(x|\theta)=\begin{cases} \mathrm{e}^{-(x-\theta)}, & x>\theta, \\ 0, & x \leqslant \theta, \end{cases} \qquad \pi(\theta)=\begin{cases} \mathrm{e}^{-\theta}, & \theta>0, \\ 0, & \theta \leqslant 0. \end{cases}$$

    求检验问题 $H_0:\ \theta \leqslant 1 \leftrightarrow H_1:\ \theta>1$.

28. 设 $X_1,\cdots,X_m$ i.i.d. $\sim N(a,1)$, $Y_1,\cdots,Y_n$ i.i.d. $\sim N(b,1)$, 其中 a, b 为参数. 又样本 $X_1,\cdots,X_m$ 和 $Y_1,\cdots,Y_n$ 独立. 令 $\boldsymbol{\theta}=(a,b)$ 的先验分布为: $a \sim N(\mu_1,\tau_1^2)$, $b \sim N(\mu_2,\tau_2^2)$ (a 和 b 独立). 求检验问题 $H_0:\ a-b \leqslant 0 \leftrightarrow H_1:\ a-b>0$.

29. 理论上预计某特殊物质在 10^6 大气压下熔点为 4.01. 在高压下测熔点是相当不精确的. 事实上, 已知观测值 $X \sim N(\theta,1)$, 5 次相互独立的试验得出的观测值为 4.9, 5.6, 5.1, 4.6, 3.6; 而 $\theta=4.01$ 的先验概率为 0.5 . 已知 θ 取其他值的概率密度为 $0.5g_1(\theta)$, 其中 g_1 为 $N(4.01,1)$. 试对这一理论设计求贝叶斯检验 $H_0: \theta=4.01 \leftrightarrow H_1: \theta \neq 4.01$.

30. 设随机变量 $X \sim B(n,\theta)$, 求检验问题 $H_0:\ \theta=1/2 \leftrightarrow H_1:\ \theta \neq 1/2$. 这里令 $n=5$, 样本观测值 $x=3$, 且假定 θ 的先验密度为

$$\pi(\theta)=\begin{cases} \pi_0, & \theta=\theta_0, \\ \pi_1 g_1(\theta), & \theta \neq \theta_0, \end{cases}$$

    其中 $\pi_0=\pi_1=1/2$, $g_1(\theta)$ 为 $(0,1/2)\bigcup(1/2,1)$ 上均匀分布的密度函数.

31. 在题 13 的情况下, 求下列多重检验问题:

$$H_1:\ \theta \leqslant 3, \quad H_2:\ 3<\theta \leqslant 4, \quad H_3:\ \theta>4.$$

32. 一天中固定时间在某公共汽车站等公共汽车的等待时间服从均匀分布 $U(0,\theta)$, 假定 θ 的先验分布为帕雷托分布 $Pa(5,3)$. 设在此车站观测到等待时间的 5 个观测值为 10, 3, 2, 5, 14 . 求多重检验问题:

$$H_1:\ 0<\theta\leqslant 15,\quad H_2:\ 15<\theta\leqslant 20,\quad H_3:\ \theta>20.$$

33. 中超联赛中某足球队在某年已进行过的 8 场比赛中获胜了 5 场. 设 θ 表示此球队在一场比赛中获胜的概率, 假定 θ 的先验为 (0, 1) 区间上的无信息先验 $U(0,1)$, 对该足球队在当年剩下的 4 场比赛获胜的次数作出预测.

34. (续例 4.5.2) 若两架天平称重的方差相同, 皆为 0.25. 设第一架天平称一颗钻石 10 次, 质量分别为 9.45, 10.62, 9.40, 10.12, 9.85, 10.92, 10.93, 9.85, 9.81, 10.28 (单位: 克). 令 θ 表示钻石的真实质量, 根据这颗钻石的历史资料, 可假定 $\theta\sim N(10,1)$, 试求用第二架天平称此颗钻石质量 Z 的预测值和可信水平为 95% 的预测区间.

第 4 章例题中的 R 代码

习题 4 部分解答

第 5 章 贝叶斯统计决策

5.1 引 言

在 1.3 节关于统计决策问题的简介中已介绍过统计决策三要素, 即样本空间及其分布族、行动空间、损失函数. 在贝叶斯决策中, 除上述三要素外, 还要增加一个要素, 即定义在参数空间 Θ 上的先验分布函数 $F^{\pi}(\theta)$ (其概率函数记为 $\pi(\theta)$). 因此, 贝叶斯决策问题有下列四个要素:

(1) 样本空间 $\mathscr{X}$ 及其分布族 $\mathscr{F}=\{f(x|\theta),\ \theta\in\Theta\}$ 是第一个要素, 其中 Θ 为参数空间, 随机变量 X 在样本空间 $\mathscr{X}$ 上取值, X 的分布属于 $\mathscr{F}$;

(2) 定义在参数空间 Θ 上的先验分布函数 $F^{\pi}(\theta)$ 或概率函数 $\pi(\theta)$;

(3) 行动空间 $\mathscr{D}$, 它是由一切决策 (判决) 行动构成的集合;

(4) 定义在 $\Theta\times\mathscr{D}$ 上的损失函数 $L(\theta,d)$, 它是一个非负可测函数.

为了说明什么是统计决策 (判决) 问题, 请看下例:

例 5.1.1 一位投资者有一笔资金要进行投资, 有如下几个投资方案供他选择:

a_1 : 购买股票, 根据市场情况可净赚 5000 元, 但也可能亏损 10000 元;

a_2 : 购买基金, 根据市场情况可净赚 3000 元, 但也可能亏损 8000 元;

a_3 : 购买理财, 根据市场情况可净赚 2000 元, 但也可能亏损 5000 元;

a_4 : 存入银行, 不管市场情况如何, 总可净赚 1000 元.

他应如何决策?

解 这位投资者在与金融市场博弈. 未来的金融市场也有两种情况: 看涨 (θ_1) 与看跌 (θ_2) . 根据上述情况, 可写出投资者的收益矩阵, 如表 5.1.1 所示.

表 5.1.1 收益矩阵

行动	a_1	a_2	a_3	a_4
θ_1 (看涨)	5000	3000	2000	1000
θ_2 (看跌)	−10000	−8000	−5000	1000

投资者将依据收益矩阵决定资金投向何处. 这种人与自然界 (或社会) 的博弈问题称为决策问题. 在决策问题中, 主要寻求人对自然界 (或社会) 的最优策略. 决策问题也

不一定要涉及统计方法. 如果它满足以下条件, 那就必然与统计方法有关, 因而就可以称为统计决策问题. 这条件是: 在作出决策时所依据的数据中, 至少有一部分是受到随机性影响的观测值.

决策实际上是一个过程, 它可分为两部分: 第一部分是把一个面临的决策问题通过统计模型描述清楚; 第二部分是如何做决策使得收益最大 (或损失最小). 显然第二部分是我们研究的重点, 但首先要把第一部分搞清楚.

本章首先介绍后验风险最小原则; 其次, 将介绍应用这一原则在常见的几种损失函数下, 如何求得相应的贝叶斯解 (包括贝叶斯估计、贝叶斯检验和多行动问题的决策), 给出 Minimax 解的定义和求法, 以及同变估计、可容许性的定义、求法及例子; 最后介绍贝叶斯稳健性的若干概念.

5.2 后验风险最小原则

讨论贝叶斯统计决策问题, 除了 1.3 节介绍的基本概念外, 还需要下面一个基本概念: 后验风险最小原则. "后验风险" 在贝叶斯统计决策问题中的重要性, 就像 "后验分布" 在贝叶斯统计推断问题中的重要性一样, 是一个非常重要的概念.

5.2.1 后验风险的定义

设 $X \sim f(x|\theta)$, $\boldsymbol{X} = (X_1, \cdots, X_n)$ 为从总体 X 中抽取的 i.i.d. 样本, $\pi(\theta)$ 为先验分布, 则 θ 的后验分布密度为

$$\pi(\theta|\boldsymbol{x}) = \frac{f(\boldsymbol{x}|\theta)\pi(\theta)}{m(\boldsymbol{x})},$$

其中 $m(\boldsymbol{x})$ 为边缘密度. 在无密度情形下, $\pi(\theta|\boldsymbol{x})$ 表示随机变量 θ 的条件概率函数.

设 $L(\theta, \delta(\boldsymbol{x}))$ 为损失函数. 我们知道将损失函数按样本分布求平均就得到风险函数. 若将损失函数按后验分布 $\pi(\theta|\boldsymbol{x})$ 求平均就得到后验风险, 其定义如下.

定义 5.2.1 设 $\pi(\theta|\boldsymbol{x})$ 为 θ 的后验分布, $L(\theta, \delta(\boldsymbol{x}))$ 为损失函数, 则称

$$\begin{aligned} R(\delta(\boldsymbol{x})|\boldsymbol{x}) &= E^{\theta|\boldsymbol{x}}[L(\theta, \delta(\boldsymbol{x}))] \\ &= \begin{cases} \displaystyle\int_\Theta L(\theta, \delta(\boldsymbol{x}))\pi(\theta|\boldsymbol{x})\mathrm{d}\theta, & \theta \text{ 为连续型随机变量}, \\ \displaystyle\sum_i L(\theta_i, \delta(\boldsymbol{x}))\pi(\theta_i|\boldsymbol{x}), & \theta \text{ 为离散型随机变量} \end{cases} \end{aligned} \tag{5.2.1}$$

为决策函数 $\delta(\boldsymbol{x})$ 的后验风险 (posterior risk).

若存在决策函数 $\delta^*=\delta^*(\boldsymbol{x})\in\mathscr{D}$, 对任给的决策函数 $\delta=\delta(\boldsymbol{x})\in\mathscr{D}$, 使得

$$R(\delta^*|\boldsymbol{x})=\min_{\delta\in\mathscr{D}}R(\delta\,|\boldsymbol{x}),\tag{5.2.2}$$

则称 $\delta^*(\boldsymbol{x})$ 为后验风险最小准则下的最优贝叶斯决策函数.

5.2.2 后验风险与贝叶斯风险的关系

利用下列事实: $f(\boldsymbol{x},\theta)=f(\boldsymbol{x}|\theta)\pi(\theta)=\pi(\theta|\boldsymbol{x})m(\boldsymbol{x})$, 将 1.3 节中贝叶斯风险 $R_\pi(\delta)$ 的表达式改写为

$$\begin{aligned}R_\pi(\delta)&=E^\theta[R(\theta,\delta(\boldsymbol{x}))]=\int_\Theta R(\theta,\delta(\boldsymbol{x}))\pi(\theta)\mathrm{d}\theta\\&=\int_\Theta\left[\int_{\mathscr{X}}L(\theta,\delta(\boldsymbol{x}))f(\boldsymbol{x}|\theta)\mathrm{d}\boldsymbol{x}\right]\pi(\theta)\mathrm{d}\theta\\&=\int_{\mathscr{X}}\left[\int_\Theta L(\theta,\delta(\boldsymbol{x}))\pi(\theta|\boldsymbol{x})\mathrm{d}\theta\right]m(\boldsymbol{x})\mathrm{d}\boldsymbol{x}\\&=\int_{\mathscr{X}}R(\delta(\boldsymbol{x})|\boldsymbol{x})m(\boldsymbol{x})\mathrm{d}\boldsymbol{x}=E^{\boldsymbol{X}}\left[R(\delta(\boldsymbol{x})|\boldsymbol{x})\right],\end{aligned}\tag{5.2.3}$$

可见贝叶斯风险有两种表达式, 即 $R_\pi(\delta(\boldsymbol{x}))=E^\theta[R(\theta,\delta(\boldsymbol{x}))]=E^{\boldsymbol{X}}[R(\delta(\boldsymbol{x})|\boldsymbol{x})]$, 也即将风险函数 $R(\theta,\delta(\boldsymbol{x}))$ 按 θ 的先验分布 $\pi(\theta)$ 求均值, 或者将后验风险按 $\boldsymbol{X}$ 的绝对分布 (边缘分布) $m(\boldsymbol{x})$ 求均值.

5.2.3 后验风险最小原则

我们将证明由式 (5.2.2) 定义的后验风险最小准则下的决策函数就是贝叶斯解. 贝叶斯解在第 1 章中给过定义, 它是使贝叶斯风险 $R_\pi(\delta)$ 达到最小的决策函数, 即存在 $\delta^*\in\mathscr{D}$, 使得 $R_\pi(\delta^*)=\min\limits_{\delta\in\mathscr{D}}R_\pi(\delta)$ 对一切决策函数 $\delta(\boldsymbol{x})\in\mathscr{D}$ 成立.

定理 5.2.1 设存在决策函数 $\delta_\pi(\boldsymbol{x})\in\mathscr{D}$, 对任给的决策函数 $\delta=\delta(\boldsymbol{x})\in\mathscr{D}$, 使得

$$R(\delta_\pi(\boldsymbol{x})|\boldsymbol{x})=\inf_{\delta\in\mathscr{D}}R(\delta(\boldsymbol{x})|\boldsymbol{x})=\inf_{\delta\in\mathscr{D}}\int_\Theta L(\theta,\delta(\boldsymbol{x}))\pi(\mathrm{d}\theta|\boldsymbol{x}),\tag{5.2.4}$$

则 $\delta_\pi(\boldsymbol{x})$ 为先验分布 $\pi(\theta)$ 下的贝叶斯解. 此处 $\pi(\mathrm{d}\theta|\boldsymbol{x})=\pi(\theta|\boldsymbol{x})\mathrm{d}\theta$.

证明 设 $\delta(\boldsymbol{x})$ 为任一决策函数. 由已知条件, 可知

$$R(\delta(\boldsymbol{x})|\boldsymbol{x})=\int_\Theta L(\theta,\delta(\boldsymbol{x}))\pi(\mathrm{d}\theta|\boldsymbol{x})\geqslant\int_\Theta L(\theta,\delta_\pi)\pi(\mathrm{d}\theta|\boldsymbol{x})=R(\delta_\pi(\boldsymbol{x})|\boldsymbol{x})$$

对一切 $\boldsymbol{x}\in\mathscr{X}$ 成立, 故将上式两边按 $\boldsymbol{X}$ 的绝对分布 $m(\boldsymbol{x})$ 求积分, 得到

$$R_\pi(\delta(\boldsymbol{x}))=\int_{\mathscr{X}}R(\delta(\boldsymbol{x})\mid\boldsymbol{x})m(\boldsymbol{x})\mathrm{d}\boldsymbol{x}\geqslant\int_{\mathscr{X}}R(\delta_\pi(\boldsymbol{x})|\boldsymbol{x})m(\boldsymbol{x})\mathrm{d}\boldsymbol{x}=R_\pi(\delta_\pi(\boldsymbol{x})).$$

因此, 使贝叶斯风险达到最小的决策函数 $\delta_\pi(\boldsymbol{x})$ 是贝叶斯解, 定理得证.

定义 5.2.2　若 $\pi(\theta)$ 为广义先验分布, 且 $\delta_\pi(\boldsymbol{x})$ 是按式 (5.2.4) 求得的最优决策函数, 则称 $\delta_\pi(\boldsymbol{x})$ 为广义贝叶斯解 (generalized Bayes solution).

注 5.2.1　当 θ 的先验分布为广义先验分布时, 定理 5.2.1 的结论仍成立, 只要将"贝叶斯解"改为"广义贝叶斯解".

5.3　一般损失函数下的贝叶斯估计

常见损失函数有平方损失函数、加权平方损失函数、绝对值损失函数和线性损失函数. 下面将分别讨论在这几种损失函数下的贝叶斯估计.

5.3.1　平方损失函数下的贝叶斯估计

定理 5.3.1　在平方损失函数 (square error loss function) $L(\theta,a)=(\theta-a)^2$ 下, θ 的贝叶斯估计为后验期望值, 即

$$\hat{\theta}_{\mathrm{B}}(\boldsymbol{x})=E(\theta|\boldsymbol{x})=\int_{\Theta}\theta\pi(\theta|\boldsymbol{x})\mathrm{d}\theta.$$

证明　设 $\pi(\theta|\boldsymbol{x})$ 为 θ 的后验密度, 则决策函数 $a=a(\boldsymbol{x})$ 的后验风险为

$$\begin{aligned}R(a|\boldsymbol{x})=E[(\theta-a)^2|x]&=\int_{\Theta}(\theta-a)^2\pi(\theta|\boldsymbol{x})\mathrm{d}\theta\\&=\int_{\Theta}(\theta^2-2a\theta+a^2)\pi(\theta|\boldsymbol{x})\mathrm{d}\theta.\end{aligned}$$

由于贝叶斯解是后验风险最小的决策函数, 用微积分求极小值点的方法, 对后验风险 $R(a|\boldsymbol{x})$ 关于 a 求导, 得

$$\frac{\mathrm{d}R(a|\boldsymbol{x})}{\mathrm{d}a}=-2\int_{\Theta}\theta\pi(\theta|\boldsymbol{x})\mathrm{d}\theta+2a=0. \tag{5.3.1}$$

解方程得

$$a=\int_{\Theta}\theta\pi(\theta|\boldsymbol{x})\mathrm{d}\theta=E(\theta|\boldsymbol{x}).$$

易知

$$\frac{\mathrm{d}^2}{\mathrm{d}a^2}R(a|\boldsymbol{x})=2>0,$$

这表明方程 (5.3.1) 的解使得后验风险 $R(a|\boldsymbol{x})$ 达到最小, 因此 $\hat{\theta}_{\mathrm{B}}(\boldsymbol{x})=a=E(\theta|\boldsymbol{x})$ 是平方损失函数下 θ 的贝叶斯估计, 定理得证.

例 5.3.1　设 $X_1,\cdots,X_n$ i.i.d. $\sim N(\theta,\sigma^2)$, 此处 σ^2 已知. θ 的先验分布 $\pi(\theta)$ 为 $N(\mu,\tau^2)$, 其中 μ 和 τ^2 已知. 求平方损失函数下 θ 的贝叶斯估计.

解 由定理 3.2.2(1), 可知 θ 的后验分布 $\pi(\theta|\bar{x})$ 为 $N(\mu_n(\bar{x}),\eta_n^2)$, 其中

$$\mu_n(\bar{x})=\frac{\sigma^2/n}{\sigma^2/n+\tau^2}\mu+\frac{\tau^2}{\sigma^2/n+\tau^2}\bar{x},\quad \eta_n^2=\frac{\tau^2\cdot\sigma^2/n}{\sigma^2/n+\tau^2}=\frac{\sigma^2\tau^2}{n\tau^2+\sigma^2}.$$

故在平方损失函数下 θ 的贝叶斯估计为后验期望, 即

$$\hat{\theta}_{\mathrm{B}}(\bar{x})=E(\theta|\bar{x})=\mu_n(\bar{x})=\frac{\sigma^2/n}{\sigma^2/n+\tau^2}\mu+\frac{\tau^2}{\sigma^2/n+\tau^2}\bar{x}.$$

例 5.3.2 设 $X\sim$ 泊松分布 $P(\theta)$, 即

$$p(x|\theta)=P(X=x\mid\theta)=\frac{\mathrm{e}^{-\theta}\theta^x}{x!}\quad(x=0,1,2,\cdots).$$

取 θ 的先验分布为共轭先验分布 $\Gamma(r,\lambda)$, 即

$$\pi(\theta)=\frac{\lambda^r}{\Gamma(r)}\theta^{r-1}\mathrm{e}^{-\lambda\theta}I_{(0,\infty)}(\theta),$$

其中 $r>0$ 和 $\lambda>0$ 已知. 若 $X_1,\cdots,X_n$ 为从总体 X 中抽取的 i.i.d. 样本, 求平方损失函数下 θ 的贝叶斯估计.

解 由定理 3.5.1 (2), 可知 θ 的后验分布为 $\Gamma(n\bar{x}+r,n+\lambda)$, 故 θ 的贝叶斯估计为

$$\hat{\theta}_{\mathrm{B}}(\bar{x})=E(\theta|\bar{x})=\frac{n\bar{x}+r}{n+\lambda}=\frac{n}{n+\lambda}\bar{x}+\frac{\lambda}{n+\lambda}\cdot\frac{r}{\lambda},$$

其中 $\bar{x}$ 为样本均值, r/λ 为先验分布的均值, 可见 θ 的贝叶斯估计为样本均值和先验均值的加权平均. 当 $n\gg\lambda$ 时, 样本均值 $\bar{x}$ 在贝叶斯估计中起主导作用, 当 $\lambda\gg n$ 时, 先验均值在贝叶斯估计中起主导作用, 所以贝叶斯估计相对于经典统计方法中的估计量 $\bar{x}$ 更合理.

5.3.2 加权平方损失函数下的贝叶斯估计

定理 5.3.2 在加权平方损失函数 (weighted square error loss function) $L(\theta,a)=w(\theta)(\theta-a)^2$ 下, θ 的贝叶斯估计为

$$\hat{\theta}_{\mathrm{B}}=\frac{E[\theta\,w(\theta)|\boldsymbol{x}]}{E[w(\theta)|\boldsymbol{x}]},$$

其中 $w(\theta)$ 为定义在参数空间 Θ 上的正值函数.

证明 设 $\pi(\theta|\boldsymbol{x})$ 为 θ 的后验密度, 则决策函数 $a=a(\boldsymbol{x})$ 的后验风险为

$$\begin{aligned}R(a|\boldsymbol{x})&=E\big[w(\theta)(\theta-a)^2|\boldsymbol{x}\big]\\&=\int_\Theta\big[\theta^2w(\theta)-2\,a\,\theta\,w(\theta)+a^2w(\theta)\big]\pi(\theta|\boldsymbol{x})\mathrm{d}\theta.\end{aligned}$$

由于贝叶斯解是后验风险最小的决策函数, 可用微积分求极小值点的方法. 对后验风险 $R(a|\boldsymbol{x})$ 关于 a 求导, 得

$$\frac{\mathrm{d}}{\mathrm{d}a}[R(a|\boldsymbol{x})]=-2\int_{\Theta}\theta\, w(\theta)\pi(\theta|\boldsymbol{x})\mathrm{d}\theta+2a\int_{\Theta}w(\theta)\pi(\theta|\boldsymbol{x})\mathrm{d}\theta=0. \tag{5.3.2}$$

解方程得

$$a=\frac{\int_{\Theta}\theta\, w(\theta)\pi(\theta|\boldsymbol{x})\mathrm{d}\theta}{\int_{\Theta}w(\theta)\pi(\theta|\boldsymbol{x})\mathrm{d}\theta}=\frac{E[\theta\, w(\theta)|\boldsymbol{x}]}{E[w(\theta)|\boldsymbol{x}]}.$$

易知

$$\frac{\mathrm{d}^2}{\mathrm{d}a^2}[R(a|\boldsymbol{x})]=2\int_{\Theta}w(\theta)\pi(\theta|\boldsymbol{x})\mathrm{d}\theta>0.$$

这表明方程 (5.3.2) 的解使得后验风险 $R(a|\boldsymbol{x})$ 达到最小, 因此, θ 的贝叶斯估计是 $\hat{\theta}_{\mathrm{B}}=a=E[\theta\, w(\theta)|\boldsymbol{x}]/E[w(\theta)|\boldsymbol{x}]$, 定理得证.

例 5.3.3　设 $X\sim$ 指数分布 $Exp\,(1/\theta)$, 其密度函数为

$$f(x|\theta)=\begin{cases}\theta^{-1}\mathrm{e}^{-x/\theta}, & x>0,\\ 0, & \text{其他},\end{cases}$$

此处 $\theta>0$. 令 $\boldsymbol{X}=(X_1,\cdots,X_n)$ 为从总体 X 中抽取的 i.i.d. 样本. 设 θ 的先验分布 $\pi(\theta)$ 为逆伽马分布 $\Gamma^{-1}(\alpha,\ \lambda)$, 即

$$\pi(\theta)=\begin{cases}\dfrac{\lambda^{\alpha}}{\Gamma(\alpha)}\theta^{-(\alpha+1)}\mathrm{e}^{-\lambda/\theta}, & \theta>0,\\ 0, & \text{其他}.\end{cases}$$

求在加权平方损失函数 $L(\theta,\delta)=(\theta-\delta)^2/\theta^2$ 下 θ 的贝叶斯估计.

解　由定理 3.4.2(2), 可知 θ 的后验分布为 $\Gamma^{-1}(n+\alpha,n\bar{x}+\lambda)$, 其密度函数为

$$\pi(\theta|\boldsymbol{x})=\frac{(n\bar{x}+\lambda)^{n+\alpha}}{\Gamma(n+\alpha)}\theta^{-(n+\alpha+1)}\exp\left\{-\frac{n\bar{x}+\lambda}{\theta}\right\}\quad(\theta>0).$$

在加权平方损失函数下 θ 的贝叶斯估计为

$$\hat{\theta}_{\mathrm{B}}=\frac{E[\theta w(\theta)|\boldsymbol{x}]}{E[w(\theta)|\boldsymbol{x}]}=\frac{E[\theta^{-1}|\boldsymbol{x}]}{E[\theta^{-2}|\boldsymbol{x}]},$$

其中 $w(\theta)=\theta^{-2}$, 而

$$E(\theta^{-1}|\boldsymbol{x})=\int_0^{\infty}\theta^{-1}\pi(\theta|\boldsymbol{x})\mathrm{d}\theta=\frac{n+\alpha}{n\bar{x}+\lambda},$$
$$E(\theta^{-2}|\boldsymbol{x})=\int_0^{\infty}\theta^{-2}\,\pi(\theta|\boldsymbol{x})\mathrm{d}\theta=\frac{(n+\alpha+1)(n+\alpha)}{(n\bar{x}+\lambda)^2},$$

故 θ 的贝叶斯估计为

$$\hat{\theta}_{\mathrm{B}}=\frac{E[\theta w(\theta)|\boldsymbol{x}]}{E[w(\theta)|\boldsymbol{x}]}=\frac{(n+\alpha)/(n\bar{x}+\lambda)}{(n+\alpha+1)(n+\alpha)/(n\bar{x}+\lambda)^2}=\frac{n\bar{x}+\lambda}{n+\alpha+1}.$$

5.3.3 绝对值损失函数下的贝叶斯估计

定理 5.3.3 在绝对损失函数 (absolute error loss function) $L(\theta,a)=|\theta-a|$ 下, θ 的贝叶斯估计为后验中位数.

证明 令 $m(x)=m$ 表示 $\pi(\theta|\boldsymbol{x})$ 的中位数, $a=a(\boldsymbol{x})$ 为任一决策函数.

(1) 若任意 $a>m$ 为一决策行为, 则由

$$L(\theta,m)-L(\theta,a)=\begin{cases} m-a, & \theta\leqslant m,\\ 2\theta-(m+a), & m<\theta\leqslant a,\\ a-m, & \theta>a, \end{cases}$$

可得

$$L(\theta,m)-L(\theta,a)\leqslant (m-a)I_{(-\infty,m]}(\theta)+(a-m)I_{(m,+\infty)}(\theta). \tag{5.3.3}$$

这是因为当 $m<\theta<a$ 时,

$$\begin{aligned} 2\theta-(m+a)&=(\theta-m)+(\theta-a)<a-m+0\\ &=(a-m)I_{(m,a)}(\theta)<(a-m)I_{(m,\infty)}(\theta). \end{aligned}$$

从而由式 (5.3.3), 可得

$$\begin{aligned} E^{\theta|\boldsymbol{x}}[L(\theta,m)-L(\theta,a)]&=R(m|\boldsymbol{x})-R(a|\boldsymbol{x})\\ &\leqslant (m-a)\,P(\theta\leqslant m|\boldsymbol{x})+(a-m)\,P(\theta>m|\boldsymbol{x})\\ &=(m-a)\cdot\frac{1}{2}+(a-m)\cdot\frac{1}{2}\\ &=0, \end{aligned}$$

即 $R(m|\boldsymbol{x})\leqslant R(a|\boldsymbol{x})$, 因此对任意 $a>m$, 决策函数 m 的后验风险达到最小.

(2) 令任意 $a<m$ 为一决策行为, 则由

$$L(\theta,m)-L(\theta,a)=\begin{cases} m-a, & \theta\leqslant a,\\ (m+a)-2\theta, & a<\theta\leqslant m,\\ a-m, & \theta>m, \end{cases}$$

可知式 (5.3.3) 仍成立, 即

$$L(\theta,m)-L(\theta,a)\leqslant (m-a)I_{(-\infty,m]}(\theta)+(a-m)I_{(m,+\infty)}(\theta).$$

这是因为当 $a<\theta<m$ 时,

$$\begin{aligned} (m+a)-2\theta&=(m-\theta)+(a-\theta)<m-a+0\\ &=(m-a)I_{(a,m)}(\theta)<(m-a)I_{(-\infty,m)}(\theta). \end{aligned}$$

故由式 (5.3.3), 可得

$$\begin{aligned} E^{\theta|\boldsymbol{x}}[L(\theta,m)-L(\theta,a)] &= R(m|\boldsymbol{x})-R(a|\boldsymbol{x}) \\ &\leqslant (m-a)\,P(\theta\leqslant m|\boldsymbol{x})+(a-m)\,P(\theta>m|\boldsymbol{x}) \\ &= (m-a)\cdot\frac{1}{2}+(a-m)\cdot\frac{1}{2}=0, \end{aligned}$$

即 $R(m|\boldsymbol{x})\leqslant R(a|\boldsymbol{x})$. 因此对任意 $a>m$, 决策函数 m 的后验风险达到最小.

综合 (1) 和 (2), 可知 $\hat{\theta}_{\mathrm{B}}=m$ 为绝对值损失函数下的贝叶斯解, 定理得证.

例 5.3.4　设 $\boldsymbol{X}=(X_1,\cdots,X_n)$ 是从均匀分布 $U(0,\theta)$ 中抽取的 i.i.d. 样本, θ 的先验分布是帕雷托分布, 其密度函数为

$$\pi(\theta)=\frac{\alpha\theta_0^{\alpha}}{\theta^{\alpha+1}},\quad F^{\pi}(\theta)=1-\left(\frac{\theta_0}{\theta}\right)^{\alpha}\quad(\theta>\theta_0,\ \alpha>0).$$

求 θ 的在绝对值损失函数下的贝叶斯估计.

解　θ 的似然函数为

$$l(\theta|\boldsymbol{x})=\frac{1}{\theta^n}I_{(\theta>x_{(n)})},$$

此处 $x_{(n)}=\max\{x_1,\cdots,x_n\}$.

θ 的后验密度为

$$\pi(\theta|\boldsymbol{x})\propto l(\theta|\boldsymbol{x})\pi(\theta)\propto\frac{1}{\theta^{n+\alpha+1}}\quad(\theta>\max\{x_{(n)},\theta_0\}).$$

记 $\theta_1=\max\{x_{(n)},\theta_0\}$, 添加正则化常数后得

$$\pi(\theta|\boldsymbol{x})=\frac{(\alpha+n){\theta_1}^{\alpha+n}}{\theta^{n+\alpha+1}},\quad F(\theta|x)=1-\left(\frac{\theta_1}{\theta}\right)^{\alpha+n}\quad(\theta>\theta_1).$$

这仍为帕雷托分布, 故上述先验分布是共轭先验分布. 在绝对值损失函数下贝叶斯估计 $\hat{\theta}_{\mathrm{B}}$ 是后验中位数. 解方程 $1-(\theta_1/\theta)^{\alpha+n}=1/2$, 得

$$\hat{\theta}_{\mathrm{B}}=2^{\frac{1}{\alpha+n}}\cdot\theta_1.$$

若取平方损失函数, 则 θ 的贝叶斯估计为后验均值, 即

$$\hat{\theta}_{\mathrm{B1}}=\frac{\alpha+n}{\alpha+n-1}\,\theta_1.$$

这个估计比经典方法中极大似然估计 $\hat{\theta}=x_{(n)}$ 大, 因为 $(\alpha+n)/(\alpha+n-1)>1$, 且 $\theta_1>x_{(n)}$.

例 5.3.5　在儿童智商测试问题中, 假定智商的测试结果 $X\sim N(\theta,100)$, 其中 θ 为被测试儿童智商的真值, 又假设 θ 的先验分布为 $\theta\sim N(100,225)$. 若儿童测试的得分为 $x=115$, 求绝对值损失函数下 θ 的贝叶斯估计.

解 由例 4.2.1, 可知 θ 的后验分布 $\pi(\theta|x)$ 为 $N(110.38, 8.32^2)$. 由于正态分布是单峰、对称分布, 后验期望也是后验中位数, 两者相同, 因此绝对值损失函数下 θ 的贝叶斯解为 $\hat{\theta}_{\mathrm{B}}=E(\theta|x)=110.38$.

注 5.3.1 例 5.3.5 告诉我们, 当后验分布是单峰、对称分布时, 后验中位数与后验期望相同. 此时, 绝对值损失函数下的贝叶斯估计很容易求得, 就是后验期望.

5.3.4 线性损失函数下的贝叶斯估计

定理 5.3.4 在线性损失函数 (linear error loss function)

$$L(\theta,a)=\begin{cases} k_0(\theta-a), & \theta-a\geqslant 0,\\ k_1(a-\theta), & \theta-a<0\end{cases}$$

下, θ 的贝叶斯估计为后验分布的 $k_0/(k_0+k_1)$ 分位数.

证明 设 $a=a(\boldsymbol{x})$ 为任一决策函数, $\pi(\theta|\boldsymbol{x})$ 为 θ 的后验密度, 则 a 的后验风险为

$$\begin{aligned}
R(a|\boldsymbol{x})&=\int_{-\infty}^{\infty}L(\theta,a)\pi(\theta|\boldsymbol{x})\mathrm{d}\theta\\
&=k_1\int_{-\infty}^{a}(a-\theta)\pi(\theta|\boldsymbol{x})\mathrm{d}\theta+k_0\int_{a}^{\infty}(\theta-a)\pi(\theta|\boldsymbol{x})\mathrm{d}\theta\\
&=(k_1+k_0)\int_{-\infty}^{a}(a-\theta)\pi(\theta|\boldsymbol{x})\mathrm{d}\theta-k_0\int_{-\infty}^{a}(a-\theta)\pi(\theta|\boldsymbol{x})\mathrm{d}\theta\\
&\quad+k_0\int_{a}^{\infty}(\theta-a)\pi(\theta|\boldsymbol{x})\mathrm{d}\theta\\
&=(k_1+k_0)\int_{-\infty}^{a}(a-\theta)\pi(\theta|\boldsymbol{x})\mathrm{d}\theta+k_0\int_{-\infty}^{\infty}\theta\pi(\theta|\boldsymbol{x})\mathrm{d}\theta-k_0\,a\int_{-\infty}^{\infty}\pi(\theta|\boldsymbol{x})\mathrm{d}\theta\\
&=(k_1+k_0)\int_{-\infty}^{a}(a-\theta)\pi(\theta|\boldsymbol{x})\mathrm{d}\theta+k_0\big[E(\theta|\boldsymbol{x})-a\big].
\end{aligned}$$

用微积分求极小值点的方法, 对后验风险 $R(a|\boldsymbol{x})$ 关于 a 求导, 得

$$\begin{aligned}
\frac{\mathrm{d}}{\mathrm{d}a}\big[R(a|\boldsymbol{x})\big]&=(k_1+k_0)\int_{-\infty}^{a}\pi(\theta|\boldsymbol{x})\mathrm{d}\theta+(k_1+k_0)\big[(a-\theta)\pi(\theta|\boldsymbol{x})\big]\Big|_{\theta=a}-k_0\\
&=(k_1+k_0)\int_{-\infty}^{a}\pi(\theta|\boldsymbol{x})\mathrm{d}\theta-k_0=0.
\end{aligned}$$

解方程得

$$\int_{-\infty}^{a}\pi(\theta|\boldsymbol{x})\mathrm{d}\theta=\frac{k_0}{k_1+k_0}.$$

易知

$$\frac{\mathrm{d}^2}{\mathrm{d}a^2}\big[R(a|\boldsymbol{x})\big]=(k_1+k_0)\pi(a|\boldsymbol{x})>0.$$

这表明当决策函数 a 为 θ 的后验分布的 $k_0/(k_1+k_0)$ 分位数时, 后验风险 $R(a|\boldsymbol{x})$ 达到最小. 因此线性损失下 θ 的贝叶斯估计为

$$\hat{\theta}_{\mathrm{B}}=\text{后验分布的 }\frac{k_0}{k_1+k_0}\text{ 分位数}.$$

定理证毕.

例 5.3.6　在估计儿童智商的例 4.2.1 中, 若认为低估比高估的损失高 2 倍, 则使用线性损失是合理的. 其损失函数为

$$L(\theta,a)=\begin{cases} 2(\theta-a), & \theta-a\geqslant 0,\\ a-\theta, & \theta-a<0.\end{cases}$$

求儿童智商 θ 的贝叶斯估计.

解　按定理 5.3.4 的结论, 有

$$k_0=2,\quad k_1=1,\quad \frac{k_0}{k_0+k_1}=\frac{2}{3}.$$

标准正态分布 $N(0,1)$ 的 $2/3$ 分位数为 0.43. 由例 4.2.1, 可知儿童智商 θ 的后验分布为 $N(110.38,8.32^2)$, 其 $2/3$ 分位数为

$$\frac{\hat{a}-110.38}{8.32}=0.43,$$

解得

$$\hat{a}=0.43\times 8.32+110.38=113.96\,,$$

即 θ 的贝叶斯估计 $\hat{\theta}_{\mathrm{B}}=113.96$.

5.4　假设检验和有限行动 (分类) 问题

在估计问题中, 一般有无穷多个行动可供选择. 然而有不少统计决策问题只能在有限个行动中选择. 最重要的有限行动问题是假设检验. 对这类问题使用贝叶斯统计决策方法是很容易解决的. 例如, 行动空间由 r 个行动组成, 即行动空间 $\mathscr{D}=\{a_1,\cdots,a_r\}$. 设在采取行动 a_i 下的损失为 $L(\theta,a_i)$ $(i=1,\cdots,r)$, 则贝叶斯决策就是选择使后验风险 $R(a_i|\boldsymbol{x})=E^{\theta|\boldsymbol{x}}[L(\theta,a_i)]$ 达到最小的那个行动. 以下我们将分别讨论两行动 (假设检验) 问题和多行动 (分类) 问题.

5.4.1　假设检验问题

设随机变量 $X\sim f(x|\theta)$ $(\theta\in\Theta)$, θ 的先验分布为 $\pi(\theta)$, $\boldsymbol{X}=(X_1,\cdots,X_n)$ 为从总体 X 中抽取的 i.i.d. 样本, $\pi(\theta|\boldsymbol{x})$ 为由样本和先验分布导出的后验分布. 设有如下的假设检验问题:

$$H_0:\ \theta\in\Theta_0\leftrightarrow H_1:\ \theta\in\Theta_1,\quad \Theta_0\cup\Theta_1=\Theta.$$

决策行动: a_0 表示接受 H_0; a_1 表示否定 H_0, 接受 H_1.

1. 0-1 **损失情形**

我们选用如下的 0-1 损失函数:

$$L(\theta,a_0)=\begin{cases}0, & \theta\in\Theta_0,\\ 1, & \theta\in\Theta_1,\end{cases}\qquad L(\theta,a_1)=\begin{cases}1, & \theta\in\Theta_0,\\ 0, & \theta\in\Theta_1.\end{cases}$$

其后验风险分别为

$$\begin{aligned}R(a_0|\boldsymbol{x})&=E^{\theta|\boldsymbol{x}}[L(\theta,a_0)]=\int_{\Theta}L(\theta,a_0)\pi(\theta|\boldsymbol{x})\mathrm{d}\theta\\&=\int_{\Theta_1}\pi(\theta|\boldsymbol{x})\mathrm{d}\theta=P(\Theta_1|\boldsymbol{x}),\\R(a_1|\boldsymbol{x})&=E^{\theta|\boldsymbol{x}}[L(\theta,a_1)]=P(\Theta_0|\boldsymbol{x}).\end{aligned}$$

若后验风险 $R(a_i|\boldsymbol{x})$ 越小, 说明决策行动 a_i 越好, 就接受 H_i $(i=0,1)$. 等价地, 若 $P(\Theta_j|\boldsymbol{x})$ 越大 (即 $R(a_{1-j}|\boldsymbol{x})$ 越大), 则拒绝行动 a_{1-j}, 接受假设 H_j $(j=0,1)$. 这与 4.4.1 小节中接受后验概率大的假设的方法是一致的.

例 5.4.1 在儿童智商测试的例 4.2.1 中, $X|\theta\sim N(\theta,100)$, θ 的先验分布为 $N(100,225)$, 且 $x=115$. 求检验问题

$$H_0:\ \theta\leqslant 105\leftrightarrow H_1:\ \theta>105.$$

取损失函数为 0-1 损失函数.

解 由例 4.3.1, 可知 θ 的后验分布 $\pi(\theta|x)$ 为 $N(110.38,8.32^2)$, 故在 0-1 损失函数下决策行动 a_i $(i=0,1)$ 的后验风险为

$$\begin{aligned}R(a_0|\boldsymbol{x})&=P(105<\theta<\infty|x)=P\left(\frac{105-110.38}{8.32}<\frac{\theta-110.38}{8.32}<\infty\Big|x\right)\\&=P(-0.647<\widetilde{\theta}<\infty|x)=1-0.2599=0.7401,\\R(a_1|\boldsymbol{x})&=P(0<\theta\leqslant 105|x)=0.2599.\end{aligned}$$

此处 $\widetilde{\theta}=(\theta-110.38)/8.32\sim N(0,1)$. 因此按后验风险最小原则否定 H_0, 接受 H_1.

2. $0\text{-}k_i$ **损失情形**

我们选用如下的 $0\text{-}k_i$ 损失函数:

$$L(\theta,a_0)=\begin{cases}0, & \theta\in\Theta_0,\\ k_0, & \theta\in\Theta_1,\end{cases}\qquad L(\theta,a_1)=\begin{cases}k_1, & \theta\in\Theta_0,\\ 0, & \theta\in\Theta_1.\end{cases}$$

其后验风险分别为

$$\begin{aligned}R(a_0|\boldsymbol{x})&=E^{\theta|\boldsymbol{x}}[L(\theta,a_0)]=k_0\int_{\Theta_1}\pi(\theta|\boldsymbol{x})\mathrm{d}\theta=k_0P(\Theta_1|\boldsymbol{x}),\\R(a_1|\boldsymbol{x})&=E^{\theta|\boldsymbol{x}}[L(\theta,a_1)]=k_1\int_{\Theta_0}\pi(\theta|\boldsymbol{x})\mathrm{d}\theta=k_1P(\Theta_0|\boldsymbol{x}).\end{aligned}$$

贝叶斯决策原理是取使后验风险达到最小的行动. 也就是说, 若

$$R(a_0|\boldsymbol{x}) > R(a_1|\boldsymbol{x}),$$

即

$$k_0 P(\Theta_1|\boldsymbol{x}) > k_1 P(\Theta_0|\boldsymbol{x}), \tag{5.4.1}$$

则取行动 a_1, 即拒绝 H_0.

由于 $\Theta = \Theta_0 \cup \Theta_1$, 故有

$$P(\Theta_0|\boldsymbol{x}) = 1 - P(\Theta_1|\boldsymbol{x}). \tag{5.4.2}$$

将式 (5.4.2) 代入式 (5.4.1), 可知式 (5.4.1) 等价于

$$P(\Theta_1|\boldsymbol{x}) > \frac{k_1}{k_0 + k_1}. \tag{5.4.3}$$

因此当式 (5.4.3) 成立时, 拒绝 H_0.

用经典统计术语, 贝叶斯检验的拒绝域为

$$D = \left\{ \boldsymbol{X} = (X_1, \cdots, X_n):\ P(\Theta_1|\boldsymbol{X} = \boldsymbol{x}) > \frac{k_1}{k_0 + k_1} \right\}, \tag{5.4.4}$$

此处 D 与经典检验 (如似然比检验) 的拒绝域有完全一样的形式, 只不过在经典检验中拒绝域的“临界值”由显著性水平 α 决定, 而在贝叶斯检验中则由损失函数和先验信息决定.

例 5.4.2　设 $X \sim N(\theta, \sigma^2)$, 其中 σ^2 已知, θ 的先验分布为 $N(\mu, \tau^2)$, 且 μ 和 τ^2 已知. 损失函数为 0-k_i 损失函数. 令 $X_1, \cdots, X_n$ 为从总体 X 中抽取的 i.i.d. 样本. 求检验问题

$$H_0:\ \theta \geqslant \theta_0 \leftrightarrow H_1:\ \theta < \theta_0.$$

解　由定理 3.2.2 (1), 可知 $\pi(\theta|\bar{x})$ 为 $N(\mu_n(\bar{x}), \eta_n^2)$, 其中

$$\mu_n(\bar{x}) = \frac{\sigma^2/n}{\sigma^2/n + \tau^2}\, \mu + \frac{\tau^2}{\sigma^2/n + \tau^2}\, \bar{x},$$
$$\eta_n^2 = \frac{\tau^2 \cdot \sigma^2/n}{\sigma^2/n + \tau^2} = \frac{\sigma^2 \tau^2}{\sigma^2 + n\tau^2}.$$

否定域由式 (5.4.4) 给出, 其中 $\Theta_0 = [\theta_0, \infty)$, $\Theta_1 = (-\infty, \theta_0)$. 故有

$$P(\Theta_1|\bar{x}) = \frac{1}{\sqrt{2\pi}\eta_n} \int_{-\infty}^{\theta_0} \exp\left\{ -\frac{[\theta - \mu_n(\bar{x})]^2}{2\eta_n^2} \right\} \mathrm{d}\theta.$$

做变换

$$\gamma = \frac{\theta - \mu_n(\bar{x})}{\eta_n}$$

则 $\mathrm{d}\theta=\eta_n\mathrm{d}\gamma$, 所以上式变为

$$P(\Theta_1|\bar{x})=\frac{1}{\sqrt{2\pi}}\int_{-\infty}^{[\theta_0-\mu_n(\bar{x})]/\eta_n}\mathrm{e}^{-\gamma^2/2}\mathrm{d}\gamma=\Phi\Big(\frac{\theta_0-\mu_n(\bar{x})}{\eta_n}\Big),$$

此处 $\Phi(\cdot)$ 表示标准正态分布的分布函数. 故由式 (5.4.3) 确定的否定域等价于

$$\Phi\Big(\frac{\theta_0-\mu_n(\bar{x})}{\eta_n}\Big)>\frac{k_1}{k_0+k_1}.$$

若记 $Z(k_1/(k_0+k_1))$ 为标准正态分布的 $k_1/(k_0+k_1)$ 分位数, 则上式等价于

$$Z\Big(\frac{k_1}{k_0+k_1}\Big)<\frac{\theta_0-\mu_n(\bar{x})}{\eta_n}=\eta_n^{-1}\Big(\theta_0-\frac{\sigma^2/n}{\sigma^2/n+\tau^2}\,\mu-\frac{\tau^2}{\sigma^2/n+\tau^2}\,\bar{x}\Big),$$

上式等价于

$$\bar{x}<\theta_0+\frac{\sigma^2}{n\tau^2}(\theta_0-\mu)-\frac{\sigma^2}{n}\cdot\eta_n^{-1}\cdot Z\Big(\frac{k_1}{k_0+k_1}\Big),$$

即检验问题的否定域为

$$D=\Big\{\boldsymbol{x}:\ \bar{x}<\theta_0+\frac{\sigma^2}{n\tau^2}(\theta_0-\mu)-\frac{\sigma^2}{n}\cdot\eta_n^{-1}\cdot Z\Big(\frac{k_1}{k_0+k_1}\Big)\Big\}.$$

注 5.4.1 经典统计方法中上述检验问题的检验水平为 α 的 UMP 检验否定域为 $D=\{\boldsymbol{X}:\ \bar{X}<\theta_0-u_\alpha\sigma/\sqrt{n}\}$, 此处 u_α 表示标准正态分布的上侧 α 分位数. 如式 (5.4.4) 所述, 经典方法中拒绝域的临界值由检验水平 α 决定, 而本题贝叶斯检验方法中临界值由损失函数和先验信息决定.

数值的例子如下: 在儿童智商测试问题中, 假定智商的测试结果 $X|\theta\sim N(\theta,100)$, 其中 θ 为被测试儿童智商的真值. 又假设 θ 的先验分布为 $N(100,225)$. 若儿童测试的得分为 $x=115$, 求检验问题

$$H_0:\ \theta\geqslant110\leftrightarrow H_1:\ \theta\leqslant110.$$

取如下损失函数:

$$L(\theta,a_0)=\begin{cases}0, & \theta\geqslant110,\\ 2, & \theta<110,\end{cases}\qquad L(\theta,a_1)=\begin{cases}1, & \theta\geqslant110,\\ 0, & \theta<110.\end{cases}$$

在这个例子中, 样本大小 $n=1$, $k_0=2$, $k_1=1$, $\theta_0=110$, $\sigma^2=100$, $\mu=100$, $\tau^2=225$. 计算例 5.4.2 中确定否定域的不等式

$$\begin{aligned}&\theta_0+\frac{\sigma^2}{n\tau^2}(\theta_0-\mu)-\frac{\sigma^2}{n}\cdot\eta_n^{-1}\cdot Z\Big(\frac{k_1}{k_0+k_1}\Big)\\&=110+\frac{100}{225}\times10-\frac{100}{8.32}\times(-0.43)=109.27<x=115,\end{aligned}$$

即样本 $x=115$ 不在否定域中, 故接受 H_0, 即认为 $\theta>110$.

5.4.2 多行动问题 (分类问题)

1. 假设检验中的多行动问题

除了假设检验的两行动问题外, 还有多行动问题. 例如, 在假设检验问题中常常存在两者皆可的区域, 即除了 $\theta\in\Theta_0$ 及 $\theta\in\Theta_1$ 分别采取行动 a_0 和 a_1 之外, 还存在第三个行动 a_2, 它表示当 $\theta\in\Theta_2$ 时采取两者皆可的行动. 例如, 要求检验两种药物的治愈率 θ_i $(i=1,2)$, 合理方法是检验下列三个假设:

$$H_1:\theta_1-\theta_2<-\varepsilon,\quad H_2:\theta_1-\theta_2>\varepsilon,\quad H_3:|\theta_1-\theta_2|\leqslant\varepsilon\quad(\varepsilon>0),$$

其中 $\varepsilon>0$ 的选择, 使得当 $|\theta_1-\theta_2|\leqslant\varepsilon$ 时两种药物被认为是等效的.

即使在经典的假设检验问题中, 也有三个行动可供选择: a_i 表示接受 H_i $(i=1,2)$, a_3 表示接受 H_1 或 H_2 都没有足够的证据. 经典方法是通过犯错误概率来做选择的.

贝叶斯方法对假设检验中的多行动问题 H_i: $\theta\in\Theta_i$ $(i=1,\cdots,k)$, 作出决策的原则是后验风险越小的行动 a_j 越好, 其中行动 a_j 表示接受 H_j.

例 5.4.3 (续例 5.3.6) 在儿童智商测试问题的例子中, 对那个孩子的智商求如下的假设检验问题:

$$H_1:\ \theta<90,\quad H_2:\ 90\leqslant\theta\leqslant110,\quad H_3:\ \theta>110,\tag{5.4.5}$$

其中 H_1 表明智商在平均水平之下, H_2 表明智商属于平均水平, H_3 表明智商在平均水平之上. 可采取的决策行动有 a_1, a_2, a_3, 其中 a_i 表示接受 H_i $(i=1,2,3)$. 选择下列损失函数是合适的:

$$L(\theta,a_1)=\begin{cases}0, & \theta<90,\\ \theta-90, & 90\leqslant\theta\leqslant110,\\ 2(\theta-90), & \theta>110,\end{cases}$$

$$L(\theta,a_2)=\begin{cases}90-\theta, & \theta<90,\\ 0, & 90\leqslant\theta\leqslant110,\\ \theta-110, & \theta>110,\end{cases}$$

$$L(\theta,a_3)=\begin{cases}2(110-\theta), & \theta<90,\\ 110-\theta, & 90\leqslant\theta\leqslant110,\\ 0, & \theta>110.\end{cases}$$

在儿童智商测试中, 测得 $x=115$, 求多重检验问题 (5.4.5).

解 由例 5.3.6, 可知儿童智商 θ 的后验分布 $\pi(\theta|x)$ 为 $N(110.38,\ 8.32^2)$. 按后验风险最小原则, 首先计算 a_i $(i=1,2,3)$ 的后验风险. 计算时将后验分布 $\pi(\theta|x)$ 由 $N(110.38,8.32^2)$ 变换到 $N(0,1)$, 查标准正态分布表, 得到决策行动 a_i $(i=1,2,3)$ 的后

验风险分别为

$$
\begin{aligned}
R(a_1|x) &= E^{\pi(\theta|x)}[L(\theta,a_1)] \\
&= \int_{90}^{110}(\theta-90)\pi(\theta|x)\mathrm{d}\theta + 2\int_{110}^{\infty}(\theta-90)\pi(\theta|\boldsymbol{x})\mathrm{d}\theta \\
&= 6.49+27.83=34.32, \\
R(a_2|x) &= E^{\pi(\theta|x)}[L(\theta,a_2)] \\
&= \int_{-\infty}^{90}(90-\theta)\pi(\theta|x)\mathrm{d}\theta + \int_{110}^{\infty}(\theta-110)\pi(\theta|\boldsymbol{x})\mathrm{d}\theta \\
&= 0.02+3.53=3.55, \\
R(a_3|x) &= E^{\pi(\theta|x)}[L(\theta,a_3)] \\
&= 2\int_{-\infty}^{90}(110-\theta)\pi(\theta|x)\mathrm{d}\theta + \int_{90}^{110}(110-\theta)\pi(\theta|\boldsymbol{x})\mathrm{d}\theta \\
&= 0.32+2.95=3.27.
\end{aligned}
$$

后验风险越小越好, 故采取行动 a_3, 即认为 $\theta > 110$.

2. 多行动分类问题

在贝叶斯统计决策问题中, 常常面临多个行动, 我们的目的是寻找最优决策行动. 处理这类问题的方法是, 首先求出有关参数的后验分布, 然后在给定样本的条件下, 计算各种行动的后验风险. 按后验风险最小原则, 确定最优决策函数. 请看下面的例子.

例 5.4.4 (续例 3.1.1) 通过血液可以帮助说明一个人是否患有某种疾病, 化验结果为阳性 (以 X=1 表示) 或者为阴性 (以 X=0 表示). 令 θ_1 表示状态有病, θ_2 表示状态无病, 记 $P(X=x|\theta)=p(x|\theta)$, 则有 $p(1|\theta_1)=0.8$, $p(0|\theta_1)=0.2$, $p(1|\theta_2)=0.1$, $p(0|\theta_2)=0.9$. 设先验信息为 $\pi(\theta_1)=0.05$, $\pi(\theta_2)=0.95$, 它们的比即该地区患病和不患病的比例. 知道化验结果后可能的决策行为是 a_1, a_2 和 a_3, 其中 a_1 表示治疗, a_2 表示不治疗, a_3 表示继续观察, 损失函数 $L(\theta,a)$ 如表 5.4.1 所示, 试求最优决策函数.

表 5.4.1

θ \ a	a_1	a_2	a_3
θ_1	0	10	6
θ_2	4	0	2

解 与例 3.1.1 类似, 容易算得参数 θ (只取 θ_1 和 θ_2 两个值) 的后验分布如下:

$$
\begin{aligned}
&\pi(\theta_1|x=0)=0.012, \quad \pi(\theta_2|x=0)=0.988, \\
&\pi(\theta_1|x=1)=0.296, \quad \pi(\theta_2|x=1)=0.704\,.
\end{aligned}
$$

故决策行为的后验风险分别为

$$
R(a_1|x=0)=E^{\theta|x}[L(a_1,\theta)]
$$

$$
\begin{aligned}
&= L(a_1,\theta_1)\times\pi(\theta_1|x=0)+L(a_1,\theta_2)\times\pi(\theta_2|x=0)\\
&= 0\times 0.012+4\times 0.988=3.952,\\
R(a_2|x=0) &= 10\times 0.012+0\times 0.988=0.12,\\
R(a_3|x=0) &= 6\times 0.012+2\times 0.988=2.048.
\end{aligned}
$$

因此按后验风险最小原则, 当 $x=0$ 时取最优决策函数 $\delta^*(0)=a_2$.

同理, 当 $x=1$ 时, 可算得

$$
\begin{aligned}
R(a_1|x=1) &= 0\times 0.296+4\times 0.704=2.816,\\
R(a_2|x=1) &= 10\times 0.296+0\times 0.704=2.96,\\
R(a_3|x=1) &= 6\times 0.296+2\times 0.704=3.184.
\end{aligned}
$$

按后验风险最小原则, 当 $x=1$ 时最优决策函数为 $\delta^*(1)=a_1$.

因此, 最优决策函数为

$$
\delta^*(x)=\begin{cases} a_2, & x=0,\\ a_1, & x=1.\end{cases}
$$

5.4.3 统计决策中的区间估计问题

区间估计或可信集的问题, 也可以用统计决策的方法去考虑. 为简单计, 设 $C(\boldsymbol{x})=(d_1(\boldsymbol{x}),d_2(\boldsymbol{x}))$ 为 θ 的一个区间估计, 损失函数的一种取法为

$$
L(\theta,\ C(\boldsymbol{x}))=m_1\left[d_2(\boldsymbol{x})-d_1(\boldsymbol{x})\right]+m_2\left[1-I_{C(\boldsymbol{x})}(\theta)\right],
$$

此处 m_1, m_2 为给定的常数. 显然第一部分表示区间长度引起的损失, 区间越长, 精度越差, 损失越大; 第二部分表示当 θ 不属于 $C(\boldsymbol{x})$ 时引起的损失. 按后验风险最小原则, 应取后验风险

$$
\begin{aligned}
R(C(\boldsymbol{x})|\boldsymbol{x}) &= E^{\theta|\boldsymbol{x}}[L(\theta,\ C(\boldsymbol{x}))]\\
&= m_1\left[d_2(\boldsymbol{x})-d_1(\boldsymbol{x})\right]+m_2\left[1-P(\theta\in C(\boldsymbol{x})|\,\boldsymbol{x})\right]\\
&= m_1\left[d_2(\boldsymbol{x})-d_1(\boldsymbol{x})\right]+m_2P(\theta\notin C(\boldsymbol{x})|\,\boldsymbol{x}),
\end{aligned}
$$

越小越好. 将两个或多个区间估计进行比较, 后验风险最小的那个最好. 但是要找出最优解, 并非易事, 能真正得以解决的不多.

5.5 Minimax 准则

5.5.1 引言及定义

在 1.3 节中已经说过, 一致最优的决策函数通常不存在, 因此我们必须把标准放宽些, 引进一些比一致最优准则更弱的优良性准则. 途径之一, 是用某种方法制定优良的综合指标, 以之作为比较的标准. 贝叶斯准则属于这一类. 和贝叶斯风险 $R_\pi(\delta)$ 一样, 下面定义的最大风险 $M(\delta)$ 也是一种优良的综合指标, 用它作为比较决策函数的标准, 称为 Minimax 准则. 因此 Minimax 准则是从综合指标考虑的另一种优良准则.

设统计决策问题中 $\mathscr{X}$ 为样本空间, $\mathscr{F}=\{f(x|\theta),\ \theta\in\Theta\}$ 为样本分布族, 其中 Θ 为参数空间. 令 $\boldsymbol{X}=(X_1,\cdots,X_n)$ 为从总体 $X\in\mathscr{F}$ 中抽取的 i.i.d. 样本. $\mathscr{D}$ 为行动空间, $L(\theta,\delta(\boldsymbol{x}))$ 为损失函数. 又设 $\delta=\delta(\boldsymbol{x})\in\mathscr{D}$ 为一决策函数, $R(\theta,\delta)=E^{\boldsymbol{X}|\theta}[L(\theta,\delta(\boldsymbol{X}))]$ 为其风险函数, 令

$$M(\delta)=\sup_{\theta\in\Theta}R(\theta,\delta). \tag{5.5.1}$$

易见 $M(\delta)$ 表示采用 δ 时所遭受的最大风险. 如果在某项应用中, 使这个最大风险尽可能小是很重要的话, 我们就可以制定如下准则, 通常称为 Minimax 准则或极小极大准则.

定义 5.5.1 设 $\delta_1,\ \delta_2\in\mathscr{D}$ 为同一个统计决策问题的两个决策函数. 如果 $M(\delta_1)<M(\delta_2)$, 则称决策函数 δ_1 优于 δ_2. 如果存在某个决策函数 $\delta^*\in\mathscr{D}$, 对任何决策函数 $\delta\in\mathscr{D}$, 都有

$$M(\delta^*)\leqslant M(\delta),$$

则称 δ^* 为该统计决策问题的 Minimax 解, 也称 δ^* 为 Minimax 决策函数. 当统计决策问题为估计或检验时, 也称 δ^* 为 Minimax 估计或 Minimax 检验.

注 5.5.1 以最大风险的大小作为评判决策函数的标准, 是考虑最不利的情形, 使最不利情形尽可能地好. 因此 Minimax 准则是一种偏保守的准则. 常有如图 5.5.1 所示的情形发生, 其中 $M(\delta_1)<M(\delta_2)$, 故按 Minimax 准则而言, δ_1 优于 δ_2. 但是仔细查看二者的风险函数, 发现对大多数 θ 而言, δ_2 优于 δ_1, 仅当 $a<\theta<b$ 时, δ_1 优于 δ_2. 如果我们没有足够多的先验信息说明 θ 以较大的概率落在 a 和 b 之间, 就很难说 δ_1 优于 δ_2. 因此贝叶斯学派认为, 只是在人们对 θ 的先验分布很没把握的时候, 作为一种替代, 才使用 Minimax 解. 只要对先验分布有一定把握, 则宁肯采用贝叶斯准则.

在实际中, 人们常使用 Minimax 准则这种策略思想做决策. 形象地说, 这一准则"不求得到很多, 但求不失去很多". 例如, 在地震多发地区, 重要建筑物的建筑设计按

Minimax 准则, 要求在可抗八级地震的条件下, 尽量减少建造费用. 重要的防洪堤坝的设计也要按 Minimax 准则, 在保证能抵御百年一遇洪水的条件下, 尽可能地减少建设费用. 参加人寿保险或财产保险, 也是出于此种策略, 使得在最不利的情形下的平均损失尽可能小.

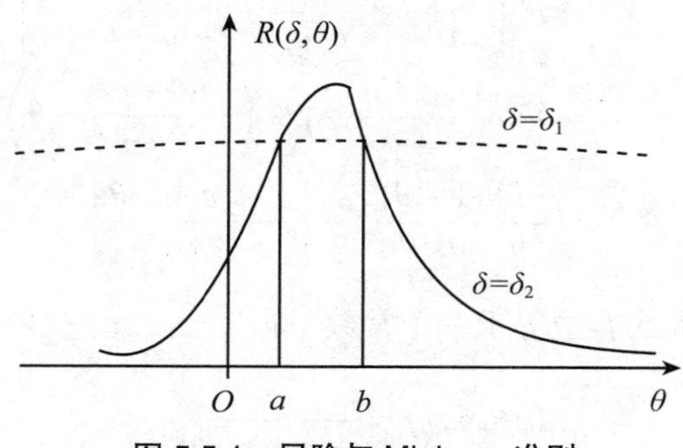

图 5.5.1　风险与 Minimax 准则

5.5.2　Minimax 解的求法

求 Minimax 解通常比较困难. 下列两个定理与其说是求 Minimax 解的方法, 不如说是验证某一特定的解为 Minimax 解的方法.

定理 5.5.1　设 $\hat{g}^*=\hat{g}^*(\boldsymbol{x})$ 为在先验分布 $\pi(\theta)$ 之下 $g(\theta)$ 的贝叶斯估计. 若 $\hat{g}^*$ 的风险函数为常数 c, 即 $R(\theta,\hat{g}^*)=c$ (对一切 $\theta\in\Theta$), 则 $\hat{g}^*$ 为 $g(\theta)$ 的 Minimax 估计.

证　采用反证法. 若不然, 则存在 $g(\theta)$ 的估计量 $\hat{g}=\hat{g}(\boldsymbol{x})$, 使得

$$R(\theta,\hat{g})\leqslant\sup_{\theta\in\Theta}R(\theta,\hat{g})<\sup_{\theta\in\Theta}R(\theta,\hat{g}^*)\equiv c. \tag{5.5.2}$$

这时, 将上式两边关于 θ 的先验分布 $\pi(\theta)$ 求平均, 得

$$\begin{aligned}R_\pi(\hat{g})&=\int_\Theta R(\theta,\hat{g})\mathrm{d}F^\pi(\theta)\\&<c\int_\Theta\mathrm{d}F^\pi(\theta)=\int_\Theta R(\theta,\hat{g}^*)\mathrm{d}F^\pi(\theta)=R_\pi(\hat{g}^*),\end{aligned}$$

此即 $R_\pi(\hat{g})<R_\pi(\hat{g}^*)$ ($R_\pi(\hat{g})$ 为 $\hat{g}$ 的贝叶斯风险, $R_\pi(\hat{g}^*)$ 为 $\hat{g}^*$ 的贝叶斯风险), 这与 $\hat{g}^*$ 为 $g(\theta)$ 的贝叶斯解矛盾.

例 5.5.1　设 $X\sim B(n,\theta)$, θ 的先验分布是贝塔分布 $Be(a,b)$. 损失函数为 $L(\theta,d)=(\theta-d)^2$, 求 θ 的 Minimax 估计.

解　由例 2.5.1, 可知 θ 的后验分布 $\pi(\theta|x)$ 是 $Be(x+a,n-x+b)$. 在平方损失函数下 θ 的贝叶斯估计为后验期望, 即

$$\delta_{a,b}(x)=\frac{x+a}{n+a+b},$$

其风险函数为

$$
\begin{aligned}
R(\theta,\delta_{a,b}) &= E\left[\left(\frac{X+a}{n+a+b}-\theta\right)^2\right] \\
&= E\left\{\frac{X-E(X)}{n+a+b}+\left[\frac{E(X)+a}{n+a+b}-\theta\right]\right\}^2 \\
&= \mathrm{Var}\left(\frac{X}{n+a+b}\right)+\left(\frac{n\theta+a}{n+a+b}-\theta\right)^2 \\
&= \frac{n\theta(1-\theta)}{(n+a+b)^2}+\left[\frac{a-(a+b)\theta}{n+a+b}\right]^2.
\end{aligned}
$$

若取 $a=b=\sqrt{n}/2$, 则上式右边等于一个常数, 即

$$
R(\theta,\delta_{a,b})=\frac{n}{4(n+\sqrt{n})^2}.
$$

由于风险为常数, 由定理 5.5.1, 可知

$$
\delta_{\sqrt{n}/2,\sqrt{n}/2}(x)=\frac{x+\sqrt{n}/2}{n+\sqrt{n}}
$$

是 θ 的 Minimax 估计.

二项分布中参数 θ 的传统估计 $\delta_0=\bar{X}$ 的风险函数是 $R(\delta_0,\theta)=\theta(1-\theta)/n$. 此决策函数与 Minimax 估计 $\delta^*=\delta_{\sqrt{n}/2,\sqrt{n}/2}(x)$ 的风险函数如图 5.5.2 所示. 由图看出 $M(\delta_0)>M(\delta^*)$, 故 δ_0 不是 Minimax 解. 但对多数 θ 值, $R(\delta_0,\theta)$ 比 $R(\theta,\delta^*)$ 小, 特别是当 n 大时更是如此. 因此, 除非有某种特殊的原因, 人们宁可用 δ_0 而不用 δ^*.

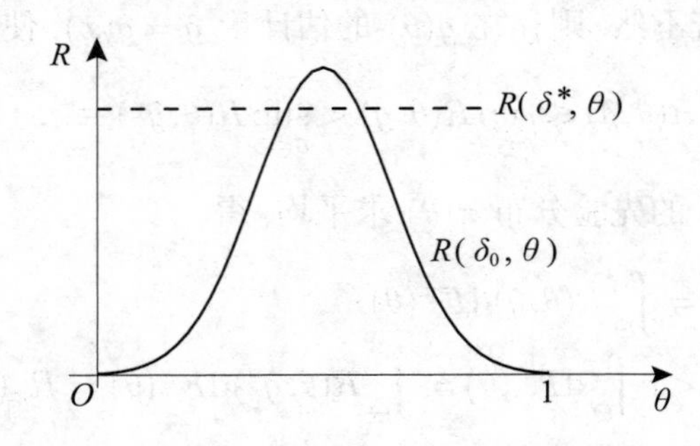

图 5.5.2 二项分布风险与 Minimax 准则

定理 5.5.1 的使用面较窄, 因为一般很难找到一个其风险函数为常数的贝叶斯解. 下面定理的应用要广泛得多.

定理 5.5.2 设 $\hat{g}_k=\hat{g}_k(\boldsymbol{x})$ 为在先验分布 $\pi_k(\theta)$ $(k=1,2,\cdots)$ 下 $g(\theta)$ 的一列贝叶斯估计, 假定 $\hat{g}_k$ 的贝叶斯风险为 r_k $(k=1,2,\cdots)$, 且有

$$
\lim_{k\to\infty} r_k=r<\infty. \tag{5.5.3}
$$

又设 $\hat{g}^* = \hat{g}^*(\boldsymbol{x})$ 为 $g(\theta)$ 的一个估计量, 满足条件

$$M(\hat{g}^*) \leqslant r, \tag{5.5.4}$$

则 $\hat{g}^*$ 为此决策问题的 Minimax 估计.

证 用反证法. 若不然, 即 $\hat{g}^*$ 不是 $g(\theta)$ 的 Minimax 估计, 则存在 $g(\theta)$ 的估计量 $\hat{g} = \hat{g}(\boldsymbol{x})$, 使得

$$M(\hat{g}) < M(\hat{g}^*) \leqslant r = \lim_{k\to\infty} r_k.$$

由式 (5.5.3) 和式 (5.5.4), 可知当 k 充分大时, 有

$$\sup_{\theta\in\Theta} R(\theta,\hat{g}) = M(\hat{g}) < r_k.$$

因此 $R(\theta,\hat{g}) \leqslant M(\hat{g})$ 对一切 $\theta \in \Theta$ 成立. 于是将此式两边关于 θ 的先验分布 $\pi_k(\theta)$ 求平均, 得

$$\begin{aligned} R_{\pi_k}(\hat{g}) &= \int_\Theta R(\theta,\hat{g})\mathrm{d}F^{\pi_k}(\theta) \leqslant \int_\Theta M(\hat{g})\mathrm{d}F^{\pi_k}(\theta) = M(\hat{g}) \\ &< r_k = \int_\Theta R(\theta,\hat{g}_k)\mathrm{d}F^{\pi_k}(\theta) = R_{\pi_k}(\hat{g}_k), \end{aligned}$$

这与 $\hat{g}_k$ 为先验分布 $\pi_k(\theta)$ 之下的贝叶斯解矛盾.

例 5.5.2 设 $\boldsymbol{X} = (X_1,\cdots,X_n)$ 是从正态总体 $N(\theta,1)$ 中抽取的 i.i.d. 样本, 取损失函数为 $L(\theta,d) = (\theta-d)^2$. 求 $g(\theta) = \theta$ 的 Minimax 估计.

解 找 θ 的一列先验分布 $\{\pi_k\}$, π_k 为 $N(0,k^2)$ $(k=1,2,\cdots)$. 由定理 3.2.2(1), 可知 θ 的后验分布是 $N(\mu_k(\boldsymbol{x}),\eta_k^2)$, 其中 $\eta_k^2 = k^2/(nk^2+1)$. 再由定理 5.3.1, 可知平方损失下的贝叶斯解为后验分布的期望, 即

$$\hat{g}_k(\boldsymbol{x}) = \mu_k(\boldsymbol{x}) = \frac{nk^2}{nk^2+1}\bar{x},$$

其风险函数

$$\begin{aligned} R(\theta,\hat{g}_k) &= E\left[\left(\frac{nk^2\bar{X}}{nk^2+1} - \theta\right)^2\right] \\ &= E\left[\frac{nk^2(\bar{X}-E\bar{X})}{nk^2+1} + \left(\frac{nk^2E\bar{X}}{nk^2+1} - \theta\right)\right]^2 \\ &= \mathrm{Var}\left(\frac{nk^2\bar{X}}{nk^2+1}\right) + \left(\frac{nk^2\theta}{nk^2+1} - \theta\right)^2 \\ &= \frac{nk^4}{(nk^2+1)^2} + \frac{\theta^2}{(nk^2+1)^2} = \frac{nk^4+\theta^2}{(nk^2+1)^2}, \end{aligned}$$

此处均值 E 和方差 Var 是对“给定 θ 时 X 的分布”计算的. 故 $\hat{g}_k$ 的贝叶斯风险为

$$r_k = R_{\pi_k}(\hat{g}_k) = E^\theta\left[\frac{nk^4+\theta^2}{(nk^2+1)^2}\right] = \frac{nk^4+k^2}{(nk^2+1)^2} = \frac{k^2}{nk^2+1}.$$

显然有

$$\lim_{k\to\infty} r_k = \lim_{k\to\infty} \frac{k^2}{nk^2+1} = 1/n \triangleq r.$$

若取 $\hat{g}^*(\boldsymbol{x}) = \bar{X}$, 则其风险函数

$$R(\theta,\hat{g}^*) = E[(\bar{X}-\theta)^2] = \frac{1}{n} \leqslant r,$$

故由定理 5.5.2, 可知 $\hat{g}^*(\boldsymbol{x}) = \bar{x}$ 为 $g(\theta)=\theta$ 的 Minimax 估计.

5.6 同变估计与可容许性*

5.6.1 同变估计与例子

1. 同变估计的概念

上节讨论的 Minimax 准则和前几节讨论的贝叶斯准则都是用某种方法制定一个优良的综合指标 $M(\delta)$ 和 $R_\pi(\delta)$ 等, 以其作为比较决策函数优良性的准则. 另一类制定优良性准则的方法是对决策函数提出合理的要求, 缩小所考虑的决策函数的范围, 从中找到一致最优者. 例如, 无偏性准则就是这样一种要求, 一致最小方差无偏估计 (UMVUE) 就是由这类准则获得的最优估计. 本节介绍另一个这类准则, 称为同变原理. 请看下例.

例如, 要估计某物体的质量 θ, 将它放在某一架天平上称量 n 次, 得样本 $X_1,\cdots,X_n$. 假定它们相互独立, 同服从正态分布 $N(\theta,\sigma^2)$. 我们用 $\hat{g}(X_1,\cdots, X_n)$ 去估计 θ. 如果我们用另一架不精确的天平去称同样的物体, 称出来的数字系统地偏大 c, 即得到一批数据 $Y_1,\cdots,Y_n$, $Y_i = X_i + c$ $(i=1,2,\cdots,n, -\infty<c<\infty)$, 用这批数据去估计物体质量 θ, 即用 $\hat{g}(Y_1,\cdots,Y_n) = \hat{g}(X_1+c,\cdots,X_n+c)$ 估计 θ 是系统地偏高了 (若 $c>0$), 它的平均值应当是 $\theta+c$, 因此应当用 $\hat{g}(Y_1,\cdots,Y_n)-c$ 估计 θ 的值. 我们提出合理要求: 估计值不应与天平的系统偏差有关, 应消除这种偏差, 即要求所用的估计量 $\hat{g}$ 满足条件: 对一切实数 c, 有

$$\hat{g}(Y_1,\cdots,Y_n) - c = \hat{g}(X_1,\cdots,X_n). \tag{5.6.1}$$

如果我们把

$$Y_i = X_i + c \quad (i=1,\cdots,n, -\infty<c<\infty)$$

看成样本空间到自身的一一对应的变换 (称为平移变换), 则对一切 $c\in(-\infty,\infty)$, 所有这些变换构成一个群 G. 假定损失函数 $L(\theta,d)=(\theta-d)^2$, 则满足式 (5.6.1) 要求的估计量 $\hat{g}$ 称为在平移变换群 G 下的不变估计量, 也可称为位置同变估计 (location equivariant estimation). 要求估计量满足条件 (5.6.1), 就等于只考虑 (在平移变换群 G 下) 具有不变性的估计量, 这就缩小了所考虑的估计量的范围.

若考虑另一种情形, 例如测量两地间的距离 n 次, 得样本 $X_1,\cdots,X_n$, 假定它们相互独立, 同服从正态分布 $N(\theta,\sigma^2)$. 用原来长度单位 (如米) 得到距离 θ 的估计值为 $\delta(X_1,\cdots,X_n)$. 若把测量单位改变 (如将米改为千米), 则得到数据为 $Y_1,\cdots,Y_n$, $Y_i=cX_i$ $(i=1,2,\cdots,n,\ 0<c<\infty)$. 用 $\delta(Y_1,\cdots,Y_n)=\delta(cX_1,\cdots,cX_n)$ 去估计 θ 显然偏低 (若 $c<1$), 它的平均值应当是 $c\theta$. 因此, 应当用 $\delta(Y_1,\cdots,Y_n)/c$ 作为 θ 的估计才与度量单位无关. 我们提出合理要求: 估计 θ 应当与度量单位无关, 即要求所用的估计量 δ 满足条件: 对一切 $c>0$, 有

$$\delta(Y_1,\cdots,Y_n)/c=\delta(X_1,\cdots,X_n). \tag{5.6.2}$$

如果我们把

$$Y_i=c\,X_i \quad (i=1,\cdots,n;\ c>0)$$

看成样本空间到自身的一一对应的变换 (称为刻度变换), 则对一切 $c>0$, 所有这些刻度变换构成一个群 G. 假定损失函数 $L(\theta,d)=(\theta-d)^2/\theta^2$, 则满足式 (5.6.2) 要求的估计量 δ 称为在刻度变换群 G 下的不变估计量, 也可称为*刻度同变估计* (scale equivariant estimation). 要求估计量满足条件 (5.6.2), 就等于只考虑 (在刻度变换群 G 下) 具有不变性的估计量, 这就缩小了所考虑的估计量的范围.

上述两个例子所提出的概念可以推广到一般的统计决策问题. 一个统计决策问题称为不变的, 需要满足下列要求.

(1) 存在样本空间 $\mathscr{X}$ 到其自身上的一一对应的变换, 所有这些变换构成一个群 G, 而且群 G 内的每个变换把样本分布变换到样本分布族内的另一个分布, 不能越出这个样本分布族.

如上述第一个例子中, 变换 $Y_i=X_i+c$ $(i=1,\cdots,n,\ -\infty<c<\infty)$ 是由样本空间 $\mathscr{X}$ 到其自身上的一一对应的变换, 若

$$X_i\ \text{i.i.d.}\sim\{N(\theta,\sigma^2):\ \sigma^2\ \text{已知},\ -\infty<\theta<\infty\},$$

则

$$Y_i\ \text{i.i.d.}\sim\{N(\theta+c,\sigma^2):\ \sigma^2\ \text{已知},\ -\infty<\theta<\infty,\ -\infty<c<\infty\}.$$

可见这两个分布族是同一个分布族.

经过这样变换, 样本分布族中的参数也发生相应的变换: $\theta\to\eta$ (即 $\eta=\theta+c$). 一切这样的变换构成群 $\overline{G}$, 它是由 G 诱导出的变换群, 它与 G 同态.

(2) 损失函数和行动空间满足: 样本空间 $\mathscr{X}$ 上的变换群 G 中的变换将 $X\to Y$, 引起分布族中参数的变换 $\theta\to\eta$, 引进行动空间 $\mathscr{D}$ 上的变换 $d\to d^*$, 使得 $L(\eta,d^*)=L(\theta,d)$.

如上述第一个例子中, 变换 $Y_i=X_i+c$ $(i=1,\cdots,n,-\infty<c<\infty)$, 诱导参数空间上的变换 $\eta=\theta+c$, 定义行动空间上的变换 $d^*=d+c$, 则对平方损失函数 $L(\theta,d)=(\theta-d)^2$, 条件 $L(\theta,d)=L(\eta,d^*)$ 成立.

满足上述两条要求的统计决策问题在变换前和变换后的统计结构是相同的. 我们称这样的统计决策问题在变换群 G 下是不变的.

综上所述, 我们可以给出同变估计的一个描述性定义, 其严格定义见陈希孺 (1981).

定义 5.6.1 设 $\delta(X_1,\cdots,X_n)$ 是参数 θ 的一个估计量. 假如对样本做了某种变换, 估计量 $\delta(X_1,\cdots,X_n)$ 仍保持此变换的统计特性, 则称 $\delta(X_1,\cdots,X_n)$ 是在该变换下 θ 的同变估计. 在变换是明确无误的情形下, 可简称 $\delta(X_1,\cdots,X_n)$ 是参数 θ 的同变估计.

例如, 若对样本做平移变换, 则位置参数 θ 的同变估计满足式 (5.6.1); 若对样本做刻度变换, 则刻度参数 θ 的同变估计满足式 (5.6.2).

引入损失函数后, 我们可以在同变估计类中找最优同变估计. 设 $R(\theta,\delta)$ 为同变估计 δ 的风险函数, 则有如下定义:

定义 5.6.2 设 $\delta^*=\delta^*(X_1,\cdots,X_n)$ 是某特定变换下 θ 的一个同变估计. 如果对此种变换下的任一同变估计 $\delta=\delta(X_1,\cdots,X_n)$, 有

$$R(\theta,\delta^*)\leqslant R(\theta,\delta)\quad(\forall\ \theta\in\Theta),$$

则称 $\delta^*(X_1,\cdots,X_n)$ 是此变换下 θ 的最优同变估计 (the best invariant estimation).

2. 一个例子

下面我们来看一个最优同变估计的例子. 为此, 需要下述引理:

引理 5.6.1 设 $\boldsymbol{X}=(X_1,\cdots,X_n)$ 为从正态总体 $N(\theta,\sigma^2)$ 中抽取的 i.i.d. 样本, 而 $f(X_1,\cdots,X_n)$ 满足条件 "对任何实数 c, $f(X_1+c,\cdots,X_n+c)=f(X_1,\cdots,X_n)$", 则 $\bar{X}$ 与 $f(X_1,\cdots,X_n)$ 独立.

证 读者可查看陈希孺等 (1988) 中引理 5.1 的证明.

例 5.6.1 设 $X_1,\cdots,X_n$ 为从正态总体 $N(\theta,\sigma^2)$ 中抽取的 i.i.d. 样本, 则样本均值 $\bar{X}$ 是 θ 的最优同变估计.

证 设 $\delta(\boldsymbol{X})=\delta(X_1,\cdots,X_n)$ 为 θ 的任一位置同变估计 (即满足式 (5.6.1)). 显然, $\bar{X}$ 也是 θ 的位置同变估计. 记

$$\delta_0(\boldsymbol{X})=\delta(\boldsymbol{X})-\bar{X},$$

则由于 $\delta(X_1,\cdots,X_n)$ 满足式 (5.6.1), 所以 $\delta_0(X_1+c,\cdots,X_n+c)=\delta_0(X_1,\cdots,X_n)$. 由引理 5.6.1, 可知 $\bar{X}$ 与 $\delta_0(\boldsymbol{X})$ 独立. 若取平方损失函数, 则有

$$R(\theta,\delta(\boldsymbol{X}))=E^{\boldsymbol{X}|\theta}[\delta(\boldsymbol{X})-\theta]^2=E^{\boldsymbol{X}|\theta}\big\{(\bar{X}-\theta)+[\delta(\boldsymbol{X})-\bar{X}]\big\}^2.$$

由于 $\bar{X}$ 与 $\delta_0(\boldsymbol{X})$ 独立, 故对一切 θ, 有

$$R(\theta,\delta(\boldsymbol{X}))=E^{\boldsymbol{X}|\theta}[(\bar{X}-\theta)^2]+E^{\boldsymbol{X}|\theta}\big[\delta_0^2(\boldsymbol{X})\big]+2E^{\boldsymbol{X}|\theta}(\bar{X}-\theta)\cdot E^{\boldsymbol{X}|\theta}\big[\delta_0(\boldsymbol{X})\big]$$

$$= E^{\boldsymbol{X}|\theta}[(\bar{X}-\theta)^2] + E^{\boldsymbol{X}|\theta}\left[\delta_0^2(\boldsymbol{X})\right] \geqslant E^{\boldsymbol{X}|\theta}[(\bar{X}-\theta)^2] = R(\theta,\bar{X}).$$

这就证明了 $\bar{X}$ 是 θ 的一切同变估计中风险一致最小者, 因此 $\bar{X}$ 是最优同变估计.

3. 不变性与无信息先验

由 2.4.2 小节中 "位置参数无信息先验" 的推导过程, 可见无信息先验密度具有不变性. 进一步还可以证明: 位置参数的最优不变估计与无信息先验 $\pi(\theta)\equiv 1$ 下的广义贝叶斯估计是等价的 (参看 Berger (1985) 6.3 节). 更一般地, 可以得出结论: 通常某变换群下最优不变估计是参数空间诱导群上右不变哈尔密度 (即广义无信息先验密度) 下的广义贝叶斯解. 这里需要测度论和高等群论, 故将这一结论的推导略去 (有兴趣的读者可参看 Berger (1985) 6.6 节).

上述方法告诉我们, 在同一个统计决策问题和相同的损失函数下, 寻找某变换群下的最优不变估计可以通过寻找广义无信息先验下的贝叶斯解获得. 而寻找广义无信息先验下的贝叶斯解, 要比寻找最优不变估计容易得多. 下面看一个例子.

例 5.6.2 (续例 5.6.1) 设 $\boldsymbol{X}=(X_1,\cdots,X_n)$ 为从正态总体 $N(\theta,\sigma^2)$ 中抽取的 i.i.d. 样本. 在平方损失函数下, 利用 "不变性和无信息先验" 的关系, 求 θ 的最优同变估计.

解 由例 2.4.1 可知, 若取 θ 的广义先验密度 $\pi(\theta)\equiv 1$, 则 θ 的后验密度是正态密度 $N(\bar{x},\sigma^2/n)$. 在平方损失函数下, θ 的广义贝叶斯解是 $E(\theta|\boldsymbol{x})=\bar{x}$. 由前面所述 "不变性与无信息先验" 的关系, 可知 $\bar{x}$ 是 θ 的最优同变估计. 这与例 5.6.1 求出的 θ 的最优不变估计完全相同.

由例 5.6.1 和例 5.6.2, 可见广义无信息先验下的贝叶斯解和最优不变估计相同, 且广义无信息先验下的贝叶斯解更容易求得.

5.6.2 决策函数的可容许性

1. 可容许性的定义

在统计决策问题中, 按风险函数越小越好的原则找一致最优的决策函数常常难以实现, 于是降低要求, 寻找可容许决策函数. 容许性这个概念本身并不是一个优良的准则, 但在很大程度上可以说, 它是任何优良决策函数所应具备的条件. 下面给出它的定义.

定义 5.6.3 记 $R(\theta,\delta)$ 为决策函数 $\delta=\delta(\boldsymbol{x})$ 的风险函数. 若存在决策函数 $\delta^*=\delta^*(\boldsymbol{x})$, 使得

(1) 对任何 $\theta\in\Theta$, 有 $R(\theta,\delta^*)\leqslant R(\theta,\delta)$;

(2) 至少存在一个 $\theta_0\in\Theta$, 使 $R(\theta_0,\delta^*)<R(\theta_0,\delta)$,

则称 δ^* 一致地优于 δ, 而称 δ 是不可容许的决策函数. 反之, 若不存在一致地优于 δ 的决策函数, 则称 δ 是可容许的决策函数 (admissible decision rule).

2. 可容许性的判别方法

确定一个决策函数是可容许或不可容许的, 并不容易, 极难办到. 有时可限制在一定范围内讨论可容许性. 例如, 限制在线性估计类中讨论可容许性, 是最令人感兴趣也是文献中研究最多的情形. 这类决策函数一般都有某种优良性. 例如, 决策函数是某个统计决策问题的贝叶斯解或 Minimax 解, 或者是由直观方法产生的优良解. 这方面的研究工作难度很大, 因为缺乏一般的有效方法. 下面的几个定理分别讨论贝叶斯解和 Minimax 解的可容许性.

定理 5.6.1 在贝叶斯统计决策问题中, 设 $\delta_\pi=\delta_\pi(\boldsymbol{x})$ 为先验分布 $\pi(\theta)$ 下的贝叶斯估计. 若 $\pi(\theta)$ 和 δ_π 满足下列条件:

(1) 先验分布 $\pi(\theta)$ 对参数空间 Θ 的任何开子集有正概率;

(2) δ_π 的贝叶斯风险 $R_\pi(\delta_\pi)<\infty$;

(3) 对任何决策函数 $\delta=\delta(\boldsymbol{x})$, $R(\theta,\delta)$ 为 θ 的连续函数,

则 δ_π 为可容许的.

注 5.6.1 这个定理虽然简单, 但有很大的实用价值. 首先它说明一大批贝叶斯估计是可容许的, 如由共轭先验分布得到的贝叶斯估计都是可容许的. 其次, 这个定理还指出: 要证明"一个估计是可容许的", 只要找到满足定理 5.6.1 中条件的先验分布, 则此先验分布下的贝叶斯估计就是所讨论的可容许估计.

证 采用反证法. 若不然, 必存在 $\delta^*(x)$, 使得对一切 $\theta\in\Theta$,

$$R(\theta,\delta^*)\leqslant R(\theta,\delta_\pi),$$

且至少对某个 $\theta_0\in\Theta$, 有严格不等式

$$R(\theta_0,\delta^*)<R(\theta_0,\delta_\pi).$$

由 $R(\theta,\delta_\pi)$ 和 $R(\theta,\delta^*)$ 关于 θ 的连续性, 对 $\varepsilon>0$, 必存在以 θ_0 为中心、 ρ 为半径的开球体 $\mathcal{S}_\rho(\theta_0)$, 使得对一切 $\theta\in\mathcal{S}_\rho(\theta_0)$,

$$R(\theta,\delta^*)<R(\theta,\delta_\pi)-\varepsilon.$$

于是对 δ^* 的贝叶斯风险, 有

$$\begin{aligned}R_\pi(\delta^*)&=\int_{\mathcal{S}_\rho(\theta_0)}R(\theta,\delta^*)\mathrm{d}F^\pi(\theta)+\int_{\Theta-\mathcal{S}_\rho(\theta_0)}R(\theta,\delta^*)\mathrm{d}F^\pi(\theta)\\&\leqslant\int_{\mathcal{S}_\rho(\theta_0)}[R(\theta,\delta_\pi)-\varepsilon]\mathrm{d}F^\pi(\theta)+\int_{\Theta-\mathcal{S}_\rho(\theta_0)}R(\theta,\delta_\pi)\mathrm{d}F^\pi(\theta)\\&=R_\pi(\delta_\pi)-\varepsilon P^\pi(\theta\in\mathcal{S}_\rho(\theta_0)).\end{aligned}\tag{5.6.3}$$

由条件 (1), 可知 $P(\theta\in\mathcal{S}_\rho(\theta_0))>0$. 从而由式 (5.6.3) 可知 $R_\pi(\delta^*)<R_\pi(\delta_\pi)$, 这与 δ_π 为 θ 的贝叶斯估计矛盾.

定理 5.6.2 在贝叶斯统计决策问题中, 若在给定先验分布 $\pi(\theta)$ 下的贝叶斯估计 $\delta_\pi = \delta_\pi(\boldsymbol{x})$ 是唯一的, 则它是可容许的.

证 采用反证法. 若 δ_π 不是可容许的, 则必存在另一个估计 $\delta^* = \delta^*(\boldsymbol{x})$, 使得 $\delta^* \neq \delta_\pi$, 对一切 $\theta \in \Theta$, 有

$$R(\theta,\delta^*) \leqslant R(\theta,\delta_\pi),$$

且严格不等式至少对某个 $\theta \in \Theta$ 成立. 上式两边关于先验分布 $\pi(\theta)$ 求期望, 得到

$$R_\pi(\delta^*) = \int_\Theta R(\theta,\delta^*)\mathrm{d}F^\pi(\theta) \leqslant \int_\Theta R(\theta,\delta_\pi)\mathrm{d}F^\pi(\theta) = R_\pi(\delta_\pi).$$

故 $\delta^* = \delta_\pi$, 这与 δ_π 的唯一性矛盾.

定理 5.6.3 在统计决策问题中, 假如 $\delta_0 = \delta_0(\boldsymbol{x})$ 为参数 θ 的唯一 Minimax 估计, 则 δ_0 是 θ 的可容许估计.

证 采用反证法. 若不然, 则必存在另一个估计 $\delta^* = \delta^*(\boldsymbol{x})$, 使得 $\delta^* \neq \delta_0$, 对一切 $\theta \in \Theta$, 有

$$R(\theta,\delta^*) \leqslant R(\theta,\delta_0),$$

且严格不等式至少对某个 $\theta \in \Theta$ 成立, 因此有

$$M(\delta^*) = \sup_{\theta\in\Theta} R(\theta,\delta^*) \leqslant \sup_{\theta\in\Theta} R(\theta,\delta_0) = M(\delta_0),$$

从而 δ^* 也是 θ 的 Minimax 估计, 这与 δ_0 是 θ 的唯一 Minimax 估计相矛盾.

3. 例子

例 5.6.3 设随机变量 $X \sim B(n,\theta)$, $\theta \sim Be(a,b)$, 损失函数 $L(\theta,d) = (\theta - d)^2$. 证明: 参数 θ 的 Minimax 估计 $\delta_{\sqrt{n}/2,\sqrt{n}/2}(x) = \dfrac{x+\sqrt{n}/2}{n+\sqrt{n}}$ 是可容许的.

证 由例 2.5.1, 可知对给定的 x, θ 的后验分布是 $Be(a+x, b+n-x)$. 易知平方损失函数下的贝叶斯估计是后验均值, 即

$$\delta_{a,b}(x) = \frac{x+a}{a+b+n}.$$

当取 $a = b = \sqrt{n}/2$ 时, 风险函数为常数, 故

$$\delta_{\sqrt{n}/2,\sqrt{n}/2}(x) = \frac{x+\sqrt{n}/2}{n+\sqrt{n}} \tag{5.6.4}$$

是 θ 的 Minimax 估计.

易验证 θ 的先验分布 $Be(a,b)$ 在 (0,1) 内有处处大于 0 的密度, 故定理 5.6.1 的条件 (1) 成立. 显然定理 5.6.1 的条件 (2) 也成立. 至于条件 (3), 只要注意到任一估计量 $\delta = \delta(\boldsymbol{x})$ 的风险函数

$$R(\theta,\delta) = E^{X|\theta}[(\delta - \theta)^2] = \sum_{i=0}^n [\delta(i) - \theta]^2 \binom{n}{i} \theta^i (1-\theta)^{n-i}$$

是 θ 的连续函数, 定理 5.6.1 的条件 (3) 也就成立. 因此, 由定理 5.6.1, 可知由式 (5.6.4) 给出的 θ 的贝叶斯估计 (它也是 θ 的 Minimax 估计) 是可容许的.

用上述方法不能证明常见估计 X/n 的可容许性, 因为找不到适合定理 5.6.1 条件的先验分布, 使得 X/n 成为 θ 的贝叶斯估计. 此估计确是可容许的, 但需要用其他方法来证明 (感兴趣的读者可查看陈希孺等 (1988) 利用 C-R 不等式的证明方法).

例 5.6.4 设 $\boldsymbol{X}=(X_1,\cdots,X_n)$ 为从正态分布 $N(\theta,1)$ 中抽取的 i.i.d. 样本, 其中 $-\infty<\theta<\infty$. 令损失函数是 $L(\theta,d)=(\theta-d)^2$, 则 $c\bar{X}$ 是 θ 的可容许估计, 此处 0<c<1 为常数.

证 事实上, 若取 θ 的先验分布 $\pi(\theta)$ 为 $N(0,\tau^2)$, $c=n\tau^2/(1+n\tau^2)$, 则由定理 5.3.1 可知 θ 在平方损失函数下的贝叶斯估计是后验均值, 即

$$\delta_\pi(\boldsymbol{x})=\frac{n\tau^2}{1+n\tau^2}\bar{x}=c\bar{x}.$$

不难验证定理 5.6.1 的条件 (1)~(3) 皆成立, 故 $\delta_\pi(\boldsymbol{x})$ 是 θ 的可容许估计.

4. James-Stein 估计

设 $\boldsymbol{X}_1,\cdots,\boldsymbol{X}_n$ 为从 p 维正态分布 $N(\boldsymbol{\theta},\boldsymbol{I}_p)$ 中抽取的 i.i.d. 样本, 取损失函数 $L(\boldsymbol{\theta},\boldsymbol{d})=||\boldsymbol{\theta}-\boldsymbol{d}||^2=(\boldsymbol{\theta}-\boldsymbol{d})^{\mathrm{T}}(\boldsymbol{\theta}-\boldsymbol{d})$, 此处 $\boldsymbol{\theta}$, $\boldsymbol{d}$ 皆为 p 维向量. $\boldsymbol{\theta}$ 的通常估计 $\bar{\boldsymbol{X}}=\dfrac{1}{n}\sum\limits_{i=1}^{n}\boldsymbol{X}_i$ 是否为可容许的呢? 在 $p=1,2$ 时, 回答是肯定的, 我们自然猜想对 $p>2$ 时 $\bar{\boldsymbol{X}}$ 也是可容许的. C. Stein 在 1955 年证明: 当 $p\geqslant 3$ 时, 样本均值向量 $\bar{\boldsymbol{X}}$ 是正态均值向量 $\boldsymbol{\theta}$ 的不可容许估计. 这一结果曾在当时引起轰动. 1960 年 James 和 Stein 给出了比 $\bar{\boldsymbol{X}}$ 更优的估计:

$$\hat{\boldsymbol{\theta}}_{\mathrm{JS}}=\left(1-\frac{p-2}{||\bar{\boldsymbol{X}}||^2}\right)\bar{\boldsymbol{X}}.$$

这个估计称为 James-Stein 估计.

5.7 贝叶斯统计决策方法的稳健性*

5.7.1 引言

本节所研究的内容是, 当先验分布发生错误时后验贝叶斯分析中所采取的实际行为的稳健性, 故称为后验稳健性. 这是贝叶斯学派统计学家所关心的问题.

研究稳健性的正式方法有两种: 其一是理论上的固有稳健性 (或固有非稳健性) 情形的识别和与之有关的固有稳健先验的发展. 想法是把稳健性的研究转移到使用理论上已知稳健的方法.

稳健性的第二种正式的研究方法是考虑先验类. 其想法是: 可能的先验分布由类 Γ 表示, 然后研究一个行为 (或决策法则) 当先验 π 在 Γ 中变动时的稳健性. 最一般的是, 研究当先验分布属于函数形式已知、其超参数受到某种形式约束的先验类时的后验稳健性. 本节我们将重点研究这种方法.

当然贝叶斯分析的稳健性还包含对模型 (样本分布) 和损失函数的稳健性, 这不是本节讨论的重点, 我们讨论的重点是后验稳健性.

例 5.7.1　设 $X \sim N(\theta,1)$, 且主观认为 θ 的先验信息中, 中位数为 0, 而 1/4 和 3/4 分位数分别为 -1 和 $+1$. 我们可以用柯西分布 $C(0,1)$ (记为 $\pi_C(\theta)$) 或 $N(0,2.19)$ (记为 $\pi_N(\theta)$) 作为先验密度, 那么采用 π_C 和 π_N 的影响如何?

解　这个问题的解答方法很多, 最自然的莫过于看看在实际上它们会造成什么差异. 例如, 假设 θ 在平方损失函数下被估计, 故后验均值 δ^C 和 δ^N (分别相应于先验分布 π_C 和 π_N) 为 θ 的贝叶斯估计. 此处后验分布 $\pi_N(\theta|x)$ 为 $N(\mu(x),\eta^2)$, 其中

$$\delta^N(x) = \frac{\sigma^2}{\sigma^2+\tau^2}\,\mu + \frac{\tau^2}{\sigma^2+\tau^2}\,x = \frac{\tau^2}{\sigma^2+\tau^2}\,x = \frac{2.19}{3.19}\,x.$$

而 $\delta^C(x)$ 通过数值方法计算, 从而得表 5.7.1.

表 5.7.1　δ^C 和 δ^N 的值

x	0	1	2	4.5	10
$\delta^C(x)$	0	0.55	1.28	4.01	9.80
$\delta^N(x)$	0	0.69	1.37	3.09	6.87

由表 5.7.1 可见, 当 x 较小 ($x \leqslant 2$) 时, $\delta^C(x)$ 与 $\delta^N(x)$ 的值很接近, 表示对先验选择具有一定程度的稳健性, 但当 x 中等大或很大时, δ^C 与 δ^N 之间有较大的差异, 表明对先验的合理变动不稳健. 这说明稳健性依赖于实际的 x 值.

这一问题还可以用后验稳健性的另一方法来考虑. 例如, 人们认为先验 $N(0,2.19)$ 具有不确定性, 从而考虑先验类

$$\Gamma = \{\pi:\ \pi \text{ 为 } N(\mu,\tau^2),\ -0.1<\mu<0.1,\ 2.0<\tau^2<2.4\}. \tag{5.7.1}$$

考虑式 (5.7.1) 这样的类是因为易于处理. 但缺点是它没有能包括很多其他可能的合理先验. 对例 5.7.1 来说, π 在式 (5.7.1) 中变动时, 后验均值会是稳健的; 但对 π_C, 若用类似的方法考虑则后验均值会变动较大. 实际上在估计问题中, 后验分布是否稳健主要是看先验分布尾部的扁平程度如何, 像式 (5.7.1) 这样的类, 先验的尾部不会有很大变化, 因此也不能对稳健性提供有力的说明. 基于上述原因, 我们更愿意用 ε 代换类:

$$\Gamma = \{\pi:\ \pi = (1-\varepsilon)\pi_0 + \varepsilon q,\ q \in \mathscr{Q}\}. \tag{5.7.2}$$

假定我们已导出先验 $N(0,2.19)$, 记为 π_0, 但又感到可以有 10% 变动, 这表示在式 (5.7.2) 中取 $\varepsilon = 0.1$, 代换集合 $\mathscr{Q}$ 的选择可以按任何方法, 选择 $\mathscr{Q} = \{\text{所有分布}\}$ 肯定能使 Γ 大到包含先验的合理范畴. 但一些实际问题中 $\mathscr{Q}$ 没有必要这样大, 较小的集合有可能更理想.

5.7.2 边缘分布的作用

边缘分布的第一个作用是, 在已考虑的先验中排除那些从边缘分布的数据看来不该考虑的那部分先验. 在 2.3.2 小节中指出, 边缘密度 $m(x|\pi)$ 可以解释为 π 的似然函数 (对已知的 x). 它在处理以上的想法中起到非常重要的作用, 请看下例.

例 5.7.2 (续例 5.7.1) 假设我们仅考虑 π_N 和 π_C, 看看它们对边缘分布 $m(x|\pi_N)$ 和 $m(x|\pi_C)$ 有何影响.

解 由于 π_N 是共轭先验, 故边缘密度 $m(x|\pi_N)$ 为 $N(0,3.19)$, 而

$$m(x|\pi_C)=\int_{-\infty}^{\infty}\frac{1}{\sqrt{2\pi}}\,\mathrm{e}^{-\frac{(x-\theta)^2}{2}}\,\frac{1}{\pi(1+\theta^2)}\,\mathrm{d}\theta$$

必须由数值积分计算. 表 5.7.2 给出了各种 x 的 $m(x|\pi_N)$ 和 $m(x|\pi_C)$ 的值. 当 $x=0$ 时, π_N 和 π_C 被数据支持的程度几乎是相同的; 当 $x=4.5$ 时, π_C 的可能性 2 倍于 π_N; 当 $x=6.0$ 时, π_C 的可能性是 π_N 的 10 倍以上; 当 $x=10$ 时, π_N 肯定是错的. 这些指标说明: 当 $x\geqslant 6.0$ 时, 边缘密度的数据支持 π_C 远胜于支持 π_N, 故我们应排除 π_N 而采用 π_C.

表 5.7.2　$m(x|\cdot)$ 的值

x	0	4.5	6.0	10
$m(x\|\pi_N)$	0.22	0.0093	0.00079	3.5×10^{-8}
$m(x\|\pi_C)$	0.21	0.018	0.0094	0.0032

可将上述 $m(x|\pi)$ 的应用叙述为: 应当在先验分布类 $\varGamma$ 中选择 ML-Ⅱ先验, 即在所有的 $\pi\in\varGamma$ 中选择最大化 $m(x|\pi)$ 的先验 $\hat{\pi}$(见 2.3.2 小节). 这个方法当 $\varGamma$ 只包含合理先验时很有效, 但如果 $\varGamma$ 太大 (即包含不合理的先验), 则有可能得出很差的结果.

边缘密度 $m(x|\pi)$ 的另一个作用是, 当可能存在稳健性问题时给出警告. 如前所述, 边缘分布 $m(x|\pi)$ 可以解释为 π 的似然函数. 如果一次观测中样本 x 出现, 它发生的"似然性"应当不会太小 (通常认为小概率事件在一次观测中不太容易发生). 如果似然函数的数值太小, 这被认为是一种异常, 就需要寻找异常的原因, 看看是否与稳健性有关.

假设一个具体的先验 π_0 是合理导出的先验, 但发现 $m(x|\pi_0)$ 异乎寻常地小 (当然是对观测到的 x 说的), 这时就可能存在稳健性的问题. 这里的困难在于, 小到什么程度才算"异乎寻常地小", 没有一个统一的标准. 我们只好采用另一种方法, 即观察相对似然:

$$m^*(x|\pi_0)=\frac{m(x|\pi_0)}{\sup\limits_x m(x|\pi_0)}\quad 或\quad m^{**}(x|\pi_0)=\frac{m(x|\pi_0)}{E^m[m(X|\pi_0)]}.$$

这些值在寻找用以比较 $m(x|\pi_0)$ 大小的合理性指标, 即看 $m(x|\pi_0)$ 与"最大可能的" x 及"平均的" x 的边缘密度相比是否很不寻常.

例 5.7.3 (续例 5.7.1)　计算 π_N 和 π_C 的 m^* 和 m^{**}, 看它们对稳健性给出何种警告.

解　$m(x|\pi_N)$ 和 $m(x|\pi_C)$ 在 $x=0$ 处给出最大值. 故由表 5.7.2, 可知 $\sup\limits_x m(x|\pi_N)=0.22$, $\sup\limits_x m(x|\pi_C)=0.21$. 再计算 $E^m[m(X|\pi_N)]=0.16$, $E^m[m(X|\pi_C)]=0.12$. 由表 5.7.2 可算出 π_N, π_C 的 m^*, m^{**} 的值, 结果列于表 5.7.3. 我们现在不是在 π_N 和 π_C 间做比较, 而是单独考虑每一个先验时, 看看是否存在稳健性问题. 观察 $x=4.5$ 时 $m^*=0.086$, $m^{**}=0.15$, 对 π_C 还不算不合理, 但对 π_N 其相应值为 0.042 和 0.059, 偏小, 这是有问题的. 若 $x=6$, 从表中 m^* 和 m^{**} 的值来看, π_C 不能排除有问题, 而 π_N 肯定有问题, 这种先验应当排除.

表 5.7.3　相对似然

x	0	4.5	6.0	10
$m^*(x\|\pi_N)$	1	0.042	0.0036	1.6×10^{-7}
$m^{**}(x\|\pi_N)$	1.4	0.059	0.0051	2.3×10^{-7}
$m^*(x\|\pi_C)$	1	0.086	0.045	0.015
$m^{**}(x\|\pi_C)$	1.8	0.15	0.079	0.026

按贝叶斯的观点, m^* 和 m^{**} 作为 π_0 的合理性指标仍然不是严格地无可非议的. 因此在解释 m^* 和 m^{**} 时必须谨慎. 尽管 m^* 和 m^{**} 的数值太小, 表明可能会有稳健性问题, 但这也不会导致拒绝采用一个先验, 除非有另一个更合理的、具有大得多的 $m(x|\pi)$ 的先验可用于替代.

5.7.3　判别后验稳健性的准则

1. 后验风险的范围

设 $a=a(x)$ 为贝叶斯决策行为, Γ 为先验分布 $\pi(\theta)$ 的类, 损失函数为 $L(\theta,a)$, 后验风险为 $R^\pi(a|x)=E^{\pi(\theta|x)}[L(\theta,a)]$. 显然, 用

$$\left(\inf_{\pi\in\Gamma}R^\pi(a|x),\ \sup_{\pi\in\Gamma}R^\pi(a|x)\right) \tag{5.7.3}$$

来评价决策行为 a 的稳健性是自然的. 它给出可能的后验风险的范围. 公式 (5.7.3) 表示的范围越狭窄越稳健.

注 5.7.1　在本章 5.2 节中, 决策行动 a 在损失函数 $L(\theta,a)$ 下的后验风险用 $R(a|x)$ 表示. 在本节我们讨论后验稳健性的问题中, 常常用到同一损失函数在两个不同先验分布下导出的后验风险, 需要对它们加以区分. 因此, 本节中由先验分布 π 导出的后验风险改用 $R^\pi(a|x)$ 表示.

例 5.7.4　设本问题中的贝叶斯决策行为是选择一个可信集 $C\in\Theta$, 定义 $L(\theta,C)=1-I_C(\theta)$, 则采用行为 C 的后验风险为

$$R^\pi(C|\,x)=1-P(\theta\in C\mid x)=P(\theta\notin C\mid x).$$

式 (5.7.3) 中的区间决定了 $C=C(x)$ 的补集的范围.

作为具体的例子, 设 $X\sim N(\theta,1)$,

$$\Gamma=\{\pi(\theta)=N(\mu,\tau^2):\ 1\leqslant\mu\leqslant 2,\ 3\leqslant\tau^2\leqslant 4\},$$

$x=0$ 为观测值. 设 $C=(-1,2)$ 为提出的可信集, 要求当 π 在 Γ 中变动时, C 所包含 θ 的最小和最大的后验概率. θ 的后验分布 $\pi(\theta|x)$ 为 $N(\mu^\pi(x),V^\pi(x))$, 其中

$$\mu^\pi(x)=\frac{\mu}{1+\tau^2}+\frac{\tau}{1+\tau^2}x\Big|_{x=0}=\frac{\mu}{1+\tau^2},\quad V^\pi(x)=\frac{\tau^2}{1+\tau^2}. \tag{5.7.4}$$

对于先验类 Γ, 后验分布的类为

$$\Gamma^*(x)=\left\{\pi(\theta|\,x=0)=N\left(\frac{\mu}{1+\tau^2},\frac{\tau^2}{1+\tau^2}\right):\ 1\leqslant\mu\leqslant 2,\ 3\leqslant\tau^2\leqslant 4\right\}.$$

在此集上要找出后验概率 $P(\theta\in(-1,2)\mid x=0)$ 的最小值和最大值. 设 μ^π 和 V^π 由公式 (5.7.4) 给出, 由于当 $1\leqslant\mu\leqslant 2$, $3\leqslant\tau^2\leqslant 4$ 时, $0.2\leqslant\mu^\pi=\mu/(1+\tau^2)\leqslant 0.5$, $V^\pi(x)=\tau^2/(1+\tau^2)$ 为 τ^2 的单调增函数.

计算在 $x=0$ 时区间 $(-1,2)$ 的后验概率的最大值, 要选择后验分布 $\pi(\theta|\,x=0)$ 在区间 $(-1,2)$ 内有尽可能大的后验概率, 这就要求使后验均值 μ^π 尽可能靠近区间 $(-1,2)$ 的中点 0.5, 且使后验方差尽可能小. 故取 $\mu=2,\tau^2=3$ 时, 后验均值 $\mu^\pi=0.5$ 与区间 $(-1,2)$ 的中点重合, 且后验方差 $V^\pi=0.75$ 取到最小值. 此时, 后验密度在区间 $(-1,2)$ 的中点 0.5 处最集中, 因此后验概率的最大值为

$$\begin{aligned}P(\theta\in C|x=0)&=P\left(\frac{-1-0.5}{\sqrt{0.75}}\leqslant\frac{\theta-0.5}{\sqrt{0.75}}\leqslant\frac{2-0.5}{\sqrt{0.75}}\Big|\,x=0\right)\\&=\Phi(1.7321)-\Phi(-1.7321)=0.916.\end{aligned}$$

计算在 $x=0$ 时区间 $(-1,2)$ 的后验概率的最小值, 要选择后验分布 $\pi(\theta|\,x=0)$ 在区间 $(-1,2)$ 外有尽可能大的后验概率, 这就要求使后验均值 μ^π 尽可能远离区间 $(-1,2)$ 的中点 0.5, 且使后验方差尽可能大. 故取 $\mu=1$, $\tau^2=4$ 时, $\mu^\pi=0.2$, $V^\pi=0.8$. 这时 μ^π 离区间 $(-1,2)$ 的中点相对最远, 因此后验概率的最小值为

$$\begin{aligned}P(\theta\in C\mid x=0)&=P\left(\frac{-1-0.2}{\sqrt{0.8}}\leqslant\frac{\theta-0.2}{\sqrt{0.8}}\leqslant\frac{2-0.2}{\sqrt{0.8}}\Big|\,x=0\right)\\&=\Phi(2.0125)-\Phi(-1.342)=0.888.\end{aligned}$$

从而有

$$0.888\leqslant P^{\pi(\theta|0)}(\theta\in C)\leqslant 0.916,$$

即

$$0.084\leqslant R^\pi(C\mid x=0)=1-P(\theta\in C\mid x=0)\leqslant 0.112.$$

这个范围足够狭窄, 可使人满意地说 $C=(-1,2)$ 是一个稳健的可信度 90% 的可信集.

由上例可见，当 Γ 被选为已知函数形式的类时, 式 (5.7.3) 的最小、最大值问题转化为简单地对先验的超参数求最小、最大值 (当然在已知范围内) 的问题, 通常这可以经过直接计算 (尽管有时可能需要进行数值计算) 获得.

2. 后验稳健性的其他定义

后验稳健性有各种不同形式的定义, 以下是其中的两个.

定义 5.7.1 (Γ- 后验风险)　设 Γ 为先验分布 $\pi(\theta)$ 的类, $R^{\pi}(a_0|x)$ 为决策行动 a_0 的后验风险, 则决策行动 a_0 的 Γ- 后验风险定义为

$$R_{\Gamma}(a_0)=\sup_{\pi\in\Gamma}R^{\pi}(a_0|x).$$

例如, 在例 5.7.4 中 $R_{\Gamma}(C|\,x=0)=0.112$ (表示 θ 不属于 C 的后验概率的最大值), 即 C 至少为可信度 $1-0.112=0.888$ 的可信集.

稳健性的另一个不同的概念是要求所选的行为对 Γ 内的每一个先验都接近最优贝叶斯行为.

定义 5.7.2　设 Γ 为先验分布 π 的类. 若对所有的 $\pi\in\Gamma$, 行为 a_0 满足

$$\left|R^{\pi}(a_0|x)-\inf_{a\in\mathscr{D}}R^{\pi}(a|x)\right|\leqslant\varepsilon, \tag{5.7.5}$$

则称 a_0 关于 Γ 为 ε 后验稳健的, 其中 ε 为较小的数.

上述定义的等价形式为 $\sup\limits_{\pi\in\Gamma}\left|R^{\pi}(a_0|x)-\inf\limits_{a\in\mathscr{D}}R^{\pi}(a|x)\right|\leqslant\varepsilon$.

例 5.7.5　设在 $L(\theta,a)=(\theta-a)^2$ 下求 θ 的贝叶斯估计. 证明: 此时必有

$$\left|R^{\pi}(a_0|x)-\inf_{a\in\mathscr{D}}R^{\pi}(a|x)\right|=[\mu^{\pi}(x)-a_0]^2.$$

证　由后验风险的定义, 可知

$$R^{\pi}(a_0|x)=V^{\pi}(x)+[\mu^{\pi}(x)-a_0]^2,$$

其中 μ^{π} 和 V^{π} 分别为后验分布 $\pi(\theta|x)$ 的后验均值和后验方差, 于是 $R^{\pi}(a|x)$ 在 $a=\mu^{\pi}$ 时达到最小, 此时 $R^{\pi}(a|x)$ 为 $V^{\pi}(x)$, 故有

$$\begin{aligned}\left|R^{\pi}(a_0|x)-\inf_{a\in\mathscr{D}}R^{\pi}(a|x)\right|&=\left|V^{\pi}(x)+[\mu^{\pi}(x)-a_0]^2-V^{\pi}(x)\right|\\&=[\mu^{\pi}(x)-a_0]^2.\end{aligned}$$

若 Γ 内的所有先验相应的后验均值 $\mu^{\pi}(x)$ 与 a_0 之差都在 $\pm\sqrt{\varepsilon}$ 之内, 则 a_0 就是 ε 后验稳健的. 在例 5.7.4 中, 后验均值的范围区间为 [0.2, 0.5], 故 $a_0=0.35$, 则此时 $[\mu^{\pi}(x)-a_0]^2\leqslant0.15^2=0.0225$, 因此 $a_0=0.35$ 关于 Γ 是 $\varepsilon=0.0225$ 后验稳健的.

5.7.4 后验稳健性: ε 代换类

先验分布的 ε 代换类 (ε contamination class) 由下式定义:

$$\varGamma=\{\pi:\ \pi=(1-\varepsilon)\pi_0+\varepsilon q,\ q\in\mathscr{Q}\}. \tag{5.7.6}$$

这个类所包含的先验分布范围广，而且具有相当灵活性 (因为通过 $\mathscr{Q}$ 的选择，可以保证 $\varGamma$ 包含所有合理的先验，同时又没有不合理的). 它还有很大的计算上的优势. 以下引理给出了这样的先验分布类所给出的后验分布满足的方程.

引理 5.7.1 设 $\pi(\theta)=(1-\varepsilon)\pi_0(\theta)+\varepsilon q(\theta)$，后验密度 $\pi_0(\theta|x)$ 和 $q(\theta|x)$ 存在，边际密度 $m(x|\pi)>0$，则 θ 的后验密度为

$$\pi(\theta|x)=\lambda(x)\pi_0(\theta|x)+[1-\lambda(x)]q(\theta|x), \tag{5.7.7}$$

其中

$$\lambda(x)=\frac{(1-\varepsilon)m(x|\pi_0)}{m(x|\pi)}=\left[1+\frac{\varepsilon m(x|q)}{(1-\varepsilon)m(x|\pi_0)}\right]^{-1}. \tag{5.7.8}$$

在决策问题中, 后验风险为

$$R^{\pi}(a|x)=E^{\pi(\theta|x)}[L(\theta,a)]=\lambda(x)R^{\pi_0}(a|x)+[1-\lambda(x)]R^{q}(a|x). \tag{5.7.9}$$

此引理的证明留给读者作为练习.

例 5.7.6 在式 (5.7.9) 中，令 $L(\theta,a)\equiv\theta$，$L(\theta,a)=[\theta-\mu^{\pi}(x)]^2$，则当先验分布 $\pi\in\varGamma$ 时, 求 θ 的后验期望和后验方差表达式.

解 由式 (5.7.7), 可知

$$\begin{aligned}\mu^{\pi}(x)&=E^{\pi(\theta|x)}(\theta)=\lambda(x)E^{\pi_0(\theta|x)}(\theta)+[1-\lambda(x)]E^{q(\theta|x)}(\theta)\\&=\lambda(x)\mu^{\pi_0}(x)+[1-\lambda(x)]\mu^{q}(x).\end{aligned} \tag{5.7.10}$$

在式 (5.7.9) 中, 取 $L(\theta,a)=[\theta-\mu^{\pi}(x)]^2$, 得后验方差

$$\begin{aligned}V^{\pi}(x)&=\lambda(x)E^{\pi_0(\theta|x)}[\theta-\mu^{\pi}(x)]^2+[1-\lambda(x)]E^{q(\theta|x)}[\theta-\mu^{\pi}(x)]^2\\&=\lambda(x)E^{\pi_0(\theta|x)}\{[\theta-\mu^{\pi_0}(x)]+[\mu^{\pi_0}(x)-\mu^{\pi}(x)]\}^2\\&\quad+[1-\lambda(x)]E^{q(\theta|x)}\{[\theta-\mu^{q}(x)]+[\mu^{q}(x)-\mu^{\pi}(x)]\}^2\\&=\lambda(x)\left\{V^{\pi_0}(x)+[\mu^{\pi_0}(x)-\mu^{\pi}(x)]^2\right\}\\&\quad+[1-\lambda(x)]\left\{V^{q}(x)+[\mu^{q}(x)-\mu^{\pi}(x)]^2\right\}.\end{aligned}$$

将式 (5.7.10) 中的 $\mu^{\pi}(x)$ 代入上式, 整理并化简, 得到

$$V^{\pi}(x)=\lambda(x)V^{\pi_0}(x)+[1-\lambda(x)]V^{q}(x)+\lambda(x)[1-\lambda(x)][\mu^{\pi_0}(x)-\mu^{q}(x)]^2. \tag{5.7.11}$$

故 θ 的 ε 代换类后验分布的后验均值和后验方差分别由式 (5.7.10) 及式 (5.7.11) 给出.

ε 代换类 Γ 的使用比较容易, 其部分原因是 $\pi_0(\theta|x)$ 及 $m(x|\pi_0)$ 将是已知的 (回忆 π_0 为已知的诱导先验), 故后验风险 $R^\pi(a|x)$ 在 $\pi\in\Gamma$ 中的最大值和最小值只与 $m(x|q)$ 的变化及 $R^q(a|x)$ 在 $q\in\mathscr{Q}$ 中的变化有关. 当 $L(\theta,a)$ 为示性函数, $\mathscr{Q}$ 为所有的分布构成的类这一重要情况时, 如下由 Hubber (1973) 给出的定理是有用的. 下列的定理主要应用于可信集 (用 C 表示) 的稳健性以及假设检验 (其中 C 为一个假设) 的稳健性.

定理 5.7.1　设在 ε 代换类 Γ 中, $\mathscr{Q}=\{$所有分布$\}$, $L(\theta,a)=I_C(\theta)$, 故后验风险为 $R^\pi(a|x)=P^{\pi(\theta|x)}(\theta\in C)$, 则有

$$\inf_{\pi\in\Gamma}P^{\pi(\theta|x)}(\theta\in C)=P_0\cdot\left[1+\frac{\varepsilon\sup\limits_{\theta\notin C}f(x|\theta)}{(1-\varepsilon)m(x|\pi_0)}\right]^{-1},\tag{5.7.12}$$

$$\sup_{\pi\in\Gamma}P^{\pi(\theta|x)}(\theta\in C)=1-(1-P_0)\cdot\left[1+\frac{\varepsilon\sup\limits_{\theta\in C}f(x|\theta)}{(1-\varepsilon)m(x|\pi_0)}\right]^{-1},\tag{5.7.13}$$

其中 $P_0=P^{\pi_0(\theta|x)}(\theta\in C)$.

证　见 Berger (1985) 定理 4 的证明.

例 5.7.7　设 $X\sim N(\theta,\sigma^2)$, π_0 为 $N(\mu,\tau^2)$, 其中 σ^2, μ 和 τ^2 已知. 设 θ 在先验 π_0 下的 $100(1-\alpha)\%$ HPD 可信区间为

$$C=\left(\mu^\pi(x)-u_{\alpha/2}\sqrt{V^\pi(x)},\ \mu^\pi(x)+u_{\alpha/2}\sqrt{V^\pi(x)}\right),$$

其中

$$\mu^\pi(x)=\frac{\sigma^2}{\sigma^2+\tau^2}\mu+\frac{\tau^2}{\sigma^2+\tau^2}x,\quad V^\pi(x)=\frac{\sigma^2\tau^2}{\sigma^2+\tau^2}.$$

试讨论当 $\mathscr{Q}=\{$所有分布$\}$ 时, C 对 ε 代换类 Γ 的稳健性.

解　由定理 5.7.1, 若 $x\in C$, 则

$$\sup_{\theta\in C}f(x|\theta)=\sup_{\theta\in C}\frac{1}{\sqrt{2\pi}\sigma}\exp\left\{-\frac{(x-\theta)^2}{2\sigma^2}\right\}=f(\theta|x)\Big|_{\theta=x}=(2\pi\sigma^2)^{-\frac{1}{2}}.\tag{5.7.14}$$

用 θ_0 表示距离 x 最近的 C 的端点, 则有

$$\begin{aligned}\sup_{\theta\notin C}f(x|\theta)&=f(x|\theta_0)\\&=(2\pi\sigma^2)^{-\frac{1}{2}}\exp\left\{-\frac{1}{2\sigma^2}(\theta_0-x)^2\right\}\\&=(2\pi\sigma^2)^{-\frac{1}{2}}\exp\left\{-\frac{1}{2\sigma^2}\left[|\mu^\pi(x)-x|-u_{\frac{\alpha}{2}}\sqrt{V^\pi(x)}\right]^2\right\},\end{aligned}\tag{5.7.15}$$

而 $P_0=P^{\pi_0(\theta|x)}(\theta\in C)=1-\alpha$, 以及

$$m(x|\pi_0)=\frac{1}{\sqrt{2\pi(\sigma^2+\tau^2)}}\exp\left\{-\frac{(x-\mu)^2}{2(\sigma^2+\tau^2)}\right\}.$$

这样式 (5.7.12) 和式 (5.7.13) 中所有量都有了. 若 $x\notin C$, 则式 (5.7.14) 和式 (5.7.15) 中右端的量要交换一下.

看一个具体的例子: $\sigma^2=1$, $\tau^2=2$, $\mu=0$, $\varepsilon=0.1$, $\alpha=0.05$. 先假设 $x=1$, 于是有

$$\mu^\pi(1)=\frac{2}{3},\quad V^\pi(1)=\frac{2}{3},$$

θ 的 95% 可信区间为

$$C=\left(\frac{2}{3}-1.96\sqrt{\frac{2}{3}},\ \frac{2}{3}+1.96\sqrt{\frac{2}{3}}\right)=(-0.93,2.27),$$

所以 $x=1\in C$. 从而由式 (5.7.14) 和式 (5.7.15), 可知

$$\sup_{\theta\in C}f(1|\theta)=(2\pi)^{-\frac{1}{2}}=0.40,$$

$$\sup_{\theta\notin C}f(1|\theta)=(2\pi)^{-\frac{1}{2}}\exp\left\{-\frac{1}{2}\left(\left|\frac{2}{3}-1\right|-1.96\sqrt{\frac{2}{3}}\right)^2\right\}=0.18.$$

又 $P_0=1-\alpha=0.95$,

$$m(x=1|\pi_0)=(2\pi\times3)^{-\frac{1}{2}}\exp\left\{-\frac{(1-0)^2}{2\times3}\right\}=0.19,$$

故由定理 5.7.1, 得

$$\inf_{\pi\in\Gamma}P^{\pi(\theta|x)}(\theta\in C)=0.95\left(1+\frac{0.1\times0.18}{0.9\times0.19}\right)^{-1}=0.86,$$

$$\sup_{\pi\in\Gamma}P^{\pi(\theta|x)}(\theta\in C)=1-(1-0.95)\left(1+\frac{0.1\times0.40}{0.9\times0.19}\right)^{-1}=0.96.$$

这样当 π 在 Γ 中变动时, $L(\theta,C)=I_C(\theta)$, 后验风险 (后验"置信度") 在 0.86 与 0.96 之间.

但若观测值不是 $x=1$, 而是 $x=3$, 则

$$\mu^\pi(3)=2,\quad V^\pi(x)=\frac{2}{3},\quad C=(0.40,3.60),\quad P_0=0.95,$$

$$m(x=3|\pi_0)=0.051,\quad \sup_{\theta\in C}f(3|\theta)=0.40,\quad \sup_{\theta\notin C}f(3|\theta)=0.33,$$

故仍有 $x=3\in C$, 直接代入式 (5.7.12) 和式 (5.7.13), 有

$$\inf_{\pi\in\Gamma}P^{\pi(\theta|x)}(\theta\in C)=0.95\left(1+\frac{0.1\times0.33}{0.9\times0.051}\right)^{-1}=0.55,$$

$$\sup_{\pi\in\Gamma} P^{\pi(\theta|x)}(\theta\in C)=1-(1-0.95)\left(1+\frac{0.1\times 0.40}{0.9\times 0.051}\right)^{-1}=0.97.$$

因此, 当 π 在 Γ 中变化时 θ 的后验风险在 0.55 与 0.97 之间.

由此例可以看出: 后验稳健性的一个重要特征是, 它与实际观测值高度相关. 在例 5.7.7 中, 当 $x=1$ 时, 名义为 95% 的可信集对一切 $\pi\in\Gamma$, 其后验概率在 0.86 到 0.96 之间. 但当 $x=3$ 时, 其名义为 95% 的可信集对一切 $\pi\in\Gamma$, 其后验概率可能降到 0.55. 认识到这一点的重要性在于: 由于稳健性是不易确定的, 一般必须等到 x 被观测到后, 稳健性的检测才可进行.

例 5.7.8　设 $X\sim N(\theta,\sigma^2)$, π_0 为 $N(\mu,\tau^2)$, 其中 σ^2, μ 和 τ^2 皆已知. 求检验问题

$$H_0:\ \theta\leqslant\theta_0\leftrightarrow H_1:\ \theta>\theta_0.$$

解　定义 $C=(-\infty,\theta_0]$, 则 H_0 的后验概率就是 C 的后验概率, 故定理 5.7.1 和例 5.7.7 的结果可直接使用. 先看一个具体例子, 设 $\sigma^2=1$, $\mu=0$, $\tau^2=2$, $\theta_0=0$. 若 $x=2$ 为观测值, $\mu^\pi(2)=4/3$, $V^\pi(2)=2/3$, 则 π_0 下的后验概率为

$$\begin{aligned}P_0=P^{\pi_0(\theta|x)}(\theta\in C)&=\int_{-\infty}^{0}\frac{1}{\sqrt{4\pi/3}}\exp\left\{-\frac{(\theta-4/3)^2}{4/3}\right\}\mathrm{d}\theta\\&=\int_{-\infty}^{-1.63}\frac{1}{\sqrt{2\pi}}\mathrm{e}^{-\frac{y^2}{2}}\mathrm{d}y=\varPhi(-1.63)=0.052.\end{aligned}$$

由于 $x=2\notin C$, 利用式 (5.7.14) 和式 (5.7.15) 右端交换的结果, 得到

$$\begin{aligned}&\sup_{\theta\in C}f(2|\theta)=(2\pi)^{-\frac{1}{2}}\exp\left\{-\frac{1}{2}(0-2)^2\right\}=0.054,\\&\sup_{\theta\notin C}f(2|\theta)=(2\pi)^{-\frac{1}{2}}=0.40.\end{aligned}$$

又

$$m(x=2|\pi_0)=\frac{1}{\sqrt{2\pi\times 3}}\mathrm{e}^{-\frac{(2-0)^2}{2\times 3}}=0.12,$$

故由定理 5.7.1, 得

$$\begin{aligned}&\inf_{\pi\in\Gamma}P^{\pi(\theta|2)}(\theta\in C)=0.052\left(1+\frac{0.1\times 0.4}{0.9\times 0.12}\right)^{-1}=0.038,\\&\sup_{\pi\in\Gamma}P^{\pi(\theta|2)}(\theta\in C)=1-(1-0.052)\left(1+\frac{0.1\times 0.054}{0.9\times 0.12}\right)^{-1}=0.097,\end{aligned}$$

即当 π 在 Γ 中变化时, H_0 成立的后验概率在 0.038 和 0.097 之间, 这是很小的概率, 应否定 H_0.

对 $\pi\in\Gamma$, 缺少后验稳健性怎么办? 首先考察 Γ 是否包含了不合理的先验分布. 按 $\mathscr{Q}=\{$所有分布$\}$ 的 ε 代换类, 后验稳健性不足, 可能是由于 $\mathscr{Q}$ 太大了.

与定理 5.7.1 采用"太大的" Γ 不同, 另一类相对简单的情形是在 ε 代换类中选择 $\mathscr{Q}$ 的分布为一个参数类. 这可能是一个"太小的"类. 但若 $\mathscr{Q}$ 选择得明智, 将得出实际稳健性很好的结果. 请看下例.

例 5.7.9 设 $X\sim N(\theta,\sigma^2)$, π_0 为 $\theta\sim N(\mu,\tau^2)$. 考虑 ε 代换类 Γ 中的 $\mathscr{Q}$ 为

$$\mathscr{Q}=\{q_k:\ q_k\text{为}\ U(\mu-k,\mu+k),\ k>0\},$$

任何 $\pi\in\Gamma$ 都是很切实际的先验. 这个类包含的先验确有比 π_0 大得多的有效尾部 (π 的尾部中与似然函数接近的部分称为有效的), 但这个类很小, 还不能无可否认地确定后验的稳定性. 若 $\pi\in\Gamma$ (或 k 在 $(0,\infty)$ 中变动), 求区间 $C=(c_1,c_2)$ 后验概率的范围.

解 利用引理 5.7.1 (注意此时 $\pi(\theta)=\varepsilon\pi_0+(1-\varepsilon)q_k$), 可知

$$\begin{aligned}P^{\pi(\theta|x)}(\theta\in C)&=\int_C\pi(\theta|x)\mathrm{d}\theta=\int_C\frac{f(x|\theta)\pi(\theta)}{m(x|\pi)}\mathrm{d}\theta\\&=\frac{1}{m(x|\pi)}\int_C f(x|\theta)\left[(1-\varepsilon)\pi_0(\theta)+\varepsilon q_k(\theta)\right]\mathrm{d}\theta\\&=\frac{(1-\varepsilon)m(x|\pi_0)}{m(x|\pi)}\int_C\pi_0(\theta|x)\mathrm{d}\theta+\frac{\varepsilon m(x|q_k)}{m(x|\pi)}\int_C q_k(\theta|x)\mathrm{d}\theta\\&=\lambda_k(x)P_0+\left[1-\lambda_k(x)\right]Q_k,\end{aligned}\tag{5.7.16}$$

其中 $m(x|\pi)=(1-\varepsilon)m(x|\pi_0)+\varepsilon m(x|q_k)$, $P_0=P^{\pi_0(\theta|x)}(\theta\in C)$, 而

$$\begin{aligned}\lambda_k(x)&=\frac{(1-\varepsilon)m(x|\pi_0)}{m(x|\pi)}=\left[1+\frac{\varepsilon}{1-\varepsilon}\cdot\frac{m(x|q_k)}{m(x|\pi_0)}\right]^{-1},\\m(x|q_k)&=\int_{\mu-k}^{\mu+k}f(x|\theta)q_k(\theta)\mathrm{d}\theta=\int_{\mu-k}^{\mu+k}f(x|\theta)\frac{1}{2k}\mathrm{d}\theta\\&=\frac{1}{2k}\left[\Phi\left(\frac{\mu+k-x}{\sigma}\right)-\Phi\left(\frac{\mu-k-x}{\sigma}\right)\right],\\Q_k&=P^{q_k(\theta|x)}(\theta\in\ C)\\&=\int_C\frac{f(x|\theta)q_k(\theta)}{m(x|q_k)}\mathrm{d}\theta=\frac{1}{m(x|q_k)}\int_{c^*}^{c^{**}}\frac{1}{2k}f(x|\theta)\mathrm{d}\theta\\&=\frac{1}{2k\cdot m(x|q_k)}\left[\Phi\left(\frac{c^{**}-x}{\sigma}\right)-\Phi\left(\frac{c^*-x}{\sigma}\right)\right]^+,\end{aligned}$$

此处

$$c^*=\max\{c_1,\mu-k\},\quad c^{**}=\min\{c_2,\mu+k\},\quad [a]^+=\begin{cases}0, & a\leqslant 0,\\ a, & a>0,\end{cases}$$

$\Phi(\cdot)$ 为标准正态分布的分布函数.

由于 Φ 为标准正态分布函数, 式 (5.7.16) 很容易从数值上被最大 (小) 化. 考虑下面具体的例子: 令 $\varepsilon=0.1$, $\sigma^2=1$, $\tau^2=2$, $\mu=0$, $x=1$, 而 $C=(-0.93,2.27)$ (见例 5.7.7), 则经过数值计算, 得

$$\inf_{\pi\in\Gamma}P^{\pi(\theta|x)}(\theta\in C)=0.945\ \ (\text{在}\ k=3.4\ \text{时达到}),$$

$$\sup_{\pi\in\Gamma}P^{\pi(\theta|x)}(\theta\in C)=0.956\ \ (\text{在}\ k=0.93\ \text{时达到}).$$

这是极好的稳健性. 若 $x=3$, $C=(0.40,3.60)$, 则有

$$\inf_{\pi\in\Gamma} P^{\pi(\theta|x)}(\theta\in C)=0.913\ \ (\text{在 } k=5.2 \text{ 时达到}),$$

$$\sup_{\pi\in\Gamma} P^{\pi(\theta|x)}(\theta\in C)=0.958\ \ (\text{在 } k=3.6 \text{ 时达到}).$$

在例 5.7.7 中, 当 $x=3$ 时, $\inf\limits_{\pi\in\Gamma} P^{\pi(\theta|x)}(\theta\in C)=0.55$, 显然那里的不稳健性来自不合理的 ε 代换类 Γ. 在现在的情形中, 我们称 C 为可信度至少是 90% 的可信集是很保险的. 主要原因是在 ε 代换类中 $\mathscr{Q}$ 选择得比较明智.

虽然我们找出的是后验概率的范围, 但对其他特征, 如后验均值、后验方差、后验风险等也可类似地进行 (Berliner, 1984).

5.7.5　稳健先验的若干情形

由于正规的稳健性分析 (即当 $\pi\in\Gamma$ 时, 确定某一准则函数的范围) 的困难, 开发在某种意义下内在具有稳健性的那些先验就很重要了. 本小节讨论这方面的一些方法.

1. 自然共轭先验的稳健性

自然的共轭先验并不自动具有稳健性. 它们有和似然函数同样形式的尾部, 当似然函数集中于 (先验的) 尾部时, 它们产生影响, 有时会得到直观上不理想的结果和很差的贝叶斯风险的稳健性. 由于此时 $m(x|\pi)$ 常常非常小, 后验贝叶斯不支持自然共轭先验. 当然, 如果似然函数集中于先验的中心部分, 则采用共轭先验一般是稳健的.

2. 扁平 - 尾部先验

尾部比似然函数的尾部平缓的先验往往相当稳健, 如例 5.7.1 中 $C(0,1)$ 的尾部比 $N(0,2.19)$ 平缓, 故 $C(0,1)$ 比 $N(0,2.19)$ 稳健.

3. 无信息先验

总的说来, 采用无信息先验一般认为是可靠和稳健的, 因为没有任何主观先验信念. 但可以问: (1) 统计结论是否依赖于无信息先验的选择? (2) 所采用的无信息先验是否很好地反映了实际的先验信息? 对第二个问题的回答很困难. 对第一个问题的回答, 一般情况是, 结论并不非常依赖于无信息先验的选择. 请看下例.

例 5.7.10　设 $X\sim B(n,\theta)$, 在平方损失函数下求 θ 的贝叶斯估计. 考虑下列三种无信息先验: $\pi_1(\theta)=1$, $\pi_2(\theta)=\theta^{-1}(1-\theta)^{-1}$ (贝塔分布 $Be(0,0)$), $\pi_3(\theta)=\theta^{-\frac{1}{2}}(1-\theta)^{-\frac{1}{2}}$ (Jeffreys 先验).

解　θ 的贝叶斯估计为后验均值, 分别为

$$\mu^{\pi_1}(x)=\frac{\displaystyle\int_0^1 \theta\cdot\theta^x(1-\theta)^{n-x}\mathrm{d}\theta}{\displaystyle\int_0^1 \theta^x(1-\theta)^{n-x}\mathrm{d}\theta}=\frac{x+1}{n+2},$$

$$\mu^{\pi_2}(x)=\frac{\displaystyle\int_0^1 \theta\cdot\theta^{x-1}(1-\theta)^{n-x-1}\mathrm{d}\theta}{\displaystyle\int_0^1 \theta^{x-1}(1-\theta)^{n-x-1}\mathrm{d}\theta}=\frac{x}{n},$$

$$\mu^{\pi_3}(x)=\frac{\int_0^1\theta\cdot\theta^{x-\frac{1}{2}}(1-\theta)^{n-x-\frac{1}{2}}\mathrm{d}\theta}{\int_0^1\theta^{x-\frac{1}{2}}(1-\theta)^{n-x-\frac{1}{2}}\mathrm{d}\theta}=\frac{x+0.5}{n+1}.$$

除非 n 很小, 以上结果都很接近.

4. 分层先验

分层先验一般是稳健的, 因为它通常是尾部平缓的. 事实上, 构造一个分层先验最自然的方法是, 对第一阶段自然的共轭先验中的超参数加以调整, 设计第二阶段超参数的先验 (超先验), 如第二阶段为无信息先验, 其结果比自然的共轭先验的尾部要平缓, 从而也比似然函数的尾部平缓.

分层先验可能对第一阶段先验所选择的函数形式很敏感, 也就是说, 错误选择会破坏分层先验模型的优点.

第二阶段 (或更高阶段) 先验形式的选择相对说来几乎没有什么影响. 若采用无信息先验作为第二阶段先验, 选择常量的无信息先验可能是审慎的.

5. 最大熵先验

这里我们仅回顾 2.6 节中由矩条件导出的最大熵先验常为自然的共轭先验的情况, 需考虑其稳健性. 如果已知或可以精确估计矩, 要比主观地确定矩在稳健性上更好一些, 因为可以证明此时不会有极长的尾部.

由确定分位数导出的最大熵先验, 其稳健性仍与尾部情况有关. 最大熵赋予先验的尾部以常量, 对有界的 Θ 是合理的, 但对无界的 Θ 是不可能的. 在最大熵理论中, 需要对先验尾部做进一步的研究.

6. ML-Ⅱ先验

在 2.3 节中讨论过, 按 ML-Ⅱ原理选择 $\pi\in\Gamma$ 的可能性. 如此选择的先验稳健性如何, 答案与所采用的先验和 Γ 的性质有关.

这里我们只讨论 ε 代换类

$$\Gamma=\{\pi:\ \pi(\theta)=(1-\varepsilon)\pi_0(\theta)+\varepsilon q(\theta),\ q\in\mathscr{Q}\}.$$

回忆 ML-Ⅱ先验 $\widehat{\pi}$, 即 $\widehat{\pi}=(1-\varepsilon)\pi_0+\varepsilon\widehat{q}$, 其中 $\widehat{q}$ 使 $m(x|q)$ 最大化. 要强调的一点是, 当 $\mathscr{Q}=\{$所有先验$\}$ 时, $\widehat{\pi}$ 很可能是不稳健的. 分析其原因, 可能 Γ 包含了不合理的先验, 从而导致 ML-Ⅱ方法失败.

从纯贝叶斯观点看, 采用明智的 Γ 的 ML-Ⅱ先验看来是稳健的.

5.7.6 稳健性的其他问题

1. 模型的稳健性

在稳健性讨论中, 一直假定似然函数 $f(x|\theta)$ 是已知的, 先验是未确定的. 然而, 显然样本模型 f 本身是未确定的情形是很常见的. 事实上, 有大量文献研究一些统计方法对 f 有可能错误地被指定时的稳健性. 从经典的观点来开展这方面的研究见 Huber

(1981). 因此模型 f 的稳健性与先验 π 的稳健性没有什么不同. 模型的选择可以看作确定先验的特殊 (极端) 类型 (从 X 的所有可能的概率分布的初始庞大类 $\mathscr{P}$ 中选一个小维数的子集 $\mathscr{P}_f=\{f(x|\theta),\theta\in\Theta\}$, 即限制在 $\mathscr{P}$ 上的先验以概率 1 属于 $\mathscr{P}_f$). 由于边缘密度 $m(x|\pi)$ 综合了样本和先验信息, 可借助 $m(x|\pi)$ 讨论 f 的稳健性.

当“样本”与“先验”信息相冲突时, 怎么办? 建议采用尾部平缓的先验, 以便在此冲突中似然函数与先验相比占压倒性地位. 此时自然包含假设: ① 所采用的模型是“稳健的”, 似然是合理的; ② 似然的尾部降低较快.

关于模型的稳健性, 最后要强调的是, 它像所有贝叶斯稳健性的类型一样, 是典型地依赖于数据的. 如果数据完全适用于正态, 就没有理由采用非正态的分析. 另一方面, 如果数据支持重尾的假设, 那么关于模型的更稳健的处理就是更合适的.

2. 损失函数的稳健性

在统计决策的理论性问题中, 指定损失函数的困难性不亚于指定先验的困难性. 选择适当的损失函数是稳健统计决策的重要研究方向. 我们将不进行这方面的讨论.

习　题　5

1. 设随机变量 X 的分布依赖于废品率 θ. 令 θ 可能的自然状态为 θ_1, θ_2. 可能的决策行为是 a_1,a_2 和 a_3. 损失函数 $L(\theta,a)$ 如下表所示.

θ \ a	a_1	a_2	a_3
θ_1	0	1	2
θ_2	2	0	1

设随机变量 X 取 0,1 两个值. 记 X 的概率函数 $p(i|\theta_j)=P(X=i|\theta=\theta_j)$, 则 X 的概率分布为

$$p(1|\theta_1)=0.1,\quad p(1|\theta_2)=0.2,\quad p(0|\theta_1)=0.9,\quad p(0|\theta_2)=0.8.$$

令 θ 的先验分布为 $\pi(\theta_1)=0.6$, $\pi(\theta_2)=0.4$. 求决策函数的后验风险和最优决策函数.

2. 某公司对生产线的产品进行定时抽样, 以保证生产过程平稳. 选样本量为 5, 观测废品数. 假定过去记录的废品率 θ 服从贝塔分布 $Be(1,9)$. 使生产过程继续下去的损失为 $10\,\theta$, 使生产过程停下来校准后再启动生产的损失为 1. 若样本中有 1 个废品, 求贝叶斯决策行为.

3. 设 $\boldsymbol{X}=(X_1,\cdots,X_n)$ 是来自正态总体 $N(\theta,1)$ 的 i.i.d. 样本, 其中未知参数 θ 的先验分布是 $N(0,1)$. 在平方损失函数 $L(\theta,d)=(\theta-d)^2$ 下, 求 θ 的贝叶斯估计.

4. 设 $X_1,\cdots,X_n$ 是来自参数为 θ 的几何分布的 i.i.d. 样本, 假如未知参数 θ 的先验分布为贝塔分布 $Be(\alpha,\beta)$. 在平方损失函数下, 求 θ 的贝叶斯估计.

5. 设 $X_1,\cdots,X_n$ 为抽自参数为 θ 的泊松分布的一个样本, 假如未知参数 θ 的先验分布为指数分布 $Exp(\lambda)$. 在平方损失函数下, 求 θ 的贝叶斯估计.

6. 某产品的寿命服从指数分布 $Exp(\theta)$. 对 n 个这种产品进行寿命试验, 获得了一组样本 $\boldsymbol{X}=(X_1,\cdots,X_n)$, 假如未知参数 θ 的先验分布为伽马分布 $\Gamma(r,\lambda)$. 在平方损失函数下, 求 θ 和 $1/\theta$ 的贝叶斯估计.

7. 设 $X_1,\cdots,X_n$ 是从均匀分布 $U(0,\theta)$ $(\theta>0)$ 中抽取的 i.i.d. 样本. 设 θ 的先验分布为 $U(0,a)$, $a>0$ 已知. 在平方损失函数下, 求 θ 的贝叶斯估计.

*8. 设有一批产品共 N 件, 其中不合格品有 M 件, 从此批产品中随机抽检 n 件产品, 得知不合格品数为 x. 此处 N 和 n 已知, M 未知. 设 M 的先验分布为下列均匀分布: $P(M=k)=1/(N+1)$ $(k=0,1,\cdots,N)$. 在平方损失函数下, 求不合格品率 $p=M/N$ 的贝叶斯估计 (提示: 利用恒等式 $\displaystyle\sum_{m=1}^{N}\binom{m}{k}\binom{N-m}{n-k}=\binom{N+1}{n+1}$, $k=0,1,\cdots,n$).

9. 设 $\boldsymbol{X}=(X_1,\cdots,X_n)$ 服从均值向量为 $\boldsymbol{\theta}$、协方差阵为 $\boldsymbol{\Sigma}$ 的某个分布, 以 $\boldsymbol{a}=(a_1,\cdots,a_p)^{\mathrm{T}}$ 作为 $\boldsymbol{\theta}=(\theta_1,\cdots,\theta_p)^{\mathrm{T}}$ 的估计, 假定先验分布 $\pi(\boldsymbol{\theta})$ 给定, 损失函数是二次损失: $L(\boldsymbol{\theta},\boldsymbol{a})=(\boldsymbol{\theta}-\boldsymbol{a})^{\mathrm{T}}\boldsymbol{D}(\boldsymbol{\theta}-\boldsymbol{a})$, 其中 $\boldsymbol{D}$ 是 $p\times p$ 正定阵. 证明: $\boldsymbol{\theta}$ 的贝叶斯估计是 $\hat{\boldsymbol{a}}_{\mathrm{B}}=E(\boldsymbol{\theta}|\boldsymbol{x})$.

10. 设 $\boldsymbol{X}=(X_1,\cdots,X_n)$ 是来自正态总体 $N(0,\tau)$ 的 i.i.d. 样本, 其中方差 τ 的先验分布为逆伽马分布, 即

$$h(\tau)=\begin{cases}\dfrac{\beta^{\alpha}}{\Gamma(\alpha)}\tau^{-(\alpha+1)}\mathrm{e}^{-\frac{\beta}{\tau}}, & \tau>0,\\ 0, & \tau<0.\end{cases}$$

在加权平方损失函数 $L(\tau,\hat{\tau})=(\tau-\hat{\tau})^2/\tau^2$ 下, 求 τ 的贝叶斯估计.

11. 设 $X\sim B(n,\theta)$, $\theta\sim Be(\alpha,\beta)$. 在损失函数 $L(\theta,a)=(\theta-a)^2/[\theta(1-\theta)]$ 下, 求 θ 的贝叶斯估计.

12. 若 X 服从伽马分布 $\Gamma(n/2,(2\theta)^{-1})$, θ 的先验分布为逆伽马分布 $\Gamma^{-1}(\alpha,\beta/2)$. 在损失函数 $L(\theta,a)=(\theta-a)^2/\theta^2$ 下, 求 θ 的贝叶斯估计.

13. 对成功概率为 $1-p$ 的独立伯努利试验, 当试验进行到 r 次成功时, 令失败的总次数为随机变量 X, 其概率分布为

$$P(X=x|p)=\begin{pmatrix}x+r-1\\ r-1\end{pmatrix}p^x(1-p)^r\quad(x=0,1,2,\cdots;\ 0<p<1).$$

令 $\theta=p/(1-p)$ $(0<\theta<\infty)$, 易知 $E(X|\theta)=r\theta$, $\mathrm{Var}(X|\theta)=r\theta(1+\theta)$. 设损失函数为 $L(\theta,d)=(\theta-d)^2/[\theta(1+\theta)]$.

(1) 若 θ 的先验分布为广义无信息先验 $\pi(\theta)\equiv1$. 在上述损失函数下, 求 θ 的贝叶斯估计, 将其与经典统计方法 MLE 进行比较, 并做适当的评论.

(2) 令 θ 的先验分布为共轭先验

$$\pi(\theta)=\frac{\Gamma(\alpha+\beta)}{\Gamma(\alpha)\Gamma(\beta)}\,\theta^{\alpha-1}(1+\theta)^{-(\alpha+\beta)}\quad(0<\theta<\infty).$$

求 θ 的后验分布, 并在上述损失函数下, 求 θ 的贝叶斯估计.

14. 设随机变量 X 服从伽马分布 $\Gamma(\alpha,1/\theta)$, 其中 α 已知, θ 未知. 设 θ 的先验分布为无信息先验, 即 $\pi(\theta)=\theta^{-1}I_{(0,\infty)}(\theta)$. 在加权平方损失函数 $L(\theta,d)=(\theta-d)^2/\theta^2$ 下, 求 θ 的贝叶斯估计.

15. 设 θ 为某产品的废品率, 从某批产品中随机抽取 n 件, 其中废品数 $X|\theta\sim B(n,\theta)$. 令 θ 的先验分布为 (0, 1) 上的均匀分布. 若 $n=x=2$, 在绝对损失函数下, 求 θ 的贝叶斯估计.

16. 设 $X_1, \cdots, X_n$ 是从均匀分布 $U(0, \theta/2)$ 中抽取的随机样本. 令 θ 的先验分布是帕雷托分布 $Pa(\theta_0, \alpha)$, 其中 θ_0 和 α 已知. 在绝对损失函数下, 求 θ 的贝叶斯估计.

17. 接到船运来的一大批零件, 从中抽检 5 件. 假设其中不合格品数 $X \sim B(5, \theta)$, 又从以往各批中已知 θ 的先验分布为 $Be(1,9)$, 观测值为 $x=0$. 在下列损失函数下, 分别求 θ 的贝叶斯估计.

    (1) $L(\theta, a) = (\theta - a)^2$;

    (2) $L(\theta, a) = |\theta - a|$;

    (3) $L(\theta, a) = (\theta - a)^2 / (1-\theta)^2$;

    (4) $L(\theta, a) = \begin{cases} \theta - a, & \theta > a, \\ 2(a - \theta), & \theta \leqslant a. \end{cases}$

18. 设随机变量 $X \sim N(\theta, 100)$, θ 的先验分布为 $N(100, 225)$. 在线性损失函数

$$L(\theta, d) = \begin{cases} 3(\theta - d), & d < \theta, \\ d - \theta, & d \geqslant \theta \end{cases}$$

下, 当样本观测值 $x = 115$ 时, 求 θ 的贝叶斯估计.

*19. 考查如下损失函数:

$$L(\theta, d) = \mathrm{e}^{c(\theta - d)} - c(\theta - d) - 1,$$

此损失函数称为 Linex 损失.

    (1) 证明: $L(\theta, d) > 0$.

    (2) 对 $c = 0.1$, 0.5, 1.2, 画出损失函数 $L(\theta, d)$(作为 θ-d 的函数) 的图像.

    (3) 在这个损失函数下, 给出 θ 的贝叶斯估计的表达式.

    (4) 设 $X_1, \cdots, X_n$ 是来自正态总体 $N(\theta, 1)$ 的样本, 取 θ 的先验为 $\pi(\theta) \equiv 1$, 求 θ 的贝叶斯估计.

*20. 在缺少损失函数信息的场合, 可用参数 θ 处的密度函数值 $p(x|\theta)$ 与行动 a 处的密度函数值 $p(x|a)$ 之间的距离来度量损失. 如下两个距离较为常用:

    (1) 熵的距离: $L_{\mathrm{e}}(\theta, a) = E^{X|\theta}\left[\ln \dfrac{p(x|\theta)}{p(x|a)}\right]$,

    (2) Hellinger 距离: $L_{\mathrm{H}}(\theta, a) = \dfrac{1}{2} E^{X|\theta}\left\{\left[\sqrt{p(x|a)/p(x|\theta)} - 1\right]^2\right\}$,

假如 $X \sim N(\theta, 1)$, 证明:

$$L_{\mathrm{e}}(\theta, a) = \frac{1}{2}(\theta - a)^2, \quad L_{\mathrm{H}}(\theta, a) = 1 - \exp\left\{-(\theta - a)^2/8\right\}.$$

21. 在上题中, 设 $X \sim N(0, \theta)$, 写出损失函数 L_{e} 和 L_{H} 的表达式.

22. 在题 20 中, 设 $X \sim N(\theta, 1)$, 且 θ 的后验分布为 $N(\mu(x), \eta^2)$. 证明: 在损失函数 $L_{\mathrm{e}}(\theta, a)$ 和 $L_{\mathrm{H}}(\theta, a)$ 下, θ 的贝叶斯估计皆为后验均值.

23. 在测试儿童智商的例子中, 设 $X \sim N(\theta, 100)$, $\theta \sim N(100, 225)$. 在测试儿童智商中发现, 特别高或特别低的智商是很重要的, 于是认为加权损失

$$L(\theta, a) = (\theta - a)^2 \exp\left\{\frac{(\theta - 100)^2}{900}\right\}$$

是适宜的 (注意: 这意味着智商 θ 为 145 或 55 要比 θ 为 100 大约重要 9 倍). 求 θ 的贝叶斯估计.

24. 设 $\boldsymbol{X}=(X_1,\cdots,X_k)$ 服从多项分布 $M(n,\boldsymbol{\theta})$, 以 $\boldsymbol{a}=(a_1,\cdots,a_p)^{\mathrm{T}}$ 作为 $\boldsymbol{\theta}=(\theta_1,\cdots,\theta_p)^{\mathrm{T}}$ 的估计. 又设 $\boldsymbol{\theta}$ 的先验分布为狄利克雷分布 $D(\alpha_1,\cdots,\alpha_k)$. 在损失函数

$$L(\boldsymbol{\theta},\boldsymbol{a})=\sum_{i=1}^{k}(\theta_i-a_i)^2$$

下, 求 $\boldsymbol{\theta}$ 的贝叶斯估计, 并给出这个贝叶斯估计的后验风险.

25. (续题 17) 问题与题 17 完全相同, 在下列损失函数下, 求检验问题:

$$H_0:\ 0\leqslant\theta\leqslant 0.15 \leftrightarrow H_1:\ \theta>0.15.$$

设行动 a_i 表示接受 H_i $(i=0,1)$.

(1) $L(\theta,a_0)=\begin{cases}0, & \theta\leqslant 0.15,\\ 1, & \theta>0.15,\end{cases}\quad L(\theta,a_1)=\begin{cases}2, & \theta\leqslant 0.15,\\ 0, & \theta>0.15;\end{cases}$

(2) $L(\theta,a_0)=\begin{cases}0, & \theta\leqslant 0.15,\\ 1, & \theta>0.15,\end{cases}\quad L(\theta,a_1)=\begin{cases}0.15-\theta, & \theta\leqslant 0.15,\\ 0, & \theta>0.15.\end{cases}$

26. 发明了一种鉴别血型 A, B, AB, O 的仪器, 仪器测出量 X 具有密度

$$f(x|\theta)=\mathrm{e}^{-(x-\theta)}I_{(\theta,\infty)}(x).$$

若 $0<\theta\leqslant 1$, 血型为 AB 型; 若 $1<\theta\leqslant 2$, 为 A 型; 若 $2<\theta\leqslant 3$, 为 B 型; 若 $\theta>3$, 为 O 型. 以总人口为总体, θ 的分布密度为

$$\pi(\theta)=\mathrm{e}^{-\theta}I_{(0,\infty)}(\theta).$$

血型鉴别错误的损失由下表给出. 若观测值为 4, 求贝叶斯决策行为.

实际血型 \ 鉴别出的血型	AB	A	B	O
AB	0	1	1	2
A	1	0	2	2
B	1	2	0	2
O	3	3	3	0

27. 设某地区的地质状态 θ 有两种可能的自然状态: θ_1 和 θ_2. 其意义如下: θ_1 表示含油; θ_2 表示不含油. 假设对该地区可采取的决策行动有三种: a_1, a_2 和 a_3. 其意义如下: a_1 表示钻探石油; a_2 表示出售该地区; a_3 表示合资钻探. 所采用损失函数 $L(\theta,a)$ 的取值如下表所示. 例如, 表中的值表明: $L(\theta_1,a_1)=0, L(\theta_1,a_2)=10$, 等等.

θ \ a	a_1(钻探)	a_2(出售)	a_3(合资)
θ_1	0	10	5
θ_2	12	1	6

下面就要做试验去获取 θ 的信息. 在该试验下随机变量 X 取值 0 或 1, 分别表示地质岩石构造的两个种类. 给定 θ 时, X 的概率分布为

$$P(X=0|\theta=\theta_1)=0.3,\quad P(X=1|\theta=\theta_1)=0.7,$$

$$P(X=0|\theta=\theta_2)=0.6,\quad P(X=1|\theta=\theta_2)=0.4\,.$$

专家认为发现石油的机会是 0.2, 即 θ 取 θ_1 (含油)、θ_2 (不含油) 的概率分布为

$$\pi(\theta_1)=0.2,\quad \pi(\theta_2)=0.8\,.$$

(1) 求 θ 的后验分布.

(2) 计算采取各种决策行动的后验风险.

(3) 求出最佳的贝叶斯决策行动.

28. 设随机变量 X 服从二项分布 $B(n,\theta)$ $(0<\theta<1)$. 证明: $d(x)=x/n$ 在损失函数 $L(\theta,d)=(\theta-d)^2\big/[\theta(1-\theta)]$ 下是 θ 的 Minimax 估计 (提示: 先验分布取均匀分布).

29. 证明题 14 中求出的贝叶斯估计是 θ 的 Minimax 估计.

30. 在题 13 的问题中, 设先验分布如题 13(1) 所述, 在加权平方损失函数 $L(\theta,d)=(\theta-d)^2\big/[\theta(1+\theta)]$ 下, 证明: θ 的贝叶斯估计是 Minimax 估计.

31. 设 $X_1,\cdots,X_n$ 为自正态总体 $N(0,\sigma^2)$ 中抽取的 i.i.d. 样本, 令 $\tau=\sigma^2$ 的先验分布为无信息先验, 即 $\pi(\tau)=\tau^{-1}I_{(0,\infty)}(\tau)$, 取损失函数为 $L(\tau,d)=(\tau-d)^2/\tau^2$. 求 τ 的贝叶斯估计 $\hat{\tau}_{\mathrm{B}}$, 并证明: $\hat{\tau}_{\mathrm{B}}$ 是 τ 的 Minimax 估计.

32. 证明: 题 28 中 θ 的 Minimax 估计是可容许的.

33. 证明: 题 31 中 θ 的 Minimax 估计是可容许的.

34. 设 $X_1,\cdots,X_n$ i.i.d. $\sim N(\theta,1)$, 要估计 θ. 取平方损失函数, 估计量为 $\hat{\theta}_n=c_1X_1+\cdots+c_nX_n$. 证明: 若 $c_1+\cdots+c_n=1$, 则除非 $c_1=\cdots=c_n=1/n$, $\hat{\theta}_n$ 是不可容许的.

35. 设 $X\sim N(\theta,1)$, 要求在平方损失函数下估计 θ. 假定 θ 的先验分布为 $N(2,3)$, 估计均值和方差的误差可以在一个单位之内. 因此先验类为 $\varGamma=\{\pi:\ \pi\sim N(\mu,\tau^2),\ 1\leqslant\mu\leqslant 3,\ 2\leqslant\tau^2\leqslant 4\}$.

(1) 若观测值 $x=2$, 求 π 在 $\varGamma$ 内变动时, 后验均值的范围.

(2) 若观测值 $x=2$, 对先验 $N(2,3)$, 求贝叶斯估计的后验风险及 $\varGamma$ 后验风险.

(3) 对怎样的 ε, (2) 中的贝叶斯行为是 ε 后验稳健的?

(4) 对 $x=10$, 重复 (1)~(3); 并比较 $x=2$ 和 $x=10$ 相应的后验稳健性.

36. 证明引理 5.7.1.

37. 设 $X\sim N(\theta,1)$, $\pi=0.9\pi_0+0.1q$, 其中 π_0 为 $N(0,2)$, q 为 $N(0,10)$.

(1) 若观测值 $x=1$, 求 $\pi(\theta|x)$ 及后验均值和后验方差.

(2) 若观测值 $x=7$, 求 $\pi(\theta|x)$ 及后验均值和后验方差.

38. 在 4.3 节例 4.3.1中, 当 $x=115$ 时 95% HPD 可信集为 $C=(94.07,126.69)$. 设 ε 代换类 $\varGamma$ 由式 (5.7.6) 给出, 其中 π_0 为 $N(100,225)$, 而 $\mathscr{Q}=\{$所有分布$\}$. 求当 π 在 $\varGamma$ 中变动时 C 的后验概率范围, 并讨论 C 对 ε 代换类的稳健性.

39. 设 $X \sim N(\theta,1)$, 先验分布的 ε 代换类 Γ 由式 (5.7.6) 给出, 其中 $\varepsilon = 0.1$, π_0 为 $N(2,3)$, 而 $\mathscr{Q} = \{$所有分布$\}$. 在 0-1 损失函数下求检验问题 $H_0:\ \theta \leqslant 0 \leftrightarrow H_1:\ \theta > 0$.

(1) 若 $x = 2$ 时, 求 π 在 Γ 中变动时接受 H_0 这一决策行为 a_0 的后验风险 $R^{\pi}(a_0|x)$ 的范围, 并给出检验的结论.

(2) 若 $x = -1$ 时, 求 π 在 Γ 中变动时接受 H_0 决策行为 a_0 的后验风险 $R^{\pi}(a_0|x)$ 的范围, 并给出检验的结论.

(3) 对 $x = 2$ 和 $x = -1$ 的情形, 比较相应的后验稳健性.

习题 5 部分解答

第 6 章 贝叶斯计算方法

6.1 引　言

在贝叶斯分析中常常需要计算后验分布的期望、方差、分位数或众数等数字特征. 例如, 常用的贝叶斯估计是后验均值, 它是在平方损失函数下的贝叶斯解, 此估计量的精度是通过后验方差来度量的. 后验中位数以及后验分位数有时也被用来建立贝叶斯可信区域等等. 如果先验分布不是共轭先验分布 (这在许多问题里经常遇到), 那么后验分布往往不再是标准分布. 因此需要计算的后验分布数字特征往往没有显式表达, 这就需要一些特殊的计算方法.

例 6.1.1 假设随机变量 $X \sim N(\theta,\sigma^2)$, 其中 σ^2 已知. 若出于稳健性考虑选取 θ 的先验分布为柯西分布 $C(\mu,\tau)$ (μ,τ 已知), 求 θ 的后验期望和后验方差.

解 θ 的后验分布

$$\pi(\theta|x) \propto \exp\{-(\theta-x)^2/(2\sigma^2)\}[\tau^2+(\theta-\mu)^2]^{-1}.$$

因此后验期望和后验方差分别为

$$E^{\pi}(\theta|x) = \frac{\int_{-\infty}^{\infty} \theta\exp\{-(\theta-x)^2/(2\sigma^2)\}[\tau^2+(\theta-\mu)^2]^{-1}\mathrm{d}\theta}{\int_{-\infty}^{\infty} \exp\{-(\theta-x)^2/(2\sigma^2)\}[\tau^2+(\theta-\mu)^2]^{-1}\mathrm{d}\theta},$$

$$V^{\pi}(\theta|x) = \frac{\int_{-\infty}^{\infty} \theta^2\exp\{-(\theta-x)^2/(2\sigma^2)\}[\tau^2+(\theta-\mu)^2]^{-1}\mathrm{d}\theta}{\int_{-\infty}^{\infty} \exp\{-(\theta-x)^2/(2\sigma^2)\}[\tau^2+(\theta-\mu)^2]^{-1}\mathrm{d}\theta} - [E(\theta|x)]^2.$$

显然上面两个积分都没有显式解, 但是可以使用各种数值积分方法 (如 IMSL (International Mathematics and Statistics Library) 包或者高斯积分方法) 来高效地逼近这两个积分. 下面的例子给出了一个计算上更困难的问题.

例 6.1.2 假设 $X_1,\cdots,X_k$ 为独立的泊松随机变量, 且 $X_i \sim P(\theta_i)$ $(i=1,\cdots,k)$. 如果 θ_i 的先验分布由其对数的联合分布给出.

$$\boldsymbol{\nu} = (\ln\theta_1,\cdots,\ln\theta_k)^{\mathrm{T}} \sim N(\mu\mathbf{1}_k,\tau^2[(1-\rho)\boldsymbol{I}_k+\rho\boldsymbol{J}_k]),$$

其中 $\mathbf{1}_k$ 为元素是 1 的 k 维列向量, $\boldsymbol{I}_k$ 为 k 阶单位阵, $\boldsymbol{J}_k$ 是元素全为 1 的 k 阶方阵, μ,τ^2,ρ 为已知的常数. 求 $\theta_j\ (j=1,\cdots,k)$ 的后验期望.

解 由

$$f(\boldsymbol{x}|\boldsymbol{\nu})=\exp\left\{-\sum_{i=1}^{k}(\mathrm{e}^{\nu_i}-\nu_i x_i)\right\}\Big/\prod_{i=1}^{k}x_i!\ ,$$

$$\pi(\boldsymbol{\nu})\propto\exp\left\{-\frac{1}{2\tau^2}(\boldsymbol{\nu}-\mu\mathbf{1}_k)^{\mathrm{T}}[(1-\rho)\boldsymbol{I}_k+\rho\boldsymbol{J}_k]^{-1}(\boldsymbol{\nu}-\mu\mathbf{1}_k)\right\}\ ,$$

可以得到

$$\begin{aligned}\pi(\boldsymbol{\nu}|\boldsymbol{x})&\propto g(\boldsymbol{\nu}|\boldsymbol{x})\\&=\exp\left\{-\sum_{i=1}^{k}(\mathrm{e}^{\nu_i}-\nu_i x_i)-\frac{1}{2\tau^2}(\boldsymbol{\nu}-\mu\mathbf{1}_k)^{\mathrm{T}}[(1-\rho)\boldsymbol{I}_k+\rho\boldsymbol{J}_k]^{-1}(\boldsymbol{\nu}-\mu\mathbf{1}_k)\right\}.\end{aligned}$$

因此, 如果感兴趣的是 θ_j 的后验期望, 则需要计算

$$E^{\pi}(\theta_j|\boldsymbol{x})=E^{\pi}(\mathrm{e}^{\nu_j}|\boldsymbol{x})=\frac{\int_{\mathbb{R}^k}\mathrm{e}^{\nu_j}g(\boldsymbol{\nu}|\boldsymbol{x})\mathrm{d}\boldsymbol{\nu}}{\int_{\mathbb{R}^k}g(\boldsymbol{\nu}|\boldsymbol{x})d\boldsymbol{\nu}}.$$

这是两个 k 重积分的比值. k 越大就越难处理, 而数值积分方法在这种场合下不再是有效的方法, 这种问题也就是常称的维数灾难问题. 这是因为与积分计算无关的空间部分大小随着维数的增加快速增加, 使得数值逼近中的误差按照维数 k 的幂次增加, 最终导致算法失效. 因此数值积分方法在一维和二维积分以外的场合下不是优先使用的方法.

由上述两个例子, 可以看到在贝叶斯统计计算问题中, 与后验分布有关的一些积分是很难用数值方法计算的, 尤其在高维的情形下. 近几十年来, 由于贝叶斯统计方法的快速普及发展, 一些高级计算方法提供了有效的途径去处理这类困难的问题. 这些计算方法包括 E-M 方法、马尔可夫链蒙特卡洛 (MCMC) 抽样方法, 如 Gibbs 抽样方法、Metropolis-Hastings 算法等等. 本章在一些例子中给出了这些相关算法的 R 语言程序的代码, R 软件的介绍可参见 R Project 的官方网站 (http://www.r-project.org).

6.2 分析逼近方法

在计算一些积分时, 可以使用拉普拉斯逼近方法来逼近所要计算的积分. 设 $\boldsymbol{\theta}$ 的后验密度为 $\pi(\boldsymbol{\theta}|\boldsymbol{x})=f(\boldsymbol{x}|\boldsymbol{\theta})\pi(\boldsymbol{\theta})/m(\boldsymbol{x})$, 我们常需要计算参数 $\boldsymbol{\theta}$ 或其函数的数字特征. 例

如, 求 $g(\boldsymbol{\theta})$ 的后验期望, 即计算积分

$$E^{\pi}[g(\boldsymbol{\theta})|\boldsymbol{x}]=\int_{\mathbb{R}^k}g(\boldsymbol{\theta})\pi(\boldsymbol{\theta}|\boldsymbol{x})\mathrm{d}\boldsymbol{\theta}=\frac{\int_{\mathbb{R}^k}g(\boldsymbol{\theta})f(\boldsymbol{x}|\boldsymbol{\theta})\pi(\boldsymbol{\theta})\mathrm{d}\boldsymbol{\theta}}{\int_{\mathbb{R}^k}f(\boldsymbol{x}|\boldsymbol{\theta})\pi(\boldsymbol{\theta})\mathrm{d}\boldsymbol{\theta}}, \tag{6.2.1}$$

其中 g,f,π 均为 $\boldsymbol{\theta}$ 的光滑函数. 下面我们首先讨论参数 $\boldsymbol{\theta}$ 的维数 $k=1$ 的情形, 然后再推广到参数 $\boldsymbol{\theta}$ 的维数 $k>1$ 的情形.

6.2.1　参数 θ 的维数 $k=1$ 的情形

在式 (6.2.1) 中, 当参数的维数 $k=1$ 时, 取 $g(\theta)=\theta$ 或 $g(\theta)=[\theta-\mu^{\pi}(\boldsymbol{x})]^2$, 则上述积分分别表示后验分布的期望和方差, 此处 $\mu^{\pi}(\boldsymbol{x})=E(\theta|\boldsymbol{x})$ 是后验期望.

当参数的维数 $k=1$ 时, 将式 (6.2.1) 中分子和分母上的积分统一表示为

$$I=\int_{-\infty}^{\infty}q(\theta)\mathrm{e}^{-nh(\theta)}\mathrm{d}\theta, \tag{6.2.2}$$

其中 $-nh(\theta)=\ln f(\boldsymbol{x}|\theta)\pi(\theta)$. 当 $q(\theta)=g(\theta)$ 时, 此积分就是式 (6.2.1) 的分子, 当 $q(\theta)=1$ 时, 就是式 (6.2.1) 的分母. 此处, 假定 q 和 h 为 θ 的光滑函数, 且 $-h$ 有唯一极大值点 $\hat{\theta}$. 由于 $\hat{\theta}$ 是 θ 的 MLE 或后验众数, 因此积分的主要贡献来自 $\hat{\theta}$ 的一个邻域 $(\hat{\theta}-\delta,\hat{\theta}+\delta)$, 且当 $n\to\infty$ 时, 有

$$I\sim I_1=\int_{\hat{\theta}-\delta}^{\hat{\theta}+\delta}q(\theta)\mathrm{e}^{-nh(\theta)}\mathrm{d}\theta,$$

此处 $I\sim I_1$ 表示 $I/I_1\to 1\ (n\to\infty)$. 拉普拉斯逼近方法涉及 q 和 h 在 $\hat{\theta}$ 处的泰勒 (Taylor) 展开. 由于 $\hat{\theta}$ 是 $-h(\theta)$ 的极大值点, 故 $h'(\hat{\theta})=0$. 因此有

$$\begin{aligned}
q(\theta)&=q(\hat{\theta})+(\theta-\hat{\theta})q'(\hat{\theta})+\frac{1}{2}(\theta-\hat{\theta})^2q''(\hat{\theta})+\text{余项},\\
h(\theta)&=h(\hat{\theta})+(\theta-\hat{\theta})h'(\hat{\theta})+\frac{1}{2}(\theta-\hat{\theta})^2h''(\hat{\theta})+\text{余项}\\
&=h(\hat{\theta})+\frac{1}{2}(\theta-\hat{\theta})^2h''(\hat{\theta})+\text{余项},\\
q(\theta)\mathrm{e}^{-nh(\theta)}&=\Big[q(\hat{\theta})+(\theta-\hat{\theta})q'(\hat{\theta})+\frac{1}{2}(\theta-\hat{\theta})^2q''(\hat{\theta})+\text{余项}\ \Big]\\
&\qquad\times\exp\Big\{-n\Big[h(\hat{\theta})+\frac{1}{2}(\theta-\hat{\theta})^2h''(\hat{\theta})+\text{余项}\Big]\Big\}\\
&\approx\mathrm{e}^{-nh(\hat{\theta})}q(\hat{\theta})\Big[1+(\theta-\hat{\theta})\frac{q'(\hat{\theta})}{q(\hat{\theta})}+\frac{1}{2}(\theta-\hat{\theta})^2\frac{q''(\hat{\theta})}{q(\hat{\theta})}\Big]\exp\Big\{-\frac{n}{2}(\theta-\hat{\theta})^2h''(\hat{\theta})\Big\},
\end{aligned}$$

从而有

$$I_1\approx\mathrm{e}^{-nh(\hat{\theta})}q(\hat{\theta})\int_{\hat{\theta}-\delta}^{\hat{\theta}+\delta}\Big[1+(\theta-\hat{\theta})\frac{q'(\hat{\theta})}{q(\hat{\theta})}+\frac{1}{2}(\theta-\hat{\theta})^2\frac{q''(\hat{\theta})}{q(\hat{\theta})}\Big]\exp\Big\{-\frac{n}{2}(\theta-\hat{\theta})^2h''(\hat{\theta})\Big\}\ \mathrm{d}\theta.$$

令 $c=h''(\hat{\theta})$, $t=\sqrt{nc}(\theta-\hat{\theta})$, 则 $\mathrm{d}\theta=\mathrm{d}t/\sqrt{nc}$. 利用

$$\int_{-\sqrt{nc}\ \delta}^{\sqrt{nc}\ \delta}t\mathrm{e}^{-\frac{t^2}{2}}\mathrm{d}t=0,\quad \int_{-\sqrt{nc}\ \delta}^{\sqrt{nc}\ \delta}\frac{1}{\sqrt{2\pi}}t^2\mathrm{e}^{-\frac{t^2}{2}}\mathrm{d}t\approx 1\ \text{(当 n 充分大时)},$$

则有

$$
\begin{aligned}
I_1 &\approx \mathrm{e}^{-nh(\hat{\theta})}q(\hat{\theta})\frac{\sqrt{2\pi}}{\sqrt{nc}}\int_{-\sqrt{nc}\,\delta}^{\sqrt{nc}\,\delta}\left[1+\frac{t}{\sqrt{nc}}\frac{q'(\hat{\theta})}{q(\hat{\theta})}+\frac{t^2}{2nc}\frac{q''(\hat{\theta})}{q(\hat{\theta})}\right]\frac{1}{\sqrt{2\pi}}\exp\left\{-\frac{t^2}{2}\right\}\mathrm{d}t \\
&= \mathrm{e}^{-nh(\hat{\theta})}q(\hat{\theta})\frac{\sqrt{2\pi}}{\sqrt{nc}}\left[1+\frac{q''(\hat{\theta})}{2nc\,q(\hat{\theta})}\right] \\
&= \mathrm{e}^{-nh(\hat{\theta})}q(\hat{\theta})\frac{\sqrt{2\pi}}{\sqrt{nc}}[1+O(n^{-1})]. \qquad (6.2.3)
\end{aligned}
$$

此即 $I \sim \mathrm{e}^{-nh(\hat{\theta})}q(\hat{\theta})\cdot\sqrt{2\pi}/\sqrt{nc}\cdot[1+O(n^{-1})]$.

例 6.2.1 利用拉普拉斯逼近方法求 $n!$ 的斯特林 (Stirling) 逼近.

解 首先将 $n!$ 表示成式 (6.2.2) 的形式:

$$
n! = \Gamma(n+1) = \int_0^\infty x^n\mathrm{e}^{-x}\mathrm{d}x = \int_0^\infty \mathrm{e}^{-n(x/n-\ln x)}\mathrm{d}x = \int_0^\infty q(x)\mathrm{e}^{-nh(x)}\mathrm{d}x,
$$

其中

$$
q(x)=1, \quad h(x)=\frac{x}{n}-\ln x, \quad \hat{x}=n, \quad c=h''(\hat{x})=\frac{1}{n^2}.
$$

因此由式 (6.2.3), 可知

$$
n! \approx \mathrm{e}^{-n(1-\ln n)}\cdot\sqrt{2\pi n}\,[1+O(n^{-1})] \approx \sqrt{2\pi}\,n^{n+1/2}\,\mathrm{e}^{-n},
$$

即 $n! \sim \sqrt{2\pi}\,n^{n+1/2}\,\mathrm{e}^{-n}$.

6.2.2 参数 $\boldsymbol{\theta}$ 的维数 $k>1$ 的情形

此时 $\boldsymbol{\theta}=(\theta_1,\cdots,\theta_k)^{\mathrm{T}}$ 为 $k\times 1$ 向量, 故积分 (6.2.2) 变为如下形式的积分:

$$
I = \int_{\mathbb{R}^k} q(\boldsymbol{\theta})\exp\{-nh(\boldsymbol{\theta})\}\mathrm{d}\boldsymbol{\theta}, \qquad (6.2.4)
$$

其中 h 为一光滑函数且 $-h$ 有唯一的最大值点 $\hat{\boldsymbol{\theta}}$. 则拉普拉斯逼近方法需要对 q 和 h 在 $\hat{\boldsymbol{\theta}}$ 处进行泰勒展开. 记 q', h' 分别为 q, h 的一阶偏导数, $\boldsymbol{\Delta}_q$ 和 $\boldsymbol{\Delta}_h$ 为相应的黑塞 (Hessian matrix) 矩阵. 则

$$
\begin{aligned}
q(\boldsymbol{\theta}) &= q(\hat{\boldsymbol{\theta}})+(\boldsymbol{\theta}-\hat{\boldsymbol{\theta}})^{\mathrm{T}}q'(\hat{\boldsymbol{\theta}})+\frac{1}{2}(\boldsymbol{\theta}-\hat{\boldsymbol{\theta}})^{\mathrm{T}}\boldsymbol{\Delta}_q(\hat{\boldsymbol{\theta}})(\boldsymbol{\theta}-\hat{\boldsymbol{\theta}})+\cdots, \\
h(\boldsymbol{\theta}) &= h(\hat{\boldsymbol{\theta}})+(\boldsymbol{\theta}-\hat{\boldsymbol{\theta}})^{\mathrm{T}}h'(\hat{\boldsymbol{\theta}})+\frac{1}{2}(\boldsymbol{\theta}-\hat{\boldsymbol{\theta}})^{\mathrm{T}}\boldsymbol{\Delta}_h(\hat{\boldsymbol{\theta}})(\boldsymbol{\theta}-\hat{\boldsymbol{\theta}})+\cdots \\
&= h(\hat{\boldsymbol{\theta}})+\frac{1}{2}(\boldsymbol{\theta}-\hat{\boldsymbol{\theta}})^{\mathrm{T}}\boldsymbol{\Delta}_h(\hat{\boldsymbol{\theta}})(\boldsymbol{\theta}-\hat{\boldsymbol{\theta}})+\cdots.
\end{aligned}
$$

从而有

$$
I = \int_{\mathbb{R}^k}\left[q(\hat{\boldsymbol{\theta}})+(\boldsymbol{\theta}-\hat{\boldsymbol{\theta}})^{\mathrm{T}}q'(\hat{\boldsymbol{\theta}})+\frac{1}{2}(\boldsymbol{\theta}-\hat{\boldsymbol{\theta}})^{\mathrm{T}}\boldsymbol{\Delta}_q(\hat{\boldsymbol{\theta}})(\boldsymbol{\theta}-\hat{\boldsymbol{\theta}})+\cdots\right]
$$

$$\times \mathrm{e}^{-nh(\hat{\boldsymbol{\theta}})}\exp\Big\{-\frac{n}{2}(\boldsymbol{\theta}-\hat{\boldsymbol{\theta}})^{\mathrm{T}}\boldsymbol{\Delta}_h(\hat{\boldsymbol{\theta}})(\boldsymbol{\theta}-\hat{\boldsymbol{\theta}})+\cdots\Big\}\mathrm{d}\boldsymbol{\theta}$$
$$=\mathrm{e}^{-nh(\hat{\boldsymbol{\theta}})}q(\hat{\boldsymbol{\theta}})(2\pi)^{k/2}n^{-k/2}|\boldsymbol{\Delta}_h(\hat{\boldsymbol{\theta}})|^{-1/2}\big[1+O(n^{-1})\big]. \tag{6.2.5}$$

应用这种方法到式 (6.2.1) 的分子和分母上, 则可以得到一个一阶逼近:

$$E^{\pi}[g(\boldsymbol{\theta})|\boldsymbol{x}]=\frac{\mathrm{e}^{-nh(\hat{\boldsymbol{\theta}})}g(\hat{\boldsymbol{\theta}})(2\pi)^{k/2}n^{-k/2}|\boldsymbol{\Delta}_h(\hat{\boldsymbol{\theta}})|^{-1/2}\big[1+O(n^{-1})\big]}{\mathrm{e}^{-nh(\hat{\boldsymbol{\theta}})}\cdot 1\cdot(2\pi)^{k/2}n^{-k/2}|\boldsymbol{\Delta}_h(\hat{\boldsymbol{\theta}})|^{-1/2}\big[1+O(n^{-1})\big]}$$
$$=g(\hat{\boldsymbol{\theta}})\big[1+O(n^{-1})\big]. \tag{6.2.6}$$

如果在上述的泰勒展开中有更多的项保留在积分逼近中, 则二阶逼近也是容易得到的.

假设式 (6.2.1) 中的 g 为正值, 并记 $-nh(\boldsymbol{\theta})=\ln f(x|\boldsymbol{\theta})+\ln\pi(\boldsymbol{\theta})$, $-nh^*(\boldsymbol{\theta})=-nh(\boldsymbol{\theta})+\ln g(\boldsymbol{\theta})$. 对式 (6.2.1) 右边的分子和分母, 应用类似的方法. 若记 $\boldsymbol{\theta}^*$ 为 h^* 的最大值, $\boldsymbol{\Sigma}=\boldsymbol{\Delta}_h^{-1}(\hat{\boldsymbol{\theta}})$, $\boldsymbol{\Sigma}^*=\boldsymbol{\Delta}_{h^*}(\boldsymbol{\theta}^*)$, Tierney 和 Kadane (1986) 获得了一个非常好的逼近:

$$E^{\pi}[g(\boldsymbol{\theta})|\boldsymbol{x}]=\frac{|\boldsymbol{\Sigma}^*|^{1/2}\exp\{-nh^*(\boldsymbol{\theta}^*)\}}{|\boldsymbol{\Sigma}|^{1/2}\exp\{-nh(\hat{\boldsymbol{\theta}})\}}\big[1+O(n^{-2})\big]. \tag{6.2.7}$$

他们称之为完全的指数. 这种方法可以用在例 6.1.2 中. 注意在式 (6.2.7) 的推导中, 只需要使 $g(\boldsymbol{\theta})$ 的概率分布质量集中在远离原点的正半轴就足够了, 特别是当 $g<0$ 时, 可以给 g 加上一个非常大的常数, 这个常数可以在获得逼近后从中减去. 除了这种逼近方法外, 还有其他的逼近方法, Angers 和 Delampady (1997) 使用了一种指数逼近方法, 用来逼近质量集中在原点附近的概率分布. 这里我们不再叙述这些逼近方法, 以及前面提及的各种数值方法, 因为有更好的模拟方法可供使用 (见下面两节).

6.3 E-M 算法

假设 $\boldsymbol{Y}|\boldsymbol{\theta}$ 有密度 $f(\boldsymbol{y}|\boldsymbol{\theta})$, 且 $\boldsymbol{\theta}$ 的先验分布为 $\pi(\boldsymbol{\theta})$. 由此得到的后验分布记为 $\pi(\boldsymbol{\theta}|\boldsymbol{y})$. 当 $\pi(\boldsymbol{\theta}|\boldsymbol{y})$ 计算上非常困难时 (这是经常的), 有一些“数据扩张”的方法或许可以用来解决此类困难. 其想法是将观测到的数据 $\boldsymbol{y}$ 与缺失数据或者隐变量数据 $\boldsymbol{z}$ 扩张为“完全”数据 $\boldsymbol{x}=(\boldsymbol{y},\boldsymbol{z})$, 使得扩张后的后验分布 $\pi(\boldsymbol{\theta}|\boldsymbol{x})=\pi(\boldsymbol{\theta}|\boldsymbol{y},\boldsymbol{z})$ 在计算上是容易处理的. E-M 算法 (Dempster et al., 1977; Tanner, 1991; McLachlan et al., 1997) 是这类数据扩张方法中最简单的一种方法. 在贝叶斯计算中, E-M 算法只能计算后验众数. 但是, 如果数据扩张方法能够导致一个易于计算的后验分布, 则可以使用更有效的计算工具来计算后验分布的各种数字特征, 我们将在本章后面介绍.

记 $p(\boldsymbol{z}|\boldsymbol{y},\hat{\boldsymbol{\theta}})$ 为在给定 $\boldsymbol{y},\hat{\boldsymbol{\theta}}$ 时 $\boldsymbol{Z}$ 的预测分布, $\hat{\boldsymbol{\theta}}^{(i)}$ 为在第 i 次迭代时 $\boldsymbol{\theta}$ 的估计值. E-M 算法的基本步骤如下:

(1) 计算 $\boldsymbol{z}^{(i)}=E[\boldsymbol{Z}|\boldsymbol{y},\hat{\boldsymbol{\theta}}^{(i)}]$;

(2) 将观测数据 $\boldsymbol{y}$ 扩张为 $(\boldsymbol{y},\boldsymbol{z}^{(i)})$, 最大化 $\pi(\boldsymbol{\theta}|\boldsymbol{y},\boldsymbol{z}^{(i)})$, 记其最大值为 $\hat{\boldsymbol{\theta}}^{(i+1)}$;

(3) 使用 $\hat{\boldsymbol{\theta}}^{(i+1)}$ 和 (1), 获得 $\boldsymbol{z}^{(i+1)}$, 然后再代入 (2), 如此重复下去直至满足收敛要求.

这种先求期望、后求最大值的步骤即为 E-M 算法名称的来源.

注意到 $\pi(\boldsymbol{\theta}|\boldsymbol{y})=\pi(\boldsymbol{\theta},\boldsymbol{z}|\boldsymbol{y})/p(\boldsymbol{z}|\boldsymbol{y},\boldsymbol{\theta})$, 我们有

$$\ln\pi(\boldsymbol{\theta}|\boldsymbol{y})=\ln\pi(\boldsymbol{\theta},\boldsymbol{z}|\boldsymbol{y})-\ln p(\boldsymbol{z}|\boldsymbol{y},\boldsymbol{\theta}).$$

两边同时对 $\boldsymbol{Z}|\boldsymbol{y},\hat{\boldsymbol{\theta}}^{(i)}$ 取期望, 则有

$$\begin{aligned}\ln\pi(\boldsymbol{\theta}|\boldsymbol{y})&=\int\ln\pi(\boldsymbol{\theta},\boldsymbol{z}|\boldsymbol{y})p(\boldsymbol{z}|\boldsymbol{y},\hat{\boldsymbol{\theta}}^{(i)})\mathrm{d}\boldsymbol{z}-\int\ln p(\boldsymbol{z}|\boldsymbol{y},\boldsymbol{\theta})p(\boldsymbol{z}|\boldsymbol{y},\hat{\boldsymbol{\theta}}^{(i)})\mathrm{d}\boldsymbol{z}\\&=Q(\boldsymbol{\theta},\hat{\boldsymbol{\theta}}^{(i)})-H(\boldsymbol{\theta},\hat{\boldsymbol{\theta}}^{(i)}),\end{aligned}\tag{6.3.1}$$

则 E-M 算法在第 i 步迭代涉及如下两个步骤:

E 步 计算 $Q(\boldsymbol{\theta},\hat{\boldsymbol{\theta}}^{(i)})$;

M 步 对 $\boldsymbol{\theta}$ 最大化 $Q(\boldsymbol{\theta},\hat{\boldsymbol{\theta}}^{(i)})$ 以获得 $\hat{\boldsymbol{\theta}}^{(i+1)}$, 即

$$Q(\hat{\boldsymbol{\theta}}^{(i+1)},\hat{\boldsymbol{\theta}}^{(i)})=\max_{\boldsymbol{\theta}}Q(\boldsymbol{\theta},\hat{\boldsymbol{\theta}}^{(i)}).$$

由式 (6.3.1), 注意到

$$\begin{aligned}&\ln\pi(\hat{\boldsymbol{\theta}}^{(i+1)}|\boldsymbol{y})-\ln\pi(\hat{\boldsymbol{\theta}}^{(i)}|\boldsymbol{y})\\&\quad=[Q(\hat{\boldsymbol{\theta}}^{(i+1)},\hat{\boldsymbol{\theta}}^{(i)})-Q(\hat{\boldsymbol{\theta}}^{(i)},\hat{\boldsymbol{\theta}}^{(i)})]-[H(\hat{\boldsymbol{\theta}}^{(i+1)},\hat{\boldsymbol{\theta}}^{(i)})-H(\hat{\boldsymbol{\theta}}^{(i)},\hat{\boldsymbol{\theta}}^{(i)})],\end{aligned}\tag{6.3.2}$$

再由 M 步, 知 $Q(\hat{\boldsymbol{\theta}}^{(i+1)},\hat{\boldsymbol{\theta}}^{(i)})\geqslant Q(\hat{\boldsymbol{\theta}}^{(i)},\hat{\boldsymbol{\theta}}^{(i)})$. 进一步, 对任何 $\boldsymbol{\theta}$, 有

$$\begin{aligned}H(\boldsymbol{\theta},\hat{\boldsymbol{\theta}}^{(i)})-H(\hat{\boldsymbol{\theta}}^{(i)},\hat{\boldsymbol{\theta}}^{(i)})&=\int\ln p(\boldsymbol{z}|\boldsymbol{y},\boldsymbol{\theta})p(\boldsymbol{z}|\boldsymbol{y},\hat{\boldsymbol{\theta}}^{(i)})\mathrm{d}\boldsymbol{z}-\int\ln p(\boldsymbol{z}|\boldsymbol{y},\hat{\boldsymbol{\theta}}^{(i)})p(\boldsymbol{z}|\boldsymbol{y},\hat{\boldsymbol{\theta}}^{(i)})\mathrm{d}\boldsymbol{z}\\&=\int\ln\frac{p(\boldsymbol{z}|\boldsymbol{y},\boldsymbol{\theta})}{p(\boldsymbol{z}|\boldsymbol{y},\hat{\boldsymbol{\theta}}^{(i)})}p(\boldsymbol{z}|\boldsymbol{y},\hat{\boldsymbol{\theta}}^{(i)})\mathrm{d}\boldsymbol{z}\leqslant 0.\end{aligned}$$

最后的不等式是由于 $\ln x\leqslant x-1$. 因此

$$H(\hat{\boldsymbol{\theta}}^{(i+1)},\hat{\boldsymbol{\theta}}^{(i)})\leqslant H(\hat{\boldsymbol{\theta}}^{(i)},\hat{\boldsymbol{\theta}}^{(i)}).$$

由式 (6.3.2) , 可见对任何 i, 有

$$\ln\pi(\hat{\boldsymbol{\theta}}^{(i+1)}|\boldsymbol{y})\geqslant\ln\pi(\hat{\boldsymbol{\theta}}^{(i)}|\boldsymbol{y}).$$

因此从任何初始值出发, 由 E-M 算法一般都能达到一个局部最大值.

例 6.3.1 (基因连锁模型) 考虑 Rao (1973) 关于特定基因组合率的数据 (表 6.3.1), 详细的介绍可以参看 Sorensen et al. (2002). 这里 197 个观测值被分为 4 个类: $\{1,2,3,4\}$. 观测值中各类的个数以及各类的概率见表 6.3.1.

表 6.3.1

计数	$y_1=125$	$y_2=18$	$y_3=20$	$y_4=34$
概率	$\frac{1}{2}+\frac{\theta}{4}$	$\frac{1}{4}(1-\theta)$	$\frac{1}{4}(1-\theta)$	$\frac{\theta}{4}$

因此似然函数为

$$f(\boldsymbol{y}|\theta)\propto(2+\theta)^{y_1}(1-\theta)^{y_2+y_3}\theta^{y_4}.$$

当先验分布为均匀先验 $U(0,1)$ 时, 容易得到后验分布为

$$\pi(\theta|\boldsymbol{y})\propto(2+\theta)^{y_1}(1-\theta)^{y_2+y_3}\theta^{y_4}.$$

由于 $2+\theta$ 项的存在, 此分布不是一个标准分布. 因此, 如果我们把第一类拆分为两个类, 其概率分别为 $1/2$ 和 $\theta/4$, 则完全数据为 $\boldsymbol{x}=(x_1,x_2,x_3,x_4,x_5)$, 其中 $x_1+x_2=y_1$, $x_k=y_{k-1}$ $(k=3,4,5)$. 因而扩张的后验分布为

$$\pi(\theta|\boldsymbol{x})\propto\theta^{x_2+x_5}(1-\theta)^{x_3+x_4},$$

这是一个贝塔分布.

E-M 算法中的 E 步为

$$\begin{aligned}Q(\theta,\hat{\theta}^{(i)})&=E\{[(x_2+x_5)\ln\theta+(x_3+x_4)\ln(1-\theta)]|\boldsymbol{y},\hat{\theta}^{(i)}\}\\&=\{E[x_2|y_1,\hat{\theta}^{(i)}]+y_4\}\ln\theta+(y_2+y_3)\ln(1-\theta).\end{aligned}$$

M 步为最大化 Q. 为此, 令 $\partial Q(\theta,\hat{\theta}^{(i)})/\partial\theta=0$, 得到

$$\hat{\theta}^{(i+1)}=\frac{E[x_2|y_1,\hat{\theta}^{(i)}]+y_4}{E[x_2|y_1,\hat{\theta}^{(i)}]+y_2+y_3+y_4}.$$

注意到

$$E\big[x_2|y_1,\hat{\theta}^{(i)}\big]=E\big[x_2\big|(x_1+x_2),\hat{\theta}^{(i)}\big],$$

以及

$$x_2\big|[(x_1+x_2),\ \hat{\theta}^{(i)}]\sim B\left(x_1+x_2,\frac{\hat{\theta}^{(i)}/4}{1/2+\hat{\theta}^{(i)}/4}\right),$$

因此

$$E\big[x_2|x_1+x_2=y_1,\hat{\theta}^{(i)}\big]=y_1\cdot\frac{\hat{\theta}^{(i)}}{2+\hat{\theta}^{(i)}}.$$

从而

$$\hat{\theta}^{(i+1)}=\frac{y_1\dfrac{\hat{\theta}^{(i)}}{2+\hat{\theta}^{(i)}}+y_4}{y_1\dfrac{\hat{\theta}^{(i)}}{2+\hat{\theta}^{(i)}}+y_2+y_3+y_4}.\tag{6.3.3}$$

表 6.3.2 给出从初始 $\hat{\theta}^{(0)} = 0.5$ 出发的迭代结果, 即所得的估计 $\hat{\theta} = 0.62682$.

表 6.3.2

迭代次数	1	2	3	4	5	6
$\hat{\theta}^{(i)}$	0.60825	0.62432	0.62648	0.62678	0.62682	0.626 82

上述 E-M 迭代算法的 R 代码如下:

```
EM <- function(y,max.it=10000,eps=1e-5){
  theta <- 0.5
  i <- 1
  theta1 <- 1
  theta2 <- 0.5
  x2 <- y[1]*theta/(2+theta)
  while( abs(theta1 - theta2) >= eps){
    theta1 <- theta2
    theta2 <- (x2+y[4])/(x2+y[2]+y[3]+y[4])
     x2 <- y[1]*theta2/(2+theta2)
    print(round(c(theta2),5))
    if(i == max.it) break
    i <- i + 1
  }
  return(theta2)
}

y <- c(125,18,20,34)
EM(y,max.it=10000,eps=1e-5)
```

6.4 蒙特卡洛抽样方法

如果所求的期望没有显式表达, 那么除了可以使用分析逼近方法和数值积分方法之外, 蒙特卡洛抽样方法也是一个可选的计算方法. 这种概率化的技巧在统计推断中是常用的. 为了估计总体均值或者总体分位数, 需从总体中抽取 (产生) 足够多的样本, 然后使用样本均值或者样本分位数来估计相应的总体特征. 大数定律保证了所得估计量是相合估计. 特别地, 假设 f 为一概率函数 (概率密度函数或者分布律), 以及感兴趣的量为如下形式的有限期望:

$$E_f[h(X)] = \int_{\mathscr{X}} h(x)f(x)\mathrm{d}x \tag{6.4.1}$$

(在离散场合下采用求和形式). 如果可以从 f 中产生 i.i.d. 观测值 $X_1, \cdots, X_m$, 则

$$\bar{h}_m = \frac{1}{m}\sum_{i=1}^{m} h(X_i) \tag{6.4.2}$$

依概率收敛 (甚至几乎处处收敛) 到感兴趣的量 $E_f[h(X)]$. 这一结果保证了在样本量 m 足够大时可以使用 $\bar{h}_m$ 作为 $E_f[h(X)]$ 的估计. 为给出估计的精度或者逼近的误差, 我

们可以使用类似的办法计算样本标准差. 如果 $\mathrm{Var}_f[h(X)]$ 是有限的, 则样本标准差

$$s_m = \left\{ \frac{1}{m-1} \sum_{i=1}^{m} \left[h(X_i) - \bar{h}_m\right]^2 \right\}^{1/2}$$

可以作为总体标准差的估计.

如果需要得到 $E_f[h(X)]$ 的置信区间, 则由

$$\frac{\sqrt{m}[\bar{h}_m - E_f[h(X)]]}{s_m} \to N(0,1),$$

可以容易得到一个渐近水平为 $1-\alpha$ 的置信区间 $[\bar{h}_m - u_{\alpha/2}\, s_m/\sqrt{m}, \bar{h}_m + u_{\alpha/2}\, s_m/\sqrt{m}]$, 这里 u_α 表示标准正态分布的上 α 分位数.

以上的讨论表明, 如果我们需要计算后验期望, 则可以通过从后验分布中产生 i.i.d. 样本, 然后计算相应的样本均值作为估计. 但这种方法很少能直接使用, 因为大多数情况下后验分布不是标准分布, 从而难以从中抽样.

例 6.4.1(续例 6.1.1)　由于

$$E^\pi(\theta|x) = \frac{\int_{-\infty}^{\infty} \theta \exp\{-(\theta-x)^2/(2\sigma^2)\}[\tau^2 + (\theta-\mu)^2]^{-1} \mathrm{d}\theta}{\int_{-\infty}^{\infty} \exp\{-(\theta-x)^2/(2\sigma^2)\}[\tau^2 + (\theta-\mu)^2]^{-1} \mathrm{d}\theta},$$

因此 $E^\pi(\theta|x)$ 为在正态分布 $N(x,\sigma^2)$ 下, $h_1(\theta) = \theta[\tau^2 + (\theta-\mu)^2]^{-1}$ 和 $h_2(\theta) = [\tau^2 + (\theta-\mu)^2]^{-1}$ 两者的期望之比. 于是由前面的讨论知道, 如果 $\theta_1, \cdots, \theta_m$ 为从正态分布 $N(x,\sigma^2)$ 中产生的 i.i.d. 样本, 则 $E^\pi(\theta|x)$ 的估计量为

$$\widehat{E^\pi(\theta|x)} = \frac{\sum_{i=1}^{m} \theta_i [\tau^2 + (\theta_i - \mu)^2]^{-1}}{\sum_{i=1}^{m} [\tau^2 + (\theta_i - \mu)^2]^{-1}}.$$

问题并没有被完美解决. 由于从 $N(x,\sigma^2)$ 中抽取的 θ 集中在 x 附近, 并没有充分反映出柯西先验分布对后验分布的贡献, 而应当有显著的样本比例来自后验分布的尾部, 因此如果把 $E^\pi(\theta|x)$ 视为 $\theta \exp\{-(\theta-x)^2/(2\sigma^2)\}$ 和 $\exp\{-(\theta-x)^2/(2\sigma^2)\}$ 在柯西分布下的期望之比, 则一个合适的估计量为

$$\widehat{E^\pi(\theta|x)} = \frac{\sum_{i=1}^{m} \theta_i \exp\{-(\theta_i - x)^2/(2\sigma^2)\}}{\sum_{i=1}^{m} \exp\{-(\theta_i - x)^2/(2\sigma^2)\}},$$

其中 $\theta_1, \cdots, \theta_m$ 为从柯西分布 $C(\mu,\tau)$ 中抽取的 i.i.d. 样本.

这样还是没有令人满意地解决问题. 由于后验分布并没有像柯西分布那样程度的尾部, 因此相对于后验分布的中心而言, 这种做法从尾部抽取了过多的样本. 这样就导致

收敛速度变慢且在固定 m 时逼近误差增大. 为了达到满意的逼近, 应该直接从后验分布本身抽样. 为此, 上述抽样方法的一个变种——蒙特卡洛重要性抽样方法被提出.

考虑式 (6.4.1). 假设从 f 中直接抽样很困难, 而从与 f 很靠近的一个分布 g 中抽样比较容易. 那么我们可以将式 (6.4.1) 表示为

$$\begin{aligned}E_f[h(X)] &= \int_{\mathscr{X}} h(x)f(x)\mathrm{d}x = \int_{\mathscr{X}} h(x)\frac{f(x)}{g(x)}g(x)\mathrm{d}x \\ &= \int_{\mathscr{X}} [h(x)w(x)]g(x)\mathrm{d}x = E_g[h(x)w(x)],\end{aligned}$$

其中 $w(x)=f(x)/g(x)$. 从 g 中产生 i.i.d. 样本 $X_1,\cdots,X_m$, 则一个合适的估计为

$$\widehat{E_f[h(X)]} = \frac{1}{m}\sum_{i=1}^{m} h(X_i)\, w(X_i).$$

抽样分布 g 称为重要性函数. 我们用下例来说明重要性抽样方法的应用.

例 6.4.2 假设 $\boldsymbol{X}=(X_1,\cdots,X_n)$ 为从 $N(\theta,\sigma^2)$ 中抽取的 i.i.d. 样本, 其中 θ,σ^2 均未知. 取 θ 和 σ^2 的先验为独立先验, 其中 θ 服从双指数先验分布, 密度为 $\mathrm{e}^{-|\theta|}/2$, σ^2 有先验密度 $(1+\sigma^2)^{-2}$. 这两个先验分布都不是标准先验, 但都是从稳健性考虑而选取的. 如果 θ 的后验期望为感兴趣的量, 试求计算积分

$$E^{\pi}(\theta|\boldsymbol{x}) = \int_{-\infty}^{\infty}\int_0^{\infty} \theta\pi(\theta,\sigma^2|\boldsymbol{x})\mathrm{d}\theta\mathrm{d}\sigma^2$$

的蒙特卡洛方法.

解 由于 $\pi(\theta,\sigma^2|\boldsymbol{x})$ 不是一个标准分布, 我们先来寻找一个离它较近的分布. 记

$$\bar{x} = \frac{1}{n}\sum_{i=1}^{n} x_i, \quad s_n^2 = \frac{1}{n}\sum_{i=1}^{n}(x_i-\bar{x})^2,$$

则易见

$$\begin{aligned}f(\boldsymbol{x}|\theta,\sigma^2) &= (2\pi\sigma^2)^{-n/2}\exp\left\{-\frac{1}{2\sigma^2}\sum_{i=1}^{n}(x_i-\theta)^2\right\} \\ &\propto (\sigma^2)^{-n/2}\exp\left\{-\frac{n}{2\sigma^2}\left[(\theta-\bar{x})^2+s_n^2\right]\right\},\end{aligned}$$

而

$$\pi(\theta,\sigma^2) = \pi_1(\theta)\pi_2(\sigma^2) \propto \mathrm{e}^{-|\theta|}(1+\sigma^2)^{-2}.$$

因此 (θ,σ^2) 的联合后验密度

$$\begin{aligned}\pi(\theta,\sigma^2|\boldsymbol{x}) &\propto (\sigma^2)^{-n/2}\exp\left\{-\frac{n}{2\sigma^2}\left[(\theta-\bar{x})^2+s_n^2\right]\right\}\mathrm{e}^{-|\theta|}(1+\sigma^2)^{-2} \\ &= \left[(\theta-\bar{x})^2+s_n^2\right]^{n/2+1}(\sigma^2)^{-(n/2+2)}\exp\left\{-\frac{n}{2\sigma^2}\left[(\theta-\bar{x})^2+s_n^2\right]\right\} \\ &\quad \times \left[(\theta-\bar{x})^2+s_n^2\right]^{-(n/2+1)}\mathrm{e}^{-|\theta|}\left(\frac{\sigma^2}{1+\sigma^2}\right)^2\end{aligned}$$

$$\propto g_1(\sigma^2|\theta,\boldsymbol{x})\, g_2(\theta|\boldsymbol{x})\, \mathrm{e}^{-|\theta|}\left(\frac{\sigma^2}{1+\sigma^2}\right)^2,$$

其中 g_1 为形状参数为 $n/2+1$、刻度参数为 $n[(\theta-\bar{x})^2+s_n^2]/2$ 的逆伽马密度函数, g_2 为自由度为 $n+1$、位置参数为 $\bar{x}$、刻度参数为 $s_n/\sqrt{n+1}$ 的 t 分布密度函数. 注意到 $\mathrm{e}^{-|\theta|}[\sigma^2/(1+\sigma^2)]^2$ 的尾部对 g_1 和 g_2 没有太大影响, 因此可以选择 $g(\theta,\sigma^2|\boldsymbol{x})=g_1(\sigma^2|\theta,\boldsymbol{x})g_2(\theta|\boldsymbol{x})$ 作为重要性函数. 因此, 在第 i 步抽样时需要先从 g_2 抽取一个 θ_i, 然后在给定 θ_i 的条件下, 从 g_1 抽取一个 σ_i^2, 合在一起组成第 i 步抽样 (θ_i,σ_i^2). 在抽取了 m 对 (θ_i,σ_i^2) $(i=1,\cdots,m)$ 后得到后验期望 $E(\theta|\boldsymbol{x})$ 的一个估计

$$\widehat{E^\pi(\theta|\boldsymbol{x})}=\sum_{i=1}^m \theta_i w(\theta_i,\sigma_i^2|\boldsymbol{x})\Big/\sum_{i=1}^m w(\theta_i,\sigma_i^2|\boldsymbol{x}),$$

其中 $w(\theta,\sigma^2|\boldsymbol{x})=f(\boldsymbol{x}|\theta,\sigma^2)\pi(\theta,\sigma^2)/g(\theta,\sigma^2|\boldsymbol{x})\propto \mathrm{e}^{-|\theta|}\left[\sigma^2/(1+\sigma^2)\right]^2$.

在一些高维问题里, 组合使用数值积分、拉普拉斯逼近和蒙特卡洛方法可能会给出更好的结果. Delampady 等 (1993) 在一个高维问题里使用拉普拉斯类型的逼近方法获得了一个令人满意的重要性函数. 关于蒙特卡洛统计方法非常好的介绍可以参考 Robert et al. (1999).

6.5　马尔可夫链蒙特卡洛抽样方法中的若干基本概念

6.5.1　引言

标准的蒙特卡洛方法或者蒙特卡洛重要性抽样方法的一个严重缺点是, 在实施中后验分布的形式必须完全已知. 对那些后验分布不完全指定或者不直接指定的场合就不能处理了, 一个例子就是参数向量的后验分布是通过几个条件分布和边际分布指定的, 而不是直接给出的. 这实际上包含了贝叶斯分析的一个非常大的范围, 因为许多贝叶斯模型是分层的, 从而参数的联合后验分布很难计算, 但是不同层上给定部分参数的条件后验分布是容易得到的. 例如, 考虑例 6.1.1 的正态-柯西问题. 这个问题可以视为分层贝叶斯结构. 首先我们有正态模型, 在第一层有共轭的正态先验分布, 其均值为超参数且方差已知; 此超参数有一个共轭先验, 即第二层先验分布 (见习题 6 第 10 题). 类似可以考虑例 6.1.2, 此时我们有独立的观测 $X_i\sim P(\theta_i)$. 现在假设所有 θ_i 的先验分布为共轭混合 $\pi(\theta_1,\cdots,\theta_k)\propto\left(1+\sum\limits_{i=1}^k\theta_i\right)^{-(k+1)}$. 从而分层的先验分布结构导致可以得到解析的条件后验分布 (见习题 6 第 11 题). 可以证明, 此时存在一个迭代的蒙特卡洛抽样机制, 其从收敛性角度保证了随机抽样来自目标后验分布. 这种迭代的蒙特卡洛抽样机制一般会产生一个满足马尔可夫性质的随机序列, 且该序列是遍历的, 极限分布为目标后验分布.

这类机制即为马尔可夫链蒙特卡洛 (Markov Chain Monte Carlo, MCMC) 过程, 不同的迭代蒙特卡洛抽样机制适用于不同的场合.

下面先对马尔可夫过程的定义和性质做一简单回顾.

6.5.2 MCMC 中的马尔可夫链

定义 6.5.1 一列随机变量 $\{X_n, n\geqslant 0\}$ 称为马尔可夫链, 如果对任何的 n, 给定当前值 X_n, 过去值 $\{X_k, k\leqslant n-1\}$ 与将来值 $\{X_k, k\geqslant n+1\}$ 相互独立.

由此定义可以看出, 对任何一列状态 $i_0, i_1, \cdots, i_{n-1}, i, j$ 及任何 $n\geqslant 0$, 有

$$P(X_{n+1}=j\,|X_0=i_0,\cdots,X_{n-1}=i_{n-1},X_n=i)=P(X_{n+1}=j\,|X_n=i).$$

时间齐次或者具有平稳转移概率的马尔可夫链在实际中有着非常广泛的应用. 所谓时间齐次的马尔可夫链, 是指在给定 $X_n=x$ 以及过去值 $X_j\,(j\leqslant n-1)$ 时 X_{n+1} 的条件分布仅仅依赖于 x, 与过去值 X_j $(j\leqslant n-1)$ 和 n 无关. 如果 X_n 的状态空间是可数的, 那么时间齐次等价于指定转移概率矩阵 $\boldsymbol{P}=(p_{ij})$, 使得 $p_{ij}=P(X_{n+1}=j|X_n=i)$, 对任意 $i,j\in S$. 如果状态空间 S 为不可数的, 那么等价于指定一个转移核 (转移函数) $P(x,A)$, 这里 $P(x,A)$ 表示从状态 x 一步转移到 A 里的概率, 即 $P(X_{n+1}\in A|X_n=x)$. 给定转移概率与初始值 X_0 的分布, 则可以对任意有限的 n, 建立 $\{X_j, 0\leqslant j\leqslant n\}$ 的联合分布. 例如, 在可数状态空间情况下, 有

$$\begin{aligned}
&P(X_0=i_0,X_1=i_1,\cdots,X_{n-1}=i_{n-1},X_n=i_n)\\
&\quad=P(X_n=i_n|X_0=i_0,X_1=i_1,\cdots,X_{n-1}=i_{n-1})P(X_0=i_0,X_1=i_1,\cdots,X_{n-1}=i_{n-1})\\
&\quad=p_{i_{n-1}i_n}P(X_0=i_0,X_1=i_1,\cdots,X_{n-1}=i_{n-1})\\
&\quad=P(X_0=i_0)p_{i_0i_1}p_{i_1i_2}\cdots p_{i_{n-1}i_n}.
\end{aligned}$$

定义 6.5.2 一个概率分布 $\pi=\{\pi_i: i\geqslant 0\}$ 对一个转移概率分布 $\boldsymbol{P}=(p_{ij})$ 或者其对应的马尔可夫链 $\{X_n\}$ 而言, 称为平稳的或者不变的, 如果初始值 X_0 的分布为 π, 则对任意 $n\geqslant 1$, X_n 的分布也为 π.

在可数的状态空间情况下, 对转移概率矩阵 P 而言, $\pi=\{\pi_i, i\in S\}$ 称为平稳分布, 如果对每个 $j\in S$, 都有

$$P(X_1=j)=\sum_i P(X_1=j|X_0=i)P(X_0=i)=\sum_i \pi_i p_{ij}=P(X_0=j)=\pi_j.$$

表示成向量形式为

$$\boldsymbol{\pi}=\boldsymbol{\pi}\boldsymbol{P},$$

其中 $\boldsymbol{\pi}=(\pi_1,\pi_2,\cdots)$ 为矩阵 $\boldsymbol{P}$ 的特征值是 1 的左特征向量.

类似地, 如果 S 为连续的状态空间, 则概率密度为 $p(x)$ 的概率分布 π 称为转移核 $P(\cdot,\cdot)$ 的平稳分布, 如果对所有的 $A\subset S$, 都有

$$\pi(A)=\int_A p(x)\mathrm{d}x=\int_S P(x,A)p(x)\mathrm{d}x.$$

定义 6.5.3　一个具有可数状态空间 S 和转移概率矩阵 $\boldsymbol{P}=(p_{ij})$ 的马尔可夫链 $\{X_n\}$ 称为不可约的, 如果对任意两个状态 $i,j\in S$, 此链从状态 i 出发转移到状态 j 的概率为正的, 即对某个 $n\geqslant 1$, 有

$$p_{ij}^{(n)}=P(X_n=j|X_0=i)>0.$$

对一般的状态空间也可以定义一个类似的“不可约性”, 如 Harris 或 Doeblin 不可约性等. 关于此定义的更多介绍请参看 Robert et al. (1999) 或 Meyn et al. (1993). 此外, 关于不可约性和马尔可夫链蒙特卡洛的详细介绍可参考 Athreya et al (1996). 这些文献中使用了这样的事实: 在一些条件下, 马尔可夫链存在一个平稳分布, 该平稳分布即为联合后验分布. 这些文献还给出了马尔可夫链蒙特卡洛方法收敛的详细介绍和细致条件.

定理 6.5.1 (马尔可夫链的大数定律)　假设 $\{X_n\}$ 为一具有可数状态空间 S 的马尔可夫链, 其转移概率矩阵为 $\boldsymbol{P}$. 进一步假设它是不可约的且有平稳分布 $\pi=(\pi_i,i\in S\}$, 则对任何有界函数 $h:S\to\mathbb{R}$ 以及初始值 X_0 的任意初始分布,

$$\frac{1}{n}\sum_{i=0}^{n-1}h(X_i)\to\sum_j h(j)\pi_j\quad(n\to\infty)$$

依概率成立.

当状态空间不可数时, 类似的大数定律也成立. 此时上式右边的极限值为 $\int_S h(x)\pi(x)\mathrm{d}x$. 大数定律成立的充分条件是, 马尔可夫链 $\{X_n\}$ 为不可约的且有平稳分布 π.

这个定理的结论是非常有用的. 例如, 给定集合 S 上的概率分布 π, 以及 S 上的实函数 h, 假设我们要计算积分 $\int_S h\pi(x)\mathrm{d}x$, 则可以构造一个马尔可夫链, 使得其状态空间为 S 且具有平稳分布 π, 从一初始值 X_0 出发, 将此链运行一段时间, 比如 $0,1,\cdots,n-1$, 则由定理 6.5.1, 知

$$\hat{\mu}_n=\frac{1}{n}\sum_{j=0}^{n-1}h(X_j)$$

为所要计算量的一个相合估计. 如果感兴趣的是 $\pi(A)=\sum\limits_{j\in A}\pi_j$, 其中 $A\subset S$, 则根据大数定律, 得到

$$\hat{\pi}_n(A)=\frac{1}{n}\sum_{j=0}^{n-1}I_A(X_j)\to\pi(A)\quad(n\to\infty)$$

依概率成立. 这里 $I_A(X_j)=1$, 如果 $X_j\in A$; 否则, $I_A(X_j)=0$. 因此当目标抽样分布难以直接进行抽样时, 可以构造适当的马尔可夫链, 使其平稳分布为目标抽样分布, 进而利

用该马尔可夫链生成的随机数来计算感兴趣的目标分布特征. 这就是马尔可夫链蒙特卡洛方法的初衷.

定义 6.5.4 一个具有可数状态空间 S 的、不可约的马尔可夫链 $\{X_n\}$ 称为非周期的, 如果对某些 $i \in S$, $\{n : p_{ii}^{(n)}\}$ 的最大公约数为 1.

此时, 除了大数定律成立外, 对 X_0 的任意初始分布, 下述结论在 $n \to \infty$ 时也成立:

$$\sum_j |P(X_n = j) - \pi_j| \to 0. \tag{6.5.1}$$

换言之, 对比较大的 n, X_n 的分布将会接近 π. 对一般的状态空间, 类似的结果也存在: 在合适的条件下, 当 $n \to \infty$ 时 X_n 的分布将收敛到 π.

式 (6.5.1) 还表明除了可以运行一个链 n 步外, 可以运行 N 个独立的链各 m 步, 然后只使用第 i 个链的最后一个值, 记为 $X_{m,i}$, 从而得到估计量

$$\tilde{\mu}_{N,m} = \frac{1}{N}\sum_1^N h(X_{m,i}).$$

此外还有其他各种变化. 下面两小节我们介绍 MCMC 中使用的一些术语和一些特殊的马尔可夫链.

6.5.3 MCMC 的实施

在实施 MCMC 或者使用一些相关软件包时, 我们常常使用下面一些术语.

初始值 (initial value) 初始值被用来初始化一个马尔可夫链. 如果初始值远离后验密度的最高区域, 且算法的迭代次数大小不足以消除初始值的影响, 则它对后验推断可能会造成影响. 我们可以通过一些方式降低或者避免初始值的影响, 比如去掉开始一段时间的迭代值, 或者从不同的初始值出发获得抽样等等. 合理的初始值可以是靠近后验分布的中心位置或者似然函数的最大值点, 但是靠近似然函数的最大值点, 在一些场合下已经被证明不是一个很好的选择 (Kass et al., 1998). 如果先验分布是有信息的, 则也可以选择先验分布的期望或者众数作为初始值. 一般地, 选择多个从不同初始值开始的链仍然是最推荐的做法. 更详细的讨论可以参看 Brooks (1998) 以及 Kass et al. (1998).

预烧期 (burnin period) 在 MCMC 机制中用以保证链达到平稳状态所运行的时间称为预烧期. 只要链运行的时间足够长, 预烧期对后验推断就几乎没有影响.

筛选间隔或抽样步长 (thinning interval or sampling lag) 显然马尔可夫链产生的样本并不是相互独立的. 如果需要独立样本, 则我们可以通过监视产生样本的自相关图, 然后选择抽样步长 $L > 1$, 使得 L 步长以后的自相关性很低. 这样我们可以通过每间隔 L 个样本抽取一个来获得 (近似) 独立样本.

蒙特卡洛误差 (MC error) 在 MCMC 输出结果分析中, 一个必须报告的量就是蒙特卡洛误差. 蒙特卡洛误差度量了估计由于随机模拟而导致的波动性. 在计算感兴

趣的参数时, 其精度应该随着样本量递增, 因而蒙特卡洛误差必须很低, 它和样本量大小应成反比, 并且用户自己可以控制. 因此增加迭代次数, 感兴趣的量的估计精度也会增加. 常用的估计蒙特卡洛误差的方法有两种: 组平均 (batch mean) 方法和窗口估计量 (window estimator) 方法. 第一种方法简单容易操作, 但是第二种方法更精确.

使用组平均方法时, 首先将生成的 T 个样本分成 K 组, 每组 $v=T/K$ 个, K 常取 30 或 50. v 和 K 都要比较大, 以使得方差的估计量是相合的以及减少自相关性 (Carlin et al., 2000). 在计算估计量 $g(X)$ 的 MC 误差时, 首先计算每组内的均值

$$\overline{g(X)}_b = \frac{1}{v}\sum_{t=(b-1)v+1}^{bv} g(X^{(t)}) \quad (b=1,\cdots,K)$$

以及总的样本均值 $\overline{g(X)} = \dfrac{1}{K}\sum\limits_{b=1}^{K}\overline{g(X)}_b$. 因此均值的 MC 误差估计为组均值的样本标准差:

$$MCE(g(X)) = \widehat{SE}(\overline{g(X)}) = \sqrt{\frac{1}{K(K-1)}\sum_{b=1}^{K}[\overline{g(X)}_b - \overline{g(X)}]^2}.$$

MC 误差的组平均估计方法更多的讨论可以参见 Hastings (1970), Geyer (1992), Roberts (1996), Carlin 和 Rouis (2000), 以及 Givens 和 Hoeting (2005).

窗口估计量方法基于 Roberts (1996) 对自相关样本的样本方差表示

$$MCE(g(X)) = \frac{\widehat{SD}(g(X))}{\sqrt{T}}\sqrt{1+2\sum_{k=1}^{\infty}\hat{\rho}_k(g(X))},$$

其中 $\hat{\rho}_k(g(X))$ 是估计 $g(X^{(t)})$ 与 $g(X^{(t+k)})$ 之间的 k 阶自相关系数. 很显然, 对很大的 k, 自相关系数 $\hat{\rho}_k$ 由于样本量很少而不能很好地估计, 而且对充分大的 k, 自相关将接近 0. 因此, 取一个窗口 ω, 使得其后的自相关系数都很小, 在计算中就可以舍弃后面所有的值. 这种基于窗口的 MC 误差为

$$MCE(g(X)) = \frac{\widehat{SD}(g(X))}{\sqrt{T}}\sqrt{1+2\sum_{k=1}^{\omega}\hat{\rho}_k(g(X))},$$

其他估计蒙特卡洛误差的方法可以参看 Geyer (1992) 以及 Carlin 和 Rouis (2000).

6.5.4　MCMC 算法收敛性的诊断方法

所谓算法的收敛性 (convergence of the algorithm), 是指所得到的链是否达到了平稳状态. 如果达到了平稳状态, 则我们得到的样本可以认为是从目标抽样分布中抽取的样本. 一般而言, 我们并不清楚必须运行算法多长时间才能认为所得到的链达到了平稳状态. 因此监视链的收敛性是 MCMC 计算方法中的本质问题.

监视链的收敛性有许多方法. 但是每种方法都是针对收敛性问题的不同方面提出的. 因此, 在绝大多数情况下, 为了保证链的收敛性必须应用几种不同的方法去诊断. 下面将介绍几种常用的诊断方法.

1. 蒙特卡洛误差

诊断马尔可夫链收敛性的最简单的方法就是监视蒙特卡洛 (MC) 误差, 因为较小的 MC 误差表明我们在计算感兴趣的量时精度较高. 因此 MC 误差越小表明马尔可夫链的收敛性越好.

2. 样本路径图

另外一种监控方式是使用样本路径图 (trace plot): 马尔可夫链迭代次数对生成的值作图. 如果所有的值都在一个区域里且没有明显的周期性和趋势性, 那么我们可以假设收敛性已经达到. 图 6.5.1 给出了一个明显没有达到收敛的例子. 图 6.5.2 则看起来更令人相信链达到了平稳分布, 波动比较稳定, 没有明显的周期性和趋势性.

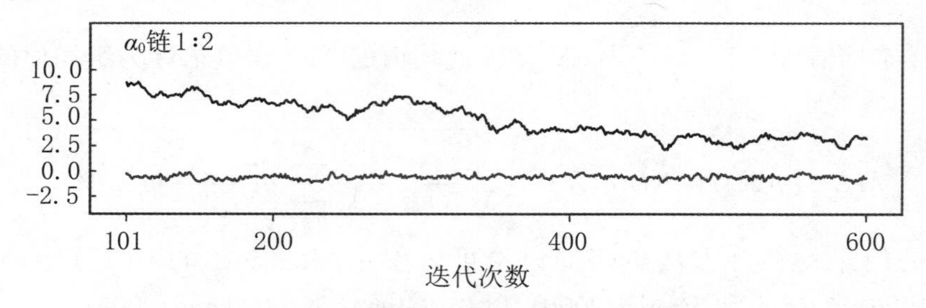

图 6.5.1 没有达到收敛的链的路径图

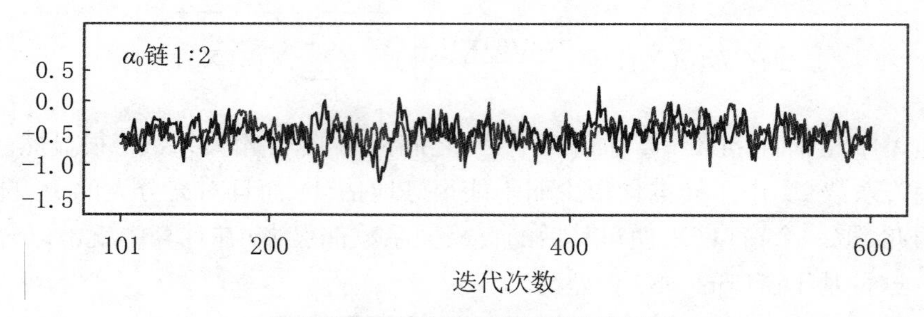

图 6.5.2 达到了收敛的链的路径图

3. 累积均值图

还有一种很有用的图方法是将马尔可夫链的累积均值的渐伸线对迭代次数作图. 这里累积均值是指此量直至当前迭代的平均值. 如果累积均值在经过一些迭代后基本稳定, 则表明算法已经达到收敛 (见图 6.5.3).

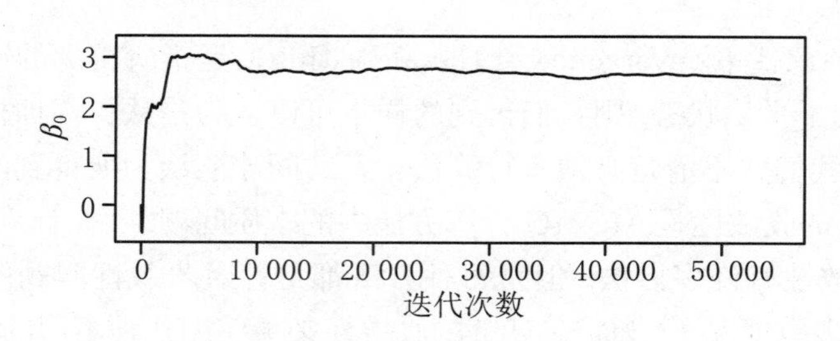

图 6.5.3 累积均值图

4. 自相关函数图

诊断马尔可夫链收敛性通过监视自相关函数 (autocorrelations function, ACF) 图, 也是很有用的. 链的迭代次数对 ACF 作图. 因为较低或者较高的自相关性分别表明了快或慢的收敛 (可参看例 6.6.5 中图 6.5.7 最下面的两个小图).

5. Gelman-Rubin 方法

除了上述几种诊断收敛性的方法外, 许多统计检验工具也被开发出来用于收敛诊断 (Cowles et al., 1996; Brooks et al., 1998). CODA (Best et al., 1996) 和 BOA (Smith, 2005) 软件程序也被开发用于实施这些工具. 注意所有的收敛诊断方法听起来都能在链没有达到收敛时给出警告, 但是每种方法都是针对不同的方面, 因此, 在绝大多数情况下, 为了保证链的收敛性必须应用所有的诊断方法. 下面我们介绍一种常用的收敛性检验方法.

Gelman 和 Rubin (1992) 给了一个例子, 说明很慢的收敛不能通过单独检查一个链来发现. 单独一个链也许看起来已经收敛, 但是实际上在整个支撑上链没有达到收敛. 因为在目标分布的一个局部支撑上产生的值的方差非常小, 就可能会出现这种情况. 因而通过检查几个平行的链, 它们的初始值非常分散, 那么能发现收敛很慢的效率就会高得多. 这个方法基于这样的事实: 从不同的初始值出发, 链达到平稳后的表现应该是一样的. 更准确地说, Gelman 和 Rubin 指出达到平稳后链内的方差和链之间的方差应该是相同的. 这个想法也可以通过将多个链的历史路径图画在同一个图上来检查.

对于给定的一个链, 如果其已经达到收敛, 那么任何感兴趣的量都可以通过计算样本均值和样本方差来进行推断. 从而 k 个链就有 k 个可能的推断结果. 那么如果链已经收敛, 这些推断就应该比较近似. 因此 Gelman 和 Rubin 提出使用 ANOVA 的方法进行分析.

假设有 k 个链, 每个链有 n 个样本, 感兴趣的量为 ψ, 其在目标分布下有期望 μ 和方差 σ^2. 记 ψ_{jt} 表示链 j 的第 t 个样本时 ψ 的值, 那么在混合样本中, μ 的一个无偏估计为 $\hat{\mu}=\overline{\psi}_{..}$. 而链之间的方差 B/n 和链内的方差 W 分别为

$$B/n=\frac{1}{k-1}\sum_{j=1}^{k}(\bar{\psi}_{j\cdot}-\overline{\psi}_{..})^2,\quad W=\frac{1}{k(n-1)}\sum_{j=1}^{k}\sum_{t=1}^{n}(\psi_{jt}-\bar{\psi}_{j\cdot})^2.$$

从而我们可以使用 B 和 W 加权进行估计 $\sigma^2=\mathrm{Var}(\psi)$:

$$\widehat{V}=\frac{n-1}{n}W+\frac{B}{n}.$$

如果初始值是从目标分布中抽取的, $\widehat{V}$ 就是 σ^2 的无偏估计. 但是如果初始值过度分散, 则会高估 σ^2.

令 $R=\widehat{V}/\sigma^2$, 则称 $\sqrt{R}$ 为尺度缩减因子 (scale reduction factor, SRF). 我们给出 R 的估计:

$$\widehat{R}=\frac{\widehat{V}}{W}.$$

称 $\sqrt{\widehat{R}}$ 为潜在尺度缩减因子 (potential scale reduction factor, PSRF). 当链达到收敛, 并且产生的数据很大时, $\widehat{R}$ 应该趋于 1. Gelman (1996) 建议当链接近收敛时 $\widehat{R}$ 应当小于 1.1 或 1.2 . Gelman 和 Rubin 建议的修正统计量为 $\sqrt{\widehat{R}\cdot d/(d-2)}$. 但此修正有误, Brooks 和 Gelman (1997) 采用了一个修正的版本:

$$\widehat{R}_{\mathrm{c}}=\frac{d+3}{d+1}\widehat{R},$$

其中 d 为 $\widehat{V}$ 的自由度的估计. 这个修正是很微小的, 因为在收敛时, d 会很大.

例 6.5.1 (Gelman-Rubin 方法) 目标分布为 $N(0,1)$, 提议分布为 $N(X_t,\sigma^2)$, ψ_{jt} 表示第 j 个链前 t 个样本的平均.

```
Gelman.Rubin <- function(psi) {
   # psi[i,j] is the statistic psi(X[i,1:j])
   # for chain in i-th row of X
   psi <- as.matrix(psi)
   n <- ncol(psi)
   k <- nrow(psi)
   psi.means <- rowMeans(psi)     #row means
   B <- n * var(psi.means)        #between variance est.
   psi.w <- apply(psi, 1, "var")  #within variances
   W <- mean(psi.w)               #within est.
   v.hat <- W*(n-1)/n + (B/(n*k))     #upper variance est.
   r.hat <- v.hat / w             #G-R statistic
   return(r.hat)
   }
```

用下面的代码生成链:

```
normal.chain <- function(sigma, N, X1) {
    #generates a Metropolis chain for Normal(0,1)
    #with Normal(X[t], sigma) proposal distribution
    #and starting value X1
    x <- rep(0, N)
    x[1] <- X1
    u <- runif(N)

    for (i in 2:N) {
        xt <- x[i-1]
        y <- rnorm(1, xt, sigma)     #candidate point
        r1 <- dnorm(y, 0, 1) * dnorm(xt, y, sigma)
        r2 <- dnorm(xt, 0, 1) * dnorm(y, xt, sigma)
        r <- r1 / r2
        if (u[i] <= r) x[i] <- y
            else x[i] <- xt
        }
    return(x)
    }
```

在下面的模拟中, 提议分布具有很小方差: $\sigma^2=0.04$. 当提议分布的方差相比于目标分布的方差很小时, 链混合得就会很慢.

```
sigma <- .2        #parameter of proposal distribution
k <- 4             #number of chains to generate
```

```
n <- 15000        #length of chains
b <- 1000         #burn-in length

#choose overdispersed initial values
x0 <- c(-10, -5, 5, 10)

#generate the chains
X <- matrix(0, nrow=k, ncol=n)
for (i in 1:k)
   X[i, ] <- normal.chain(sigma, n, x0[i])

#trace plots
 plot(1:n,X[1,],type="l")
 lines(1:n,X[2,],type="l",col=2)
 lines(1:n,X[3,],type="l",col=3)
 lines(1:n,X[4,],type="l",col=4)
```

与图 6.5.2 类似, 由图 6.5.4 可见: 去掉适当的预烧期, 四个初始值不同的链在同一图上已充分混合在一起, 说明链收敛得较好, 不受初始值的影响. 这是 Gelman-Rubin 提出的监测链收敛的有效方法之一.

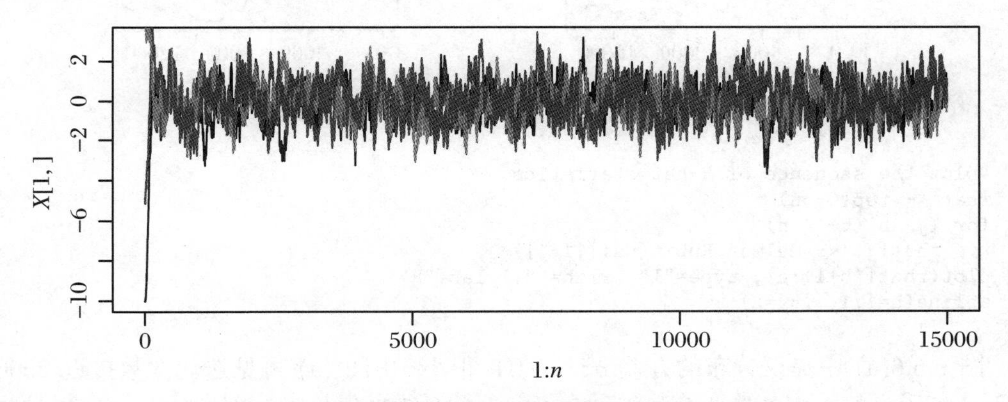

图 6.5.4　初始值不同的四个链的路径图 (画在同一图上)

```
#compute diagnostic statistics
psi <- t(apply(X, 1, cumsum))
for (i in 1:nrow(psi))
    psi[i,] <- psi[i,] / (1:ncol(psi))
print(Gelman.Rubin(psi))

#plot psi for the four chains
par(mfrow=c(2,2))
for (i in 1:k)
    plot(psi[i, (b+1):n], type="l",
        xlab=i, ylab=bquote(psi))
par(mfrow=c(1,1)) #restore default
```

图 6.5.5 显示的是 ψ 的四个 Metroplis-Hasting 链的累积均值图, 时间区间是从 1001 到 15000. 除了从图上看链是否收敛, 还可以直接通过 $\hat{R}$ 的值去监控链的收敛性. 如果在迭代 5000 次时 $\hat{R}=1.45$, 建议再增加迭代次数, 看看 $\hat{R}$ 是否下降, 链是否收敛到目标分布. 从图 6.5.5 可知: 大约迭代 10000 次时, 累积均值曲线趋于平稳, 此时 $\hat{R}=1.1166$, 链平稳收敛到目标分布. 因此参看 $\hat{R}$ 值是否小于 1.1 或 1.2 是监控链是否

收敛的一个有效方法. 图 6.5.6 中的分界线是监控收敛性的统计量 $\hat{R}$ 在何时小于 1.2(或 1.1) 且链趋于平稳. 本例中当 $t = 11200$ 时, $\hat{R} < 1.1$.

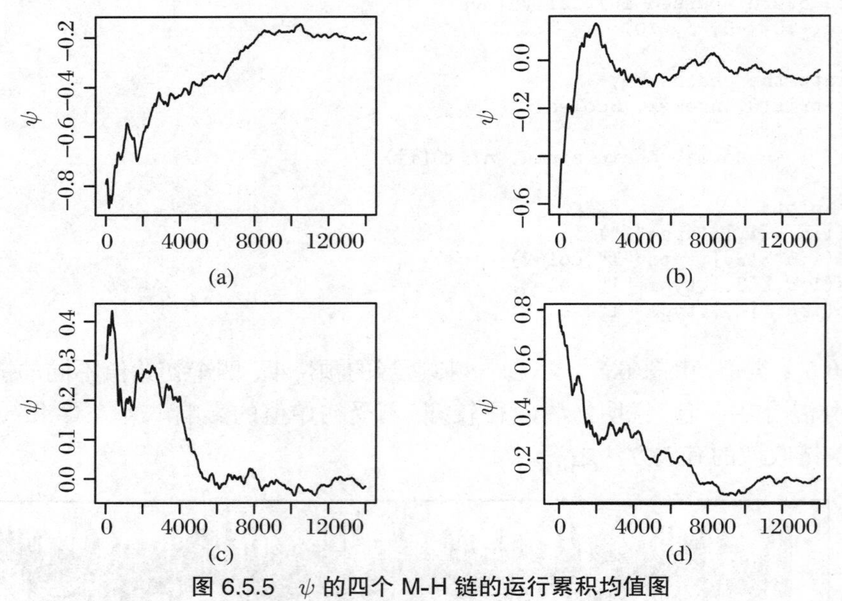

图 6.5.5 ψ 的四个 M-H 链的运行累积均值图

```
#plot the sequence of R-hat statistics
rhat <- rep(0, n)
for (j in (b+1):n)
    rhat[j] <- Gelman.Rubin(psi[,1:j])
plot(rhat[(b+1):n], type="l", xlab="", ylab="R")
abline(h=1.1, lty=2)
```

图 6.5.6(a) 中提议分布的方差 $\sigma^2 = 0.04$, 很小. 由图 (a) 可见迭代次数接近 20000 次才出现 $\widehat{R} < 1.2$, 因此链收敛较慢. 图 6.5.6(b) 中提议分布的方差 $\sigma^2 = 4$, 由图可见迭代次数接近 8000 次就出现 $\widehat{R} < 1.2$, 显示链收敛相对较快. 这说明: 当提议分布的方差相对于目标分布的方差较小时, 生成的链通常收敛较慢.

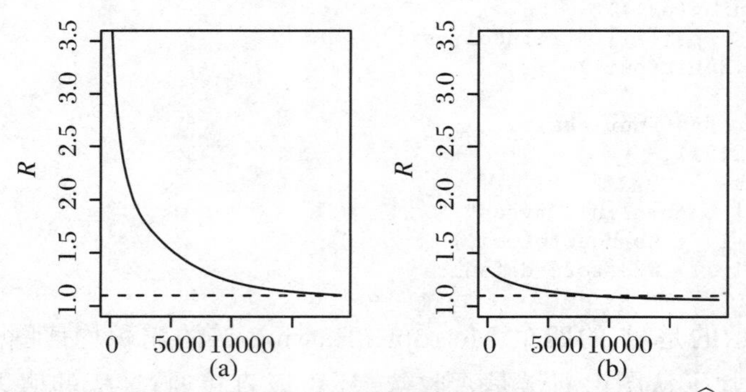

图 6.5.6 Gelman-Rubin 方法中两个不同提议分布方差的 $\widehat{R}$ 图

6.6　马尔可夫链蒙特卡洛抽样方法

6.6.1　引言

从一般的后验分布中进行抽样的流行做法是采用马尔可夫蒙特卡洛 (MCMC) 方法. MCMC 抽样策略是建立一个不可约的、非周期的马尔可夫链, 并且其平稳分布即为感兴趣的目标后验分布. 因此核心问题是确定从当前值转移到下一个值的规则. 建立一个马尔可夫链的一般抽样方法是 Metropolis-Hastings 抽样方法和 Gibbs 抽样方法, 本节我们分别介绍这两种抽样方法及其衍生方法, 它们在贝叶斯推断中有着广泛的应用.

6.6.2　Metropolis-Hastings 算法

假设我们希望从后验分布 $f(x)$ 中抽样. Metropolis-Hastings 抽样方法从初始值 x_0 出发, 指定一个从当前值 x_t 转移到下一个值 x_{t+1} 的规则, 从而产生马尔可夫链 $\{x_0,x_1,\cdots,x_n,\cdots\}$. 具体来说, 在给定当前值 x_t, 从一个分布 $g(\cdot|x_t)$ (称为提议分布) 产生一个随机数 x', 然后计算一个接受概率, 以此决定是否将 x' 作为序列的下一个值. 具体如下:

(1) 从提议分布 $g(\cdot|x_t)$ 中产生一个候选值 x';

(2) 计算接受概率

$$\alpha(x_t,x')=\min\left\{1,\frac{f(x')g(x_t|x')}{f(x_t)g(x'|x_t)}\right\};$$

(3) 依概率 $\alpha(x_t,x')$ 接受 $x_{t+1}=x'$, 否则 $x_{t+1}=x_t$.

提议分布 (proposal distribution) g 的选择要使得产生的马尔可夫链满足不可约性、正常返、非周期且具有平稳分布 f 等正则化条件. 而说明 Metropolis-Hastings 抽样方法产生的马尔可夫链具有平稳分布 f, 则可以通过说明此链的转移核和 f 一起满足细致平衡方程 (the detailed balance equation).

当目标分布 f 的支撑 S 为可数集时, 记目标分布律为 $f=\{f_i,i\in S\}$. 设 $\boldsymbol{Q}=(q_{ij})$ 为一 (提议) 转移概率分布矩阵, 满足对每个 i, 很容易根据分布 q_{ij} 产生一个 (候选) 值. 根据 Metropolis-Hastings 抽样方法, 我们以一定的概率决定是否接受其为下一状态值. 具体来说, 若记产生的马尔可夫链为 $\{X_n\}$, 当前 $X_n=i$, 则首先从分布 $\{q_{ij}:j\in S\}$ 中产生一个值, 记为 Y_n, 然后计算接受概率 $\alpha(i,j)=\min\{1,f_jq_{ji}/(f_iq_{ij})\}$, 最后以概率 $\alpha(i,j)$ 接受 $X_{n+1}=Y_n$, 否则 $X_{n+1}=X_n$. 于是容易看出所得到的马尔可夫链转移概

率矩阵 $\boldsymbol{P}=(p_{ij})$ 为

$$p_{ij}=\begin{cases} q_{ij}\alpha(i,j), & j\neq i, \\ 1-\sum\limits_{k\neq i}p_{ik}, & j=i. \end{cases}$$

首先注意到根据 Metropolis-Hastings 抽样方法产生的序列 $\{X_n\}$ 具有马尔可夫性，另一方面,

$$f_i p_{ij}=f_i q_{ij}\min\left\{1,\frac{f_j q_{ji}}{f_i,q_{ij}}\right\}=f_j q_{ji}\min\left\{1,\frac{f_i q_{ij}}{f_j q_{ji}}\right\}=f_j p_{ji}\quad (j\neq i).$$

从而对所有的 i 和 j, 细致平衡方程

$$f_i p_{ij}=f_j p_{ji}$$

成立. 两边同时对 i 求和, 得到

$$f_j=\sum_i f_i p_{ij}.$$

根据平稳分布的定义, 知 f 为马尔可夫链 $\{X_n\}$ 的平稳分布.

如果集合 S 对提议转移概率矩阵而言是不可约的, 且 $f_i>0$ $(i\in S)$, 则可以证明此时 $\boldsymbol{P}$ 为不可约的, 从而根据定理 6.5.1 知大数定律成立. Metropolis-Hastings 抽样方法是非常灵活有用的. 提议转移概率矩阵 $\boldsymbol{Q}$ 的选择只需满足: S 对 $\boldsymbol{Q}$ 而言是不可约的, 而总是可以不失一般性地假定 $f_i>0$ $(i\in S)$ 成立. 使得转移概率矩阵 $\boldsymbol{P}$ 为非周期的一个充分条件为 $p_{ii}>0$, 对某些 i, 或者等价地, $\sum\limits_{j\neq i}q_{ij}\alpha(i,j)<1$. 而使得此式成立的一个充分条件是, 存在 (i,j), 使得 $f_i q_{ij}>0$ 且 $f_j q_{ji}<f_i q_{ij}$.

注意当 $\boldsymbol{P}$ 为非周期时, 大数定律和式 (6.5.1) 都成立. 如果目标分布的支撑 S 为一连续集时, 记 f 为目标分布的概率密度函数, 则和离散场合类似的结论成立: 记 Q 为一转移分布函数, 满足对每个 x, $Q(x,\cdot)$ 有 (转移核) 密度 $q(\cdot|x)$, 那么从 $Q(x,\cdot)$ 中抽取一个样本 y 后, 计算接受概率

$$\alpha(x,y)=\min\left\{1,\frac{f(y)q(x|y)}{f(x)q(y|x)}\right\}.$$

对所有的 (x,y), 使得 $f(x)q(y|x)>0$. 因此产生的马尔可夫链转移核为

$$p(x,y)=q(y|x)\alpha(x,y)=q(y|x)\min\left\{1,\frac{f(y)q(x|y)}{f(x)q(y|x)}\right\}.$$

所以

$$p(x,y)f(x)=f(x)q(y|x)\alpha(x,y)=p(y,x)f(y).$$

对细致平衡方程两边同时积分, 则有

$$\int p(x,y)f(x)\mathrm{d}x=\int p(y,x)f(y)\mathrm{d}x \quad\Longleftrightarrow\quad f(y)=\int p(x,y)f(x)\mathrm{d}x.$$

由平稳分布的定义知 f 为平稳分布.

例 6.6.1　使用 Metropolis-Hastings 抽样方法从瑞利 (Rayleigh) 分布中抽样. 瑞利分布的密度为

$$f(x)=\frac{x}{\sigma^2}\mathrm{e}^{-x^2/(2\sigma^2)}\quad (x\geqslant 0,\sigma>0).$$

解　取自由度为 X_t 的 χ^2 分布为提议分布, 则使用 Metropolis-Hastings 抽样方法如下:

(1) 令 $g(\cdot|X)$ 为 $\chi^2(df=X)$.

(2) 从 $\chi^2(1)$ 中产生 X_0, 并存在 $x[1]$ 中.

(3) 对 $i=2,\cdots,N$, 重复:

(a) 从 $\chi^2(df=X_t)=\chi^2(df=x[i-1])$ 中产生 Y.

(b) 从均匀分布 $U(0,1)$ 中产生随机数 U.

(c) 由 $X_t=x[i-1]$, 计算

$$r(X_t,Y)=\frac{f(Y)g(X_t|Y)}{f(X_t)g(Y|X_t)},$$

其中 f 为瑞利密度. $g(Y|X_t)$ 为 $\chi^2(df=X_t)$ 的密度在 Y 处的值, $g(X_t|Y)$ 为 $\chi^2(df=Y)$ 的密度在 X_t 处的值. 若 $U\leqslant r(X_t,Y)$, 则接受 Y, 令 $X_{t+1}=Y$; 否则令 $X_{t+1}=X_t$. 将 X_{t+1} 存在 x[i] 中.

(d) 增加 t, 返回到 (a).

在密度 f 中的常数可以在计算 r 中抵消, 因此

$$r(x_t,y)=\frac{f(y)g(x_t|y)}{f(x_t)g(y|x_t)}=\frac{y\mathrm{e}^{-y^2/2\sigma^2}}{x_t\mathrm{e}^{-x_t^2/2\sigma^2}}\times\frac{\Gamma(x_t/2)2^{x_t/2}x_t^{y/2-1}\mathrm{e}^{-x_t/2}}{\Gamma(y/2)2^{y/2}y^{x_t/2-1}\mathrm{e}^{-y/2}}.$$

在此例中, 我们还是通过计算整个密度的某点的值来计算 r. 下面的代码用于计算瑞利密度在某点的值:

```
f <- function(x, sigma) {
    if (any(x < 0)) return (0)
    stopifnot(sigma > 0)
    return((x / sigma^2) * exp(-x^2 / (2*sigma^2)))
}
```

下面产生 $\sigma=4$ 的瑞利分布随机数. 使用的提议分布为自由度是 $x_t=x[i-1]$ 的 $\chi^2(df=x_t)$ 分布:

```
xt<-x[i-1]; y<-rchisq(1,df=xt)
```

在计算 $r(X_{i-1},Y)$ 时, 分子和分母分别用变量 num 和 den 表示. 计数变量 k 记录了候选点被拒绝的次数.

```
m <- 10000
sigma <- 4
x <- numeric(m)
x[1] <- rchisq(1, df=1)
k <- 0
u <- runif(m)
for (i in 2:m) {
```

```
    xt <- x[i-1]
      y <- rchisq(1, df = xt)
      num <- f(y, sigma) * dchisq(xt, df = y)
      den <- f(xt, sigma) * dchisq(y, df = xt)
    if (u[i] <= num/den) x[i] <- y
    else {
        x[i] <- xt
        k <- k+1      #y is rejected
        }
    }
print(k)/m
[1] 0.4107
```

大约 40% 的候选点被拒绝了. 因此这种方法产生链的效率不高. 我们使用样本对时间作图 (称为 trace plot), 来观测其样本路径图 (见图 6.6.1).

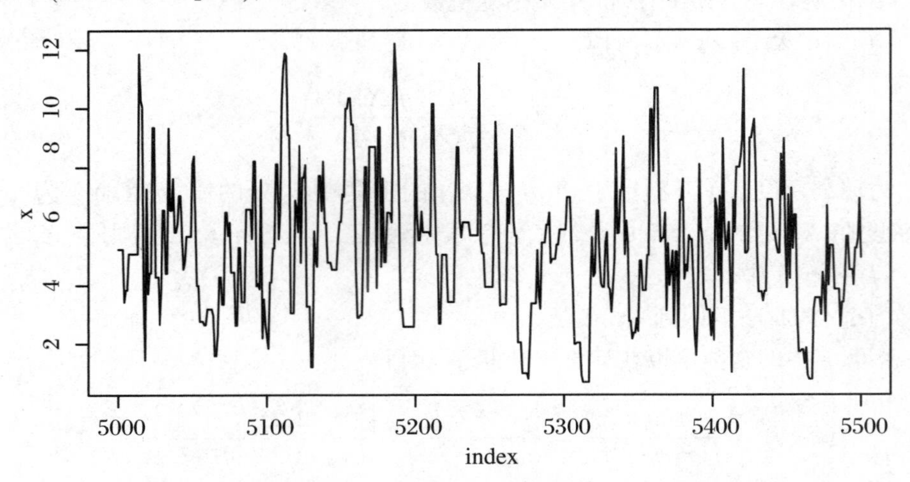

图 6.6.1　瑞利分布由 M-H 算法产生的马尔可夫链部分路径图

注意在候选点被拒绝的时间点上链没有移动, 因此图 6.6.1 中有很多短的水平平移. 生成图的 R 代码如下:

```
index <- 5000:5500
y1 <- x[index]
plot(index, y1, type="l", main="", ylab="x")
```

本例中我们的目的是说明 Metropolis-Hastings 抽样方法的应用, 对瑞利分布, 有更高效率的产生随机数方法. 例如, 瑞利分布的分位数可以表示为

$$x_q = F^{-1}(q) = \sigma[-2\log(1-q)]^{1/2} \quad (0 < q < 1).$$

因此可以使用逆变换方法生成随机数.

用下列代码用以获得比较瑞利分布 ($\sigma = 4$) 的理论分位数和生成链的分位数拟合程度的 QQ 图, 以及以瑞利分布 ($\sigma = 4$) 为目标分布的链生成样本的直方图. 图 6.6.2(a) 是样本的直方图和密度函数曲线图, 图 (b) 是 QQ 图, QQ 图是判断由链产生的样本分位数和目标分布的理论分位数拟合好坏的一种方法. 由于 QQ 图上的点基本上集中在一条直线附近, 这显示样本分位数和理论分位数是高度近似一致的.

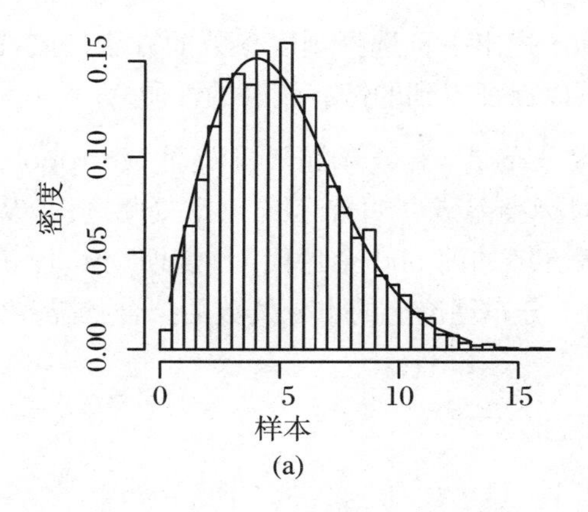

(a)

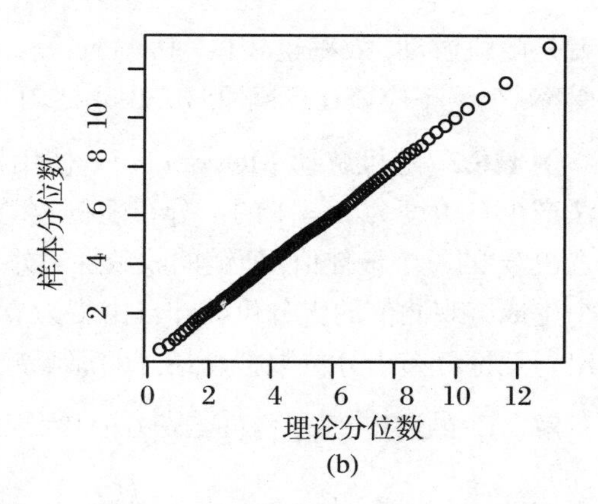

(b)

图 6.6.2 M-H 链样本的直方图和 M-H 链分位数的 QQ 图

生成图的 R 代码如下:

```
b <- 2001      #discard the burnin sample
y <- x[b:m]
a <- ppoints(100)
QR <- sigma * sqrt(-2 * log(1 - a))  #quantiles of Rayleigh
Q <- quantile(x, a)

qqplot(QR, Q,
    xlab="Rayleigh Quantiles", ylab="Sample Quantiles")

hist(y, breaks="scott", xlab="sample", freq=FALSE)
lines(QR, f(QR, 4))
```

根据候选分布 g 的不同选择, Metropolis-Hastings 抽样方法衍生出了几种不同的变种.

1. Metropolis 抽样方法

Metropolis-Hastings 抽样方法是 Metropolis 抽样方法的推广. 在 Metropolis 抽样方法中, 提议分布是对称的, 即 $g(\cdot|X_n)$ 满足

$$g(X|Y) = g(Y|X),$$

因此接受概率为

$$\alpha(X_t, Y) = \min\left\{1, \frac{f(Y)}{f(X_t)}\right\}.$$

2. 随机游动 Metropolis 抽样方法

随机游动 Metropolis 抽样方法是 Metropolis 方法的一个应用例子. 假设候选点 Y 从一个对称的提议分布 $g(Y|X_t) = g(|X_t - Y|)$ 中产生. 则在每一次迭代中, 从 $g(\cdot)$ 中产生一个增量 Z, 然后 $Y = X_t + Z$. 比如增量 Z 可以从标准正态分布中产生, 此时候选点 $Y|X_t \sim N(X_t, \sigma^2)$ $(\sigma^2 > 0)$.

用随机游动 Metropolis 算法得到的链, 其收敛性常常对刻度参数的选择比较敏感. 当增量的方差太大时, 大部分的候选点会被拒绝, 此时算法的效率很低. 如果增量的方差太小, 则候选点就几乎都被接受, 因此此时由随机游动 Metropolis 算法得到的链就几

乎就是随机游动, 效率也较低. Robert 等 (1996) 提出一种选择刻度参数的方法是监视接受率, 拒绝率应该在区间 [0.15, 0.5] 之内才可以保证得到的链有较好的性质.

例 6.6.2 (随机游动 Metropolis) 使用提议分布 $N(X_t, \sigma^2)$ 和随机游动 Metropolis 算法产生自由度为 $\nu = 4$ 的 t 分布随机数, 并对标准差 σ 的几个不同值重复此过程, 从中选出 σ 的一个最佳值, 使链的收敛性最好. 丢弃链的前 500 个迭代 (预烧期) 值, 比较四个生成链观测值的十分位数和自由度为 ν 的 t 分布理论上的十分位数的拟合状况, 并找出与理论分布十分位数拟合最好的那个链.

解 t_ν 的密度正比于 $(1+x^2/\nu)^{-(\nu+1)/2}$, 因此

$$\alpha(x_t, y) = \min\left\{1, \frac{f(y)}{f(x_t)}\right\} = \min\left\{1, \frac{(1+y^2/\nu)^{-(\nu+1)/2}}{(1+x_t^2/\nu)^{-(\nu+1)/2}}\right\}.$$

下面我们仍然使用 dt 来计算 t 密度在给定点处的值. 生成链的 R 代码如下:

```
rw.Metropolis <- function(n, sigma, x0, N) {
   # n: degree of freedom of t distribution
   # sigma:  standard variance of proposal distribution N(xt,sigma)
   # x0: initial value
   # N: size of random numbers required.
    x <- numeric(N)
    x[1] <- x0
    u <- runif(N)
    k <- 0
    for (i in 2:N) {
        y <- rnorm(1, x[i-1], sigma)
            if (u[i] <= (dt(y, n) / dt(x[i-1], n)))
                x[i] <- y
            else {
                x[i] <- x[i-1]
                k <- k + 1
            }
        }
    return(list(x=x, k=k))
    }
n <- 4  #degrees of freedom for target Student t dist.
N <- 2000
sigma <- c(.05, .5, 2, 16)
x0 <- 25
rw1 <- rw.Metropolis(n, sigma[1], x0, N)
rw2 <- rw.Metropolis(n, sigma[2], x0, N)
rw3 <- rw.Metropolis(n, sigma[3], x0, N)
rw4 <- rw.Metropolis(n, sigma[4], x0, N)
#rate of candidate points rejected
print(c(rw1$k, rw2$k, rw3$k, rw4$k)/N)
[1] 0.0310 0.1405 0.4430 0.8825
```

上述四种标准差的选择中, 只有第三个链的拒绝率在区间 [0.15, 0.5] 内. 我们可以在不同的提议分布标准差下, 检查所得链的收敛性.

由图 6.6.3 可以看出: 当标准差 $\sigma = 0.05$ 时, 增量太小, 几乎每个候选点都被接受, 链在 2000 次迭代后还没有收敛. 当 $\sigma = 0.5$ 时, 链的收敛较慢. 当 $\sigma = 2$ 时, 链很快收敛. 而当 $\sigma = 16$ 时, 接受的概率太小, 使得大部分候选点被拒绝, 链虽然收敛了, 但是效率很低 (需要更多的运行时间才能得到指定数目的随机数).

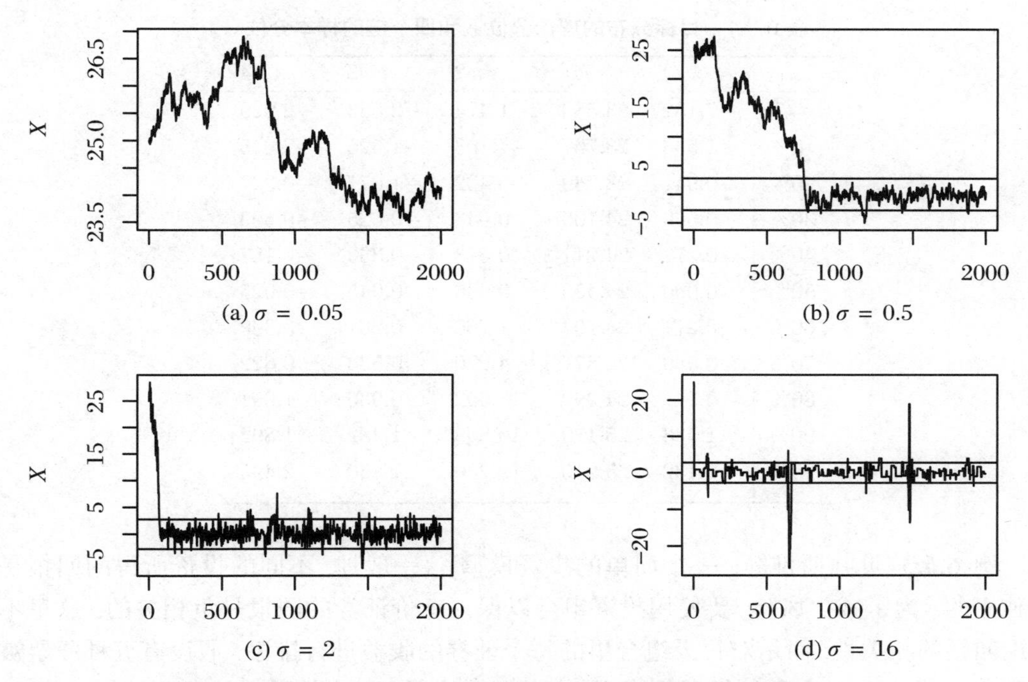

图 6.6.3 由不同方差的提议分布生成随机游动 M-H 链

生成图 6.6.3 的 R 代码如下:

```
par(mfrow=c(2,2))  #display 4 graphs together
refline <- qt(c(.025, .975), df=n)
rw <- cbind(rw1$x, rw2$x, rw3$x,  rw4$x)
for (j in 1:4) {
     plot(rw[,j], type="l",
          xlab=bquote(sigma == .(round(sigma[j],3))),
          ylab="X", ylim=range(rw[,j]))
     abline(h=refline)
   }
par(mfrow=c(1,1)) #reset to definitionault
```

一般说来, 在 MCMC 问题中, 我们很难获得目标分布的理论分位数. 但在本例中理论分位数可以通过从具有一定自由度的 t 分布中直接获得, 故可用于比较. 忽略预烧期的 500 个值, 通过应用函数获得模拟分位数的值. 目标分布的理论分位数 Q 和四个链 $rw1$, $rw2$, $rw3$ 和 $rw4$ 的样本分位数见表 6.6.1. 由表可见 $rw3$ 的样本分位数与理论分位数 Q 比较接近.

用于比较目标分布的理论分位数与样本分位数的 R 代码如下:

```
a<- c(.05,seq(.1,.9,.1),.95)
Q<- qt(a,n)
rw<- cbind(rw1$x, rw2$x, rw3$x, rw4$x)
mc<-rw[501:N, ]
Qrw<- apply(mc,2,function(x) quantile(x,a))
print(round(cbind(Q, Qrw), 3))                    #not show
xtable::xtable(round(cbind(Q, Qrw), 3))           #latex format
```

表 6.6.1 目标分布的理论分位数和四个链的样本分位

	Q	$rw1$	$rw2$	$rw3$	$rw4$
5%	−2.132	23.589	−1.474	−2.053	−2.929
10%	−1.533	23.707	−1.108	−1.525	−2.045
20%	−0.941	23.939	−0.402	−1.077	−0.927
30%	−0.569	24.105	0.043	−0.625	−0.500
40%	−0.271	24.211	0.513	−0.333	−0.187
50%	0.000	24.459	0.936	−0.045	−0.025
60%	0.271	24.704	1.766	0.261	0.300
70%	0.569	24.877	4.270	0.533	0.622
80%	0.941	24.992	13.652	0.936	1.051
90%	1.533	25.129	16.868	1.482	1.892
95%	2.132	25.210	19.250	1.860	2.495

例 6.6.3 (贝叶斯推断: 一个简单的投资模型) 一般地, 不同的投资所得的回报是不独立的. 为了减少风险, 要使用投资组合以保证有价证券的回报是负相关的. 这里不讨论回报的相关性, 而是对每天组合里的每个证券的收益进行排序. 假设有五种股票被跟踪记录了 250 个交易日每天的表现, 在每一个交易日, 收益最大的股票被标记出来. 用 X_i 表示股票 i 在 250 个交易日中胜出的天数, 则记录得到的频数 $(x_1,\cdots,x_5)$ 为随机变量 $(X_1,\cdots,X_5)$ 的观测值. 基于历史数据, 假设这五种股票在任何给定的一个交易日能胜出的先验机会比率为 $1:(1-\beta):(1-2\beta):2\beta:\beta$, 这里 $\beta\in(0,0.5)$ 是一个未知的参数. 设 β 的先验分布为区间 $(0,0.5)$ 上的均匀分布, 在有了当前这 250 个交易日的数据后, 使用贝叶斯方法对此比例进行更新.

解 根据所述模型, $\boldsymbol{X}=(X_1,\cdots,X_5)$ 在给定 β 的条件下服从多项分布 $M(5,\boldsymbol{p})$, 概率向量为

$$\boldsymbol{p}=\boldsymbol{p}(\beta)=\left(\frac{1}{3},\frac{1-\beta}{3},\frac{1-2\beta}{3},\frac{2\beta}{3},\frac{\beta}{3}\right).$$

令 β 的先验分布 $\pi(\beta)$ 为 (0, 0.5) 上的均匀分布, $\boldsymbol{p}$ 的似然函数 (即样本 $\boldsymbol{x}$ 的分布) 为 $l(\boldsymbol{p}|\boldsymbol{x})$, 因此后验分布

$$\pi(\beta|\boldsymbol{x})\propto l(\boldsymbol{p}(\beta)|\boldsymbol{x})\cdot\pi(\beta)\propto\left(\frac{1}{3}\right)^{x_1}\left(\frac{1-\beta}{3}\right)^{x_2}\left(\frac{1-2\beta}{3}\right)^{x_3}\left(\frac{2\beta}{3}\right)^{x_4}\left(\frac{\beta}{3}\right)^{x_5}.$$

我们不能直接从此后验分布中产生随机数. 此处估计 β 的方法是用随机游动 Metropolis 算法产生一个马尔可夫链, 使其平稳分布为此后验分布, 提议分布为对称的均匀分布, 然后从此链中产生目标分布的随机数来估计 β. 此时, 接受的概率为

$$\alpha(X_t,Y)=\min\left\{1,\frac{f(Y)}{f(X_t)}\right\},$$

其中 $f(\cdot)=\pi(\cdot|\boldsymbol{x})$ 为目标分布, 且

$$\frac{f(Y)}{f(X_t)}=\frac{(1/3)^{x_1}[(1-Y)/3]^{x_2}[(1-2Y)/3]^{x_3}[(2Y)/3]^{x_4}(Y/3)^{x_5}}{(1/3)^{x_1}[(1-X_t)/3]^{x_2}[(1-2X_t)/3]^{x_3}[(2X_t)/3]^{x_4}(X_t/3)^{x_5}}.$$

此式可以进一步简化.

我们首先通过下面的 R 代码生成观测数据:

```
b <- .2            #actual value of beta
w <- .25           #width of the uniform support set
m <- 5000          #length of the chain
burn <- 1000       #burn-in time
days <- 250
x <- numeric(m)  #the chain

# generate the observed frequencies of winners
i <- sample(1:5, size=days, replace=TRUE,
        prob=c(1, 1-b, 1-2*b, 2*b, b))
win <- tabulate(i)
print(win)
[1] 89 76 37 35 13
```

表列的频数是每一个交易股票模拟胜出的天数. 基于一年的观测数据的胜出分布,我们希望估计 β.

下面的函数 prob 用于计算目标分布密度函数 (可忽略密度函数的正则化常数).

```
prob <- function(y, win) {
    # computes (without the constant) the target density
    if (y < 0 || y >= 0.5)
        return (0)
    return((1/3)^win[1] * ((1-y)/3)^win[2] * ((1-2*y)/3)^win[3] *
            ((2*y)/3)^win[4] * (y/3)^win[5])
}
```

下面使用随机游动 Metroplis 算法产生随机数. 这里需要两个均匀分布的随机变量,其中一个对称均匀分布用于产生提议分布, 而另一个均匀分布用于决定接受还是拒绝候选点. 随机游动 Metropolis 算法的 R 代码如下:

```
# Random Walk Metropolis algorithm
u <- runif(m)          #for accept/reject step
v <- runif(m, -w, w)  #proposal distribution
x[1] <- .25
for (i in 2:m) {
    y <- x[i-1] + v[i]
    if (u[i] <= prob(y, win) / prob(x[i-1], win))
        x[i] <- y
    else
            x[i] <- x[i-1]
}
```

下面的 R 代码产生链的路径图和直方图.

```
par(mfrow=c(1,2))
plot(x, type="l")
abline(h=b, v=501, lty=3)
xb <- x[- (1:501)]
hist(xb, prob=TRUE, xlab=bquote(beta), ylab="X", main="")
z <- seq(min(xb), max(xb), length=100)
lines(z, dnorm(z, mean(xb), sd(xb)))
```

图 6.6.4(a) 是链的路径图, 该图显示链已经收敛到目标分布. 去掉链的预烧期, 生成的链可以用于估计 β. 由图 6.6.4(b) 中的直方图似乎可以看出 β 的后验期望接近 0.22.

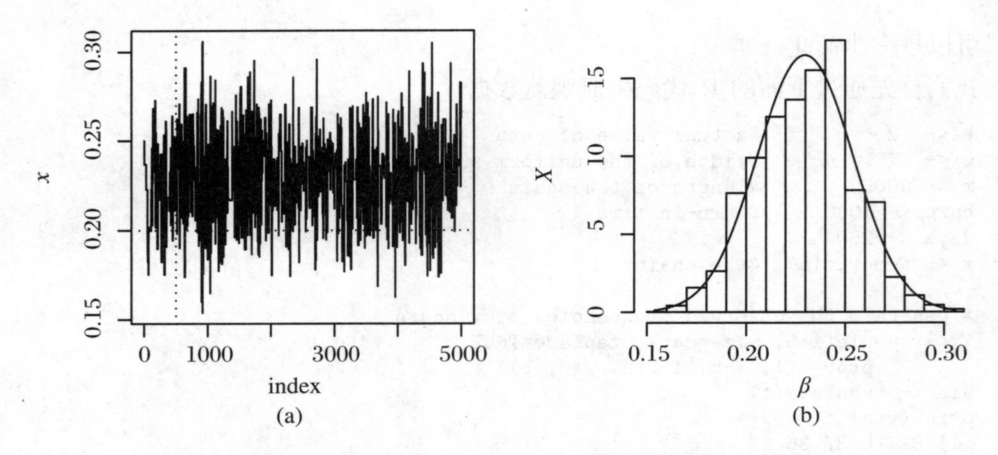

图 6.6.4 随机游动 Metropolis 算法生成 β 的链和直方图

由链生成样本产生的五种股票胜出的天数、胜出的频率以及 MCMC 方法估计多项分布概率的列表由如下 R 代码给出:

```
print(win)
[1] 89 76 37 35 13
print(round(win/days, 3))
[1] 0.356 0.304 0.148 0.140 0.052
print(round(c(1, 1-b, 1-2*b, 2*b, b)/3, 3))
[1] 0.333 0.267 0.200 0.133 0.067
xb <- x[(burn+1):m]
print(mean(xb))
[1] 0.2130924
print(sd(xb))
[1] 0.02513039
```

3. 独立抽样方法

Metropolis-Hastings 抽样方法的另一个特殊情形是独立抽样 (independence sampler). 独立抽样中的提议分布不依赖于链的前一步状态值. 因此 $g(Y|X_n)=g(Y)$, 接受概率为

$$\alpha(X_t,Y)=\min\left\{1,\frac{f(Y)g(X_t)}{f(X_t)g(Y)}\right\}.$$

独立抽样方法容易实施, 而且在提议分布和目标分布很接近时也趋于表现很好, 但是当提议分布和目标分布差别很大时, 其表现就较差. Robert (1996) 讨论了独立抽样的收敛性, 并且声称: “独立抽样算法作为单独的算法很少是有用的”. 但是不管怎么样, 我们仍然用下例来说明这种方法的应用, 因为独立抽样方法在混合的 MCMC 方法中是比较有用的.

例 6.6.4 (独立抽样) 假设从一个正态混合分布

$$pN(\mu_1,\sigma_1^2)+(1-p)N(\mu_2,\sigma_2^2)$$

中观测到一个样本 $\boldsymbol{z}=(z_1,\cdots,z_n)$. 求 p 的估计.

解　显然, 混合正态的密度为

$$f(z|p)=pf_1(z|p)+(1-p)f_2(z|p),$$

其中 f_1,f_2 分别为两个正态的密度. 此处我们采用独立抽样方法, 并以 p 的后验分布作为目标分布生成马尔可夫链, 从链中产生样本用来估计 p .

设 p 的先验分布 $\pi(p)$ 为 (0, 1) 上的均匀分布 $U(0,1)$, 则 p 的后验分布

$$\pi(p|\boldsymbol{z})\propto f(\boldsymbol{z}|p)\pi(p)=\prod_{j=1}^{n}[pf_1(z_j|p)+(1-p)f_2(z_j|p)].$$

提议分布的支撑应该和 p 的取值范围 (0,1) 相同, 在没有先验信息的情况下, 可以使用贝塔分布 $Be(1,1)$ 作为提议分布 (即均匀分布 $U(0,1)$). 候选点 y 被接受的概率为

$$\alpha(x_t,y)=\min\left\{1,\frac{\pi(y|\boldsymbol{z})g(x_t)}{\pi(x_t|\boldsymbol{z})g(y)}\right\},$$

其中 g 为提议分布, 其密度函数为 $g(y)\propto y^{a-1}(1-y)^{b-1}$, 而 $\pi(\cdot|\boldsymbol{z})$ 为目标分布, 此处

$$\frac{\pi(y|\boldsymbol{z})g(x_t)}{\pi(x_t|\boldsymbol{z})g(y)}=\frac{x_t^{a-1}(1-x_t)^{b-1}\prod_{j=1}^{n}[yf_1(z_j|y)+(1-y)f_2(z_j|y)]}{y^{a-1}(1-y)^{b-1}\prod_{j=1}^{n}[x_tf_1(z_j|x_t)+(1-x_t)f_2(z_j|x_t)]}.$$

下面我们进行模拟, 提议分布取 $U(0,1)$. 观测数据从下述正态混合中产生:

$$0.2N(0,1)+0.8N(5,1).$$

R 代码如下:

```
m <- 5000 #length of chain
xt <- numeric(m)
a <- 1              #parameter of Beta(a,b) proposal dist.
b <- 1              #parameter of Beta(a,b) proposal dist.
p <- .2             #mixing parameter
n <- 30             #sample size
mu <- c(0, 5)       #parameters of the normal densities
sigma <- c(1, 1)
# generate the observed sample
i <- sample(1:2, size=n, replace=TRUE, prob=c(p, 1-p))
x <- rnorm(n, mu[i], sigma[i])
# generate the independence sampler chain
u <- runif(m)
y <- rbeta(m, a, b)       #proposal distribution
xt[1] <- .5
for (i in 2:m) {
    fy <- y[i] * dnorm(x, mu[1], sigma[1]) +
            (1-y[i]) * dnorm(x, mu[2], sigma[2])
    fx <- xt[i-1] * dnorm(x, mu[1], sigma[1]) + (1-xt[i-1])*
          dnorm(x, mu[2], sigma[2])
    r <- prod(fy/fx) * (xt[i-1]^(a-1) * (1-xt[i-1])^(b-1))/
          (y[i]^(a-1) * (1-y[i])^(b-1))
    if (u[i] <= r) xt[i] <- y[i]
    else  xt[i] <- xt[i-1]
    }
```

图 6.6.5(a) 中马尔可夫链的时间状态图显示链混合得很好, 很快收敛到平稳分布. 图 6.5.5(b) 是马尔可夫链生成的直方图, 由图可见保留样本的均值大约是 0.25, 它可以作为 p 的估计值.

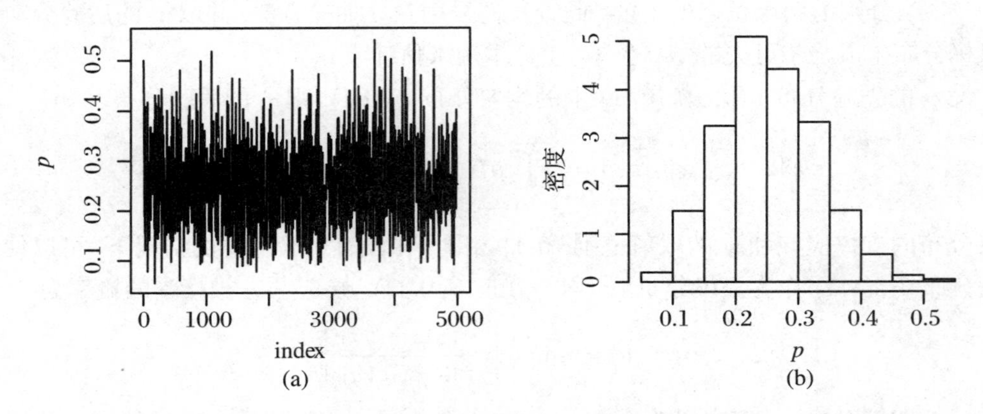

图 6.5.5 提议分布为 $Be(1,1)$ 时独立抽样生成链的时间状态图和直方图

链的路径图和直方图的 R 代码如下:

```
plot(xt, type="l", ylab="p")
hist(xt[101:m], main="", xlab="p", prob=TRUE)
print(mean(xt[101:m]))
[1] 0.2553021
```

为比较提议分布的不同选择, 若提议分布取为 $Be(5,2)$ 来重复上述过程, 由图 6.6.6 可以看出, 模拟生成的链的效率较低.

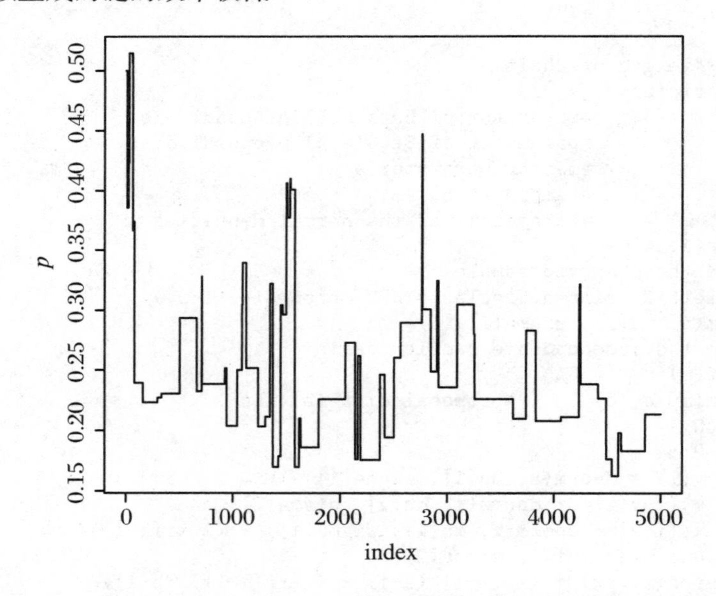

图 6.6.6 提议分布为 $Be(5,2)$ 时独立抽样方法生成链的时间状态图

4. 逐分量的 Metropolis-Hastings 抽样方法

当状态空间为多维时, 不整体更新 $\boldsymbol{X}_n$, 而是对其分量逐个进行更新, 即称为单分量 Metropolis-Hastings (M-H) 抽样方法, 或者逐分量 (component-wise) Metropolis-Hastings 抽样方法, 或者 Metropolis 算法内套 Gibbs 算法 (Gibbs within Metropolis). 这样做更方便、更有效率. 用

$$\boldsymbol{X}_n=(X_{n,1},\cdots,X_{n,k}),\quad \boldsymbol{X}_{n,-i}=(X_{n,1},\cdots,X_{n,i-1},X_{n,i+1},\cdots,X_{n,k})$$

分别表示第 n 步链的状态, 以及在第 n 步除第 i 个分量外其他分量的状态. $f(\boldsymbol{x})=f(x_1,\cdots,x_k)$ 为目标分布, $f(x_i|\boldsymbol{x}_{-i})=f(\boldsymbol{x})/\int f(x_1,\cdots,x_k)\mathrm{d}x_i$ 表示 X_i 对其他分量的条件密度.

用逐分量的 Metropolis-Hastings 抽样方法更新 $\boldsymbol{X}_n$ 由 k 步构成: 令 $X_{n,i}$ 表示在第 n 次迭代后 $\boldsymbol{X}_n$ 第 i 个分量的状态, 则在第 $n+1$ 步迭代的第 i 步中, 使用 Metroplis-Hastings 算法更新 $X_{n,i}$. 做法如下: 对 $i=1,\cdots,k$, 从第 i 个提议分布 $q_i(\cdot|X_{n,i},\boldsymbol{X}^*_{n,-i})$ 中产生 Y_i, 这里

$$\boldsymbol{X}^*_{n,-i}=(X_{n+1,1},\cdots,X_{n+1,i-1},X_{n,i+1},\cdots,X_{n,k}).$$

然后, 若 Y_i 以概率

$$\alpha(\boldsymbol{X}^*_{n,-i},X_{n,i},Y_i)=\min\left\{1,\frac{f(Y_i|\boldsymbol{X}^*_{n,-i})q_i(X_{n,i}|Y_i,\boldsymbol{X}^*_{n,-i})}{f(X_{n,i}|\boldsymbol{X}^*_{n,-i})q_i(Y_i|X_{n,i},\boldsymbol{X}^*_{n,-i})}\right\}$$

被接受, 则令 $X_{n+1,i}=Y_i$; 否则令 $X_{n+1,i}=X_{n,i}$.

例 6.6.5　考虑 54 位老年人的智力测试成绩 (Wechsler Adult Intelligence Scale, WAIS, 0~20 分), 研究的兴趣在于发现老年痴呆症与 WAIS 的关系.

例 6.6.5 数据文件 WAIS

解　我们采用如下简单的 Logistic 回归模型:

$$Y_i\sim B(1,\pi_i),\quad \ln\frac{\pi_i}{1-\pi_i}=\beta_0+x_i\beta_1\quad (i=1,\cdots,54),$$

其中 $Y_i=1$ 表示第 i 个人患有老年痴呆症, x_i 表示第 i 个人的 WAIS 成绩. 则似然函数为

$$\begin{aligned}f(\boldsymbol{y}|\beta_0,\beta_1)&=\prod_{i=1}^n\left(\frac{\mathrm{e}^{\beta_0+x_i\beta_1}}{1+\mathrm{e}^{\beta_0+x_i\beta_1}}\right)^{y_i}\left(\frac{1}{1+\mathrm{e}^{\beta_0+x_i\beta_1}}\right)^{1-y_i}\\&=\exp\left\{n\bar{y}\beta_0+\beta_1\sum_{i=1}^n x_iy_i-\sum_{i=1}^n\ln\left(1+\mathrm{e}^{\beta_0+x_i\beta_1}\right)\right\}.\end{aligned}$$

考虑 β_0 和 β_1 的先验分布 $\pi(\beta_0,\beta_1)=\pi_0(\beta_0)\pi_1(\beta_1)$ 为如下独立的正态分布:

这里若

$$\beta_j\sim N(\mu_{\beta_j},\sigma_j^2)\quad (j=0,1),$$

其中当 $\mu_{\beta_j}=0$ 且 σ_j^2 很大时, 则表示上述先验分布接近无信息先验. 因此后验分布为

$$\begin{aligned}\pi(\beta_0,\beta_1|\boldsymbol{y}) &\propto f(\boldsymbol{y}|\beta_0,\beta_1)\pi(\beta_0,\beta_1)\\ &\propto \exp\left\{\sum_{i=1}^{n}\Big[(\beta_0+\beta_1x_i)y_i-\ln(1+\mathrm{e}^{\beta_0+x_i\beta_1})\Big]-\frac{(\beta_0-\mu_{\beta_0})^2}{2\sigma_0^2}-\frac{(\beta_1-\mu_{\beta_1})^2}{2\sigma_1^2}\right\}.\end{aligned}$$

我们用逐分量随机游动 Metropolis-Hastings 算法从此分布中产生随机数.

提议分布取

$$\boldsymbol{\beta}'\sim N_2(\boldsymbol{\beta},\mathrm{diag}\{\bar{s}_{\beta_0}^2,\bar{s}_{\beta_1}^2\})\quad\Longleftrightarrow\quad\beta_0'\sim N(\beta_0,\bar{s}_{\beta_0}^2),\ \ \beta_1'\sim N(\beta_1,\bar{s}_{\beta_1}^2),$$

此处 $\boldsymbol{\beta}'=(\beta_0',\beta_1')^{\mathrm{T}}$, 而 $\boldsymbol{\beta}=(\beta_0,\beta_1)^{\mathrm{T}}$.

在 M-H 算法中, 按分量逐个进行更新, 其优势在于应用方便, 不需要考虑调节参数. 逐分量随机游动 M-H 算法如下:

在 $t=0$ 时, 将 $\boldsymbol{\beta}=(\beta_0,\beta_1)^{\mathrm{T}}$ 赋初始值 $(\beta_0^{(0)},\beta_1^{(0)})^{\mathrm{T}}$, 对 $t=1,\cdots,T$, 重复下列步骤:

(a) 令 $\boldsymbol{\beta}=(\beta_0^{(t-1)},\beta_1^{(t-1)})^{\mathrm{T}}$.

(b) 从提议分布 $N(\beta_0,\bar{s}_{\beta_0}^2)$ 产生候选点 β_0'.

(c) 令 $\boldsymbol{\beta}'=(\beta_0',\beta_1^{(t-1)})^{\mathrm{T}}$, 计算接受概率

$$\alpha_0(\boldsymbol{\beta},\boldsymbol{\beta}')=\min\left\{1,\frac{\pi(\beta_0',\beta_1|\boldsymbol{y})}{\pi(\beta_0,\beta_1|\boldsymbol{y})}\right\}=\min\left\{1,\frac{f(\boldsymbol{y}|\beta_0',\beta_1)\pi(\beta_0',\beta_1)}{f(\boldsymbol{y}|\beta_0,\beta_1)\pi(\beta_0,\beta_1)}\right\}.$$

(d) 以概率 $\alpha_0(\boldsymbol{\beta},\boldsymbol{\beta}')$ 接受 $\boldsymbol{\beta}=\boldsymbol{\beta}'$, 即将 $\boldsymbol{\beta}$ 的第一个分量更新为 β_0', 否则保持其值不变.

(e) 从提议分布 $N(\beta_1,\bar{s}_{\beta_1}^2)$ 中产生候选点 β_1'.

(f) 令 $\boldsymbol{\beta}'=(\beta_0,\beta_1')^{\mathrm{T}}$, 计算接受概率

$$\alpha_1(\boldsymbol{\beta},\boldsymbol{\beta}')=\min\left\{1,\frac{\pi(\beta_0,\beta_1'|\boldsymbol{y})}{\pi(\beta_0,\beta_1|\boldsymbol{y})}\right\}=\min\left\{1,\frac{f(\boldsymbol{y}|\beta_0,\beta_1')\pi(\beta_0,\beta_1')}{f(\boldsymbol{y}|\beta_0,\beta_1)\pi(\beta_0,\beta_1)}\right\}.$$

(g) 以概率 $\alpha_1(\boldsymbol{\beta},\boldsymbol{\beta}')$ 接受 $\boldsymbol{\beta}=\boldsymbol{\beta}'$, 即将 $\boldsymbol{\beta}$ 的第二个分量更新为 β_1', 否则保持其值不变.

(h) 令 $\boldsymbol{\beta}^{(t)}=\boldsymbol{\beta}$.

(i) 增加 t, 返回到 (a).

R 代码实现如下:

```
wais<-read.table("wais.txt",header=T)  # set up data
y<-wais[,2]; x<-wais[,1]
m<-10000; # numbers of iterations
beta0<-c(0,0)   #initial value
mu.beta<-c(0,0); s.beta<-c(100,100) # prior parameters
prop.s<-c(1.75,0.2)      # sd of proposal normal
beta<-matrix(nrow=m, ncol=2); acc.prob <-c(0,0); current.beta<-beta0
for(t in 1:m){
  for (j in 1:2){
    prop.beta<- current.beta
    prop.beta[j]<- rnorm( 1, current.beta[j], prop.s[j] )
```

```
    cur.eta <-current.beta[1]+current.beta[2]*x
    prop.eta<-prop.beta[1]+prop.beta[2]*x
  if(sum(prop.eta>700)>0) {print(t); stop;}
  if(sum(cur.eta >700)>0) {print(t); stop;}
    loga <-(sum(y*prop.eta-log(1+exp(prop.eta)))
          -sum(y*cur.eta-log(1+exp(cur.eta)))
          +sum(dnorm(prop.beta,mu.beta,s.beta,log=TRUE))
          -sum(dnorm(current.beta,mu.beta,s.beta,log=TRUE)))
    u<-runif(1)
    u<-log(u)
    if(u< loga){
        current.beta<-prop.beta
        acc.prob[j] <- acc.prob[j]+1
        }
    }
    beta[t,]<-current.beta
}
print(acc.prob/m)
[1] 0.2474  0.2121
```

逐分量随机游动 M-H 算法 Logistic 回归参数的诊断图, 以及去掉预烧期后由链获得的 $\boldsymbol{\beta}$ 的两个分量 β_0 和 β_1 的样本均值和样本标准差由下列的 R 代码给出:

```
#convergence diagnostics plot
    # sub-function
    erg.mean<-function(x){ # compute ergodic mean
       n<-length(x)
       result<-cumsum(x)/cumsum(rep(1,n))
    }

  diagnostic<-function(x, burnin=1000, step=50){

    beta<-x
    m<-nrow(x)

    idx<-seq(1,m,step)
    idx2<-seq(burnin+1,m)

    par(mfrow=c(3,2))
    plot(idx,beta[idx,1],type="l",xlab="Iterations",
        ylab="Values of beta0",main="(a) Trace Plot of beta0")
    plot(idx,beta[idx,2],type="l",xlab="Iterations",
        ylab="Values of beta1",main="(b) Trace Plot of beta1")

    ergbeta0<-erg.mean(beta[,1])
    ergbeta02<-erg.mean(beta[idx2,1])
    ylims0<-range(c(ergbeta0,ergbeta02))

    ergbeta1<-erg.mean(beta[,2])
    ergbeta12<-erg.mean(beta[idx2,2])
    ylims1<-range(c(ergbeta1,ergbeta12))

    plot(idx, ergbeta0[idx], type='l', ylab='Values of beta0',
        xlab='Iterations', main='(c) Ergodic Mean Plot of beta0',
        ylim=ylims0)
    lines(idx2, ergbeta02[idx2-burnin], col=2, lty=2)

    plot(idx, ergbeta1[idx], type='l', ylab='Values of beta1',
        xlab='Iterations', main='(d) Ergodic Mean Plot of beta1',
        ylim=ylims1)
```

```
  lines(idx2, ergbeta12[idx2-burnin], col=2, lty=2)


  index3<-seq(1,m,20)
  index4<-seq(burnin+1,m,step)

  acf(beta[index4,1], main='(e) Autocorrelations Plot for beta0',
     sub='(Thin = 30 iterations)')
  acf(beta[index4,2], main='(f) Autocorrelations Plot for beta1',
     sub='(Thin = 30 iterations)')
  }

##convergence diagnostics
diagnostic(beta,2000,step=5)

burnin<-2000
apply(beta[(burnin+1):m,],2,mean)
  [1] 2.8793214  -0.3737996
apply(beta[(burnin+1):m,],2,sd)
  [1] 1.3479687  0.1287645
```

图 6.6.7 (a) 和 (b), 即 β_0 和 β_1 的时间状态图显示链的混合较好. 中间两个小图 (c) 和 (d), 即 β_0 和 β_1 的遍历均值图, 去掉前 2000 次迭代 (即预烧期) 后趋于平稳, 也表明链的收敛性较好. 最下面两个小图 (e) 和 (f), 即链的自相关函数图中显示马尔可夫链的抽样步长 $L=30$ 次迭代, 也不算大, 显示收敛也较快. 这几种诊断方法都显示链的收敛性较好. 最后, β_0 和 β_1 的链的样本均值分别是 2.8793214, -0.3737996; 样本标准

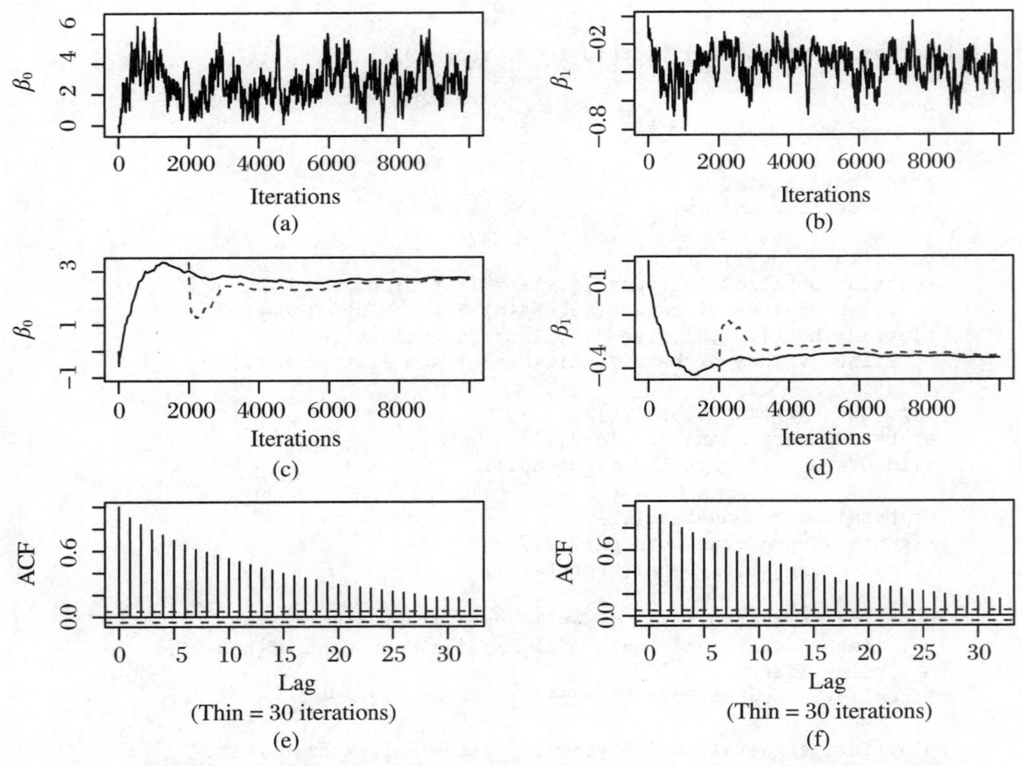

图 6.6.7　逐分量 M-H 算法 Logistic 回归参数 β_0 和 β_1 的 MCMC 诊断图

差分别是 1.3479687, 0.1287645.

6.6.3 Gibss 抽样方法

1. Gibss 抽样方法

在实际计算中, 绝大多数的贝叶斯计算问题都是要解决一个高维问题. 典型的例子就是微矩阵数据或者图像数据分析. 这类问题里的贝叶斯分析往往涉及一个高维多元目标 (后验) 分布. 比如图像处理中, 一个典型的像素为 256×256 的方块, 若每个像素有 $k\geqslant 2$ 种可能值, 则这样一个图像就有 256^2 个分量, 而状态空间 S 就有 k^{256^2} 个可能取值. 从这样的状态空间 S 上的目标分布中随机产生一个样本 (一个随机图像) 并不是很容易的. 而 Gibbs 抽样方法尤其适合这种场合, 其最令人感兴趣的方面是为了产生以目标高维多元联合分布为平稳分布的、不可约的、非周期的马尔可夫链, 只需要从一些一元分布中进行抽样就可以了.

令 $\boldsymbol{X}=(X_1,\cdots,X_d)$ 为 $\mathbb{R}^d$ 中的随机变量, 其联合分布 $f(\boldsymbol{x})$ 为目标抽样分布. 定义 $d-1$ 维随机变量

$$\boldsymbol{X}_{-j}=(X_1,\cdots,X_{j-1},X_{j+1},\cdots,X_d),$$

并记 $X_j|\boldsymbol{X}_{-j}$ 的满 (全) 条件密度 (full conditional density) 为 $f(x_j|\boldsymbol{x}_{-j})$ $(j=1,\cdots,d)$. 则 Gibbs 抽样方法是从这 d 个条件分布中产生候选点, 以解决直接从 f 中进行抽样的困难. 算法如下:

(1) 在 $t=0$ 时, 初始化 $\boldsymbol{X}(0)$.

(2) 对 $t=1,2,\cdots,T$,

(a) 令 $\boldsymbol{x}=\boldsymbol{X}(t-1)$, $\boldsymbol{x}=(x_1,\cdots,x_d)$.

(b) 对每个分量 $j=1,\cdots,d$,

(i) 从 $f(x_j|\boldsymbol{x}_{-j})$ 中产生候选点 $X_j^*(t)$;

(ii) 更新 $x_j=X_j^*(t)$.

(c) 令 $\boldsymbol{X}(t)=(X_1^*(t),\cdots,X_d^*(t))$ (每个候选点都被接受).

(d) 增加 t, 返回到 (a).

注意在上述算法 (b) 步抽样中, 各个分量依次被更新:

$$\begin{aligned}
&x_1(t)\sim f(x_1|x_2(t-1),\cdots,x_d(t-1)),\\
&x_2(t)\sim f(x_2|x_1(t),x_3(t-1),\cdots,x_d(t-1)),\\
&\cdots,\\
&x_d(t)\sim f(x_d|x_1(t),\cdots,x_{d-1}(t)).
\end{aligned}$$

从一元分布 $f(x_j|x_1(t),x_2(t),\cdots,x_{j-1}(t),x_{j+1}(t-1),\cdots,x_d(t-1))$ 中抽样是比较容易的, 因为 $f(x_j|\boldsymbol{x}_{-j})\propto f(\boldsymbol{x})$, 其中除了变量 x_j 外, 其他变量都是常数.

Gibbs 抽样方法的合理性并不需要通过验证其是 Metropolis-Hastings 抽样方法的一种特例来证明. Gibbs 抽样方法的一个特别之处就是完全条件分布唯一地确定联合分

布. 这就是著名的 Hammersley-Clifford 定理.

定义 6.6.1 (Besag, 1974)　假设随机向量 $\boldsymbol{X}=(X_1,\cdots,X_d)$ 的联合概率密度 (分布律) 为 $f(x_1,\cdots,x_d)$, X_i 的边际密度为 $f_i(x_i)$ $(i=1,\cdots,d)$. 如果 $f_i(x_i)>0$ $(i=1,\cdots,d)$, 意味着 $f(x_1,\cdots,x_d)>0$, 则联合密度 (分布律) f 称为满足正性条件.

我们仍用 $f(x_j|\boldsymbol{x}_{-j})$ 表示 $X_j|\boldsymbol{X}_{-j}$ 的条件概率密度, 则有如下定理.

定理 6.6.1 (Hammersley-Clifford)　在正性条件下, 联合密度 (分布律) f 满足

$$f(x_1,\cdots,x_d)\propto\prod_{j=1}^{d}\frac{f(x_j|x_1,\cdots,x_{j-1},x'_{j+1},\cdots,x'_d)}{f(x'_j|x_1,\cdots,x_{j-1},x'_{j+1},\cdots,x'_d)}.$$

证明　对 f 的支撑 S 中的任何 x 和 x', 有

$$\begin{aligned}
f(x_1,\cdots,x_d)&=f(x_d|x_1,\cdots,x_{d-1})\cdot f(x_1,\cdots,x_{d-1})\\
&=\frac{f(x_d|x_1,\cdots,x_{d-1})}{f(x'_d|x_1,\cdots,x_{d-1})}\cdot f(x_1,\cdots,x_{d-1},x'_d)\\
&=\frac{f(x_d|x_1,\cdots,x_{d-1})}{f(x'_d|x_1,\cdots,x_{d-1})}\cdot\frac{f(x_{d-1}|x_1,\cdots,x_{d-2},x'_d)}{f(x'_{d-1}|x_1,\cdots,x_{d-2},x'_d)}\cdot f(x_1,\cdots,x'_{d-1},x'_d)\\
&=\cdots\\
&=\prod_{j=1}^{d}\frac{f(x_j|x_1,\cdots,x_{j-1},x'_{j+1},\cdots,x'_d)}{f(x'_j|x_1,\cdots,x_{j-1},x'_{j+1},\cdots,x'_d)}\cdot f(x'_1,\cdots,x'_d).
\end{aligned}$$

可以证明在正性条件下, Gibbs 抽样方法产生一个不可约的马尔可夫链, 因而保证了大数定律成立. 其他条件要求将上述定理推广到非负场合, 详细的介绍可以参看 Robert 和 Casella (1999).

例 6.6.6　使用 Gibbs 抽样产生二元正态分布 $N(\mu_1,\mu_2,\sigma_1^2,\sigma_2^2,\rho)$ 的随机数.

解　在二元正态场合, $X_1|X_2$ 以及 $X_2|X_1$ 仍然服从正态分布, 且易知

$$\begin{aligned}
E(X_1|X_2=x_2)&=\mu_1+\rho\frac{\sigma_1}{\sigma_2}(x_2-\mu_2),\\
\mathrm{Var}(X_1|X_2=x_2)&=(1-\rho^2)\sigma_1^2.
\end{aligned}$$

类似可得 $X_2|X_1$ 的分布. 因此

$$f(x_1|x_2)\sim N\Big(\mu_1+\rho\frac{\sigma_1}{\sigma_2}(x_2-\mu_2),(1-\rho^2)\sigma_1^2\Big),$$

$$f(x_2|x_1)\sim N\Big(\mu_2+\rho\frac{\sigma_2}{\sigma_1}(x_1-\mu_1),(1-\rho^2)\sigma_2^2\Big).$$

Gibbs 算法如下: 在 $t=0$ 时初始化 $\boldsymbol{X}(0)$, 对 $t=1,\cdots,T$, 重复下列步骤:

(1) 令 $(x_1,x_2)=\boldsymbol{X}(t-1)$;

(2) 从 $f(x_1|x_2)$ 中产生候选点 $X_1^*(t)$.

(3) 更新 $x_1=X_1^*(t)$.

(4) 从 $f(x_2|x_1)$ 中产生 $X_2^*(t)$.

(5) 令 $\boldsymbol{X}(t)=(X_1^*(t),X_2^*(t))$.

(6) 增加 t, 返回到 (1).

R 代码如下:

```
#initialize constants and parameters
    N<-5000                 #length of chain
    burn<-1000               #burn-in length
    X<-matrix(0,N,2)      #the chain, a bivariate sample
    rho<- -0.75              #correlation
    mu1<-0
    mu2<-2
    sigma1<-1
    sigma2<-0.5
    s1<-sqrt(1-rho^2)*sigma1; s2<-sqrt(1-rho^2)*sigma2
    ###### generate the chain #####
    X[1,]<-c(mu1,mu2)              #initialize
    for (i in 2:N) {
        x2<-X[i-1,2]
        m1<-mu1 + rho*(x2-mu2)*sigma1/sigma2
        X[i,1]<-rnorm(1,m1,s1)
        x1<-X[i,1]
        m2<-mu2+rho*(x1-mu1)*sigma2/sigma1
        X[i,2]<-rnorm(1, m2, s2)
    }
    b<-burn + 1
    x<-X[b:N,]
```

产生的链开始的 1000 个观测值被丢弃掉, 剩下的观测值存在 x 中, 各参数的样本估计离真值很近, 散点图 6.6.8 也显示出二元正态所具有的球面对称性和负相关性特征.

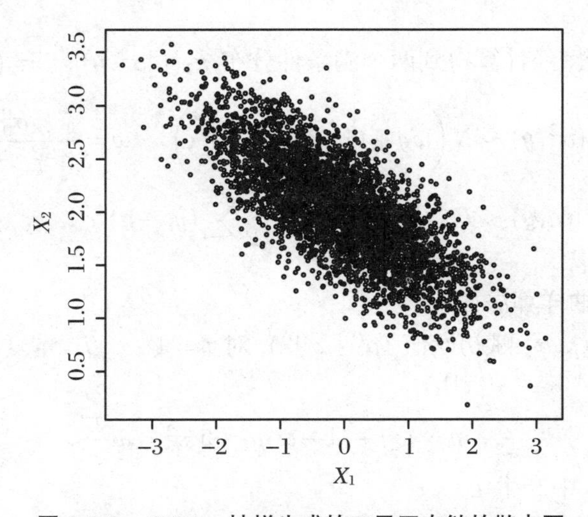

图 6.6.8 Gibbs 抽样生成的二元正态链的散点图

有关的 R 代码如下:

```
# compare sample statistics to parameters
colMeans(x)
[1] -0.0735532  2.0297997

cov(x)
           [,1]       [,2]
[1,]  0.9609837 -0.3506705
[2,] -0.3506705  0.2327129

cor(x)
           [,1]       [,2]
[1,]  1.0000000 -0.7415338
[2,] -0.7415338  1.0000000

plot(x, main="", cex=.5, xlab=bquote(X[1]),
     ylab=bquote(X[2]), ylim=range(x[,2]))
```

例 6.6.7 (身体温度数据的例子) 考虑 Mackowiak 等 (1992) 的数据, 该数据记录了 130 个人的身体温度 (华氏度)、性别和每分钟的心跳. 实验的目的是检验 Carl Wunderlich 的观点: 健康成年人的体温平均为 37 °C(=98.6 °F).

解 记温度为 $Y_i\ (i=1,\cdots,n)$, 并假设 Y_i 符合正态分布,

例 6.6.7 数据文件“body temp”

$$Y_i \sim N(\mu,\sigma^2).$$

令 μ 和 σ^2 的先验分布独立,

$$\mu \sim N(\mu_0,\sigma_0^2), \quad \sigma^2 \sim \Gamma^{-1}(a_0,b_0).$$

此时, 我们的目标分布为 μ,σ^2 的后验分布:

$$\pi(\mu,\sigma^2|\boldsymbol{y}) \propto f(\boldsymbol{y}|\mu,\sigma^2)\pi_1(\mu)\pi_2(\sigma^2).$$

使用 Gibbs 抽样算法, 经计算得到两个满条件分布 $\pi_1(\mu|\sigma^2,\boldsymbol{y})$ 与 $\pi_2(\sigma^2|\mu,\boldsymbol{y})$ 如下:

$$\mu|(\sigma^2,\boldsymbol{y}) \sim N\left(\omega\bar{y}+(1-\omega)\mu_0,\omega\frac{\sigma^2}{n}\right), \quad \omega=\frac{\sigma_0^2}{\sigma^2/n+\sigma_0^2},$$

$$\sigma^2|(\mu,\boldsymbol{y}) \sim \Gamma^{-1}\left(a_0+\frac{n}{2},b_0+\frac{1}{2}\sum_{i=1}^{n}(y_i-\mu)^2\right).$$

利用此结果, Gibbs 抽样算法如下:

在 $t=0$ 时, 将 (μ,σ) 赋初始值 $(\mu^{(0)},\sigma^{(0)})$, 对 $t=1,\cdots,T$, 重复下列步骤:

(1) 令 $\mu=\mu^{(t-1)},\sigma=\sigma^{(t-1)}$.

(2) 计算 $\omega=\dfrac{\sigma_0^2}{\sigma^2/n+\sigma_0^2}$, $m=\omega\bar{y}+(1-\omega)\mu_0$ 和 $s^2=\omega\dfrac{\sigma^2}{n}$.

(3) 从 $N(m,s^2)$ 中产生 μ.

(4) 令 $\mu^{(t)}=\mu$.

(5) 计算 $a=a_0+n/2,\ b=b_0+\sum_{i=1}^{n}(y_i-\mu)^2/2$.

(6) 从 $G(a,b)$ 中产生 τ.

(7) 令 $\sigma^2=1/\tau,\ \sigma^{(t)}=\sigma$.

(8) 增加 t, 返回 (1).

R 代码如下:

```
bodytemp<-read.table("bodytemp.txt",header=T)
y<-bodytemp$temp
bary<-mean(y); n<-length(y)
Iterations<-3500
mu0<-0; s0<-100; a0<-0.001; b0<-0.001
theta <- matrix(nrow=Iterations, ncol=2)
cur.mu<-0; cur.tau<-2; cur.s<-sqrt(1/cur.tau)
for (t in 1:Iterations){
    w<- s0^2/( cur.s^2/n+ s0^2 )
    m <- w*bary + (1-w)*mu0
    s <- sqrt( w/n ) * cur.s
    cur.mu <- rnorm( 1, m, s )
    a <- a0 + 0.5*n
    b <- b0 + 0.5 * sum( (y-cur.mu)^2 )
    cur.tau <- rgamma( 1, a, b )
    cur.s <- sqrt(1/cur.tau)
    theta[t,]<-c( cur.mu, cur.s)
 }
mcmc.output<-theta
apply(mcmc.output[-(1:1000),],2,mean) #compare to true value: 98.25, 0.542
[1] 98.2485843  0.7374625
apply(mcmc.output[-(1:1000),],2,sd) #compare to true value: 0.06456, 0.06826
[1] 0.06525435 0.04667219
```

链的诊断图的 R 代码如下:

```
par( mfrow=c(3,2), cex=0.8)
iter<-1500; burnin<-500; index<-1:iter; index2<-(burnin+1):iter

plot(index, theta[index,1], type='l', ylab='Values of mu',
     xlab='Iterations', main='(a) Trace Plot of mu')
plot(index, theta[index,2], type='l', ylab='Values of sigma',
     xlab='Iterations', main='(b) Trace Plot of sigma')

ergtheta0<-erg.mean( theta[index,1])
ergtheta02<-erg.mean(theta[index2,1])
ylims0<-range(c(ergtheta0,ergtheta02))

ergtheta1<-erg.mean( theta[index,2])
ergtheta12<-erg.mean(theta[index2,2])
ylims1<-range(c(ergtheta1,ergtheta12))

step<-10; index3<-seq(1,iter,step); index4<-seq(burnin+1,iter,step)

plot(index3, ergtheta0[index3], type='l', ylab='Values of mu',
     xlab='Iterations', main='(c) Ergodic Mean Plot of mu', ylim=ylims0)
lines(index4, ergtheta02[index4-burnin], col=2, lty=2)

plot(index3, ergtheta1[index3], type='l', ylab='Values of sigma',
     xlab='Iterations',main='(d) Ergodic Mean Plot of sigma',ylim=ylims1)
lines(index4, ergtheta12[index4-burnin], col=2, lty=2)

acf(theta[index2,1], main='(e) Autocorrelations Plot for mu')
```

```
acf(theta[index2,2], main='(f) Autocorrelations Plot for sigma')
```

图 6.6.9 所示的算法收敛性的诊断图, 包括 μ 和 σ 的轨迹图、遍历均值图和自相关函数图. 这些图都显示算法已经达到收敛. 这是因为轨迹图没有不规则之处, 遍历均值图很快就达到平稳状态, 自相关函数图中只有样本的第一步自相关性较高, 其余都较低. 这些都表示由链生成的样本的表现都很好.

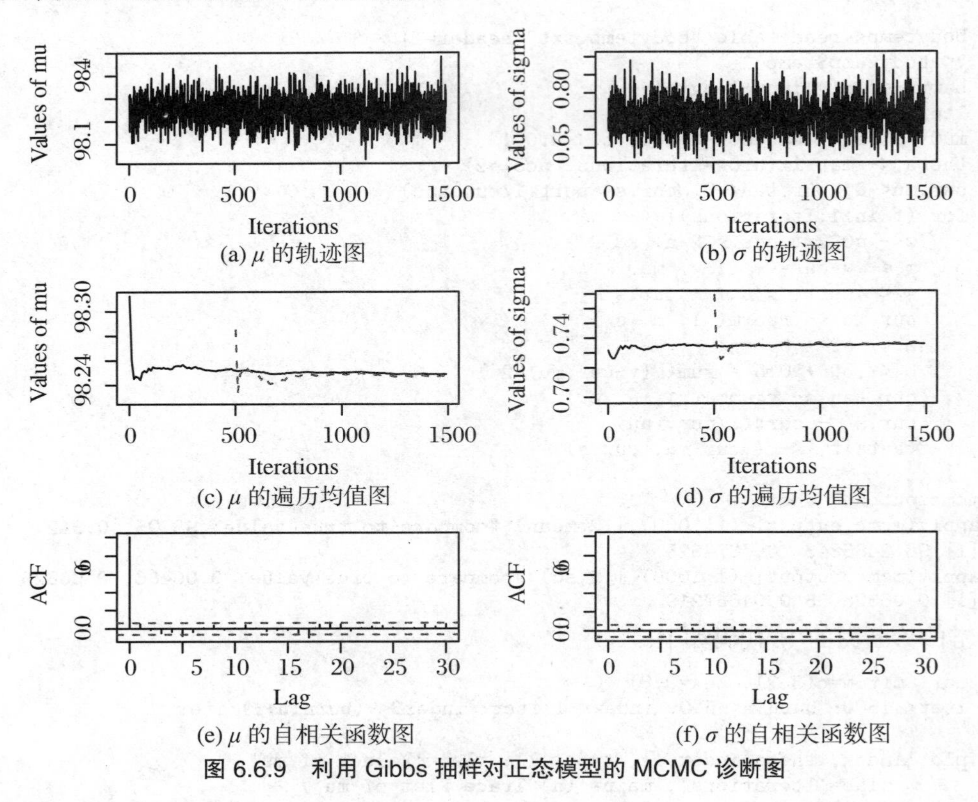

(a) μ 的轨迹图 (b) σ 的轨迹图

(c) μ 的遍历均值图 (d) σ 的遍历均值图

(e) μ 的自相关函数图 (f) σ 的自相关函数图

图 6.6.9 利用 Gibbs 抽样对正态模型的 MCMC 诊断图

2. 切片 Gibbs 抽样方法

切片 Gibbs 抽样 (slice Gibbs sampler), 它本质上是基于 Gibbs 抽样的, 主要用于完全的条件分布没有简单或者方便的形式的情形. 这个方法通过添加一些辅助变量把参数空间扩大, 但保持感兴趣的边际分布不变, 而把所有的条件分布转变成标准形式. 然后可以使用标准的 Gibbs 抽样方法.

切片 Gibbs 抽样的想法如下. 考虑目标分布 $g(x)$, 它很难进行抽样. 我们引入一个新的辅助变量 u, 其条件分布为 $f(u|x)$, 则联合分布为

$$f(u,x) = f(u|x)g(x).$$

而 x 的边际分布等于目标分布 $g(x)$. 因此我们可以使用 Gibbs 算法从联合分布 $f(u,x)$ 以及边际分布 $f(u)$ 和 $f(x) = g(x)$ 中产生随机数:

(1) 产生 $u \sim f(u|x)$;

(2) 产生 $x \sim f(u|x)g(x)$.

由于 $f(u|x)$ 在上述计算中出现两次, 因此其选取要使得从分布 $f(u|x)$ 和 $f(u|x)g(x)$ 中很方便地抽样, 常用的一个选择是均匀分布 $U(0,g(x))$, 此时

$$f(u,x)=\frac{1}{g(x)}g(x)I(0<u<g(x))=I(0<u<g(x)),$$
$$f(x)=\int I(0<u<g(x))\mathrm{d}u=g(x).$$

因此, 此时 Gibbs 抽样算法如下

(1) 产生 $u^{(t)}\sim U(0,g(x^{(t-1)}))$;

(2) 产生 $x^{(t)}\sim U(x:0\leqslant u^{(t)}\leqslant g(x))$.

对贝叶斯分析来说, 经常选择 $u\sim U(0,f(y|\theta))$, 联合分布为

$$f(\theta,u|y)\propto\left[\prod_{i=1}^{n}I(0\leqslant u_i\leqslant f(y_i|\theta))\right]f(\theta).$$

从而 Gibbs 算法如下:

(1) 令 $\theta=\theta^{(t-1)}$.

(2) 对 $i=1,\cdots,n$, 产生 $u_i^{(t)}\sim U(0,f(y_i|\theta))$.

(3) 对 $j=1,\cdots,d$, 更新 $\theta_j\sim f(\theta_j)\prod\limits_{i=1}^{n}I(0\leqslant u_i^{(t)}\leqslant f(y_i|\theta))$.

(4) 令 $\theta^{(t)}=\theta$.

例 6.6.8 (切片 Gibbs 抽样: Logistic 回归中的应用)　考虑例 6.6.5 中 WAIS 数据分析的例子.

解　我们选取辅助变量, 使得

$$f(u,\beta_0,\beta_1|\boldsymbol{y})\propto\prod_{i=1}^{n}I\left(u_i\leqslant\frac{\mathrm{e}^{\beta_0y_i+\beta_1x_iy_i}}{1+\mathrm{e}^{\beta_0+\beta_1x_i}}\right)\exp\left\{-\frac{(\beta_0-\mu_{\beta_0})^2}{2\sigma_{\beta_0}^2}-\frac{(\beta_1-\mu_{\beta_1})^2}{2\sigma_{\beta_1}^2}\right\}.$$

从而 β_0,β_1 的边际分布为

$$\begin{aligned}f(\beta_0,\beta_1|\boldsymbol{y})&=\int f(u,\beta_0,\beta_1|\boldsymbol{y})\mathrm{d}u\\&\propto\prod_{i=1}^{n}\frac{\mathrm{e}^{\beta_0y_i+\beta_1x_iy_i}}{1+\mathrm{e}^{\beta_0+x_i\beta_1}}\exp\left\{-\frac{(\beta_0-\mu_{\beta_0})^2}{2\sigma_0^2}-\frac{(\beta_1-\mu_{\beta_1})^2}{2\sigma_1^2}\right\}.\end{aligned}$$

即为我们在例 6.6.5 中的模型. 这里我们使用切片 Gibbs 抽样方法:

(1) 对 $i=1,\cdots,n$, 从如下分布中产生 u_i:

$$u_i|u_{-i},\beta_0,\beta_1,\boldsymbol{y}\sim U\left(0,\frac{\mathrm{e}^{\beta_0y_i+\beta_1x_iy_i}}{1+\mathrm{e}^{\beta_0+x_i\beta_1}}\right).$$

(2) 从如下分布中产生 β_0:

$$\beta_0|u,\beta_1,\boldsymbol{y}\sim N(\mu_{\beta_0},\sigma_{\beta_0}^2)\prod_{i=1}^{n}I\left(u_i\leqslant\frac{\mathrm{e}^{\beta_0y_i+\beta_1x_iy_i}}{1+\mathrm{e}^{\beta_0+x_i\beta_1}}\right),$$

(3) 从如下分布中产生 β_1:

$$\beta_1|u,\beta_0,\boldsymbol{y} \sim N(\mu_{\beta_1},\sigma^2_{\beta_1})\prod_{i=1}^{n} I\left(u_i \leqslant \frac{\mathrm{e}^{\beta_0 y_i+\beta_1 x_i y_i}}{1+\mathrm{e}^{\beta_0+x_i\beta_1}}\right).$$

上述条件后验分布为截断的正态分布. 截断的区间定义为 $u_i \leqslant (\mathrm{e}^{\beta_0 y_i+\beta_1 x_i y_i})/(1+\mathrm{e}^{\beta_0+x_i\beta_1})$, 其可以重新表示为

$$\begin{aligned} u_i \leqslant \frac{\mathrm{e}^{\beta_0+\beta_1 x_i}}{1+\mathrm{e}^{\beta_0+x_i\beta_1}} \quad &\Longrightarrow \quad \beta_0+\beta_1 x_i \geqslant \ln\frac{u_i}{1-u_i} \quad (y_i=1), \\ u_i \leqslant \frac{1}{1+\mathrm{e}^{\beta_0+x_i\beta_1}} \quad &\Longrightarrow \quad \beta_0+\beta_1 x_i \leqslant \ln\frac{1-u_i}{u_i} \quad (y_i=0), \end{aligned}$$

从而得到

$$\max_{i:y_i=1}\ln\frac{u_i}{1-u_i} \leqslant \beta_0+\beta_1 x_i \leqslant \min_{i:y_i=0}\ln\frac{1-u_i}{u_i}.$$

对 β_0,β_1 解上述不等式, 得到

$$\begin{aligned} l_0 &= \max_{i:y_i=1}\left\{\ln\frac{u_i}{1-u_i}-\beta_1 x_i\right\} \leqslant \beta_0 \leqslant u_0 = \min_{i:y_i=0}\left\{\ln\frac{1-u_i}{u_i}-\beta_1 x_i\right\}. \\ l_1 &= \max_{i:y_i=1}\left\{x_i^{-1}\left(\ln\frac{u_i}{1-u_i}-\beta_0\right)\right\} \leqslant \beta_1 \leqslant u_1 = \min_{i:y_i=0}\left\{x_i^{-1}\left(\ln\frac{1-u_i}{u_i}-\beta_0\right)\right\}. \end{aligned}$$

在此例中, 所有的 x_i 都大于 0. 因此参数 β_0 和 β_1 最终由分布 $N(\mu_{\beta_0},\sigma^2_{\beta_0})I(l_0,u_0)$ 和 $N(\mu_{\beta_1},\sigma^2_{\beta_1})\cdot I(l_1,u_1)$ 产生.

这里我们要从一个截断分布中产生随机数, 这并不困难. 事实上, 若要从如下截断分布中抽样,

$$F^T_{[a,b]}(x) = P(X \leqslant x|a \leqslant X \leqslant b) = \frac{F(x)-F(a)}{F(b)-F(a)} \quad (a \leqslant x \leqslant b),$$

则我们可以产生 $u \sim U(0,1)$. 然后令 $u = F^T_{[a,b]}(x)$, 那么解此方程得到

$$x = F^{-1}(F(a)+u(F(b)-F(a))).$$

实现如上分析的 R 代码如下:

```
y<-wais$senility; x<-wais$wais; n<-length(y) positive<- y==1
Iterations<-55000; mu.beta<-c(0,0); s.beta<-c(100,100)
beta <-matrix(nrow=Iterations, ncol=2); acc.prob <-0
current.beta<-c(0,0); u<-numeric(n)
for (t in 1:Iterations){
     eta<-current.beta[1]+current.beta[2]*x
     U<-exp(y*eta)/(1+exp(eta))
     u<-runif( n, rep(0,n), U)
     logitu<-log( u/(1-u) )
     logitu1<-  logitu[positive]
     logitu2<- -logitu[!positive]

     l0<- max( logitu1 - current.beta[2]*x[positive] )
     u0<- min( logitu2 - current.beta[2]*x[!positive] )
```

```
    unif.random<-runif(1,0,1)
    fa<- pnorm(l0, mu.beta[1], s.beta[1])
    fb<- pnorm(u0, mu.beta[1], s.beta[1])
    current.beta[1] <- qnorm( fa + unif.random*(fb-fa),
                              mu.beta[1], s.beta[1])

    l1<- max( (logitu1 - current.beta[1])/x[positive] )
    u1<- min( (logitu2 - current.beta[1])/x[!positive] )
    unif.random<-runif(1,0,1)
    fa<- pnorm(l1, mu.beta[2], s.beta[2])
    fb<- pnorm(u1, mu.beta[2], s.beta[2])
    current.beta[2] <- qnorm( fa + unif.random*(fb-fa),
                         mu.beta[2], s.beta[2])
    beta[t,]<-current.beta
}
apply(beta[-(1:15000),],2,mean)
[1]  2.5647695 -0.3427667
apply(beta[-(1:15000),],2,sd)
[1] 1.305041 0.125672
```

链的收敛诊断图程序如下:

```
par(mfrow=c(3,2))
iter<-55000
burnin<-15000
index<-seq(1,iter,50)
index2<-(burnin+1):iter

plot(index, beta[index,1], type='l', ylab='Values of beta0',
        xlab='Iterations', main='(a) Trace Plot of beta0')
plot(index, beta[index,2], type='l', ylab='Values of beta1',
        xlab='Iterations', main='(b) Trace Plot of beta1')

iter<-55000; burnin<-15000; index<-seq(1,iter,1)
index2<-(burnin+1):iter

ergbeta0<-erg.mean(beta[index,1])
ergbeta02<-erg.mean(beta[index2,1])
ylims0<-range(c(ergbeta0,ergbeta02))

ergbeta1<-erg.mean(beta[index,2])
ergbeta12<-erg.mean(beta[index2,2])
ylims1<-range( c(ergbeta1,ergbeta12))

step<-50; index3<-seq(1,iter,step); index4<-seq(burnin+1,iter,step)

plot(index3, ergbeta0[index3], type='l', ylab='Values of beta0',
     xlab='Iterations', main='(c) Ergodic Mean Plot of beta0', ylim=ylims0)
lines(index4, ergbeta02[index4-burnin], col=2, lty=2)

plot(index3, ergbeta1[index3], type='l', ylab='Values of beta1',
    xlab='Iterations', main='(d) Ergodic Mean Plot of beta1', ylim=ylims1)
lines(index4, ergbeta12[index4-burnin], col=2, lty=2)

lag.to.print<-900
acf1<-acf(beta[index2,1], main='Autocorrelations Plot for beta0',
          lag.max=lag.to.print, plot=FALSE)
acf2<-acf(beta[index2,2], main='Autocorrelations Plot for beta1',
          lag.max=lag.to.print, plot=FALSE)

acf.index<-seq(1,lag.to.print,20)
```

```
plot(acf1[acf.index], main='(e) Auto-correlations for beta0'
     sub='(Thin=600 iterations)')
plot(acf2[acf.index], main='(f) Auto-correlations for beta1'
     sub='(Thin=600 iterations)')
```

图 6.6.10 是算法收敛性的诊断图, 包括 β_0 和 β_1 的轨迹图、遍历均值图和自相关函数图. 图 6.6.10 (e) 和 (f) 分别是 β_0 和 β_1 的自相关图, 图上显示自相关性较高, 马尔可夫链的抽样步长 $L=600$ 左右, 说明收敛性较慢; 从遍历均值图 (c) 和 (d) 可看出在经过大约 15000 次迭代后, 链达到平稳状态; 链的轨迹图 (a) 和 (b) 在经历 10000 多次迭代后混合得也较好. 这些都表示, 去掉 15000 次预烧期后, 由链生成的样本的表现应是很好的.

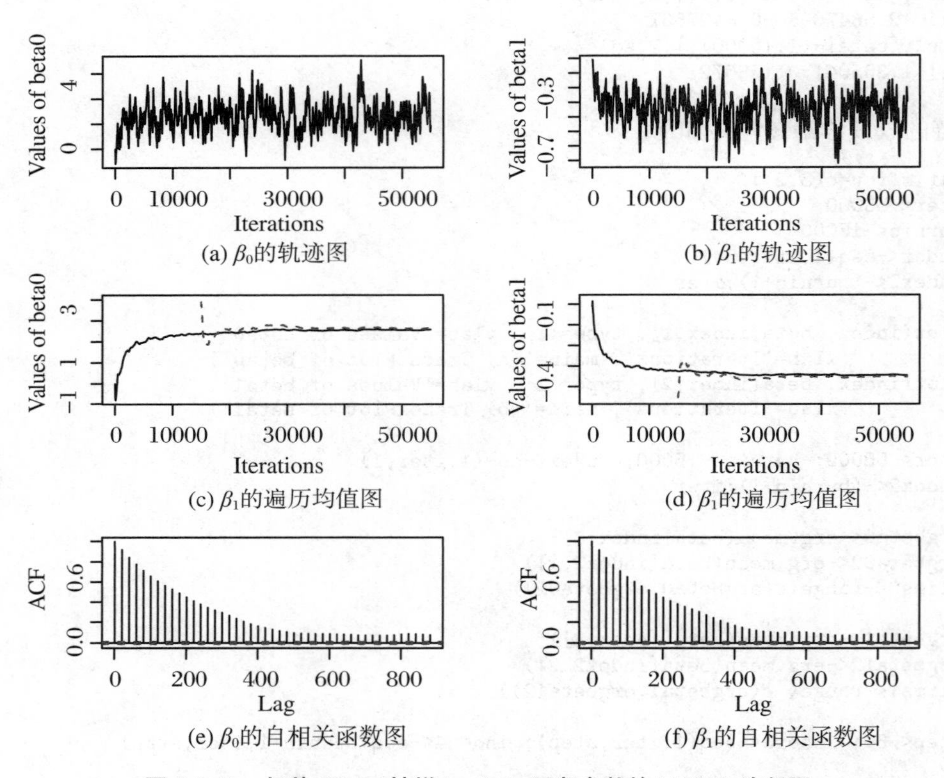

图 6.6.10 切片 Gibbs 抽样 Logistic 回归参数的 MCMC 诊断图

6.6.4 可逆跳转马尔可夫链蒙特卡洛

在一些情形下, 特别是对模型选择问题, MCMC 过程应该能够在两个不同维数的参数空间之间移动. 前面描述的标准 Metropolis-Hastings 算法是不具有这种性质的, 而 Green (1995) 的可逆跳转算法是标准 Metropolis-Hastings 算法的推广, 完全满足这种需要. 这种算法的基本想法如下: 给定两个模型 M_1 和 M_2, 其相应的参数为 θ_1 和 θ_2, 它们的维数可能是不相同的. 其维数之间的差异通过补充一些辅助参数来弥补, 即取合

适的辅助参数变量 γ_{12} 和 γ_{21}, 使得 (θ_1,γ_{12}) 和 (θ_2,γ_{21}) 之间为一一映射. 现在再使用标准的 Metropolis-Hastings 算法在两个模型之间移动, Metropolis-Hastings 链在一个模型内的移动是不需要辅助变量的. 下面我们详细介绍这种方法, 更多的介绍可以参考 Robert 和 Casella (1999), Green (1995), Sorensen et al.(2002), Waagepetersen et al.(2001) 以及 Brooks et al.(2003) 等等.

假定我们有模型 k $(k\in\mathcal{K})$, $\mathcal{K}$ 为一可数集, 且模型 k 有连续的参数空间 $\Theta_k\in\mathbb{R}^{n_k}$, 不同模型的参数维数可能是不相同的. 假定模型的先验分布为

$$P(k)=p_k\quad(k\in\mathcal{K}).$$

显然 $\sum\limits_{k\in\mathcal{K}}p_k=1$. 而对每个模型 k, 参数 $\boldsymbol{\theta}_k$ 的先验分布为 $\pi(\boldsymbol{\theta}|k)$. 记样本为 $\boldsymbol{y}$, 假设 $f(\boldsymbol{y}|k,\boldsymbol{\theta}_k)$ 为在模型 k 下的似然函数, 则 $(k,\boldsymbol{\theta}_k)$ 的后验分布为

$$\pi(k,\boldsymbol{\theta}_k|\boldsymbol{y})=\frac{p_k\pi(\boldsymbol{\theta}_k|k)f(\boldsymbol{y}|k,\boldsymbol{\theta}_k)}{\sum\limits_{j\in\mathcal{K}}p_j\int_{\Theta_j}\pi(\boldsymbol{\theta}_j|j)f(\boldsymbol{y}|j,\boldsymbol{\theta}_j)\mathrm{d}\boldsymbol{\theta}_j}.\tag{6.6.1}$$

在模型选择中经常需要计算模型 k 相对于模型 l 的贝叶斯因子, 即

$$\frac{P^\pi(k|\boldsymbol{y})}{P^\pi(l|\boldsymbol{y})}\cdot\frac{\pi_l}{\pi_k},$$

其中

$$P^\pi(k|\boldsymbol{y})=\frac{p_k\int_{\Theta_k}\pi(\boldsymbol{\theta}_k|k)f(\boldsymbol{y}|k,\boldsymbol{\theta}_k)\mathrm{d}\boldsymbol{\theta}_k}{\sum\limits_{j}p_j\int_{\Theta_j}\pi(\boldsymbol{\theta}_j|j)f(\boldsymbol{y}|j,\boldsymbol{\theta}_j)\mathrm{d}\boldsymbol{\theta}_j}$$

为模型 k 的后验概率. 一种计算方法就是单独计算每个 $P^\pi(k|\boldsymbol{y})$, 然后选择模型后验概率最大的模型, 或者使用后验概率 $P^\pi(k|\boldsymbol{y})$ 为权进行模型平均. 这种方法对存在大量的可选模型时是不可行的, 且效率低下. 另外一种方法就是使用所谓的*可逆跳转马尔可夫链蒙特卡洛方法*. 记 $\boldsymbol{x}=(k,\boldsymbol{\theta})$, 则 $\boldsymbol{x}$ 的取值空间为

$$\Theta=\prod_{k\in\mathcal{K}}\{\{k\}\times\Theta_k\},$$

其分布为式 (6.6.1). 按照 Metropolis-Hastings 算法, 我们提出构造一个以式 (6.6.1) 为平稳分布的马尔可夫链. 但是和前面的单模型下的算法不同, 这里状态空间由一些不同维数的子空间构成. 因此需要运行算法在不同维数的子空间 (不同模型) 之间跳转. 按照 Metropolis-Hastings 算法的要求, 我们需要使用一个提议分布 $q(\cdot|\boldsymbol{x})$, 在当前状态 $\boldsymbol{x}$ 下, 产生一个候选状态 $\boldsymbol{x}'$, 并以一定的接受概率 $\alpha(\boldsymbol{x},\boldsymbol{x}')=\min\{1,\pi(\boldsymbol{x}')q(\boldsymbol{x}|\boldsymbol{x}')/[\pi(\boldsymbol{x})q(\boldsymbol{x}'|\boldsymbol{x})]\}$ 接受其为下一步状态. 在本节问题背景下, $\boldsymbol{x}=(k,\boldsymbol{\theta}_k)$, $\boldsymbol{x}'=(m,\boldsymbol{\theta}_m)$. 由于 $q(m,\boldsymbol{\theta}_m|\boldsymbol{x})=q(m|\boldsymbol{x})q(\boldsymbol{\theta}_m|\boldsymbol{x},m)$, 可以更特别地取 $q(m|\boldsymbol{x})=q(m|k)$, 即仅依赖于当前模型指示变量 k. 类似地, $q(\boldsymbol{\theta}_m|\boldsymbol{x},m)=q(\boldsymbol{\theta}_m|\boldsymbol{\theta}_k)$. 因此接受概率

$$\alpha(\boldsymbol{x},\boldsymbol{x}')=\min\left\{1,\frac{\pi(m,\boldsymbol{\theta}_m|\boldsymbol{y})q(k|m)q(\boldsymbol{\theta}_k|\boldsymbol{\theta}_m)}{\pi(k,\boldsymbol{\theta}_k|\boldsymbol{y})q(m|k)q(\boldsymbol{\theta}_m|\boldsymbol{\theta}_k)}\right\}.$$

但是由于 $\boldsymbol{\theta}_m$ 与 $\boldsymbol{\theta}_k$ 的维数差异, 选择合适的密度 $q(\boldsymbol{\theta}_m|\boldsymbol{\theta}_k)$ 比较困难. 在从 $q(m|k)$ 中产生了 m 后, 建立 $\boldsymbol{\theta}_k$ 到 $\boldsymbol{\theta}_m$ 的转移的一种常用的办法就是选取辅助变量 $\boldsymbol{u}$ 和 $\boldsymbol{v}$, 使得 $(\boldsymbol{\theta}_k,\boldsymbol{u})$ 和 $(\boldsymbol{\theta}_m,\boldsymbol{v})$ 的维数是匹配的:

$$k+\dim(\boldsymbol{u})=m+\dim(\boldsymbol{v}).$$

因此, 假设我们从某个提议密度 $g(\boldsymbol{u}|\boldsymbol{\theta}_k,m)$ 中产生一个 $\boldsymbol{u}$, 然后通过一一映射 ϕ 建立

$$(\boldsymbol{\theta}_m,\boldsymbol{v})=\phi(\boldsymbol{\theta}_k,\boldsymbol{u}).$$

由密度变换公式知道 $(\boldsymbol{\theta}_m,\boldsymbol{v})$ 的密度为

$$g(\boldsymbol{v}|\boldsymbol{\theta}_m)q(\boldsymbol{\theta}_m)=\frac{g(\boldsymbol{u}|\boldsymbol{\theta}_k)q(\boldsymbol{\theta}_k)}{|\det(\boldsymbol{J}_\phi(\boldsymbol{\theta}_k,\boldsymbol{u}))|},$$

其中 $\det(\boldsymbol{J}_\phi(\boldsymbol{\theta}_k,\boldsymbol{u}))$ 为一一映射 ϕ 在 $(\boldsymbol{\theta}_i,\boldsymbol{u})$ 处的雅可比 (Jacobi) 行列式值. 于是

$$\frac{q(\boldsymbol{\theta}_k|\boldsymbol{\theta}_m)}{q(\boldsymbol{\theta}_m|\boldsymbol{\theta}_k)}=\frac{q(\boldsymbol{\theta}_k)}{q(\boldsymbol{\theta}_m)}=\frac{g(\boldsymbol{v}|\boldsymbol{\theta}_m)}{g(\boldsymbol{u}|\boldsymbol{\theta}_k)}\Big|\det(\boldsymbol{J}_\phi(\boldsymbol{\theta}_k,\boldsymbol{u}))\Big|.$$

所以接受概率

$$\alpha(\boldsymbol{x},\boldsymbol{x}')=\min\left\{1,\frac{\pi(m,\boldsymbol{\theta}_m|\boldsymbol{y})q(k|m)g(\boldsymbol{v}|\boldsymbol{\theta}_m)}{\pi(k,\boldsymbol{\theta}_k|\boldsymbol{y})q(m|k)g(\boldsymbol{u}|\boldsymbol{\theta}_k)}\Big|\det(\boldsymbol{J}_\phi(\boldsymbol{\theta}_k,\boldsymbol{u}))\Big|\right\}.$$

综上所述, 可逆跳转马尔可夫蒙特卡洛算法如下:

对 t 迭代. 若 $\boldsymbol{x}_t=(k,\boldsymbol{\theta}_k)$, 则

(1) 以概率 $q(m|k)$ 选择模型 m;

(2) 从提议分布 $g(\boldsymbol{u}|\boldsymbol{\theta}_k,m)$ 中产生 $\boldsymbol{u}$, 令 $(\boldsymbol{\theta}_m,v)=\phi(\boldsymbol{\theta}_k,\boldsymbol{u})$;

(3) 如果候选点以概率

$$\alpha(\boldsymbol{x}_t,\boldsymbol{x}_{t+1})=\min\left\{1,\frac{\pi(m,\boldsymbol{\theta}_m|\boldsymbol{y})q(k|m)g(\boldsymbol{v}|\boldsymbol{\theta}_m)}{\pi(k,\boldsymbol{\theta}_k|\boldsymbol{y})q(m|k)g(\boldsymbol{u}|\boldsymbol{\theta}_k)}\Big|\det(\boldsymbol{J}_\phi(\boldsymbol{\theta}_k,\boldsymbol{u}))\Big|\right\}$$

被接受, 则令 $\boldsymbol{x}_{t+1}=(m,\boldsymbol{\theta}_m)$, 否则 $\boldsymbol{x}_{t+1}=\boldsymbol{x}_t$.

例 6.6.9 在对计数数据进行建模时, 经常感兴趣的一个问题是数据对泊松分布来说是否过度分散. 如果过度分散, 则使用负二项分布来拟合可能更合适. 对于给定的数据 y, 使用可逆跳转 MCMC 方法进行模型选择.

解 给定容量为 n 的 i.i.d. 样本 $\boldsymbol{y}$ 时, 在参数为 $\lambda>0$ 的泊松分布下似然函数为

$$L(\boldsymbol{y}|\lambda)=\prod_{i=1}^{n}\frac{\lambda^{y_i}}{y_i!}\mathrm{e}^{-\lambda_i y_i}.$$

而在参数 $\lambda>0,\kappa>0$ 的负二项分布下似然函数为

$$L(\boldsymbol{y}|\lambda,\kappa)=\prod_{i=1}^{n}\frac{\lambda^{y_i}}{y_i!}\cdot\frac{\Gamma(1/\kappa+y_i)}{\Gamma(1/\kappa)(1/\kappa+\lambda)^{y_i}}(1+\kappa\lambda)^{-1/\kappa}.$$

泊松分布和负二项分布的均值都为 λ, 而负二项分布的方差为 $\lambda(1+\kappa\lambda)$, 因而更适合过度分散的数据.

假设两个模型指示变量的先验分布为 $P(k=1)=P(k=2)=0.5$. 参数 $\theta_1=\lambda$ 以及 $\boldsymbol{\theta}_2=(\theta_{21},\theta_{22})=(\lambda,\kappa)$ 的先验取为 $\theta_1,\theta_{21}\sim\Gamma(\alpha_\lambda,\beta_\lambda)$, 而 $\theta_{22}\sim\Gamma(\alpha_\kappa,\beta_\kappa)$. 于是得到后验分布

$$\pi(k,\theta_k|\boldsymbol{y})\propto\begin{cases}\dfrac{1}{2}\,p(\theta_1|k=1)\,L(\boldsymbol{y}|\theta_1), & k=1,\\[2ex] \dfrac{1}{2}\,p(\theta_{21},\theta_{22}|k=2)\,L(\boldsymbol{y}|\boldsymbol{\theta}_2), & k=2,\end{cases}$$

其中 $p(\theta_1|k=1)=\gamma(\theta_1,\alpha_\lambda,\beta_\lambda)$, $p(\theta_{21},\theta_{22}|k=2)=\gamma(\theta_{21},\alpha_\lambda,\beta_\lambda)\gamma(\theta_{22},\alpha_\kappa,\beta_\kappa)$, 以及 $\gamma(\cdot,\alpha,\beta)$ 为 $\Gamma(\alpha,\beta)$ 的密度函数.

下面我们构造从模型 1 到模型 2 的合适转移. 记 $\boldsymbol{x}=(1,\theta)$ 为当前链的状态, 由于模型 1 中没有和参数 κ 等价 (即和 κ 无关) 的分量, 我们这里采用一个独立的方法. 具体地说, 我们从 $N(0,\sigma^2)$ 中产生 u, 这里 σ^2 是固定的, $N(0,\sigma^2)$ 的密度记为 g, 然后令 $\boldsymbol{x}'=(2,\boldsymbol{\theta}')$, 其中 $\boldsymbol{\theta}'=(\theta_1',\theta_2')=\phi(\theta,u)=(\theta,\mu\mathrm{e}^u)$, 其中 μ 为固定的. 换句话说, 就是 λ 在变换中不变, 而 κ 是一个对数正态随机变量. 因而变换的雅可比行列式的值为

$$|\boldsymbol{J}|=\begin{vmatrix}\dfrac{\partial\theta_1'}{\partial\theta} & \dfrac{\partial\theta_1'}{\partial u}\\[2ex] \dfrac{\partial\theta_2'}{\partial\theta} & \dfrac{\partial\theta_2'}{\partial u}\end{vmatrix}=\mu\mathrm{e}^u.$$

再看从模型 2 到模型 1 的转移. 令 $(\theta,u)=\phi'(\boldsymbol{\theta}')=(\theta_1',\ln(\theta_2'/\mu))$. 从而从模型 1 到模型 2 的接受概率为 $\min\{1,A_{12}\}$, 其中

$$A_{12}=\frac{\pi(2,\theta'|\boldsymbol{y})}{\pi(1,\theta|\boldsymbol{y})}\left(\frac{1}{\sqrt{2\pi}\sigma}\exp\left\{-\frac{u^2}{2\sigma^2}\right\}\right)^{-1}\mu\mathrm{e}^u.$$

而从模型 2 转移到模型 1 的接受概率为 $\min\{1,A_{21}\}$, 其中

$$A_{21}=\frac{\pi(1,\theta|\boldsymbol{y})}{\pi(2,\theta'|\boldsymbol{y})}\cdot\frac{1}{\sqrt{2\pi}\sigma}\exp\left\{-\frac{[\ln(\theta_2'/\mu)]^2}{2\sigma^2}\right\}\frac{1}{\theta_2'}.$$

R 代码如下:

```
rjmc<-function(y,model,lambda,theta,kkappa,alpha,beta,alpha.kappa,beta.kappa,
sigma,mu,run){
   output<-matrix(0,nrow=run,ncol=3)

   for(i in 1:run){
   if(model==1){
     u<-rnorm(1,std=sigma)
     kkappa<-mu*exp(u)
     lik1<-prod(dpois(y,lambda))
     lik2<-prod(dnbinom(y,1/kkappa,1-kkappa*lambda/(1+kkappa*lambda)))
     post1<-dgamma(lambda,alpha,beta)*lik1
     post2<-dgamma(lambda,alpha,beta)*
           dgamma(kkappa,alpha.kappa,beta.kappa)*lik2
     ratio<-post2/post1*mu*exp(u)/dnorm(u,sd=sigma)
```

```
      if(runif(1)<ratio){
         mod<-2
         theta<-lambda
         kkappa<-kkappa
        }
    }

   if(model==2){
     u<-log(kkappa)/mu
     lik1<-prod(dpois(y,theta))
     lik2<-prod(dnbinom(y,1/kkappa,1-kkappa*theta/(1+kkappa*lambda)))
     post1<-dgamma(theta,alpha,beta)*lik1
     post2<-dgamma(theta,alpha,beta)*
           dgamma(kkappa,alpha.kappa,beta.kappa)*lik2
     ratio<-post1/post2*dnorm(log(kkappa/mu),sd=sigma)/kkappa
     if(runif(1)<ratio){
        mod<-1
        lambda<-theta
       }
   }

   model<-mod
   if(model==1) output[i,]<-c(1,lambda,0)
   if(model==2) output[i,]<-c(2,theta,kkappa)
   }
   output
 }
```

6.7 R 与 WinBUGS 软件

R (S 和 Splus 的开源版本) 是一套完整的数据处理、计算和制图软件系统. 其功能包括: 数据存储和处理系统、数组运算功能 (向量、矩阵运算方面功能尤其强大)、完整连贯的统计分析功能、优秀的统计制图功能、简便而强大的编程功能. 对贝叶斯计算来说, 可以直接使用 Gibbs 抽样和 Metroplis 算法进行编程, 前面我们都是如此做的. 对于高计算强度的问题, 可以使用 Fortran 或者 C 语言, 然后从 R 中通过接口调用.

BUGS (Bayesian inference Using Gibbs Sampling) 是一个免费软件, 其允许用户指定复杂的多层模型, 并使用 MCMC 算法来估计模型中的未知参数. WinBUGS 是 BUGS 在 Windows 平台下的版本, 而 openBUGS 是 BUGS 的开源版本. 其他的版本有 geoBUGS (用于空间数据分析) 和 pkBUGS (用于药物动力学数据分析) 等, 可以访问 http://www.mrc-bsu.cam.ac.uk/software/bugs/ 查看详细介绍. 本节中我们主要简单介绍 WinBUGS, 它与使用其他软件得到的分析结果是一致的, 即便它们使用不同的 MCMC 算法. 使用 WinBUGS 软件进行贝叶斯分析的详细介绍也可以参考 Ntzoufras (2009).

6.7.1 使用 WinBUGS 建立模型

建立一个贝叶斯模型的过程包括: 指定似然函数和先验分布; 读入数据以及设定 MCMC 链的初始值. WinBUGS 模型中的参数/变量有三类:

(1) 常量: 取固定值的量.

(2) 随机部分: 通过一个概率分布来描述, 模型的参数和响应变量都是随机变量, 分别通过先验分布和似然函数来描述. 随机部分在应用 MCMC 算法时还要指定初始值.

(3) 逻辑部分: 通过一个数学表达式来刻画变量之间的关系.

1. 模型的指定

模型的指定包括似然函数和先验分布两部分, 即指定响应变量的分布

$$y \sim \text{distribution}(\vartheta),$$

其中 ϑ 和一些解释变量有关系, $\vartheta = h(\theta, x_1, \cdots, x_p)$. 因此似然函数为

$$f(y|\theta) = \prod_{i=1}^{n} f(y_i|\vartheta = h(\theta, x_{i1}, \cdots, x_{ip})).$$

此似然函数在 WinBUGS 里的代码如下:

```
model{
  for(i in 1:n){
     y[i]~distribution.name(parameter1[i],parameter2[i],...)
     parameter1[i]<-function of theta and X's
     parameter2[i]<-function of theta and X's
     ...}
}
```

指定完似然函数后, 紧接着需要指定参数的先验分布:

```
theta1~distribution.name
theta2~distribution.name
...
```

可以看到, 这些命令语言和 R 非常类似. WinBUGS 直接支持的分布函数可以参看 WinBUGS 菜单 help-user manual-distribution. 需要注意的是, 有些分布参数和 R 里面对应的分布参数意义不同. 例如, 正态分布是通过指定均值和精度参数, 而不是均值和标准差参数.

在 WinBUGS 中, 所有的命令顺序是没有关系的, 而不像 R/Splus 中命令是按顺序执行的. 数学运算仅适用于一维节点 (变量), 不需要提前定义向量或者数组变量. 在引用时, 变量名紧跟方括号, 表示该向量或者数组. 例如向量 $\boldsymbol{x}$, 用 x[ ] 表示, 而 x[,,] 表示一个三维数组.

2. 数据的格式

在 WinBUGS 里, 各种类型的数据放在一个 list 里. 数据包括模型里常变量的值, 如变量个数、样本容量等, 以及样本值、MCMC 算法的初始值等. 数据的读入可以通过两种方式: list 和 rectangular 格式.

(1) list 格式

```
list.name=list(变量名 1= 值,  变量名 2= 值)
```

它与 R 中的 *list* 定义相同. 对于向量或者矩阵元素的访问和 R 相同. 但是在 R 中, 对整个向量或者矩阵操作只需使用其名称, 而在 WinBUGS 中, 需要使用名称 [ ] 或者名称 [,] 的形式. 此外, 两者创建矩阵的命令也不同, 在 WinBUGS 中创建一个矩阵的语法格式为

```
matrix.name=structure(
            .Data=c(value1, value2, ..., valuek),
            .Dim=c(row.number, col.number))
```

矩阵 matrix.name 是由 .Data 中的元素在 .Dim 规定下按照行顺序生成的. 在上述语法中, 如果.Dim 是三维以上的, 则会创建多维数值. 因此, 在 R/Splus 中, 使用

```
> a<-structure(.Data=c(1:12),.Dim=c(3,4)) # 列顺序生成
> a
        [,1] [,2] [,3] [,4]
 [1,]     1    4    7    10
 [2,]     2    5    8    11
 [3,]     3    6    9    12
```

而在 WinBUGS 中, 按行顺序生成:

```
> a
       [,1] [,2] [,3] [,4]
  [1,]  1    2    3    4
  [2,]  5    6    7    8
  [3,]  9    10   11   12
```

高维的数组也有这样的区别.

(2) rectangular 格式

这种格式是使用数据的自然矩阵形式, 其第一行为各变量的名称, 各变量的值以行排列的方式排序, 最后一行以 **END** 结束, 并保持其后至少一个空行 (1.4 版本). 如

```
v1[]    v2[]    v3[]    v4[]    v5[]
val11   val12   val13   val14   val15
val21   val22   val23   val24   val25
val31   val32   val33   val34   val35
val41   val42   val43   val44   val45
END
                                 # 空行
```

例 6.7.1 (一个简单的数据指定)　假如我们有如下数据:

y	x1	x2	gender	age
12	2	0.3	1	20
23	5	0.2	2	21
54	9	0.9	1	23
32	11	2.1	2	20

我们需要加入两个变量: 样本量 ($n=4$) 和变量个数 ($p=5$). 于是可以用

```
list(n=4,p=5,y=c(12,23,54,32),x1=c(2,5,9,11),x2=c(0.3,0.2,0.9,2.1),
gender=c(1,2,1,2),age=c(20,21,24,20))
```

如果需要使用矩阵形式, 则表示如下:

```
list(n=4,p=5,datamatrix=structure(
    .Data=c(12,2,0.3,1,20,23,5,0.2,2,
              21,54,9,0.9,1,23,32,11,2.1,2,20),
    .Dim=c(4,5)))
```

在 WinBUGS 里, 在模型完成编译后, 可以使用菜单 Info 里的 Node Info 来查看指定的对象.

初始值用于初始化 MCMC 算法, 它们的格式和上述 list 格式相同.

例 6.7.2　假设我们有 10 个数据, 来自总体 $N(\mu,\sigma^2)$, 我们想推断 μ 和 σ^2. 先验分布为 $\mu\sim N(0,100)$, $\sigma^2\sim \Gamma^{-1}(0.01,0.01)$.

整个代码如下:

```
model{
     #likelihood
    for(i in 1:n)
      y[i]~dnorm(mu,tau)
      #prior
      mu~dnorm(0,0.01)
      tau~dgamma(0.01,0.01)
      #deterministic definition of variance
      sigma.squared<-1/tau
      sigma<-sqrt(sigma.squared)
      }

DATA
  list(n=10,y=c(1.806, 2.04, 1.423, -2.814, -1.196,
         -0.177, -0.233, -3.065, 0.871, 1.033))

INITIALS
  list(mu=0,tau=1)
```

在一个代码很长的文档中, 我们可以使用菜单 tools 里的 creat fold 命令来隐藏指定部分的代码, 以节约屏幕空间.

6.7.2　使用 WinBUGS 进行模型推断

在模型和数据代码完成后, 我们需要对模型进行编译, 才能开始进行 MCMC 模拟. 其步骤可以分为下面八步:

(1) 打开 model specification tool;

(2) 选定 model, 点击 check model 进行模型的语法正确性检查;

(3) 选定 list 或者变量名, 点击 load data 读入数据, 可能需要多次进行以读入全部数据.

(4) 点击 compile 进行编译模型;

(5) 设置 MCMC 链的个数, 读入初始值;

(6) 使用 Inference 菜单里的 samples 来设置监视我们感兴趣的变量;

(7) 运行 MCMC 算法, 产生随机数;

(8) 进行后续推断和分析.

例 6.7.3 (检测煤矿灾难事件数据的变点) 泊松分布 (过程) 常被用来对某个事件发生次数进行建模. 考虑英国煤矿 1851 年 3 月 15 日至 1962 年 3 月 22 日之间 10 多个煤矿、191 次爆炸事故数据. 从图 6.7.1 可以看出, 在某一年后, 灾难事件数明显减少, 我们的目的就是估计这个变点.

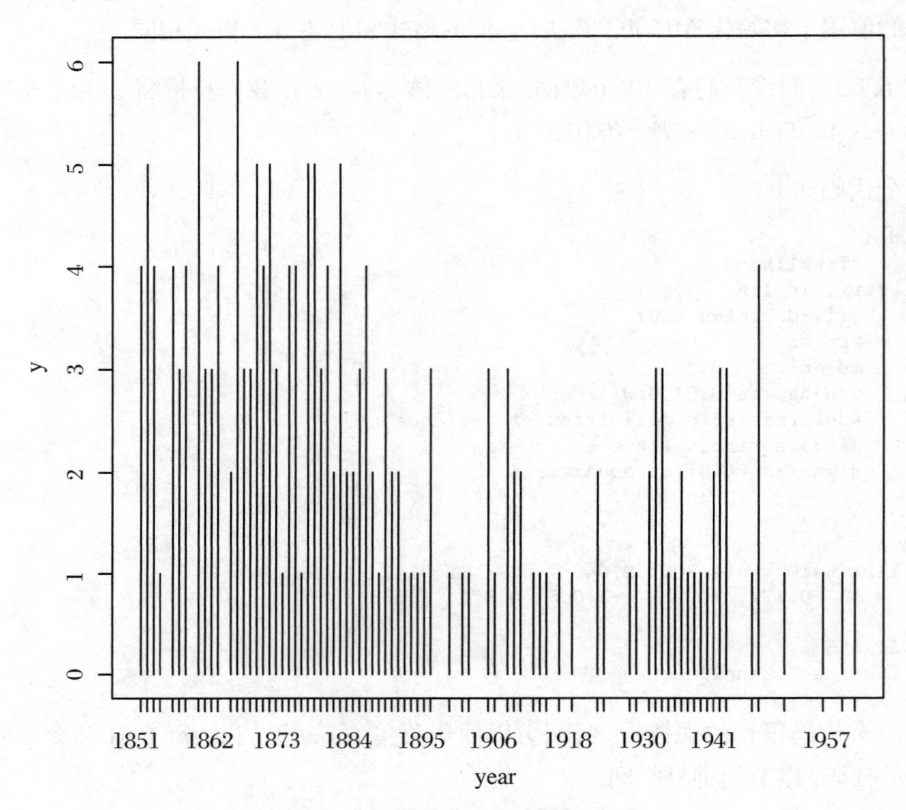

图 6.7.1 英国煤矿爆炸事故数据

首先我们从数据集 coal (在 R 中使用 {library(boot); data(coal)} 载入数据) 中导出每年的爆炸次数数据:

```
y <- floor(coal[[1]])
y <- tabulate(y)
y <- y[1851: length(y)]
```

此即我们的观测数据. 对此计数数据, 考虑如下模型:

$$y_i \sim P(\mu) \quad (i=1,\cdots,k),$$
$$y_j \sim P(\lambda), \quad (j=i+1,\cdots,n).$$

即假设在某个年份 (变点) 之前, 灾难数服从一个泊松分布, 而在此年后, 灾难数服从另一个泊松分布. 对 μ 和 λ 使用 ln (程序中用 log 表示). 因此, 在 WinBUGS 里的代码如下:

```
model { for( i in 1:n ) {
     y[i]~dpois(mu[i])
     log(mu[i]) <- b[1] + step(i - k) * b[2]
     }
for (j in 1:2) {
     b[j]~dnorm( 0.0,1.0E-6)
     }
     k~dunif(1,n)
}
```

对于数据和初始值指定, 可以通过 R 里的函数 dput 来得到和 WinBUGS 里格式最相近的一个形式, 经简单修改就可以得到

```
DATA list(n=112,y=c(4, 5, 4, 1, 0, 4, 3, 4, 0, 6, 3, 3, 4, 0, 2, 6,
     3, 3, 5, 4, 5, 3, 1, 4, 4, 1, 5, 5, 3, 4, 2, 5, 2, 2, 3, 4, 2, 1, 3,
     2, 2, 1, 1, 1, 1, 3, 0, 0, 1, 0, 1, 1, 0, 0, 3, 1, 0, 3, 2, 2, 0, 1,
     1, 1, 0, 1, 0, 1, 0, 0, 0, 2, 1, 0, 0, 0, 1, 1, 0, 2, 3, 3, 1, 1, 2,
     1, 1, 1, 1, 2, 3, 3, 0, 0, 0, 1, 4, 0, 0, 0, 1, 0, 0, 0, 0, 0, 1, 0,
     0, 1, 0, 1))

INITIALS list(b=c(0,0),k=50)
```

然后就可以进行 MCMC 模拟了.

6.7.3　使用 R 调用 WinBUGS

另外一种方式是使用 R 里的包 R2WinBUGS 来调用 WinBUGS. 安装好 WinBUGS 和此包后, 就可以在 R 里使用 WinBUGS 进行贝叶斯分析了. 在 R 里使用 WinBUGS 进行贝叶斯分析的主要函数为 bugs, 在运行此函数后, WinBUGS 会自动打开并运行相应的过程, 然后自动关闭. 对上面的这个例子, 一种做法是, 首先将模型的代码存入一个文本文档, 比如 “coal.bug”, 在 R 里执行的代码如下:

```
library("R2WinBUGS")
n=112
y=c(4,5,4,1,0,4,3,4,0,6,3,3,4,0,2,6,3,3,5,4,
    5,3,1,4,4,1,5,5,3,4,2,5,2,2,3,4,2,1,3,2,
    1,1,1,1,1,3,0,0,1,0,1,1,0,0,3,1,0,3,2,2,
    0,1,1,1,0,1,0,1,0,0,0,2,1,0,0,0,1,1,0,2,
    2,3,1,1,2,1,1,1,1,2,4,2,0,0,0,1,4,0,0,0,
    1,0,0,0,0,0,1,0,0,1,0,0)
data=list("n","y")
parameters <- c("k","b")
inits = function() {list(b=c(0,0),k=50)}
coal.sim<-bugs(data, inits, parameters, "coal.bug", n.chains=3,
    n.iter=10000,bugs.directory="C:/WinBUGS14")
attach.bugs(coal.sim)
print(coal.sim)
plot(coal.sim)
par(mfrow=c(2,1))
plot(density(b[,1]),xlab="beta1")
plot(density(b[,2]),xlab="beta2")
```

另外一种做法是使用 R2WinBUGS 包里的 write.model 函数, 直接在 R script 中将模型存在临时目录里. 然后就可以使用 bugs 函数来读取了. 具体代码如下:

```
coal<-function(){
  for( i in 1:n ) {
    y[i] ~ dpois(mu[i])
    log(mu[i]) <- b[1] + step(i - k) * b[2]
   }
  for (j in 1:2) {
    b[j] ~ dnorm( 0.0,1.0E-6)
    }
    k ~ dunif(1,n)
   }
 write.model(coal,"coal.bug")
 coal.sim <- bugs (data, inits, parameters, "coal.bug", n.chains=3,
      n.iter=10000,bugs.directory="C:/WinBUGS14")
```

在 R 里还可以调用包 coda 来做更多的分析, 如自相关图绘制、收敛诊断等等. 请参考 coda 的说明文档.

习 题 6

1. 假设有两个试验来测量 $m+n$ 个灯泡的寿命. 在第一个试验中, 测量 n 个灯泡的具体寿命, 得到寿命值 $y_1,\cdots,y_n$; 在第二个试验中, 只知道 m 个灯泡在一个固定时间 $t>0$ 时是否还能点亮. 假设灯泡的寿命服从均值为 $1/\theta$ 的指数分布, 先验分布选为 $\pi(\theta)\propto 1/\theta$. 使用 E-M 方法求后验分布的众数.
2. 在上题中, 使用均匀分布 $U(0,\theta)$ 表示灯泡的寿命分布, 以及先验分布为 $\pi(\theta)=I_{(0,\infty)}(\theta)$. 证明: 在求后验众数时 E-M 方法失效.
3. 下面为来自一个可靠性研究中的样本:

   $$0.56,\ 2.26,\ 1.90,\ 0.94,\ 1.40,\ 1.39,\ 1.00,\ 1.45,\ 2.32,\ 2.08,\ 0.89,\ 1.68$$

   假设寿命服从如下威布尔 (Weibull) 分布:

   $$f(x|\alpha,\eta)\propto \alpha\eta x^{\alpha-1}\mathrm{e}^{-\eta x^{\alpha}}\quad (0<x<\infty),$$

   其中 α,η 为参数. 考虑先验分布

   $$\pi(\alpha,\eta)\propto \mathrm{e}^{-\alpha}\eta^{\beta-1}\mathrm{e}^{-\xi\eta}.$$

   则给定样本 $x_1,\cdots,x_n$ 后, α 和 η 的后验分布密度

   $$\pi(\alpha,\eta|x_1,\cdots,x_n)\propto(\alpha\eta)^n\Big(\prod_{i=1}^n x_i\Big)^{\alpha-1}\exp\Big\{-\eta\sum_{i=1}^n x_i^{\alpha}\Big\}\pi(\alpha,\eta),$$

   则可以利用 Metropolis-Hastings 算法和如下提议分布来从后验分布中抽样:

   $$q\big(\alpha',\eta'|\alpha,\eta\big)=\frac{1}{\alpha\eta}\exp\Big\{-\frac{\alpha'}{\alpha}-\frac{\eta'}{\eta}\Big\}.$$

试计算在 Metropolis-Hastings 链的第 t 步中的接受概率 $\rho\big((\alpha',\eta'),(\alpha^{(t)},\eta^{(t)})\big)$, 并解释链是如何产生的.

4. 利用随机游动 Metroplis 算法从标准柯西分布 $C(0,1)$ 中生成随机数. 柯西分布 $C(\mu,\lambda)$ 的概率密度函数为

$$f(x|\theta,\lambda)=\frac{\lambda}{\pi[\lambda^2+(x-\mu)^2]}\quad(-\infty<x<\infty).$$

当 $\mu=0,\lambda=1$ 时, 上式称为标准柯西分布, 记为 $C(0,1)$. 此时它也是自由度为 1 的 t 分布.

(1) 使用提议分布 $N(X_t,\sigma^2)$ 和随机游动 Metroplis 算法生成柯西分布 $C(0,1)$ 的随机数. 当取提议分布的标准差为 $\sigma=0.05$, 0.5, 2.5, 16 这四个不同值时, 比较这几个链的拒绝概率, 给出四个链的轨迹图并讨论链的收敛性, 从中找到收敛性相对最好的那个链, 并画出此链的 QQ 图和直方图.

(2) 丢弃链的前 1000 个值, 通过列表比较四个链观测值的十分位数和柯西分布 $C(0,1)$ 理论上的十分位数 (使用 R 中函数 qcauchy 或 qt(df=1) 直接产生的随机数) 的拟合状况, 找出与理论上的十分位数拟合最好的那个链.

(3) 给出 (1) 和 (2) 中结果的 R 代码.

5. 设拉普拉斯 (Laplace) 分布的概率密度函数为

$$f(x;\mu,\lambda)=\frac{1}{2\lambda}\exp\Big\{-\frac{|x-\mu|}{\lambda}\Big\}.$$

当 $\mu=0,\lambda=1$ 时, 上式称为标准拉普拉斯分布.

(1) 使用提议分布 $N(X_t,\sigma^2)$ 和随机游动 Metropolis 算法生成标准拉普拉斯分布的随机数. 当取提议分布的标准差为 $\sigma=0.05$, 0.5, 2, 16 这四个不同值时, 比较这几个链的拒绝概率, 并给出四个链的轨迹图, 讨论链的收敛性, 从中找到收敛性最好的那个链.

(2) 对收敛性最好的那个链, 去掉适当的预烧期, 给出链的直方图和 QQ 图, 并求出链的样本均值和样本方差.

(3) 给出 (1) 和 (2) 中结果的 R 代码.

6. Rao(1973) 提出了 197 个动物基因连锁的例子, 这 197 个动物分成 4 类, 每类中的动物数分别为 (125, 18, 20, 34), 假定 4 类动物的先验概率比为 $(1/2+\theta/4,(1-\theta)/4,(1-\theta)/4,\theta/4)$. 令 θ 的先验分布为 (0, 0.5) 上的均匀分布. 利用随机游动 Metroplis 算法生成目标分布为 $\pi(\theta|\boldsymbol{x})$ 的马尔可夫链, 由链生成的样本估计 θ 的后验分布的期望和方差.

7. 使用 Gibbs 抽样方法产生二元正态分布 $N(0,0,1,1,0.9)$ 的链, 丢掉预烧期后利用剩余样本计算样本均值、样本协方差阵和样本相关系数阵, 并作出样本散点图, 给出上述结果的 R 代码.

8. 假设欲产生混合分布

$$0.2N(0,1)+0.8N(5,1)$$

的随机数.

(1) 使用正态分布 $N(X_t,\sigma^2)$ 作为提议分布, 利用独立抽样算法产生该混合分布的随机数. 对提议分布方差的几个不同值, 找出收敛性最好的那个链, 求此链的样本均值和样本方差, 并写出相应的 R 代码.

(2) 若将 (1) 中的提议分布改为柯西分布 $C(X_t,\lambda)$, 结果如何?

9. (续例 6.4.1) 假设随机变量 $X|\theta\sim N(\theta,\sigma^2)$, 其中 σ^2 已知. 取 θ 的先验分布为柯西分布 $C(\mu,\tau)$, 其中 μ,τ^2 已知. 则 θ 的后验分布

$$\pi(\theta|x)\propto\exp\left\{-(\theta-x)^2/(2\sigma^2)\right\}\left[\tau^2+(\theta-\mu)^2\right]^{-1}.$$

设提议分布为正态分布 $N(X_t,\eta^2)$.

(1) 令样本观测值 $x=0$, 使用随机游动 Metropolis 算法产生目标分布为 $\pi(\theta|x)$ 的随机数, 当 $\eta=0.05$, 1, 2, 16 时讨论链的收敛性, 并给出四个链的轨迹图, 从中找到收敛性最好的那个链.

(2) 对收敛性最好的那个链, 去掉适当的预烧期, 求链的样本均值和样本方差.

(3) 给出 (1) 和 (2) 中结果的 R 代码.

10. (续例 6.4.1) 设 $X|\theta\sim N(\theta,\sigma^2)$, 其中 σ^2 已知. 设 θ 的先验为如下的分层先验: $\theta|\lambda\sim N(\mu,\tau^2/\lambda)$, $\lambda\sim\Gamma(1/2,1/2)$, 其中 μ 和 τ 已知.

(1) 证明: θ 的规范先验 $\pi(\theta)=\int_\Lambda\pi(\theta,\lambda)\mathrm{d}\lambda$ 为柯西分布 $C(\mu,\tau)$, 此处 $\Lambda=(0,\infty)$ 为 λ 的参数空间 (此结论说明采用分层先验与例 6.4.1 中的柯西先验本质上是相同的).

(2) 证明: (θ,λ) 的两个满 (全) 条件分布:

$$\theta|\lambda,x\sim N\left(\frac{\tau^2}{\tau^2+\lambda\sigma^2}x+\frac{\lambda\sigma^2}{\tau^2+\lambda\sigma^2}\mu,\frac{\tau^2\sigma^2}{\tau^2+\lambda\sigma^2}\right),$$

$$\lambda|\theta,x\sim Exp\,(B),$$

其中$B=\dfrac{\tau^2+(\theta-\mu)^2}{2\tau^2}$.

(3) 令样本观测值 $x=0$, 用 Gibbs 抽样方法生成 (θ,λ) 的随机数, 给出生成链的两个分量的轨迹图和直方图, 求 θ 的后验期望 $\mu^\pi(x)$ 和后验方差 $V^\pi(x)$ 的模拟结果, 并将其与前一题 (即题 9(2) 中) 的结果进行比较.

(4) 给出 (3) 中结果相应的 R 代码.

11. 假设 $X_1,\cdots,X_k$ 为独立的泊松分布样本, 且 $X_i\sim P(\theta_i)$ $(i=1,\cdots,k)$, 其中 θ_i 为感兴趣的参数, 且假设它们是可交换的. 设 $\boldsymbol{\theta}=(\theta_1,\cdots,\theta_k)$ 的先验为如下的分层先验: 给定 λ 时 θ_i 的先验为共轭先验, 即

$$\theta_i\big|\lambda\sim Exp(\lambda)\quad(i=1,2,\cdots,k,\ 且\ \theta_1,\cdots,\theta_k\ 相互独立),$$

$$\lambda\sim Exp\,(1).$$

(1) 证明: $\boldsymbol{\theta}$ 的规范先验 (也称为混合共轭先验, 因为第一层先验是共轭先验) 为

$$\pi(\boldsymbol{\theta})=\pi(\theta_1,\cdots,\theta_k)\propto\left(1+\sum_{i=1}^k\theta_i\right)^{-(k+1)}.$$

(2) 记 $\boldsymbol{\theta}_{-j}=(\theta_1,\cdots,\theta_{j-1},\theta_{j+1},\cdots,\theta_k)$, $\boldsymbol{x}=(x_1,\cdots,x_k)$.

(a) 证明: $\theta_j\big|\boldsymbol{\theta}_{-j},\lambda,\boldsymbol{x}$ 的 (全) 条件分布为伽马分布 $\Gamma(x_j+1,\lambda+1)$ $(j=1,\cdots,k)$.

(b) 证明: $\lambda\big|\boldsymbol{\theta},\boldsymbol{x}$ 的 (全) 条件分布为伽马分布 $\Gamma\left(1+k,1+\sum\limits_{i=1}^k\theta_i\right)$.

(3) 令 $k=10$, $\boldsymbol{x}=(3,1,4,2,5,3,2,2,0,4)$, 用 Gibbs 抽样方法生成 $(\boldsymbol{\theta},\lambda)$ 的随机数, 分别给出分量 θ_1 和 λ 的轨迹图及直方图; 分别输出分量 θ_1 和 λ 的后验中位数和后验众数, 以及向量 $(\boldsymbol{\theta},\lambda)$ 的后验期望、后验协方差阵和后验相关系数阵.

(4) 给出 (3) 中结果相应的 R 代码.

第 6 章例题中的 R 代码

习题 6 部分解答

第 7 章　贝叶斯大样本方法*

在前面几章中, 我们已经知道在贝叶斯统计方法下, 对参数的推断是基于参数的后验分布进行的: 给定样本及模型 (似然函数), 结合先验分布导出后验分布后, 使用后验分布的某些数字特征来对所研究的参数进行推断. 因此, 在后验分布下进行精确或近似计算就是贝叶斯推断中的一个重要问题. 当样本量比较大时, 在一些正则条件下, 后验分布可以用以后验众数估计为均值、观测值的费希尔信息矩阵的逆为协方差矩阵的正态分布来逼近. 如果要求更高的逼近精度, 则可以考虑 Kass-Kadane-Tierney 或者 Edgeworth 类型的高阶展开近似. 另一方面, 当目标后验分布难以进行抽样时, 可以从近似的正态分布中抽样, 再结合重要性抽样方法得到目标后验分布的样本. 因此, 我们将在下面讨论后验分布的渐近正态性.

某个特定先验分布对后验分布推断的影响程度依赖于样本中所包含的信息量大小, 以及该先验分布所包含的信息量的大小. 在独立同分布样本场合, 我们知道样本所包含的信息可以通过费希尔信息量 $nI(\theta)$ 或者基于观测值的费希尔信息阵 $\hat{\boldsymbol{I}}_n$(定义见 7.1.2 小节) 来度量. 当样本量增加时, 先验分布的影响就逐渐减小. 因而对大样本来说, 精确地指定先验分布的形式是不必要的. 在绝大部分低维参数空间场合, 当样本量增加时确实导致先验分布在后验推断中的影响减小. 贝叶斯统计学者常称之为"数据洗去先验". 现有研究文献中已经有一些理论结果来描述这种现象, 其中渐近正态性是最常见的.

本章我们讨论后验分布的渐近正态性以及对其更精细的逼近. 7.1 节讨论后验分布的渐近正态性, 7.2 节讨论后验分布被展开为一个正态项和其他项的更精细逼近. 7.3 节介绍一种基于拉普拉斯渐近方法以及 Kass-Kadane-Tierney 方法的更精细逼近方法. 本章中我们假设参数是有限维的且有连续的先验分布.

7.1　后验分布的极限

当样本量 $n \to \infty$ 时, 后验分布的极限行为是我们所关心的. 在应用中, 当样本量充分大时, 就可以使用后验分布的极限分布进行推断, 一方面可以避免可能 (往往是) 的后验导出和先验指定的困难性, 另一方面也可以通过对比极限分布下的贝叶斯推断结果和频率方法下的推断结果, 来验证所使用贝叶斯推断方法的合理性. 本节中我们首先讨论后验分布的相合性, 然后讨论后验分布的渐近正态性.

7.1.1 后验分布的相合性

假设样本序列独立同分布于密度 $f(x|\theta_0)$. 给定先验 $\pi(\theta)$ 后, 使用贝叶斯推断方法来推断 θ_0 的合理性是什么? 根据贝叶斯定理, 我们有了新的样本后, 对参数 θ 的 (之前的) 先验知识就可以通过后验分布来更新. 因而对一个合理有效的贝叶斯推断方法而言, 随着样本量的增加, θ 的后验信息应该越来越集中在 θ_0 附近 (其越来越少地依赖于先验分布). 这种性质即为后验分布在 θ_0 处的**相合性** (consistency). 为表述的方便性, 假设 $X_1,\cdots,X_n$ 为在第 n 阶段得到的全部样本, 记为 $\boldsymbol{X}_n$, 其密度为 $f(\boldsymbol{x}_n|\boldsymbol{\theta})$ $(\boldsymbol{\theta}\in\Theta\subseteq\mathbb{R}^p)$. 并记 $\boldsymbol{\theta}$ 的先验密度为 $\pi(\boldsymbol{\theta})$, 后验密度为 $\pi(\boldsymbol{\theta}|\boldsymbol{X}_n)$, 后验分布函数为 $F^\pi(\cdot|\boldsymbol{X}_n)$.

定义 7.1.1　称后验分布序列 $F^\pi(\cdot|\boldsymbol{X}_n)$ 在内点 $\boldsymbol{\theta}_0\in\Theta$ 处相合, 如果对 $\boldsymbol{\theta}_0$ 的任何邻域 U, 都有 $\lim\limits_{n\to\infty}F^\pi(U|\boldsymbol{X}_n)=1$.

这个定义的想法最早来自拉普拉斯, 他证明了下面这一事实: 如果 $X_1,\cdots,X_n$ 为 i.i.d. 的伯努利随机变量且 $P_\theta(X_i=1)=\theta$, 那么当 θ 具有取值 (0, 1) 上的连续先验 $\pi(\theta)$ 时, 后验分布在所有的 $\theta\in(0,1)$ 处都是相合的. Von Mises (1957) 称此结论为大数定律的第二基本定律. Freedman (1963, 1965) 以及 Diaconis 和 Freedman (1986) 讨论了后验分布相合性的必要性.

根据分布收敛的定义, 后验分布 $F^\pi(\cdot|\boldsymbol{X}_n)$ 在 $\boldsymbol{\theta}_0\in\Theta$ 处相合, 等价于后验分布 $F^\pi(\cdot|\boldsymbol{X}_n)$ 收敛到一个在 $\boldsymbol{\theta}_0$ 处退化的分布. 对有限维参数而言, 后验分布的相合性是普遍成立的 (在一般的条件下). 而对后验分布在无穷维参数情形下的相合性讨论, 可以参见 Ghosh 和 Ramamoorthi (2003). 显然, 对一维实参数 θ, 其后验分布 $F^\pi(\cdot|\boldsymbol{X}_n)$ 在 $\theta_0\in\Theta$ 处的相合性, 可以通过证明 $E(\theta|\boldsymbol{X}_n)\to\theta_0$ 和 $\mathrm{Var}(\theta|\boldsymbol{X}_n)\to 0$ 以概率 1 成立来完成.

例 7.1.1　若 $\boldsymbol{X}_n=(X_1,\cdots,X_n)$ 是从伯努利分布中抽取的 i.i.d. 样本, $P_\theta(X_i=1)=\theta$, 这里 $0<\theta<1$. θ 的先验分布为 $Be(\alpha,\beta)$, 则 θ 的后验分布为 $Be\Big(\sum\limits_{i=1}^n X_i+\alpha, n-\sum\limits_{i=1}^n X_i+\beta\Big)$, 于是

$$E(\theta|\boldsymbol{X}_n)=\frac{\sum\limits_{i=1}^n X_i+\alpha}{n+\alpha+\beta},$$

$$\mathrm{Var}(\theta|\boldsymbol{X}_n)=\frac{\left(\sum\limits_{i=1}^n X_i+\alpha\right)\left(n-\sum\limits_{i=1}^n X_i+\beta\right)}{(n+\alpha+\beta)^2(n+\alpha+\beta+1)}.$$

根据大数定律, $\frac{1}{n}\sum_{i=1}^{n}X_i \to \theta_0$ 以概率 1 成立, 即

$$P_{\theta_0}\left(\lim_{n\to\infty}\frac{1}{n}\sum_{i=1}^{n}X_i=\theta_0\right)=1,$$

从而对任意的 $\theta_0\in(0,1)$, 当 $n\to\infty$ 时, $E(\theta|\boldsymbol{X}_n)\to\theta_0$ 和 $\mathrm{Var}(\theta|\boldsymbol{X}_n)\to 0$ 以 P_{θ_0} 概率 1 成立. 因此, 后验分布在 θ_0 处是相合的.

例 7.1.2 设 $\boldsymbol{X}_n=(X_1,\cdots,X_n)$ 是从正态总体 $N(\theta,\sigma^2)$ 中抽取的 i.i.d. 样本, 其中 σ^2 已知. 取 θ 的先验分布为共轭先验分布 $N(\mu,\tau^2)$, 其中 μ 和 τ^2 为已知的常数. 则 θ 的后验分布仍为正态分布, 且后验均值和后验方差分别为

$$E(\theta|\boldsymbol{X}_n)=\frac{\sigma^2/n}{\sigma^2/n+\tau^2}\mu+\frac{\tau^2}{\sigma^2/n+\tau^2}\bar{X},$$
$$\mathrm{Var}(\theta|\boldsymbol{X}_n)=\frac{\sigma^2\tau^2}{n\tau^2+\sigma^2},$$

其中 $\bar{X}=\frac{1}{n}\sum\limits_{i=1}^{n}X_i\to\theta$ 对任何有限的 θ 以概率 1 成立. 因此后验分布在 θ 处是相合的.

和相合性有关的另一重要结果是后验推断对先验分布选择的稳健性. 记 $\boldsymbol{X}_n=(X_1,\cdots,X_n)$ 为 i.i.d. 观测值, π_1 和 π_2 为两个先验密度, 它们在参数空间内点 $\boldsymbol{\theta}_0$ 处非零、连续. 如果两个相应的后验分布 $F^{\pi_1}(\cdot|\boldsymbol{X}_n)$ 和 $F^{\pi_2}(\cdot|\boldsymbol{X}_n)$ 均在 $\boldsymbol{\theta}_0$ 处相合, 则以 $P_{\boldsymbol{\theta}_0}$ 概率 1 成立

$$\int_{\Theta}|\pi_1(\boldsymbol{\theta}|\boldsymbol{X}_n)-\pi_2(\boldsymbol{\theta}|\boldsymbol{X}_n)|\mathrm{d}\boldsymbol{\theta}\to 0,$$

或者等价地

$$\sup_{A}\left|F^{\pi_1}(A|\boldsymbol{X}_n)-F^{\pi_2}(A|\boldsymbol{X}_n)\right|\to 0.$$

因此, 两个不同的先验分布选择导致相同的渐近后验分布. 这个结果的证明可参见 Ghosh et al. (1994) 以及 Ghosh 和 Ramamoorthi (2003).

7.1.2 后验分布的渐近正态性

大样本贝叶斯方法主要基于 $\boldsymbol{\theta}$ 的后验分布的正态逼近. 当样本量 n 增加时, 后验分布在一般条件下渐近趋于正态分布, 因此当 n 充分大时, 后验分布可以被一个合适的正态分布很好地近似. 当 n 比较大时, 后验分布高度集中在后验众数附近. 记后验众数为 $\tilde{\boldsymbol{\theta}}_n$, 则在合适的条件下, 后验密度 $\pi(\boldsymbol{\theta}|\boldsymbol{X}_n)$ 在后验众数 $\tilde{\boldsymbol{\theta}}_n$ 处进行 Taylor 展开, 有

$$\begin{aligned}\ln\pi(\boldsymbol{\theta}|\boldsymbol{X}_n)&=\ln\pi(\tilde{\boldsymbol{\theta}}_n|\boldsymbol{X}_n)+(\boldsymbol{\theta}-\tilde{\boldsymbol{\theta}}_n)^{\mathrm{T}}\frac{\partial}{\partial\boldsymbol{\theta}}\ln\pi(\boldsymbol{\theta}|\boldsymbol{X}_n)\Big|_{\tilde{\boldsymbol{\theta}}_n}-\frac{1}{2}(\boldsymbol{\theta}-\tilde{\boldsymbol{\theta}}_n)^{\mathrm{T}}\tilde{\boldsymbol{I}}_n(\boldsymbol{\theta}-\tilde{\boldsymbol{\theta}}_n)+\cdots\\&\approx\ln\pi(\tilde{\boldsymbol{\theta}}_n|\boldsymbol{X}_n)-\frac{1}{2}(\boldsymbol{\theta}-\tilde{\boldsymbol{\theta}}_n)^{\mathrm{T}}\tilde{\boldsymbol{I}}_n(\boldsymbol{\theta}-\tilde{\boldsymbol{\theta}}_n),\end{aligned}\tag{7.1.1}$$

其中 $\tilde{\boldsymbol{I}}_n$ 为 $p\times p$ 矩阵, 定义为

$$\tilde{\boldsymbol{I}}_n=\left[-\frac{\partial^2}{\partial\theta_i\partial\theta_j}\ln\pi(\boldsymbol{\theta}|\boldsymbol{X}_n)\right]\Bigg|_{\boldsymbol{\theta}=\tilde{\boldsymbol{\theta}}_n},$$

可称此矩阵为广义观测到的费希尔信息阵 (Fisher information matrix). 由于 $\tilde{\boldsymbol{\theta}}_n$ 为众数, 因此展开式中的一阶导数项为 0. 当 $\boldsymbol{\theta}$ 靠近 $\tilde{\boldsymbol{\theta}}_n$ 时, 在合适的条件下可以证明和三阶及更高阶的导数有关的项是可忽略的. 由于式 (7.1.1) 中第一项与 $\boldsymbol{\theta}$ 无关, 因此后验密度 $\pi(\boldsymbol{\theta}|\boldsymbol{X}_n)$ 可以近似正比于

$$\exp\left\{-\frac{1}{2}(\boldsymbol{\theta}-\tilde{\boldsymbol{\theta}}_n)^{\mathrm{T}}\tilde{\boldsymbol{I}}_n(\boldsymbol{\theta}-\tilde{\boldsymbol{\theta}}_n)\right\},$$

即 $N_p(\tilde{\boldsymbol{\theta}}_n,\tilde{\boldsymbol{I}}_n^{-1})$ 密度的核.

当后验密度高度集中在后验众数 $\tilde{\boldsymbol{\theta}}_n$ 的小邻域时, 由于先验密度在此小邻域内几乎为常数, 因此后验密度 $\pi(\boldsymbol{\theta}|\boldsymbol{X}_n)$ 本质上等于似然函数 $f(\boldsymbol{X}_n|\boldsymbol{\theta})$. 所以, 可以使用极大似然估计 $\hat{\boldsymbol{\theta}}_n$ 来代替众数 $\tilde{\boldsymbol{\theta}}_n$, 使用观测到的 $p\times p$ 费希尔信息阵

$$\hat{\boldsymbol{I}}_n=\left[-\frac{\partial^2}{\partial\theta_i\partial\theta_j}\ln f(\boldsymbol{X}_n|\boldsymbol{\theta})\right]\Bigg|_{\boldsymbol{\theta}=\hat{\boldsymbol{\theta}}_n}$$

来代替 $\tilde{\boldsymbol{I}}_n$. 因此 $\boldsymbol{\theta}$ 的后验分布近似为 $N_p(\hat{\boldsymbol{\theta}}_n,\hat{\boldsymbol{I}}_n^{-1})$.

$\hat{\boldsymbol{I}}_n$ 也可以使用期望的费希尔信息阵在极大似然估计 $\hat{\boldsymbol{\theta}}_n$ 处的值来代替, 即使用 $p\times p$ 矩阵

$$\boldsymbol{I}(\boldsymbol{\theta})=E\left[-\frac{\partial^2}{\partial\theta_i\partial\theta_j}\ln f(\boldsymbol{X}_n|\boldsymbol{\theta})\right]$$

在 $\hat{\boldsymbol{\theta}}_n$ 处的值 $\boldsymbol{I}(\hat{\boldsymbol{\theta}}_n)$ 来代替 $\hat{\boldsymbol{I}}_n$.

从上面的启发性分析可以看出, 如果 $\boldsymbol{X}_n=(X_1,\cdots,X_n)$ 为一列 i.i.d. 样本, 其密度函数为 $f(\boldsymbol{x}_n|\boldsymbol{\theta})$ ($\boldsymbol{\theta}\in\Theta\subseteq\mathbb{R}^p$). 记 $\boldsymbol{\theta}$ 的先验分布为 $\pi(\boldsymbol{\theta})$, $\pi(\boldsymbol{\theta}|\boldsymbol{X}_n)$ 为后验密度, $\tilde{\boldsymbol{\theta}}_n$ 为后验众数, $\hat{\boldsymbol{\theta}}_n$ 为极大似然估计, $\tilde{\boldsymbol{I}}_n$, $\hat{\boldsymbol{I}}_n$ 和 $\boldsymbol{I}(\boldsymbol{\theta})$ 为不同形式的费希尔信息阵, 则对充分大的 n, 后验分布可以通过正态分布 $N(\tilde{\boldsymbol{\theta}}_n,\tilde{\boldsymbol{I}}_n^{-1})$ 或者 $N(\hat{\boldsymbol{\theta}}_n,\hat{\boldsymbol{I}}_n^{-1})$ 或者 $N(\hat{\boldsymbol{\theta}}_n,I^{-1}(\hat{\boldsymbol{\theta}}_n))$ 来近似.

特别地, 在合适的条件以及真实的模型下, 给定 $\boldsymbol{X}_n$ 后, $\hat{\boldsymbol{I}}_n^{-1/2}(\boldsymbol{\theta}-\hat{\boldsymbol{\theta}}_n)$ 以概率 1 收敛到正态分布 $N_p(0,\boldsymbol{I}_p)$, 这里 $\boldsymbol{I}_p$ 为 p 维单位阵. 这一结果和经典统计下极大似然估计的渐近正态性类似: 给定参数 $\boldsymbol{\theta}$, $\hat{\boldsymbol{I}}_n^{-1/2}(\boldsymbol{\theta}-\hat{\boldsymbol{\theta}}_n)$ 收敛到 p 元标准正态.

关于以上几种正态比较的精度问题, 可以参见 Berger (1985, Sec. 4.7.8). 我们下面介绍使得后验分布渐近正态性成立所需要的一些基本条件. 后验分布的渐近正态性最早由 Laplace (1774) 发现, 随后 Bernstein (1917) 和 Von Mises (1931) 也讨论了这一性质. Ghosal (1999, 2000) 和 Ghosal 等 (1997) 讨论了参数个数增加时后验分布的渐近性质. Ghosh 等 (1994) 和 Ghosal 等 (1995) 讨论了非正则问题下后验分布的收敛性. 下面我们给出 Ghosh 和 Ramamoorthi (2003) 所讨论的后验分布渐近正态性的描述. 为简单计, 我们仅考虑一维实参数 θ 以及 i.i.d. 样本 $X_1,\cdots,X_n$ 的情形.

假设 $X_1,\cdots,X_n$ 为来自具有密度 $f(x|\theta)$ 的总体分布 P_θ 下的 i.i.d. 样本, 其中 θ 位于 $\mathbb{R}$ 的开子集 Θ 内. 固定 $\theta_0\in\Theta$, θ_0 可视为参数的“真实”值, 下面的概率计算均是

在真实值 θ_0 处进行的. 记 $l(\theta,x)=\ln f(x|\theta), L_n(\theta)=\sum\limits_{i=1}^{n} l(\theta,x_i)$, $h^{(i)}$ 表示函数 h 的第 i 阶导数. 对密度 $f(x|\theta)$, 假设下述正则条件成立:

(A1) f 的支撑 $\mathscr{X}=\{x:f(x|\theta)>0\}$ 与 θ 无关.

(A2) $l(\theta,x)$ 在 θ_0 的邻域 $(\theta_0-\delta,\theta_0+\delta)$ 关于 θ 三阶可导, 其中 $\delta>0$. 期望 $E_{\theta_0}[l^{(1)}(\theta_0,X_1)]$ 和 $E_{\theta_0}[l^{(2)}(\theta_0,X_1)]$ 是有限的, 且存在与 θ 无关的函数 $M(x)$, 满足

$$\sup_{\theta\in(\theta_0-\delta,\theta_0+\delta)} l^{(3)}(\theta,x)\leqslant M(x)\ \ (\forall x\in\mathscr{X}),\quad E_{\theta_0}[M(X_1)]<\infty. \tag{7.1.2}$$

(A3) 对 θ_0 的求导和对概率测度 P_{θ_0} 的积分交换次序是合法的, 从而

$$\begin{aligned}&E_{\theta_0}\big[l^{(1)}(\theta_0,X_1)\big]=0,\\&E_{\theta_0}\big[l^{(2)}(\theta_0,X_1)\big]=-E_{\theta_0}\big\{[l^{(1)}(\theta_0,X_1)]^2\big\}.\end{aligned}$$

而且总体费希尔信息量 $I(\theta_0)=E_{\theta_0}\big\{[l^{(1)}(\theta_0,X_1)]^2\big\}$ 是正的.

(A4) 对任何 $\delta>0$, 存在 $\varepsilon>0$, 使得以 P_{θ_0} 概率 1 有

$$\sup_{|\theta-\theta_0|>\delta}\frac{1}{n}\big[L_n(\theta)-L_n(\theta_0)\big]<-\varepsilon.$$

注 7.1.1 假定存在 θ 的一列强相合估计量 $\tilde{\theta}_n$, 即对任意 $\theta_0\in\Theta$, $\tilde{\theta}_n\to\theta_0$ 以 P_{θ_0} 概率 1 成立. 于是根据 Ghosh (1983) 的论述, 似然方程 $L_n^{(1)}=0$ 存在一列强相合解 $\hat{\theta}_n$, 即对充分大的 n, 存在一列统计量 $\hat{\theta}_n$ 以 P_{θ_0} 概率 1 满足似然方程, 且 $\hat{\theta}_n\to\theta_0$.

定理 7.1.1 若假设条件 (A1)~(A4) 成立, $\hat{\theta}_n$ 为似然方程的强相合解, 则对任意在 θ_0 处连续取正值的先验分布 $\pi(\theta)$,

$$\lim_{n\to\infty}\int_{\mathbb{R}}\left|\pi^*(t|X_1,\cdots,X_n)-\sqrt{\frac{I(\theta_0)}{2\pi}}\exp\Big\{-\frac{1}{2}t^2I(\theta_0)\Big\}\right|\mathrm{d}t=0 \tag{7.1.3}$$

以 P_{θ_0} 概率 1 成立, 其中 $\pi^*(t|X_1,\cdots,X_n)$ 为给定样本 $X_1,\cdots,X_n$ 下 $\sqrt{n}(\theta-\hat{\theta}_n)$ 的后验密度. 当用 $\hat{I}_n=-\dfrac{1}{n}L_n^{(2)}(\hat{\theta}_n)$ 代替 $I(\theta_0)$ 时, 式 (7.1.3) 仍然成立.

下面我们给出此定理的一个粗略证明, 详细的证明可以基于下面的证明补充细节得到. 证明思路可分为两步: 首先说明后验密度的尾部是可以忽略的; 然后将对数似然函数泰勒展开到三阶导数项, 展开式中线性部分为零, 二次项与对数正态密度成正比, 剩余的三阶导数项根据假设 (7.1.2) 可以证明是可忽略的.

因为后验密度

$$\pi(\theta|X_1,\cdots,X_n)\propto\prod_{i=1}^{n}f(X_i|\theta)\pi(\theta)=\pi(\theta)\exp\big\{L_n(\theta)\big\},$$

所以 $t=\sqrt{n}(\theta-\hat{\theta}_n)$ 的密度可以表示为

$$\pi^*(t|X_1,\cdots,X_n)=C_n^{-1}\pi(\hat{\theta}_n+t/\sqrt{n})\exp\big\{L_n(\hat{\theta}_n+t/\sqrt{n})-L_n(\hat{\theta}_n)\big\}, \tag{7.1.4}$$

其中

$$C_n=\int_\Theta \pi(\hat{\theta}_n+t/\sqrt{n})\exp\{L_n(\hat{\theta}_n+t/\sqrt{n})-L_n(\hat{\theta}_n)\}\mathrm{d}t.$$

下面的大部分叙述是以 P_{θ_0} 概率 1 成立的, 我们略去此说法. 令

$$g_n(t)=\pi(\hat{\theta}_n+t/\sqrt{n})\exp\{L_n(\hat{\theta}_n+t/\sqrt{n})-L_n(\hat{\theta}_n)\}-\pi(\theta_0)\exp\Big\{-\frac{1}{2}t^2 I(\theta_0)\Big\}.$$

可以看出, 为证明式 (7.1.3), 只需证明

$$\int_{\mathbb{R}}|g_n(t)|\mathrm{d}t\to 0. \tag{7.1.5}$$

事实上, 如果式 (7.1.5) 成立, 注意到 $C_n\to\pi(\theta_0)\sqrt{2\pi/I(\theta_0)}$ 以及 $\hat{I}_n\to I(\theta_0)$, 则式 (7.1.3) 中的积分被下式控制:

$$C_n^{-1}\int_{\mathbb{R}}|g_n(t)|\mathrm{d}t+\int_{\mathbb{R}}\Big|C_n^{-1}\pi(\theta_0)\exp\Big\{-\frac{1}{2}t^2I(\theta_0)\Big\}-\frac{\sqrt{I(\theta_0)}}{\sqrt{2\pi}}\exp\Big\{-\frac{1}{2}t^2I(\theta_0)\Big\}\Big|\mathrm{d}t.$$

而此式的极限为零.

为证明式 (7.1.5), 我们把 $\mathbb{R}$ 分割为区间 $A_1=\{t:|t|>\delta_0\sqrt{n}\}$ 和 $A_2=\{t:|t|\leqslant\delta_0\sqrt{n}\}$, 其中 δ_0 为合适的很小的正数. 我们来证明

$$\int_{A_i}|g_n(t)|\mathrm{d}t\to 0\quad (i=1,2). \tag{7.1.6}$$

对 A_1, 因为

$$\int_{A_1}|g_n(t)|\mathrm{d}t\leqslant\int_{A_1}\pi(\hat{\theta}_n+t/\sqrt{n})\exp\Big\{L_n(\hat{\theta}_n+t/\sqrt{n})-L_n(\hat{\theta}_n)\Big\}\mathrm{d}t$$
$$+\int_{A_1}\pi(\theta_0)\exp\Big\{-\frac{1}{2}t^2I(\theta_0)\Big\}\mathrm{d}t.$$

由假设 (A4), 易知 $\int_{A_1}|g_n(t)|\mathrm{d}t\to 0$.

对 A_2, 由泰勒展开以及 $L_n^{(1)}(\hat{\theta}_n)=0$, 有

$$L_n(\hat{\theta}_n+t/\sqrt{n})-L_n(\hat{\theta}_n)=-\frac{t^2}{2}\hat{I}_n+R_n(t), \tag{7.1.7}$$

其中 $R_n(t)=\dfrac{1}{6}(t/\sqrt{n})^3L_n^{(3)}(\theta_n')$, θ_n' 位于 $\hat{\theta}_n$ 与 $\hat{\theta}_n+t/\sqrt{n}$ 之间. 根据假设 (A2) 知对充分大的 n, 有 $\Big|\dfrac{1}{n}L_n^{(3)}(\theta_n')\Big|=O_p(1)$. 因此对每个固定的 t, $R_n(t)\to 0$. 又 $\hat{I}_n\to I(\theta_0)$, 故 $g_n(t)\to 0$.

另一方面, 在 A_2 上有 $|t|/\sqrt{n}\leqslant\delta_0$, 因此对合适选择的 δ_0 以及任意 $t\in A_2$ 和充分大的 n, 下式成立:

$$|R_n(t)|\leqslant\frac{1}{6}\delta_0t^2\frac{1}{n}\sum_{i=1}^n M(X_i)<\frac{1}{4}t^2\hat{I}_n.$$

从而对充分大的 n, 有

$$\exp\{L_n(\hat{\theta}_n+t/\sqrt{n})-L_n(\hat{\theta}_n)\}<\exp\Big\{-\frac{1}{4}t^2\hat{I}_n\Big\}<\exp\Big\{-\frac{1}{8}t^2I(\theta_0)\Big\}.$$

综上, 对合适选择的 δ_0, $|g_n(t)|$ 被 A_2 上一个可积函数控制 . 根据控制收敛定理, 式 (7.1.5) 得证. 从而完成式 (7.1.3) 的证明. 定理的第二部分由 $\hat{I}_n\to I(\theta_0)$ 立得.

注 7.1.2 在定理 7.1.1 的证明中, 我们假定了先验分布 $\pi(\theta)$ 为正常先验分布. 定理 7.1.1 对不正常的先验 π 是否仍成立? 结论是: 如果存在 n_0 使得 θ 在给定样本 $X_1,\cdots,X_{n_0}$ 的后验分布是正常分布, 则定理 7.1.1 对不正常的先验 π 也是成立的.

渐近正态性同样对贝叶斯估计成立.

定理 7.1.2 在定理 7.1.1 的条件下, 假设 $\int\theta\pi(\theta)\mathrm{d}\theta<\infty$. 令

$$\theta_n^*=E(\theta|X_1,\cdots,X_n)=\int_\Theta\theta\pi(\theta|X_1,\cdots,X_n)\mathrm{d}\theta$$

为平方损失函数下的贝叶斯估计, 则

(1) $\sqrt{n}(\hat{\theta}_n-\theta_n^*)\to 0$ 以 P_{θ_0} 概率 1 成立.

(2) $\sqrt{n}(\theta_n^*-\theta_0)$ 依分布收敛到 $N(0,1/I(\theta_0))$.

证明 (1) 在定理 7.1.1 的证明下, 利用 π 的期望存在有限假设条件, 定理 7.1.1 的结论式 (7.1.3) 可以加强为

$$\lim_{n\to\infty}\int_{\mathbb{R}}|t|\cdot\left|\pi^*(t|X_1,\cdots,X_n)-\sqrt{\frac{I(\theta_0)}{2\pi}}\exp\left\{-\frac{1}{2}t^2I(\theta_0)\right\}\right|\mathrm{d}t=0,$$

以 P_{θ_0} 概率 1 成立. 此结论表明

$$\int_{\mathbb{R}}t\pi^*(t|X_1,\cdots,X_n)\mathrm{d}t\to\int_{\mathbb{R}}t\sqrt{\frac{I(\theta_0)}{2\pi}}\exp\left\{-\frac{1}{2}t^2I(\theta_0)\right\}\mathrm{d}t=0.$$

于是由

$$\theta_n^*=E(\theta|X_1,\cdots,X_n)=E(\hat{\theta}_n+t/\sqrt{n}\,|X_1,\cdots,X_n),$$

知

$$\sqrt{n}(\theta_n^*-\hat{\theta}_n)=\int_{\mathbb{R}}t\pi^*(t|X_1,\cdots,X_n)\mathrm{d}t\to 0.$$

(2) 由结论 (1) 和 $\hat{\theta}_n$ 的渐近正态性可得.

定理 7.1.1 和定理 7.1.2 以及它们的各种变形推广可以在大样本场合中用于参数 θ 的推断. 如果样本量充分大, 则对一大类先验分布, 我们可以使用以 $\hat{\theta}_n$ 为均值、$\hat{I}_n^{-1}$ 为方差的正态分布来代替后验分布, 这些量均不依赖于先验分布. 定理 7.1.2 说明在平方损失函数下参数的贝叶斯估计渐近等价于极大似然估计 $\hat{\theta}_n$. 这一结论可以推广到更广泛的损失函数. 后验分布的矩和分位数也可以由渐近正态分布相应的矩和分位数来近似.

7.2　后验分布的渐近高阶展开

考虑定理 7.1.1 的结论, 令

$$F_n(u) = P\big(\sqrt{n}\hat{I}_n^{1/2}(\theta - \hat{\theta}_n) \leqslant u | X_1, \cdots, X_n\big)$$

为 $\sqrt{n}\hat{I}_n^{1/2}(\theta - \hat{\theta}_n)$ 的后验分布函数, 则在一些一般条件下, $F_n(u)$ 渐近等于 $\varPhi(u)$, 这里 $\varPhi$ 为标准正态分布函数. 定理 7.1.1 表明在假设 (A1)~(A4) 下, 对任何在 θ_0 处连续、取正值的先验分布 $\pi(\theta)$, 有

$$\lim_{n\to\infty} \sup_u |F_n(u) - \varPhi(u)| = 0 \quad (\text{以 } P_{\theta_0} \text{ 概率 } 1). \tag{7.2.1}$$

在定理 7.1.1 的证明中, 根据正则条件 (A2) 我们证明了对数似然函数的三阶导数项是可忽略的. 现在若假设 $l(\theta, x) = \ln f(x|\theta)$ 是 $k+3$ 阶连续可导的, 先验分布 $\pi(\theta)$ 在 θ_0 处是 $k+1$ 阶连续可导的且 $\pi(\theta_0) > 0$, 则泰勒展开式中二阶以上的高阶导数项可以提供比定理 7.1.1 后验分布渐近正态结果或式 (7.2.1) 更精细的近似. 在对 $l(\theta, x)$ 的 $3, 4, \cdots, k+3$ 阶导数下, 假设类似式 (7.1.2) 的条件以及对 $f(x|\theta)$ 假设更多的条件, Johnson (1970) 证明了下述精细的逼近后验分布结果:

$$\sup_u \Big| F_n(u) - \varPhi(u) - \phi(u) \sum_{j=1}^{k} \psi_j(u; X_1, \cdots, X_n) n^{-j/2} \Big| \leqslant M_k n^{-(k+1)/2}, \tag{7.2.2}$$

对某些依赖 k 的正数 M_k 以 P_{θ_0} 概率 1 成立. 其中 ϕ 为标准正态密度函数, 每个 $\psi_j(u; X_1, \cdots, X_n)$ 是 u 的多项式, 且多项式系数在 $X_1, \cdots, X_n$ 上有界. $k = 0$ 的情形即定理 7.1.1 考虑的情形, 此时式 (7.2.2) 为

$$\sup_u |F_n(u) - \varPhi(u)| \leqslant M_0 n^{-1/2}. \tag{7.2.3}$$

Ghosh 等 (1982) 介绍了式 (7.2.2) 的另一更强 (一致) 的结果. 令 $\varTheta_1$ 为一有界开区间, 其闭包 $\bar{\varTheta}_1$ 真包含在 $\varTheta$ 里, 先验 π 在 $\bar{\varTheta}_1$ 上是正的, 则在一些正则条件 (依赖 r) 下, 对 $r > 0$, 式 (7.2.2) 以 P_{θ_0} 概率 $1 - O(n^{-r})$ 一致地对 $\theta_0 \in \varTheta_1$ 成立.

详细的推导和式 (7.2.2) 的证明可以参见 Johnson (1970) 和 Ghosh 等 (1982). 比如我们要以误差 $o(n^{-1})$ 阶来逼近后验分布, 则取 $k = 2$, 按如下过程来建立逼近式.

令

$$t = \sqrt{n}(\theta - \hat{\theta}_n), \quad a_i = \frac{1}{n} \cdot \frac{\mathrm{d}^i L_n(\theta)}{\mathrm{d}\theta^i}\Big|_{\hat{\theta}_n} \quad (i \geqslant 1),$$

则 $a_2 = -\hat{I}_n$. 则对 t 的后验密度式 (7.1.4) 进行泰勒展开, 有

$$\pi(\hat{\theta}_n + t/\sqrt{n}) = \pi(\hat{\theta}_n)\left[1 + n^{-1/2} t \frac{\pi'(\hat{\theta}_n)}{\pi(\theta_n)} + \frac{1}{2} n^{-1} t^2 \frac{\pi''(\hat{\theta}_n)}{\pi(\hat{\theta}_n)}\right] + o(n^{-1}),$$

$$L_n(\hat{\theta}_n + t/\sqrt{n}) - L_n(\hat{\theta}_n) = \frac{1}{2} t^2 a_2 + \frac{1}{6} n^{-1/2} t^3 a_3 + \frac{1}{24} n^{-1} t^4 a_4 + o(n^{-1}).$$

因此

$$\begin{aligned}
&\pi(\hat{\theta}_n + t/\sqrt{n}) \exp\left\{L_n(\hat{\theta} + t/\sqrt{n}) - L_n(\hat{\theta})\right\} \\
&\quad = \pi(\hat{\theta}_n) \exp\{a_2 t^2/2\} [1 + n^{-1/2}\alpha_1(t; X_1, \cdots, X_n) + n^{-1}\alpha_2(t; X_1, \cdots, X_n)] + o(n^{-1}),
\end{aligned}$$

其中

$$\alpha_1(t; X_1, \cdots, X_n) = \frac{1}{6} t^3 a_3 + t \frac{\pi'(\hat{\theta}_n)}{\pi(\hat{\theta}_n)},$$

$$\alpha_2(t; X_1, \cdots, X_n) = \frac{1}{24} t^4 a_4 + \frac{1}{72} t^6 a_3^2 + \frac{1}{2} t^2 \frac{\pi''(\hat{\theta}_n)}{\pi(\hat{\theta}_n)} + \frac{1}{6} t^4 a_3 \frac{\pi'(\hat{\theta}_n)}{\pi(\hat{\theta}_n)}.$$

正则化常数 C_n 也可以类似展开, 可以通过对上式积分得到. 从而 t 的后验密度表示为

$$\pi^*(t|X_1, \cdots, X_n) = (2\pi)^{-1/2} \hat{I}_n^{1/2} \mathrm{e}^{-t^2/2}\left[1 + \sum_{j=1}^{2} n^{-j/2} \gamma_j(t; X_1, \cdots, X_n)\right] + o(n^{-1}),$$

其中

$$\gamma_1(t; X_1, \cdots, X_n) = \frac{1}{6} t^3 a_3 + t \frac{\pi'(\hat{\theta}_n)}{\pi(\hat{\theta}_n)},$$

$$\begin{aligned}
\gamma_2(t|X_1, \cdots, X_n) = {} & \frac{1}{24} t^4 a_4 + \frac{1}{72} t^6 a_3^2 + \frac{1}{2} t^2 \frac{\pi''(\hat{\theta}_n)}{\pi(\hat{\theta}_n)} + \frac{1}{6} t^4 a_3 \frac{\pi'(\hat{\theta}_n)}{\pi(\hat{\theta}_n)} \\
& - \frac{a_4}{8a_2^2} - \frac{15}{72 a_2^6} a_3^2 - \frac{1}{2a_2} \frac{\pi''(\hat{\theta}_n)}{\pi(\hat{\theta}_n)} + \frac{1}{2a_2^2} a_3 \frac{\pi'(\hat{\theta}_n)}{\pi(\hat{\theta}_n)} + o(n^{-1}).
\end{aligned}$$

令 $s = \hat{I}_n^{1/2} t$, 我们得到 $\sqrt{n}\hat{I}_n^{1/2}(\theta - \hat{\theta}_n)$ 的后验密度展开, 对其从 $-\infty$ 到 u 积分即得到式 (7.2.2). 利用上述后验密度的展开, 可以得到后验均值的展开式:

$$E(\theta|X_1, \cdots, X_n) = \hat{\theta}_n + n^{-1} \hat{I}_n^{-1}\left[\frac{a_3}{2} + \frac{\pi'(\hat{\theta}_n)}{\pi(\hat{\theta}_n)}\right] + o(n^{-3/2}).$$

后验矩和分位数也成立类似展开式, 可以参见 Johnson (1970)、Ghosh 等 (1982) 和 Ghosh (1994). Ghosh 等 (1982) 与 Ghosh (1994) 也得到了贝叶斯估计和贝叶斯风险的展开式. 这些展开式中的项可以趋于无穷, 因而不够精细 (见 Ghosh 等 (1982) 的讨论).

这种展开也和 Tierney 和 Kadane (1986, 4.3 节) 的结果一致, 最多相差 $o(n^{-2})$. 尽管 Tierney-Kadane 的逼近更容易进行数值计算, Ghosh 等 (1982) 和 Ghosh (1994) 的展开结果更适合理论应用.

贝叶斯学者更希望证明展开式 (7.2.2) 在 $X_1,\cdots,X_n$ 的边际分布下成立. 证明此结论有一些技术困难. 如果先验 $\pi(\theta)$ 的支撑为有界区间, 并且在边界点光滑, 即 $(\mathrm{d}^i/\mathrm{d}\theta^i)\pi(\theta)=0\ (i=1,2,\cdots,k)$. Ghosh 等 (1982) 给出了一个粗略证明. 对有界区间上的均匀先验, Ghosh 等 (1982) 证明了平方损失函数下的贝叶斯风险不存在形如 $a_0+a_1/n+a_2/n+o(n^{-2})$ 的展开.

下面我们考虑一个假设检验问题, 并且寻求相应的贝叶斯风险展开式. 这个展开式可以用来确定能够达到指定的贝叶斯风险界所需要的样本量.

首先考虑实值参数 $\theta\in\Theta$, Θ 为 $\mathbb{R}$ 的开区间、考虑检验问题

$$H_0:\theta\leqslant\theta_0\leftrightarrow H_1:\theta>\theta_0,$$

其中 θ_0 为指定的常数. 令 $\boldsymbol{X}=(X_1,\cdots,X_n)$ 为服从 $f(x|\theta)$ 的 i.i.d. 样本, $\pi(\theta)$ 为先验分布, $\pi(\theta|\boldsymbol{x})$ 为在样本 $\boldsymbol{X}=\boldsymbol{x}$ 下相应的后验密度. 则

$$R_1(\boldsymbol{x})=P(\theta>\theta_0|\boldsymbol{x})=\int_{\theta>\theta_0}\pi(\theta|\boldsymbol{x})\mathrm{d}\theta,\quad R_0(\boldsymbol{x})=1-R_1(\boldsymbol{x})$$

分别为对立假设和零假设成立的后验概率. 则 0-1 损失下的贝叶斯决策为: 当 $R_0(\boldsymbol{x})\geqslant R_1(\boldsymbol{x})$ (等价地 $R_0(\boldsymbol{x})\geqslant 1/2$) 时接受 H_0; 否则拒绝 H_0. 从而贝叶斯风险为

$$r(\pi)=\int_{\theta\leqslant\theta_0}P_\theta(R_0(\boldsymbol{x})<1/2)\pi(\theta)\mathrm{d}\theta+\int_{\theta>\theta_0}P_\theta(R_0(\boldsymbol{x})\geqslant 1/2)\pi(\theta)\mathrm{d}\theta. \tag{7.2.4}$$

此式可以等价表示为

$$r(\pi)=E[\min\{R_0(\boldsymbol{X}),R_1(\boldsymbol{X})\}], \tag{7.2.5}$$

其中期望 E 为对 $\boldsymbol{X}$ 的边际分布计算的.

假设 $|\theta-\theta_0|>\delta$, 这里 δ 为一合适的正数. 对每个这样的 θ, $\hat\theta_n$ 以很大概率靠近 θ, 因此 $|\hat\theta_n-\theta_0|>\delta$. 直观上, 对这样的 $\hat\theta_n$, 选择正确的假设相对容易些. 这就意味着式 (7.2.4) 右边积分值中绝大部分贡献来自靠近 θ_0 的那些 θ 部分, 即来自 $|\theta-\theta_0|<\delta$ 上的积分. 由此可以得到 (详细过程略)

$$r(\pi)=\int_{\theta_0-\delta_n<\theta\leqslant\theta_0}P_\theta(R_0(\boldsymbol{x})<1/2)\pi(\theta)\mathrm{d}\theta+\int_{\theta_0<\theta<\theta_0+\delta_n}P_\theta(R_0(\boldsymbol{x})\geqslant 1/2)\pi(\theta)\mathrm{d}\theta, \tag{7.2.6}$$

其中 $\delta_n=c\sqrt{\ln n}/\sqrt{n}$ (c 为充分大的正数).

对上式右边第二个积分, 由式 (7.2.3) 下面后验密度的正态逼近方法, 得到

$$R_0(\boldsymbol{x})=P\big(\sqrt{n}\hat I_n^{1/2}(\theta-\hat\theta_n)\leqslant\sqrt{n}\hat I_n^{1/2}(\theta_0-\hat\theta_n)\mid\boldsymbol{x}\big).$$

于是得到 $R_0(\boldsymbol{x})$ 可由 $\varPhi(\sqrt{n}\hat I_n^{1/2}(\theta_0-\hat\theta_n))$ 近似. 因此

$$\begin{aligned}P_\theta\left(R_0(\boldsymbol{x})\geqslant 1/2\right)&\approx P_\theta\Big(\varPhi\big(\sqrt{n}\hat I_n^{1/2}(\theta_0-\hat\theta_n)\big)\geqslant 1/2\Big)\\&=P_\theta\Big(\sqrt{n}\hat I_n^{1/2}(\hat\theta_n-\theta_0))<-\sqrt{n}\hat I_n^{1/2}(\theta-\theta_0)\Big)\end{aligned}$$

$$\approx \varPhi\left(-\sqrt{n}I^{1/2}(\theta)(\theta-\theta_0)\right).$$

事实上, 使用后验密度的一致近似展开式 (前面提及的) 以及 $\sqrt{n}\hat{I}_n^{1/2}(\hat{\theta}_n-\theta)$ 给定 θ 的分布 (Ghosh, 1994), 可以得到

$$P_\theta\left(R_0(\boldsymbol{x})\geqslant 1/2\right)=\varPhi\left(-\sqrt{n}I^{1/2}(\theta)(\theta-\theta_0)\right)+o\left(n^{-1/2}\right)$$

一致地对 $\varTheta$ 内的一有界开区间里所有 θ 成立. 从而有

$$\begin{aligned}&\int_{\theta_0<\theta<\theta_0+\delta_n}P_\theta\left(R_0(\boldsymbol{x})\geqslant 1/2\right)\pi(\theta)\mathrm{d}\theta\\&\quad=\int_{\theta_0<\theta<\theta_0+\delta_n}\varPhi\left(-\sqrt{n}I^{1/2}(\theta)(\theta-\theta_0)\right)\pi(\theta)\mathrm{d}\theta+o(n^{-1/2}).\end{aligned}$$

类似地, 对式 (7.2.6) 的第一个积分也可以得到近似. 从而有

$$\begin{aligned}r(\pi)=&\int_{\theta_0<\theta<\theta_0+\delta_n}\varPhi\left(-\sqrt{n}I^{1/2}(\theta)(\theta-\theta_0)\right)\pi(\theta)\mathrm{d}\theta\\&+\int_{\theta_0-\delta_n<\theta\leqslant\theta_0}\varPhi\left(\sqrt{n}I^{1/2}(\theta)(\theta-\theta_0)\right)\pi(\theta)\mathrm{d}\theta+o(n^{-1/2})\\=&\frac{1}{\sqrt{n}}\int_{0<t<c\sqrt{\ln n}}\varPhi\left(-tI^{1/2}(\theta_0+t/\sqrt{n})\right)\pi(\theta_0+t/\sqrt{n})\mathrm{d}t\\&+\frac{1}{\sqrt{n}}\int_{-c\sqrt{\ln n}<t\leqslant 0}\varPhi\left(tI^{1/2}(\theta_0+t/\sqrt{n})\right)\pi(\theta_0+t/\sqrt{n})\mathrm{d}t+o(n^{-1/2}).\end{aligned}$$

如果 $\pi(\theta)$ 和 $I(\theta)$ 在 θ_0 的邻域里有有界的导数, 则上式可以简化为

$$\begin{aligned}r(\pi)&=\frac{\pi(\theta_0)}{\sqrt{n}}\int_0^\infty\varPhi\left(-tI^{1/2}(\theta_0)\right)\mathrm{d}t+\frac{\pi(\theta_0)}{\sqrt{n}}\int_0^\infty\varPhi\left(tI^{1/2}(\theta_0)\right)\mathrm{d}t+o(n^{1/2})\\&=\frac{2\pi(\theta_0)C}{\sqrt{nI(\theta_0)}}+o(n^{1/2}),\end{aligned}\tag{7.2.7}$$

其中

$$C=\int_0^\infty[1-\varPhi(u)]\mathrm{d}u\approx 0.3989423.$$

由式 (7.2.7) 可知, 如果要求贝叶斯风险至多等于指定的 r_0, 则需要的样本量

$$n_0\geqslant\frac{4C^2\left[\pi(\theta_0)\right]^2}{r_0^2I(\theta_0)}.\tag{7.2.8}$$

用同样的方式还可以处理两参数 $\boldsymbol{\theta}=(\theta_1,\theta_2)$ 的差异问题, 记感兴趣的量为 $\eta=\theta_1-\theta_2$, 则对某个指定的 η_0, 考虑假设检验问题

$$H_0:\eta\leqslant\eta_0.$$

令 $\pi(\boldsymbol{\theta})$ 表示 θ_1 和 θ_2 的联合先验密度, $p(\eta)$ 为 η 的先验密度, $\hat{\boldsymbol{I}}_n$ 为观测到的费希尔信息阵, 则由前面的渐近正态性讨论可知, $\boldsymbol{\theta}$ 的后验分布渐近为 $N(\hat{\boldsymbol{\theta}}_n,\hat{\boldsymbol{I}}_n^{-1})$. 这意味着 η 的后验分布渐近为 $N(\hat{\theta}_{1n}-\hat{\theta}_{2n},v_n)$, 其中

$$v_n=\hat{I}_n^{11}+\hat{I}_n^{22}-2\hat{I}_n^{12},$$

$\hat{I}_n^{ij}$ 表示 $\hat{\boldsymbol{I}}_n^{-1}$ 的 (i,j) 元. 此外, 有

$$(nv_n)^{-1/2} \to b(\boldsymbol{\theta}) = \left[I^{11}(\boldsymbol{\theta}) + I^{22}(\boldsymbol{\theta}) - 2I^{12}(\boldsymbol{\theta})\right]^{-1/2},$$

其中 $I^{ij}(\boldsymbol{\theta})$ 为期望的费希尔信息阵 $\boldsymbol{I}(\boldsymbol{\theta})$ 的 (i,j) 元.

令 $\pi^*(\beta)$ 和 $\pi^*(\eta|\beta)$ 分别表示 $\beta = \theta_1 + \theta_2$ 的先验密度和 η 的给定 β 的条件先验密度, $a(\eta,\beta)$ 记 $b(\theta)$ 表示成 η 和 β 的形式. 则类似于前面的讨论, 此检验问题的贝叶斯风险逼近为

$$\begin{aligned} r(\pi) &\approx \frac{2}{\sqrt{n}} \int \pi^*(\eta_0|\beta) \left\{ \int_0^\infty \left[1 - \varPhi\big(ta(\eta_0,\beta)\big)\right] \mathrm{d}t \right\} \pi^*(\beta) \mathrm{d}\beta \\ &= \frac{2C}{\sqrt{n}} \int \frac{\pi^*(\eta_0|\beta)}{a(\eta_0,\beta)} \pi^*(\beta) \mathrm{d}\beta, \end{aligned}$$

其中 C 由式 (7.2.7) 给出.

无论是使用模拟计算或者渐近计算都是可以的, 两者可以互为验证. 渐近方法的优势是使我们快速得到整体上的描述结果. 在一些特定场合, 模拟计算可能更有效率, 此时渐近结果可以用来确认模拟计算结果.

例 7.2.1 假设样本 $X_1,\cdots,X_n$ i.i.d. $\sim B(1,\theta)$ $(0<\theta<1)$, 考虑检验问题 $H_0: \theta \leqslant 12 \leftrightarrow H_1: \theta > 12$. 先验分布取为 $(0,1)$ 上的均匀分布. 试在 0-1 损失下计算贝叶斯风险的数值.

解 易知

$$R_0(\boldsymbol{X}) = R_0(T) = \frac{\Gamma(n+2)}{\Gamma(T+1)\Gamma(n-T+1)} \int_{1/2}^1 \theta^{\mathrm{T}}(1-\theta)^{n-T} \mathrm{d}\theta,$$

其中 $T = \sum\limits_{i=1}^n X_i$, T 的边际分布为 $\{0,1,\cdots,n\}$ 上的均匀分布. 从而由式 (7.2.5) 知贝叶斯风险为

$$r(\pi) = \frac{1}{n+1} \sum_{t=0}^n \min\{R_0(t), 1 - R_0(t)\}.$$

又费希尔信息阵为

$$I(\theta) = [\theta(1-\theta)]^{-1},$$

由式 (7.2.7) 给出的逼近为

$$r^*(\pi) = \frac{1}{\sqrt{n}} \int_0^\infty [1 - \varPhi(u)] \mathrm{d}u.$$

表 7.2.1 给出了贝叶斯风险 $r(\pi)$ 及其逼近 $r^*(\pi)$ 在不同样本量 n 时的值. 如果我们希望贝叶斯风险至多为 $r_0 = 0.04$, 则由逼近式 (7.2.8) 知需要的样本量 n 至少为 100, 而根据 $r(\pi)$ 的精确计算得到 $n \geqslant 99$.

表 7.2.1 例 7.2.1 中贝叶斯风险 $r(\pi)$ 及其逼近 $r^*(\pi)$ 的精确值和逼近值

n	10	20	30	40	50	60	70
$r(\pi)$	0.1230	0.0881	0.0722	0.0627	0.0561	0.0513	0.0475
$r^*(\pi)$	0.1262	0.0892	0.0728	0.0631	0.0564	0.0515	0.0477
n	80	90	100	150	200	250	
$r(\pi)$	0.0445	0.0419	0.0398	0.0325	0.0282	0.0252	
$r^*(\pi)$	0.0446	0.0421	0.0399	0.0326	0.0282	0.0252	

上面的讨论是在没有样本的试验计划阶段进行的. 当我们已经有了容量为 n 的样本 (第一阶段), 而希望通过再抽取容量为 m 的样本 (第二阶段) 来控制后验贝叶斯风险时, 我们可以简单地使用第一阶段的后验分布作为下一阶段的先验分布, 然后按照类似前面讨论的步骤进行. 理想地说, 第一阶段的样本为相对小规模的试验性样本, 主要的样本来自第二阶段. 这种场合下对单边的对立假设, 我们甚至可以使用不正常的无信息先验.

7.3 拉普拉斯积分逼近方法

贝叶斯推断中需要计算如下形式的积分:

$$\int g(\theta)f(\boldsymbol{x}|\theta)\pi(\theta)\mathrm{d}\theta,$$

其中 $f(\boldsymbol{x}|\theta)$ 为似然函数, $\pi(\theta)$ 为先验密度, $g(\theta)$ 为 θ 的函数. 比如 $g(\theta)\equiv 1$ 时, 我们得到积分似然 (样本的边际密度), 这在假设检验或者模型选择中计算贝叶斯因子时是必需的. 后验分布或者预测分布的各种其他特征也可以表示为这种积分形式. 拉普拉斯逼近 (Laplace, 1774) 是一种积分逼近技术, 适用于被积函数存在 (陡增的) 最大值情形.

7.3.1 拉普拉斯方法

考虑如下形式的积分:

$$I=\int_{-\infty}^{\infty} q(\theta)\mathrm{e}^{nh(\theta)}\mathrm{d}\theta,$$

其中 q 和 h 都是 θ 的光滑函数且 h 存在唯一的最大值点 $\hat{\theta}$. 在具体场合, $nh(\theta)$ 可以为对数似然函数或者没有正则化的后验密度 $f(\boldsymbol{x}|\theta)\pi(\theta)$ 的对数, $\hat{\theta}$ 可以为极大似然估计或者后验众数. 逼近积分的想法来自这一事实: 如果 h 在 $\hat{\theta}$ 处有唯一的 (陡增的) 最大值, 则积分 I 的绝大部分贡献来自 $\hat{\theta}$ 的邻域 $(\hat{\theta}-\delta,\hat{\theta}+\delta)$ 上的积分. 当 $n\to\infty$ 时,

$$I\sim I_1=\int_{\hat{\theta}-\delta}^{\hat{\theta}+\delta} q(\theta)\mathrm{e}^{nh(\theta)}\mathrm{d}\theta,$$

这里 $I \sim I_1$ 表示当 $n \to \infty$ 时 $I/I_1 \to 1$. 拉普拉斯方法利用 q 和 h 在 $\hat{\theta}$ 处的泰勒展开式, 类似于 6.2 节的推导 (令 $c = -h''(\hat{\theta})$), 在 θ 是一维的情形下, 容易得到

$$I = \mathrm{e}^{nh(\hat{\theta})} \frac{\sqrt{2\pi}}{\sqrt{nc}} q(\hat{\theta})[1 + O(n^{-1})].$$

一般地, 当参数 $\boldsymbol{\theta}$ 是 p 维时, 由 6.2 节可知

$$I = \mathrm{e}^{nh(\hat{\boldsymbol{\theta}})}(2\pi)^{p/2} n^{-p/2} \det[\boldsymbol{\Delta}_n(\hat{\boldsymbol{\theta}})]^{-1/2} q(\hat{\boldsymbol{\theta}})[1 + O(n^{-1})], \tag{7.3.1}$$

其中 $\boldsymbol{\Delta}_h(\boldsymbol{\theta})$ 为函数 $-h$ 的黑塞阵

$$\boldsymbol{\Delta}_h(\boldsymbol{\theta}) = \left[-\frac{\partial^2}{\partial\theta_i \partial\theta_j} h(\boldsymbol{\theta}) \right]_{p \times p}.$$

1. 贝叶斯信息准则 (BIC)

在假设检验中, 假设 $H_0 : \theta \in \Theta_0 \leftrightarrow H_1 : \theta \in \Theta_1$ 的贝叶斯因子定义为

$$BF_{01} = \frac{\displaystyle\int_{\Theta_0} f(\boldsymbol{x}|\theta) g_0(\theta) \mathrm{d}\theta}{\displaystyle\int_{\Theta_1} f(\boldsymbol{x}|\theta) g_1(\theta) \mathrm{d}\theta},$$

其中 g_0 和 g_1 分别为 Θ_0 和 Θ_1 下的先验密度. 于是零假设 H_0 成立的后验概率为

$$P(H_0|\boldsymbol{x}) = \left(1 + \frac{1 - \pi_0}{\pi_0} BF_{01}^{-1}\right)^{-1},$$

其中 π_0 为零假设 H_0 成立的先验概率.

在式 (7.3.1) 中取 $q = \pi$, 即 q 等于先验密度, $nh(\theta)$ 为对数似然函数, 即 $nh(\theta) = \ln f(\boldsymbol{x}|\theta)$, 则得到积分似然的一个逼近. 应用此结果到贝叶斯因子的定义式中的分子和分母上, 则可以得到贝叶斯因子的一个逼近. Schwarz (1978) 基于式 (7.3.1), 并忽略那些当样本量 $n \to \infty$ 时有界的项, 提出了准则 BIC(Bayesian information criterion):

$$BIC = -2 \ln f(\boldsymbol{x}|\hat{\theta}) + p \ln n.$$

Kass 和 Raftery (1995) 证明了: 当 $n \to$ 时,

$$\frac{-2 \ln BF_{01} - (BIC_0 - BIC_1)}{-2 \ln BF_{01}} \to 0,$$

这里 BIC_0 和 BIC_1 分别表示零假设 H_0 和对立假设 H_1 下的 BIC 值. 因此 $BIC_0 - BIC_1$ 可以作为 $-2 \ln BF_{01}$ 的逼近. 这种方法不依赖于先验的选择.

2. 拉普拉斯逼近和后验分布渐近正态性之间的关系

7.1.2 小节讨论的后验分布渐近正态性和拉普拉斯逼近之间是紧密相关的. 后验渐近正态性的证明本质上是应用粗略处理误差项的拉普拉斯逼近. 下面我们应用拉普拉斯逼近重新推导后验分布的渐近正态性.

令 $X_1,\cdots,X_n$ i.i.d.$\sim f(x|\theta)$, $\hat{\theta}$ 为 θ 的 MLE. 我们使用拉普拉斯逼近方法来计算 $t=\sqrt{n}(\theta-\hat{\theta})$ 的后验分布. 令 $\pi(\theta)$ 为先验密度, $\pi(\theta|\boldsymbol{x})$ 为后验密度, $F^{\pi}(\cdot|\boldsymbol{x})$ 为后验分布函数, 则对 $a>0$, 有

$$F^{\pi}(-a<t<a|\boldsymbol{x})=F^{\pi}(\hat{\theta}-a/\sqrt{n}<\theta<\hat{\theta}+a/\sqrt{n}|\boldsymbol{x})=J_n/I_n,$$

其中

$$J_n=\int_{\hat{\theta}-a/\sqrt{n}}^{\hat{\theta}+a/\sqrt{n}}\mathrm{e}^{nh(\theta)}\pi(\theta)\mathrm{d}\theta,\quad I_n=\int\mathrm{e}^{nh(\theta)}\pi(\theta)\mathrm{d}\theta,$$

以及 $h(\theta)=\dfrac{1}{n}L(\theta)=\dfrac{1}{n}\sum\ln f(X_i|\theta)$. 注意到前面的结果, 可得

$$I_n\sim\mathrm{e}^{nh(\hat{\theta})}\pi(\hat{\theta})\sqrt{2\pi}/\sqrt{nc},$$

其中 $c=-h''(\hat{\theta})$ (即费希尔信息阵).

对 J_n 使用拉普拉斯方法, 有

$$\begin{aligned}J_n&\sim\mathrm{e}^{nh(\hat{\theta})}\int_{\hat{\theta}-a/\sqrt{n}}^{\hat{\theta}+a/\sqrt{n}}[\pi(\hat{\theta})+(\theta-\hat{\theta})\pi'(\hat{\theta})+\text{余项}]\exp\{-nc(\theta-\hat{\theta})^2/2\}\mathrm{d}\theta\\&\sim\mathrm{e}^{nh(\hat{\theta})}\pi(\hat{\theta})\int_{\hat{\theta}-a/\sqrt{n}}^{\hat{\theta}+a/\sqrt{n}}\exp\{-nc(\theta-\hat{\theta})^2/2\}\mathrm{d}\theta\\&=\mathrm{e}^{nh(\hat{\theta})}\pi(\hat{\theta})\frac{1}{\sqrt{n}}\int_{-a}^{a}\exp\{-ct^2/2\}\mathrm{d}t.\end{aligned}$$

因此, 对 $a>0$, 有

$$F^{\pi}(-a<t<a|\boldsymbol{x})\sim\frac{\sqrt{c}}{\sqrt{2\pi}}\int_{-a}^{a}\mathrm{e}^{-ct^2/2}\mathrm{d}t=P(-a<Z<a),\quad Z\sim N(0,c^{-1}).$$

7.3.2 Kass-Kadane-Tierney 精细化

假设

$$E^{\pi}[g(\boldsymbol{\theta})|\boldsymbol{x}]=\frac{\displaystyle\int g(\boldsymbol{\theta})f(\boldsymbol{x}|\boldsymbol{\theta})\pi(\boldsymbol{\theta})\mathrm{d}\boldsymbol{\theta}}{\displaystyle\int f(\boldsymbol{x}|\boldsymbol{\theta})\pi(\boldsymbol{\theta})\mathrm{d}\boldsymbol{\theta}}\tag{7.3.2}$$

为感兴趣的贝叶斯量, 其中 g,f,π 均为 $\boldsymbol{\theta}$ 的光滑函数. 如果我们把式 (7.3.2) 表示为

$$E^{\pi}[g(\boldsymbol{\theta})|\boldsymbol{x}]=\frac{\displaystyle\int g(\boldsymbol{\theta})\mathrm{e}^{nh(\boldsymbol{\theta})}\mathrm{d}\boldsymbol{\theta}}{\displaystyle\int\mathrm{e}^{nh(\boldsymbol{\theta})}\mathrm{d}\boldsymbol{\theta}},$$

其中 $h(\boldsymbol{\theta})=(1/n)\ln[f(\boldsymbol{x}|\boldsymbol{\theta})\pi(\boldsymbol{\theta})]$. 对分子和分母分别应用拉普拉斯逼近式 (7.3.1) (令 q 分别等于 g 和 1), 我们得到一阶逼近:

$$E^{\pi}[g(\boldsymbol{\theta})|\boldsymbol{x}]=g(\hat{\boldsymbol{\theta}})[1+O(n^{-1})],$$

这里 $\hat{\boldsymbol{\theta}}$ 表示后验众数. 这一结果可见 Tierney 等 (1986)、Kass 等 (1988) 和 Tierney 等 (1989).

若假设式 (7.3.2) 中的 g 是正的, 并令 $nh(\boldsymbol{\theta}) = \ln f(\boldsymbol{x}|\boldsymbol{\theta}) + \ln\pi(\boldsymbol{\theta})$, $nh^*(\boldsymbol{\theta}) = nh(\boldsymbol{\theta}) + \ln g(\boldsymbol{\theta}) = nh(\boldsymbol{\theta}) + G(\boldsymbol{\theta})$. 对式 (7.3.2) 的分子和分母分别应用拉普拉斯逼近式 (7.3.1) (令 $q=1$), 再记 $\hat{\boldsymbol{\theta}}^*$ 为 h^* 的众数, $\boldsymbol{\Sigma} = \boldsymbol{\Delta}_h^{-1}(\hat{\boldsymbol{\theta}})$, $\boldsymbol{\Sigma}^* = \boldsymbol{\Delta}_{h^*}^{-1}(\hat{\boldsymbol{\theta}}^*)$, Tierney 和 Kadane (1986) 获得了一个令人惊奇的精确逼近:

$$E^\pi[g(\boldsymbol{\theta})|\boldsymbol{x}] = \frac{|\boldsymbol{\Sigma}^*|^{1/2}\exp\{nh^*(\hat{\boldsymbol{\theta}}^*)\}}{|\boldsymbol{\Sigma}|^{1/2}\exp\{nh(\hat{\boldsymbol{\theta}})\}}[1+O(n^{-2})]. \tag{7.3.3}$$

下面我们在一维实参数场合说明如何得到式 (7.3.3).

令 $\sigma^2 = -1/h''(\hat{\theta}), \sigma^{2*} = -1/h^{*\prime\prime}(\hat{\theta})$, 以及 $h_k = h_k(\hat{\theta}) = (\mathrm{d}/\mathrm{d}\theta)^k h(\hat{\theta})$ 和 $h_k^* = h_k^*(\hat{\theta}^*) = (\mathrm{d}/\mathrm{d}\theta)^k h^*(\hat{\theta})$. 注意在常见的正则条件下, σ, σ^*, h_k, h_k^* 的阶都是 $O(1)$ 的.

考虑式 (7.3.2) 的分母, 其可以重新表达为

$$\begin{aligned}\int \mathrm{e}^{nh(\theta)}\mathrm{d}\theta &= \int \exp\left\{nh(\hat{\theta}) - \frac{n}{2\sigma^2}(\theta-\hat{\theta})^2 + R_n(\theta)\right\}\mathrm{d}\theta \\ &= \mathrm{e}^{nh(\hat{\theta})}\sqrt{2\pi}\sigma n^{-1/2}\int \exp\{R_n(\theta)\}\phi(\theta;\hat{\theta},\sigma^2/n)\,\mathrm{d}\theta,\end{aligned}$$

其中 $\phi(\theta;\hat{\theta},\sigma^2/n)$ 为 $N(\hat{\theta},\sigma^2/n)$ 的密度,

$$R_n = nh(\theta) - nh(\hat{\theta}) + \frac{n}{2\sigma^2}(\theta-\hat{\theta})^2 = \frac{1}{6}(\theta-\hat{\theta})^3 nh_3 + \frac{(\theta-\hat{\theta})^4}{4!}nh_4 + \cdots.$$

使用 e^x 在 0 处的展开式以及正态分布的矩表达式, 我们可以对任意 $r \geqslant 1$ 得到一个 $O(n^{-r})$ 阶的逼近. 保留 R_n 中 6 阶导数 h_6 以下的项, Tierney 和 Kadane (1986) 得到

$$\int \mathrm{e}^{nh(\theta)}\mathrm{d}\theta = \mathrm{e}^{nh(\hat{\theta})}\sqrt{2\pi}\sigma n^{-1/2}\left[1+\frac{a}{n}+\frac{b}{n^2}+O(n^{-3})\right], \tag{7.3.4}$$

其中

$$\begin{aligned}a &= \frac{1}{8}\sigma^4 h_4 + \frac{5}{24}\sigma^6 h_3^2, \\ b &= \frac{1}{48}\sigma^6 h_6 + \frac{35}{384}\sigma^8 h_4^2 + \frac{7}{48}\sigma^8 h_3 h_5 + \frac{35}{64}\sigma^{10}h_3^2 h_4 + \frac{385}{1152}\sigma^{12}h_3^4.\end{aligned}$$

同样, 对式 (7.3.2) 的分子处理可得到类似的结果, 只需将 σ 和 h_k 分别换成 σ^* 和 h_k^*, 有

$$\begin{aligned}E^\pi[g(\theta|\boldsymbol{x})] &= \frac{\sigma^*}{\sigma}\exp\{n[h^*(\hat{\theta}^*) - h(\hat{\theta})]\}\cdot\frac{1+\dfrac{a^*}{n}+\dfrac{b^*}{n^2}+O(n^{-3})}{1+\dfrac{a}{n}+\dfrac{b}{n^2}+O(n^{-3})} \\ &= \frac{\sigma^*}{\sigma}\exp\{n[h^*(\hat{\theta}^*) - h(\hat{\theta})]\}\left[1+\frac{a^*-a}{n}+\frac{b^*-b-a(a^*-a)}{n^2}+O(n^{-3})\right].\end{aligned}$$

注意到

$$0 = h^{*\prime}(\hat{\theta}^*) = h'(\hat{\theta}^*) + G'(\hat{\theta}^*)/n$$

$$\approx h'(\hat{\theta})+(\hat{\theta}^*-\hat{\theta})h''(\hat{\theta})+G'(\hat{\theta})/n+(\hat{\theta}^*-\hat{\theta})G''(\hat{\theta})/n$$
$$=(\hat{\theta}^*-\hat{\theta})\big[h''(\hat{\theta})+G''(\hat{\theta})/n\big]+G'(\hat{\theta})/n,$$

这意味着 $\hat{\theta}^*-\hat{\theta}=O(n^{-1})$. 结合事实 $h_k^*(\theta)=h_k(\theta)+G_k(\theta)/n$, 可知 a^*-a 和 b^*-b 都是 $O(n^{-1})$ 阶的. 从而

$$E^{\pi}[g(\theta)|\boldsymbol{x}]=\frac{\sigma^*}{\sigma}\exp\left\{n\big[h^*(\hat{\theta}^*)-h(\hat{\theta})\big]\right\}\big[1+O(n^{-2})\big].$$

例 7.3.1 考虑 Bishop 等 (1975) 中在郊游活动时发生食物中毒的研究数据, 参加郊游的 320 个人中有 304 个回答了问卷. 在食用的食物中, 土豆沙拉和蟹肉被怀疑有问题 (表 7.3.1). 我们仅考虑怀疑最有问题的是土豆沙拉. 我们希望检验假设 “土豆沙拉和得病没有关系”.

表 7.3.1 食物中毒数据

	吃蟹肉		没有吃蟹肉	
	吃土豆沙拉	没有吃土豆沙拉	吃土豆沙拉	没有吃土豆沙拉
得病	120	4	22	0
没有得病	80	31	24	23

解 记 $p_1=P(\text{得病}\mid\text{吃了土豆沙拉})$ 和 $p_2=P(\text{得病}\mid\text{没有吃土豆沙拉})$. X_1 表示在 n_1 个吃土豆沙拉的人中得病的人数, X_2 表示 n_2 个没有吃土豆沙拉的人中得病的人数, 则可以认为 X_1 和 X_2 服从二项分布: $X_i\sim B(n_i,p_i)$ $(i=1,2)$. 则检验土豆沙拉和得病没有关系等价检验假设 $H_0: p_1=p_2$.

取 p_1 和 p_2 的先验分布为 $Be(\alpha_i,\beta_i)$ $(i=1,2)$, 则 $\theta=p_1-p_2$ 的后验密度为

$$\pi(\theta|X_1,X_2)$$
$$\propto\int_0^1(\theta+p_2)^{X_1+\alpha_1-1}(1-\theta-p_2)^{n_1-X_1+\beta_1-1}p_2^{X_2+\alpha_2-1}(1-p_2)^{n_2-X_2+\beta_2-1}\mathrm{d}p_2.$$

对给定的 θ, 可以通过数值积分计算. 在本例中样本量比较大, 因此我们可以使用逼近方法来计算后验分布. 易知 θ 的后验分布渐近到正态分布 $N(a,b^2)$, 其中

$$a=\hat{p}_1-\hat{p}_2,\quad b^2=\hat{p}_1(1-\hat{p}_1)/n_1+\hat{p}_2(1-\hat{p}_2)/n_2,\quad \hat{p}_1=X_1/n_1,\quad \hat{p}_2=X_2/n_2.$$

因此 θ 的 $100(1-\alpha)\%$ HPD 可信区间为 $[a-bu_{\alpha/2},a+bu_{\alpha/2}]$, 其中 $u_{\alpha/2}$ 为标准正态的上 $\alpha/2$ 分位数.

对食用了蟹肉的人来说, $X_1=120,n_1=200,X_2=4,n_2=35$, 因此 99% HPD 区间为 [0.337, 0.635]. 而对没有食用蟹肉的人来说, $X_1=22,n_2=46,X_2=0,n_2=23$, 99% HPD 区间为 [0.307, 0.650]. 在两种情况下, 假设 $\theta=0$ 都落在 99% 可信区间外面, 因而有很强的证据否定零假设.

我们也可以利用经典统计中的似然比检验方法, 对食用蟹肉的人来说, 对数似然比为 $\ln\Lambda=-15.4891$, 因此 p 值 $P(\chi_1^2>30.9782)\approx 0$. 对没有食用蟹肉的人来说, 结果类似.

我们还可以使用贝叶斯因子. 为了计算贝叶斯因子, 我们使用贝塔先验, 因为先验分布选择的多样性, 我们使用 BIC 来逼近贝叶斯因子. 对食用蟹肉的人来说, 基于 BIC 可以得到贝叶斯因子为 $BF_{01}^S = 2.8754 \times 10^{-6}$. 这表明在对 H_0 和 H_1 相同的先验概率下, H_0 的后验概率为 $(1+1/BF_{01}^S)^{-1} = 2.8754 \times 10^{-6}$. 这个概率和 p 值一样非常小, 两种方法都表明有强烈的证据怀疑土豆沙拉导致了食物中毒.

习　题　7

1. 设 $x_1, \cdots, x_5$ 为独立地从柯西分布中抽取的样本: $f(x_i|\theta) = 1/\left\{\pi[1+(x_i-\theta)^2]\right\}$. θ 的先验分布为 [0, 1] 上的均匀先验分布, 已知样本观测值 $(x_1, x_2, \cdots, x_5) = (-2, -1, 0, 1.5, 2.5)$.

   (1) 求对数后验密度的一阶和二阶导数;

   (2) 通过令对数后验密度的一阶导数为零, 迭代求解 θ 的后验众数;

   (3) 基于对数后验密度的二阶导数, 在后验众数处建立正态逼近, 并作图比较正态逼近和 (2) 中所得的精确密度.

2. 考虑 $N(\mu,1)$ 似然, 从 $N(0,1)$ 中产生 30 个随机数作为样本值 $\boldsymbol{x}_n$ (即 μ 的真实值为 0), 考虑下面几种 μ 的先验: (1) $N(0,2)$; (2) $N(1,2)$; (3) $U(-3,3)$. 使用精确计算方法和正态逼近方法在每个先验下计算后验概率 $P(-0.5<\mu<0.5|\boldsymbol{x}_n)$ 和 $P(-0.2<\mu<0.6|\boldsymbol{x}_n)$. 若从 $N(1,1)$ 中产生样本值, 结果又如何?

3. 假设后验分布 $p(\theta|\boldsymbol{x}_n)$ 满足渐近正态所需的正则化条件, $\phi = g(\theta)$ 为 θ 的任意连续一一映射. 证明 $p(\phi|\boldsymbol{x}_n)$ 同样具有渐近正态性. 但是众所周知, 正态随机变量的非线性变换不再服从正态分布, 试解释上述渐近正态性的合法性.

4. 对泊松似然和伽马先验, 证明: 对泊松参数 $\lambda > 0$, 后验分布是相合的.

5. 设 $X_1, \cdots, X_n$ i.i.d. $\sim f(x|\theta)$, 其中参数 $\theta \in \Theta = \{\theta_1, \theta_2, \cdots, \theta_k\}$. 先验为 $(\pi_1, \pi_2, \cdots, \pi_k)$, $\sum\limits_{i=1}^k \pi_i = 1$. 若所有的 $f(x|\theta_i)$ $(i = 1, \cdots, k)$ 均不同, 证明: 后验分布在每个 θ_i 处相合.
   提示: 将后验分布表示为

   $$Z_r = \frac{1}{n}\sum_{j=1}^n \ln[f(x_j|\theta_r)/f(x_j|\theta_i)] \quad (r = 1, \cdots, k).$$

6. 对 $n! = \Gamma(n+1) = \int_0^\infty x^n \mathrm{e}^{-x}\mathrm{d}x$ 使用拉普拉斯积分逼近方法, 证明: $n! \sim n^{n+1/2}\mathrm{e}^{-n}\sqrt{2\pi}$ (参看例 6.2.1).

习题 7 部分解答

第 8 章　贝叶斯模型选择

模型选择是统计建模里常见的问题之一. 变量选择是模型选择的一种形式, 比如线性回归模型中研究协变量对响应变量的影响, 即选择对预测响应变量比较重要的协变量. 一般的模型选择问题要在给定的样本下, 在一类候选模型中依照某个准则选择最优的模型. 对模型的选择和评价依赖于抽样分布的结构、模型参数的先验分布指定等. 已经有一些方法被提出来处理这类问题, 本章中我们介绍模型选择和评价中常用的贝叶斯因子、BIC 准则、BPIC 准则和 DIC 准则等.

8.1　引　　言

首先我们从模型选择的角度来回顾假设检验问题的贝叶斯推断方法. 假设总体 $X\sim f(x|\theta)$, 其中 θ 为一未知参数且 $\theta\in\Theta$, 而我们感兴趣的假设 $H_0:\theta\in\Theta_0\leftrightarrow H_1:\theta\in\Theta_1$ 等价于比较两个模型:

$$\begin{aligned}&M_0:X \text{ 有密度 } f(x|\theta), \text{ 其中 } \theta\in\Theta_0,\\&M_1:X \text{ 有密度 } f(x|\theta), \text{ 其中 } \theta\in\Theta_1,\end{aligned}\tag{8.1.1}$$

其中 $\Theta_0=\Theta-\Theta_1$. 令 $g_i(\theta)$ 表示给定真实模型为 M_i 下 θ 的先验密度 $(i=0,1)$. 则有了样本 $\boldsymbol{X}=(X_1,\cdots,X_n)$ 后, 我们可以使用贝叶斯因子来比较 M_0 和 M_1:

$$BF_{01}(\boldsymbol{x})=\frac{P(\Theta_0|\boldsymbol{x})}{P(\Theta_1|\boldsymbol{x})}\Big/\frac{\pi_0}{1-\pi_0}=\frac{m_0(\boldsymbol{x})}{m_1(\boldsymbol{x})},\tag{8.1.2}$$

其中 $\pi_0=P^\pi(M_0)=P^\pi(\Theta_0),P^\pi(M_1)=P^\pi(\Theta_1)=1-\pi_0$,

$$m_i(\boldsymbol{x})=\int_{\Theta_i}f(\boldsymbol{x}|\theta)g_i(\theta)\mathrm{d}\theta\quad(i=0,1).\tag{8.1.3}$$

因此, 类似于式 (4.4.8) 有

$$P(M_0|\boldsymbol{x})=\left[1+\frac{1-\pi_0}{\pi_0}BF_{01}^{-1}(\boldsymbol{x})\right]^{-1}.\tag{8.1.4}$$

从而, 如果先验密度 g_0 和 g_1 可以被指定, 则可以仅仅使用贝叶斯因子 BF_{01}^{-1} 进行模型选择. 进一步, 如果 π_0 可以被指定, 则可以计算得到模型 M_0 和 M_1 的后验机会比, 因而也可以使用后验机会比进行模型选择. 但是贝叶斯因子或者后验机会比未必总是可以容易计算的, 即便是先验密度完全指定时也可能得不到积分值. 此时, 可以使用 BIC 来近似贝叶斯因子, 我们将在后面详细讨论. 当先验分布也难以指定时, 贝叶斯因子的计算就更加困难了.

例 8.1.1　考虑如下的非参数回归问题. 感兴趣的模型为

$$y_i = g(x_i) + \epsilon_i \quad (i = 1, \cdots, n), \tag{8.1.5}$$

其中 y_i 表示响应变量, x_i 为协变量, $\epsilon_1, \cdots, \epsilon_n$ i.i.d. $\sim N(0, \sigma^2)$, σ^2 为未知参数, g 为回归函数. 在线性回归中, g 假定为有限个回归系数的线性组合. 一般地, g 可以是完全未知的. 现在我们考虑模型选择问题: 从两个完全非参数的回归函数类中选择 g. 贝叶斯因子或者后验机会比的计算困难使得进行模型选择具有挑战性. 各种简化手段包括将 g 半参数化等已经被广泛研究.

例 8.1.2　考虑一个模型检验问题: 检查正态性假设是否成立. 这个问题在频率统计中是常见的, 因为很多推断方法都是基于正态性假设基础上的, 如简单或多重线性回归、ANOVA 等. 在最简单的场合, 问题可以被描述为检验一组给定样本 $X_1, \cdots, X_n$ 是否来自正态分布总体, 即

$$\begin{aligned} &M_0 : X \sim N(\mu, \sigma^2), \text{ 其中 } \mu \in \mathbb{R},\ \sigma^2 > 0, \\ &M_1 : X \text{ 不服从正态分布}. \end{aligned} \tag{8.1.6}$$

这个问题和式 (8.1.1) 完全不同, 因为对立假设不再是参数形式. 因此, 对这个问题如何使用贝叶斯因子或者后验机会比进行模型选择还是未知的. 而且在这个问题中, 我们仅仅对 M_0 感兴趣, 而不是 M_1. Gelman 等 (1995) 的 6.3 节和 9.9 节讨论了这一问题.

8.2　正常先验下的贝叶斯因子

假设我们感兴趣的是从候选模型 $M_1, \cdots, M_r$ 中选择一个“最佳”模型, 并且假定在每个模型 M_k 下抽样密度为 $f_k(x|\boldsymbol{\theta}_k)$, 其中 $\boldsymbol{\theta}_k \in \Theta_k \subset \mathbb{R}^p$ 为未知的 p 维参数向量. 用 $\pi_k(\boldsymbol{\theta}_k)$ 表示在模型 M_k 下参数 $\boldsymbol{\theta}_k$ 的先验密度, 则在样本 $\boldsymbol{X}_n = (X_1, \cdots, X_n) = \boldsymbol{x}_n$ 下, 模型 M_k 的后验密度为

$$P(M_k|\boldsymbol{x}_n) = \frac{P(M_k)\int f_k(\boldsymbol{x}_n|\boldsymbol{\theta}_k)\pi_k(\boldsymbol{\theta}_k)\mathrm{d}\boldsymbol{\theta}_k}{\sum\limits_{j=1}^{r} P(M_j)\int f_j(\boldsymbol{x}_n|\boldsymbol{\theta}_j)\pi_j(\boldsymbol{\theta}_j)\mathrm{d}\boldsymbol{\theta}_j}, \tag{8.2.1}$$

其中 $f_k(\boldsymbol{x}_n|\boldsymbol{\theta}_k)$ 为样本 $\boldsymbol{X}_n$ 在模型 M_k 下的密度 (似然函数), $P(M_k)$ 为模型 M_k 的先验概率. 先验概率 $P(M_k)$ 和相应的先验密度 $\pi_k(\boldsymbol{\theta}_k)$ 表示我们对模型 M_k 的初始认识, 在有了样本 $\boldsymbol{X}_n$ 后, 对模型 M_k 的不确定认识就更新为模型 M_k 的后验概率 $P(M_k|\boldsymbol{x}_n)$.

基本上, 贝叶斯模型选择方法是选择后验概率最大的模型, 因此, 后验模型概率 $P(M_1|\boldsymbol{x}_n),\cdots,P(M_r|\boldsymbol{x}_n)$ 即为模型选择中我们感兴趣的量. 注意到式 (8.2.1), 等价于寻求最大化

$$P(M_k)\int f_k(\boldsymbol{x}_n|\boldsymbol{\theta}_k)\pi_k(\boldsymbol{\theta}_k)\mathrm{d}\boldsymbol{\theta}_k \tag{8.2.2}$$

的模型. 其中积分

$$P(\boldsymbol{x}_n|M_k)=\int f_k(\boldsymbol{x}_n|\boldsymbol{\theta}_k)\pi_k(\boldsymbol{\theta}_k)\mathrm{d}\boldsymbol{\theta}_k \tag{8.2.3}$$

为样本 $\boldsymbol{X}_n$ 在模型 M_k 下的边际概率密度 (边际似然), 它度量指定的先验分布对样本的拟合程度.

对模型的先验概率来说, 常用的一种指定为均匀分布

$$P(M_k)=\frac{1}{r}\quad (k=1,\cdots,r). \tag{8.2.4}$$

显然这个先验是无信息先验, 表示我们对所有的候选模型一样偏好. 在此先验下, 式 (8.2.2) 与边际似然成正比, 而且后验概率为

$$P(M_k|\boldsymbol{x}_n)=\frac{\displaystyle\int f_k(\boldsymbol{x}_n|\boldsymbol{\theta}_k)\pi_k(\boldsymbol{\theta}_k)\mathrm{d}\boldsymbol{\theta}_k}{\displaystyle\sum_{j=1}^{r}\int f_j(\boldsymbol{x}_n|\boldsymbol{\theta}_j)\pi_j(\boldsymbol{\theta}_j)\mathrm{d}\boldsymbol{\theta}_j}. \tag{8.2.5}$$

尽管均匀先验应用起来很方便, 但有时候仍然偏好非均匀先验. 例如, 对线性回归模型 $y=\sum\limits_{i=1}^{p}\beta_i x_i+\epsilon$, 我们或许希望对简单的模型赋予更多的先验概率, 为此, Denison 等 (1998) 使用泊松分布来作为先验分布:

$$P(M_k)\propto \lambda^{p_k}\mathrm{e}^{-\lambda},$$

其中 p_k 为模型 M_k 下的解释变量个数, 而 λ 衡量模型中期望的解释变量个数. 另外一种类似的先验分布 (Smith et al., 1996) 为

$$P(M_k)\propto\prod_{j=1}^{p}\pi_j^{r_j}(1-\pi_j)^{1-r_j},$$

其中 π_j 表示解释变量 x_j 包含在模型中的概率, $r_j=1$ 表示 x_j 包含进模型, 而 $r_j=0$ 表示 x_j 没有包含进模型.

类似于上一节的讨论, 模型 M_k 和 M_j 的贝叶斯因子为

$$BF_{kj}=\frac{P(M_k|\boldsymbol{x}_n)}{P(M_j|\boldsymbol{x}_n)}\Big/\frac{P(M_k)}{P(M_j)}=\frac{P(\boldsymbol{x}_n|M_k)}{P(\boldsymbol{x}_n|M_j)}$$

$$= \frac{\int \boldsymbol{\theta}_k f_k(\boldsymbol{x}_n|\boldsymbol{\theta}_k)\pi_k(\boldsymbol{\theta}_k)\mathrm{d}\boldsymbol{\theta}_k}{\int \boldsymbol{\theta}_j f_j(\boldsymbol{x}_n|\boldsymbol{\theta}_j)\pi_j(\boldsymbol{\theta}_j)\mathrm{d}\boldsymbol{\theta}_j}. \tag{8.2.6}$$

从而由式 (8.2.3) 知模型 M_k 的后验概率为

$$P(M_k|\boldsymbol{x}_n) = \left[\sum_{j=1}^{r} \frac{P(M_j)}{P(M_k)} \cdot \frac{1}{BF_{kj}}\right]^{-1}. \tag{8.2.7}$$

因此可以根据模型的后验概率或者所有候选模型进行两两比较贝叶斯因子, 从中选出最优的模型.

Jeffreys (1961) 建议将贝叶斯因子解释为证据的程度. 表 8.2.1 列出了 Jeffreys 对贝叶斯因子的值对应不同程度的证据解释, 尽管这种划分看起来有些随意, 但是仍然给出了某种描述性的解释.

表 8.2.1　Jeffreys 对贝叶斯因子 BF_{kj} 的值所表示的模型支持强度解释

贝叶斯因子	解　释
$BF_{kj} < 1$	否定模型 M_k
$1 \leqslant BF_{kj} < 3$	对模型 M_k 的支持证据微乎其微
$3 \leqslant BF_{kj} < 10$	较强的证据支持 M_k
$10 \leqslant BF_{kj} < 30$	强烈的证据支持 M_k
$30 \leqslant BF_{kj} < 100$	非常强的证据支持 M_k
$100 \leqslant BF_{kj}$	肯定支持 M_k

贝叶斯因子在近年来被广泛讨论研究. 注意到, 如果先验 $\pi_k(\boldsymbol{\theta}_k)$ 为不正常先验, 则边际似然也是不正常的. 各种"拟贝叶斯因子"被提出, 结合数值计算方法来解决这个问题. 例如, 后验贝叶斯因子 (the posterior Bayess factor, Aitkin, 1991)、潜在贝叶斯因子 (the intrinsic Bayes factor, Berger et al., 1996)、分数贝叶斯因子 (the fractional Bayes factor, O'Hagan, 1995)、基于交差验证的拟贝叶斯因子 (the pseudo-Bayes factor based on cross validation, Gelfand et al., 1992) 等. 我们将在下一节讨论这些问题. 另外, 贝叶斯信息准则 (Schwarz, 1978) 也是一种解决方法.

例 8.2.1　假设我们研究 8 名司机的事故次数, 且假设各司机之间独立, 事故次数服从参数为 λ 的泊松分布. λ 的先验分布为伽马分布 $\Gamma(\alpha,\beta)$, 考虑两种先验分布:

$M_1 : \lambda$ 的先验分布为 $\Gamma(2,2)$, 这个先验反映了对 λ 的均值为 1 的认识.

$M_2 : \lambda$ 的先验分布为 $\Gamma(1,1)$, 这个先验和 M_1 的均值相同, 但是反映了较强的认识, 认为 λ 的方差比 M_1 的大很多.

在被调查的 8 个司机中有 3 个人没有出过事故, 4 个人出过一次事故, 1 个人出过 3 次事故. 试对这两种模型进行选择.

解　记 $\boldsymbol{X}_n = (X_1, \cdots, X_n)$. 显然 λ 的似然函数和模型 M 的先验密度分别为

$$f(\boldsymbol{x}_n|\lambda) = \prod_{i=1}^{n} \frac{\lambda^{x_i}}{x_i!}\mathrm{e}^{-\lambda}, \quad \pi(\lambda|M) = \pi(\lambda|\alpha,\beta) = \frac{\beta^{\alpha}}{\Gamma(\alpha)}\lambda^{\alpha-1}\mathrm{e}^{-\beta\lambda}.$$

从而 $\boldsymbol{X}_n$ 的边际密度为

$$P(\boldsymbol{x}_n|M)=\int_0^{\infty}f(\boldsymbol{x}_n|\lambda)\pi(\lambda|\alpha,\beta)\mathrm{d}\lambda=\int_0^{\infty}\prod_{i=1}^{n}\frac{\lambda^{x_i}\mathrm{e}^{-\lambda}}{x_1!}\cdot\frac{\beta^{\alpha}}{\Gamma(\alpha)}\lambda^{\alpha-1}\mathrm{e}^{-\beta\lambda}\mathrm{d}\lambda$$
$$=\prod_{i=1}^{n}\frac{1}{x_i!}\cdot\frac{\beta^{\alpha}}{\Gamma(\alpha)}\int_0^{\infty}\lambda^{n\bar{x}_n+\alpha-1}\mathrm{e}^{-\lambda(n+\beta)}\mathrm{d}\lambda$$
$$=\prod_{i=1}^{n}\frac{1}{x_i!}\cdot\frac{\beta^{\alpha}}{\Gamma(\alpha)}\cdot\frac{\Gamma(n\bar{x}_n+\alpha)}{(n+\beta)^{n\bar{x}+\alpha}},$$

其中 $\bar{x}_n=\sum\limits_{i=1}^{n}x_i/n$.

在样本为 $n=8,\bar{x}=7/8$ 以及先验 M_1 和 M_2 下分别有 $P(\boldsymbol{x}_n|M_1)=0.000027$ 和 $P(\boldsymbol{x}_n|M_2)=0.0000195$, 因此贝叶斯因子为

$$BF_{12}=\frac{P(\boldsymbol{x}_n|M_1)}{P(\boldsymbol{x}_n|M_2)}=\frac{0.000027}{0.0000195}=1.38.$$

这意味着模型 M_1 为模型 M_2 可能性的 1.38 倍. 根据 Jeffreys 的贝叶斯因子的解释, 这表明在当前样本下勉强支持模型 M_1.

例 8.2.2 假设我们玩一个打赌游戏 $n=10$ 次, 各次游戏是独立进行的, 且假设每次游戏打赌结果服从伯努利分布 $B(1,p)$, 其中 $p\in(0,1)$ 为赌赢的概率. 如果我们对游戏很有信心, 则会期望 $p>0.5$, 否则 $p<0.5$. 考虑如下几种先验选择:

$M_1: p\sim Be(0.1,4)$;
$M_2: p\sim Be(2,4)$;
$M_3: p\sim Be(4,4)$;
$M_4: p\sim Be(8,4)$.

现知在完成整个游戏后, 我们胜利了 2 次. 基于此信息对先验进行选择.

解 设候选先验为贝塔分布 $Be(\alpha,\beta)$, 则易知边际似然为

$$P(\boldsymbol{x}_n|M)=\int_0^1 f(\boldsymbol{x}_n|p)\pi(p|M)\mathrm{d}p$$
$$=\int_0^1\binom{n}{t}p^t(1-p)^{n-t}\frac{\Gamma(\alpha+\beta)}{\Gamma(\alpha)\Gamma(\beta)}p^{\alpha-1}(1-p)^{\beta-1}\mathrm{d}p$$
$$=\binom{n}{t}\frac{\Gamma(\alpha+\beta)}{\Gamma(\alpha)\Gamma(\beta)}\cdot\frac{\Gamma(\alpha+t)\Gamma(n+\beta-t)}{\Gamma(n+\alpha+\beta)},$$

其中 $t=\sum\limits_{i=1}^{n}x_i$, M 表示候选模型 $Be(\alpha,\beta)$.

代入样本值, 得到

$$P(\boldsymbol{x}_n|M_1)=0.0277,\quad P(\boldsymbol{x}_n|M_2)=0.1648,$$
$$P(\boldsymbol{x}_n|M_3)=0.0848,\quad P(\boldsymbol{x}_n|M_4)=0.0168.$$

因此可得两两模型的贝叶斯因子, 而模型 M_2 是应选择的模型. 我们也可以求出最大化边际似然函数的最大化参数 (α,β), 从而得到最优的模型. 这种方法称为经验贝叶斯方法.

8.3 非正常先验下的贝叶斯因子

在使用贝叶斯因子时, 最常见的困难是其对先验选择的敏感性, 而如果对参数假设不正常先验, 则一般会导致贝叶斯因子没有很好地被唯一定义. 已有的研究工作中, 对在无信息先验场合定义一个方便使用的贝叶斯因子提出了一些解决方法. 例如 Aitkin (1991), Berger et al. (1996, 1998), Gelfand et al.(1994), Kass et al.(1995), O’Hagan (1995, 1997), Pauler (1998), Perez et al.(2002), 以及 De Santis et al.(2001) 等.

由非正常先验的定义, 可知

$$\pi(\boldsymbol{\theta}) \propto h(\boldsymbol{\theta}), \quad \int h(\boldsymbol{\theta})\mathrm{d}\boldsymbol{\theta} = \infty.$$

因此对任意正的常数 C, 我们可以使用 $q(\boldsymbol{\theta}) = C\pi(\boldsymbol{\theta})$ 来作为先验, 从而后验密度为

$$\pi(\boldsymbol{\theta}|\boldsymbol{x}_n) = \frac{f(\boldsymbol{x}_n|\boldsymbol{\theta})q(\boldsymbol{\theta})}{\int f(\boldsymbol{x}_n|\boldsymbol{\theta})q(\boldsymbol{\theta})\mathrm{d}\boldsymbol{\theta}} = \frac{f(\boldsymbol{x}_n|\boldsymbol{\theta})\pi(\boldsymbol{\theta})}{\int f(\boldsymbol{x}_n|\boldsymbol{\theta})\pi(\boldsymbol{\theta})\mathrm{d}\boldsymbol{\theta}}.$$

显然只要 $\int f(\boldsymbol{x}_n|\boldsymbol{\theta})\pi(\boldsymbol{\theta})\mathrm{d}\boldsymbol{\theta}$ 存在且非零, 则后验密度就是正常的密度. 但是先验 $q_k(\boldsymbol{\theta}_k)$ 和 $q_j(\boldsymbol{\theta}_j)$ 的贝叶斯因子为

$$BF_{kj} = \frac{\int f_k(\boldsymbol{x}_n|\boldsymbol{\theta}_k)\pi_k(\boldsymbol{\theta}_k)\mathrm{d}\boldsymbol{\theta}_k}{\int f_j(\boldsymbol{x}_n|\boldsymbol{\theta}_j)\pi_j(\boldsymbol{\theta}_j)\mathrm{d}\boldsymbol{\theta}_j} \times \frac{C_k}{C_j}.$$

可以看出, 此时贝叶斯因子没有被很好地唯一定义, 因为其依赖于任意的常数 C_k/C_j. 而对正常先验来说, C_k 和 C_j 是唯一、有限的, 故 C_k/C_j 唯一, 因此贝叶斯因子是唯一的.

对这种由先验选择所带来的贝叶斯因子的不唯一性, 已经有一些方法解决. 一种方法就是不使用贝叶斯因子, 而使用 BIC 准则. 在假设 $\ln\pi(\boldsymbol{\theta}) = O_p(1)$ 和大样本下, BIC 不依赖于先验 π 的选择. 另外一类方法可以称为贝叶斯因子的一些变种, 本节我们将介绍这些方法.

8.3.1 潜在贝叶斯因子

由于不正常先验的不确定性导致贝叶斯因子的不唯一性, 而且注意到不正常先验下的后验分布可以是正常分布, 因此一种自然的想法就是使用部分样本作为“训练”样

本, 把先验分布"估计"出来 (得到了基于部分样本的后验分布), 再使用剩余的样本来进行模型比较.

记样本 $\boldsymbol{X}_n=(X_1,\cdots,X_n)$, 将 $\boldsymbol{X}_n$ 分割成 N 个子集 $\{\boldsymbol{X}_{n(l)}\}_{l=1}^N$, 使得 $\sum\limits_{l=1}^N n(l)=n$, $n(l)$ 表示第 l 个子集的观测数, $\boldsymbol{X}_{n(l)}$ 表示第 l 个子集的数据向量. 用 $\boldsymbol{X}_{-n(l)}$ 表示 $\boldsymbol{X}_n$ 除去 $\boldsymbol{X}_{n(l)}$ 外剩余的样本, 则在先验 π 下,

$$\pi(\boldsymbol{\theta}|\boldsymbol{X}_{n(l)})=\frac{f(\boldsymbol{X}_{n(l)}|\boldsymbol{\theta})\pi(\boldsymbol{\theta})}{\int f(\boldsymbol{X}_{n(l)}|\boldsymbol{\theta})\pi(\boldsymbol{\theta})\mathrm{d}\boldsymbol{\theta}}, \tag{8.3.1}$$

其中子集 $X_{n(l)}$ 的选择要使得此后验分布为正常分布. 然后使用 $\pi(\boldsymbol{\theta}|\boldsymbol{X}_{n(l)})$ 作为先验分布, 结合剩余的样本 $\boldsymbol{X}_{-n(l)}$, 计算所得的贝叶斯因子即称为在给定样本 $\boldsymbol{X}_{n(l)}$ 时的潜在贝叶斯因子 (intrinsic Bayes factor, IBF) 或者部分贝叶斯因子 (因其仅使用了部分样本), 即模型 M_k 和 M_j 在给定样本 $\boldsymbol{X}_{n(l)}$ 下的贝叶斯因子为

$$\begin{aligned} IBF_{kj}(n(l)) &= \frac{\int f_k(\boldsymbol{X}_{-n(l)}|\boldsymbol{\theta}_k)\pi_k(\boldsymbol{\theta}_k|\boldsymbol{X}_{n(l)})\mathrm{d}\boldsymbol{\theta}_k}{\int f_j(\boldsymbol{X}_{-n(l)}|\boldsymbol{\theta}_j)\pi_j(\boldsymbol{\theta}_j|\boldsymbol{X}_{n(l)})\mathrm{d}\boldsymbol{\theta}_j} \\ &= \frac{\int f_k(\boldsymbol{X}_n|\boldsymbol{\theta})\pi_k(\boldsymbol{\theta}_k)\mathrm{d}\boldsymbol{\theta}_k}{\int f_j(\boldsymbol{X}_n|\boldsymbol{\theta}_j)\pi_j(\boldsymbol{\theta}_j)\mathrm{d}\boldsymbol{\theta}_j}\cdot\frac{\int f_j(\boldsymbol{X}_{n(l)}|\boldsymbol{\theta})\pi_j(\boldsymbol{\theta}_j)\mathrm{d}\boldsymbol{\theta}_j}{\int f_k(\boldsymbol{X}_{n(l)}|\boldsymbol{\theta}_k)\pi_k(\boldsymbol{\theta}_k)\mathrm{d}\boldsymbol{\theta}_k} \\ &= BF_{kj}\times BF_{kj}(n(l)). \end{aligned} \tag{8.3.2}$$

显然此量是唯一的, 不确定项 C_k/C_j 在上式中被消去了.

这样定义的潜在贝叶斯因子不依赖于不确定项 C_k/C_j, 但是依赖于部分样本 $X_{n(l)}$ 的选择. Berger 和 Pericchi (1996) 将样本 $\boldsymbol{X}_n$ 分为 N 个最小子集 $\{\boldsymbol{X}_{n(l)}\}_{l=1}^N$, 这里所谓最小子集是指 $\pi(\boldsymbol{\theta}|\boldsymbol{X}_{n(l)})$ 在子集 $\boldsymbol{X}_{n(l)}$ 下是正常密度, 且不存在 $\boldsymbol{X}_{n(l)}$ 的子集使得该后验密度是正常的. 对每个子集样本计算得到 $IBF_{kj}(n(l))$, 然后平均这 N 个条件潜在贝叶斯因子, 称为算术潜在贝叶斯因子 (arithmetic intrinsic Bayes factor, AIBF):

$$AIBF_{kj}=\frac{1}{N}\sum_{l=1}^N IBF_{kj}(n(l)). \tag{8.3.3}$$

Berger 和 Pericchi (1996) 也考虑了几何平均, 称为几何潜在贝叶斯因子 (geometric intrinsic Bayes factor, GIBF):

$$GIBF_{kj}=\left[\prod_{l=1}^N IBF_{kj}(n(l))\right]^{1/N}. \tag{8.3.4}$$

Berger 和 Pericchi (1996) 推荐使用 Reference 先验来计算潜在贝叶斯因子, 选择参照无信息先验的优点是, 不需要考虑样本的所有可能子集组合 $\{\boldsymbol{X}_{n(l)}\}_{l=1}^N$ 的选取. 同时, 他们还讨论总结了潜在贝叶斯因子的优缺点, 指出潜在贝叶斯因子可以用于嵌套或者非嵌套的模型比较, 因而可以用于各种类型的模型选择问题中；但是潜在贝叶斯因子的计算强度可能非常大, 特别是当潜在贝叶斯因子的分子和分母积分没有显式表达时, 而且当样本量比较小时可能不稳定. 详情可参看 Berger et al. (1996, 1998).

8.3.2 分数贝叶斯因子

利用部分贝叶斯因子 (式 (8.3.2)) 的想法所遇到的困难之一就是“训练”样本的选取, Berger 和 Pericchi (1996) 建议使用所有可能的最小子集, 然后对得到的条件部分贝叶斯因子进行某种平均, 从而得到他们称为“潜在贝叶斯因子”的量. 前面我们也指出, 这种方法在样本量和最小子集大小都比较大时, 所有可能的子集数就非常大, Berger 和 Pericchi (1996) 建议随机选取所有可能子集中的少部分进行平均以逼近总平均. O'Hagan (1995) 为了避免这种情况, 从另一角度提出了分数贝叶斯因子 (fractional Bayes factor, FBF).

记观测的样本 $\boldsymbol{x}_n=(\boldsymbol{z}_{n-m},\boldsymbol{y}_m)$, 其中 $\boldsymbol{y}$ 作为“训练”样本, 则由式 (8.3.2) 知部分贝叶斯因子为

$$PBF_{kj}(\boldsymbol{z}|\boldsymbol{y})=\frac{\int f_k(\boldsymbol{z}|\boldsymbol{\theta}_k,\boldsymbol{y})\pi_k(\boldsymbol{\theta}_k|\boldsymbol{y})\mathrm{d}\boldsymbol{\theta}_k}{\int f_j(\boldsymbol{z}|\boldsymbol{\theta}_j,\boldsymbol{y})\pi_j(\boldsymbol{\theta}_j|\boldsymbol{y})\mathrm{d}\boldsymbol{\theta}_j}.$$

注意到

$$q_i(\boldsymbol{z}|\boldsymbol{y})=\int f_i(\boldsymbol{z}|\boldsymbol{\theta}_i,\boldsymbol{y})\pi_i(\boldsymbol{\theta}_i|\boldsymbol{y})\mathrm{d}\boldsymbol{\theta}_i=\frac{\int f_i(\boldsymbol{x}|\boldsymbol{\theta}_i)\pi_i(\boldsymbol{\theta}_i)\mathrm{d}\boldsymbol{\theta}_i}{\int f_i(\boldsymbol{y}|\boldsymbol{\theta}_i)\pi_i(\boldsymbol{\theta}_i)\mathrm{d}\boldsymbol{\theta}_i}, \tag{8.3.5}$$

而当 n 和 m 都很大时, 在 i.i.d. 样本情况下似然 $f(\boldsymbol{y}|\boldsymbol{\theta})$ 趋于 $[f(\boldsymbol{x}|\boldsymbol{\theta})]^b$, 其中 $b=m/n$, 因此定义

$$FBF_{kj}^b=\frac{q_k(\boldsymbol{x},b)}{q_j(\boldsymbol{x},b)}, \tag{8.3.6}$$

称为分数贝叶斯因子, 其中

$$q_i(\boldsymbol{x},b)=\frac{\int f_i(\boldsymbol{x}|\boldsymbol{\theta}_i)\pi_i(\boldsymbol{\theta}_i)\mathrm{d}\boldsymbol{\theta}_i}{\int [f_i(\boldsymbol{x}|\boldsymbol{\theta}_i)]^b\pi_i(\boldsymbol{\theta}_i)\mathrm{d}\boldsymbol{\theta}_i}\quad (i=k,j).$$

可以看出

$$\begin{aligned}FBF_{kj}^b&=\frac{\int f_k(\boldsymbol{x}|\boldsymbol{\theta}_k)\pi_k(\boldsymbol{\theta}_k)\mathrm{d}\boldsymbol{\theta}_k}{\int f_j(\boldsymbol{x}|\boldsymbol{\theta}_j)\pi_j(\boldsymbol{\theta}_j)\mathrm{d}\boldsymbol{\theta}_j}\cdot\frac{\int [f_j(\boldsymbol{x}|\boldsymbol{\theta}_j)]^b\pi_j(\boldsymbol{\theta}_j)\mathrm{d}\boldsymbol{\theta}_i}{\int [f_k(\boldsymbol{x}|\boldsymbol{\theta}_k)]^b\pi_k(\boldsymbol{\theta}_k)\mathrm{d}\boldsymbol{\theta}_k}\\&=BF_{kj}\cdot\frac{\int [f_j(\boldsymbol{x}|\boldsymbol{\theta}_j)]^b\pi_j(\boldsymbol{\theta}_j)\mathrm{d}\boldsymbol{\theta}_i}{\int [f_k(\boldsymbol{x}|\boldsymbol{\theta}_k)]^b\pi_k(\boldsymbol{\theta}_k)\mathrm{d}\boldsymbol{\theta}_k},\end{aligned}$$

因此不受不确定量 C_k/C_j 的影响.

例 8.3.1 O'Hagan (1995) 以非正常先验下的线性模型变量选择问题为例, 介绍了分数贝叶斯因子的应用. 考虑如下线性模型:

$$\boldsymbol{y}_n=\boldsymbol{X}_n\boldsymbol{\beta}+\boldsymbol{\varepsilon},\quad \boldsymbol{\varepsilon}\sim N(0,\sigma^2 I_n),$$

其中 $\boldsymbol{\theta}=(\beta,\sigma^2)$ 为 $p+1$ 维未知参数. 使用不正常先验 $\pi(\beta,\sigma^2)=1/\sigma^{2t}$ 会导致贝叶斯因子不具有唯一性. 试求分数贝叶斯因子.

解 利用分数贝叶斯因子方法, 我们得到

$$\int[f(\boldsymbol{y}_n|\boldsymbol{\theta})]^b\pi(\boldsymbol{\theta})\mathrm{d}\boldsymbol{\theta}=\pi^{-nb/2}\left|\boldsymbol{X}_n^{\mathrm{T}}\boldsymbol{X}_n\right|^{-1/2}2^{-r/2}b^{-(nb+p+1-r)/2}S_n^{-(nb-r)}\Gamma\left(\frac{nb-r}{2}\right),$$

其中 $r=p-2t+2$, S_n^2 为残差平方和,

$$S_n^2=\boldsymbol{y}_n^{\mathrm{T}}[I_n-\boldsymbol{X}_n(\boldsymbol{X}_n^{\mathrm{T}}\boldsymbol{X}_n)^{-1}\boldsymbol{X}_n^{\mathrm{T}}]\boldsymbol{y}_n.$$

因此

$$\frac{\displaystyle\int f(y_n|\boldsymbol{X}_n,\boldsymbol{\theta})\pi(\boldsymbol{\theta})\mathrm{d}\boldsymbol{\theta}}{\displaystyle\int[f(y_n|\boldsymbol{X}_n,\boldsymbol{\theta})]^b\pi(\boldsymbol{\theta})\mathrm{d}\boldsymbol{\theta}}=\pi^{-n(1-b)/2}b^{(nb+p+1-r)/2}S_n^{-n(1-b)}\frac{\Gamma\left(\frac{b-r}{2}\right)}{\Gamma\left(\frac{nb-r}{2}\right)},$$

以及

$$FBF_{21}^b=\frac{\Gamma\left(\frac{b-r_2}{2}\right)\Gamma\left(\frac{nb-r_1}{2}\right)}{\Gamma\left(\frac{b-r_1}{2}\right)\Gamma\left(\frac{nb-r_2}{2}\right)}b^{t_2-t_1}\left(\frac{S_2^2}{S_1^2}\right)^{n(1-b)/2},$$

其中 $r_j=r=p_j-2t+2$, p_j 为回归模型 M_j 中预测变量的个数.

8.3.3 后验贝叶斯因子

Aitkin (1991) 提出后验贝叶斯因子 (posterior Bayes factor) 来克服不正常先验情形下贝叶斯因子定义的缺点, 其定义为

$$PBF_{kj}=\frac{\bar{L}_k}{\bar{L}_j}=\frac{\displaystyle\int f_k(\boldsymbol{x}_n|\boldsymbol{\theta}_k)\pi_k(\boldsymbol{\theta}_k|\boldsymbol{x}_n)\mathrm{d}\boldsymbol{\theta}_k}{\displaystyle\int f_j(\boldsymbol{x}_n|\boldsymbol{\theta}_j)\pi_j(\boldsymbol{\theta}_j|\boldsymbol{x}_n)\mathrm{d}\boldsymbol{\theta}_j},\tag{8.3.7}$$

其中

$$\pi_i(\boldsymbol{\theta}_i|\boldsymbol{x}_n)=\frac{f_i(\boldsymbol{x}_n|\boldsymbol{\theta}_i)\pi_i(\boldsymbol{\theta}_i)}{\displaystyle\int f_i(\boldsymbol{x}_n|\boldsymbol{\theta}_i)\pi_i(\boldsymbol{\theta}_i)\mathrm{d}\boldsymbol{\theta}_i}$$

为 $\boldsymbol{\theta}_i$ 在样本 $\boldsymbol{x}_n$ 下的后验密度. 显然, 后验贝叶斯因子为不同模型下似然函数的后验均值之比. Aitkin (1991) 指出 PBF 和贝叶斯因子的使用类似, PBF_{12} 的值小于 1/20, 1/100 和 1/1000 分别表示有强、非常强和极强的证据来否定模型 M_1 而支持模型 M_2.

8.3.4 基于交叉验证的拟贝叶斯因子

在预测问题中, 使用交叉验证方法来检验模型的预测能力是自然的. Gelfand 等 (1992) 提出使用交叉验证预测密度 (CVPD),

$$CVPD=\prod_{i=1}^n\int f(x_i|\boldsymbol{\theta})\pi(\boldsymbol{\theta}|\boldsymbol{x}_{-i})\mathrm{d}\boldsymbol{\theta},$$

这里 $\boldsymbol{X}_{-i}$ 表示除去 X_i 后剩余的所有样本. 从而

$$PSBF_{kj}=\frac{CVPD_k}{CVPD_j}, \tag{8.3.8}$$

称为拟贝叶斯因子 (pseudo-Bayes factor, PSBF). 显然,

$$f(x_i|\boldsymbol{x}_{-i})=\int f(x_i|\boldsymbol{\theta})\pi(\boldsymbol{\theta}|\boldsymbol{x}_{-i})\mathrm{d}\boldsymbol{\theta}$$

为预测密度, Geisser 和 Eddy (1979) 提出使用 $CVPD$ 来替代 $f(\boldsymbol{x})$. 交叉验证方法的优点是适用于各种实际情形, 当然, 当样本量比较大时计算时间也很可观.

例 8.3.2　考虑线性回归模型

$$\boldsymbol{y}_n=\boldsymbol{X}_n\boldsymbol{\beta}+\boldsymbol{\varepsilon}_n,\quad \boldsymbol{\varepsilon}_n\sim N(0,\sigma^2 I_n),$$

先验为不正常先验 $\pi(\beta,\sigma^2)=1/\sigma^2$. 使用交叉验证拟贝叶斯因子进行变量选择.

解　对指定的模型, 在给定协变量 $\boldsymbol{x}_0$、已有样本 $\boldsymbol{y}_n$ 及其协变量 $\boldsymbol{X}_n$ 下, 未来观测 z 的预测密度为

$$\begin{aligned}f(z|\boldsymbol{x}_0,\boldsymbol{y}_n,\boldsymbol{X}_n)&=\int f(z|\boldsymbol{x}_0,\boldsymbol{\beta},\sigma^2)\pi(\boldsymbol{\beta},\sigma^2|\boldsymbol{y}_n,\boldsymbol{X}_n)\mathrm{d}\boldsymbol{\beta}\mathrm{d}\sigma^2\\&=\frac{\Gamma((v+1)/2)}{\Gamma(v/2)(\pi v)^{1/2}\sigma^{2*}}\left[1+\frac{1}{v\sigma^{2*}}(z-\boldsymbol{x}_0^{\mathrm{T}}\hat{\boldsymbol{\beta}}_{\mathrm{MLE}})^2\right]^{(v+1)/2},\end{aligned}$$

其中 $v=n-p$,

$$\begin{aligned}&\hat{\boldsymbol{\beta}}_{\mathrm{MLE}}=(\boldsymbol{X}_n^{\mathrm{T}}\boldsymbol{X}_n)^{-1}\boldsymbol{X}_n^{\mathrm{T}}\boldsymbol{y}_n,\\&\sigma^{2*}=s^2[1+\boldsymbol{x}_0^{\mathrm{T}}(\boldsymbol{X}_n^{\mathrm{T}}\boldsymbol{X}_n)^{-1}\boldsymbol{x}_0],\\&s^2=\|\boldsymbol{y}_n-X\hat{\boldsymbol{\beta}}_{\mathrm{MLE}}\|^2.\end{aligned}$$

因此交叉验证预测密度为

$$CVPD=\prod_{i=1}^n f(y_i|x_i,\boldsymbol{y}_{-i},\boldsymbol{X}_{-i}).$$

对两个候选的模型, 分别计算交叉验证预测密度, 比值即为拟贝叶斯因子.

8.4 贝叶斯因子的拉普拉斯近似

在假设 f, g_0 和 g_1 满足合适的条件下, 式 (8.1.2) 的贝叶斯因子可以使用拉普拉斯逼近或者鞍点逼近方法进行近似. 将式 (8.1.3) 重新表示为

$$m_i(\boldsymbol{x})=\int f(\boldsymbol{x}|\boldsymbol{\theta}_i)g_i(\boldsymbol{\theta}_i)\mathrm{d}\boldsymbol{\theta}_i \quad (i=0,1), \tag{8.4.1}$$

其中 $\boldsymbol{\theta}_i$ 为在模型 M_i 下的 p_i 维未知参数 (独立于 $\boldsymbol{X}$ 的维数 n). 记 $\tilde{\boldsymbol{\theta}}_i$ 为 $\boldsymbol{\theta}_i$ 的后验众数 $(i=0,1)$, 并且假定 $\tilde{\boldsymbol{\theta}}_i$ 为 Θ_i 的内点, 则将式 (8.4.1) 中被积函数的对数在 $\tilde{\boldsymbol{\theta}}_i$ 处进行二阶泰勒展开, 得到

$$\ln[f(\boldsymbol{x}|\boldsymbol{\theta}_i)g_i(\boldsymbol{\theta}_i)]\approx\ln\left[f(\boldsymbol{x}|\tilde{\boldsymbol{\theta}}_i)g_i(\tilde{\boldsymbol{\theta}}_i)\right]-\frac{1}{2}(\boldsymbol{\theta}_i-\tilde{\boldsymbol{\theta}}_i)^{\mathrm{T}}H_{\tilde{\boldsymbol{\theta}}_i}(\boldsymbol{\theta}_i-\tilde{\boldsymbol{\theta}}_i),$$

其中 $H_{\tilde{\boldsymbol{\theta}}_i}$ 为相应的负的黑塞矩阵在 $\tilde{\boldsymbol{\theta}}_i$ 处的值. 应用此式逼近式 (8.4.1), 得到

$$\begin{aligned}m_i(\boldsymbol{x})&\approx f(\boldsymbol{x}|\tilde{\boldsymbol{\theta}}_i)g_i(\tilde{\boldsymbol{\theta}}_i)\int\exp\left\{-\frac{1}{2}(\boldsymbol{\theta}_i-\tilde{\boldsymbol{\theta}}_i)^{\mathrm{T}}H_{\tilde{\boldsymbol{\theta}}_i}(\boldsymbol{\theta}_i-\tilde{\boldsymbol{\theta}}_i)\right\}\mathrm{d}\boldsymbol{\theta}_i\\&=f(\boldsymbol{x}|\tilde{\boldsymbol{\theta}}_i)g_i(\tilde{\boldsymbol{\theta}}_i)(2\pi)^{p_i/2}\left|H_{\tilde{\boldsymbol{\theta}}_i}^{-1}\right|^{1/2}.\end{aligned} \tag{8.4.2}$$

$2\ln BF_{01}$ 经常用来表示样本 $\boldsymbol{x}$ 对模型 M_0 相对于 M_1 的支持强度. 在如上近似下, 有

$$2\ln(BF_{01})\approx2\ln\frac{f(\boldsymbol{x}|\tilde{\boldsymbol{\theta}}_0)}{f(\boldsymbol{x}|\tilde{\boldsymbol{\theta}}_1)}+2\ln\frac{g_0(\tilde{\boldsymbol{\theta}}_0)}{g_1(\tilde{\boldsymbol{\theta}}_1)}+(p_0-p_1)\ln2\pi+\ln\frac{|H_{\tilde{\boldsymbol{\theta}}_0}^{-1}|}{|H_{\tilde{\boldsymbol{\theta}}_1}^{-1}|}.$$

这个近似的另外一种形式也被广泛使用, 即使用极大似然估计 $\hat{\boldsymbol{\theta}}_i$ 代替 $\tilde{\boldsymbol{\theta}}_i$. 则得到

$$m_i(\boldsymbol{x})\approx f(\boldsymbol{x}|\hat{\boldsymbol{\theta}}_i)g_i(\hat{\boldsymbol{\theta}}_i)(2\pi)^{p_i/2}\left|H_{\hat{\boldsymbol{\theta}}_i}^{-1}\right|^{1/2}, \tag{8.4.3}$$

这里 $H_{\hat{\boldsymbol{\theta}}_i}^{-1}$ 为观测的费希尔信息阵在 $\hat{\boldsymbol{\theta}}_i$ 处的值. 如果样本是独立同分布的, 则

$$H_{\hat{\boldsymbol{\theta}}_i}^{-1}=nH_{1,\hat{\boldsymbol{\theta}}_i}^{-1},$$

此处 $H_{1,\hat{\boldsymbol{\theta}}_i}^{-1}$ 为期望的费希尔信息阵在 $\hat{\boldsymbol{\theta}}_i$ 处的值. 于是

$$m_i(\boldsymbol{x})\approx f(\boldsymbol{x}|\hat{\boldsymbol{\theta}}_i)g_i(\hat{\boldsymbol{\theta}}_i)(2\pi)^{p_i/2}n^{-p_i/2}|H_{1,\hat{\boldsymbol{\theta}}_i}^{-1}|^{1/2},$$

因此

$$2\ln BF_{01}\approx2\ln\frac{f(\boldsymbol{x}|\hat{\boldsymbol{\theta}}_0)}{f(\boldsymbol{x}|\hat{\boldsymbol{\theta}}_1)}+2\ln\frac{g_0(\hat{\boldsymbol{\theta}}_0)}{g_1(\hat{\boldsymbol{\theta}}_1)}-(p_0-p_1)\ln\frac{n}{2\pi}+\ln\frac{|H_{1,\hat{\boldsymbol{\theta}}_0}^{-1}|}{|H_{1,\hat{\boldsymbol{\theta}}_1}^{-1}|}. \tag{8.4.4}$$

注意到费希尔信息阵对样本量 n 的有界性, 如果先验密度满足 $\ln g_i = O(1)$, 则上式的一个近似为

$$2\ln BF_{01} \approx 2\ln \frac{f(\boldsymbol{x}|\hat{\boldsymbol{\theta}}_0)}{f(\boldsymbol{x}|\hat{\boldsymbol{\theta}}_1)} - (p_0 - p_1)\ln n. \tag{8.4.5}$$

此式即为使用 BIC 逼近贝叶斯因子. $(p_0 - p_1)\ln n$ 项可以视为模型复杂度的一个惩罚.

8.5　贝叶斯因子的模拟计算

当样本的边际密度难以得到时, 除了考虑使用渐近方法求贝叶斯因子外, 还可以利用蒙特卡洛抽样方法. 本节我们介绍两种常用的方法.

8.5.1　重要性抽样方法

注意到在模型 M_k 下, 样本的边际密度

$$m_k(\boldsymbol{x}_n) = \int_{\Theta_k} f_k(\boldsymbol{x}_n|\boldsymbol{\theta}_k)\pi_k(\boldsymbol{\theta}_k)\mathrm{d}\boldsymbol{\theta}_k.$$

记 $\tilde{f}_k(\boldsymbol{\theta}_k|\boldsymbol{x}_n) = f_k(\boldsymbol{x}_n|\boldsymbol{\theta}_k)\pi_k(\boldsymbol{\theta}_k)$, 则 $\tilde{f}_k(\boldsymbol{\theta}_k|\boldsymbol{x}_n)$ 为没有正则化的后验密度. 于是

$$m_k(\boldsymbol{x}_n) = \int_{\Theta_k} \tilde{f}_k(\boldsymbol{\theta}_k|\boldsymbol{x}_n)\mathrm{d}\boldsymbol{\theta}_k = \int_{\Theta_k} \frac{\tilde{f}_k(\boldsymbol{\theta}_k|\boldsymbol{x}_n)}{q_k(\boldsymbol{\theta}_k)} q_k(\boldsymbol{\theta}_k)\mathrm{d}\boldsymbol{\theta}_k,$$

其中 $q_k(\cdot)$ 为重要性抽样密度. 使用重要性抽样方法, 我们可以计算贝叶斯因子:

$$\widehat{BF}_{kj} = \frac{\dfrac{1}{R}\sum\limits_r w_r(M_k)}{\dfrac{1}{R}\sum\limits_r w_r(M_j)}, \tag{8.5.1}$$

其中

$$w_r(M_i) = \frac{\tilde{f}_i(\boldsymbol{\theta}_i^{(r)}|\boldsymbol{x}_n)}{q_i(\boldsymbol{\theta}_i^{(r)})},\ \ \boldsymbol{\theta}_i^{(r)} \sim q_i \quad (r = 1, \cdots, R;\ \ i = k,\ j).$$

上述贝叶斯因子的计算精度严重依赖于重要性抽样密度 q 的选择. 如何选择一个“好”的重要性抽样密度? 第一, 将参数变换成一个没有限制的参数, 以方便使用椭球对称重要性抽样密度, 例如, 将方差参数变换成没有限制的参数, 在一元参数场合令 $\sigma^2 = \mathrm{e}^\gamma$ 等. 第二, 在重要性抽样密度的方差中引入调节参数, 比如令方差为 $c\sigma^2$, 调节重要性抽样密度中的调节参数, 比如令方差为 $c\sigma^2$, 则可通过调节 c 的值来调节重要性抽样密度, 使得重要性分布的权重比较合适, 而不是由少数异常点决定.

8.5.2 MCMC 方法

一般来说, 对每个考虑的模型都可以应用 MCMC 方法, 因此我们可以得到每个模型中参数的后验抽样样本. 因此, 计算贝叶斯因子的一个自然方法就是将贝叶斯因子表示为某个量的后验期望, 然后使用 MCMC 抽取的后验样本进行该量的期望来估计.

Gelfand 和 Dey (1994) 提供了一个基本的表达

$$\int \frac{q_k(\boldsymbol{\theta}_k)}{\tilde{f}_k(\boldsymbol{\theta}_k|\boldsymbol{x}_n)} f_k(\boldsymbol{\theta}_k|\boldsymbol{x}_n)\mathrm{d}\boldsymbol{\theta}_k = \frac{1}{m_k(\boldsymbol{x}_n)}, \tag{8.5.2}$$

其中 q_k 为一个密度. 从而贝叶斯因子可以表示为

$$BF_{kj} = \frac{m_k(\boldsymbol{x}_n)}{m_j(\boldsymbol{x}_n)} = \frac{E_{\boldsymbol{\theta}_j|\boldsymbol{x}_n}[q_j(\boldsymbol{\theta}_j)/\tilde{f}_j(\boldsymbol{\theta}_j|\boldsymbol{x}_n)]}{E_{\boldsymbol{\theta}_k|\boldsymbol{x}_n}[q_k(\boldsymbol{\theta}_k)/\tilde{f}_k(\boldsymbol{\theta}_k|\boldsymbol{x}_n)]}. \tag{8.5.3}$$

利用 MCMC 抽取的后验样本, 我们可以估计每个边际密度 $m_i(\boldsymbol{x}_n)$:

$$\widehat{m}_i(\boldsymbol{x}_n) = \left[\frac{1}{R}\sum_r \frac{q_i(\boldsymbol{\theta}_i^r)}{f_i(\boldsymbol{x}_n|\boldsymbol{\theta}_i^r)\pi_i(\boldsymbol{\theta}_i^r)}\right]^{-1} \quad (i=k,j),$$

其中 $\boldsymbol{\theta}_i^r$ $(r=1,\cdots,R)$ 为从后验密度 $f_i(\boldsymbol{\theta}_i|\boldsymbol{x}_n)$ 中抽取的样本. 特别地, 当 $q_i=\pi_i$ 时边际密度的估计量为 Newton-Raftery 估计量 (Newton et al., 1994):

$$\widehat{m}_i(\boldsymbol{x}_n) = \left[\frac{1}{R}\sum_r \frac{1}{f_i(\boldsymbol{x}_n|\boldsymbol{\theta}_i^r)}\right]^{-1} \quad (i=k,j).$$

密度 q 的作用相当于重要性函数倒数的作用, 类似于重要性函数的要求, q 必须尽可能地“靠近”后验分布, 但是对尾部的要求和重要性函数刚好相反. q 函数的尾部用来减小比较小的后验密度值对估计的影响. 因为倒数关系, 后验密度的很小抽样值会导致非常大的估计值, 从而导致边际密度的估计值非常小. 于是在应用中, $\{\boldsymbol{\theta}^r\}$ 中少数几个过小的异常点在估计边际密度中的影响就可以超过其他样本的影响. 因此, 对 q 而言, 选择比后验密度尾部更轻的尾部是非常重要的. 当维数更大时, 选择满足这些要求的密度函数 q 会非常困难.

Newton 和 Raftery (1994) 的估计量因为一些不好的样本性质而被批评. 在很多应用中, 仅仅只有其中上百个左右的抽样决定了 Newton-Raftery 估计量的值. 如果样本关于参数的信息不是很充分或者使用模糊先验, 则一些后验抽样会导致似然函数取很小的值, 从而使得 Newton-Raftery 估计不稳定. 更仔细评价的先验信息能够提高 Newton-Raftery 估计的性能.

8.6　贝叶斯模型评价

贝叶斯模型的基本想法是指定抽样分布 (似然函数) 和所有未知量的先验分布, 则贝叶斯模型的任何推断都是基于后验分布进行的. 后验推断的结果可以用来进行决策、预报、解释随机结构等等. 但是, 后验推断结果的质量严重依赖于指定的模型. 因此对模型的评价是不可忽略的一个重要方面. 本节介绍两种常用的贝叶斯模型评价准则, 包括贝叶斯预测信息准则 (BPIC) 和偏差信息准则 (DIC).

8.6.1　贝叶斯预测信息准则

Akaike (1974) 提出的 AIC (Akaike information criterion) 准则有两个假设: (a) 指定的参数分布族包含了真实的模型 (似然); (b) 可以通过极大似然方法估计真实的模型. 拟合的模型和真实的模型之间的偏差可以通过 Kullback-Leibler 信息数, 或者等价地, 通过对数似然的期望 $\int \ln f(z|\hat{\boldsymbol{\theta}}_{\rm MLE}){\rm d}G(z)$ 来度量, 其中 $\hat{\boldsymbol{\theta}}_{\rm MLE}$ 为最大似然估计, G 为真实的模型. AIC 的推广包括 TIC (Takeuchi, 1976), 其弱化了假设 (a); Konishi 和 Kitagawa (1996) 的 GIC, 其弱化了假设 (a) 和 (b). Ando (2007) 提出了这种准则的一个贝叶斯版本, 即对数似然的后验均值

$$\begin{aligned}\eta(G) &= \int\left[\int \ln f(z|\boldsymbol{\theta})\cdot\pi(\boldsymbol{\theta}|\boldsymbol{x}_n){\rm d}\boldsymbol{\theta}\right]{\rm d}G(z)\\ &= \int\left[\int \ln f(z|\boldsymbol{\theta}){\rm d}G(z)\right]\pi(\boldsymbol{\theta}|\boldsymbol{x}_n){\rm d}\boldsymbol{\theta} \qquad (8.6.1)\end{aligned}$$

可以度量预测分布和真实分布 G 之间的偏差, 其中 $\boldsymbol{x}_n$ 为观测到的样本值. 当在一大类贝叶斯模型中选择时, 可选择能最大化对数似然期望的后验均值的模型.

但是真实的模型 G 往往是未知的, 因此建立 $\eta(G)$ 的一个估计是有必要的. 利用经验分布函数, 一个自然的估计为

$$\eta(\hat{G}) = \frac{1}{n}\int \ln f(\boldsymbol{x}_n|\boldsymbol{\theta})\pi(\boldsymbol{\theta}|\boldsymbol{x}_n){\rm d}\boldsymbol{\theta}. \qquad (8.6.2)$$

$\eta(\hat{G})$ 相对于 $\eta(G)$ 来说一般是有偏的, 这是因为估计模型参数和计算期望对数似然的后验均值使用了相同的样本数据. 因而需要考虑修正这个偏差. 偏差定义为

$$\begin{aligned}b(G) &= \int[\eta(\hat{G})-\eta(G)]{\rm d}G(\boldsymbol{x}_n)\\ &= \int\left[\frac{1}{n}\int \ln f(\boldsymbol{x}_n|\boldsymbol{\theta})\pi(\boldsymbol{\theta}|\boldsymbol{x}_n){\rm d}\boldsymbol{\theta} - \int\int \ln f(z|\boldsymbol{\theta})\pi(\boldsymbol{\theta}|\boldsymbol{x}_n){\rm d}\boldsymbol{\theta}{\rm d}G(z)\right]{\rm d}G(\boldsymbol{x}_n),\end{aligned}$$

其中 $G(\boldsymbol{x}_n)$ 为样本 $\boldsymbol{X}_n$ 的密度.

记偏差 $b(G)$ 的估计为 $\hat{b}(G)$, 则 $\eta(G)$ 的一个偏差修正的估计为

$$\eta(G) \leftarrow \frac{1}{n}\int \ln f(\boldsymbol{x}_n|\boldsymbol{\theta})\pi(\boldsymbol{\theta}|\boldsymbol{x}_n)\mathrm{d}\boldsymbol{\theta} - \hat{b}(G).$$

此估计量常常表示为

$$IC = -2\int \ln f(\boldsymbol{x}_n|\boldsymbol{\theta})\pi(\boldsymbol{\theta}|\boldsymbol{x}_n)\mathrm{d}\boldsymbol{\theta} + 2n\hat{b}(G).$$

上式右边第一项度量了模型的拟合程度, 第二项则是对模型复杂程度的一个惩罚.

假设参数模型 $f(x|\boldsymbol{\theta})$ 包含了真实的模型 $g(x) = f(x;\boldsymbol{\theta}_0)$, 以及 $\ln\pi(\boldsymbol{\theta}) = O_p(1)$, Ando (2007) 证明了渐近偏差为 $\hat{b}(G) = p/n$, 因此提出贝叶斯预测信息准则 (Bayesian predictive information criterion, BPIC):

$$BPIC = -2\int \ln f(\boldsymbol{x}_n|\boldsymbol{\theta})\pi(\boldsymbol{\theta}|\boldsymbol{x}_n)\mathrm{d}\boldsymbol{\theta} + 2p, \tag{8.6.3}$$

其中 p 为模型中的参数个数. 最优模型可以通过最小化 BPIC 得到.

在实际应用中, 对数似然的后验均值往往没有解析表达式, 此时可以使用蒙特卡洛逼近:

$$\int \ln f(\boldsymbol{x}_n|\boldsymbol{\theta})\pi(\boldsymbol{\theta}|\boldsymbol{x}_n)\mathrm{d}\boldsymbol{\theta} \approx \frac{1}{L}\sum_{j=1}^{L}\ln f(\boldsymbol{x}_n|\boldsymbol{\theta}^{(j)}),$$

其中 $\boldsymbol{\theta}^{(1)},\cdots,\boldsymbol{\theta}^{(L)}$ 为从后验分布 $\pi(\boldsymbol{\theta}|\boldsymbol{x}_n)$ 中抽取的后验样本.

Ando (2007, 2009) 和 Ando, Konishi (2009) 等还讨论了上述两个假设不成立时 BPIC 的改进和性质.

8.6.2 偏差信息准则

偏差 (deviance) 的经典定义为

$$D(\boldsymbol{\theta}) = -2\ln f(\boldsymbol{x}_n|\boldsymbol{\theta}) + 2\ln f_{\mathrm{S}}(\boldsymbol{x}_n),$$

其中 $f_{\mathrm{S}}(\boldsymbol{x}_n)$ 是一个仅依赖于样本的标准化项, 可以视为饱和模型的似然函数最大值, 在模型比较中此项不起作用, 因此常取 $f_{\mathrm{S}}(\boldsymbol{x}_n) = 1$. Spiegelhalter 等 (2002) 指出, 对数似然的后验期望 $\bar{D} = E[D(\boldsymbol{\theta})|\boldsymbol{x}_n]$ 可以作为模型拟合程度的一个贝叶斯度量. 一个模型拟合数据的程度越高, 似然应越大, 相应的 DIC 就越小, 因此 $\bar{D}$ 越大, 表明模型拟合数据的程度越差. 通过定义有效参数个数来刻画模型的复杂程度:

$$p_D = \bar{D} - D(\bar{\boldsymbol{\theta}}_n) = 2\ln f(\boldsymbol{x}_n|\bar{\boldsymbol{\theta}}_n) - 2\int \ln f(\boldsymbol{x}_n|\boldsymbol{\theta})\pi(\boldsymbol{\theta}|\boldsymbol{x}_n)\mathrm{d}\boldsymbol{\theta},$$

其中 $\bar{\boldsymbol{\theta}}_n$ 为后验均值. p_D 越大, 则模型拟合数据越容易. Spiegelhalter 等 (2002) 定义偏差信息准则 (deviance information criterion, DIC) 为

$$DIC = p_D + \bar{D} = D(\bar{\boldsymbol{\theta}}_n) + 2p_D. \tag{8.6.4}$$

DIC 可以视为 $AIC = D(\hat{\boldsymbol{\theta}}) + 2p$ 的推广, 其中 $\hat{\boldsymbol{\theta}}$ 为极大似然估计. 对非分层模型而言, $p \approx p_D$, $\hat{\boldsymbol{\theta}} \approx \bar{\boldsymbol{\theta}}_n$, 从而 $DIC \approx AIC$.

DIC 准则和贝叶斯因子、BIC 准则在形式上和目的上均有所不同. BIC 试图来识别真实的模型, 而 DIC 并没有假设“真实模型”, 其目的在于考查短期的预测能力. BIC 要求指定一些参数, 而 DIC 估计有效参数个数. BIC 提供了一种方法来进行模型平均, 而 DIC 则没有. DIC 值默认包含在 WinBUGS 软件分析结果中.

DIC 准则被用于各种贝叶斯模型选择问题. Berg 等 (2004) 使用标准普尔指数的日回报数据, 比较了各种不同的随机波动模型的 DIC. Celeux 等 (2006) 将 DIC 推广应用到不完全数据分析中的模型选择问题. Van der Linde (2005) 将 DIC 应用到变量选择问题中.

例 8.6.1 考虑一个分层的正态线性模型:

$$\boldsymbol{y} \sim N(\boldsymbol{A}_1\boldsymbol{\theta}, \boldsymbol{C}_1), \quad \boldsymbol{\theta} \sim N(\boldsymbol{A}_2\boldsymbol{\psi}, \boldsymbol{C}_2),$$

其中所有的向量和矩阵的维数合适, $\boldsymbol{C}_1, \boldsymbol{C}_2$ 为已知的, 感兴趣的量是 $\boldsymbol{\theta}$. 讨论偏差及有效参数个数.

解 标准化后的偏差 ($f_{\mathrm{S}}(\boldsymbol{y})$ 为饱和模型, 即取 $\boldsymbol{A}_1\boldsymbol{\theta} = \boldsymbol{y}$) 为

$$D(\boldsymbol{\theta}) = (\boldsymbol{y} - \boldsymbol{A}_1\boldsymbol{\theta})^{\mathrm{T}}\boldsymbol{C}_1^{-1}(\boldsymbol{y} - \boldsymbol{A}_1\boldsymbol{\theta}).$$

$\boldsymbol{\theta}$ 的后验分布仍为正态分布 $N(\bar{\boldsymbol{\theta}}, \boldsymbol{V})$, 其中 $\bar{\boldsymbol{\theta}} = \boldsymbol{V}\boldsymbol{b}$. 则将 $\boldsymbol{y} - \boldsymbol{A}_1\boldsymbol{\theta}$ 重新表示为 $\boldsymbol{y} - \boldsymbol{A}_1\bar{\boldsymbol{\theta}} + \boldsymbol{A}_1\bar{\boldsymbol{\theta}} - \boldsymbol{A}_1\boldsymbol{\theta}$, 得到

$$D(\boldsymbol{\theta}) = D(\bar{\boldsymbol{\theta}}) - 2(\boldsymbol{y} - \boldsymbol{A}_1\bar{\boldsymbol{\theta}})^{\mathrm{T}}\boldsymbol{C}_1^{-1}\boldsymbol{A}_1(\boldsymbol{\theta} - \bar{\boldsymbol{\theta}}) + (\boldsymbol{\theta} - \bar{\boldsymbol{\theta}})^{\mathrm{T}}\boldsymbol{A}_1^{\mathrm{T}}\boldsymbol{C}_1^{-1}\boldsymbol{A}_1(\boldsymbol{\theta} - \bar{\boldsymbol{\theta}}).$$

在 $\boldsymbol{\theta}$ 的后验分布下, 计算上式的期望, 得到

$$\bar{D} = D(\bar{\boldsymbol{\theta}}) + \mathrm{tr}(\boldsymbol{A}_1^{\mathrm{T}}\boldsymbol{C}_1^{-1}\boldsymbol{A}_1\boldsymbol{V}),$$

因而 $p_D = \mathrm{tr}(\boldsymbol{A}_1^{\mathrm{T}}\boldsymbol{C}_1^{-1}\boldsymbol{A}_1\boldsymbol{V})$. 注意到 $\boldsymbol{A}_1^{\mathrm{T}}\boldsymbol{C}_1^{-1}\boldsymbol{A}_1\boldsymbol{V}$ 为费希尔信息阵 $-\boldsymbol{L}''$, $\boldsymbol{V}$ 为后验协方差矩阵, 因此

$$p_D = \mathrm{tr}(-\boldsymbol{L}''\boldsymbol{V}).$$

如果 $\boldsymbol{\psi}$ 是已知的, 则 $\boldsymbol{V}^{-1} = \boldsymbol{A}_1^{\mathrm{T}}\boldsymbol{C}_1^{-1}\boldsymbol{A}_1 + \boldsymbol{C}_2^{-1}$, 因而

$$p_D = p - \mathrm{tr}(\boldsymbol{C}_2^{-1}\boldsymbol{V}),$$

其中 p 为 $\boldsymbol{\theta}$ 的维数. 则 $0 \leqslant p_D \leqslant p$, 而 $p - p_D$ 度量了后验估计向先验均值的压缩程度. 若记

$$(\boldsymbol{C}_2^{-1}\boldsymbol{V})^{-1} = \boldsymbol{A}_1^{\mathrm{T}}\boldsymbol{C}_1^{-1}\boldsymbol{A}_1\boldsymbol{C}_2 + \boldsymbol{I}_p$$

的特征根为 λ_i+1 $(i=1,\cdots,p)$, 则

$$p_D=\sum_{i=1}^{p}\frac{\lambda_i}{1+\lambda_i}.$$

显然, 当 $\boldsymbol{C}_2$ 的特征根越来越大时 (即先验越来越平), p_D 就会靠近上界.

另一方面, 由 $\boldsymbol{b}=\boldsymbol{A}_1^{\mathrm{T}}\boldsymbol{C}_1^{-1}\boldsymbol{y}$ 和拟合值 $\hat{\boldsymbol{y}}=\boldsymbol{A}_1\bar{\boldsymbol{\theta}}=\boldsymbol{A}_1\boldsymbol{V}\boldsymbol{b}=\boldsymbol{A}_1\boldsymbol{V}\boldsymbol{A}_1^{\mathrm{T}}\boldsymbol{C}_1^{-1}\boldsymbol{y}$, 可以得到帽子矩阵为

$$\boldsymbol{H}=\boldsymbol{A}_1\boldsymbol{V}\boldsymbol{A}_1^{\mathrm{T}}\boldsymbol{C}_1^{-1},$$

因此

$$p_D=\mathrm{tr}(\boldsymbol{A}_1^{\mathrm{T}}\boldsymbol{C}_1^{-1}\boldsymbol{A}_1\boldsymbol{V})=\mathrm{tr}(\boldsymbol{A}_1\boldsymbol{V}\boldsymbol{A}_1^{\mathrm{T}}\boldsymbol{C}_1^{-1})=\mathrm{tr}(\boldsymbol{H}).$$

上式对 $\boldsymbol{\psi}$ 未知但有均匀先验时也成立. 而帽子矩阵的迹即为有效参数个数在线性模型中已经是标准的结果了, 其被广泛用于光滑 (Wahba, 1990: 63 页)、广义可加模型 (Hastie et al., 1990: 3.5 节) 以及广义线性模型 (Hodges et al., 2001). 使用偏差公式来计算 p_D 的好处是, 可以避免所有的矩阵操作和渐近逼近.

习 题 8

1. 假设 $X|\theta\sim N(\theta,1)$. 考虑如下两个假设检验问题:

$$H_0:\theta=-1\leftrightarrow H_1:\theta=1,$$
$$H_0^*:\theta=1\leftrightarrow H_1^*:\theta=-1$$

分别在观测值 (1) $x=0$ 和 (2) $x=1$ 下, 计算 H_0 对 H_1、H_0^* 对 H_1^* 的贝叶斯因子, 并计算相应的频率意义下的 p 值.

2. 假设 $X|\theta\sim N(\theta,1)$. 考虑如下假设检验问题:

$$H_0:|\theta-\theta_0|\leqslant 0.1\leftrightarrow H_1:|\theta-\theta_0|>0.1.$$

假设观测到 $x=\theta_0+1.97$.

(1) 试计算贝叶斯因子 BF_{01};

(2) 分别在先验 $N(\theta_0,0.148^2)$ 和 $U(\theta_0-1,\theta_0+1)$ 下计算 $P(H_0|x)$.

3. 假设 $X|p\sim B(10,p)$. 考虑如下两种模型:

$$M_0:p=\frac{1}{2}\leftrightarrow M_1:p\neq\frac{1}{2}.$$

在 M_1 下, 考虑以下三种先验分布: (1) $U(0,1)$, (2) $Be(10,10)$; (3) $Be(100,10)$. 有 5 个观测值: 0, 3, 5, 7, 10. 计算模型 M_0 和 M_1 在不同先验下的贝叶斯因子, 并据此得出结论.

4. 在例 8.2.2 中, 我们得到 n 个独立同分布的伯努利样本 $\boldsymbol{X}_n=(X_1,\cdots,X_n)$ 的边际分布为

$$P(\boldsymbol{x}_n)=\binom{n}{t}\frac{\Gamma(\alpha+\beta)}{\Gamma(\alpha)\Gamma(\beta)}\cdot\frac{\Gamma(\alpha+t)\Gamma(n+\beta-t)}{\Gamma(n+\alpha+\beta)},$$

其中 $t=\sum_i x_i$.

(1) 证明:

$$-\frac{1}{2}BIC=\ln\binom{n}{t}+t\ln\hat{p}_{\mathrm{MLE}}+(n-t)\ln\hat{p}_{\mathrm{MLE}}-\frac{1}{2}\ln n,$$

其中 $\hat{p}_{\mathrm{MLE}}=\sum_i x_i/n$.

(2) 令 $\alpha=2,\beta=4$, 产生随机样本 10000 次模拟计算逼近误差为 $\left|P(\boldsymbol{x}_n)-\mathrm{e}^{-BIC/2}\right|$.

5. 从正态分布 $N(1,1)$ 中产生一组容量为 30 的样本值. 样本服从模型 $N(\mu,1)$, 并考查如下模型:

$$M_0:\mu\sim N(1,1)\leftrightarrow M_1:\mu\sim U(-1,1).$$

(1) 精确计算贝叶斯因子 BF_{01};

(2) 使用重要性抽样方法和 MCMC 方法进行模拟计算贝叶斯因子 BF_{01}.

6. 设我们有 n 个独立观测 $X_1,\cdots,X_n$, 它们每个均来自真实均值为 μ_t、方差为 σ^2 且已知的正态分布. 假设这批样本来自正态分布 $N(\mu,\sigma^2)$, 因此模型是正确指定的. 使用正态分布 $N(\mu_0,\tau_0^2)$ 作为先验分布, 证明:

(1) BPIC 的渐近偏差为

$$n\hat{b}(\hat{G})=-\left(\frac{n\sigma_n^2}{2\sigma^2}+\frac{\sigma_n^2}{2\tau_0^2}\right)+S_n^{-1}(\hat{\mu}_n)Q_n(\hat{\mu}_n)+\frac{1}{2},$$

其中

$$\hat{\mu}_n=\frac{\mu_0/\tau_0^2+\sum\limits_{i=1}^n x_i/\sigma^2}{1/\tau_0^2+n/\sigma^2},\quad \sigma_n^2=\frac{1}{1/\tau_0^2+n/\sigma^2},$$

以及

$$Q_n(\hat{\mu}_n)=\frac{1}{n}\sum_{i=1}^n\left\{\frac{\partial[\ln f(x_i|\mu)+\ln\pi(\mu)/n]}{\partial\mu}\right\}^2\Bigg|_{\mu=\hat{\mu}_n},$$

$$S_n(\hat{\mu}_n)=-\frac{1}{n}\sum_{i=1}^n\left\{\frac{\partial^2[\ln f(x_i|\mu)+\ln\pi(\mu)/n]}{\partial\mu^2}\right\}\Bigg|_{\mu=\hat{\mu}_n}.$$

(2) 当 $n\to\infty$ 时, $\hat{b}(\hat{G})\to 1$.

(3) 当 $n\to\infty$ 时, DIC 中的有效参数个数 $p_D=n\sigma_n^2/\sigma^2\to 1$.

习题 8 部分解答

第 9 章　经验贝叶斯方法和分层贝叶斯模型简介*

9.1　引　　言

9.1.1　经验贝叶斯方法及其定义

我们知道贝叶斯方法的一个重要问题是如何确定先验分布. 当先验信息的积累不足够多, 不足以形成先验分布时, 若对先验分布作出与实际情况不相符合的人为假定, 所获得的贝叶斯解的性质就会很差, 经验贝叶斯 (EB) 方法就是针对这一问题提出来的. 它的实质是利用历史样本对先验分布或其重要数字特征作出估计, 而且随着历史资料更多的积累, 这种估计会越来越准确, 而所得的解也越来越接近先验分布已知时所获得的贝叶斯解.

EB 方法最早是由 Robbins (1956, 1964) 首先提出来的. 这一方法在性质上属于经典统计 (即频率学派) 方法与贝叶斯学派统计方法的一种折中. 它一方面承认先验分布的存在, 并以贝叶斯原理作为衡量统计方法优良性的准则, 这一点属于贝叶斯学派的范畴; 另一方面, 它不主张用所谓的 "主观概率" 方法确定先验分布, 而主张用频率学派的观点对先验分布或其重要特征作出估计, 这方面它又接近于频率学派. 当代杰出的统计学家奈曼 (J. Neyman) 曾对 EB 方法给予高度评价, 称它是二战后统计决策理论研究的一大突破. 近几十年来的事实表明 EB 方法没有达到如奈曼所评价的高度. 但实践表明 EB 方法有一些重要的应用, 受到统计学界的广泛关注, 它不失为二战后数理统计学发展中的一个重要研究方向.

下面给出 EB 方法的定义. 设总体 X 的分布族为 $\{f(x|\theta),\ \theta\in\Theta\}$, 此处 Θ 为参数空间. 假定 $\pi(\theta)$ 为定义在参数空间 Θ 上 θ 的先验分布 ($\pi(\theta)$ 为概率函数, 其分布函数记为 $G(\theta)$, 则 (X,θ) 的联合分布为 $g(x,\theta)=f(x|\theta)\pi(\theta)$. 若先验分布 $\pi(\theta)$ 已知, 则 $g(x,\theta)$ 也已知. 于是问题成为: 随机向量 (X,θ) 的联合分布已知, 但只观测到了 X, 要推断 θ; 若先验分布 $\pi(\theta)$ 未知, 则联合分布 $g(x,\theta)$ 也未知. 这时, 从贝叶斯统计学的观点看, 由 X 推断 θ 的问题无法解决. 因此, Robbins 要求上述问题在过去一段时间中曾反复多次遇到过, 积累了一些数据. 具体地说, 这个问题在过去一段时间中曾遇到过 n 次, 设第 i 次观测到 X_i, θ 的真值为 θ_i $(i=1,\cdots,n)$. 即 (X_i,θ_i) $(i=1,\cdots,n)$ 是

相互独立的随机向量对, 其中 $\theta_1,\cdots,\theta_n$ 是不可观测的, 但假定它们具有共同的先验分布 $G(\theta)$; 而 $X_1,\cdots,X_n$ 是可以观测到的, 假定它们是相互独立, 具有共同的边缘分布

$$m(x)=\int_{\Theta}f(x|\theta)\mathrm{d}G(\theta)=\int_{\Theta}f(x|\theta)\pi(\theta)\mathrm{d}\theta. \tag{9.1.1}$$

由于 $\pi(\theta)$ 未知, 故 $m(x)$ 也未知, 但假定了 $X_1,\cdots,X_n$ 是从边缘分布 $m(x)$ 中抽取的 i.i.d. 样本, 其中包含了 $m(x)$ 的信息. 由式 (9.1.1) 可见 $m(x)$ 与先验分布 $\pi(\theta)$ 有关, 因此, 间接地 $X_1,\cdots,X_n$ 也包含 $\pi(\theta)$ 的信息. 这个信息可以用来构造适当的估计, 使之尽可能接近真正的贝叶斯估计 (即当 $\pi(\theta)$ 已知时的估计量), 这就是 Robbins 的思想. 写成正式的定义如下:

定义 9.1.1 设 $X_1,\cdots,X_n,(X,\theta)$ 相互独立, 且 $X_1,\cdots,X_n,X$ 具有共同的边缘分布 (9.1.1). 在式 (9.1.1) 中 $f(x|\theta)$ 已知, $\pi(\theta)$ 未知, 则 θ 的任何一个形如 $\delta(X_1,\cdots,X_n;X)$ 的估计, 称为它的一个经验贝叶斯估计 (empirical Bayes estimation, 简记为 EB 估计).

在上述定义中, X 是当前试验中获得的样本, 因此称为"当前样本", 而 $X_1,\cdots,X_n$ 称为"历史样本". $\delta(X_1,\cdots,X_n;X)$ 这个形式表示, 在估计 θ 时, 不仅利用了当前样本 X, 还利用了历史样本 $X_1,\cdots,X_n$. 使用历史样本的理由就是它们包含了 θ 的先验分布的信息. 至于如何构造 $\delta(X_1,\cdots,X_n;X)$, 则要根据具体问题的特点来处理. 上述定义是针对 θ 的估计问题而言的, 对检验问题亦有相应的提法.

9.1.2 经验贝叶斯方法的分类

经验贝叶斯方法按 Morris (1983) 可分为两大类: 一类是参数型经验贝叶斯 (parametric empirical Bayes, PEB); 另一类是非参数型经验贝叶斯 (nonparametric empirical Bayes, NPEB).

在 PEB 方法中, 通常假定先验分布的形式已知, 但含有未知的超参数. 有关参数的贝叶斯估计量常常表示为超参数和多余参数 (nuisance parameter) 的函数. 利用历史样本对超参数和多余参数作出估计, 从而获得 PEB 估计. 因此, PEB 估计也可以看作为贝叶斯两步估计. 对 PEB 估计通常研究其小样本性质, 如在 MSE 准则下的优良性、稳健性和可容许性等. 这方面的研究可参看文献 Berger (1985), Ghosh et al. (1989), Wei et al. (1995), Zhang et al. (2005) 等.

在 NPEB 方法中, 通常假定先验分布的形式未知, 但先验分布的某些矩存在. 在一定损失函数下, 求得的有关参数的贝叶斯估计量常常表示为概率密度函数及其偏导数或分布函数的泛函. 利用历史样本, 采用非参数方法对概率密度函数及其偏导数或分布函数作出估计, 从而获得 NPEB 估计. 对这类估计通常研究其大样本性质, 如渐近最优性或收敛速度等. 这方面的研究参看文献 Singh (1979, 1985), Chen (1983), Wei 和 Zhang (1995), Wei (1998, 1999), 王立春和韦来生 (2002a, 2002b) 等. NPEB 决策函数 (包括估计和检验函数等) 的渐近最优性和收敛速度定义如下:

定义 9.1.2 在损失函数 $L(\theta,d)$ 下, 设 θ 的贝叶斯决策函数 $\delta_G(x)$ 的贝叶斯风险为

$$R_G = E_{(X,\theta)}[L(\theta,\delta_G(X))],$$

此处 $G=G(\theta)$ 为先验分布函数, 而 $E_{(X,\theta)}$ 表示关于 (X,θ) 的联合分布求均值. 设历史样本 $X_1,\cdots,X_n$ 和当前样本 X 是独立同分布的, NPEB 决策函数为 $\delta_n(x)=\delta_n(X_1,\cdots,X_n;x)$, 其全面贝叶斯风险为

$$\begin{aligned}R_n &= E_{(X_1,\cdots,X_n,(X,\theta))}[L(\theta,\delta_n(X_1,\cdots,X_n;X))]\\&= E_{(X,\theta)}\{E_{(X_1,\cdots,X_n)}[L(\theta,\delta_n(X_1,\cdots,X_n;X))|X,\theta]\},\end{aligned}$$

此处 $E_{(X_1,\cdots,X_n,(X,\theta))}$ 表示关于 $(X_1,\cdots,X_n,(X,\theta))$ 的联合分布求均值. 若 $\lim\limits_{n\to\infty}R_n=R_G$, 则称 δ_n 是 θ 的渐近最优 (asymptotically optimal, a.o.) 的 NPEB 决策函数; 若 $R_n-R_G=O(n^{-q})\,(q>0)$, 则称 δ_n 的收敛速度 (convergence rates) 的阶为 $O(n^{-q})$.

下面我们举几个例子分别说明 PEB 估计和 NPEB 估计是如何构造的.

例 9.1.1 设 $X\sim N(\theta,\sigma^2)$, 其中 σ^2 已知, $X_1,X_2,\cdots,X_n$ 为从总体 X 中抽取的 i.i.d. 样本. 令 θ 的先验分布为共轭先验分布, 即 $\theta\sim N(\mu,\tau^2)$, 其中 τ^2 已知, μ 为未知的超参数. 在平方损失函数下导出 θ 的贝叶斯估计, 并构造 θ 的一个 PEB 估计.

解 由定理 3.2.2 (1) 可知: 给定 $X=x$ 时, 参数 θ 的后验分布为正态分布 $N(\mu(x),\eta^2)$, 而 X 的边缘密度为 $N(\mu,\sigma^2+\tau^2)$, 其中

$$\mu(x)=\frac{\tau^2}{\sigma^2+\tau^2}\,x+\frac{\sigma^2}{\sigma^2+\tau^2}\,\mu.$$

在平方损失函数下, θ 的贝叶斯估计为

$$\hat{\theta}_{\mathrm{B}}=E(\theta|x)=\mu(x)=\frac{\tau^2}{\sigma^2+\tau^2}\,x+\frac{\sigma^2}{\sigma^2+\tau^2}\,\mu. \tag{9.1.2}$$

由于式 (9.1.2) 中的超参数 μ 未知, 故贝叶斯估计 $\hat{\theta}_{\mathrm{B}}$ 无实用价值, 因此需要引入 PEB 方法, 即利用历史样本估计式 (9.1.2) 中的 μ, 从而获得 θ 的 PEB 估计.

由于历史样本 $X_1,\cdots,X_n$ 和当前样本 X 是独立同分布的且具有共同的边缘分布 $N(\mu,\sigma^2+\tau^2)$, 因此边缘分布均值 μ 的无偏估计量为

$$\hat{\mu}_n=\bar{X}=\frac{1}{n}\sum_{i=1}^{n}X_i.$$

将式 (9.1.2) 中的超参数 μ 用它的估计量 $\hat{\mu}_n$ 代替, 得到参数 θ 的 PEB 估计

$$\hat{\theta}_{\mathrm{PEB}}=\frac{\tau^2}{\sigma^2+\tau^2}\,x+\frac{\sigma^2}{\sigma^2+\tau^2}\,\hat{\mu}_n. \tag{9.1.3}$$

对 θ 的先验分布加上适当条件, 可以研究 $\hat{\theta}_{\mathrm{PEB}}$ 在均方误差准则下的优良性等简单性质.

例 9.1.2　设 $X\sim N(\theta,1)$, $X_1,X_2,\cdots,X_m$ 为从总体 X 中抽取的 i.i.d. 样本. 设 θ 的先验分布 $G(\theta)$ 未知, 取损失函数为 $L(\theta,d)=(\theta-d)^2$. 试构造 θ 的一个 NPEB 估计.

解　易知, 在平方损失函数下 θ 的贝叶斯估计为

$$\hat{\theta}_{\mathrm{B}}=E(\theta|x)=\int_{\Theta}\theta f(x|\theta)\mathrm{d}G(\theta)\Big/f_G(x),\tag{9.1.4}$$

此处 $f(x|\theta)$ 为 $N(\theta,1)$ 密度函数. 随机变量 X 的边缘密度为

$$f_G^{(0)}(x)=f_G(x)=\int_{\Theta}f(x|\theta)\mathrm{d}G(\theta)=\int_{\Theta}\frac{1}{\sqrt{2\pi}}\exp\Big\{-\frac{(x-\theta)^2}{2}\Big\}\mathrm{d}G(\theta).$$

其关于 x 的一阶导数为

$$\begin{aligned}f_G^{(1)}(x)&=-\int_{\Theta}\frac{1}{\sqrt{2\pi}}(x-\theta)\exp\Big\{-\frac{(x-\theta)^2}{2}\Big\}\mathrm{d}G(\theta)\\&=-xf_G(x)+\int_{\Theta}\theta f(x|\theta)\mathrm{d}G(\theta).\end{aligned}\tag{9.1.5}$$

将式 (9.1.5) 代入式 (9.1.4), 得 θ 的贝叶斯估计为

$$\hat{\theta}_{\mathrm{B}}=E(\theta|x)=\frac{\int_{\Theta}\theta f(x|\theta)\mathrm{d}G(\theta)}{f_G(x)}=\frac{f_G^{(1)}(x)}{f_G^{(0)}(x)}+x.\tag{9.1.6}$$

由于先验分布 $G(\theta)$ 未知, 故 $f_G^{(i)}(x)$ $(i=0,1)$ 也未知, 因此贝叶斯估计 $\hat{\theta}_{\mathrm{B}}$ 不可用, 需要引入 NPEB 方法.

利用 9.2 节概率密度及其导数的核估计方法, 可知 $f^{(i)}(x)$ $(i=0,1)$ 的核估计为 $f_n^{(i)}(x)$ $(i=0,1)$. 将式 (9.1.6) 中的 $f_G^{(i)}(x)$ $(i=0,1)$ 分别用它们的核估计 $f_n^{(i)}(x)$ $(i=0,1)$ 代入, 得到 θ 的 NPEB 估计

$$\hat{\theta}_{\mathrm{EB}}=\frac{f_n^{(1)}(x)}{f_n^{(0)}(x)}+x.$$

设 $\hat{\theta}_{\mathrm{B}}$ 的贝叶斯风险为 $R(G)$, $\hat{\theta}_{\mathrm{EB}}$ 的全面贝叶斯风险为 $R_n(G)$. 对先验分布加上一定的条件, 可以证明 $\hat{\theta}_{\mathrm{EB}}$ 的渐近最优性, 即证明 $\lim\limits_{n\to\infty}R_n=R(G)$. 适当修改 $\hat{\theta}_{\mathrm{EB}}$ 的表达式, 还可以获得 NPEB 估计的收敛速度.

下面给出一个总体为离散分布的情形下, 如何构造 NPEB 估计的例子.

例 9.1.3　设 X 服从泊松分布 $P(\theta)$, 其概率分布为 $p(x|\theta)=\mathrm{e}^{\theta}\,\theta^x/x!$ $(x=0,1,2,\cdots)$. 令 $G(\theta)$ 为未知的先验分布, 取损失函数为 $L(\theta,a)=(\theta-a)^2$, $X_1,\cdots,X_n$ 为从总体 X 中抽取的 i.i.d. 样本. 试构造 θ 的一个 NPEB 估计.

解　由定理 5.3.1 可知, 在平方损失函数下 θ 的贝叶斯估计为

$$\hat{\theta}_{\mathrm{B}}=E(\theta|x)=\int_0^{\infty}\theta p(x|\theta)\mathrm{d}G(\theta)\Big/p_G(x),\tag{9.1.7}$$

此处 $p_G(x)$ 为随机变量 X 的边缘分布, 即

$$p_G(x)=\int_0^{\infty}p(x|\theta)\mathrm{d}G(\theta)=\int_0^{\infty}\frac{\mathrm{e}^{-\theta}\,\theta^x}{x!}\mathrm{d}G(\theta).$$

式 (9.1.7) 的分子为

$$\int_0^{\infty}\theta p(x|\theta)\mathrm{d}G(\theta)=(x+1)\int_0^{\infty}\frac{\mathrm{e}^{-\theta}\,\theta^{x+1}}{(x+1)!}\mathrm{d}G(\theta)=(x+1)p_{\mathrm{G}}(x+1).$$

将上式代入式 (9.1.7), 得 θ 的贝叶斯估计为

$$\hat{\theta}_{\mathrm{B}}=E(\theta|x)=\frac{(x+1)p_{\mathrm{G}}(x+1)}{p_{\mathrm{G}}(x)},\tag{9.1.8}$$

此处先验分布 $G(\theta)$ 未知, 故 $p_{\mathrm{G}}(x)$ 也未知, 因此贝叶斯估计 $\hat{\theta}_{\mathrm{B}}$ 不可用, 需要引入 NPEB 方法, 利用历史样本估计 $p_{\mathrm{G}}(x)$.

由于历史样本 $X_1,\cdots,X_n$ 和当前样本 X 是独立同分布的且具有共同的边缘分布 $p_{\mathrm{G}}(x)$, 因此 $p_{\mathrm{G}}(x)$ 的一个估计量为

$$\hat{p}_n(x)=\frac{\#\{i:\ 1\leqslant i\leqslant n+1,\ X_i=x\}}{n+1},$$

此处 $X_{n+1}=X$, $\#(A)$ 表示 A 中元素的个数.

将式 (9.1.8) 中的 p_{G} 用上式中的 $\hat{p}_n$ 代替, 得到 θ 的 NPEB 估计

$$\hat{\theta}_{\mathrm{EB}}(X_1,\cdots,X_n;x)=\frac{(x+1)\hat{p}_n(x+1)}{\hat{p}_n(x)}.\tag{9.1.9}$$

若对先验分布 $G(\theta)$ 加上适当条件, 则可以进一步研究 NPEB 估计的大样本性质.

9.1.3 分层贝叶斯模型

分层贝叶斯分析是经验贝叶斯方法的一种替代方法, 在贝叶斯统计学中有广泛的应用. 此方法假定第一阶段先验分布中含有未知的超参数, 在参数型经验贝叶斯方法中是用历史样本对超参数作出估计, 而在分层贝叶斯分析方法中是代之以超参数有第二阶段先验. 若假定第二层先验还有未知的超参数, 还可以假定此超参数有第三层先验, 甚至有更多层先验. 通常选择最后一层先验为无信息先验, 而第一层先验常选择为共轭先验.

若以两阶段先验为例, 设第一阶段先验为 $\pi_1(\theta|\lambda)$, 其中 $\lambda\in\mathit{\Lambda}$ 为超参数, $\mathit{\Lambda}$ 为超参数空间. 在第二阶段先验中设超参数 λ 有确定的先验分布 $\pi_2(\lambda)$. 由 2.7 节可知从两层先验容易求得 θ 的规范先验

$$\pi(\theta)=\int\pi_1(\theta|\lambda)\pi_2(\lambda)\mathrm{d}\lambda.$$

但两层先验或多层先验的规范先验以及相应的后验分布常无显式表达, 而通过多重积分来表示, 计算非常困难. 为了解决这个难题, 需要引入分层贝叶期模型, 把相对复杂的情形分解为一系列简单的、容易进行统计计算的情形. 详细的介绍可参看 2.7 节和 9.5 节的内容.

9.1.4　内容结构安排

本章后面主要内容如下: 9.2 节介绍概率密度函数的核估计方法及其大样本性质, 其所介绍的内容是 NPEB 方法中需要用到的; 9.3 节以指数分布为例, 介绍参数型经验贝叶斯估计方法及其小样本性质; 9.4 节以刻度指数族为例, 介绍非参数经验贝叶斯方法及其大样本性质. 9.5 节介绍分层贝叶斯模型及其特点, 这是经验贝叶斯方法的一种替代方法.

撰写这一章的主要目的是: 使对经验贝叶斯方法和分层贝叶斯模型感兴趣的读者在仔细研读了这一章的内容后, 可以较快地进入这一领域, 从事一些初步的研究工作. 因此与其他各章不同, 这一章的内容带有专著的性质.

9.2　概率密度函数的非参数估计方法及其性质简介

本节所讲内容是 NPEB 方法中需要用到的. 概率密度函数的估计方法有多种, 其中使用最广泛的是直方图法. 在 2.2 节中介绍了如何利用直方图估计先验密度, 对一般的概率密度函数的估计同样适用, 故本节略去对这一方法的介绍. 概率密度函数估计的其他方法有核估计方法和近邻估计方法等, 本节只介绍概率密度函数的核估计方法. 概率密度函数的核估计方法与经验分布函数有关, 下面首先对经验分布函数做一简介.

9.2.1　经验分布函数的定义和性质

令 X 为定义在某个概率空间上的随机变量, 其分布函数定义为 $F(x)=P(X\leqslant x)$ $(x\in\mathbb{R})$, 则经验分布函数的定义如下:

设 $X_1,\cdots,X_n$ 为自总体 $F(x)$ 中抽取的 i.i.d. 样本, 将其按大小排列为 $X_{(1)}\leqslant X_{(2)}\leqslant\cdots\leqslant X_{(n)}$. 对任意实数 x, 称函数

$$F_n(x)=\begin{cases}0, & x<X_{(1)},\\ k/n, & X_{(k)}\leqslant x<X_{(k+1)}\quad(k=1,2,\cdots,n-1),\\ 1, & X_{(n)}\leqslant x\end{cases}\tag{9.2.1}$$

为*经验分布函数* (empirical distribution function).

易见经验分布函数是单调、非降、右连续函数, 具有分布函数的基本性质. 它在 $x=X_{(k)}$ $(k=1,\cdots,n)$ 处有间断, 它是在每个间断点跳跃的幅度为 $1/n$ 的阶梯函数. 若记示性函数

$$I_A=I_A(x)=\begin{cases}1, & x\in A,\\ 0, & \text{其他},\end{cases}$$

则经验分布函数 $F_n(x)$ 也可定义为

$$F_n(x)=\frac{1}{n}\sum_{i=1}^{n}I_{(-\infty,x]}(X_i). \tag{9.2.2}$$

$F_n(x)$ 有一些良好的大样本性质, 叙述如下.

记 $Y_i=I_{(-\infty,x]}(X_i)$ $(i=1,2,\cdots,n)$, 则 $P(Y_i=1)=F(x)$, $P(Y_i=0)=1-F(x)$, 且 $Y_1,\cdots,Y_n$, i.i.d. $\sim B(1,F(x))$, 故 $nF_n(x)=\sum\limits_{i=1}^{n}Y_i\sim B(n,F(x))$, 因此有

$$P\left(F_n(x)=\frac{k}{n}\right)=P\left(\sum_{i=1}^{n}Y_i=k\right)=\binom{n}{k}[F(x)]^k[1-F(x)]^{n-k}.$$

利用二项分布的极限性质, 可知 $F_n(x)$ 具有下列大样本性质:

(1) 由中心极限定理, 当 $n\to\infty$ 时, 有

$$\frac{\sqrt{n}[F_n(x)-F(x)]}{\sqrt{F(x)[1-F(x)]}}\xrightarrow{\mathscr{L}}N(0,1).$$

(2) 由 Borel 强大数定律, 当 $n\to\infty$ 时, 有

$$P(\lim_{n\to\infty}F_n(x)=F(x))=1.$$

(3) 更进一步, 有下列格里汶科定理 (Glivenko-Cantelli, 1933):

定理 9.2.1 设 $F(x)$ 为随机变量 X 的分布函数, $X_1,\cdots,X_n$ 为取自总体 $F(x)$ 的 i.i.d. 样本, $F_n(x)$ 为其经验分布函数. 记 $D_n=\sup\limits_{-\infty<x<\infty}|F_n(x)-F(x)|$, 则有

$$P(\lim_{n\to\infty}D_n=0)=1.$$

证明见茆诗松等 (1990).

注 9.2.1 上述定理中的 D_n 可用来衡量 $F_n(x)$ 和 $F(x)$ 之间在所有的 x 值上的最大差异程度, 格里汶科定理表明: 当 n 足够大时, 对所有的 x 值, “$F_n(x)$ 与 $F(x)$ 之差的绝对值都很小”这一事件发生的概率为 1.

9.2.2 概率密度函数及其导数的核估计

1. 密度函数核估计的定义

在介绍密度函数的核估计定义之前, 我们先介绍密度函数的一种“自然”估计, 然后将其与密度函数的核估计建立联系, 以便读者更好地理解核估计方法的思想.

设随机变量 X 的分布函数和密度函数分别为 $F(x)$ 和 $f(x)$. 若 $f(x)$ 连续, 则

$$f(x)=\lim_{h\to 0}\frac{F(x+h)-F(x-h)}{2h}.$$

当 $h = h_n$ 充分小时, 有 $f(x) \approx \dfrac{F(x+h)-F(x-h)}{2h}$, 将其中的 $F(\cdot)$ 用经验分布函数 $F_n(\cdot)$ 代替, 就得到

$$f_n(x) = \frac{F_n(x+h_n)-F_n(x-h_n)}{2h_n}, \tag{9.2.3}$$

则 $f_n(x)$ 就称为 $f(x)$ 的一个"自然"估计. 令

$$\begin{aligned} K(x) &= \begin{cases} 1/2, & -1 \leqslant x < 1 \\ 0, & \text{其他} \end{cases} \\ &= \frac{1}{2} I_{[-1,1)}(x) \end{aligned}$$

为一核函数, 此处 $I_A(x)$ 为示性函数. $f(x)$ 的核估计与其"自然"估计的联系如下:

$$\begin{aligned} f_n(x) &= \frac{F_n(x+h_n)-F_n(x-h_n)}{2h_n} \\ &= \frac{1}{nh_n}\sum_{i=1}^{n}\frac{1}{2}\{I_{(-\infty,x+h_n]}(X_i) - I_{(-\infty,x-h_n]}(X_i)\} \\ &= \frac{1}{nh_n}\sum_{i=1}^{n}\frac{1}{2}I_{(x-h_n,x+h_n]}(X_i) = \frac{1}{nh_n}\sum_{i=1}^{n}K\left(\frac{x-X_i}{h_n}\right). \end{aligned}$$

此处 $K(\cdot)$ 为核函数. 将上述思想加以推广得到如下定义.

定义 9.2.1　概率密度函数 $f(x)$ 的下述估计量

$$f_n(x) = \frac{1}{nh_n}\sum_{i=1}^{n}K\left(\frac{x-X_i}{h_n}\right) \tag{9.2.4}$$

称为核估计 (kernel estimation), 此处 $0 < h_n \to 0\ (n \to \infty)$, 而 $K(\cdot)$ 通常是一个适当的概率密度函数.

设 $K(\cdot)$ 为定义在 $\mathbb{R} = (-\infty, \infty)$ 上的密度函数, 通常假定 $K(\cdot)$ 满足下列条件:

(1) $\sup\limits_{x\in\mathbb{R}}\{K(x)\} \leqslant M < \infty, \quad \lim\limits_{|x|\to\infty}|x|K(x) = 0.$

(2) $K(x) = K(-x)\ (x \in \mathbb{R})$, 即 $K(x)$ 对称, 且 $\int_{-\infty}^{\infty} x^2K(x)\mathrm{d}x < \infty$.

(3) $\hat{K}(u)$ 是绝对可积的, $\hat{K}(u)$ 为 $K(\cdot)$ 的特征函数.

适合条件 (1)~(3) 的 $K(\cdot)$ 有下列几个例子:

(a) $K_1(x) = \begin{cases} 1/2, & |x| \leqslant 1, \\ 0, & |x| > 1; \end{cases}$

(b) $K_2(x) = \begin{cases} 1-|x|, & |x| \leqslant 1, \\ 0, & |x| > 1; \end{cases}$

(c) $K_3(x) = (2\pi)^{-1/2}\exp\{-x^2/2\}\ (x \in \mathbb{R})$, 这是标准正态分布的密度;

(d) $K_4(x) = [\pi(1+x^2)]^{-1}\ (x \in \mathbb{R})$, 这是柯西分布 $C(0,1)$ 的密度;

(e) $K_5(x) = \begin{cases} \dfrac{1}{2\pi}\left[\dfrac{\sin(x/2)}{x/2}\right]^2, & x \neq 0, \\ \dfrac{1}{2\pi}, & x = 0; \end{cases}$

(f) $K_6(x)=\begin{cases}3\lambda^{-3}(\lambda^2-x^2)/4, & x^2\leqslant\lambda^2,\\ 0, & x^2>\lambda^2,\ \lambda>0.\end{cases}$

当然还有其他形式的核函数, 它们不必为概率密度函数, 但通常都要满足适当的条件.

2. 密度函数的导函数的核估计

求概率密度函数 $f(x)$ 的 p 阶导函数核估计的最简单的方法, 就是将 $f(x)$ 的核估计 $f_n(x)$ 关于 x 求 p $(p=1,2,\cdots)$ 阶导数, 即令

$$f_n(x)=\frac{1}{nh_n}\sum_{i=1}^{n}K\left(\frac{x-X_i}{h_n}\right)$$

为 $f(x)$ 的核估计, 对 $f_n(x)$ 关于 x 求 p 阶导数, 得

$$f_n^{(p)}(x)=\frac{1}{nh_n^{1+p}}\sum_{i=1}^{n}K^{(p)}\left(\frac{x-X_i}{h_n}\right),$$

其中 $K^{(p)}(\cdot)$ 为核函数 $K(\cdot)$ 的 p 阶导数, 将 $K^{(p)}(\cdot)$ 看成新的核函数, 并记为 $K_p(\cdot)$ $(p=1,2,\cdots)$, 可见密度函数的导函数 $f^{(p)}(x)$ 的核估计与密度函数 $f(x)$ 的核估计的定义无本质的差别.

定义 9.2.2 设 $K_j(\cdot)$ $(j=0,1,2,\cdots)$ 为一列核函数, 则称

$$f_n^{(j)}(x)=\frac{1}{nh_n^{1+j}}\sum_{i=1}^{n}K_j\left(\frac{x-X_i}{h_n}\right)\quad(j=0,1,\cdots)\tag{9.2.5}$$

为 $f^{(j)}(x)$ 的核估计. 此处 $0<h_n\to0$ $(n\to\infty)$. 特别当 $j=0$ 时, $f^{(0)}(x)=f(x)$, $f_n^{(0)}(x)=f_n(x)$, 即

$$f_n(x)=\frac{1}{nh_n}\sum_{i=1}^{n}K_0\left(\frac{x-X_i}{h_n}\right)$$

为 $f(x)$ 的核估计. 也就是说, 概率密度函数及其导函数的核估计的表达式可统一由式 (9.2.5) 给出.

9.2.3 密度函数核估计的大样本性质

1. 若干定义

我们将首先给出比较不同估计量的大样本性质的优良性准则.

定义 9.2.3 设 $\mathscr{F}$ 为一元概率密度族, $X_1,\cdots,X_n,\cdots$ 为从 $\mathscr{F}$ 中抽取的 i.i.d. 随机变量序列, 它们具有共同的密度函数 $f(x)$. 令 $f_n(x)$ 为密度函数 $f(x)$ 的核估计. 对样本空间 $\mathscr{X}$ 中的每一个 x 和一切 $f\in\mathscr{F}$,

(1) 若 $\lim\limits_{n\to\infty}E[f_n(x)]=f(x)$, 则称 $f_n(x)$ 为 $f(x)$ 的渐近无偏估计;

(2) 若 $\lim\limits_{n\to\infty}E[f_n(x)-f(x)]^2=0$, 则称 $f_n(x)$ 为 $f(x)$ 的均方相合估计;

(3) 若 $f_n(x) \xrightarrow[n\to\infty]{\mathrm{P}} f(x)$, 则称 $f_n(x)$ 为 $f(x)$ 的弱相合估计；

(4) 若 $f_n(x) \xrightarrow[n\to\infty]{\mathrm{a.s.}} f(x)$, 则称 $f_n(x)$ 为 $f(x)$ 的强相合估计；

(5) 若 $\sup\limits_x |f_n(x)-f(x)| \xrightarrow[n\to\infty]{\mathrm{P}} 0$, 则称 $f_n(x)$ 为 $f(x)$ 的一致弱相合估计；

(6) 若 $\sup\limits_x |f_n(x)-f(x)| \xrightarrow[n\to\infty]{\mathrm{a.s.}} 0$, 则称 $f_n(x)$ 为 $f(x)$ 的一致强相合估计.

2. 大样本性质

下面我们仅给出概率密度函数核估计的大样本性质, 有关这些结果的证明可在陈希孺和柴根象 (1993) 和 Parzen (1962) 中找到, 故在此略去.

设核函数 $K(\cdot)$ 满足下列条件:

(a) $K(\cdot)$ 有界;

(b) $\int_{-\infty}^{\infty}|K(u)|\mathrm{d}u<\infty$;

(c) $|u||K(u)|\to 0\ (|u|\to\infty)$.

关于 $f_n(x)$ 的渐近无偏性有下列结果:

定理 9.2.2　若 $K(\cdot)$ 满足上面的条件 (a) 和 (b), 且 $f(\cdot)$ 在 x 处连续, $\lim\limits_{n\to\infty} h_n=0$, 则有

$$\lim_{n\to\infty} E[f_n(x)]=f(x).$$

又若 $f(x)$ 一致连续, 则上述结果关于 x 一致成立.

关于 $f_n(x)$ 的均方相合性和弱相合性有下列结果:

定理 9.2.3　若 $K(\cdot)$ 满足上面的条件 (a)~(c), $f(\cdot)$ 在 x 处连续, $\lim\limits_{n\to\infty} h_n=0$ 且 $\lim\limits_{n\to\infty} nh_n=\infty$, 则有

(1) $E[|f_n(x)-f(x)|^2]\to 0$;

(2) $f_n(x)\xrightarrow{\mathrm{P}} f(x)\ (n\to\infty)$.

关于 $f_n(x)$ 的强相合性有下列结果:

定理 9.2.4　若 $K(\cdot)$ 满足上面的条件 (a)~(c), $f(\cdot)$ 在 x 处连续, 则有

$$f_n(x)\xrightarrow{\mathrm{a.s.}} f(x)\quad (n\to\infty).$$

关于 $f_n(x)$ 的一致弱相合性有下列结果:

定理 9.2.5　设 $f(x)$ 一致连续, $K(\cdot)$ 为概率密度函数, 且有可积的特征函数; 若 $\lim\limits_{n\to\infty} h_n=0$ 且 $\lim\limits_{n\to\infty} nh_n^2=\infty$, 则有

$$V_n=\sup_x |f_n(x)-f(x)|\xrightarrow{\mathrm{P}} 0\quad (n\to\infty).$$

关于 $f_n(x)$ 的一致强相合性有下列结果:

定理 9.2.6 设 $K(\cdot)$ 是有界变差的概率密度, $f(x)$ 一致连续, 若 $\lim\limits_{n\to\infty} h_n = 0$ 且 $\lim\limits_{n\to\infty} nh_n^2/(\ln n) = \infty$, 则有

$$V_n = \sup_x |f_n(x) - f(x)| \xrightarrow{\text{a.s.}} 0 \quad (n \to \infty).$$

关于 $f_n(x)$ 的渐近正态性有下列结果 (证明见 Parzen, 1962):

定理 9.2.7 若 $K(\cdot)$ 满足上面的条件 (a)~(c), $0 \leqslant h_n \to 0$ 且 $nh_n \to \infty$ $(n \to \infty)$, 有

$$\frac{f_n(x) - E[f_n(x)]}{\sqrt{\mathrm{Var}(f_n(x))}} \xrightarrow[n\to\infty]{\mathscr{L}} N(0,1).$$

注 9.2.2 概率密度函数核估计的大样本性质对密度函数导函数的核估计同样也成立, 由定义 9.2.3 知只要相应的核函数满足类似于上面的条件 (a)~(c) 即可.

除了上述大样本性质外, 各种相合性还具有一定的收敛速度. 概率密度函数的估计方法除了核估计方法外还有最近邻估计方法等, 有关这些内容读者可查看 Rao (1983) 第二章和陈希孺 (1984).

9.2.4 多元概率密度函数及其混合偏导数的核估计*

我们采用与 Singh (1976b) 和卢昆亮 (1982) 类似的方法构造多元密度及其混合偏导数 (the multivariate density and its mixed partial derivatives) 的核估计.

令 $P_i(x)$ $(x \in \mathbb{R},\ i = 0,1,\cdots,k-1)$ 为一类有界的 Borel 可测函数, 在区间 (0, 1) 外取值零, 使得 $P_i(x)$ $(0 \leqslant i \leqslant k-1)$ 满足

$$\frac{1}{j!}\int_0^1 x^j P_i(x)\mathrm{d}x = \begin{cases} 1, & j = i, \\ 0, & j \neq i,\ j = 0,1,\cdots,k-1. \end{cases} \tag{9.2.6}$$

此处 $k \geqslant 2$ 是整数. 令 $K_r(\boldsymbol{u}) = \prod\limits_{i=1}^m P_{r_i}(u_i)$, 易见

$$\frac{1}{l_1!\cdots l_m!}\int_{\mathbb{R}^m} K_r(\boldsymbol{u})\Big(\prod_{i=1}^m u_i^{l_i}\Big)\mathrm{d}\boldsymbol{u} = \begin{cases} 1, & l_i = r_i,\ i = 1,\cdots,m, \\ 0, & \text{其他}, \end{cases} \tag{9.2.7}$$

此处 $\boldsymbol{u} = (u_1,\cdots,u_m)^{\mathrm{T}} \in \mathbb{R}^m$, $r = \sum\limits_{i=1}^m r_i$ $(0 \leqslant r \leqslant k-1,\ r_i \geqslant 0,\ l_i \geqslant 0,\ i = 1,\cdots,m)$ 且 $0 \leqslant \sum\limits_{i=1}^m l_i \leqslant k-1$.

设 $\boldsymbol{Y}^{(1)},\cdots,\boldsymbol{Y}^{(n)}$ 为独立同分布的 m 维随机向量, 它们具有共同的概率密度 $f(\boldsymbol{y})$ $(\boldsymbol{y} \in \mathbb{R}^m)$. 设 $r = \sum\limits_{i=1}^m r_i$ $(r_i \geqslant 0,\ i = 1,\cdots,m)$, 则 $f(\boldsymbol{y})$ 的 r 阶混合偏导数

$$f^{(r)}(\boldsymbol{y}) = f^{(r)}(r_1,\cdots,r_m;\boldsymbol{y}) = \frac{\partial^r f(\boldsymbol{y})}{\partial y_1^{r_1}\cdots\partial y_m^{r_m}} \tag{9.2.8}$$

的核估计定义如下:

$$f_n^{(r)}(\boldsymbol{y})=\frac{1}{nh^{m+r}}\sum_{l=1}^{n}K_r\left(\frac{\boldsymbol{Y}^{(l)}-\boldsymbol{y}}{h}\right)\quad(r=0,1,\cdots,k-1),\tag{9.2.9}$$

此处 $0<h=h_n\to 0\ (n\to\infty)$.

在式 (9.2.9) 中, 当取 $r=0$ 时得到多元密度函数 $f^{(0)}(\boldsymbol{y})=f(\boldsymbol{y})$ 的核估计

$$f_n(\boldsymbol{y})=f_n^{(0)}(\boldsymbol{y})=\frac{1}{nh^m}\sum_{l=1}^{n}\prod_{t=1}^{m}P_0\left(\frac{Y_t^{(l)}-y_t}{h}\right).\tag{9.2.10}$$

关于多元密度函数及其混合偏导数的核估计的大样本性质, 请参看卢昆亮 (1982) 和 Singh (1976b, 1981).

9.3 参数型经验贝叶斯估计方法简介

9.3.1 引言

由 9.1.2 小节可知, 参数型经验贝叶斯 (PEB) 方法通常假定参数 θ 的先验分布的形式已知, 但含有未知的超参数. 在一定的损失函数下, 所求得的 θ 的贝叶斯估计常是超参数 (有时还有多余参数) 的函数. 利用历史样本对超参数和多余参数作出估计, 从而获得 θ 的 PEB 估计. 因此, PEB 估计也可以看作贝叶斯两步估计. 对 PEB 估计通常研究其小样本性质, 如均方误差 (MSE) 准则或均方误差矩阵 (MSEM) 准则下的优良性等.

在本章 9.1 节经验贝叶斯方法的分类中已给出 PEB 方法的部分参考文献, PEB 方法在线性模型中参数的经验贝叶斯估计问题中也有广泛应用. 由于篇幅有限, 本书略去了这方面的内容, 对此感兴趣的读者可参考下列文献.

关于线性模型中参数的贝叶斯估计和 PEB 估计问题, Box 和 Tiao (1973) 在假定线性回归模型参数服从无信息先验分布时, 导出了有关参数的贝叶斯估计；王松桂 (1987) 在假定回归系数和误差方差服从正态-逆伽马先验下, 导出了相关参数的贝叶斯估计; Broemling (1985) 假定回归系数和精度系数 (误差方差的倒数) 服从正态-伽马先验时, 导出了有关参数的贝叶斯估计. Wei 和 Zhang (2007) 研究了线性模型中贝叶斯最小风险线性估计的优良性. 回归模型中参数的 PEB 估计最早由 Clemmer 和 Krutchkoff (1968) 提出, 他们给出了回归系数的 PEB 估计, 并用蒙特卡洛方法研究了 PEB 估计的性质, Efron 和 Morris (1972), Berger (1985) 和 Ghosh 等 (1989) 考虑了多元正态分布和线性模型中参数的 PEB 估计问题. Wei 和 Trenkler (1995) 考虑了错误指定的线性回归模型中回归系数的 PEB 估计及其优良性问题. Zhang 等 (2005) 研究了线性回归模

型中回归系数的 PEB 估计及其优良性问题. 韦来生 (1997) 、Wei 和 Chen (2003), 分别讨论了单向分类和双向分类方差分析模型中的 PEB 估计问题, 并研究了其小样本性质. 陈玲等 (2012) 获得了回归系数和误差方差同时的 PEB 估计及其优良性. Chen 和 Wei (2013) 研究了随机效应模型中方差分量的 PEB 估计及其优良性问题.

本节我们将以指数分布为例, 研究指数分布刻度参数的贝叶斯估计和 PEB 估计及其小样本性质. 具体讨论以下三方面的内容: 指数分布刻度参数的贝叶斯估计及其优良性; 指数分布刻度参数的 PEB 估计的构造及其优良性; PEB 区间估计及其优良性.

9.3.2 指数分布刻度参数的贝叶斯估计及其优良性

1. 贝叶斯估计的推导

设随机变量 X 的概率分布为指数分布, 其密度函数为

$$g_\lambda(x) = \lambda^{-1}\mathrm{e}^{-x/\lambda}I_{(0,\infty)}(x). \tag{9.3.1}$$

这个分布中刻度参数 λ 即为平均寿命, 此处 $I_A = I_A(x)$ 为示性函数.

设 $X_1,\cdots,X_m$ 为从分布式 (9.3.1) 中抽取的 i.i.d. 样本. 若在全体样本中仅观测到前 r 个观测值: $X_{(1)} \leqslant X_{(2)} \leqslant \cdots \leqslant X_{(r)}$ $(1 \leqslant r \leqslant m)$, 由 Lawless (1982), 可知 $T = \sum\limits_{i=1}^{r} X_{(i)} + (m-r)X_{(r)}$ 是 λ 的充分统计量, 且 $2T/\lambda \sim \chi^2_{2r}$. 所以 T 的密度函数为

$$f(t|\lambda) = \frac{\lambda^{-r}}{\Gamma(r)}t^{r-1}\mathrm{e}^{-t/\lambda}I_{(0,\infty)}(t), \tag{9.3.2}$$

此处 $r \geqslant 1$, $\lambda > 0$.

由式 (9.3.2), 知 $E(T|\lambda) = r\lambda$, 故 T/r 是 λ 的一个无偏估计. 又 T/r 是充分完全统计量, 由 Lehmann-Scheffe 定理, 可知 λ 的一致最小方差无偏估计 (UMVUE) 是

$$\hat{\lambda}_{\mathrm{U}} = \frac{T}{r}. \tag{9.3.3}$$

易见 $\hat{\lambda}_{\mathrm{U}}$ 也是 λ 的极大似然估计 (MLE) 和矩估计.

为了进一步研究 λ 的贝叶斯估计, 我们取 λ 的先验分布为共轭先验分布, 即逆伽马分布 $\Gamma^{-1}(\beta,\tau)$, 其密度函数为

$$\pi(\lambda) = \frac{\tau^{\beta}}{\Gamma(\beta)}\lambda^{-(\beta+1)}\mathrm{e}^{-\tau/\lambda}I_{[\lambda>0]}, \tag{9.3.4}$$

其中 β 和 τ 为超参数.

λ 的后验密度满足

$$\pi(\lambda|t) \propto f(t|\lambda)\pi(\lambda) \propto \lambda^{-(r+\beta+1)}\mathrm{e}^{-(t+\tau)/\lambda}.$$

添加正则化因子后, 得后验密度为

$$\pi(\lambda|t) = \frac{(t+\tau)^{r+\beta}}{\Gamma(r+\beta)}\lambda^{-(r+\beta+1)}\mathrm{e}^{-(t+\tau)/\lambda} \quad (\lambda > 0), \tag{9.3.5}$$

即 $\lambda|t \sim \Gamma^{-1}(r+\beta, t+\tau)$.

取损失函数为如下的加权平方损失函数: $L(d,\lambda)=w(\lambda)(d-\lambda)^2=(d-\lambda)^2/\lambda^2$, 此处 $w(\lambda)=1/\lambda^2$. 易知在此损失函数下, λ 的贝叶斯估计为

$$\hat{\lambda}_{\mathrm{B}}=\frac{E[\lambda w(\lambda)|t]}{E[w(\lambda)|t]}=\frac{E(\lambda^{-1}|t)}{E(\lambda^{-2}|t)}=\frac{T+\tau}{r+\beta+1}. \tag{9.3.6}$$

2. 贝叶斯估计在 MSE 准则下的优良性

以下在均方误差 (MSE) 的定义中, E 表示关于 (T,λ) 的联合分布求期望. 在 MSE 准则下, λ 的贝叶斯估计相对于 UMVUE 的优良性有如下结果:

定理 9.3.1　设 λ 的 UMVUE 和贝叶斯估计分别由式 (9.3.3) 和式 (9.3.6) 给出, 则当 $\beta>5$ 时, 有

$$MSE(\hat{\lambda}_U)-MSE(\hat{\lambda}_{\mathrm{B}})>0,$$

即在 MSE 准则下 λ 的贝叶斯估计优于 UMVUE.

证　由 λ 的先验分布为 $\Gamma^{-1}(\beta,\tau)$, 可知

$$E(\lambda)=\frac{\tau}{\beta-1},\quad E(\lambda^2)=\frac{\tau^2}{(\beta-1)(\beta-2)}.$$

由式 (9.3.2), 可知 $T|\lambda \sim \Gamma(r,\lambda^{-1})$, 故有

$$\begin{cases} E(T|\lambda)=r\lambda, \\ E(T^2|\lambda)=(r+r^2)\lambda^2. \end{cases} \tag{9.3.7}$$

从而有

$$\begin{aligned} E\left[(T/r-\lambda)^2|\lambda\right]&=\frac{1}{r^2}E(T^2|\lambda)-\frac{2\lambda}{r}E(T|\lambda)+\lambda^2 \\ &=\frac{1}{r^2}(r+r^2)\lambda^2-\frac{2\lambda}{r}\cdot r\lambda+\lambda^2=\frac{\lambda^2}{r}. \end{aligned}$$

所以当 $\beta>2$ 时, 有

$$\begin{aligned} MSE(\hat{\lambda}_{\mathrm{U}})&=E\left[(T/r-\lambda)^2\right]=E\left\{E\left[(T/r-\lambda)^2|\lambda\right]\right\} \\ &=E\left(\lambda^2/r\right)=\frac{\tau^2}{r(\beta-1)(\beta-2)}. \end{aligned} \tag{9.3.8}$$

下面计算 $\mathrm{MSE}(\hat{\lambda}_{\mathrm{B}})$. 由式 (9.3.7), 可知

$$\begin{aligned} &E\left[\left(\frac{T+\tau}{r+\beta+1}-\lambda\right)^2\Big|\lambda\right] \\ &=\frac{1}{(r+\beta+1)^2}\left[E(T^2|\lambda)+2\tau E(T|\lambda)+\tau^2\right]-2\lambda\cdot\frac{E(T|\lambda)+\tau}{r+\beta+1}+\lambda^2 \\ &=\frac{1}{(r+\beta+1)^2}\left[(r+r^2)\lambda^2+2\tau r\lambda+\tau^2\right]-\frac{2\lambda}{r+\beta+1}(r\lambda+\tau)+\lambda^2 \end{aligned}$$

$$= \frac{r+(\beta+1)^2}{(r+\beta+1)^2}\lambda^2 - \frac{2\tau(\beta+1)}{(r+\beta+1)^2}\lambda + \frac{\tau^2}{(r+\beta+1)^2},$$

所以由上式可得

$$\begin{aligned}MSE(\hat{\lambda}_{\mathrm{B}}) &= E\left[\left(\frac{T+\tau}{r+\beta+1}-\lambda\right)^2\right] \\ &= E\left\{E\left[\left(\frac{T+\tau}{r+\beta+1}-\lambda\right)^2\Big|\lambda\right]\right\} \\ &= \frac{r+(\beta+1)^2}{(r+\beta+1)^2}\cdot\frac{\tau^2}{(\beta-1)(\beta-2)} - \frac{2\tau(\beta+1)}{(r+\beta+1)^2}\cdot\frac{\tau}{\beta-1} + \frac{\tau^2}{(r+\beta+1)^2} \\ &= \frac{r+\beta+7}{(r+\beta+1)^2}\cdot\frac{\tau^2}{(\beta-1)(\beta-2)}.\end{aligned} \tag{9.3.9}$$

因此由式 (9.3.8) 和式 (9.3.9), 可知当 $\beta > 5$ 时, 有

$$\begin{aligned}MSE(\hat{\lambda}_{\mathrm{U}}) - MSE(\hat{\lambda}_{\mathrm{B}}) &= \left[\frac{1}{r} - \frac{r+\beta+7}{(r+\beta+1)^2}\right]\frac{\tau^2}{(\beta-1)(\beta-2)} \\ &= \frac{(\beta+1)^2+r(\beta-5)}{r(r+\beta+1)^2}\cdot\frac{\tau^2}{(\beta-1)(\beta-2)} \\ &> 0.\end{aligned}$$

定理得证.

9.3.3 指数分布刻度参数的 PEB 估计的构造及其优良性

在 λ 的贝叶斯估计 (9.3.6) 中, 当部分或全部超参数未知时, 贝叶斯估计不可用. 需要利用历史样本对未知的超参数作出估计, 用获得的估计量去代替式 (9.3.6) 中相应的超参数, 从而获得参数型经验贝叶斯估计.

本小节将在超参数 β 已知而 τ 未知的情形下, 构造 λ 的 PEB 估计, 并研究 PEB 估计在均方误差准则下相对于 UMVUE 的优良性. 当所有超参数 β 和 τ 皆未知时, 可以通过数值模拟比较 λ 的 PEB 估计和 UMVUE 的均方误差, 获得 PEB 估计的优良性.

1. 当部分超参数未知时 λ 的 PEB 估计的构造

在 EB 问题的结构中, 设 $(T_1,\lambda_1),\cdots,(T_n,\lambda_n)$, $(T,\lambda)=(T_{n+1},\lambda_{n+1})$ 为相互独立的随机向量对, 其中 $\lambda_1,\cdots,\lambda_n$ 和 $\lambda=\lambda_{n+1}$ 是不可观察的, 假定 $\lambda_1,\cdots,\lambda_n$ 和 $\lambda=\lambda_{n+1}$ 具有共同的先验分布 $\Gamma^{-1}(\beta,\tau)$. $T_1,\cdots,T_n$ 和 $T=T_{n+1}$ 是可以观察的, 它们具有共同的边缘分布.

当超参数 β 已知, 而 τ 未知时, 为获得 λ 的 PEB 估计, 就需要利用历史样本对 τ 进行估计, 我们使用的是矩估计方法. 由式 (9.3.7) 可知 $E(T|\lambda)=r\lambda$, 再由 $E(\lambda)=\tau/(\beta-1)$, 可得

$$E(T) = E[E(T|\lambda)] = E(r\lambda) = \frac{r\tau}{\beta-1}. \tag{9.3.10}$$

用 $\bar{T}=\sum\limits_{i=1}^{n}T_i/n$ 代替上式中的 $E(T)$, 解方程 $\bar{T}=r\tau/(\beta-1)$, 得到 τ 的矩估计量

$$\hat{\tau}_n=\frac{(\beta-1)\bar{T}}{r}. \tag{9.3.11}$$

将 λ 的贝叶斯估计 (9.3.6) 中的 τ 用 $\hat{\tau}_n$ 代替, 得到 λ 的 PEB 估计

$$\hat{\lambda}_{\text{EB}}=\frac{T+\hat{\tau}_n}{r+\beta+1}. \tag{9.3.12}$$

在 MSE 准则下, λ 的 PEB 估计相对于 UMVUE 的优良性有下列结果:

定理 9.3.2 设 λ 的 PEB 估计 $\hat{\lambda}_{\text{EB}}$ 和 UMVUE $\hat{\lambda}_{\text{U}}$ 分别由式 (9.3.12) 和式 (9.3.3) 给出. 当 $\beta>5$, $n+1>2r/5$ 时, 有

$$MSE(\hat{\lambda}_{\text{U}})-MSE(\hat{\lambda}_{\text{EB}})>0,$$

即在 MSE 准则下 λ 的 PEB 估计优于 UMVUE.

证明见李翔等 (2011).

2. 当所有超参数都未知时 λ 的 PEB 估计及其优良性的模拟结果

当超参数 β 和 τ 皆未知时, 需要利用历史样本导出 β 和 τ 的估计量, 用它们代替式 (9.3.6) 中的 β 和 τ, 从而获得 λ 的 PEB 估计. 我们采用矩估计方法, 首先从 T 的边缘分布出发, 计算 T 的均值和方差. T 的均值由式 (9.3.10) 给出, T 的方差如下:

$$\text{Var}(T)=E(T^2)-[E(T)]^2=\frac{r(1+r)\tau^2}{(\beta-1)(\beta-2)}-\frac{r^2\tau^2}{(\beta-1)^2}.$$

用历史样本的样本方差 $S^2=\dfrac{1}{n-1}\sum\limits_{i=1}^{n}(T_i-\bar{T})^2$ 代替上式中的 $\text{Var}(T)$, 用历史样本的样本均值 $\bar{T}=\dfrac{1}{n}\sum\limits_{i=1}^{n}T_i$ 代替式 (9.3.10) 中的 $E(T)$, 然后解联立方程组, 得

$$\tilde{\beta}_n=\frac{2rS^2+(r-1)\bar{T}^2}{rS^2-\bar{T}^2},\quad \tilde{\tau}_n=\frac{\bar{T}^3+\bar{T}S^2}{rS^2-\bar{T}^2}. \tag{9.3.13}$$

将 λ 的贝叶斯估计 (9.3.6) 中的 β 和 τ 分别用上式中的 $\tilde{\beta}_n$ 和 $\tilde{\tau}_n$ 代替, 得到 λ 的 PEB 估计

$$\tilde{\lambda}_{\text{EB}}=\frac{T+\tilde{\tau}_n}{r+\tilde{\beta}_n+1}=\frac{rTS^2-T\bar{T}^2+\bar{T}^3+\bar{T}S^2}{r^2S^2-2\bar{T}^2+3rS^2}. \tag{9.3.14}$$

由于此时 λ 的 PEB 估计比较复杂, 它在 MSE 准则下相对于 UMVUE 的优良性的理论结果很难获得. 我们采用模拟的方法比较 λ 的 PEB 估计 $\tilde{\lambda}_{\text{EB}}$ 与 UMVUE $\hat{\lambda}_{\text{U}}$ 的优良性. 我们的方法是对于每次模拟, 让 r, τ, β, n 这四个数中的一个发生变化, 其他数固定不变. 模拟结果显示历史样本的个数对于两者 MSE 的影响都不大, PEB 估计总是优于 UMVUE. 模拟结果的图及其详细结论见李翔等 (2011).

9.3.4 指数分布刻度参数的 PEB 区间估计

在经典统计方法中, 由于 $2T/\lambda\sim\chi^2_{2r}$, 所以可得 λ 的置信系数为 $1-\alpha$ 的置信区间为

$$\left[\frac{2T}{\chi^2_{2r}(\alpha/2)},\frac{2T}{\chi^2_{2r}(1-\alpha/2)}\right]. \tag{9.3.15}$$

在贝叶斯方法中, 由于 $\lambda|T\sim\varGamma^{-1}(r+\beta,t+\tau)$, 所以可得 λ 的可信系数为 $1-\alpha$ 的贝叶斯可信区间为

$$\left[\frac{2(T+\tau)}{\chi^2_{2(r+\beta)}(\alpha/2)},\frac{2(T+\tau)}{\chi^2_{2(r+\beta)}(1-\alpha/2)}\right]. \tag{9.3.16}$$

当 β 已知而 τ 未知时, 用式 (9.3.11) 中的 $\hat{\tau}_n$ 替换上式中的 τ, 即可得到 λ 的可信系数为 $1-\alpha$ 的 PEB 可信区间为

$$\left[\frac{2(T+\hat{\tau}_n)}{\chi^2_{2(r+\beta)}(\alpha/2)},\frac{2(T+\hat{\tau}_n)}{\chi^2_{2(r+\beta)}(1-\alpha/2)}\right]. \tag{9.3.17}$$

当 β 和 τ 皆未知时, 用式 (9.3.13) 中的 $\tilde{\tau}_n$ 和 $\tilde{\beta}_n$ 分别替换式 (9.3.16) 中的 τ 和 β, 得到 λ 的可信系数近似为 $1-\alpha$ 的一个 PEB 可信区间

$$\left[\frac{2(T+\tilde{\tau}_n)}{\chi^2_{2(r+\tilde{\beta}_n)}(\alpha/2)},\frac{2(T+\tilde{\tau}_n)}{\chi^2_{2(r+\tilde{\beta}_n)}(1-\alpha/2)}\right]. \tag{9.3.18}$$

由于两个区间估计的可靠度可以认为是近似相同的, 所以比较不同区间的优良性就是要比较区间的精度, 也就是要比较区间的长度. 区间的长度越短, 则区间估计越优. 模拟结果显示, 一般情况下, 参数的 PEB 可信区间要优于经典统计方法得到的置信区间. 而且, 历史样本的个数 n 对区间估计的影响不是很大, 对区间估计的主要影响在于 r 和 β 的选取. 详细的模拟结果见李翔等 (2011).

注 9.3.1 一个更好的模拟方法是, 先对 PEB 区间估计 (9.3.17) 和式 (9.3.18) 的可靠度做模拟, 看看 λ 落在这两个可信区间内的实际的可信系数是多少. 如果经过模拟发现它们的可信系数与经典统计方法获得的区间估计 (9.3.15) 的置信系数比较接近, 则再做下一步的模拟, 即假定 PEB 区间估计与经典统计方法获得的区间估计有大致相同的可靠度, 通过数值模拟比较两者的精度, 看看 PEB 区间估计的精度是否比由经典统计方法获得的区间估计的精度高.

9.4　非参数型经验贝叶斯方法简介

9.4.1　引言

由 9.1.2 小节可知, 在非参数型经验贝叶斯方法中, 通常假定先验分布的形式未知, 但先验分布的某些矩存在. 在一定损失函数下, 求得的有关参数的贝叶斯决策函数 (如估计量和检验函数) 常常表示为概率密度函数及其偏导数或分布函数的泛函. 利用历史样本, 采用非参数方法对密度函数及其偏导数或分布函数作出估计, 从而获得 NPEB 估计或 NPEB 检验. 对这类统计决策问题通常研究其大样本性质, 如渐近最优性或收敛速度, 其定义如定义 9.1.2 所述.

自 Robbins (1956, 1964) 引入经验贝叶斯方法以来, NPEB 估计问题已经取得了许多研究成果, 主要是在独立同分布样本情形下对指数族的研究. 正态总体中两参数的 NPEB 估计的渐近最优性和收敛速度问题是分别由张平 (1985) 和 Tao (1986) 给出的. Lin (1975) 和 Singh (1976a, 1979) 讨论了连续型单参数指数族中参数的 NPEB 估计的构造, 并研究了其大样本性质. 赵林城 (1981) 指出了 Lin (1972) 文章中的一个错误. Chen (1983) 研究了离散型单参指数族中的 NPEB 估计的渐近最优性问题. 韦来生 (1985a, 1987) 将上述连续型单参指数族的 NPEB 估计问题推广到连续型多参数指数族的情形, 并研究了其渐近最优性和收敛速度问题. Yang 和 Wei (1995, 1996) 将离散型单参数指数族的 NPEB 估计问题推广到多参数情形, 并研究了 NPEB 估计的渐近最优性和收敛速度问题. Zhang 和 Karunamuni (1997a, 1997b) 讨论了连续型单参数指数族中变量带误差 (EV) 情形的 NPEB 估计及其大样本性质. Singh 和 Wei (1992) 提出了刻度指数族中参数在平方损失函数下的 NPEB 估计并研究了其大样本性质. 王立春和韦来生 (2002a, 2002b) 讨论了这一分布族中刻度参数在加权平方损失函数下的 NPEB 估计问题及其大样本性质. 关于单边截断型分布族中参数的 NPEB 估计的构造及其大样本性质最早是由韦来生 (1985b) 给出的. 后来, Wei (1989a, 1989b) 将上述研究结果推广到双边截断型分布族中两参数的 NPEB 估计问题. 高集体 (1988) 进一步研究了二维单边截断型分布族中参数的 NPEB 估计问题.

与 NPEB 估计问题相似, 近几十年来, NPEB 检验问题也得到了很多有意义的研究结果, 尤其是指数族的情形. 其中 Johns 和 Van Ryzin (1971, 1972) 最早给出了离散型和连续型单参数指数族参数的单边 NPEB 检验的结果. Van Houwelingen (1976), Liang (1988), Karunamuni 和 Yang (1995) 研究了上述分布族中单调的 NPEB 检验问题. 韦来生 (1991) 和 Wei (1989c) 分别研究了离散型和连续型单参数指数族双侧的 NPEB 检验问题. Karunamuni 和 Zhang (2003) 讨论了连续型单参数指数族中变量带误差情形的 NPEB 检验问题. Liang (2002) 采用 Bessel 函数去构造密度函数的核估计, 提高了正指数族 NPEB 检验的收敛速度. Singh 和 Wei (2000) 讨论了在线性损失函数下刻度指数族参数的双边 NPEB 检验问题. Wei 和 Wei (2006) 在加权线性损失函数下研究了刻度指数族参数单侧的 NPEB 检验问题. 张倩和韦来生 (2013) 在加权乘积损失函数下研究了刻度指数族参数双侧的 NPEB 检验问题.

关于线性模型中参数的 NPEB 方法的研究, 对此感兴趣的读者可参考下列文献: Singh (1985) 对一般线性回归模型, 在假定误差方差已知的情形下, 构造回归系数的 NPEB 估计, 并获得了 NPEB 估计的收敛速度. Zhang 和 Wei (1994) 以及 Wei 和 Zhang (1995) 推广了 Singh (1985) 的工作, 假定线性回归模型中回归系数和误差方差皆未知的情形下同时考虑了回归系数和误差方差的 NPEB 估计问题, 并研究了其大样本性质. Wei (1998) 和韦来生 (1999) 对一般的线性模型 (线性回归模型、方差分析模型和协方差分析模型皆为其特例) 讨论了其参数的 NPEB 估计和 NPEB 检验问题, 并研究了其大样本性质. 关于方差分量的贝叶斯和经验贝叶斯估计问题, Mostafa 和 Ahmad (1986) 研究了正态线性模型中方差分量的经验贝叶斯二次估计, 并利用蒙特卡洛方法, 通过数据模拟获得方差分量的 NPEB 估计的优良性. 张伟平和韦来生 (2005) 以及 Wei 和 Ding (2003) 在加权平方损失下, 分别获得了单向分类的随机效应模型中方差分量的 NPEB 估计的渐近最优性和收敛速度. Wei 和 Zhang (2005) 研究了单向分类的随机效应模型中方差分量的 NPEB 检验问题, 获得了其大样本性质. 韦来生和王立春 (2004a) 以及 Wang 和 Wei (2005) 分别讨论了双向分类随机效应模型中方差分量的 NPEB 估计的 a.o. 性和收敛速度问题. 韦来生和王立春 (2004b) 构造了双向分类随机效应模型中方差分量的 NPEB 检验函数并获得了其大样本性质.

本节我们将以刻度指数族为例, 研究刻度指数族参数的 NPEB 估计和 NPEB 检验及其大样本性质.

9.4.2 刻度指数族参数的 NPEB 估计及其大样本性质

1. 刻度指数族中参数的贝叶斯估计的推导

设有刻度指数族

$$f(x|\theta)=u(x)c(\theta)\mathrm{e}^{-x/\theta}I_{(0,\infty)}(x)=u(x)p(x|\theta), \tag{9.4.1}$$

此处 $u(x)>0\ \ (x>0)$; θ 为刻度参数, $\Theta=\left\{\theta>0:\int_0^\infty u(x)\mathrm{e}^{-x/\theta}\mathrm{d}x<\infty\right\}$ 为参数空间, $p(x|\theta)=c(\theta)\mathrm{e}^{-x/\theta}I_{(0,\infty)}(x)$.

采用下面的加权平方损失函数:

$$L(\theta,d)=\frac{(d-\theta)^2}{\theta^2}=w(\theta)(d-\theta)^2,$$

此处 $w(\theta)=1/\theta^2$. 采用这种损失比较合理, 在适当变换群下上述损失函数具有不变性, 它不随度量单位的变化而改变.

设 $G(\theta)$ 为 θ 的未知先验分布, 由式 (9.4.1) 可知随机变量 X 的边缘密度为

$$f(x)=\int_{\Theta} f(x|\theta)\mathrm{d}G(\theta)=u(x)p(x) \quad (x>0), \tag{9.4.2}$$

$$p(x)=\int_{\Theta} p(x|\theta)\mathrm{d}G(\theta)=\int_{\Theta} c(\theta)\mathrm{e}^{-x/\theta}\mathrm{d}G(\theta) \quad (x>0). \tag{9.4.3}$$

当 $G(\theta)\in\mathscr{F}$ (先验分布族) 时, 在加权平方损失函数下 θ 的贝叶斯估计为

$$\hat{\theta}_{\mathrm{BE}}=\frac{E(\theta^{-1}|x)}{E(\theta^{-2}|x)}=\frac{\int_{\Theta}\theta^{-1}p(x|\theta)\mathrm{d}G(\theta)}{\int_{\Theta}\theta^{-2}p(x|\theta)\mathrm{d}G(\theta)}=\frac{-p^{(1)}(x)}{p^{(2)}(x)}, \tag{9.4.4}$$

其中 $p^{(1)}(x)$ 和 $p^{(2)}(x)$ 分别为 $p(x)$ 的一阶和二阶导数, 即

$$p^{(i)}(x)=(-1)^i\int_{\Theta}\theta^{-i}c(\theta)\mathrm{e}^{-x/\theta}\mathrm{d}G(\theta) \quad (i=1,2). \tag{9.4.5}$$

于是 $\hat{\theta}_{\mathrm{BE}}$ 的贝叶斯风险为

$$R(G)=R(\hat{\theta}_{\mathrm{BE}},\, G)=E_{(X,\theta)}[(\hat{\theta}_{\mathrm{BE}}-\theta)^2/\theta^2]. \tag{9.4.6}$$

由于 $G(\theta)$ 未知, 因此贝叶斯估计 $\hat{\theta}_{\mathrm{BE}}$ 无实用价值, 所以要求我们去构造 θ 的非参数型经验贝叶斯估计.

2. NPEB 估计的构造及大样本性质

为构造 θ 的 NPEB 估计, 令 $X_1,\cdots,X_n$ 为历史样本, X 为当前样本. 我们首先利用历史样本给出概率密度函数及其导数的核估计.

为获得刻度参数 θ 的 NPEB 估计, 采用如下核估计方法: 设 $K_i(x)$ $(i=0,1,2)$ 为有界的 Borel 可测函数, 在区间 (0, 1) 外取值零, 且对 $i=1,2$, 满足

$$\frac{1}{j!}\int_0^1 u^j K_i(u)\mathrm{d}u=\begin{cases}1, & j=i,\\ 0, & j\neq i, \quad j=0,1,\cdots,s-1,\end{cases} \tag{9.4.7}$$

此处 $s\geqslant 3$ 是一给定的整数.

定义 $f(x)$, $p^{(1)}(x)$ 和 $p^{(2)}(x)$ 的核估计如下:

$$f_n(x)=\frac{1}{nh_n}\sum_{j=1}^n K_0\left(\frac{X_j-x}{h_n}\right), \tag{9.4.8}$$

$$p_n^{(1)}(x)=\frac{1}{n{h_n}^2}\sum_{j=1}^n\left[K_1\left(\frac{X_j-x}{h_n}\right)\Big/u(X_j)\right],$$

$$p_n^{(2)}(x)=\frac{1}{n{h_n}^3}\sum_{j=1}^n\left[K_2\left(\frac{X_j-x}{h_n}\right)\Big/u(X_j)\right], \tag{9.4.9}$$

此处 $0<h_n\to 0$ $(n\to\infty)$. 令

$$\hat{p}_n^{(2)}(x)=\begin{cases}p_n^{(2)}(x), & |p_n^{(2)}(x)|\geqslant\delta_n,\\ \delta_n, & |p_n^{(2)}(x)|<\delta_n,\end{cases}$$

此处 $\{\delta_n\}_{n=1}^{\infty}$ 为一趋于 0 的正数列.

定义刻度参数 θ 的 NPEB 估计为

$$\hat{\theta}_{\text{EB}} = -\frac{p_n^{(1)}(x)}{\hat{p}_n^{(2)}(x)}. \tag{9.4.10}$$

上式分母用 $\hat{p}_n^{(2)}(x)$, 不用 $p_n^{(2)}(x)$, 以防止分母太小, 使 $\hat{\theta}_{\text{EB}}$ 的值太大.

$\hat{\theta}_{\text{EB}}$ 的全面贝叶斯风险为

$$R_n = R_n(\hat{\theta}_{\text{EB}}, G) = E_{(X_1,\cdots,X_n,\ (X,\ \theta))}\big[(\hat{\theta}_{\text{EB}} - \theta)^2/\theta^2\big]. \tag{9.4.11}$$

关于刻度参数 NPEB 估计的渐近最优性有下面的结果:

定理 9.4.1 设 $\hat{\theta}_{\text{BE}}$ 和 $\hat{\theta}_{\text{EB}}$ 分别由式 (9.4.4) 和式 (9.4.10) 给出, $R(G)$ 和 R_n 分别由式 (9.4.6) 和式 (9.4.11) 给出. 对分布族 (9.4.1), 若 $u(x)$ 单调增, 且 $E[\theta^i c(\theta)] < \infty$ $(i=1,-3)$, $E(\theta^{-2}) < \infty$, 当取 $h_n = o(\delta_n)$, $h_n \to 0$, $nh_n^7 \to \infty$ 时, 则有

$$\lim_{n\to\infty} R_n = R(G).$$

上述定理的证明以及满足定理条件的例子请查看王立春等 (2002a).

为了使获得的 NPEB 估计不但具有渐近最优性而且具有较快的收敛速度, 我们需要将上小节中构造的 NPEB 估计做适当的修改. 设 $p^{(i)}(x)$ $(i=1,2)$ 的核估计 $p_n^{(i)}(x)$ $(i=1,2)$ 仍由式 (9.4.9) 给出. 则定义刻度参数 θ 的 NPEB 估计为

$$\hat{\theta}_{\text{EB}}^* = \left[\frac{-p_n^{(1)}(x)}{p_n^{(2)}(x)}\right]_{n^{\nu}}, \tag{9.4.12}$$

此处 $0<\nu<1$, 而 $[b]_L = \begin{cases} b, & |b| \leqslant L, \\ 0, & |b| > L. \end{cases}$ 将式 (9.4.12) 截尾以防止 $\hat{\theta}_{\text{EB}}^*$ 取值太大. 上式中 $\hat{\theta}_{\text{EB}}^*$ 的全面贝叶斯风险为

$$R_n^* = R_n(\hat{\theta}_{\text{EB}}^*, G) = E_{(X_1,\cdots,X_n,(X,\theta))}\big[(\hat{\theta}_{\text{EB}}^* - \theta)^2/\theta^2\big]. \tag{9.4.13}$$

关于刻度参数 NPEB 估计的收敛速度有下面的结果:

定理 9.4.2 设 $\hat{\theta}_{\text{BE}}$ 和 $\hat{\theta}_{\text{EB}}^*$ 分别由式 (9.4.4) 和式 (9.4.12) 给出, $R(G)$ 和 R_n^* 分别由式 (9.4.6) 和式 (9.4.13) 给出, 假定 $u(x)$ 为 x 的单调非降函数, 且存在 $M>0$, $a \geqslant 0$, 使得对充分大的 x 有 $u(x) \leqslant Mx^a$. 如果对 $1/2 < \lambda < 1$, 正整数 $s \geqslant 3$ 和 $\tau = (1+\varepsilon)(2\lambda - \lambda^2)/(1-\lambda)^2$ (ε 为任意小的正数), 使得下列条件成立:

(1) $E\big[\theta^{-2(s-1)} c(\theta)\big] < \infty$;

(2) $E(\theta^{2\lambda s}) < \infty$;

(3) $E\big[\theta^{\tau + a/(1-\lambda)} c(\theta)\big] < \infty$,

则当取 $h_n = n^{-1/(2s+1)}$ 时, 有

$$R_n^* - R(G) = O\Big(n^{-\frac{2\lambda^2 s(s-2)}{(2s+1)(\lambda s+1)}}\Big).$$

易见当 λ 任意接近 1, s 充分大时, 上述收敛速度可任意接近 $O(n^{-1})$.

上述定理的证明以及满足定理条件的例子请查看王立春等 (2002b).

9.4.3　刻度指数族参数的单侧 NPEB 检验及其大样本性质

1. 刻度参数单侧 NPEB 检验中贝叶斯检验函数的推导

设刻度指数族由式 (9.4.1) 给出, 在寿命问题中常见的一些寿命分布常属于刻度指数族. 本小节讨论分布族 (9.4.1) 中下面的假设检验问题 (I):

$$H_0:\theta\leqslant\theta_0 \leftrightarrow H_1:\theta>\theta_0. \tag{9.4.14}$$

此处 θ_0 为给定的常数.

设检验问题 (9.4.14) 的损失函数为下面的"加权线性损失":

$$\begin{aligned} L_0(\theta,d_0)&=a\left(\frac{\theta-\theta_0}{\theta}\right)I_{(\theta_0,\infty)}(\theta)\ ,\\ L_1(\theta,d_1)&=a\left(\frac{\theta_0-\theta}{\theta}\right)I_{(-\infty,\theta_0)}(\theta)\ . \end{aligned} \tag{9.4.15}$$

这里常数 $a>0$, $D=\{d_0,d_1\}$ 是行动空间, d_0 表示接受 H_0, d_1 表示拒绝 H_0.

设 θ 的未知先验分布为 $G(\theta)$, 令随机化判决函数为

$$\delta(x)=P(\text{接受}H_0|X=x),$$

则 $\delta(x)$ 的风险函数为

$$\begin{aligned} R(\delta,G)&=\int_\Theta\int_0^\infty\{L_0(\theta,d_0)\delta(x)+L_1(\theta,d_1)[1-\delta(x)]\}f(x|\theta)\mathrm{d}x\mathrm{d}G(\theta)\\ &=a\int_0^\infty\alpha(x)\delta(x)\mathrm{d}x+C_G, \end{aligned} \tag{9.4.16}$$

这里

$$C_G=\int_\Theta L_1(\theta,d_1)\mathrm{d}G(\theta\ ),\quad \alpha(x)=\int_\Theta\frac{\theta-\theta_0}{\theta}f(x|\theta)\mathrm{d}G(\theta).$$

令随机变量 X 的边缘密度为

$$f(x)=\int_\Theta f(x|\theta)\mathrm{d}G(\theta)=\int_\Theta u(x)p(x|\theta)\mathrm{d}G(\theta)=u(x)p(x),$$

其中 $p(x)$ 及其 i 阶导数 $p^{(i)}(x)$ $(i=1,2)$ 分别由式 (9.4.3) 和式 (9.4.5) 给出.

由式 (9.4.16), 可知

$$\alpha(x)=\int_\Theta\frac{\theta-\theta_0}{\theta}f(x|\theta)\mathrm{d}G(\theta)=f(x)+\theta_0u(x)p^{(1)}(x).$$

由式 (9.4.16), 可知贝叶斯检验函数为

$$\delta_G(x)=\begin{cases}1, & \alpha(x)<0,\\ 0, & \alpha(x)\geqslant 0,\end{cases} \tag{9.4.17}$$

其贝叶斯风险为

$$R(G)=\inf_{\delta}R(\delta,G)=R(\delta_G,G)=a\int_0^{\infty}\alpha(x)\delta_G(x)\,\mathrm{d}x+C_G. \tag{9.4.18}$$

上述风险当先验分布 $G(\theta)$ 已知且 $\delta=\delta_G$ 时是可以达到的. 但此处 $G(\theta)$ 未知, δ_G 也是未知的, 因而无使用价值, 因此需要引入 NPEB 方法.

2. 单侧 NPEB 检验函数的构造及其大样本性质

为构造 θ 的 NPEB 检验函数, 令 $X_1,\cdots,X_n$ 为历史样本, X 为当前样本. 此处核函数 $K_i(x)$ $(i=0,1)$ 和利用历史样本给出的 $f(x)$ 及 $p^{(1)}(x)$ 的核估计 $f_n(x)$ 及 $p_n^{(1)}(x)$ 分别由式 (9.4.8) 和式 (9.4.9) 给出, 则 $\alpha(x)$ 的估计为

$$\alpha_n(x)=f_n(x)+\theta_0u(x)p_n^{(1)}(x).$$

定义 $\delta_{\mathrm{G}}(x)$ 的估计

$$\delta_n(x)=\begin{cases}1, & \alpha_n(x)<0,\\ 0, & \alpha_n(x)\geqslant 0.\end{cases} \tag{9.4.19}$$

其全面贝叶斯风险为

$$R_n(\delta_n,G)=a\int_0^{\infty}\alpha(x)E_n[\delta_n(x)]\mathrm{d}x+C_G, \tag{9.4.20}$$

此处 E_n 表示关于 $(X_1,\cdots X_n)$ 的联合分布求期望.

关于刻度参数 NPEB 单侧检验的大样本性质有下面的结果:

定理 9.4.3 设 $R(G)$ 和 $R_n(\delta_n,G)$ 分别由式 (9.4.18) 和式 (9.4.20) 给出. 若 $E(\theta^{-1})<\infty$ 且 $f(x)$ 和 $p^{(1)}(x)$ 为 x 的连续函数, 则当 $h_n\to 0$, $nh_n^3\to\infty$ $(n\to\infty)$ 时, 有

$$\lim_{n\to\infty}[R_n(\delta_n,G)-R(G)]=0.$$

定理 9.4.4 设 $R(G)$ 和 $R_n(\delta_n,G)$ 分别由式 (9.4.18) 和式 (9.4.20) 给出. 若下列条件成立:

(1) 存在正的常数 M 和 r, 使得 $u(x)\leqslant Mx^r$ $(x>T)$, 此处 T 充分大, 且 $u(x)$ 为 x 的非降函数;

(2) $f(x)\in C_{s,\gamma}$, $p(x)\in C_{s,\gamma}$, 此处 $C_{s,\gamma}$ 表示 $\mathbb{R}$ 中的一族概率密度, 其 s 阶导数存在且绝对值不超过 γ;

(3) $E(\theta^{-s})<\infty$, $E[c(\theta)]<\infty$, $E\left[c(\theta)\theta^{\frac{(1+\xi)\lambda}{1-\lambda}+r+1}\right]<\infty$, 此处 $s>1$ 为整数, $0<\lambda<1$, $\xi>0$ 为任意小的正数,

则当取 $h_n=n^{-\frac{1}{2s+1}}$ 时, 有

$$R_n(\delta_n,G)-R(G)=O\left(n^{-\frac{(s-1)\lambda}{2s+1}}\right).$$

定理 9.4.3 和定理 9.4.4 的证明见 Wei 和 Wei (2006) 定理 1 和定理 2.

9.4.4 刻度指数族参数的双侧 NPEB 检验及其大样本性质

1. 刻度参数双侧 NPEB 检验中贝叶斯检验函数的推导

此处将讨论刻度指数族 (9.4.1) 中参数 θ 的双边检验问题 (Ⅱ):

$$H_0^*:\theta_1\leqslant\theta\leqslant\theta_2 \ \leftrightarrow\ H_1^*:\theta<\theta_1 \ \text{或}\ \theta>\theta_2, \tag{9.4.21}$$

这里 θ_1 和 θ_2 是给定的常数.

设检验问题 (9.4.21) 的损失函数为下面的"乘积刻度距离"损失:

$$L_0(\theta,d_0)=\begin{cases}0, & \theta_1\leqslant\theta\leqslant\theta_2,\\ a\left(\dfrac{\theta_1-\theta}{\theta}\right)\left(\dfrac{\theta-\theta_2}{\theta}\right), & \theta<\theta_1 \ \text{或}\ \theta>\theta_2,\end{cases}$$
$$L_1(\theta,d_1)=\begin{cases}a\left(\dfrac{\theta-\theta_1}{\theta}\right)\left(\dfrac{\theta_2-\theta}{\theta}\right), & \theta_1\leqslant\theta\leqslant\theta_2,\\ 0, & \theta<\theta_1 \ \text{或}\ \theta>\theta_2.\end{cases} \tag{9.4.22}$$

这里常数 $a>0$, $D=(d_0,d_1)$ 是行动空间, d_0 表示接受 H_0, d_1 表示否定 H_0.

如果取 $\theta_0=(\theta_1+\theta_2)/2$ 和 $\mu=(\theta_2-\theta_1)/2$, 则双边检验问题 (9.4.21) 等价于

$$H_0^*:|\,\theta-\theta_0|\leqslant\mu \ \leftrightarrow\ H_1^*:|\,\theta-\theta_0|>\mu. \tag{9.4.23}$$

易见检验问题 (9.4.23) 的损失函数 (9.4.22) 等价于如下的损失函数:

$$L_0^*(\theta,d_0)=\begin{cases}0, & |\theta-\theta_0|\leqslant\mu,\\ a\big[(\theta-\theta_0)^2-\mu^2\big]/\theta^2, & |\theta-\theta_0|>\mu,\end{cases}$$
$$L_1^*(\theta,d_1)=\begin{cases}a\big[\mu^2-(\theta-\theta_0)^2\big]/\theta^2, & |\theta-\theta_0|\leqslant\mu,\\ 0, & |\theta-\theta_0|>\mu.\end{cases} \tag{9.4.24}$$

此时随机化判决函数为

$$\delta^*(x)=P(\text{接受}H_0^*|X=x),$$

则在未知先验分布 $G(\theta)$ 下, 可知 $\delta^*(x)$ 的贝叶斯风险为

$$\begin{aligned}R(\delta^*(x),G(\theta))&=\int_\Theta\int_{\mathscr{X}}\Big\{L_0^*(\theta,d_0)\delta^*(x)+L_1^*(\theta,d_1)\left[1-\delta^*(x)\right]\Big\}f(x|\theta)\mathrm{d}x\mathrm{d}G(\theta)\\&=a\int_{\mathscr{X}}\int_\Theta\left[\frac{(\theta-\theta_0)^2-\mu^2}{\theta^2}\right]\delta^*(x)f(x|\theta)\mathrm{d}G(\theta)\mathrm{d}x+C_G^*\\&=a\int_{\mathscr{X}}\alpha^*(x)\delta^*(x)\mathrm{d}x+C_G^*,\end{aligned} \tag{9.4.25}$$

其中 $C_G^*=\int_\Theta L_1^*(\theta,d_1)\mathrm{d}G(\theta)$, 而

$$\begin{aligned}\alpha^*(x)&=\int_\Theta\left[\frac{(\theta-\theta_0)^2-\mu^2}{\theta^2}\right]f(x|\theta)\mathrm{d}G(\theta)\\&=f(x)+2\theta_0u(x)p^{(1)}(x)+(\theta_0^2-\mu^2)u(x)p^{(2)}(x),\end{aligned} \tag{9.4.26}$$

其中 $f(x)$, $p(x)$ 和 $p^{(i)}(x)$ $(i=1,2)$ 分别由式 (9.4.2)、式 (9.4.3) 和式 (9.4.5) 给出.

由式 (9.4.25), 易见贝叶斯判决函数为

$$\delta_G^*(x)=\begin{cases}1, & \alpha^*(x)\leqslant 0,\\ 0, & \alpha^*(x)>0,\end{cases} \tag{9.4.27}$$

其贝叶斯风险为

$$R^*(G)=\inf_{\delta^*}R(\delta^*,G)=R(\delta_G^*(x),G)=a\int_{\mathscr{X}}\alpha^*(x)\delta_G^*(x)\mathrm{d}x+C_G^*. \tag{9.4.28}$$

上述贝叶斯风险当先验分布 $G(\theta)$ 已知且 $\delta^*=\delta_G^*$ 时是可以达到的. 但此处 $G(\theta)$ 未知, δ_G^* 也是未知的, 因而无使用价值, 因此需要引入 NPEB 方法.

注 9.4.1 注意到 Singh 和 Wei (2000) 在刻度指数族参数的 NPEB 检验问题中使用的损失函数是 θ 与 θ_1, θ_2 之间线性距离的乘积, 而此处我们采用的损失函数是 θ 与 θ_1, θ_2 之间刻度距离的乘积, 是一种"加权"损失函数, 如式 (9.4.22) 所示. 当所讨论的参数为刻度参数时, 选用加权损失函数是更合理的, 它在刻度变换下具有不变性, 不随度量单位的变化而变化. 这是本小节与 Singh 和 Wei (2000) 主要的不同之处.

2. 双侧 NPEB 检验函数的构造及其大样本性质

下面讨论 NPEB 检验函数的构造. 设 $X_1,\cdots,X_n$ 为历史样本, X 为当前样本. 此处核函数 $K_i(x)$ $(i=0,1,2)$ 和利用历史样本给出的 $f(x)$, $p^{(1)}(x)$ 及 $p^{(2)}(x)$ 的核估计 $f_n(x)$, $p_n^{(1)}(x)$ 及 $p_n^{(2)}(x)$ 分别由式 (9.4.8) 和式 (9.4.9) 给出. 则 $\alpha(x)$ 的估计量为

$$\alpha_n^*(x)=f_n(x)+2\theta_0u(x)p_n^{(1)}(x)+(\theta_0^2-\mu^2)u(x)p_n^{(2)}(x).$$

定义 NPEB 检验函数为

$$\delta_n^*(x)=\begin{cases}1, & \alpha_n^*(x)\leqslant 0,\\ 0, & \alpha_n^*(x)>0.\end{cases} \tag{9.4.29}$$

令 E_n 表示对 $X_1,\cdots,X_n$ 联合分布求均值, 则 $\delta_n^*(x)$ 的全面贝叶斯风险为

$$R_n^*=R_n^*(\delta_n^*,G)=b\int_{\mathscr{X}}\alpha^*(x)E_n[\delta_n^*(x)]\mathrm{d}x+C_G^*. \tag{9.4.30}$$

关于刻度参数 NPEB 双侧检验的大样本性质有下列结果:

定理 9.4.5 设 $R^*(G)$ 和 R_n^* 分别由式 (9.4.28) 和式 (9.4.30) 给出. 若 $E(\theta^{-2})<\infty$ 且 $f(x)$ 和 $p^{(i)}(x)$ $(i=1,2)$ 为 x 的连续函数, 则当 $h_n\to 0$, $nh_n^5\to\infty$ $(n\to\infty)$ 时, 有

$$\lim_{n\to\infty}[R_n^*-R^*(G)]=0\ .$$

定理 9.4.6 设 $R^*(G)$ 和 R_n^* 分别由式 (9.4.28) 和式 (9.4.30) 给出. 若下列条件成立:

(a) $u(x)$ 为 x 的非降函数, 且存在正的常数 M 和 r, 使得对充分大的 x, 有 $u(x)\leqslant Mx^r$;

(b) $p(x)\in C_{s,\gamma}$, 此处 $C_{s,\gamma}$ 表示 $\mathbb{R}$ 中的一族概率密度, 其 s 阶导数存在且绝对值不超过 γ;

(c) $E(\theta^{-s})<\infty$, $E[c(\theta)]<\infty$, $E[\theta^{\tau+r+1}c(\theta)]<\infty$, 此处 $s\geqslant 3$ 为自然数, $\tau=(1+\xi)\lambda/(1-\lambda)$, $0<\lambda<1$, $\xi>0$ 为任意小的正数,
则有

$$R_n^*-R^*(G)=O\big(n^{-\frac{\lambda(s-2)}{2s+1}}\big).$$

以上两个定理的证明见张倩等 (2013).

注 9.4.2　关于双边检验问题 $H_0':\theta=\theta_0 \leftrightarrow H_1':\theta\neq\theta_0$, 此处 θ_0 为给定的常数, 很难定义合适的损失函数. 这个问题可以利用下列双边检验获得近似解决:

$$H_0^*:\theta_0-\varepsilon<\theta<\theta_0+\varepsilon \leftrightarrow H_1^*:\theta<\theta_0-\varepsilon \text{ 或 } \theta>\theta_0+\varepsilon,$$

此处 $\varepsilon>0$ 为任意小的正数.

上述方法对离散型单参数指数族和连续型单参数指数族中参数的检验问题 $H_0':\theta=\theta_0 \leftrightarrow H_1':\theta\neq\theta_0$ 也适用.

9.5　分层贝叶斯模型简介

9.5.1　引言

分层先验贝叶斯分析是经验贝叶斯方法的一种替代方法, 在实际问题中有广泛的应用. 此方法假定第一层先验分布中含有未知的超参数, 在参数型经验贝叶斯方法中是用历史样本对超参数作出估计, 而在分层贝叶斯方法中代之以超参数有第二层先验. 若假定第二层先验还有未知的超参数, 还可假定此超参数有第三层先验, 甚至有更多层先验. 通常假定第一层先验为共轭先验, 最后一层先验为无信息先验 (当然, 最后一层先验也可假设为其他的先验分布, 但必须假定其中超参数皆已知). 下面以两层先验为例说明这个模型:

$$\begin{aligned}
&X|\theta\sim f(x|\theta), &&\text{样本 } x\in\mathscr{X},\\
&\theta|\lambda\sim\pi_1(\theta|\lambda), &&\text{参数 } \theta\in\Theta,\\
&\lambda\sim\pi_2(\lambda), &&\text{超参数 } \lambda\in\Lambda.
\end{aligned}$$

其中 $\mathscr{X}$ 为样本空间, Θ 为参数空间, Λ 为超参数空间. $\pi_2(\lambda)$ 常常取无信息先验 (可以取作广义无信息先验). 从两层先验密度容易求得 θ 的无条件先验密度如下:

$$\pi(\theta)=\int_\Lambda\pi_1(\theta|\lambda)\pi_2(\lambda)\mathrm{d}\lambda. \tag{9.5.1}$$

事实上, θ 和 λ 的联合密度为 $\pi(\theta,\lambda)=\pi_1(\theta|\lambda)\pi_2(\lambda)$; 将联合先验密度对 λ 积分就得到 θ 的边缘密度, 即公式 (9.5.1) 中的无条件密度, 也称为规范先验 (standard prior). 由 2.7 节可知对更多层的先验, θ 的规范先验密度也可用类似方法求得. 有了 θ 的规范先验 $\pi(\theta)$ 和样本分布 $f(x|\theta)$, 则分层先验模型就变成了一个通常的贝叶斯统计模型. 一切统计分析就可以从这个贝叶斯统计模型出发进行.

但是规范先验表达式通常很复杂, 在贝叶斯分析中进行统计计算时会有极大的困难. 因此我们要引入分层贝叶斯模型, 把相对复杂的情形分解为一系列简单的、容易进行统计计算的情形.

9.5.2 分层先验的特点

1. 分层模型允许在建模时可以将相对复杂的情况分解为一系列简单的情形

既然可以把一个分层贝叶斯模型转化为一个单层贝叶斯模型, 为什么我们还要研究分层贝叶斯模型呢? 这是因为分层贝叶斯模型允许我们在建模时, 可以把相对复杂的情形分解成一系列简单的情形. 以两层先验为例, $\pi_1(\theta|\lambda)$ 和 $\pi_2(\lambda)$ 都可以是简单的函数形式 (共轭先验或无信息先验等), 但式 (9.5.1) 表示的 $\pi(\theta)$ 可能非常复杂. 请看下例.

例 9.5.1 设有 m 个学生参加一门课程考试, 第 i 个考生的得分 X_i 可以看成来自总体 $N(\theta_i,\sigma^2)$, 其中 σ^2 已知, θ_i 表示第 i 个学生的学习能力. 我们要求 m 个学生的学习能力 $\theta_1,\cdots,\theta_m$ 的联合先验分布, 采用分层先验的方法.

记 $\boldsymbol{\theta}=(\theta_1,\cdots,\theta_m)$, $\theta_1,\cdots,\theta_m$ i.i.d. $\sim N(\mu_\pi,\sigma_\pi^2)$, 则第一层先验为

$$\pi_1(\boldsymbol{\theta}|\boldsymbol{\lambda})=(2\pi\sigma_\pi^2)^{-\frac{m}{2}}\exp\left\{-\frac{1}{2\sigma_\pi^2}\sum_{i=1}^m(\theta_i-\mu_\pi)^2\right\},\tag{9.5.2}$$

其中 $\boldsymbol{\lambda}=(\mu_\pi,\sigma_\pi^2)$, μ_π 和 σ_π^2 为两个超参数, $-\infty<\mu_\pi<+\infty$, $\sigma_\pi^2>0$.

第二层先验 $\pi_2(\boldsymbol{\lambda})$ 可按主观信念对 μ_π 和 σ_π^2 作出选择. 可以把 μ_π 和 σ_π^2 分别解释为 θ_i 的均值和方差. 假定超参数 μ_π 已知, 依过去的经验取 $\mu_\pi=100$; 而要确定真实能力的方差 σ_π^2 无多大把握, 只能说明一个大概. 设 σ_π^2 服从逆伽马分布 $\mathit{\Gamma}^{-1}(\alpha,\beta)$, 该分布的均值为 200, 标准差为 100. 根据逆伽马分布均值与方差的计算公式列出方程:

$$\begin{cases}\dfrac{\beta}{\alpha-1}=200,\\[2mm] \dfrac{\beta^2}{(\alpha-1)^2(\alpha-2)}=100^2.\end{cases}$$

解此方程组得到 $\alpha=6$, $\beta=1000$, 即 $\mu_\pi=100$, $\sigma_\pi^2\sim\mathit{\Gamma}^{-1}(6,1000)$, 其密度函数为

$$\pi_2(\sigma_\pi^2)=\frac{1000^6}{\Gamma(6)}(\sigma_\pi^2)^{-(6+1)}\exp\{-1000/\sigma_\pi^2\}.\tag{9.5.3}$$

综合上述两层先验, 可得 $\boldsymbol{\theta}$ 的规范先验为

$$\pi(\boldsymbol{\theta})=\int_0^\infty\pi_1(\boldsymbol{\theta}|\sigma_\pi^2)\pi_2(\sigma_\pi^2)\mathrm{d}\sigma_\pi^2$$

$$\begin{aligned}
&\propto \int_0^{\infty}(\sigma_\pi^2)^{-(\frac{m}{2}+7)}\exp\left\{-\frac{1}{\sigma_\pi^2}\left[1000+\frac{1}{2}\sum_{i=1}^{m}(\theta_i-100)^2\right]\right\}\mathrm{d}\sigma_\pi^2\\
&\propto \left[1000+\frac{1}{2}\sum_{i=1}^{m}(\theta_i-100)^2\right]^{-(m+12)/2}\\
&\propto \left[1+\frac{1}{12}(\boldsymbol{\theta}-\boldsymbol{\nu})'\boldsymbol{B}^{-1}(\boldsymbol{\theta}-\boldsymbol{\nu})\right]^{-(m+12)/2},
\end{aligned}$$

其中 $\boldsymbol{B}=(500/3)\boldsymbol{I}_m$, 而 $\boldsymbol{\nu}'=(100,\cdots,100)$ 为分量皆是 100 的 m 维向量. 上式右边是 m 元 t 分布密度函数的核, 添加正则化常数后得

$$\pi(\boldsymbol{\theta})=\frac{\Gamma\left(\dfrac{12+m}{2}\right)[\det(\boldsymbol{B})]^{-1/2}}{\Gamma(6)(\sqrt{12\pi})^{m/2}}\left[1+\frac{1}{12}(\boldsymbol{\theta}-\boldsymbol{\nu})'\boldsymbol{B}^{-1}(\boldsymbol{\theta}-\boldsymbol{\nu})\right]^{-(12+m)/2}. \tag{9.5.4}$$

由此例可见规范先验 $\pi(\boldsymbol{\theta})$ 的表达式 (9.5.4) 很复杂, 这种先验很难依据主观信念或历史数据确定. 但第一层先验 $N(\mu_\pi,\sigma_\pi^2)$ 和第二层先验 $\varGamma^{-1}(6,1000)$ 都比较简单, 这表明分层先验的这个优点特别明显.

2. 分层先验模型便于计算

以两层先验为例, 如果用通常的贝叶斯模型计算 θ 的后验分布 $\pi(\theta|\boldsymbol{x})$ 和它的某些数字特征, 则由于它们没有显式表达而通过积分表示, 计算非常困难. 为了克服计算上的困难, 首先需要建立容易使用的后验分布的表达式. 下面的定理给出了这方面的结果, 即由分层结构各阶段的后验来表达 θ 的后验, 这些各阶段的后验大多有显式表达, 最后的积分可用数值方法计算.

定理 9.5.1　设样本分布为 $f(\boldsymbol{x}|\theta)$, 两层先验为: 第一阶段先验是 $\pi_1(\theta|\boldsymbol{\lambda})$, 第二阶段先验为 $\pi_2(\boldsymbol{\lambda})=\pi_{21}(\lambda_1|\lambda_2)\pi_{22}(\lambda_2)$. 此处 $\boldsymbol{\lambda}=(\lambda_1,\lambda_1)$, 则 θ 的后验分布 $\pi(\theta|\boldsymbol{x})$ 可以通过各个阶段的后验来表达, 即

$$\pi(\theta|\boldsymbol{x})=\int_{\varLambda}\pi_1(\theta|\boldsymbol{x},\boldsymbol{\lambda})\pi_{21}(\lambda_1|\boldsymbol{x},\lambda_2)\pi_{22}(\lambda_2|\boldsymbol{x})\mathrm{d}\boldsymbol{\lambda},$$

其中 $\pi_1(\theta|\boldsymbol{x},\boldsymbol{\lambda})$ 为第一阶段后验, $\pi_{21}(\lambda_1|\boldsymbol{x},\lambda_2)\pi_{22}(\lambda_2|\boldsymbol{x})$ 为第二阶段后验, 其表达式如下:

$$\pi_1(\theta|\boldsymbol{x},\boldsymbol{\lambda})=\frac{f(\boldsymbol{x}|\theta)\pi_1(\theta|\boldsymbol{\lambda})}{m_1(\boldsymbol{x}|\boldsymbol{\lambda})},\quad m_1(\boldsymbol{x}|\boldsymbol{\lambda})=\int_{\varTheta}f(\boldsymbol{x}|\theta)\pi_1(\theta|\boldsymbol{\lambda})\mathrm{d}\theta, \tag{9.5.5}$$

$$\pi_{21}(\lambda_1|\boldsymbol{x},\lambda_2)=\frac{m_1(\boldsymbol{x}|\boldsymbol{\lambda})\pi_{21}(\lambda_1|\lambda_2)}{m_2(\boldsymbol{x}|\lambda_2)},\ m_2(\boldsymbol{x}|\lambda_2)=\int_{\varLambda_1}m_1(\boldsymbol{x}|\boldsymbol{\lambda})\pi_{21}(\lambda_1|\lambda_2)\mathrm{d}\lambda_1, \tag{9.5.6}$$

$$\pi_{22}(\lambda_2|\boldsymbol{x})=\frac{m_2(\boldsymbol{x}|\lambda_2)\pi_{22}(\lambda_2)}{m(\boldsymbol{x})},\quad m(\boldsymbol{x})=\int_{\varLambda_2}m_2(\boldsymbol{x}|\lambda_2)\pi_{22}(\lambda_2)\mathrm{d}\lambda_2, \tag{9.5.7}$$

此处 $\varLambda=\varLambda_1\times\varLambda_1$ 为超参数 $\boldsymbol{\lambda}=(\lambda_1,\lambda_2)$ 的参数空间, θ 的参数空间为 $\varTheta$, $\mathrm{d}\boldsymbol{\lambda}=\mathrm{d}\lambda_1\mathrm{d}\lambda_2$.

证　由两阶段先验, 可知 θ 的规范先验为

$$\pi(\theta)=\int_{\varLambda}\pi_1(\theta|\boldsymbol{\lambda})\pi_2(\boldsymbol{\lambda})\mathrm{d}\boldsymbol{\lambda}=\int_{\varLambda_1\times\varLambda_2}\pi_1(\theta|\boldsymbol{\lambda})\pi_{21}(\lambda_1|\lambda_2)\pi_{22}(\lambda_2)\mathrm{d}\lambda_1\mathrm{d}\lambda_2. \tag{9.5.8}$$

显然 θ 的后验分布密度

$$\pi(\theta|\boldsymbol{x})=\frac{f(\boldsymbol{x}|\theta)\pi(\theta)}{m(\boldsymbol{x})},\quad m(\boldsymbol{x})=\int_{\Theta}f(\boldsymbol{x}|\theta)\pi(\theta)\mathrm{d}\theta. \tag{9.5.9}$$

将规范先验 (9.5.8) 代入式 (9.5.9), 得

$$\begin{aligned}\pi(\theta|\boldsymbol{x})&=\int_{\Lambda_1\times\Lambda_2}\frac{f(\boldsymbol{x}|\theta)\pi_1(\theta|\boldsymbol{\lambda})\pi_{21}(\lambda_1|\lambda_2)\pi_{22}(\lambda_2)}{m(\boldsymbol{x})}\mathrm{d}\lambda_1\mathrm{d}\lambda_2\\&=\int_{\Lambda_1\times\Lambda_2}\frac{f(\boldsymbol{x}|\theta)\pi_1(\theta|\boldsymbol{\lambda})}{m_1(\boldsymbol{x}|\boldsymbol{\lambda})}\cdot\frac{m_1(\boldsymbol{x}|\boldsymbol{\lambda})\pi_{21}(\lambda_1|\lambda_2)}{m_2(\boldsymbol{x}|\lambda_2)}\cdot\frac{m_2(\boldsymbol{x}|\lambda_2)\pi_{22}(\lambda_2)}{m(\boldsymbol{x})}\mathrm{d}\lambda_1\mathrm{d}\lambda_2\\&=\int_{\Lambda_1\times\Lambda_2}\pi_1(\theta|\boldsymbol{x},\boldsymbol{\lambda})\cdot\pi_{21}(\lambda_1|\boldsymbol{x},\lambda_2)\cdot\pi_{22}(\lambda_2|\boldsymbol{x})\,\mathrm{d}\lambda_1\mathrm{d}\lambda_2.\end{aligned}$$

将式 (9.5.5) 和式 (9.5.6) 中的 $m_2(\boldsymbol{x}|\lambda_2)$ 和 $m_1(\boldsymbol{x}|\boldsymbol{\lambda})$ 分别代入式 (9.5.7) 中的 $m(\boldsymbol{x})$, 并交换积分号可以证明式 (9.5.7) 与式 (9.5.9) 中的 $m(\boldsymbol{x})$ 相同.

注 9.5.1 定理 9.5.1 的重要性说明如下: 设我们对 θ 的某个函数 $\psi(\theta)$ 的后验期望感兴趣, 若

$$\psi_1(\boldsymbol{x},\boldsymbol{\lambda})=E^{\pi_1(\theta|\boldsymbol{x},\boldsymbol{\lambda})}[\psi(\theta)],\quad \psi_2(\boldsymbol{x},\lambda_2)=E^{\pi_{21}(\lambda_1|\boldsymbol{x},\lambda_2)}[\psi_1(\boldsymbol{x},\boldsymbol{\lambda})], \tag{9.5.10}$$

则由定理 9.5.1, 可知

$$\begin{aligned}E^{\pi(\theta|\boldsymbol{x})}[\psi(\theta)]&=\int_{\Theta}\psi(\theta)\pi(\theta|\boldsymbol{x})\mathrm{d}\theta\\&=\int_{\Theta}\int_{\Lambda}\psi(\theta)\pi_1(\theta|\boldsymbol{x},\boldsymbol{\lambda})\pi_{21}(\lambda_1|\boldsymbol{x},\lambda_2)\pi_{22}(\lambda_2|\boldsymbol{x})\mathrm{d}\boldsymbol{\lambda}\mathrm{d}\theta\\&=\int_{\Lambda}\left[\int_{\Theta}\psi(\theta)\pi_1(\theta|\boldsymbol{x},\boldsymbol{\lambda})\mathrm{d}\theta\right]\pi_{21}(\lambda_1|\boldsymbol{x},\lambda_2)\pi_{22}(\lambda_2|\boldsymbol{x})\mathrm{d}\boldsymbol{\lambda}\\&=\int_{\Lambda_2}\left[\int_{\Lambda_1}\psi_1(\boldsymbol{x},\boldsymbol{\lambda})\pi_{21}(\lambda_1|\boldsymbol{x},\lambda_2)\mathrm{d}\lambda_1\right]\pi_{22}(\lambda_2|\boldsymbol{x})\mathrm{d}\lambda_2\\&=\int_{\Lambda_2}\psi_2(\boldsymbol{x},\lambda_2)\pi_{22}(\lambda_2|\boldsymbol{x})\mathrm{d}\lambda_2=E^{\pi_{22}(\lambda_2|\boldsymbol{x})}\left[\psi_2(\boldsymbol{x},\lambda_2)\right].\end{aligned} \tag{9.5.11}$$

若已知 $\pi_1(\theta|\boldsymbol{x},\boldsymbol{\lambda})$ 及 $\pi_{21}(\lambda_1|\boldsymbol{x},\lambda_2)$ 的分布形式, 则式 (9.5.10) 中的 $\psi_1(\boldsymbol{x},\boldsymbol{\lambda})$ 和 $\psi_2(\boldsymbol{x},\lambda_2)$ 会很容易计算. 在分层贝叶斯分析中, 人们常常想办法选择分层先验 π_1 和 π_2 的函数形式, 使 ψ_1 和 ψ_2 很容易计算 (目的是避免对 θ 的高维积分做数值计算). 分层先验是理想的稳健先验, 不必为这种方便的选择而担心.

特别取 $\psi(\theta)=\theta$, 则由式 (9.5.11) 可以得到 θ 的后验期望估计 $\mu^{\pi}(\boldsymbol{x})$; 若取 $\psi(\theta)=[\theta-\mu^{\pi}(x)]^2$, 则由式 (9.5.11) 可得到 θ 的后验方差; 若取 $\psi(\theta)=L(\theta,d(\boldsymbol{x}))$, 则由式 (9.5.11) 可以得到决策函数 $d(\boldsymbol{x})$ 的后验风险, 此处 $L(\theta,d(\boldsymbol{x}))$ 为损失函数.

另外要说明的是, 若式 (9.5.11) 中最后的积分 $\int_{\Lambda_2}\psi_2(\boldsymbol{x},\lambda_2)\pi_{22}(\lambda_2|\boldsymbol{x})\mathrm{d}\lambda_2$ 有显式表达式更好, 如果无显式表达式, 则可通过数值方法获得最终结果 (这是一个一维积分的数值计算, 相对于多元积分的数值计算要简单得多), 也可以用 MCMC 方法获得其模拟结果. 这就充分显示了分层贝叶斯模型在计算上的优势.

9.5.3 例子

下面的例子显示了由定理 9.5.1 给出的后验分布的结构.

例 9.5.2 设有 n 个相互独立的智商测试的结果 $X_1,\cdots,X_n$, 其中 $X_i\sim N(\theta,\sigma^2)$, σ^2 已知. 设 θ 的先验分布为分层先验, 第一层先验为 $\pi_1(\theta|\boldsymbol{\lambda})$, 即 $\theta|\boldsymbol{\lambda}\sim N(\mu_\pi,\sigma_\pi^2)$, 其中 $\boldsymbol{\lambda}=(\lambda_1,\lambda_2)=(\mu_\pi,\sigma_\pi^2)$. 设第二层先验中 μ_π 和 σ_π^2 的先验分别独立, 即第二层先验为 $\pi_2(\boldsymbol{\lambda})=\pi_{21}(\mu_\pi)\pi_{22}(\sigma_\pi^2)$, 其中 $\pi_{21}(\mu_\pi)$ 为 $N(\delta_0,\tau^2)$, 其中 δ_0 和 τ^2 已知; 关于 σ_π^2 的先验信息很模糊, 故采用广义先验 $\pi_{22}(\sigma_\pi^2)\equiv 1$. 试用定理 9.5.1 中的分层形式, 求 θ 的各层的后验分布.

解 由定理 9.5.1, 可知分层形式的后验密度为

$$\pi(\theta|\boldsymbol{x})=\int_\Lambda \pi_1(\theta|\boldsymbol{x},\boldsymbol{\lambda})\pi_{21}(\lambda_1|\boldsymbol{x},\lambda_2)\pi_{22}(\lambda_2|\boldsymbol{x})\mathrm{d}\boldsymbol{\lambda}.$$

在此例中, 由于 $\bar{X}=\dfrac{1}{n}\sum\limits_{i=1}^n X_i$ 是充分统计量, 故可用它代替样本 $\boldsymbol{X}=(X_1,\cdots,X_n)$. 易见 $\bar{X}|\theta\sim N(\theta,\sigma_n^2)$, $\sigma_n^2=\sigma^2/n$. 下面我们将分别求出由公式 (9.5.5)~(9.5.7) 给出的几个量: $\pi_1(\theta|\bar{x},\boldsymbol{\lambda})$, $m_1(\bar{x}|\boldsymbol{\lambda})$, $\pi_{21}(\mu_\pi|\bar{x},\sigma_\pi^2)$, $m_2(\bar{x}|\sigma_\pi^2)$ 和 $\pi_{22}(\sigma_\pi^2|\bar{x})$.

(1) 求 $\pi_1(\theta|\bar{x},\boldsymbol{\lambda})$ 和 $m_1(\bar{x}|\boldsymbol{\lambda})$.

由于样本分布 $\bar{X}|\theta\sim N(\theta,\sigma_n^2)$ 和第一阶段先验 $\theta|\boldsymbol{\lambda}\sim N(\mu_\pi,\sigma_\pi^2)$, 故由定理 3.2.2(1), 可知第一阶段的后验分布 $\pi_1(\theta|\bar{x},\boldsymbol{\lambda})$ 为 $N_p(\mu_1(x,\lambda),V_1(\sigma_\pi^2))$, 其密度函数为

$$\pi_1(\theta|\bar{x},\boldsymbol{\lambda})=\frac{1}{\sqrt{2\pi V_1}}\exp\left\{-\frac{1}{2V_1}\left[\theta-\mu_1(\bar{x},\boldsymbol{\lambda})\right]^2\right\},\tag{9.5.12}$$

其中 $\sigma_n^2=\sigma^2/n$, 而

$$\begin{aligned}\mu_1(\bar{x},\boldsymbol{\lambda})&=\frac{\sigma_\pi^2}{\sigma_\pi^2+\sigma_n^2}\bar{x}+\frac{\sigma_n^2}{\sigma_\pi^2+\sigma_n^2}\mu_\pi=\bar{x}-\frac{\sigma_n^2}{\sigma_\pi^2+\sigma_n^2}(\bar{x}-\mu_\pi),\\ V_1&=V_1(\sigma_\pi^2)=\frac{\sigma_\pi^2\sigma_n^2}{\sigma_\pi^2+\sigma_n^2}.\end{aligned}\tag{9.5.13}$$

记 $\widetilde{\sigma}^2=\sigma_\pi^2+\sigma_n^2$, 则由定理 3.2.2(1), 可知相应的边缘密度 $m_1(\bar{x}|\boldsymbol{\lambda})$ 为 $N(\mu_\pi,\widetilde{\sigma}^2)$, 即

$$m_1(\bar{x}|\boldsymbol{\lambda})=\frac{1}{\sqrt{2\pi}\widetilde{\sigma}}\exp\left\{-\frac{1}{2\widetilde{\sigma}^2}(\bar{x}-\mu_\pi)^2\right\}.\tag{9.5.14}$$

(2) 求 $\pi_{21}(\mu_\pi|\bar{x},\sigma_\pi^2)$ 和 $m_2(\bar{x}|\sigma_\pi^2)$.

视 $m_1(\bar{x}|\boldsymbol{\lambda})$ 为样本分布, 其分布是 $N(\mu_\pi,\widetilde{\sigma}^2)$, 而 $\pi_{21}(\mu_\pi|\widetilde{\sigma}^2)$ 为 $N(\delta_0,\tau^2)$. 由定理 3.2.2(1), 可知第二阶段后验 $\pi_{21}(\mu_\pi|\bar{x},\sigma_\pi^2)$ 为 $N(\mu_2(\bar{x},\sigma_\pi^2),V_2(\sigma_\pi^2))$, 其密度函数为

$$\pi_{21}(\mu_\pi|\bar{x},\sigma_\pi^2)=\frac{1}{\sqrt{2\pi V_2}}\exp\left\{-\frac{1}{2V_2}\left[\mu_\pi-\mu_2(\bar{x},\sigma_\pi^2)\right]^2\right\},\tag{9.5.15}$$

其中

$$\mu_2(\bar{x},\sigma_\pi^2)=\frac{\widetilde{\sigma}^2}{\widetilde{\sigma}^2+\tau^2}\,\delta_0+\frac{\tau^2}{\widetilde{\sigma}^2+\tau^2}\,\bar{x}=\bar{x}-\frac{\sigma_\pi^2+\sigma_n^2}{\sigma_\pi^2+\sigma_n^2+\tau^2}\,(\bar{x}-\delta_0),$$

$$V_2=V_2(\sigma_\pi^2)=\frac{\widetilde{\sigma}^2\tau^2}{\widetilde{\sigma}^2+\tau^2}=\frac{(\sigma_\pi^2+\sigma_n^2)\tau^2}{\sigma_\pi^2+\sigma_n^2+\tau^2}. \tag{9.5.16}$$

相应的边缘密度 $m_2(\bar{x}|\sigma_\pi^2)$ 为 $N(\delta_0,\widetilde{\sigma}^2+\tau^2)=N(\delta_0,\sigma_\pi^2+\sigma_n^2+\tau^2)$, 即

$$m_2(\bar{x}|\sigma_\pi^2)=\frac{1}{\sqrt{2\pi(\sigma_\pi^2+\sigma_n^2+\tau^2)}}\exp\left\{-\frac{(\bar{x}-\delta_0)^2}{2(\sigma_\pi^2+\sigma_n^2+\tau^2)}\right\}. \tag{9.5.17}$$

(3) 求 $\pi_{22}(\sigma_\pi^2|\bar{x})$.

当 $\pi_{22}(\sigma_\pi^2)\equiv 1$ 时, 由定理 9.5.1, 可知

$$\begin{aligned}\pi_{22}(\sigma_\pi^2|\bar{x})&=\frac{m_2(\bar{x}|\sigma_\pi^2)\pi_{22}(\sigma_\pi^2)}{m(\bar{x})}\propto m_2(\bar{x}|\sigma_\pi^2)\pi_{22}(\sigma_\pi^2)\\&=\frac{1}{\sqrt{2\pi(\sigma_\pi^2+\sigma_n^2+\tau^2)}}\exp\left\{-\frac{(\bar{x}-\delta_0)^2}{2(\sigma_\pi^2+\sigma_n^2+\tau^2)}\right\},\end{aligned} \tag{9.5.18}$$

其中 $m(\bar{x})$ 在后验分布 $\pi_{22}(\sigma_\pi^2|\bar{x})$ 中可视为与 σ_π^2 无关的常数. 故定理 9.5.1 中各层后验分布密度 $\pi_1(\theta|\bar{x},\lambda)$, $\pi_{21}(\mu_\pi|\bar{x},\sigma_\pi^2)$ 和 $\pi_{22}(\sigma_\pi^2|\bar{x})$ 皆已求出.

在获得上述后验分布的分层形式后, 在公式 (9.5.11) 中若取 $\psi(\theta)=\theta$, 则可得到 θ 的后验期望 $\mu^\pi(\bar{x})=E(\theta|\bar{x})$. 若取 $\psi(\theta)=[\theta-\mu^\pi(\bar{x})]^2$, 则可得到 θ 的后验方差 $V^\pi(\bar{x})$, 它们的计算结果详见下例.

例 9.5.3 (续例 9.5.2) 设分层先验 π_1 和 π_2 的定义由例 9.5.2 给出. 证明: 其后验均值 $\mu^\pi(\bar{x})$ 和后验协方差阵 $V^\pi(\bar{x})$ 分别为

$$\mu^\pi(\bar{x})=E^{\pi_{22}(\sigma_\pi^2|\bar{x})}\big[\mu^*(\bar{x},\sigma_\pi^2)\big], \tag{9.5.19}$$

$$V^\pi(\bar{x})=E^{\pi_{22}(\sigma_\pi^2|\bar{x})}\left\{\frac{\sigma_\pi^2\sigma_n^2}{\sigma_\pi^2+\sigma_n^2}+\frac{\sigma_n^4\tau^2}{(\sigma_\pi^2+\sigma_n^2)(\sigma_\pi^2+\sigma_n^2+\tau^2)}+\big[\mu^*-\mu^\pi(\bar{x})\big]^2\right\}, \tag{9.5.20}$$

其中

$$\mu^*=\mu^*(\bar{x},\sigma_\pi^2)=\bar{x}-\frac{\sigma_n^2}{\sigma_\pi^2+\sigma_n^2+\tau^2}(\bar{x}-\delta_0), \tag{9.5.21}$$

而 $\pi_{22}(\sigma_\pi^2|\bar{x})$ 由式 (9.5.18) 给出.

证明 利用式 (9.5.10) 和式 (9.5.11) 求 θ 的后验期望 $\mu^\pi(\bar{x})$ 和后验方差 $V^\pi(\bar{x})$.

(1) 令 $\psi(\theta)=\theta$. 由式 (9.5.10) 可知

$$\begin{aligned}\psi_1(\bar{x},\boldsymbol{\lambda})&=E^{\pi_1(\theta|\bar{x},\boldsymbol{\lambda})}(\theta)=\mu_1(\bar{x},\boldsymbol{\lambda})=\bar{x}-\frac{\sigma_n^2}{\sigma_\pi^2+\sigma_n^2}(\bar{x}-\mu_\pi),\\ \psi_2(\bar{x},\sigma_\pi^2)&=E^{\pi_{21}(\mu_\pi|\bar{x},\sigma_\pi^2)}\big[\psi_1(\bar{x},\boldsymbol{\lambda})\big]=E^{\pi_{21}(\mu_\pi|\bar{x},\sigma_\pi^2)}\big[\mu_1(\bar{x},\boldsymbol{\lambda})\big]\\&=\bar{x}-\frac{\sigma_n^2}{\sigma_\pi^2+\sigma_n^2}\big[\bar{x}-\mu_2(\bar{x},\sigma_\pi^2)\big]=\mu^*(\bar{x},\sigma_\pi^2)\\&=\bar{x}-\frac{\sigma_n^2}{\sigma_\pi^2+\sigma_n^2+\tau^2}(\bar{x}-\delta_0),\end{aligned}$$

此处 $\mu_1(\bar{x},\boldsymbol{\lambda})$ 和 $\mu_2(\bar{x},\sigma_\pi^2)$ 分别由式 (9.5.13) 和式 (9.5.16) 给出. 故由式 (9.5.11), 可得

$$\mu^\pi(\bar{x})=E^{\pi(\theta|\bar{x})}(\theta)=E^{\pi_{22}(\sigma_\pi^2|\bar{x})}[\mu^*(\bar{x},\sigma_\pi^2)],$$

式 (9.5.19) 证毕.

(2) 为求 $V^\pi(\bar{x})$, 令 $\psi(\theta)=[\theta-\mu^\pi(\bar{x})]^2$, 则由式 (9.5.10) 和式 (9.5.11), 可知

$$\begin{aligned}\psi_1(\bar{x},\boldsymbol{\lambda})&=E^{\pi_1(\theta|\bar{x},\boldsymbol{\lambda})}\left\{\left[\theta-\mu^\pi(\bar{x})\right]^2\right\}\\&=E^{\pi_1(\theta|\bar{x},\lambda)}\left\{[\theta-\mu_1(\bar{x},\boldsymbol{\lambda})]^2\right\}+[\mu_1(\bar{x},\boldsymbol{\lambda})-\mu^\pi(\bar{x})]^2\\&=V_1(\sigma_\pi^2)+[\mu_1(\bar{x},\boldsymbol{\lambda})-\mu^\pi(\bar{x})]^2.\end{aligned}$$

再由上式可知

$$\begin{aligned}\psi_2(\bar{x},\sigma_\pi^2)&=E^{\pi_{21}(\mu_\pi|\bar{x},\sigma_\pi^2)}[\psi_1(\bar{x},\boldsymbol{\lambda})]\\&=V_1(\sigma_\pi^2)+E^{\pi_{21}(\mu_\pi|\bar{x},\sigma_\pi^2)}\left\{\left[\mu_1(\bar{x},\boldsymbol{\lambda})-\mu^\pi(\bar{x})\right]^2\right\}\\&=V_1(\sigma_\pi^2)+E^{\pi_{21}(\mu_\pi|\bar{x},\sigma_\pi^2)}\left\{\left[\mu_1(\bar{x},\boldsymbol{\lambda})-\mu^*(\bar{x},\sigma_\pi^2)\right]^2\right\}+[\mu^*(\bar{x},\sigma_\pi^2)-\mu^\pi(\bar{x})]^2\\&=V_1(\sigma_\pi^2)+E^{\pi_{21}(\mu_\pi|\bar{x},\sigma_\pi^2)}\left\{\frac{\sigma_n^4}{(\sigma_\pi^2+\sigma_n^2)^2}\left[\mu_\pi-\mu_2(\bar{x},\sigma_\pi^2)\right]^2\right\}+\left[\mu^*(\bar{x},\sigma_\pi^2)-\mu^\pi(\bar{x})\right]^2\\&=V_1(\sigma_\pi^2)+\frac{\sigma_n^4}{(\sigma_\pi^2+\sigma_n^2)^2}V_2(\sigma_\pi^2)+\left[\mu^*(\bar{x},\sigma_\pi^2)-\mu^\pi(\bar{x})\right]^2\\&=\frac{\sigma_\pi^2\sigma_n^2}{\sigma_\pi^2+\sigma_n^2}+\frac{\sigma_n^4\tau^2}{(\sigma_\pi^2+\sigma_n^2)(\sigma_\pi^2+\sigma_n^2+\tau^2)}+\left[\mu^*(\bar{x},\sigma_\pi^2)-\mu^\pi(\bar{x})\right]^2.\end{aligned}$$

故由式 (9.5.11) 可知

$$\begin{aligned}V^\pi(\bar{x})&=E^{\pi_{22}(\sigma_\pi^2|\bar{x})}\left[\psi_2(\bar{x},\sigma_\pi^2)\right]\\&=E^{\pi_22(\sigma_\pi^2|\bar{x})}\left\{\frac{\sigma_\pi^2\sigma_n^2}{\sigma_\pi^2+\sigma_n^2}+\frac{\sigma_n^4\tau^2}{(\sigma_\pi^2+\sigma_n^2)(\sigma_\pi^2+\sigma^2+\tau^2)}+\left[\mu^*(\bar{x},\sigma_\pi^2)-\mu^\pi(\bar{x})\right]^2\right\}.\end{aligned}$$

这就证明了式 (9.5.20).

注 9.5.2 由例 9.5.3, 可见将由定理 9.5.1 给出的分层后验分布计算后验均值和后验方差分解为各层的后验分布来计算是很方便的. 最外面一层关于 $E^{\pi(\sigma_\pi^2|\bar{x})}$ 计算均值或方差, 如无显式表达式, 可通过 6.2 节介绍的蒙特卡洛逼近来获得近似计算的结果, 也可以利用 6.5 节和 6.6 节介绍的 MCMC 方法获得近似计算的结果 (见下例), 可见分层贝叶斯模型为后验贝叶斯分析在计算上带来了极大方便.

例 9.5.4 设有如下的共轭正态分层先验模型:

$$\begin{cases}X_i|\theta\sim N(\theta,\sigma^2),\ \ \sigma^2\text{ 已知},\ \ i=1,\cdots,n,\\\theta|\tau^2\sim N(0,\tau^2),\\\tau^2\sim\Gamma^{-1}(a,b),\ \ a,\ b\text{ 已知}.\end{cases}\tag{9.5.22}$$

设 θ 的参数空间为 Θ, τ^2 的参数空间为 Δ.

(1) 求平方损失函数下 θ 的分层贝叶斯估计；

(2) 当给定 $\bar{x}=0.2,\ n=10,\ a=2,\ b=1,\ \sigma^2=1$ 和蒙特卡洛抽样次数 $M=1000$ 时, 用 Gibbs 抽样方法求出 θ 的分层贝叶斯估计的具体值, 并给出相应算法的 R 代码.

解 (1) 由于 $\bar{X}=\dfrac{1}{n}\sum\limits_{i=1}^{n}X_i$ 是充分统计量, 故可用它代替样本 $\boldsymbol{X}=(X_1,\cdots,X_n)$. 易知 $\bar{X}|\theta\sim N(\theta,\sigma^2/n)$. 故由定理 9.5.1 可知

$$\begin{aligned}E(\theta|\bar{x})&=\int_{\Theta}\theta\pi(\theta|\bar{x})\mathrm{d}\theta=\int_{\Delta}\int_{\Theta}\theta\pi_1(\theta|\bar{x},\tau^2)\pi_2(\tau^2|\bar{x})\mathrm{d}\theta\mathrm{d}\tau^2\\&=\int_{\Delta}\left[\int_{\Theta}\theta\pi_1(\theta|\bar{x},\tau^2)\mathrm{d}\theta\right]\pi_2(\tau^2|\bar{x})\mathrm{d}\tau^2\\&=\int_{\Delta}\psi_1(\bar{x},\tau^2)\cdot\pi_2(\tau^2|\bar{x})\mathrm{d}\tau^2=E^{\pi_2(\tau^2|\bar{x})}\big[\psi_1(\bar{x},\tau^2)\big],\end{aligned}\tag{9.5.23}$$

其中第一层后验 $\pi_1(\theta|\bar{x},\tau^2)$ 为 $N(\mu_1(\bar{x},\tau^2),V_1(\tau^2))$, 这里

$$\mu_1(\bar{x},\tau^2)=\frac{n\tau^2\bar{x}}{n\tau^2+\sigma^2},\quad V_1(\tau^2)=\frac{\tau^2\sigma^2}{n\tau^2+\sigma^2}.$$

而

$$\psi_1(\bar{x},\tau^2)=E^{\pi_1(\theta|\bar{x},\tau^2)}(\theta)=\mu_1(\bar{x},\tau^2)=\frac{n\tau^2\bar{x}}{n\tau^2+\sigma^2}.$$

此外第一层边缘密度 $m_1(\bar{x}|\tau^2)$ 为 $N(0,\tau^2+\sigma^2/n)$. 第二层后验按公式

$$\pi_2(\tau^2|\bar{x})=\frac{m_1(\bar{x}|\tau^2)\pi_2(\tau^2)}{m(\bar{x}|\tau^2)}$$

计算, 其表达式较复杂 (详见 Lehmann 和 Casella (1998) 第 4 章习题 5.3). 因此有

$$E(\theta|\bar{x})=E^{\pi_2(\tau^2|\bar{x})}\left(\frac{n\tau^2\bar{x}}{n\tau^2+\sigma^2}\right).\tag{9.5.24}$$

(2) 下面说明如何利用 6.6 节中介绍的 Gibbs 抽样方法计算 $E(\theta|\bar{x})$ 的结果: 由模型 (9.5.22), 从联合后验密度 $\pi(\theta,\tau^2|\bar{x})$ 出发, 易求得下列两个满条件分布密度:

$$\begin{aligned}&\theta|\tau^2,\bar{x}\sim N\left(\frac{n\tau^2\cdot\bar{x}}{n\tau^2+\sigma^2},\frac{\tau^2\sigma^2}{n\tau^2+\sigma^2}\right)=N(\mu_1(\bar{x},\tau^2),V_1(\tau^2)),\\&\tau^2|\theta,\bar{x}\sim\Gamma^{-1}\left(a+\frac{1}{2},\,b+\frac{\theta^2}{2}\right).\end{aligned}\tag{9.5.25}$$

从上述两个满条件分布入手, 用 Gibbs 抽样方法给出初值后重复抽样. 在第 i 步先从 $N(\mu_1(\bar{x},\tau^2),V_1(\tau^2))$ 中抽取 θ_i, 然后从 $\Gamma(a+1/2,\,b+\theta_i^2/2)$ 中抽取 τ_i^2, 得到 (θ_i,τ_i^2) $(i=1,\cdots,M)$. 利用蒙特卡洛逼近方法, 可知式 (9.5.24) 中的 $E(\theta|\bar{x})$ 的估计值 (近似值)

$$\widehat{E(\theta|\bar{x})}=\frac{1}{M}\sum_{i=1}^{M}E(\theta|\bar{x},\tau_i^2)=\frac{1}{M}\sum_{i=1}^{M}\frac{n\tau_i^2\bar{x}}{\sigma^2+n\tau_i^2}\longrightarrow E(\theta|\bar{x})\quad(M\to\infty).$$

Gibbs 抽样方法的 R 代码及计算结果如下 (取 $\bar{x}=0.2,n=10,M=1000,a=2,b=1,\sigma^2=1$):

```
xbar<-0.2                # 给定的样本均值
n<-10                    # 样本 X 的大小
M<-1000                  # 蒙特卡洛抽样次数
a<-2; b<-1; sigma2<-1

Gibbs <-function(xbar,sigma2,a,b,M,n){
i <- 1
E <- 0
tau2 <- 1/rgamma(1,shape=a,rate=b)

while (i<= M){
   theta <- rnorm(1, mean=n*tau2*xbar/(n*tau2+sigma2),
                 sd=sqrt(tau2*sigma2/(n*tau2+sigma2)))
   tau2 <- 1/rgamma(1,shape=a+0.5,rate=b+theta^2/2)
 E <- E+n*tau2*xbar/(n*tau2+sigma2)
 i <- i+1
}

E <- E/M
E
}

Gibbs(xbar,1,2,1,M=1000,n=10)
[1] 0.1644407
```

因此 θ 的分层贝叶斯估计为 $\hat{\theta}\approx 0.16$.

注 9.5.3 类似地, 在例 9.5.4 中, 还可以用分层贝叶斯模型的方法, 求 θ 在平方损失函数下的贝叶斯估计的后验方差. 留给读者作为练习.

9.5.4 分层贝叶斯方法与经验贝叶斯方法的比较

我们主要比较 PEB 方法和分层贝叶斯方法. 首先, PEB 方法是用在 2.3 节介绍过的 ML-Ⅱ (最大似然边缘) 方法估计超参数或者通过边缘分布的矩方法估计超参数得出经验贝叶斯估计, 但这个方法没有考虑超参数估计中的误差, 而分层贝叶斯方法自动考虑了这个误差, 一般认为是更合理的方法.

其次, 在分层贝叶斯方法中, 只要稍加努力, 就可以把主观先验信息合并到第二阶段先验中去.

再次, 分层贝叶斯方法容易产生更大的信息资源, 如在例 9.5.3 中的后验方差 $V^{\pi}(\boldsymbol{x})$ 是有重大价值的 (例如有了它就可以构造可信区间), 了解它们在很多统计分析中都很重要. 后验方差在分层贝叶斯分析中是容易算出的, 而在复杂的 PEB 方法中是很难求得的, 需要另想办法.

最后, 分层贝叶斯分析在计算上有一定的优点, 定理 9.5.1 给出了通过分层后验计算后验密度的公式, 最后一层积分可通过数值计算获得后验密度 (如例 9.5.4 所示).

总之, 分层贝叶斯方法对一般应用来说更优越. 当然, 当 p (参数 θ 的维数) 较大时, PEB 方法和分层贝叶斯方法几乎没有差异, 哪个方便就用哪个.

习 题 9

1. 设概率密度函数 $f(x)$ 的核估计 $f_n(x)$ 的定义由式 (9.2.4) 给出, 在定理 9.2.3 的条件下证明 $f_n(x)$ 的均方相合性, 即证明: $\lim\limits_{n\to\infty} E\left[\left|f_n(x)-f(x)\right|^2\right]=0$.

2. 设概率密度函数 $f(x)$ 的核估计 $f_n(x)$ 的定义由式 (9.2.4) 给出, 在定理 9.2.3 的条件下证明 $f_n(x)$ 的弱相合性, 即证明: 对 $\forall\varepsilon>0$, 有 $\lim\limits_{n\to\infty} P\left(|f_n(x)-f(x)|\geqslant\varepsilon\right)=0$.

3. 设 $X\sim N(\theta,1)$, $X_1,\cdots,X_m$ 为从总体 X 中抽取的 i.i.d. 样本. 令 θ 的先验分布为共轭先验分布, 即 $\theta\sim N(0,\tau^2)$, 其中 τ^2 为未知的超参数. 在平方损失函数下, 试构造 θ 的一个 PEB 估计.

4. 设 X 服从伽马分布 $\Gamma(r,\lambda^{-1})$, 其中 r 已知, $X_1,\cdots,X_m$ 为从总体 X 中抽取的 i.i.d. 样本. 令 λ 的先验分布为逆伽马分布 $\Gamma^{-1}(\alpha,\tau)$, 其中 α 已知, τ 为未知的超参数. 取损失函数为 $L(\lambda,a)=(\lambda-a)^2/\lambda^2$. 试构造 λ 的一个 PEB 估计.

*5. 设 $\boldsymbol{X}=(X_1,\cdots,X_m)$ 为从正态总体 $N(\theta,\sigma^2)$ 中抽取的 i.i.d. 样本, 其中 σ^2 为未知的多余参数 (nuisance parameter). 令 θ 的先验分布为共轭先验, 即 $\theta\sim N(\mu,\tau^2)$, 其中 μ 和 τ^2 皆为未知的超参数. 设 $\boldsymbol{X}^{(i)}=(X_1^{(i)},\cdots,X_m^{(i)})$ $(i=1,\cdots,n)$ 是一组历史样本, 在平方损失函数下, 试构造 θ 的一个 PEB 估计.

6. 设 X 服从负二项分布, 其概率分布为 $p(x|\theta)=\begin{pmatrix}x-1\\r-1\end{pmatrix}(1-\theta)^r\theta^{x-r}$ $(x=r,r+1,\cdots)$. 令 $G(\theta)$ 为未知的先验分布, 取损失函数为 $L(\theta,a)=(\theta-a)^2$, $X_1,\cdots,X_n$ 为从总体 X 中抽取的 i.i.d. 样本. 试构造 θ 的一个 NPEB 估计.

7. 设 X 服从几何分布, 其概率分布为 $p(x|\theta)=\theta(1-\theta)^{x-1}$ $(x=1,2,\cdots)$. 令 $G(\theta)$ 为未知的先验分布, 取损失函数为 $L(\theta,a)=(\theta-a)^2, X_1,\cdots,X_n$ 为从总体 X 中抽取的 i.i.d. 样本. 试构造 θ 的一个 NPEB 估计.

8. 设 X 服从指数分布 $Exp(\theta^{-1})$, 其概率分布为 $f(x|\theta)=\theta^{-1}\mathrm{e}^{-x/\theta}$ $(x>0)$. 令 $G(\theta)$ 为未知的先验分布, 取损失函数为 $L(\theta,a)=w(\theta)(\theta-a)^2$, $w(\theta)=\theta^{-2}$, $X_1,\cdots,X_n$ 为从总体 X 中抽取的 i.i.d. 样本. 试构造 θ 的一个 NPEB 估计.

9. 在习题 6 第 10 题的样本分布和分层先验下, 求平方损失函数下 θ 的分层贝叶斯估计 (即利用分层后验求 θ 的贝叶斯估计) 及其后验方差, 并给出相应算法的 R 代码.

10. 用分层贝叶斯模型的方法, 求例 9.5.4 中 θ 在平方损失函数下的分层贝叶斯估计的后验方差, 并给出用 Gibbs 抽样方法计算的 R 代码.

例 9.5.4 的 R 代码

习题 9 部分解答

附表1 常用统计分布表

分布类型	概率函数和特征函数	数字特征	备注
两点分布 $B(1,\theta)$	$f(x;\theta)=P_\theta(X=x)=\theta^x(1-\theta)^{1-x}, x=0,1;$ $\varphi(t)=\theta e^{it}+q,\ q=1-\theta, 0<\theta<1$	$E(X)=\theta;$ $\mathrm{Var}(X)=\theta(1-\theta)$	设 $X_1,\cdots,X_n$ i.i.d. $\sim B(1,\theta)$, 则 $\sum_{j=1}^{n} X_j \sim B(n,\theta)$
二项分布 $B(n,\theta)$	$f(x;\theta)=P_\theta(X=x)=\binom{n}{x}\theta^x(1-\theta)^{n-x},$ $x=0,1,\cdots,n,\ 0<\theta<1;$ $\varphi(t)=(\theta e^{it}+q)^n\ (q=1-\theta)$	$E(X)=n\theta;$ $\mathrm{Var}(X)=n\theta(1-\theta);$ $\mathrm{Mode}(X)=(n+1)\theta$	关于 n 有再生性
泊松分布 $P(\lambda)$	$f(x;\lambda)=P_\lambda(X=x)=\dfrac{e^{-\lambda}\lambda^x}{x!}, x=0,1,2,\cdots;$ $\varphi(t)=e^{\lambda(e^{it}-1)}, \lambda>0$	$E(X)=\lambda;\ \mathrm{Var}(X)=\lambda;$ $\mathrm{Mode}(X)=\lambda$	设 $X_1,\cdots,X_n$ i.i.d. $\sim P(\lambda)$, 则 $\sum_{j=1}^{n} X_j \sim P(n\lambda)$
几何分布 $Nb(1,\theta)$	$f(x;\theta)=P_\theta(X=x)=\theta(1-\theta)^{x-1}, x=1,2,\cdots;$ $\varphi(t)=\dfrac{\theta e^{it}}{1-qe^{it}},\ q=1-\theta,\ 0<\theta<1$	$E(X)=1/\theta;$ $\mathrm{Var}(X)=(1-\theta)/\theta^2$	设 $X_1,\cdots,X_n$ i.i.d. $\sim Nb(1,\theta)$, 则 $\sum_{j=1}^{n} X_j \sim Nb(n,\theta)$(无记忆性)
负二项分布 $Nb(r,\theta)$	$f(x;\theta)=P_\theta(X=x)=\binom{x-1}{r-1}\theta^r(1-\theta)^{x-r}, x=r,r+1,\cdots;$ $\varphi(t)=\left(\dfrac{\theta e^{it}}{1-qe^{it}}\right)^r,\ q=1-\theta, 0<\theta<1$	$E(X)=r/\theta;$ $\mathrm{Var}(X)=r(1-\theta)/\theta^2$	关于 r 有再生性
超几何分布 $H(M,N,n)$	$P(X=k)=\binom{M}{k}\binom{N-M}{n-k}/\binom{N}{n},$ $k=0,1,2,\cdots,n$	$E(X)=nM/N;$ $\mathrm{Var}(X)=\dfrac{nM(N-n)(N-M)}{N^2(N-1)}$	N件产品中有 M 件废品,从中抽 n件,发现有k件 废品的概率模型属于此分布
多项分布 $M(n,\boldsymbol{\theta})$	$f(\boldsymbol{x};\boldsymbol{\theta})=\dfrac{n!}{x_1!x_2!\cdots x_k!}\theta_1^{x_1}\theta_2^{x_2}\cdots\theta_k^{x_k},\ \boldsymbol{x}=(x_1,\cdots,x_k),$ $x_i>0,\ i=1,\cdots,k, \sum_{i=1}^{k} x_i=n;$ $\boldsymbol{\theta}=(\theta_1,\cdots,\theta_k),\ \theta_i>0,\ \sum_{i=1}^{k}\theta_i=1$	$E(X_i)=n\theta_i;$ $\mathrm{Var}(X_i)=n\theta_i(1-\theta_i);$ $\mathrm{Cov}(X_i,X_j)=-n\theta_i\theta_j$	当 $k=2$ 时,多项分布为二项分布 $B(n,\theta)$

续表

分布类型	概率函数和特征函数	数字特征	备注
正态分布 $N(\mu,\sigma^2)$	$f(x;\boldsymbol{\theta})=\frac{1}{\sqrt{2\pi}\sigma}\exp\left\{-\frac{(x-\mu)^2}{2\sigma^2}\right\}$, $x\in\mathbb{R}$, $\boldsymbol{\theta}=(\mu,\sigma^2)$, $\mu\in\mathbb{R}$ 为位置参数, $\sigma>0$ 为刻度参数; $\varphi(t)=\exp\{\mathrm{i}t\mu-t^2\sigma^2/2\}$	$E(X)=\mu$; $\mathrm{Var}(X)=\sigma^2$; $\mathrm{Mode}(X)=\mu$	设 $\bar{X},S^2$ 分别为样本均值和样本方差, 则 $\bar{X}\sim N(\mu,\sigma^2/n)$, $\frac{(n-1)S^2}{\sigma^2}\sim\chi^2_{n-1}$, S^2 与 $\bar{X}$ 独立
多元正态分布 $N_p(\boldsymbol{\mu},\boldsymbol{\Sigma})$	$f(\boldsymbol{x};\boldsymbol{\theta})=(2\pi)^{-\frac{p}{2}}\lvert\boldsymbol{\Sigma}\rvert^{-\frac{1}{2}}\exp\left\{-\frac{1}{2}(\boldsymbol{x}-\boldsymbol{\mu})^{\mathrm{T}}\boldsymbol{\Sigma}^{-1}(\boldsymbol{x}-\boldsymbol{\mu})\right\}$, $\boldsymbol{\theta}=(\boldsymbol{\mu},\boldsymbol{\Sigma})$, $\boldsymbol{\mu}\in\mathbb{R}^p$ 为均值向量, $\boldsymbol{\Sigma}$ 为正定协方差阵; $\varphi(\boldsymbol{t})=\exp\{\mathrm{i}\boldsymbol{t}^{\mathrm{T}}\mu-\boldsymbol{t}^{\mathrm{T}}\boldsymbol{\Sigma}\boldsymbol{t}/2\}$	$E(\boldsymbol{X})=\boldsymbol{\mu}$; $\mathrm{Cov}(\boldsymbol{X})=\boldsymbol{\Sigma}$; $\mathrm{Mode}(\boldsymbol{X})=\boldsymbol{\mu}$	$\bar{\boldsymbol{X}}=\frac{1}{n}\sum_{i=1}^{n}\boldsymbol{X}_i\sim N_p(\boldsymbol{\mu},\ \boldsymbol{\Sigma}/n)$, 样本协方差阵 $\boldsymbol{S}\sim W_p(n-1,\boldsymbol{\Sigma})$, $\boldsymbol{S}$ 和 $\bar{\boldsymbol{X}}$ 独立
均匀分布 $U(\theta_1,\theta_2)$	$f(x;\boldsymbol{\theta})=\frac{1}{\theta_2-\theta_1}I_{(\theta_1,\theta_2)}(x)$, $-\infty<\theta_1<\theta_2<\infty$; $\varphi(t)=\frac{\mathrm{e}^{\mathrm{i}t\theta_2}-\mathrm{e}^{\mathrm{i}t\theta_1}}{\mathrm{i}t(\theta_2-\theta_1)}$, $\boldsymbol{\theta}=(\theta_1,\theta_2)$	$E(X)=(\theta_2+\theta_1)/2$; $\mathrm{Var}(X)=(\theta_2-\theta_1)^2/12$	
指数分布 $Exp(\lambda)$	$f(x;\lambda)=\lambda\mathrm{e}^{-\lambda x}I_{(0,\infty)}(x)$, $\lambda>0$; $\varphi(t)=(1-\mathrm{i}t/\lambda)^{-1}$	$E(X)=\frac{1}{\lambda}$; $\mathrm{Var}(X)=\frac{1}{\lambda^2}$; $\mathrm{Mode}(X)=0$	指数分布具有“无记忆性”; 若 $\bar{X}$ 为样本均值, 则 $2\lambda n\bar{X}\sim\chi^2_{2n}$
伽马分布 $\Gamma(r,\lambda)$	$f(x;r,\lambda)=\frac{\lambda^r}{\Gamma(r)}x^{r-1}\mathrm{e}^{-\lambda x}$, $x>0$, $r>0$ 为形状参数, $\lambda>0$ 为刻度参数; $\varphi(t)=(1-\mathrm{i}t/\lambda)^{-r}$	$E(X)=r/\lambda$; $\mathrm{Var}(X)=r/\lambda^2$; $\mathrm{Mode}(X)=\frac{r-1}{\lambda}$, $r>1$	若 $r=1$, 就是指数分布 $Exp(\lambda)$; 若 $X\sim\Gamma(r,\lambda)$, 则 $Y=2\lambda X\sim\chi^2_{2r}$
逆伽马分布 $\Gamma^{-1}(r,\lambda)$	$f(x;r,\lambda)=\frac{\lambda^r}{\Gamma(r)}x^{-(r+1)}\mathrm{e}^{-\lambda/x}$, $x>0$, $r>0$ 为形状参数, $\lambda>0$ 为刻度参数	$E(X)=\lambda/(r-1)$, $r>1$; $\mathrm{Var}(X)=\lambda^2/[(r-1)^2(r-2)]$, $r>2$; $\mathrm{Mode}(X)=\lambda/(r+1)$	若 $X\sim\Gamma(r,\lambda)$, 则 $Z=1/X\sim\Gamma^{-1}(r,\lambda)$, 且 $2\lambda/Z\sim\chi^2_{2r}$
卡方分布 χ^2_n	$f(x;n)=\frac{1}{2^{n/2}\Gamma(n/2)}x^{\frac{n}{2}-1}\mathrm{e}^{-\frac{x}{2}}$, $x>0$; $\varphi(t)=(1-2\mathrm{i}t)^{-n/2}$	$E(X)=n$; $\mathrm{Var}(X)=2n$; $\mathrm{Mode}(X)=n-2, n\geqslant 2$	若 $X\sim\chi^2_n$, 则 $X\sim\Gamma(n/2,1/2)$

续表

分布类型	概率函数和特征函数	数字特征	备　注
贝塔分布 $Be(\alpha,\beta)$	$f(x;\alpha,\beta)=\frac{\Gamma(\alpha+\beta)}{\Gamma(\alpha)\Gamma(\beta)}x^{\alpha-1}(1-x)^{\beta-1}, 0<x<1,$ $\alpha>0,\beta>0$	$E(X)=\alpha/(\alpha+\beta)$; $\mathrm{Var}(X)=\frac{\alpha\beta}{(\alpha+\beta)^2(\alpha+\beta+1)}$; $\mathrm{Mode}(X)=\frac{\alpha-1}{\alpha+\beta-2}$	若$X\sim\chi^2_{2\alpha}$ 与 $Y\sim\chi^2_{2\beta}$ 独立, 则 $U=X/(X+Y)\sim Be(\alpha,\beta)$
t 分布 $\mathscr{T}_1(\nu,\mu,\sigma^2)$	$f(x;\nu,\mu,\sigma^2)=\frac{\Gamma((\nu+1)/2)}{\Gamma(\nu/2)\sqrt{\nu\pi}\sigma}\left[1+\frac{1}{\nu}(\frac{x-\mu}{\sigma})^2\right]^{-\frac{\nu+1}{2}}$, $x\in\mathbb{R}$, $\nu>0$ 为自由度, $\mu\in\mathbb{R}$ 为位置参数, $\sigma>0$ 为刻度参数	$E(X)=\mu\ (\nu>1)$; $\mathrm{Var}(X)=\frac{\nu\sigma^2}{\nu-2}, \nu>2$; $\mathrm{Mode}(X)=\mu$	$\mu=0,\sigma^2=1$ 时为 t 变量标准形式, 记为 t_ν. 设 $X_1,\cdots,X_n$ i.i.d. $\sim N(\mu,\sigma^2)$, 则 $\frac{\sqrt{n}(\bar{X}-\mu)}{S}\sim t_{n-1}$
狄利克雷分布 $D(\alpha_1,\cdots,\alpha_k)$	$f(\boldsymbol{x};\alpha_1,\cdots,\alpha_k)=\frac{\Gamma(\alpha)}{\Gamma(\alpha_1)\cdots\Gamma(\alpha_k)}\prod_{i=1}^{k}x_i^{\alpha_i-1}$, $\boldsymbol{x}=(x_1,\cdots,x_k), x_i\geqslant 0, i=1,\cdots,k, \sum_{i=1}^{k}x_i=1$; $\alpha=\sum_{i=1}^{k}\alpha_i,\ \alpha_i>0$	$E(X_i)=\frac{\alpha_i}{\alpha}$; $\mathrm{Var}(X_i)=\frac{\alpha_i(\alpha-\alpha_i)}{\alpha^2(\alpha+1)}$; $\mathrm{Cov}(X_i,X_j)=-\frac{\alpha_i\alpha_j}{\alpha^2(\alpha+1)}$	当 $k=2$ 时, 狄利克雷分布为贝塔分布 $Be(\alpha_1,\alpha_2)$
F 分布 $F_{m,n}$	$f(x;m,n)=\frac{\Gamma((m+n)/2)}{\Gamma(n/2)\Gamma(m/2)}m^{\frac{m}{2}}n^{\frac{n}{2}}x^{\frac{m}{2}-1}(n+mx)^{-\frac{m+n}{2}}$, $x>0$, $m\geqslant 1$ 和 $n\geqslant 1$ 分别为 F 分布的自由度	$E(X)=\frac{n}{n-2}\ (n>2)$; $\mathrm{Var}(X)=\frac{2n^2(n+m-2)}{m(n-2)^2(n-4)}$, $n>4$; $\mathrm{Mode}(X)=\frac{n(m-2)}{m(n+2)}, m>2$	$X_1,\cdots,X_m$ i.i.d. $\sim N(\mu_1,\sigma_1^2)$ $Y_1,\cdots,Y_n$ i.i.d. $\sim N(\mu_2,\sigma_2^2)$, 若 S_1^2 和 S_2^2 分别为两组样本的样本方差, 则 $F=\frac{S_1^2}{S_2^2}\cdot\frac{\sigma_2^2}{\sigma_1^2}\sim F_{m-1,n-1}$

续表

分布类型	概率函数和特征函数	数字特征	备注
p 元 t 分布 $\mathscr{T}_p(\nu,\boldsymbol{\mu},\boldsymbol{\Sigma})$	$f(\boldsymbol{x},\boldsymbol{\theta})=\frac{\Gamma\left(\frac{\nu+p}{2}\right)\lvert\boldsymbol{\Sigma}\rvert^{-\frac{1}{2}}}{\Gamma\left(\frac{\nu}{2}\right)(\nu\pi)^{\frac{p}{2}}}\left[1+\frac{1}{\nu}(\boldsymbol{x}-\boldsymbol{\mu})^{\mathrm{T}}\boldsymbol{\Sigma}^{-1}(\boldsymbol{x}-\boldsymbol{\mu})\right]^{-\frac{\nu+p}{2}}$, $\boldsymbol{\theta}=(\nu,\boldsymbol{\mu},\boldsymbol{\Sigma})$, $\nu>0$ 为自由度, $\boldsymbol{\mu}$ 为位置参数, $\boldsymbol{\Sigma}>0$ 为 $p\times p$ 正定阵, 是刻度参数矩阵	$E(\boldsymbol{X})=\boldsymbol{\mu}$; $\mathrm{Cov}(\boldsymbol{X})=\frac{\nu}{\nu-2}\boldsymbol{\Sigma}$, $\nu>2$; $\mathrm{Mode}(\boldsymbol{X})=\boldsymbol{\mu}$	当 $p=1$ 时 $\Sigma=\sigma^2$, 就变为一元 t 分布 $\mathscr{T}_1(\nu,\mu,\sigma^2)$; $\frac{1}{p}(\boldsymbol{x}-\boldsymbol{\mu})^{\mathrm{T}}\boldsymbol{\Sigma}^{-1}(\boldsymbol{x}-\boldsymbol{\mu})\sim F_{p,\nu}$
对数正态分布 $LN(\mu,\sigma^2)$	$f(x;\mu,\sigma^2)=\frac{1}{\sqrt{2\pi}\sigma x}\exp\left\{-\frac{(\ln x-\mu)^2}{2\sigma^2}\right\}$, $x>0$, $\mu\in\mathbb{R}$ 为位置参数, $\sigma>0$ 为刻度参数	$E(X)=\mathrm{e}^{\mu+\sigma^2/2}$; $\mathrm{Var}(X)=\mathrm{e}^{2\mu+\sigma^2}(\mathrm{e}^{\sigma^2}-1)$; $\mathrm{Mode}(X)=\mathrm{e}^{\mu-\sigma^2}$	若 $X\sim LN(\mu,\sigma^2)$, 令 $Z=\ln X$, 则 $Z\sim N(\mu,\sigma^2)$
柯西分布 $C(\mu,\lambda)$	$f(x;\mu,\lambda)=\frac{\lambda}{\pi[\lambda^2+(x-\mu)^2]}$, $x\in\mathbb{R}$; $\varphi(t)=\mathrm{e}^{\mathrm{i}t\mu-\lambda\lvert t\rvert}$, $\mu\in\mathbb{R}$ 为位置参数, $\lambda>0$ 为刻度参数	均值和方差不存在; $\mathrm{Mode}(X)=\mu$	当 $\lambda=1,\mu=0$ 时, 柯西分布为其标准形式, 记为 $C(0,1)$
拉普拉斯分布 $La(\mu,\lambda)$	$f(x;\mu,\lambda)=\frac{1}{2\lambda}\exp\left\{-\frac{-\lvert x-\mu\rvert}{\lambda}\right\}$, $-\infty<x<\infty$, $\mu\in\mathbb{R}$为位置参数, $\lambda>0$ 为刻度参数, $\varphi(t)=e^{i\mu t}/(1+t^2\lambda^2)$	$E(X)=\mu$; $\mathrm{Var}(X)=2\lambda^2$; $\mathrm{Mode}(X)=\mu$	
威布尔分布 $W(\mu,\alpha,\lambda)$	$f(x;\mu,\alpha,\lambda)=\lambda\alpha(x-\mu)^{\alpha-1}\exp\{-\lambda(x-\mu)^\alpha\}$, $x>\mu$, $\mu\geqslant0$ 为位置参数, $\alpha>0$ 是形状参数, $\lambda>0$ 是刻度参数	$E(X)=\lambda^{-1/\alpha}\Gamma(1+1/\alpha)+\mu$; $\mathrm{Var}(X)=\frac{1}{\lambda^{2/\alpha}}\left[\Gamma\left(1+\frac{2}{\alpha}\right)-\Gamma^2\left(1+\frac{1}{\alpha}\right)\right]$; $\mathrm{Mode}(X)=\mu+\left[\frac{1}{\lambda}\left(1-\frac{1}{\alpha}\right)\right]^{1/\alpha}$	当 $\mu=0$, $\alpha=1$ 时, 为指数分布 $Exp(\lambda)$
帕雷托分布 $Pa(x_0,\alpha)$	$f(x;\alpha,x_0)=\frac{\alpha}{x_0}\left(\frac{x_0}{x}\right)^{\alpha+1}$, $x>x_0$, $\alpha>0$ 为门限参数, $x_0>0$ 为刻度参数	$E(X)=\frac{\alpha x_0}{\alpha-1}$, $\alpha>1$; $\mathrm{Var}(X)=\frac{\alpha x_0^2}{(\alpha-1)^2(\alpha-2)}$, $\alpha>2$; $\mathrm{Mode}(X)=x_0$	$F(x)=1-(x_0/x)^\alpha$ 为其分布函数

注　表中的某些符号的意义请参看 1.4.5 小节的具体说明.

附表 2　标准正态分布表

$$\Phi(x)=\int_{-\infty}^{x}\frac{1}{\sqrt{2\pi}}\mathrm{e}^{-u^2/2}\mathrm{d}u$$

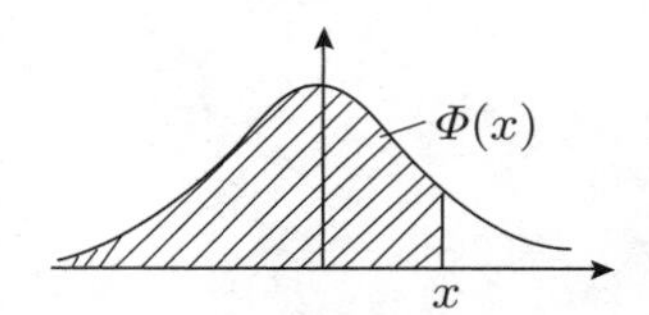

x	0	1	2	3	4	5	6	7	8	9
0.0	0.5000	0.5040	0.5080	0.5120	0.5160	0.5199	0.5239	0.5279	0.5319	0.5359
0.1	0.5398	0.5438	0.5478	0.5517	0.5557	0.5596	0.5636	0.5675	0.5714	0.5753
0.2	0.5793	0.5832	0.5871	0.5910	0.5948	0.5987	0.6026	0.6064	0.6103	0.6141
0.3	0.6179	0.6217	0.6255	0.6293	0.6331	0.6368	0.6406	0.6443	0.6480	0.6517
0.4	0.6554	0.6591	0.6628	0.6664	0.6700	0.6736	0.6772	0.6808	0.6844	0.6879
0.5	0.6915	0.6950	0.6985	0.7019	0.7054	0.7088	0.7123	0.7157	0.7190	0.7224
0.6	0.7257	0.7291	0.7324	0.7357	0.7389	0.7422	0.7454	0.7486	0.7517	0.7549
0.7	0.7580	0.7611	0.7642	0.7673	0.7703	0.7734	0.7764	0.7794	0.7823	0.7852
0.8	0.7881	0.7910	0.7939	0.7967	0.7995	0.8023	0.8051	0.8078	0.8106	0.8133
0.9	0.8159	0.8186	0.8212	0.8238	0.8264	0.8289	0.8315	0.8340	0.8365	0.8389
1.0	0.8413	0.8438	0.8461	0.8485	0.8508	0.8531	0.8554	0.8577	0.8599	0.8621
1.1	0.8643	0.8665	0.8686	0.8708	0.8729	0.8749	0.8770	0.8790	0.8810	0.8830
1.2	0.8849	0.8869	0.8888	0.8907	0.8925	0.8944	0.8962	0.8980	0.8997	0.9015
1.3	0.9032	0.9049	0.9066	0.9082	0.9099	0.9115	0.9131	0.9147	0.9162	0.9177
1.4	0.9192	0.9207	0.9222	0.9236	0.9251	0.9265	0.9278	0.9292	0.9306	0.9319
1.5	0.9332	0.9345	0.9357	0.9370	0.9382	0.9394	0.9406	0.9418	0.9430	0.9441
1.6	0.9452	0.9463	0.9474	0.9484	0.9495	0.9505	0.9515	0.9525	0.9535	0.9545
1.7	0.9554	0.9564	0.9573	0.9582	0.9591	0.9599	0.9608	0.9616	0.9625	0.9633
1.8	0.9641	0.9648	0.9656	0.9664	0.9671	0.9678	0.9686	0.9693	0.9700	0.9706
1.9	0.9713	0.9719	0.9726	0.9732	0.9738	0.9744	0.9750	0.9756	0.9762	0.9767
2.0	0.9772	0.9778	0.9783	0.9788	0.9793	0.9798	0.9803	0.9808	0.9812	0.9817
2.1	0.9821	0.9826	0.9830	0.9834	0.9838	0.9842	0.9846	0.9850	0.9854	0.9857
2.2	0.9861	0.9864	0.9868	0.9871	0.9874	0.9878	0.9881	0.9884	0.9887	0.9890
2.3	0.9893	0.9896	0.9898	0.9901	0.9904	0.9906	0.9909	0.9911	0.9913	0.9916
2.4	0.9918	0.9920	0.9922	0.9925	0.9927	0.9929	0.9931	0.9932	0.9934	0.9936
2.5	0.9938	0.9940	0.9941	0.9943	0.9945	0.9946	0.9948	0.9949	0.9951	0.9952
2.6	0.9953	0.9955	0.9956	0.9957	0.9959	0.9960	0.9961	0.9962	0.9963	0.9964
2.7	0.9965	0.9966	0.9967	0.9968	0.9969	0.9970	0.9971	0.9972	0.9973	0.9974
2.8	0.9974	0.9975	0.9976	0.9977	0.9977	0.9978	0.9979	0.9979	0.9980	0.9981
2.9	0.9981	0.9982	0.9982	0.9983	0.9984	0.9984	0.9985	0.9985	0.9986	0.9986
3.0	0.9987	0.9990	0.9993	0.9995	0.9997	0.9998	0.9998	0.9999	0.9999	1.0000

注　表中末行为函数值 $\Phi(3.0),\Phi(3.1),\cdots,\Phi(3.9)$.

附表 3　t 分布表

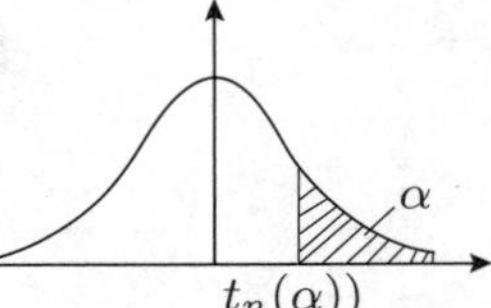

$$P(t_n > t_n(\alpha)) = \alpha$$

n \ α	0.25	0.10	0.05	0.025	0.01	0.005
1	1.0000	3.0777	6.3138	12.7062	31.8207	63.6574
2	0.8165	1.8856	2.9200	4.3027	6.9646	9.9248
3	0.7649	1.6377	2.3534	3.1824	4.5407	5.8409
4	0.7407	1.5332	2.1318	2.7764	3.7469	4.6041
5	0.7267	1.4759	2.0150	2.5706	3.3649	4.0322
6	0.7176	1.4398	1.9432	2.4469	3.1427	3.7074
7	0.7111	1.4149	1.8946	2.3646	2.9980	3.4995
8	0.7064	1.3968	1.8595	2.3060	2.8965	3.3554
9	0.7027	1.3830	1.8331	2.2622	2.8214	3.2498
10	0.6998	1.3722	1.8125	2.2281	2.7638	3.1693
11	0.6974	1.3634	1.7959	2.2010	2.7181	3.1058
12	0.6955	1.3562	1.7823	2.1788	2.6810	3.0545
13	0.6938	1.3502	1.7709	2.1604	2.6503	3.0123
14	0.6924	1.3450	1.7613	2.1448	2.6245	2.9768
15	0.6912	1.3406	1.7531	2.1315	2.6025	2.9467
16	0.6901	1.3368	1.7459	2.1199	2.5835	2.9208
17	0.6892	1.3334	1.7396	2.1098	2.5669	2.8982
18	0.6884	1.3304	1.7341	2.1009	2.5524	2.8784
19	0.6876	1.3277	1.7291	2.0930	2.5395	2.8609
20	0.6870	1.3253	1.7247	2.0860	2.5280	2.8453
21	0.6864	1.3232	1.7207	2.0796	2.5177	2.8314
22	0.6858	1.3212	1.7171	2.0739	2.5083	2.8188
23	0.6853	1.3195	1.7139	2.0687	2.4999	2.8073
24	0.6848	1.3178	1.7109	2.0639	2.4922	2.7969
25	0.6844	1.3163	1.7081	2.0595	2.4851	2.7874
26	0.6840	1.3150	1.7056	2.0555	2.4786	2.7787
27	0.6837	1.3137	1.7033	2.0518	2.4727	2.7707
28	0.6834	1.3125	1.7011	2.0484	2.4671	2.7633
29	0.6830	1.3114	1.6991	2.0452	2.4620	2.7564
30	0.6828	1.3104	1.6973	2.0423	2.4573	2.7500
40	0.681	1.303	1.684	2.021	2.423	2.704
60	0.679	1.296	1.671	2.000	2.390	2.660
120	0.677	1.289	1.658	1.980	2.358	2.617
∞	0.674	1.282	1.654	1.960	2.326	2.578

附表 4　χ^2 分布表

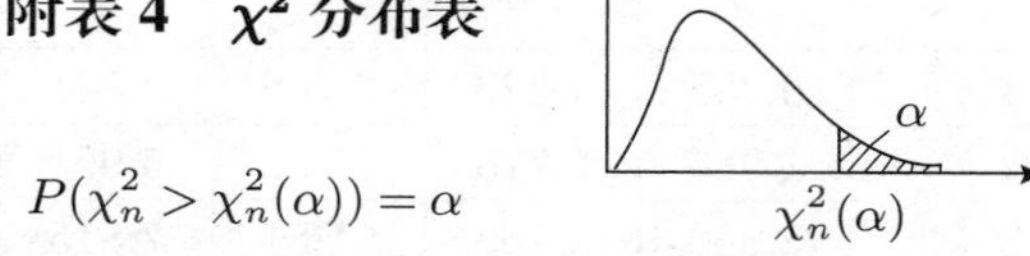

$$P(\chi_n^2 > \chi_n^2(\alpha)) = \alpha$$

n \ α	0.995	0.99	0.975	0.95	0.90	0.75
1	–	–	0.001	0.004	0.016	0.102
2	0.010	0.020	0.051	0.103	0.211	0.575
3	0.072	0.115	0.216	0.352	0.584	1.213
4	0.207	0.297	0.484	0.711	1.064	1.923
5	0.412	0.554	0.831	1.145	1.610	2.675
6	0.676	0.872	1.237	1.635	2.204	3.455
7	0.989	1.239	1.690	2.167	2.833	4.255
8	1.344	1.646	2.180	2.733	3.490	5.071
9	1.735	2.088	2.700	3.325	4.168	5.899
10	2.156	2.558	3.247	3.940	4.865	6.737
11	2.603	3.053	3.816	4.575	5.578	7.584
12	3.074	3.571	4.404	5.226	6.304	8.438
13	3.565	4.107	5.009	5.892	7.042	9.299
14	4.075	4.660	5.629	6.571	7.790	10.165
15	4.601	5.229	6.262	7.261	8.547	11.037
16	5.142	5.812	6.908	7.962	9.312	11.912
17	5.697	6.408	7.564	9.672	10.085	12.792
18	6.265	7.015	8.231	9.390	10.865	13.675
19	6.844	7.633	8.907	10.117	11.651	14.562
20	7.434	8.260	9.591	10.851	12.443	15.452
21	8.034	8.897	10.283	11.591	13.240	16.344
22	8.643	9.542	10.982	12.338	14.042	17.240
23	9.260	10.196	11.689	13.091	14.848	18.137
24	9.886	10.856	12.401	13.848	15.659	19.037
25	10.520	11.524	13.120	14.611	16.473	19.939
26	11.160	12.198	13.844	15.379	17.292	20.843
27	11.808	12.879	14.573	16.151	18.114	21.749
28	12.461	13.565	15.308	16.928	18.939	22.657
29	13.121	14.257	16.047	17.708	19.768	23.567
30	13.787	14.954	16.791	18.493	20.599	24.478
35	17.192	18.509	20.569	22.465	24.797	29.054
40	20.707	22.164	24.433	26.509	29.051	33.660
45	24.311	25.901	28.366	30.612	33.350	38.291

续表

n \ α	0.50	0.25	0.10	0.05	0.025	0.01	0.005
1	0.455	1.323	2.706	3.841	5.024	6.635	7.879
2	1.386	2.773	4.605	5.991	7.378	9.210	10.597
3	2.366	4.108	6.251	7.815	9.348	11.345	12.838
4	3.357	5.385	7.779	9.488	11.143	13.277	14.860
5	4.351	6.626	9.236	11.071	12.833	15.086	16.750
6	5.348	7.841	10.645	12.592	14.449	16.812	18.548
7	6.346	9.037	12.017	14.067	16.013	18.475	20.278
8	7.344	10.219	13.362	15.507	17.535	20.090	21.955
9	8.343	11.389	14.684	16.919	19.023	21.666	23.589
10	9.342	12.549	15.987	18.307	20.483	23.209	25.188
11	10.341	13.701	17.275	19.675	21.920	24.725	26.757
12	11.340	14.845	18.549	21.026	23.337	26.217	28.299
13	12.340	15.984	19.812	22.362	24.736	27.688	29.819
14	13.339	17.117	21.064	23.685	26.119	29.141	31.319
15	14.339	18.245	22.307	24.996	27.488	30.578	32.801
16	15.338	19.369	23.542	26.296	28.845	32.000	34.267
17	16.338	20.489	24.769	27.587	30.191	33.409	35.718
18	17.338	21.605	25.989	28.869	31.526	34.805	37.156
19	18.337	22.718	27.204	30.144	32.852	36.191	38.582
20	19.337	23.828	28.412	31.410	34.170	37.566	39.997
21	20.337	24.935	29.615	32.671	35.479	38.932	41.401
22	21.337	26.039	30.813	33.924	36.781	40.289	42.796
23	22.337	27.141	32.007	35.172	38.076	41.638	44.181
24	23.337	28.241	33.196	36.415	39.364	42.980	45.559
25	24.337	29.339	34.382	37.652	40.646	44.314	46.928
26	25.336	30.435	35.563	38.885	41.923	45.642	48.290
27	26.336	31.528	36.741	40.113	43.194	46.963	49.645
28	27.336	32.620	37.916	41.337	44.461	48.278	50.993
29	28.336	33.711	39.087	42.557	45.722	49.588	52.336
30	29.336	34.800	40.256	43.773	46.979	50.892	53.672
35	34.336	40.223	46.059	49.802	53.203	57.342	60.275
40	39.335	45.616	51.805	55.758	59.342	63.691	66.766
45	44.335	50.985	57.505	61.656	65.410	69.957	73.166

参考文献

Aitkin M, 1991. Posterior Bayes factors (with discussion) [J]. J. Roy. Statist. Soc.: Ser. B, 53: 111-142.

Akaike H, 1974. A new look at the statistical model identification [J]. IEEE Transaction on Autormatic Control, 19: 716-723.

Akaike H, 1979. A Bayesian extension of the minimum AIC procedure of autoregressive model fitting [J]. Biometrika, 66: 237-242.

Albert J, 2008. Bayesian Computation with R [M]. New York: Springer-Verlag.

Ando T, 2007. Bayesian predictive information criterion for the evaluation of hierarchical Bayesian and empirical Bayes models [J]. Biometrika, 94: 443-458.

Ando T, 2009. Bayesian inference for the hazard term structure with functional predictors using Bayesian predictive information criterion [J]. Computational Statistics and Data Analysis, 53: 1925-1939.

Ando T, Konishi S, 2009. Nonlinear logistic discrimination via regularized radial basis functions for classifying high-dimensional data [J]. Ann. Inst. Statist. Math., 61: 331-353.

Angers J F, Delampady M, 1997. Hierarchical Bayesian curve fitting and model choice for spatial data [J]. Sankhya: Ser. B, 59: 28-43.

Athreya K B, Doss H, Sethuraman J, 1996. On the convergence of the Markov chain simulation method [J]. Ann. Statist., 24: 69-100.

Bayes T, 1763, 1764. An essay towards solving a problem in the doctrine of chances [J]. Philosophical Transaction of the Roy. Soc., London, 53: 370-418; 54: 296-325.

Berg A, Meyer R, Yu J, 2004. Deviance information criterion comparing stochastic volatility models [J]. Journal of Business and Economic Statistics, 22: 107-120.

Berger J O, 1985. Statistical Decision Theory and Bayesian Analysis [M]. Berlin: Springer-Verlag.

Berger J O, Bernado J M, 1989. Estimating a product of means: Bayesian analysis with reference prior [J]. J. Amer. Statist. Assoc., 84: 200-207.

Berger J O, Bernado J M, 1992. On the development of reference prior (with discussion)

[M]//Bernado J M, Berger J O, Dawid A P, et al. Bayesian Statistics 4. Cambridge: Oxford Univ. Press: 35-60.

Berger J O, Bernado J M, Sun D C, 2009. The formal definition of reference prior [J]. Ann. Statist., 37 (2): 905-938.

Berger J O, Pericchi L R, 1996. The intrinsic Bayes factors for model selection and prediction [J]. J. Amer. Statist. Assoc. 91: 109-122.

Berger J O, Pericchi L R, 1998. Accurate and stable Bayesian model selection: The median intrinsic Bayes factor [J]. Sankya B, 60: 1-18.

Berliner L M, 1984. Robust Bayesian analysis with applications in reliability [R]. Columbus: Ohio State University, Department of Statistics.

Bernado J M, 1979. Reference posterior distributions for Bayesian inference (with discussion) [J]. J. Roy. Statist. Soc.: Ser. B, 41 (2): 113-147.

Bernstein S N, 1946. Theory of Probability [M]. 4th ed. Moscow: Gostehizdat.

Besag J, 1974. Spatial interaction and the statistical analysis of lattice systems (with discussion) [J]. J. Roy. Statist. Soc.: Ser. B, 36: 192-326.

Besag J, 1986. On the statistical analysis of dirty pictures [J]. J. Roy. Statist. Soc.: Ser. B, 48: 259-279.

Best N, Cowles M, Vines K, 1996. CODA: Convergence Diagnostics and Output Analysis Software for Gibbs Sampling Output [S]. Version 0.30, MRC Biostatistics Unit, Institute of Public Health, Cambridge, UK.

Bishop Y M M, Fienberg S E, Holland P W, 1975. Discrete Multivariate Analysis: Theory and Practice [M]. Cambridge: MIT Press.

Box G P, Tiao G C, 1973. Bayesian Inference in Statistical Analysis [M]. Massachusetts: Addison-Wesley.

Broemeling L D, 1985. Bayesian Analysis of Linear Models [M]. New York: Marcel Dekker.

Brooks S, 1998. Markov chain Monte Carlo method and its application [J]. The Statistician, 47: 69-100.

Brooks S, Gelman A, 1997. General methods for monitoring convergence of iterative simulations [J]. Journal of Computational and Graphical Statistics, 7: 434-455.

Brooks S P, Giudici P, Roberts G O, 2003. Efficient construction of reversible jump Markov chain Monte Carlo proposal distribution [J]. J. Roy. Statist. Soc.: Ser. B, 65: 3-55.

Brooks S, Roberts G, 1998. Assessing convergence of Markov chain Monte Carlo algorithms [J]. Statistics and Computing, 8 (3): 319-335.

Carlin B, Louis T, 2000. Bayes and Empirical Bayes Methods for Data Analysis [M]. New York:

Chapman & Hall.

Celeux G, Forbes F, Robert C, Titterington D M, 2006. Deviance information criteria for missing data models [J]. Bayesian Analysis, 1: 651-674.

陈玲, 韦来生, 2012. 线性模型中回归系数和误差方差同时的经验 Bayes 估计及其优良性 [J]. 应用概率统计, 28 (6): 583-600.

Chen L, Wei L S, 2013. The Superiorities of Empirical Bayes Estimation of Variance Components in Random Effects Model [J]. Comm. Statist.: Theory and Methods, 42: 4017-4033.

Chen X R, 1983. Asymptotically optimal empirical Bayes estimation for parameter of one-dimension discrete exponential families [J]. Chin. Ann. of Math., 4B (1): 41-50.

陈希孺, 1984. 近五年来中国数理统计工作者的部分理论成果: Ⅱ [J]. 数学研究与评论, 4 (2): 131-144.

陈希孺, 1998. 数理统计引论 [M]. 北京: 科学出版社.

陈希孺, 2002. 数理统计学简史 [M]. 长沙: 湖南教育出版社.

陈希孺, 倪国熙, 1988. 数理统计学教程 [M]. 上海: 上海科学技术出版社.

陈希孺, 柴根象, 1993. 非参数统计教程 [M]. 上海, 华东师范大学出版社.

Clemmer B A, Krutchkoff R G, 1968. The use of empirical Bayes estimator in a linear regression model [J]. Biometrika, 55: 525-534.

Cowles M, Carlin B, 1996. Markov chain Monte Carlo convergence diagnostics: A comparative review [J]. J. Amer. Statist. Assoc., 91: 883-904.

De Santis F, Spezzaferri F, 2001. Consistent fractional Bayes factor for nested normal linear models [J]. J. Statist. Plann. Inference, 97: 305-321.

Delampady M, Yee I, Zidek J V, 1993. Hierarchical Bayesian analysis of a discrete time series of Poisson counts [J]. Statist. Comput., 3: 7-15.

Dempster A P, Laird N M, Rubin D B, 1977. Maximum likelihood from incomplete data via the EM algorithm (with discussion) [J]. J. Roy. Statist. Soc.: Ser. B, 39: 1-38.

Denison D G T, Mallick B K, Smith A F M, 1998. Automatic Bayesian curve fitting [J]. J. Roy. Statist. Soc.: Ser. B, 60: 333-350.

Diaconis P, Freedman J, 1986. On the consistency of Bayes estimates [J]. Ann. Statist., 14: 1-26.

Efron B, Morris C, 1972. Empirical Bayes on vector observation: An extension of Stein's method [J]. Biometrica, 59: 335-347.

Ewing G M, 1969. Calculus of Variations and Applications [M]. New York: Norton.

Flury B, Zoppe A, 2000. Exercises in EM [J]. Amer. Statist., 54: 207-209.

Freedman D A, 1963. On the asymptotic behavior of Bayes estimates in the discrete case [J]. Ann. Math. Statist., 34: 1386-1403.

Freedman D A, 1965. On the asymptotic behavior of Bayes estimates in the discrete case: Ⅱ [J]. Ann. Math. Statist., 36: 454-456.

高集体, 1988. 二维单边截断型分布族中 EB 估计及其收敛速度 [J]. 应用概率统计, 4 (3): 37-47.

Geisser S, Eddy W F, 1979. A predictive approach to model selection [J]. J. Amer. Statist. Assoc., 74 (365): 153-160.

Gelfand A E, Dey D K, Chang H, 1992. Model determination using predictive distributions with implementations via sampling-based methods [M]//Bernardo J M, Berger J O, Dawid A P, et al. Bayesian Statistics: 4. London: Oxford Univ. Press: 147-167.

Gelfand A E, Dey D K, 1994. Bayesian model choice: Asymptotics and exact calculations [J]. J. Roy. Statist. Soc.: Ser. B, 56: 501-514.

Gelman A, 1996. Inference and Monitoring Convergence [M]// Gilks W R, Richardson S, Spiegelhalter D J. Markov Chain Monte Carlo in Practice. New York: Chapman & Hall: 131-143.

Gelman A, Carlin J B, Stern H S, et al., 1995. Bayesian Data Analysis [M]. London: Chapman & Hall.

Gelman A, Rubin D B, 1992. A single sequence from the Gibbs sampler gives a false sense of security [M]//Bernardo J M, Berger J O, Dawid O P, et al. Bayesian Statistics 4. Oxford: Oxford University Press: 625-631.

Geyer C, 1992. Practical Markov chain Monte Carlo (with discussion) [J]. Statistical Science, 7: 473-511.

Ghosal S, 1999. Asymptotic normality of posterior distributions in high-dimentional linear model [J]. Bernoulli, 5: 315-331.

Ghosal S, 2000. Asymptotic normality of posterior distributions for exponential families when the number of parameters tends to infinity [J]. J. Mult. Anal., 74: 49-68.

Ghosal S, Ghosh J K, Ramanoorthi R V, 1997 Noinformative priors via sieves and packing numbers [M]//Panchapakesan S. Advance in Statistical Decision Theory and Application. Boston: Birkhauser: 119-132.

Ghosal S, Ghosh J K, Samanta T, 1995. On convergence of posterior distributions [J]. Ann. Statist., 23: 2145-2152.

Ghosh J K, 1983. Review of "Approximation Theorems of Mathematical Statistics" by R.J. Serfling [J]. J. Amer. Statist. Assoc., 78: 731-732.

Ghosh J K, 1994. Higher Order Asymptotics [C]. NSF-CBMS Regional Conference Series in Probability and Statistics, IMS, Hayward.

Ghosh J K, 1997. Discussion of "Noninformative priors do not exist: a dialogue with J.M.

Bernardo" [J]. J. of Statist. Plann. Inference, 65: 159-189.

Ghosh J K, Ghosal S, Samanta T, 1994. Stability and convergence of posterior in non-regular problems [M]//Gupta S S, Berger J O. Statistical Decision Theory and Related Topics, V: 183-199.

Ghosh J K, Ramamoorthi R V, 2003. Bayesian Nonparametrics [M]. New York: Springer.

Ghosh M, Saleh A K Md E, Sen P K, 1989. Empirical Bayes subset estimation in regression model [J]. Statist. Decisions, 7: 15-35.

Ghosh J K, Sinha B K, Joshi S N, 1982. Expansion for posterior probability and integrated Bayes risk [M]// Gupta S S, Berger J O. Statistical Decision Theory and Related Topics: Ⅲ, 1: 403-456.

Givens G, Hoeting J, 2005. Computational Statistics [M]. Hoboken: Wiley.

Good I J, 1983. The Foundations of Probability and Its Applications [M]. Minneapolis: University of Minnesota Press.

Green P, 1995. Reversible jump Markov chain Monte Carlo computation and Bayesian model determination [J]. Biometrika, 82: 711-732.

Hastie T, Tibshirani R, 1990. Generalized Additive Models [M]. London: Chapman & Hall.

Hastings W, 1970. Monte Carlo sampling methods using Markov chains and their applications [J]. Biometrika, 57: 97-109.

Hodges J, Sargent D, 2001. Counting degrees of freedom in hierarchical and other richly-parameterised models [J]. Biometrika, 88: 367-379.

Huber P J, 1973. The use of Choquet capacities in statistics [J]. Bull. Int. Statist. Inst., 45: 181-191.

Huber P J, 1981. Robust Statistics [M]. New York: Wiley.

James W, Stein C, 1960. Estimation with quatratic loss [M]//Proc. Fourth Berkeley Symp. Math. Statist. Probab. Berkeley: University of California Press, 1: 361-380.

Jaynes E T, 1968. Prior probabilities [J]. IEEE Transactions on Systems Science and Cybernetics, SSC-4: 227-241.

Jeffreys H, 1946. An invariant form for the prior probability in estimation problems [J]. Proc. Roy. Soc. London A, 186: 453-461.

Jeffreys H, 1961. Theory of Probability [M]. 3rd ed. London: Oxford University Press.

Johns M V, Jr, Van Ryzin J, 1971. Convergence rates in empirical Bayes two-action problems I, Discrete case [J]. Ann. Math. Statist., 42: 1521-1539.

Johns M V, Jr, Van Ryzin J, 1972. Convergence rates in empirical Bayes two-action problems Ⅱ, Continuous case [J]. Ann. Math. Statist., 43: 934-947.

Johnson R A, 1970. Asymptotic expansions associated with posterior distribution [J]. Ann. Math. Statist., 42: 1899-1906.

Karunamuni R J, Yang H, 1995. On convergence rates of monotone empirical Bayes tests for the continuous one-parameter exponential family [J]. Statistics and Decisions, 13: 181-192.

Karunamuni R J, Zhang S P, 2003. Empirical Bayes two-action problem for the continuous one-parameter exponential families with errors in variables [J]. J. Statist. Plann. Inference, 113: 437-449.

Kass R, Carlin B, Gelman A, et al., 1998. Markov chain Monte Carlo in practice: A roundtable discussion [J]. The American Statistician, 52: 93-100.

Kass R, Raftery A, 1995. Bayes factors [J]. J. Amer. Statist. Assoc., 90: 773-795.

Kass R E, Tierney L, Kadane J B, 1988. Asymptotics in Bayesian Computations [M]//Bernardo J M, et al. Bayesian Statistics: 3. Oxford: Oxford University Press: 261-278.

Kass R E, Wasserman L, 1995. A reference Bayesian test for nested hypothesis and its relationship to Schwarz criterion [J]. J. Amer. Statist. Assoc., 90: 928-934.

Konishi S, Kitagawa G, 1996. Generalised information criteria in model selection [J]. Biometrika, 83: 875-890.

Kotz S, Nadarajah S, 2004. Multivariate t Distributions and Their Applications[M]. Cambridge: Cambridge University Press.

Kotz S, 吴喜之, 2000. 现代贝叶斯统计学 [M]. 北京: 中国统计出版社.

Laplace P, 1774. Mémoire sur la probabilitié des causes par les évenemens [J]. Mem. Acad. R. Sci. Presentés par Divers Savans 6: 621-656 (translated in Statistical Science 1: 359-378).

Laplace P, 1812. Theorie Analytique des Probabilites [M]. Paris: Courcier.

Lawless J F, 1982. Statistical Models and Methods for Lifetime Data [M]. New York: John Wiley & Sons.

李翔, 韦来生, 2011. 指数分布定数截尾数据下刻度参数的经验 Bayes 估计 [J]. 中国科学院研究生院学报, 28 (2): 147-153.

Liang T C, 1988. On the convergence rates of empirical Bayes rules for two-action problems: discrete case [J]. Ann. Statist., 16: 1635-1642.

Liang T C, 2002. An improved empirical Bayes test for positive exponential families [J]. Statistica Neerlandica, 56: 346-361.

Lin P E, 1972. Rates of convergence in empirical Bayes estimation problem: Discrete case [J]. Ann. Inst. Statist. Math., 24: 319-325.

Lin P E, 1975. Rates of convergence in empirical Bayes estimation problem: Continuous case [J]. Ann. Statist., 3: 155-164.

Lindley D V, 1971. Bayesian Statistics: A Review [M]. Philadephia: SIAM.

卢昆亮, 1982. 密度的混合偏导数的核估计及其速度 [J]. 系统科学与数学, 2: 220-226.

Mackowiak P A, Wasserman S S, Levine M M, 1992. A critical appraisal of 98.6 degrees F, the upper limit of the normal body temperature, and other legacies of Carl Reinhold August Wunderlich [J]. Journal of the American Medical Association, 268: 1578-1580.

茆诗松, 汤银才, 2012. 贝叶斯统计 [M]. 2 版. 北京: 中国统计出版社.

茆诗松, 王静龙, 1990. 数理统计 [M]. 上海: 华东师范大学出版社.

McLachlan G J, Krishnan T, 1997. The EM Algorithm and Extensions [M]. New York: Wiley.

Meyn S P, Tweedie R L, 1993. Markov Chains and Stochastic Stability [M]. New York: Springer-Verlag.

Morris C N, 1983. Parametric empirical Bayes inference: Theory and applications [J]. J. Amer. Statist. Assoc., 78: 47-65.

Mostafa S M, Ahmad R, 1986. Empirical Bayes quadratic estimators of variance components in normal linear models [J]. Statistics, 17: 337-348.

Newton M, Raftery A, 1994. Approximate Bayesian inference by the weighted likelihood bootstrap [J]. J. Roy. Statist. Soc.: Ser. B, 56: 3-48.

Ntzoufras I, 2009. Bayesian modeling using WinBUGS [M]. New York: Wiley.

O'Hagan A, 1995. Fractional Bayes factors for model comparisons (with discussion) [J]. J. Roy. Statist. Soc.: Ser. B, 57: 99-138.

O'Hagan A, 1997. Properties of intrinsic and fractional Bayes factors [J]. Test, 6: 101-118.

Parzen E, 1962. On the estimation of probability density function and mode [J]. Ann. Math. Statist., 33: 1065-1076.

Pauler D K, 1998. The Schwarz criterion and related methods for normal linear models [J]. Biometrika, 85: 13-27.

Perez J M, Berger J O, 2002. Expected posterior distributions for model selection [J]. Biometrika, 89: 491-511.

Prakasa Rao B L S, 1983. Nonparametric Functional Estimation [M]. New York: Academic Press.

仇丽莎, 韦来生, 2013. 正态总体均值和误差方差同时的经验 Bayes 估计 [J]. 中国科学院研究生院学报, 30(4): 454-461.

Robbins H, 1956. An empirical Bayes approach to statistics [C]//Proc. Third Berkeley Symp. Math. Statist. Prob. Berkeley: University of California Press, 1: 157-163.

Robbins H, 1964. The empirical Bayes approach to statistical decision problem [J]. Ann. Math.

Statist., 35: 1-20.

Robert C P, 2001. The Bayesian Choice [M]. 2nd ed. New York: Springer-Verlag.

Robert C P, Casella G, 1999. Monte Carlo Statistical Methods [M]. New York: Springer-Verlag.

Roberts G, 1996. Markov chain concepts related to sampling algorithms [M]//Gilks W, Richardson S, Spiegelhalter D. Markov Chain Monte Carlo in Practice, Suffolk, UK: Chapman & Hall: 45-58.

Roberts G, Gelman A, Gilks W, 1997. Weak convergence and optimal scaling of random walk Metropolis algorithms [J]. Annals of Applied Probability, 7: 110-120.

Savage L J, 1954. The Foundations of Statistics [M]. New York: Wiley.

Savage L J, 1961. The subjective basis of Statistical practice [R]. Ann Arbor: University of Michigan, Department of Statistics.

Schwarz G, 1978. Estimating the dimension of a model [J]. Ann. Statist., 6: 461-464.

Shannon C, 1948. A mathematical theory of communication [J]. Bell System Technical Journal, 27: 379-423, 623-656.

Singh R S, 1976a. Empirical Bayes estimation with convergence rates in non-continous Lebesgue-exponential families [J]. Ann. Statist., 4: 431-439.

Singh R S, 1976b. Nonparametric estimation of mixed partial derivatives of a multivariate density [J]. J. Mult. Anal., 6: 111-122.

Singh R S, 1979. Empirical Bayes estimation in Lebesgue-expenential families with rates near the best possible rate [J]. Ann. Statist., 7(4): 890-902.

Singh R S, 1981. Speed of convergence in nonparametric estimation of a multivariate μ-density and its mixed partial derivatives [J]. J. Statist. Plann. Inference, 5: 187-298.

Singh R S, 1985. Empirical Bayes estimation in a multiple linear regression model [J]. Ann. Inst. Statist. Math., 37: 71-86.

Singh R S, Wei L S, 1992. Empirical Bayes with rates and best rates of convergence in $u(x)\exp\{x/\theta\}$-family: Estimation case [J]. Ann. Inst. Statist. Math., 44: 435-449.

Singh R S, Wei L S, 2000. Nonparametric empirical Bayes procedures, asymptotic optimality and rates of convergence for two-tail tests in exponential family [J]. Nonparametric Statistics, 12: 475-501.

Smith M, Kohn R, 1996. Nonparametric regression using Bayesian variable selection [J]. J. Econometrics, 75: 317-343.

Smith B, 2005. (B)ayesian (O)utput (A)nalysis Program (BOA) Version 1.1.5 User' s Manual [R/OL]. The University of Iowa: Department of Public Health. http://w.public-health.uiowa.edu/boa.

Sorensen D, Gianola D, 2002. Likelihood, Bayesian, and MCMC Methods in Quantitative Genetics [M]. New York: Springer-Verlag.

Spiegelhalter D J, Best N G, Carlin, B P, et al., 2002. Bayesian measures of model complexity and fit [J]. J. Roy. Statist. Soc.: Ser. B, 64: 583-640.

Stein C, 1955. Inadmissibility of the usual estimator for the mean of a multivariate normal distribution [C]//Proc. Third Berkeley Symp. Math. Statist. Probab. Berkeley: University of California Press, 1: 197-206.

Takeuchi K, 1976. Distribution of information statistics and criteria for adequency of models (in Japanese) [J]. Math. Sci., 153: 12-18.

Tanner M A, 1991. Tools for Statistical Inference [M]. New York: Springer-Verlag.

Tao B, 1986. Asymptotically optimal empirical Bayes estimators for the parameters of normal distribution family [J]. Math. Res. Exposition, 6 (1): 157-162.

Tierney L, Kadane J B, 1986. Accurate approximations for posterior moments [J]. J. Amer. Statist. Assoc., 81: 82-86.

Tierney L, Kass R E, Kadane J B, 1989. Fully exponential Laplace approximations to expectations and variances of nonpositive functions [J]. J. Amer. Statist. Assoc., 84: 710-716.

Van der Linde A, 2005. DIC in variable selection [J]. Statistica Neerlandica, 59: 45-56.

Van Houwelingen, 1976. Monotone empirical Bayes tests for the continuous one-parameter exponential family [J]. Ann. Statist., 4: 981-989.

Von Mises R, 1931. Wahrscheinlichkeitsrechnung [M]. Berlin: Springer-Verlag.

Von Mises R, 1957. Probability, Statistics and Truth [M]. 2nd revised English ed. (prepared by Hilda Geiringer). New York: The Macmillan Company.

Waagepetersen R, Sorensen D, 2001. A tutorial on reversible jump MCMC with a view towards applications in QTL-mapping [J]. Int. Statist. Rev., 69: 49-61.

Wahba G, 1978. Improper priors, spline smoothing and the problem of guarding against model errors in regressions [J]. J. Roy. Statist. Soc.: Ser. B, 40: 364-372.

Wahba G, 1990. Spline models for Observational Data [M]. Philadelphia: Society for Industrial and Applied Mathematics.

王立春, 韦来生, 2002a. 刻度指数族参数的渐近最优的经验 Bayes 估计 [J]. 中国科学技术大学学报, 32: 62-69.

王立春, 韦来生, 2002b. 刻度指数族参数的经验 Bayes 估计的收敛速度 [J]. 数学年刊, 23A (5): 555-564.

Wang L C, Wei L S, 2005. Empirical Bayes estimation of variance components in two-way classification random effects model [J]. Journal of the Graduate School of The Chinese Academy

Siences, 22: 545-553.

王松桂, 1987. 线性模型的理论及应用 [M]. 合肥: 安徽教育出版社.

韦来生, 1985a. 连续型多参数指数族参数的渐近最优的经验 Bayes 估计 [J]. 应用概率统计, 1: 127-133.

韦来生, 1985b. 单边截断型分布族位置参数的经验 Bayes 估计的收敛速度 [J]. 数学年刊, 6A (2): 193-202.

韦来生, 1987. 连续型多参数指数族参数的经验 Bayes 估计的收敛速度 [J]. 数学学报, 30: 272-279.

Wei L S, 1989a. Asymptotically optimal empirical Bayes estimation for parameters of two-sided truncation distribution families [J]. Chin. Ann. of Math., 10B (1): 94-104.

Wei L S, 1989b. The convergence rates of empirical Bayes estimation for parameters of two-sided truncation distribution families [J]. Acta Mathematica Scientia, 9 (4): 403-413.

Wei L S, 1989c. An empirical Bayes two-sided test problem for continuous one-parameter exponential families [J]. Systems Science and Mathematical Sciences, 2 (4): 369-384.

韦来生, 1991. 一类离散型单参数指数族参数的双侧的经验 Bayes 检验问题 [J]. 应用概率统计, 7 (3): 299-310.

韦来生, 1997. 方差分析模型中参数的经验 Bayes 估计及其优良性问题 [J]. 高校应用数学学报, 12(A): 163-174.

Wei L S, 1998. Convergence rates of empirical Bayesian estimation in a class of linear models [J]. Statistica Sinica, 8: 589-605.

韦来生, 1999. 一类线性模型中参数的经验 Bayes 检验问题 [J]. 数学年刊, 20(A): 617-628.

韦来生, 2008. 数理统计 [M]. 北京：科学出版社.

Wei L S, Chen J H, 2003. Empirical Bayes estimation and its superiority for two-way classification model [J]. Statistics and Probability Letter, 63: 165-175.

Wei L S, Ding X, 2004. On empirical Bayes estimation of variance components in random effects model [J]. J. Statist. Plann. Inference, 123: 347-364.

Wei L S, Trenkler G, 1995. Mean square error matrix superiority of empirical Bayes estimators under misspecification [J]. Test, 4: 187-205.

韦来生, 王立春, 2004a. 随机效应模型中方差分量渐近最优的经验 Bayes 估计 [J]. 数学研究与评论, 24 (4): 653-664.

韦来生, 王立春, 2004b. 随机效应模型中方差分量的经验 Bayes 检验问题 [J]. 高校应用数学学报, 19: 97-108.

Wei L, Wei L S, 2006. Empirical Bayes test for scale exponential family [J]. Frontiers of Mathematics in China, 1 (2): 303-315.

Wei L S, Zhang S P, 1995. The convergence rates of empirical Bayes estimation in multiple linear regression model [J]. Ann. Inst. Statist. Math., 47: 81-97.

Wei L S, Zhang W P, 2005. Empirical Bayes test problems for variance components in random effects model [J]. Acta Mathematica Scientia, 25(B): 274-282.

Wei L S, Zhang W P, 2007. The superiorities of Bayes linear minimum risk estimation in linear model [J]. Commum. Statist.: Theory and Method, 36: 917-926.

Yang Y N, Wei L S, 1995. Convergence rates of asymptotically optimal empirical Bayes estimation for parameters of multi-parameter discrete exponential family [J]. Chinese J. Appl. Prob. Statist., 11: 92-102.

Yang Y N, Wei L S, 1996. Asymptotically optimal empirical Bayes estimation for the parameters of multi-parameter discrete exponential family [J]. Acta Mathematica Scientia, 16: 15-22.

张平, 1985. 正态分布参数的渐近最优经验 Bayes 估计的收敛速度 [J]. 系统科学与数学, 5 (3): 185-191.

张倩, 韦来生, 2013. 刻度指数族参数的双边 EB 检验问题: 加权损失函数情形 [J]. 中国科学技术大学学报, 43 (2): 156-161.

Zhang S P, Karunamuni R J, 1997a. Empirical Bayes estimation for the continuous one-parameter exponential family with error in variables [J]. Statistics & Decision, 15: 261-279.

Zhang S P, Karunamuni R J, 1997b. Bayes and empirical Bayes estimation with errors in variables [J]. Statistics & Probability Letters, 33: 23-34.

Zhang S P, Wei L S, 1994. The asymptotically optimal empirical Bayes estimation in multiple linear regression model [J]. Appl. Math.: A Journal of Chinese Universities, 9(B): 245-258.

Zhang W P, Wei L S, Yang Y N, 2005. The superiorities of empirical Bayes estimator of parameters in linear model [J]. Statistics & Probability Letters, 72: 43-50.

张伟平, 韦来生, 2005. 单向分类随机效应模型中方差分量的渐近最优经验 Bayes 估计 [J]. 系统科学与数学, 25: 106-117.

张尧庭, 陈汉峰, 1991. 贝叶斯统计推断 [M]. 北京：科学出版社.

赵林城, 1981. 一类离散分布参数的经验 Bayes 估计的收敛速度 [J]. 数学研究与评论, 1: 59-69.

索　引